长江上游
山区性河流常规水文要素监测方法及实践

方德胜　薛兴江　张尚权　张士君
李道彬　蒋大成　陈新化　李　棠 ◎编著

河海大学出版社
HOHAI UNIVERSITY PRESS
·南京·

图书在版编目（CIP）数据

长江上游山区性河流常规水文要素监测方法及实践 /
方德胜等编著. -- 南京：河海大学出版社，2023.12
　　ISBN 978-7-5630-8804-1

Ⅰ. ①长… Ⅱ. ①方… Ⅲ. ①长江流域—上游—山区
河流—水文观测 Ⅳ. ①P332

　　中国国家版本馆 CIP 数据核字（2023）第 250532 号

书　　名	长江上游山区性河流常规水文要素监测方法及实践
书　　号	ISBN 978-7-5630-8804-1
责任编辑	章玉霞
特约校对	袁　蓉
装帧设计	徐娟娟
出版发行	河海大学出版社
地　　址	南京市西康路 1 号（邮编：210098）
电　　话	(025)83737852(总编室)　　(025)83722833(营销部)
经　　销	江苏省新华发行集团有限公司
排　　版	南京布克文化发展有限公司
印　　刷	广东虎彩云印刷有限公司
开　　本	880 毫米×1230 毫米　1/16
印　　张	34.75
字　　数	1001 千字
版　　次	2023 年 12 月第 1 版
印　　次	2023 年 12 月第 1 次印刷
定　　价	218.00 元

前　言

PREFACE

　　长江上游是指长江源头至湖北宜昌这一江段,长江上游顺流而下依次经过青海、西藏、四川、云南、重庆、湖北等6个省(自治区、直辖市)。长江干流宜昌以上为上游段,长4 500余km,控制流域面积100余万km²,主要支流有雅砻江、岷江、沱江、嘉陵江、乌江等。该河段落差大,峡谷深,水流湍急,属于典型的山溪性河流,其水文测验的条件与其他地区相比较为特殊,主要包括以下几个方面:

　　水位测量条件:长江上游地区地势复杂,河道曲折,河段较长,大部分区域为峡谷河段,水深变化大。因此,需要在适当的位置设置水位测站,选择适合断面的水位观测仪器,以能够准确、全面地监测长江上游的水位变化。

　　流量测量条件:长江上游的流量主要依靠水文站的数据计算得出,一般先采用流速仪测量流速,再通过测定断面横截面积计算流量。由于长江上游水流湍急,流速变化大,传统的测量方法可能存在一定的误差,需要选择适合断面特性的流速测量仪器实时在线监测。

　　降水观测条件:由于长江上游地区多山区,地势复杂,降水量和降水分布范围都较大,需要合理布设站网,并选取合适的仪器在线监测。

　　泥沙观测条件:长江上游流域地形陡峭,河道坡降大,水流湍急,导致泥沙悬移负荷较大。在雨季和冰雪融化期,泥沙含量更高。流域多为碎屑岩地貌,岩石容易受到水流和冻融等因素的作用而破碎和溶蚀,形成大量泥沙。雨量季节分布不均,夏季雨水多,冬季干旱,导致泥沙含量存在较大的季节性变化。地形陡峭,滑坡和泥石流频繁发生,使得泥沙含量增加。上述条件造成泥沙测验难度较大,主要是采用器测法。

　　土壤墒情观测条件:长江上游地区地势复杂,地形起伏较大,土壤墒情受地形因素影响较大。高处土壤墒情一般较干燥,低处土壤墒情较湿润。季节变化明显,夏季多雨,冬季较干燥。土壤墒情在雨季会有明显的增加,而旱季则会快速下降。土壤类型多样,包括黄土、赤红壤、草地土壤等。不同土壤类型的墒情特征也有所不同,黄土地区墒情相对较低,而草地土壤区墒情相对较高。长江上游地区的水资源供应主要依赖降水和融雪,土壤墒情与这两个因素密切相关。融雪期土壤墒情较高,而降水不足时土壤墒情较低。该地区经济发展较快,农业、工业用水需求增加,人类活动对土壤墒情产生了一定的影响,如土地开垦、水库建设等都会影响土壤水分状况。监测点主要采取定期采集土壤样品并测量土壤含水量、土壤温度和土壤电导率等指标的方法进行监测。

　　综上所述,长江上游地区地形复杂,气候变化多样,水电站较多,因此在水文测验中,需要充分考虑这些因素,选择合适的测量方法和监测仪器,并准确地获取数据。本书针对长江上游地区山溪性水文断面常规水文要素的监测开展了大量的研究和实践检验,并在多站成功应用,可为以后的水文测验技术路线提供借鉴。

本书内容主要由以下13章组成：

第1章，简要描述了长江上游地区的地形地貌、地质条件、气象特征、水文特征以及社会经济特征。

第2章，简要描述了长江上游地区常规水文要素的分类及发展简史。

第3章，介绍了降水量的主要观测方法、观测场地的布设、观测仪器的选型及应用实例。

第4章，介绍了蒸发量的主要观测方法、观测场地的布设、观测仪器的选型及应用实例。

第5章，介绍了水位的主要观测方法、观测设施的布设、观测仪器的选型及应用实例。

第6章，介绍了水温的主要观测方法、观测设施的布设、观测仪器的选型及应用实例。

第7章，介绍了流量的常规测验方法、常规流速仪缆道测控系统的设计及应用实例。

第8章，介绍了当前主流的接触式流量在线监测的方法、设备选型及应用实例。

第9章，介绍了当前主流的非接触式流量在线监测的方法、设备选型及应用实例。

第10章，介绍了水工建筑物及电功率推流的方法及应用实例。

第11章，介绍了泥沙常规测验方法及在线监测方法、设备选型及应用实例。

第12章，介绍了土壤墒情的主要监测方法、设备选型及应用实例。

第13章，总结了长江上游常规水文要素的主要监测成果，展望监测方法的发展趋势。

本书大部分内容是笔者近年来研究实际案例的经验和总结，在编写过程中，得到了长江水利委员会水文局（以下简称"长江委水文局"）、长江水利委员会水文局长江上游水文水资源勘测局（以下简称"长江委水文上游局"）、长江水利委员会水文局长江三峡水文水资源勘测局、四川省水文水资源勘测中心、遂宁水文中心、达州水文中心、重庆水文监测总站、河海大学等单位以及有关专家、同仁的大力支持，同时得到吕平毓正高级工程师的精心指导，在此，一并表示诚挚的感谢。同时，本书也吸收了国内外有关单位、专家学者在这一领域的最新研究成果，并在本书中标明了参考文献，在此，对相关单位和学者表示衷心的感谢！

本书由方德胜（校核）、薛兴江、张尚权（统稿）、张士君、李道彬、蒋大成、陈新化、李棠编著，主要研究与编写人员还有左渝、董丽梅、刘图、王晰、黄龙、刘一鸣、冯正涛、邱兵、蒲海汪洋、薛果、马玉婷、蒋沐滋、董溢、赵晓云。其中第1、3、5、6、10章由刘一鸣、邱兵、薛果、马玉婷、蒲海汪洋编写，第2、4、11章由左渝、刘图、薛兴江、蒋沐滋编写，第7、12、13章由陈新化、董丽梅、张士君、董溢编写，第8章由黄龙、蒋大成、李棠、赵晓云编写，第9章由方德胜、张尚权、王晰、冯正涛、李道彬编写。

限于水平，编著中错误在所难免，敬请谅解。

编者

2023年11月

目 录

CONTENTS

第1章

绪论

1.1 地形地貌

长江发源于青藏高原的唐古拉山脉主峰格拉丹冬雪山西南侧,干流全长 6 300 余 km,自西而东,流经青海、西藏、四川、云南、重庆、湖北、湖南、江西、安徽、江苏、上海等 11 个省(自治区、直辖市),于上海崇明岛以东注入东海。支流布及甘肃、陕西、贵州、河南、浙江、广东、广西、福建等 8 个省(自治区)。干支流共涉及 19 个省(自治区、直辖市)。流域范围:西以芒康山、宁静山与澜沧江水系为界;北以巴颜喀拉山、秦岭、大别山与黄、淮水系相接;东临东海;南以南岭、武夷山、天目山与珠江和闽浙诸水系相邻。流域地理位置为东经 90°33′~122°19′和北纬 24°27′~33°54′。流域形状东西长、南北短;中部宽、两端窄;东西直线距离 3 000 余 km,南北宽度除江源和长江三角洲地区外,一般均在 1 000 km 左右。流域集水总面积 180 万 km²,占我国陆地总面积的 18.8%。

长江流域地势西高东低,跨越中国地势的三大阶梯。江源水系、通天河、金沙江及支流雅砻江、岷江上游、白龙江等流经的青南、川西高原和横断山脉,属第一级阶梯,一般高程为 3 500~5 000 m;流经第一级阶梯的河流,除江源高平原区河谷宽浅、水流平缓外,多呈高山峡谷区的河流形态,水流湍急。宜宾至宜昌干流河段及支流岷江中下游、沱江、嘉陵江、乌江、清江及汉江上游等流经的秦巴山地、四川盆地和鄂黔山地,属第二级阶梯,一般高程为 500~2 000 m;流经这一级阶梯的河流,除盆地河段外,多流经中低山峡谷,河道比降仍较大,水流较湍急。长江中下游干流、支流,汉江中下游及洞庭湖、鄱阳湖、巢湖、太湖水系流经的长江中下游平原和淮阳山地、江南丘陵,属第三级阶梯,一般高程在 500 m 以下,长江三角洲高程在 10 m 以下;流经这里的河流,两岸多为平原或起伏不大的低山丘陵,河道比降平缓,河型弯曲,并多洲滩、汊道。一、二级阶梯间的过渡带,由陇南、川滇高中山构成,一般高程 2 000~3 500 m,地形起伏大,自西向东由高山急剧降低为低山丘陵,岭谷高差达 1 000~2 000 m,是流域内地震、滑坡、崩塌、泥石流分布最多的地区。二、三级阶梯间的过渡带,由南阳盆地、江汉平原和洞庭平原西缘的狭长岗丘和湘西丘陵组成,一般高程 200~500 m,地形起伏平缓,呈山地向平原渐变过渡型景观。流域的山地、高原和丘陵约占 84.7%,其中高山高原主要分布于西部地区,中部地区以中山为主,低山多见于淮阳山地及江南丘陵区,丘陵主要分布于川中、陕南以及湘西、湘东、赣西、赣东、皖南等地;平原占 11.3%,主要以长江中下游平原、肥东平原和南阳盆地为主,汉中、成都平原高程在 400 m 以上,为高平原;河流、湖泊等水面占 4%。

1.2 地质

长江流域地跨扬子准地台、三江褶皱系、松潘-甘孜褶皱系、秦岭褶皱系和华南褶皱系等五大构造区,地质构造复杂多变。地层自太古宇至新生界第四系发育齐全,并有不同时期岩浆岩分布。根据区域地质环境的特征,结合干支流开发治理中存在的各类地质问题,全流域可划分为三大工程地质区。

(1)西部青藏川滇区,位于陇南山地—龙门山—乌蒙山以西广大高山、中山地区,包含青南—川西高原、横断山地和陇南—川滇山地等三大地貌单元。地质构造以松潘—甘孜褶皱系为主,西缘、北缘和南缘分别为三江褶皱系、秦岭褶皱系和扬子准地台各二级构造单元。岩性以浅变质砂板岩、千枚岩为主,部分为碳酸盐岩、碎屑岩和岩浆岩。新构造运动以来该地质区呈强烈上升趋势,区域稳定性较差,活动断裂分布广,地震活动强烈,曾发生过 6 级以上地震 100 多次,占全流域同类地震总数 90% 以上。冻融、滑坡、崩塌、泥石流等环境地质问题十分突出,一些地区水土流失十分严重,同时存在高烈度区抗震问题、高地应力问题、深度河床覆盖层问题以及高边坡稳定问题等重大工程地质问题。

(2)中部秦川鄂黔区,位于陇南山地—龙门山—乌蒙山以东,伏牛山—鄂西山地—武陵山以西中山、低山和丘陵地区,包括秦岭山地、四川盆地和鄂黔山地等三个地貌单元。地质构造北部以秦岭褶皱系南、北秦岭褶皱带为主体,南部则为扬子准地台的四川台坳、上扬子台褶带和大巴山台缘褶带。从岩性来看,北部秦岭山地以变质岩和岩浆岩为主,南部则以碳酸盐岩和红层碎屑岩分布最广。新构造运动以来该地质区呈中等幅度隆起,区域稳定性好,活动断裂分布少,地震活动微弱,历史上仅发生过 6 级以上地震 2 次。滑坡、崩塌、泥石流、岩溶塌陷和渗漏、岩体风化和有软弱夹层是本区主要环境地质和工程地质问题。

(3)东部湘赣鄂苏皖区,位于伏牛山—武当山—鄂西山地—武陵山以东低山丘陵、平原地区,包括淮阳山地、长江中下游平原和江南丘陵三大地貌单元。地质构造北部属秦岭褶皱系的南阳坳陷和淮阳隆起,中部为扬子准地台的下扬子台褶带、浙西—皖南台褶带和江南地轴等二级构造单元,南部则为华南褶皱系所在。从岩性来看,淮阳山地以岩浆岩和变质岩分布最广;长江中下游平原主要以土、砂和砂砾石组成的松散土层为主;江南丘陵在中低山地分别由碳酸盐岩、变质岩和岩浆岩组成,而众多的盆地均为红色碎屑岩。新构造运动以来,北部淮阳山地和南部江南丘陵均微弱隆起,长江中下游平原则处于沉降中。区域稳定性总体较好,仅曾在太阳山、麻城、团风、茅山、瑞金等活动断裂带附近发生过 6 级地震。地面沉降、土体胀缩和变形、岩溶塌陷、岩体中有软弱夹层以及已建水库加固问题等是区内主要环境地质和工程地质问题,一些地区水土流失,河湖淤积、坍岸现象严重。

长江堤防多建在一级阶地和高漫滩前缘,地形较低,沿线河渠纵横,并密布古河道、古溃口、湖、塘、坑、沟。堤基虽多具二元结构,但其组成、厚度与性状变化较大。通过勘察,长江中下游南京以上沿江两岸长约 2 700 km 的主要干流堤防的工程地质条件大致可以分为四类:一类是工程地质条件好的堤防,总长约 427 km,占 15.7%;二类是工程地质条件较好的堤防,总长约 937 km,占 34.4%;三类是地质条件较差的堤防,总长 844 km,占 31.0%;四类是地质条件差的堤防,总长 513 km,占 18.9%。近 50% 的三、四类地质条件较差和差的堤防是今后堤防建设基础处理的重点。

南京以下堤段,堤基多为壤土、淤泥质壤土、沙壤土、粉细砂,呈不等厚互层状结构,单层厚一般 1~10 m。总体看,堤基工程地质条件较差,崩岸较严重。抓紧加固堤身、填塘固基、护岸和护坡至关重要;修建穿堤建筑物时需进行地基处理。

长江上游宜宾—重庆河段及主要支流岷江、嘉陵江、沱江等中下游宽谷河段,分布有阶地,其前缘和部分高漫滩建有堤防。阶地具二元结构:上部为黏性土层,厚度多小于 10 m;下部和高漫滩为砂砾石,厚度多为 5~10 m。基岩为红色砂岩、黏土岩。一般工程地质条件较简单,主要是堤基冲刷稳定问题,需要有一定的防冲工程措施。

蓄滞洪区主要布置在中下游,有荆江、洞庭湖、洪湖、武汉附近、鄱阳湖、华阳河等六大区。各区以第四系全新统冲积层为主,一般具二元结构,上部为黏土、粉质黏土、壤土,下部为粉细砂。滨湖地带以黏土为主,并有淤泥质土,滨江圩堤堤基黏性土层较厚,工程地质条件较好,上部黏土较薄且被破坏部位亦有渗透变形问题。淤泥质土分布堤段需注意沉降变形问题。

1.3 气象

长江流域大部分地区属亚热带季风气候区,但由于流域地域广阔,地理、地势环境复杂,流域内各地区气候差异较大。上游玉树以上地区位于青藏高原,为典型的高原气候——寒冷,干燥,气压低,日照长,辐射强,多冰雹大风;金沙江、雅砻江流经的横断山脉地区,高低悬殊,有明显的立体气候特征;四川盆地因北有秦岭,南有云贵高原,北风、南风的侵入都不如长江中下游强烈,冬无严寒,夏无酷暑,少霜少雪,季风气候不如中下游地区明显;中下游地区则属典型的季风气候,冬寒夏热,四季分明,年内变化与季风进退密切相关,东南部地区夏季还常受台风影响。流域内年日照时数一般为 1 000~2 500 h,最多为云南昆明、元谋一带及江源地区,达 2 500~2 700 h。流域的无霜期,大部分地区约 300 d,云贵高原、上游干流宜宾至忠县区间、支流湘江及赣江上游地区,无霜期较长,全年达 350 d;干流玉树以上和雅砻江上游地区无霜期短。流域内各地年平均风速大多为 1~2 m/s,但下游沿江两岸,长江三角洲及金沙江、雅砻江上游地区平均风速达 3~4 m/s;8 级以上大风(风速 17 m/s 以上)流域各地均能出现,出现时间以金沙江上游地区最多,一年可达 100 d 以上。

流域内的降水与季风活动密切相关。从流域总体看,夏季受副热带高压控制,高温而多雨;冬季受西伯利亚和蒙古冷高压控制,寒冷而少降水。流域降雨集中在夏秋季,5—10 月的雨量占全年降雨量的 70%~90%。雨季的开始时间,一般中下游早于上游,江南早于江北,雨季从流域东南逐渐向西北推移。降水量最多的月份:上游地区和中游北岸地区为 7—9 月,中游南岸和下游地区为 5—6 月。长江流域除西部青藏高原地区以外,大部分地区气候温和、湿润,雨量丰沛,流域多年年平均年降水量 1 070 mm,但地区分布差异较大,总的趋势是自东南向西北递减,东南沿海地区平均年降水量 1 200~1 400 mm,上游地区平均 1 000 mm 左右。年降水量超过 2 000 mm 的多雨区有 3 个,分别位于川西区、川东区和湘鄂赣区;年降水量最多的地区是四川荥经县金山站,达 2 590 mm;最少的地区位于金沙江玉树以上,只有 200 余 mm。流域内大多数地区的年降水日数为 150 多 d,四川省雅安、峨眉山一带最多达 265 d。长江流域除金沙江中上段、雅砻江和岷江的上游基本无暴雨外,其余约 145 万 km² 的广大地区均有暴雨出现。四川盆地西部、川东大巴山区、大别山区、湘西—鄂西山地,以及江西九岭山地至安徽黄山一带是本流域的主要暴雨区。暴雨笼罩面积通常中下游大于上游,上游多在 4 万 km² 以下,中下游多在 4 万 km² 以上。

1. 金沙江地区气候

金沙江地区跨越青藏高原与云贵高原,河流穿行于横断山脉之中,河流与山脉近于南北走向。流域的东西间距小(98°~102°E),南北跨度大(25°~33°N),面积约 32 万 km²,地势西北高(3 000~4 000 m)东南低(2 000~3 000 m),山高谷深,垂直落差大。该地形对气候的影响显著,具有随海拔高度变化呈"立体气候"分布和干湿季节变化的气候特征。

(1)"立体气候"特征。金沙江地区地形条件极为复杂,横断山脉的山岭平均海拔约 4 000 m,高峰可达 5 000 m。山岭之间的河谷深切,为险峻的峡谷,峰谷之间的高差达 1 000~2 000 m,形成"V"字形峡谷。970 余 km 的金沙江江面高程由 3 500 余 m 下降至 1 800 余 m。因此,气象要素乃至天气气候的分布受地形的影响而复杂多变。"一山有四季,十里不同天"的谚语成为金沙江地区气候的生动表述。

气候的立体变化十分明显,垂直气候带的分布比水平气候带更丰富多彩。沿水平方向,金沙江地区大致可分为高原气候和中亚热带气候两大类,分界线在中甸、木里和泸宁一线(28°N附近)。沿垂直方向,可以划分为四个气候带,即海拔1 000 m左右的河谷、平坝地区为热带气候,1 000~2 000 m的丘陵、山地为亚热带气候,2 000~3 000 m的山腰地带为温带气候,3 000 m以上的高山地区为高原气候。

(2)干湿季节变化。金沙江地区四季变化不明显,气候特征主要表现为干季和湿季的交替。全地区年降水量为600~1 000 mm,地区分布呈东南多西北少的特征。每年5—10月为湿季,平均降水量为500~900 mm,占全年的80%~90%;11月至次年4月为干季,大部分地区降水量不足100 mm,仅占全年的10%~20%。另一方面,蒸发量变化与降水量相反。冬半年因受来自印度、巴基斯坦北部的干暖气流控制,金沙江谷地为蒸发量的极大值区,1月份东南部月蒸发量在150 mm左右,为同期降水量的10倍以上,因而形成干季;夏半年,受西南季风影响,金沙江谷地处于暖湿气流向北输送的通道上,由冬季蒸发量的极大值区转变为夏季的极小值区,月蒸发量与冬半年相当,而同期的降水量显著增加,超过蒸发量,形成湿季。

2. 四川盆地气候

位于副热带纬度上的四川盆地,四周为海拔较高的群山包围,北方冷空气不易侵入,而暖湿气流常驻,形成一种气象要素年变化和日变化都比较小,冬无严寒、夏无酷暑,雨水丰沛的温和湿润气候。

(1)冬无严寒、夏无酷暑。由于山脉对冷空气的屏障作用,四川盆地是我国冬季地形增温效应最显著的几个地区之一。盆地的基础气温(非地形影响气温)较高,加上地形增温,即便是隆冬季节也不会很冷。盆地的冬季短暂,草木长青,农作物全年都能生长。以四川盆地与长江中下游平原地区冬季温度对比,四川盆地实测平均气温要比东部平原地区高3~4℃。如果考虑到海拔高度的差别,订正到同一海平面高度,实际地形增温可达5℃左右,相当于使四川盆地的地理纬度南移约5°,即与南岭北部地区(25°~26°N)相当。因此,在冬季常常出现冷空气活动将霜冻天气南推至华南沿海地区,而四川盆地仍然没有霜冻的现象。夏季,情况则相反。长江中下游地区梅雨结束后,受西太平洋副热带高压控制,高温少雨;而四川盆地此时正处在降雨最集中的雨季,平均气温低于长江中下游地区。以武汉和成都两地为例,日最高气温大于等于35℃的年平均日数,武汉为21 d,而成都只有1 d。大致上说,5—10月东部平原气温高于四川盆地,而11月至次年4月,四川盆地气温高于东部平原。温差最大的时期是隆冬和盛夏。

(2)夏洪秋涝。四川盆地的雨季自5月下旬前后开始,比长江中下游地区晚1个月左右。7月中旬梅雨结束后,季风雨带进一步北推西移,四川盆地进入降水集中期,而长江中下游处于相对少雨的高温干旱时期——伏旱。因此,由于雨季上的差别,盛夏时期长江上游和中下游往往出现两种截然不同的天气:西部的四川盆地阴雨连绵,暴雨、洪水灾害频繁,形成以峨眉山为中心的著名暴雨区,中心地区月平均雨量达400 mm以上,月降雨日数达25 d以上,有"西蜀天漏"之称;川东和长江中下游受副热带高压控制,高温少雨,月平均雨量在150 mm左右,雨日不足10 d。8月下旬前后,影响我国的夏季风开始减退,长江流域自北向南先后进入秋季,此时长江上游和中下游的天气和气候又会出现显著差别:西部的盆地进入第二个降雨集中期——秋汛期,东部中下游则是"秋高气爽"。以四川盆地为中心出现的秋雨现象,气象学家称之为"华西秋雨"。它涉及范围较广:北起陕、甘南部地区,南到云贵高原,西自川西山地,东到长江三峡,面积约60万km²。暴雨中心在川东北的大巴山一带。这一带地区9月或10月多年平均降雨量或降雨日数多于其前后月份。根据候雨量分布规律,秋雨一般从8月底开始至10月中旬结束,持续期约50 d。但各年秋雨的早晚、长短和降雨量大小不尽相同。长江上游和汉江上游地区的秋雨和秋汛一般比夏季要小,但有些年份的秋季洪水大于夏季洪水。

3. 三峡地区气候

广义的三峡地区包括从重庆至宜昌的长江干流区间,东西长约650 km,南北宽不足100 km,面积约

6万 km²,平均地理位置为 29°~32°N、105°~111°E。三峡地区丘陵、山地纵横交错,西北与大巴山、秦岭相接,西南与武陵山、湘黔山地相连,西通四川盆地,东临长江中下游平原。长江在此自西向东横贯巫山山脉,形成举世闻名的三峡地区。在地理环境和气候背景的影响下,三峡地区气候既有别于纬度相当的东部长江中下游平原,也不同于西部的四川盆地,具有不同气候过渡带的特征,气象要素的地区分布差异明显。

(1) 过渡带的气候。在我国各种气候区划中,三峡地区往往是不同气候区分界线的必经之地。因此,其气候特征有明显的过渡地带的性质。下面从冷暖、干湿和季风气候区划等方面进行概述。

我国大气候带的划分以温度为指标,三峡地区以北以东为北亚热带,日平均气温大于等于10℃的累积温度一般为 4 500~5 300℃,累积天数为 220~240 d,最冷月的月平均气温为 0~4℃;而三峡地区及其以西属中亚热带,累积温度为 5 300~6 500℃,累积天数为 240~300 d,最冷月的月平均气温为 4~10℃。三峡地区温度明显高于东北部的外围地区。

干湿气候区划以年、季干燥度为指标,划分结果显示三峡地区仍然是不同干湿气候区划的分界地带:三峡地区以西以北为北亚热带湿润型秦岭巴山气候区,以南为中亚热带湿润型四川气候区,以东属北亚热带湿润型江北气候区。虽然均属湿润型气候,但它们的干湿季节有差异。这就使得在各类湿润气候区包围下,地形又近于封闭的三峡地区能常年保持比较湿润的气候,它不同于毗邻的秦巴山地气候,也不同于长江中下游气候,而与四川盆地四季温湿的气候相近。

再从季风气候特征来看,长江流域自四川盆地以东都属于副热带季风区。但以三峡地区为界分为东、西两个季风小区,西部季风气候不如东部明显。长江流域汛期长达半年以上(4—10月),但主要降雨集中在初夏(6月上旬至7月上旬)、盛夏(7月中旬至8月中旬)和伏秋(8月下旬至9月下旬)三个阶段,其降雨的地区分布各不相同。初夏梅雨期降雨,集中在长江中下游地区,此时三峡地区处于梅雨带的西部边缘;盛夏降雨集中在长江上游和汉江上游,三峡地区在其东部边缘;伏秋雨季集中在秦巴山地,三峡地区居其东南边缘。这种独特的地理位置和气候背景形成三峡地区汛期多雨和降雨分配比较均匀的气候特征。

(2) 气候要素的时空分布特征。三峡地区的基本气候特征可以用有代表性的气象台站的气象要素特征值来表述。下面从西到东依次选列了重庆至宜昌共11个测站的年降雨量等9项特征值(见表1.1-1),大致可以体现以下四种时空分布特征。

表 1.1-1 三峡地区气象要素多年平均值

特征要素	测站										
	重庆	长寿	涪陵	丰都	忠县	万县	云阳	奉节	巫山	巴东	宜昌
降雨量(mm)	1 075	1 093	1 037	1 099	1 182	1 149	1 131	1 079	1 023	1 130	1 159
气 温(℃)	18.4	17.7	18.2	18.5	18.1	18.1	18.7	17.1	18.4	17.4	16.9
风速(m/s)	1.3	2.0	1.1	1.1	1.0	0.7	0.8	1.9	1.9	2.1	1.0
相对湿度(%)	79	80	79	79	80	81	74	69	67	69	77
绝对湿度(hPa)	17.0	17.0	17.3	17.6	17.4	18.2	17.5	14.1	15.2	15.1	16.5
雾日(d)	68.9	48.9	—	—	48.5	39.1	—	22.8	8.4	3.5	23.2
降雨日(d)	156.0	150.3	149.1	143.9	151.4	142.0	140.3	138.0	124.1	135.8	125.4
暴雨日(d)	3.2	2.3	1.8	2.5	2.8	3.7	3.1	2.6	2.5	3.0	3.2
降雪日(d)	0.8	0.6	0.4	0.2	0.3	0.3	0.2	3.1	1.3	4.0	6.0

第一，如气温、湿度、雾日和降雨日等要素，存在东西向地区差别，呈西大（多）东小（少）的分布趋势，大致以云阳为界，西部的气温、湿度、雾日和降雨日大于东部峡区四站。例如多年平均气温从重庆至巫山大多稳定在 18℃ 以上，从巴东至宜昌下降至 17℃ 左右。气温的东西差别又随季节而不同，冬季差别大，夏季差别小。冬季的 1 月份，重庆比宜昌高 2.8℃，而夏季的 7 月仅偏高 0.3℃。这种差别是地形对冷空气活动的屏障作用造成的。冬季冷空气活动既多且强，三峡以西有山脉的重重障碍，冷空气影响显著小于三峡以东地区；夏季冷空气活动少而弱，地形的增温作用就不明显了。雾日的东西差别更大，西部以"雾都"著称的重庆，年平均雾日接近 70 d，向东依次递减，至巴东出现最少雾日仅 3.5 d，西部是东部的近 20 倍。但东部峡口宜昌的雾日又明显增加至 23.2 d。

第二，多年平均降雪日数也有明显的东西地区差别，但分布趋势与第一种特征相反，呈东多西少分布。东部的巴东、宜昌平均降雪日为 4 d 和 6 d，西部各站都不足 1 d。这种分布趋势显然是由气温高低差异影响造成的。

第三，风向风速受地形影响很大，因而三峡地区风的变化比较特殊。三峡地区主要存在与峡谷方向平行的峡谷风和与峡谷方向垂直的山谷风两种地形风。三峡地区的山谷风有明显的季节性，以巴东为例，冬季的山风最大风速可达 6 m/s，而谷风一般不超过 1.5 m/s，夏季的山风平均最大风速为 1.8 m/s，谷风为 2.1 m/s。而顺峡谷方向吹的峡谷风，由于风洞效应，峡区的一般要比入口处和出口处的大一些。这就是表 1.1-1 中所列奉节、巫山、巴东三站的平均风速比西部的云阳、万县和东部的宜昌都偏大的原因。同时，由于三峡地区地形迂回曲折，其风力普遍小于长江中下游平原地区，但有时也能出现较大的瞬时风速。

第四，年降雨量和暴雨日数的东西差别不明显，与同纬度的四川盆地和长江中下游地区（非暴雨中心地区）相比，三峡地区的年降雨量略大，而暴雨日偏少。就气象要素的年变化来看，三峡地区也具有明显的特色。一是三峡地区气温的年较差和日较差都很小。最冷月为 1 月（6.5℃），最热月是 7 月（28.7℃），气温年较差（22.2℃）比东部武汉地区（25.4℃）低 3.2℃。相对湿度除 8 月略低外，全年基本持平，稳定在 70%～80%，秋、冬季（10 月—次年 1 月）和初夏（5—6 月）略高于其他月份。降雨量的年变化呈双峰型，两个峰值出现在 5 月和 7 月，两月的平均降雨量相当（170 mm 左右）。降雨日数的双峰则出现在 5 月和 10 月，前者为 16.7 d，而后者接近 15 d。综合以上各种特点来看，三峡地区的气候兼有长江上游和中下游地区的气候特性，以降雨特征为例，三峡地区具有春雨（4 月雨量显著增加、雨日多）、夏雨（7 月雨量多、降雨强度大）和秋雨（9—10 月雨日多）等多重雨型。

1.4　水文

长江流域雨量丰沛，水资源较丰富。每平方千米水资源量约 56 万 m³，为全国平均值的 1.9 倍。流域水资源主要为河川径流，长江年径流量的地区组成，宜昌以上占 46%，中游洞庭湖、汉江、鄱阳湖约占 42%，下游支流水量有限。径流在年内分配和降水相应，很不均匀，干流汛期水量占年径流量的 70%～75%，支流则在 55%～80%。

长江是一条含沙量较小但输沙量较大的河流。据统计资料，宜昌站多年平均含沙量为 1.16 kg/m³，悬移质多年平均年输沙量为 5.04 亿 t，其中金沙江占 50.6%，嘉陵江占 23.5%，为上游重点产沙河流。长江推移质泥沙含量少，据寸滩站施测分析，推移质泥沙只占泥沙总量的 2.9%。长江中的泥沙主要来源于上游，中下游支流入江泥沙所占比重较小。长江上游来沙及中下游支流来沙，经湖泊和河道淤积，年平均入海沙量大通站约为 4.38 亿 t。干流各站输沙量有 85%～98% 集中于汛期，上游各支流汛期集中了 95% 以上的年输沙量。

在干湿季节气候的影响下，径流量的年际变化过程也十分集中。以金沙江控制站屏山站为例，多年月平均流量分配显示,7—9月平均流量高度集中,分别占全年总流量的17.2%、18.5%和18.1%。其年最大流量、月平均最大流量和月平均最小流量的各月出现频率见表1.4-1。年最大流量集中出现在6—10月五个月内,月平均最大流量集中出现在6—8月三个月内;月平均最小流量集中在2—4月三个月内,3月份一个月即占88.7%。

表 1.4-1　金沙江屏山站水文特征值出现频率

月份(月)	1	2	3	4	5	6	7	8	9	10	11	12
年最大流量(%)	0	0	0	0	0	3.8	24.5	39.6	28.3	3.8	0	0
月平均最大流量(%)	0	0	0	0	0	24.4	37.8	37.8	0	0	0	0
月平均最小流量(%)	0	5.7	88.7	5.6	0	0	0	0	0	0	0	0

1.5　社会经济

长江流域横跨我国西南、华中和华东三大经济区,流域范围涉及19个省、市、自治区,其中幅员面积95%以上在流域范围内的有四川、重庆、湖北、湖南、江西、上海等6省(直辖市);50%～70%面积在流域范围内的有云南、贵州2省;30%～50%面积在流域范围内的有陕西、安徽、江苏3省;10%～30%面积在流域范围内的有青海、浙江、河南3省;西藏、甘肃、广西、广东、福建等5省(自治区)只有较少的面积在流域范围内。流域内有30多个民族,汉族人口最多,约占95%;少数民族中人口较多的有回族、苗族、藏族、壮族、侗族、彝族、土家族、纳西族等族,主要集中在西南地区,少数分布在湘西、鄂西、皖北等。长江流域自唐宋以来一直是全国经济发达区,在近代经济发展中又是我国工业的发祥地。中华人民共和国成立后,经过70多年的建设与发展,长江流域中下游沿江两岸和四川盆地已建设成为我国重要的经济发达地区,形成了以上海、南京为中心的长江下游经济区,以武汉为中心的长江中游经济区,以重庆、成都为中心的长江上游经济区,以及多个以上述3个经济区为依托的中小型经济区。但流域内各地区的经济发展很不平衡,上游西部地区和流域内其他一些山区,主要受自然条件的制约,经济发展比较落后,同流域内发达地区的差距极大。流域的经济重心在中下游,特别是长江三角洲地区。

2016年9月,《长江经济带发展规划纲要》正式印发,确立了长江经济带"一轴、两翼、三极、多点"的发展新格局:"一轴"是以长江黄金水道为依托,推动经济由沿海溯江而上梯度发展;"两翼"分别指沪瑞和沪蓉南北两大运输通道,这是长江经济带的发展基础;"三极"指的是长江三角洲城市群、长江中游城市群和成渝城市群,充分发挥中心城市的辐射作用,打造长江经济带的三大增长极;"多点"是指发挥三大城市群以外地级城市的支撑作用。2018年11月,中共中央、国务院明确要求充分发挥长江经济带横跨东中西三大板块的区位优势,以共抓大保护、不搞大开发为导向,以生态优先、绿色发展为引领,依托长江黄金水道,推动长江上中下游地区协调发展和沿江地区高质量发展。

上游的成渝城市群和云贵地区,目前仍处于区域发展的起步阶段。虽然当中部分核心城市自然承载力有限,但城镇人口的集聚远远没有达到推动城市群更高水平发展的地步,中小城镇还普遍缺乏活力。近年随着路网交通的完善,云贵地区经济发展迎来快速提升期,但是社会发展还明显远远滞后于全国平均水平,社会资源总量和公共服务能力还都处于较低的状态。在变革和创新中,长江上游地区应基于当地独特的山川地貌和悠久的历史沿革,进一步发挥川渝地区的示范带动作用,同时深入挖掘云贵地区独特的人文风俗和社会资源,让现代都市生活与悠远历史印记相结合,打造独具气质的城市风景线和社会治理调性。

　　近年来,成渝地区双城经济圈伴随成都和重庆两地经济的快速发展,迎来了很好的机遇期,吸纳了周边众多的劳动力,城市边界快速扩大,但这也提升了城市治理的难度,给城市公共服务发展造成了一定的压力。需要注意的是,虽然成渝城市边界的快速扩大对云、贵地区起到了一定的示范作用,但作为劳动人口流出大省,不切实际的城镇扩张和盲目的开发建设对于云贵区域的长久发展将是十分不利的。寻找适合自身的产业路径,有效地聚人气、兴百业,才是云贵社会发展向更高水平迈进的应有之义。总体而言,最近10年来,长江经济带各省市社会发展水平都有了很大提升。上游云、贵、川、渝和中游湘、鄂、赣地区,在经济高速发展的基础上实现了社会发展的齐头并进。

第2章
常规水文要素

2.1 概述

水文要素是构成某一地点或区域在某一时间的水文情势的主要因素,是描述水文情势的主要物理量,是用来描述水流运动的计量手段,也是反映河流水文情势变化的主要尺度。水文要素可以通过水文测验、观测和计算等取得数据。水文要素包括:水位、降水、水温、蒸发、墒情、流量、悬移质、推移质、河床质。

2.2 分类

1. 水位

水位是反映水体、水流变化的水力要素和重要标志,是水文测验中最基本的观测要素,是水文测站常规的观测项目。水位是指河流或其他水体(如湖泊、水库、人工河、渠道等)的自由水面相对某一基面的高程,其单位以米(m)表示。

2. 降水

降水是指液态或固态的水汽凝结物从空中降落到地面的现象。降水是重要的气象要素,同时也是重要的水文要素。降水是地表水和地下水的来源,是水文循环的重要环节。一定时段内降落在某一点或某一面上、未经蒸发和渗透损失形成的水层深度,称为该地该时刻内的降水量,单位为毫米(mm);单位时间内的降水量称为降水强度,单位为毫米/日(mm/d)、毫米/小时(mm/h)、毫米/分钟(mm/min)。

3. 水温

水温是水体的温度。水温是太阳辐射、长波有效辐射、水面与大气的热量交换、水面蒸发、水体的水力因素及水体地质地貌特征、补给水源等因素综合作用的热效应,单位为摄氏度(℃)。

4. 蒸发

水面蒸发是液体表面发生的汽化现象。通常情况下,流域或区域陆面的实际蒸发量是指地表处于自然湿润状态时土壤和植物蒸发的水总量。水面蒸发量也称蒸发率,其定义为单位时间内从单位(水)表面面积蒸发的水量,通常表示为单位时间内从全部(水)面积上蒸发的液态水的相当深度。单位时间一般为1 d,水量用深度表示,单位为mm,也可以用cm表示。

5. 墒情

墒情是指田间土壤含水量及其对应的作物水分状态。土壤墒情的主要监测项目为土壤含水量,反映作物在各个生长期土壤水分的供给状况,并直接关系到作物的生长与收获。

6. 流量

流量是指流动的物体在单位时间内通过某一截面的数量,在水文学中流量是单位时间内流过江河(或渠道、管道等)某一过水断面的水体体积,单位为立方米每秒(m^3/s)。流量是反映江河的水资源现状及水库、湖泊等水量变化的基本资料,也是河流最重要的水文要素之一。

7. 悬移质

悬移质也称为悬沙,是指被水流挟带而远离床面悬浮于水中,随水流向前浮游运动的泥沙。悬移质含沙量表示单位体积浑水中所含悬移质干沙的重量,单位为克每立方米(g/m^3)、千克每立方米(kg/m^3)。单样含沙量指断面上游代表性的垂线或测点的悬移质含沙量,简称单沙,单位为千克每立方米(kg/m^3)。悬移质输沙率表示单位时间内通过河流的某一横断面的悬移质的重量,单位为千克每秒(kg/s)。断沙是指悬移质断面平均含沙量,单位为千克每立方米(kg/m^3)。

8. 推移质

推移质是指在河床表面,受水流拖曳力作用,沿河床以滚动、滑动、跳跃或层移形式运动的泥沙。推移质可分为砂质、砾石、卵石推移质。推移质输沙率表示单位时间内通过河流的某一横断面的推移质的重量,单位为千克每秒(kg/s)。推移质还需要进行颗粒分析,将泥沙粒径从大到小分成若干粒径组,分析沙样中每个粒径组内泥沙重量占沙样总重量的百分比分配情况,泥沙粒径用中数粒径、平均粒径、最大粒径表示。

9. 河床质

河床质又称床沙,是指受泥沙输移影响的那一部分河床中存在的颗粒物质。床沙组成中有砂、砾石和卵石三种。采取测验断面或测验河段的床沙,进行颗粒分析,取得泥沙颗粒级配资料,供分析研究悬移质含沙量和推移质输沙率的断面横向变化,同时又可研究河床中的冲淤变化等。

2.3 发展

2.3.1 水位监测的发展

在水文科学形成之前,人类文明的初期就有了水位观测的萌芽,人类开始了简单的水文观测。目前公认世界上最早的水位观测出现在埃及和中国。公元前约 3500 年,埃及的法老通过连通尼罗河的测井观测河流水位,并在井壁上刻记水位。在我国,公元前 21 世纪,传说中的大禹治水时期已"随山刊木"(立木于河中)以观测水位。在《史记·夏本纪》中亦有"左准绳,右规矩"的记载,这是对当时水文测验工作的描述。公元前 251 年,战国时代秦国人李冰在岷江都江堰工程渠首上游设三石人立于水中,"与江神要(约),水竭不至足,盛不没肩",用以观测水位,以控制干渠引水量。这种石人水尺直到东汉建宁元年(公元 168 年)仍在采用。

实际上,汉字中对测量的"测"字之认识也是从对水的观测开始的,早在东汉建光元年,许慎(约公元58—147 年)完成的《说文解字》一书中,将"测"字释为"深所至也"。后人段玉裁曾作这样的注释,"深所至谓之测,度其深所至亦谓之测"。前句指观测水位,后一句指测水深。可见"测"字从水,则声。许慎解释"则"字为"等画物也""等画物者,定其差等而各为介画也",即刻画的间距相等的意思。嗣后观读水位的设备以"水则"命名。

我国隋代,用木桩、石碑或岸上石崖刻画成"水则"观测江河水位。曹魏黄初四年(公元 223 年)在黄河支流伊河门崖壁上用石刻记录洪水位。隋朝(公元 581—618 年)开始在黄河等地设立"水则"观测水位,以后历代都有设立"水则""水志""志桩"等观测水位,并对洪水、枯水位进行记载。1075 年,中国在重要河流上已有记录每天水位的"水历",这种水位日志是较早的系统的水文记录,这种记载如今已成为非常宝贵的水文资料。另外,长江上游川江涪陵城(今重庆市涪陵区)下,江心水下岩盘上有石刻双鱼,双鱼位置相当于一般最枯水位。岩盘长约 1 600 m,宽 15 m,名白鹤梁。梁上双鱼侧有石刻题记:"广德元年(据考证应为广德二年,公元 764 年)二月,大江水退,石鱼见,部民相传丰稔之兆。"公元 746—1949 年,石上共刻有 72 年特枯水位题记。川江枯水石刻,除涪陵白鹤梁外,尚有江津莲花石、渝州灵石及云阳龙脊石等多处。灵石在重庆朝天门嘉陵江、川江汇口脊石上,有汉、晋以来 17 个枯水年石刻文字。龙脊石在云阳城下江心,有自宋至清题刻 170 余段,有 53 个特枯水位记录,这是我国也是世界上历时最长的实测枯水位记录。1746 年黄河老坝口设立水志即水尺观测水位,这是我国第一个正规水位站,它开始系统观测水位,并进行报汛。1856 年长江汉口设立水位站,为中国现代水位观测的开始。

我国的水位计是从浮子式日记(画线记录)水位计开始走向自动化的。20 世纪 50 年代末实现了日记型自记化;70 年代开始生产有线遥测水位计和长期自记水位计,这两者都属于浮子式;80 年代,水文自动测报系统得到发展,多种国产编码水位计趋于成熟并得到普遍应用,国产压阻式压力水位计、超声水位计开始使用,气泡式水位计近年开始正式应用。20 世纪末开始普遍应用固态存储技术记录水位,以前都是用纸带记录水位过程线。

随着各种技术的成熟,新技术在水文数据采集上的成功应用越来越多,水文数据在站存储已较普遍使用固态存储器,做到了长期自动记录和记录数据的计算机自动处理。总体而言,水文数据向着自动化测量、在站长期自记、数据自动传输、系统化收集的方向发展。

2.3.2 降水观测的发展

降水是重要的天气现象,是水文循环的重要环节,是气象、水文观测的重要内容,无论是气象部门,还是水文、农业、林业、交通等部门都开展降水观测。我国是世界上对降水等天气现象观测最早的国家之一,我国气象科学源远流长,早在远古时期就有许多关于观天测候的传说。

在远古时代,狩猎和耕种是人类最基本的活动,这些活动都离不开降雨的影响。

在人类发展的历史长河中,长期干旱导致一个部落甚至一个文明消失的例子屡见不鲜。一些西方科学家在对玛雅人和古希腊人留下的遗迹进行分析研究后,认为他们也许是最早进行降水定量测量的人类。尽管亚里士多德在公元前 340 年就在著作中描述了云、雾、雨、雪等气象现象,但却没有提及对降水的测量。西方另外一些研究表明,直到公元 100 年左右,为了计划农业生产,巴勒斯坦各地开始测量降雨量,但他们使用的测量工具却一直没有被发现。

具有悠久历史的中华文明,对包括降雨在内的各种天气现象也早有记录。我国最早有文字记载的气象观测方面的原始资料是殷商时代的甲骨文。殷墟甲骨文卜辞中不但有各种天文、气象、物象等的观测文字,还有天气预测和实况的记载。商代人们对于风雨、阴晴、霾雪、虹霞等天气变化已十分关注,关于天晴或天雨的甲骨卜辞比比皆是,如有的甲骨卜辞记载有"壬申雪""止雨西昼""乙卯雹""乙酉大雨"等,表明了当时人们已记载雨雪的起止时间,已能对降雨从量上进行区分,如"大雨""多雨""足雨""小雨""无雨"等。考古学家对出土的殷墟卜辞的研究表明:公元前 1217 年,我国已有连续 10 天的天气预测及实况记录。

秦代在《田律》中规定"稼已生后而雨,亦辄言雨少多,所利顷数",东汉《后汉书》有"自立春至立夏尽立秋,郡国上雨泽"的降雨报告制度。

盛唐时期,国泰民安,气象观测技术也有较大的进步。唐太宗时期的科学家李淳风所著的《观象玩占》一书中,曾详细介绍了当时观测风的方法:"凡候风必于高平远畅之地,立五丈竿。以鸡羽八两为葆,属竿上。候风吹葆平直,则占。"这里指出测风的场地要求,同时也说明了风观测器的构造。

宋代的科技和学术文化成就辉煌,在天文、气象方面的发明和学术文献也非常多。其中突出的有南宋秦九韶在《数书九章》中首创的天池测雨、竹器验雪等测量降雨量和降雪量的测算方法。

由于降雨具有非常强的局地性和日变化,历史上对雨量(包括雪量)开展逐日逐时定量化测量一直难以实现。现代西方科学观测体系建立后,包括富兰克林在内的许多著名科学家开始对降雨自动化定量测量进行深入研究。在不同国家的历史上也因此出现了形式各异、原理不同的雨量计。科学家发现,雨量计的准确性与它的材料、开口尺寸、开口距地面高度、周围环境(如树木和建筑物)有密切关系。

1841 年起开始使用标准雨量器观测降雨。至 1949 年,国内的降水观测,除少量进口仪器外,只用人工观测雨量器测量时段降水量。

1949 年后,开始应用虹吸式雨量计,且虹吸式雨量计很快普及应用。20 世纪 80 年代开始,使用翻斗式雨量计。近年来,光学雨量计、浮子式雨量计、雷达测雨系统等开始应用。

随着电子传感器的快速发展,自动气象站和远程遥感,特别是卫星遥感,已经逐步取代传统雨量计,为科学家提供更频繁、更密集的观测。

在过去的 40 年间,有大约 20 万个标准雨量计安装在世界各地。在那些人口密度较高的地区,雨量计分布得更为密集。在偏远地区和海上基本没有降水量的观测。对这些地方降水量的估计就必须通过卫星遥感。雨量计和卫星遥感所获得的数据在经过各国气象部门进行质量控制后,被发送到设在德国的全球降水气候中心存档,供全球科学家和公众使用。联合国政府间气候变化专门委员会(IPCC)第五次评估报告所使用的最好的全球降水估计数据,就是将地面雨量计观测数据和卫星遥感数据相结合所产生的。

2.3.3 蒸发观测的简史

1687 年,E. 哈雷发明水面蒸发器。我国主要用于水面蒸发量观测的人工观测仪器有 E601 型、E601B 型蒸发器和 20 cm 口径蒸发器。1990 年前后,我国的水文部门和气象部门先后决定统一使用改进后的玻璃钢制造的 E601B 型水面蒸发器作为标准水面蒸发器,20 cm 口径蒸发器用于冰期蒸发量的观测。

在 E601B 型蒸发器基础上生产的自动蒸发器已开始应用于生产中。

2.3.4 水温观测的简史

为了给研究冰凌形成与消失的规律,进行冰情预报,制定建筑物的防冻措施,研究水量、沙量、热量平衡,分析蒸发因素以及有关工厂冷却设备的设计,水产养殖,农田灌溉,工业和城市供水与水质化验分析等方面提供所需的水温资料,必须观测河流、湖泊、水库、灌区地下水和稻田等水体的温度。

1874 年英国 Negrotti 和 Zambra 发明了颠倒温度计,其精度高,方便实用,性能稳定,但只能在停船时使用,且只能测定单层水温。机械式深度温度计发明于 1937 年,用于记录温度随深度变化的过程,可记录深度为 200 m(或 1 000 m)以内的水温变化情况。近年来在深层水温观测中广泛采用的电学式或电子式温度计,根据感温元件和传送讯号的不同,又可分为热式温度计、电阻温度计、电子式温度计以及晶体振荡式温度计。

2.3.5 墒情观测的简史

中国作为农业大国,在古代早就明白了墒情的重要性,根据"保持田间土壤内的水分,以满足作物生长发育的需要,叫作保墒"的道理,古人认为,耕春地或耕秋地,都要趁着土质湿润才行,也就是耕地必须抓紧时间,即所谓"抢墒"。耕秋地时,墒情容易辨识,但是耕春地时,就很不容易测定。古人凭着丰富的实践经验,提出了一个简单方便的方法:过冬时,把一根一尺二寸长的木桩,埋到土里一尺,露在地面上二寸。来年立春后冰冻融解,隆起的松土高过了露出地面的木桩,埋在土里的桩也可以随手拔出来,这就表明地气已经开始通顺,是春耕的最好时机。这个办法简便易行,而且有一定的科学根据。

随着科技的发展,信息化技术的普及,墒情的监测方法也从原先的用烘干法进行土壤含水量的测验,到后期使用土壤水分温度计进行土壤水分的监测分析。现在实际应用的墒情自动测量仪器可分为直接测得土壤含水量的仪器(微波测量法、中子法等)和测量土壤水的水势值的仪器(张力计法、压膜法等)。

2.3.6 流量测验的简史

据史料记载,战国时期的慎到(约公元前 395—前 315 年)曾在黄河龙口用"流浮竹"测量河水流速。

宋朝元丰元年(1078 年),开始出现以河流断面面积和水流速度来估算河流流量的概念。

1927 年后,国民政府陆续成立国家及流域水文管理部门,负责全国的水温测验管理工作,开始开展近代水文测验工作。到 1937 年,全国有水文站 409 处;抗日战争全面爆发后,全国水文工作大多停顿;至新中国成立时,仅接收水文站 148 处。此期间,引进了一些西方水文技术,流量测验采用流速仪法和浮标法。

从 1928 年起,一些流域机构制定水文测验规范文件。

1941 年,中央水工试验所成功研制了旋杯式流速仪并建立了水工仪器制造试验工厂,开始生产现代水文仪器。

从 1949 年至 1957 年,水文监测迅速发展。1949 年 11 月,水利部成立,设置了流域水利机构,随后各大行政区及省市相继设立水利机构,且都有主管水文的部门。在此期间,水利部组建了南京水工仪器厂,研制生产水文仪器,并开展群众性的技术革新活动。群众创造出了效果很好的长缆操船、水轮绞锚、浮标投放器、水文缆道等,随着过河设备的改进,水文测站测洪能力大为增强。

20 世纪 60 年代以来,随着计算机技术的发展、遥感技术的应用和水文建设投入的增加,水文测报先进仪器设备逐步得到应用和推广,流量测验使用水文缆道或水文测船智能控制系统,实现了流量的自动测验或半自动测验。1998 年后,各地积极引进国外新进测流设备,如声学多普勒流速仪、时差法超声波测流仪等。近年来,我国也在积极推广应用水平式声学多普勒流速剖面仪(H - ADCP)、电波流速仪、侧扫雷达测速仪等设备,提高了水文信息采集的准确性、时效性和水文测报的自动化水平。

2.3.7 泥沙测验的简史

据史料记载,汉朝张戎在西汉元始四年(公元 4 年)言,"河水重浊,号为一石而六斗泥",说明当时曾对黄河含沙量做过测量。新中国成立前后,泥沙测验采用取样过滤法。

我国从 20 世纪 50 年代末开始试验研究悬移质泥沙采样器,经过几十年的研究和发展,到 80 年代逐步形成了系列产品。根据世界气象组织发起的水文测验仪器比测计划,1986 年至 1988 年,长江委水文局主持了我国研制的有代表性的悬移质泥沙采样器与美国 USP61 型采样器的比测试验。试验现场为长江朱沱水文站,国产比测仪器有横式、瓶式、调压积时式及皮囊式 4 种类型共 10 种仪器。比测结果表明,各型悬沙采样器试验结果比较接近,含沙量综合平均值相差在 ±3% 以内,除个别仪器外,进口流速系数偏离在 ±3% 以内。因此国产各型悬沙采样器测验资料均可互换使用。目前我国悬沙采样仪器已发展到较高水平,今后应向标准化、系列化方向发展。

1879 年,法国的 P. 迪布瓦提出河流泥沙推移质运动的拖曳力理论,成为河流泥沙运动研究的基础。1950 年,美国的 H. A. 爱因斯坦提出了从含沙量分布求悬移质输沙率的公式,他还根据统计法则建立了理论上较为完善、具有重要实用价值的推移质输沙率公式。在苏联,20 世纪 50 年代,B. H. 贡恰罗夫等人提出了以流速为主要参变数的推移质输沙率公式。中国的张瑞瑾于20世纪50—60年代提出泥沙沉速、起动公式和推移质输沙率、含沙量垂线分布、水流挟沙力公式,论述了蜿蜒型河段演变规律。

推移质测验方法主要有器测法、坑测法、沙波法、体积法及其他间接测定方法。器测法为主要方法,即根据推移质采样器采集到的推移质质量、采样器口门宽和采样历时,计算出断面上该点河底的推移质输沙率,然后根据采样器效率、断面上各测点的推移质输沙率,推求出整个断面的推移质输沙率。长江上游卵石推移质取样多用1964年发明的Y64型采样器;沙质推移质采样器多用1990年发明的Y90-1型采样器,经改造后使用Y90改进型采样器。

河床质测验方法有器测法、试坑法、网格法、面块法、横断面法等。器测法主要用于河床质采样,其余方法多用于无裸露的洲滩采样。河床质采样器形式多样,有挖斗式、锥式、犁式等。长江上游根据其河床特性,多采用犁式采样器进行河床质测验。

第 3 章
降水量

3.1 概述

自然界的水在不断循环着,它们所处的位置大体上分三个方面——空中、地表和地下,各部分的水量相互交替运动着。降水是水文循环中最活跃的因子。降水主要指降雨和降雪,其他形式的降水还有露、霜、雹、霰等。我国大部分地区属季风区,夏季风从太平洋和印度洋带来暖温的气团,使降雨成为主要的降水形式,北方地区在冬季则以降雪为主。在城市及厂矿的雨水排除系统和防洪工程设计中,需要收集降水资料,据以推算设计流量和设计洪水,并探索降水量在地区和时间上的分布规律。

3.1.1 定义及分类

1. 降水的定义

降水是大气中的水汽凝结后以液态水或固态水形态降落到地面的现象。降水是气象要素之一,同时也是水循环中一个重要的环节。它既是水文要素,又是一种气象要素。

2. 降水的分类

按降水的性质可分为连续性降水、阵性降水、间歇性降水和毛毛降水。

连续性降水:持续时间较长,强度变化较小,降水面积大;阵性降水:历时较短,强度大,但降水范围小且分布不均匀;间歇性降水:时有时无,强度时大时小;毛毛降水:迎面有潮湿感,落在干地上不见湿斑,慢慢均匀湿润地面,落在水面无波纹。

按降水形态可分为雨、雪、霰和雹等降水物。实际降水过程中有时也会出现混合的降水形式(如雨夹雪)。

按降水成因可分为气旋雨、对流雨、地形雨和台风雨。

按降水强度,降雨可分为小雨、中雨、大雨、暴雨、大暴雨和特大暴雨 6 种(表 3.1-1);同样,降雪可分为小雪、中雪、大雪、暴雪、大暴雪、特大暴雪等几个等级(表 3.1-2)。

表 3.1-1 各类雨的降水量标准

单位:mm

种类	24 h降水量	12 h降水量
小雨	<10.0	<5.0
中雨	10.0~24.9	5.0~14.9

种类	24 h 降水量	12 h 降水量
大雨	25.0~49.9	15.0~29.9
暴雨	50.0~99.9	30.0~69.9
大暴雨	100.0~249.0	70.0~139.9
特大暴雨	≥250.0	≥140.0

表 3.1-2　各类雪的降水量标准

单位:mm

种类	24 h 降水量	12 h 降水量
小雪	<2.5	<1.0
中雪	2.5~4.9	1.0~2.9
大雪	5.0~9.9	3.0~5.9
暴雪	10.0~19.9	6.0~9.9
大暴雪	20.0~29.9	10.0~14.9
特大暴雪	≥30.0	≥15.0

3.1.2　观测目的及意义

1. 降水量观测目的

降水是主要的水文现象,是水循环过程中的基本环节,是一个地区最基本的地表水和地下水水资源来源,更是水量平衡方程中的基本参数,了解流域水资源状况,必须有足够的降水资料。因此开展降水量观测,目的是要系统地观测和收集降水资料,并将实时观测的降水资料及时送至有关部门,直接为防汛抗旱、水资源管理等服务。通过长期的观测,可以分析测站的降水在时间上的规律,通过流域内降水观测站网,可分析研究降水在地区上的分布规律,以满足工业、农业、生产、军事和国民经济建设的需要。

2. 降水量观测意义

农业、林业、牧业、交通运输、军事等需要掌握降水资料,研究降水规律,并需要及时了解实时的降水情况;水利、交通、城市、厂矿建设中常需要降水资料推求径流和设计洪水、枯水;根据降水资料可做出径流和洪水预报,增长预见期,为防洪抗旱和水资源调度管理服务;降水资料也是水资源分析评价中的重要资料,一个地区的降水规律,是其生态环境的重要标志,对经济发展有重要作用。降水的空间分布与时间分配规律是造成水资源空间分布不均及年内分配不均的主要原因,也是引起洪涝灾害的直接原因,所以在水文与水资源的研究和实际工作中,降水的观测与分析具有十分重要的意义。

3.1.3　主要观测方法

降水量用降落在不透水平面上的雨水(或融化后的雪水)的深度来表示,该深度以 mm 计。降水量观测可采用器测法、雷达探测法和气象卫星云图估算法。器测法一般用来测量降水量,雷达探测和气象卫星云图估算用来预报降水量。

(1)器测法

器测法是直接测定法,是观测降水量最常用的方法。观测仪器通常有雨量器(计)、自记雨量计、雪量计、量雪测具等。雨量器上部的漏斗口呈圆形,内径20 cm,其下部放储水瓶,用以收集雨水。量测降水量则用特制的雨量杯进行,每一小格的水量相当于降雨 0.1 mm,每一大格的水量相当于降雨 1.0 mm。使用雨量器的测站一般采用定时分段观测制,把一天 24 h 分成几个时段进行,并按北京标准时间以 8 时作为日分界点。自记雨量计能自动连续地把降雨过程记录下来,其种类有翻斗式和虹吸式。使用时,应和雨量器同时进行观测,以便核对。自记雨量计有时会出现较大的误差,特别是在降雨强度很大的情况下。

降雪量一般用融化后的雪水的深度表示。雪量较大的地区,降雪时将承雨器或漏斗取下,直接用雨量筒承雪,以免雪满溢出。

(2)雷达探测

气象雷达是利用云、雨、雪等对无线电波的反射来发现目标的。用于水文方面的雷达,其有效探测范围一般为 40～200 km。雷达的回波可在雷达显示器上显示出来,不同形状的回波反映不同性质的天气系统等。根据雷达探测到的降水回波位置、移动方向、移动速度和变化趋势等资料,即可预报出探测范围内的降水强度以及降水开始和终止的时刻。自 20 世纪 70 年代以来,天气雷达观测到的降水资料已在很多国家的洪水预报、警报和水资源管理上发挥了重要作用。

(3)气象卫星云图估算

气象卫星按其运行轨道分为极轨卫星和地球静止卫星两类。地球静止卫星发回的高分辨率数字云图资料目前主要有两种:一种是可见光云图,另一种是红外云图。可见光云图的亮度反映云的反照率。反照率强的云,云图上的亮度强、颜色较白;反照率弱的云,亮度弱,色调灰暗。红外云图能反映云顶的温度和高度,云层的温度越高,其高度就越低,发出的红外辐射就越强。

用卫星资料估计降水的方法有很多,目前在水文方面应用的是利用地球静止卫星短时间间隔云图图像资料,再借助模型进行估算。这种方法可引入人机交互系统,自动进行数据采集、云图识别、降雨量计算、雨区移动预测等工作。

气象卫星观测以其瞬时观测范围大、资料传递迅速的优点胜于雷达观测。20 世纪 70 年代初期,人们曾根据卫星云图照片并与天气雷达资料相比照,估计长历时和短历时降雨量。之后,欧洲和美洲的一些国家,通过对卫星云图可见光波段的反射、辐射和红外波段的辐射强度进行数字化,利用增强显示的数字化云图估算降雨量,取得了一定的成效,估算的降雨量精度明显提高。

3.2 观测场地

3.2.1 场地查勘

降水量观测场地的查勘工作应组织有经验的技术人员进行,查勘前应了解设站目的,收集设站地区自然地理环境、交通和通信等资料,并结合地形图确定查勘范围,做好查勘设站的各项准备工作。

1. 观测场地的环境要求

(1)风会对降水量观测造成较大误差。因此,观测场地应避开强风区,其周围应空旷、平坦,无突变地形、高大树木和建筑物,不受烟尘的影响,以保证在该场地上观测的降水量能代表水平地面上的水深。

(2)观测场不能完全避开建筑物、树木等障碍物的影响时,要求雨量器(计)离开障碍物边缘的距离至少为障碍物顶部与仪器口高差的 2 倍,以保证在降水倾斜下降时,四周地形或物体不致影响降水落入观测仪器内。

(3)在山区,观测场不宜设在陡坡上、峡谷内和风口处,要选择相对平坦的场地,使承雨器口至山顶的仰角不大于 30°。

(4)难以找到符合上述要求的观测场时,可设置杆式雨量器(计)。杆式雨量器(计)应设置在当地雨期常年盛行风向的障碍物的侧风区,杆位离开障碍物边缘的距离至少为障碍物高度的 1.5 倍。在多风的高山和出山口、近海岸地区的雨量站,不宜设置杆式雨量器(计)。

（5）原有观测场地如受各种建筑物影响已经不符合要求，应重新选择。

（6）在城镇、人口稠密等地区设置的专用雨量站，观测场选择条件可适当放宽。

2. 观测场地查勘

（1）查勘范围。观测场地查勘范围为 $2\sim3$ km^2。

（2）观测场地主要查勘内容如下：

①地形、地貌特征，障碍物分布情况，河流、湖泊、水工程的分布情况，地形高差及地形平均高程。

②森林、草地和农作物分布情况。

③气候特征，降水和气温的年内变化及地区分布，初、终霜、雪和结冰融冰的大致日期，常年风向、风力及狂风暴雨、冰雹等情况。

④测站所处流域、乡镇、村庄名称及交通、邮政、通信条件等。

3.2.2 降水量观测场地设置

1. 一般要求与设置原则

降水观测场地常与蒸发、气温等地面气象观测场地合并使用，可能有多个观测项目的仪器安置在同一场地，因此观测场地的选择要综合考虑各种观测项目的需要。一般说来，测站的地址应选在能代表其周围大部分地区天气、气候特点的地方，并且尽量避免小范围和局部环境的影响，同时应当选在当地最多风向的上风方，不要选在山谷、洼地、陡坡、绝壁上。观测场要求四周平坦、空旷并能代表周围的地形。观测场附近理论上不应有任何物体。孤立、不高的个别障碍物离观测场的距离至少要为障碍物高度的 3 倍；宽大、密集、成片的障碍物，距离要在障碍物高度的 10 倍以上。观测场周围 10 m 范围内不能种植高秆作物，以保证气流畅通。测站的房屋一般应建在观测场的北面。另外，测站建成之后，要长期稳定，不要轻易搬迁。

2. 风速对降水量观测的影响

影响降水量观测值准确性的因素很多，其中风的影响最大。气流在运动过程中，遇较大障碍物后流线变形：在障碍物的迎风面流线会向上抬升，流线密度增加，形成增压区，风速加大；而背风面则形成负压区，风速减小，并有涡旋乱流。雨滴或雪片降落时，呈分散的质点运动形式，在有风的情况下，雨滴或雪片降落迹线随风速、风向的改变而改变，使处于障碍物周围的雨量器（计）测得的降水量比实际降落到水平地面上的降水量偏大或偏小。为了尽量减小风的影响，观测场应设置在比较开阔的地带，并避开强风区。

为研究障碍物引起的风场变形，明确观测场到四周不同类型障碍物的最小距离，许多国家进行了大量的野外试验。苏联、美国进行了风洞试验，研究障碍物阻碍气流运动，流线变形产生雨雪降落迹线偏移，从而引起降水量观测误差的物理机制。我国也开展了大量试验，试验结果表明：对孤立的房屋，在迎风面，距房屋边墙为房高的 $3\sim4$ 倍时，风速基本不受影响，风向仰角小于 $4.5°$；到边墙距离为房高的 2 倍时，风速减小最大达 15%，最大仰角为 $6°$；到边墙距离为房高的 1 倍时，风速减小最大达 50%，最大仰角为 $15.7°$。距离障碍物越近，气流辐合抬升作用越强，到房檐附近，风向仰角可达 $30°$。房顶中心处风速增大达 15%，风向仰角达 $23°$，形成增压区。在背风面，气流流线受房屋的影响很大，成为俯、仰角交错的乱流区，最大仰角达 $80°$，最大俯角达 $50°$，到边墙距离为房高的 4 倍时，气流流线尚未恢复正常。侧风面的影响范围小于迎风面。

为尽量避开建筑、树木等障碍物的影响，对观测场到障碍物的距离，各国都有严格规定。世界气象组织（WMO）要求孤立物体到观测仪器的距离应不小于其高度的 4 倍。多数国家规定：器口到障碍物顶部的仰角不大于 $15°$（其距离相当于障碍物高度的 3.7 倍）。我国气象部门规定：观测场边缘与四周孤立障碍物的距离至少是障碍物高度的 3 倍，与成排障碍物的距离至少是障碍物高度的 10 倍，观测场四周 10 m 以内不得种植高秆作物。

3. 房顶雨量器(计)引起的误差

自 20 世纪 70 年代以来,由于多种原因的影响,部分地区的雨量站把雨量器(计)设置在房顶上。我国曾对部分站点进行了房顶雨量器(承雨器口高于地面 3.7～11.3 m)与地面雨量器的比测试验,比测结果表明,房顶雨量器(计)比地面雨量器(计)的观测成果系统偏小,具体见表 3.2-1(表中误差包括用皮管引水的湿润损失),且偏小值随器口离地面高度的增加而增大,随房屋高低和类型及所处环境条件的不同而有较大的差异,唯有少数设在避风区的山区站,由于常年风速小,房顶仪器观测误差不大。房顶雨量器测雪偏差更大,日降雪量平均偏小 54.7%,最大偏小 94%,月降雪量平均偏小 49.4%。因此,应尽量避免将雨量计设在房顶上。

表 3.2-1　房顶雨量器观测误差统计表

项目		房顶类型	房顶雨量器口高度(m)	站数	相对误差(%)		
					平均	最大	最小
日雨量	<5 mm	平顶	3.7～11.3	24	−11.8	−30.9	−1.8
		坡顶	4.5～9.2	12	−15.0	−21.3	−4.0
	≥5 mm	平顶	3.7～11.3	24	−5.7	−11.7	−1.0
		坡顶	4.5～9.2	12	−9.5	−13.4	−1.9
	不分级	平顶	4.0～10.2	15	−4.7	−9.1	−1.7
		坡顶	4.5～9.2	3	−2.5	−4.1	−1.2
月雨量	—	平顶	4.0～11.3	22	−5.5	−14.1	−1.1
		坡顶	4.5～9.2	14	−8.7	−17.3	−2.3
年雨量	—	平顶	4.0～11.3	11	−5.6	−10.5	−1.1
		坡顶	4.5～9.2	10	−8.2	−15.8	−2.2

4. 观测场地栏栅

观测场地栏栅对观测场地和仪器起保护作用。用标准的木板或竹片设置观测场栏栅还可起防风作用。WMO 的《水文实践指南》第一卷有关降水量观测场的论述指出:承雨器口高于地平面安装的观测仪器周围,应尽可能以附近整齐的、高度一致的树林、灌木对风加以防护。因此,有条件的地区,可利用灌木防护观测场。

观测场地设置好后,不允许任何单位和个人侵占或破坏。观测员和巡测指导人员应经常检查和维护,以《中华人民共和国水法》第四十一条为依据,保护测站场地和设施。当观测场四周保护区内出现影响降水量观测精度的树木、房屋及其他障碍物时,应及时与有关部门联系,或报告上级主管部门,根据国家有关法规进行处理。

5. 雨量观测场设置的具体要求

(1)除试验和比测需要外,一般情况下,观测场最多设置两套不同的观测设备。

(2)当雨量观测场内仅设 1 台雨量器(计)时,其标准场地面积应按 4 m×4 m 设置;要同时放置雨量器和自记雨量计时,其标准场地面积应按 4 m×6 m 设置。

(3)若因试验和比测需要,雨量器(计)上加防风圈测雪及设置测雪板或设置地面雨量器(计)的雨量站,应根据需要或根据《水面蒸发观测规范》(SL 630—2013)的规定加大观测场面积。

(4)观测场地应平整,地面种草或作物,其高度不宜超过 20 cm。场地四周设置栏栅防护,场内铺设供观测的人行小路。栏栅条的疏密以不阻滞空气流通又能削弱通过观测场的风力为准,在多雪地区还应考虑在近地面不致形成雪堆。有条件的地区,可利用灌木防护。栏栅或灌木的高度一般为 1.2～1.5 m,常年保持一定的高度。杆式雨量器(计)可在其周围半径为 1.0 m 的范围内设置栏栅防护。

(5)观测场内有多种或多个仪器时,仪器安装的原则为:保持距离,互不影响;北高南低,东西成行;靠近小路,便于观测。

6. 雨量观测场的平面布置

（1）观测场内的仪器布置应使仪器相互不影响观测为原则，场内的小路及门的设置方向要便于进行观测工作，一般观测场地布置见图 3.2-1。

（2）水面蒸发站的降水量观测仪器按水面蒸发观测的要求布置。

（3）观测场地周围有障碍物时，应测量障碍物所在的方位、高度及障碍物边缘至仪器的距离，在山区应测量仪器口至山顶的仰角。

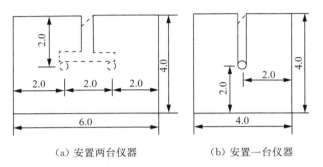

（a）安置两台仪器　　　　（b）安置一台仪器

图 3.2-1　降水量观测场平面布置图（单位：m）

7. 雨量观测场地的保护

（1）降水量观测场地及其仪器设备等是水文测验的基本设施，根据《中华人民共和国水法》应受保护，任何单位和个人不得侵占。

（2）观测场四周规定的障碍物距仪器最小限制距离，属于保护范围，不得兴建建筑物，不得栽种树木和高秆作物。

（3）应保持观测场内平整、清洁，经常清除杂物杂草。对有可能积水的场地，在场地周围开挖窄浅排水沟，以防止场内积水。

（4）场地栅栏应保持完整、牢固，定期上油漆，有废损时应及时更换。

8. 雨量站考证簿的编制

（1）考证簿是雨量站最基本的技术档案，是使用降水量资料必需的考证资料，在查勘设站任务完成后即应编制。以后如有变动，应将变动情况及时填入考证簿。

（2）考证簿内容包括：测站沿革，观测场地的自然地理环境，平面图，观测仪器，委托观测员的姓名、住址、通信和交通等。

（3）考证簿一式四份（或三份），包括纸质和电子文档，分别存本站（委托雨量站可不保存考证簿）、指导站、地区（市）水文领导部门、省（自治区、直辖市）或流域水文领导机关。

（4）公历尾数逢 5 的年份，应全面考证雨量站情况，修订考证簿；公历尾数逢 0 的年份也可重新进行考证。雨量站考证内容有变化或迁移时，应随即修改或另行建立考证簿。

3.3　观测仪器

3.3.1　降水量观测仪器分类

1. 按观测对象分

降水量观测仪器主要指观测液态降水的雨量计（器）和观测以雪为主的固态降水的雪量计。可以同时观测降雨和降雪的降水观测仪器称为雨雪量计。测定液态降水量的仪器有雨量器和雨量计两种。

2. 按传感原理分

降水量观测仪器按传感原理分类,可分为直接计量(雨量器)、液柱测量(主要为虹吸式,少数是浮子式)、翻斗测量(单层翻斗与多层翻斗)等传统仪器,以及采用新技术的光学雨量计、超声波雨量计和雷达雨量计等。

3. 按记录周期分

降水量观测仪器按记录周期分类,可分为日记和长期自记。

3.3.2 常用降水量观测仪器的适用范围

1. 雨量器

雨量器适用于驻守观测的雨量站。

2. 虹吸式自记雨量计

虹吸式自记雨量计适用于驻守观测液态降水量。

3. 翻斗式自记雨量计

翻斗式自记雨量计适用于雨量遥测站和一般自记雨量站。记录周期有日记和长期自记两种。

(1) 日记型雨量计,适用于驻守观测液态降水量。

(2) 长期自记型雨量计,适用于驻守或无人驻守的雨量站观测液态降水量,特别适用于边远偏僻地区无人驻守的雨量站观测液态降水量。

3.3.3 雨量器

1. 工作原理与结构组成

雨量器是最简单的观测降水量的仪器,它由雨量筒与量杯(量雨筒)组成(图 3.3-1)。雨量筒用来承接降水物,它包括承水器、储水筒(外筒)、漏斗、器盖、储水瓶等部分。我国采用直径为 20 cm 的正圆形承水器,其口缘镶有内直外斜刀刃形的铜圈,以防雨滴溅失和筒口变形。承水器有两种:一种是带漏斗的承雨器,另一种是不带漏斗的承雪器。外筒内放储水瓶,以收集降水量。量杯为一特制的有刻度的专用量雨筒,量杯刻画为 100 分度,每 1 分度等于雨量筒内水深 0.1 mm。

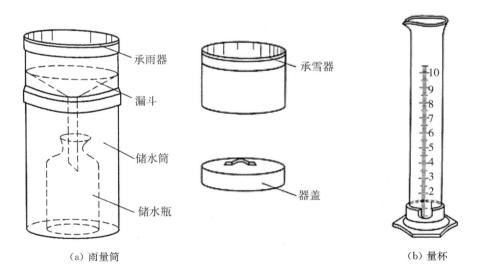

(a) 雨量筒 (b) 量杯

图 3.3-1 雨量筒及量杯

专用量杯直径 40 mm,截面积是承雨器口截面积的 1/25,承雨器接得 1 mm 的降雨量在量杯内高 25 mm,量杯壁上的刻度高将实际降雨量放大了 25 倍。量杯内的刻度是降雨量的直接读数,可以读到

0.1 mm 降雨量。雨量器口直径的精确度要求较高,应为 $\phi(200+0.600)$ mm,雨量器中与雨水直接接触的零件表面,应光滑,尽量少吸附雨水。

2. 雨量器的安装与应用

雨量器应安装在地面上,器口高度 0.7 m。雨量器与周围障碍物边缘的距离至少为障碍物顶部与仪器口高差的 2 倍。如果难以避免周围障碍物影响,可以将雨量器安装在高杆上,即为杆式雨量器,杆高不超过 4 m。

仪器应安装牢固,保证承雨口水平。实际测雨时,按观测时段规定,定时用配用的量杯量测储水瓶中承接的雨水量,即为时段雨量。

用于测雪时,应将承雨器、漏斗、储水瓶拆除,在储水筒上套接承雪器,直接承接降雪、降雹。然后将储水筒带回室内,自然融化后测量降水量。也可以加入定量热水帮助雪、雹融化,再计量。如果未及改装,可待承雨器内积雪融化,连同储水瓶中已化成水的水量一起计量,得到降雪量。

3. 雨量器的特性

雨量器中的雨量筒只是承接降水量,需要人工用专用量杯计测水量,受到观测时段的限制,不能获得详细的降水强度。

雨量筒承雨口的尺寸形状稳定,如果人员操作熟练、认真,观测的降水量不会产生较大误差,如果各测量环节能得到很好的控制,测量值比其他自动雨量计还要准确可靠。因此,常将它所测得的雨量值,作为与其他安装在同一地点的雨量计进行比测的依据。

值得注意的是,用口径不大的承雨口承接雨水,收集到的雨水量会受地形、风力风向、降雨不均匀性、仪器安装高度等因素的影响。在同一观测场内的几台雨量筒会承接到有差异的降水量,不能简单地认为它们应该测得一致的降水量。

影响雨量器测量准确性的因素有承雨器口径误差、雨水被承雨器和漏斗附着损失、量杯制造精度、人工读数操作等,影响观测精度较大的因素是风力、风向。

风对降雪量观测的影响更大。

在不可避免有较大自然风影响的地点,应使用专门制作的 F-86 型防风圈。将防风圈安装在 200 mm 直径以下的立柱上,雨量筒安装在立柱顶端的防风圈中心。

由于只观测时段雨量,时段内已收集雨水量的蒸发也是产生误差的因素。

另外,地面雨量器也有少量应用。地面雨量器的结构和 20 cm 口径雨量器基本一致,也是一种简单的观测降水量的仪器。其有一个大口径雨量筒,也由承水器、储水瓶和外筒组成。但承水器口径可以达到 618 mm,外筒完全埋在地下,承水器口略高出地面,储水瓶在地下的外筒内承接承水器流下的雨水,再用量杯计量雨量。

3.3.4 虹吸式雨量计

1. 工作原理与结构组成

虹吸式雨量计使用历史悠久,是我国目前使用最普遍的雨量自记仪器。其特点是测量精度较高,性能也较稳定。但由于其原理的限制,不便于将降雨量转换成可供处理的电信号输出,不便于用于自动化记录和遥测系统,这在客观上限制了它的发展。

虹吸式雨量计是利用虹吸原理对雨量进行连续测量,降雨由承水器收集,经漏斗和进水管进入浮子室,持续的降水引起浮子室内水位升高,浮子室内的浮子亦因受浮力作用而升高,并带动浮子杆上的记录笔在记录纸上运动,作出相应记录。当降雨量累计达 10 mm 时,浮子室内水位恰好到达虹吸管弯头处,启动虹吸,浮子室内的雨水从虹吸管流出,排空浮子室内降水。在虹吸过程中,浮子随浮子室内的水位下降而下降,虹吸结束时,浮子降落到起始位置。若继续降雨,则浮子室中浮子重新升高,再虹吸排水,从而保持循环工作。雨量计中的自记钟通过传动机构带动记录纸筒旋转,从而使记录笔在记录纸上作出相应的时间记录。根据记录曲线,可以判断降雨的起讫时间、降雨强度和降雨量。

虹吸式雨量计主要由承水部分、虹吸部分和自记部分等组成,见图3.3-2。

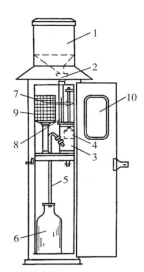

1—承雨器;2—漏斗;3—浮子室;4—浮子;5—虹吸管;6—储水器;
7—记录笔;8—笔档;9—自记钟;10—观测窗

图3.3-2 虹吸式雨量计

承水部分由一个内径为 ϕ200 mm 的承水器口和大、小漏斗组成。虹吸部分包括浮子室、浮子、虹吸管等。自记部分主要由自记钟、记录纸、记录笔及相应的传动部件组成。

虹吸式雨量计的记录原理是利用浮子室水位上升,引起虹吸现象发生,排空浮子室内降水,使记录笔下降,从而反复记录降雨量。

2. 虹吸式雨量计的安装

虹吸式雨量计的安装地点和安装基本要求与雨量器相同,具体操作步骤如下。

(1) 对虹吸式雨量计的整体进行安装,并安装钟筒、虹吸管、记录笔等部件。

(2) 将自记纸卷安装在钟筒上,将钟筒放置在钟轴上,此时应检查钟筒下的转动小齿轮与钟轴固定齿轮是否相互衔接,钟筒安置是否垂直。

(3) 将虹吸管的短弯曲端插入浮子室的出水管内,并用连接器密封固紧。

(4) 向笔尖注入自记墨水,使笔尖接触纸面,对准时间并消除齿轮间隙。

(5) 将清水缓慢倒入承水器,至虹吸作用发生后停止倒水,虹吸溢流停止后,笔尖应停留在"0"线上。若有偏离,应予以调整。

(6) 虹吸作用应在注水量达到10 mm时开始,若未达到或超过10 mm线,需旋松虹吸管连接器,把虹吸管上移或下降,直到符合要求。

(7) 虹吸溢流时间不应超过14 s,否则要检查其原因,清洗虹吸管。

3. 安装注意事项

虹吸式雨量计的安装工作十分重要,不正确的安装往往会加大仪器的测量误差,需引起特别注意,具体注意事项如下。

(1) 虹吸式雨量计承雨器口、浮子室截面和自记钟必须保持水平,否则会影响记录的正确性,产生计时误差等。例如,当浮子室向左侧倾斜时,虹吸管与垂直方向角度增大,使虹吸作用提前发生;反之,虹吸作用将推迟发生。故在虹吸式雨量计安装时,一定要检查各部件的相互水平、垂直情况,不可忽视。

(2) 虹吸管安装高度有严格要求,即虹吸前无滴流,虹吸过程中水柱不中断,并无水汽混杂倒流及残留气泡、液柱现象发生。

（3）正确安装自记钟，消除齿轮间隙。

（4）仪器安装完成后，其雨量记录有以下特点：

①无雨时，自记纸上画水平线；

②有雨量时，自记纸上画平滑的上升曲线；

③虹吸时，自记纸上画自上而下的垂直线。

4. 虹吸式雨量计的特点

虹吸式雨量计是我国应用时期最长、最普遍的自记雨量计。它是长期批量生产的产品，所以产品性能可靠，测量准确性也较好。

它能记录一天的降雨过程，不能用于无人值守的站点。有些国家的水文站基本无人值守，故基本不用虹吸式雨量计。它不能用于自动化记录和传输，也就不能用于自动化系统和长期自记。

5. 虹吸式雨量计的维护与调试

1）仪器维护

（1）要经常保持仪器的承水器清洁，防止树叶、尘土及其他杂物堵塞进水漏斗，还要防止承水器口变形。仪器的虹吸管很容易脏污，脏污的虹吸管会影响虹吸排水时间，要及时清洗。清洗方法如下：取下虹吸管，用肥皂水洗涤后再用清水漂洗，洗清后装上仪器进行虹吸试验，应注意在排水过程中笔尖在自记纸上所画的线条是否垂直，如还有偏斜，必须找出原因加以纠正。

（2）浮子直杆与储水筒顶盖的接触处应保持清洁，无锈蚀，以减少摩擦。

（3）在雨季，每月要对仪器进行 1～2 次人工雨量测试，如有较大误差，应找出原因，及时进行检修。

（4）在冬季初次结冰前，应把储水筒内的水排尽，以防浮子冰裂，并在承水器上加盖保护。结冰期不宜使用。

2）仪器调试

应该定时检查雨量计，对其记录部分进行调整、测试，即调笔尖零位，调虹吸点，复测容量，自记钟调整。

（1）笔尖零位调试。在承水器内徐徐注入清水，至虹吸时停止，待虹吸排水完毕后，调节笔杆使笔尖指在记录纸的"0"线上，如有微量偏差，可调节笔杆微调机构来消除。

（2）虹吸点调试。零点调好后，再将以雨量杯定量的 10 mm 清水缓缓注入承水器，当笔尖快达自记纸上 10 mm 线附近时，须减慢注水速度。虹吸应在清水注完时发生，如过早虹吸应将虹吸管拉高，如不起虹吸应将虹吸管放低。虹吸调整好后应紧固虹吸管的紧固螺套。

（3）容量调整。雨量计的容量就是虹吸一次的排水量，容量调整就是调整雨量计的测量精度，它是在累计 10 mm 降水量时的雨量计精度，在虹吸点调整后再进行容量调整。调整方法如下：向储水筒倒入雨量杯内 10 mm 降水量的清水，笔尖上升的距离在自记纸上应正好相当于 10 mm 降水量，其误差不应大于 ± 0.05 mm（0.5 小格），如容量误差不大，允许调节导板位置去消除误差，如果误差大于 ± 1 mm，则应检查并分析原因：

①量筒是否标准，10 mm 的水是否是 314.16 mL；

②储水筒内径是否有误差。

用雨量杯计量降水的正确方法是用拇指和食指夹持量杯上端，使量杯自由下垂，观测水面时，视线与水面在同一高度，以水面最低处为标准。

（4）自记钟调试。雨量计自记钟在一天内走时快慢应不超过 5 min，如有超差则应进行调整。调整方法：取下记录筒，推开记录筒上快慢调节孔的防尘片，将自记钟上的快慢针稍稍拨动，如走时太快应将慢针拨向"－"的方面，太慢则拨向"＋"的方面。

3.3.5 翻斗式雨量计

翻斗式雨量计可用于雨量数据自动收集、记录、远传,应用于水文自动测报系统。我国的翻斗式雨量计在 20 世纪 70 年代开始研制,目前已在水文、气象等部门广泛应用。

1. 工作原理与结构组成

(1) 工作原理

翻斗式雨量计的计量装置是雨量翻斗。由于雨量计量要求不同,在基于高分辨率、高准确度要求时,可以采用两层翻斗来计量。大部分翻斗式雨量计都是单翻斗的,只有当雨量分辨率为 0.1 mm 时,因为要控制雨量计量误差,才采用双翻斗形式。

单翻斗式雨量计工作原理示意图见图 3.3-3。在雨量筒身内有一组翻斗结构用于雨量计量。雨量翻斗是一种机械双稳态机构,由于机械平衡和定位作用,它只能处于两种倾斜状态,见图 3.3-4 中实线和虚线位置。降雨由承雨口进入雨量计,通过进水漏斗流入翻斗的某一侧斗内。当流入雨水量到一要求值时,水的重量及重心位置使得整个翻斗失去原有平衡状态,向一侧翻转。翻斗翻转后,被调节螺钉挡住,停在虚线位置。这时一侧斗内雨水倒出翻斗,另一侧空斗位于进水漏斗下方,承接雨水,继续进行计量。当这一空斗中流入雨水量到一要求值时,翻斗又翻转,这一计量过程连续进行,完成了对连续降雨的计量过程。一般在翻斗上安装一永磁磁钢,在固定支架上安装一高灵敏度的干簧管。在翻斗翻转过程中,此磁钢随翻斗运动,在运动过程的中间接近支架上的干簧管,随即离开,使干簧管内的触点产生一次接触断开过程,达到一次翻转产生一个讯号的目的。将翻斗翻转水量调节成要求值,如 0.2 mm、0.5 mm、1.0 mm 雨量(在承雨器口径为 200 mm 时,分别为 6.28 mL、15.7 mL、31.4 mL 水量),则每一信号分别代表 0.2 mm、0.5 mm 或 1.0 mm 降雨。

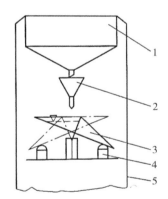

1—承雨口;2—进水漏斗;3—翻斗;4—调节螺钉;5—雨量筒身

图 3.3-3 单翻斗式雨量计工作原理示意图

翻斗式雨量计的信号产生方式基本是利用干簧管和磁钢配合的方式,也常被称为磁敏开关。

双翻斗式雨量传感器分成上下两层,上层为过渡翻斗,下层为计量翻斗。计量翻斗上装有磁钢,用来吸合干簧管,输出通断信号。过渡翻斗翻转时所需的降雨量一般小于计量翻斗翻转水量。而计量翻斗翻转水量应等于额定的仪器分辨率。降水到一定量后,过渡翻斗发生翻转,降雨通过节流管全部流入计量翻斗。节流管的作用是控制一定的雨水通过速度(雨强),这是设置双翻斗的主要目的。此时计量翻斗并不翻转,降雨继续注入仪器,过渡翻斗发生第二次翻转,降雨再次通过节流管流入计量翻斗。在流入过程中,计量翻斗发生了翻转,从而输出接点通断信号。在计量翻斗翻转过程中,仍然有降水从节流管注入计量翻斗,计量翻斗在翻转期间始终有一个基本恒定的由节流管形状决定的"雨强"注入计量翻斗内。这个"雨强"一般控制在 4 mm/min。这样使计量翻斗翻转水量与外界实际雨强基本无关,从而消除了单翻斗式雨量计的翻斗翻转误差来源。

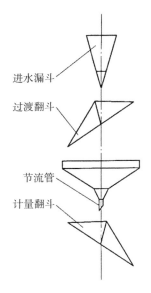

进水漏斗

过渡翻斗

节流管

计量翻斗

图 3.3-4　双翻斗式雨量计工作原理示意图

（2）结构与组成

翻斗式雨量计由传感器和存储装置构成，翻斗式雨量传感器主要由承雨器、翻斗、发信部件、底座组成。筒身由具有规定直径、高度的圆形外壳及承雨口组成，筒身和内部结构都安装在底座上，底座支承整个仪器，并可安装在地面基座上，如图 3.3-5 所示，内部结构如图 3.3-6 所示。我国使用较多的是雨量分辨率为0.2 mm、0.5 mm、1 mm 的单翻斗式雨量传感器，以及雨量分辨率为 0.1 mm 的双层翻斗式雨量计。

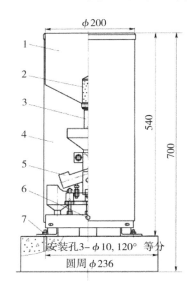

1—承雨器；2—防虫网；3—漏嘴；4—筒身；
5—翻斗；6—M6固定螺钉；7—M8地脚螺钉

图 3.3-5　翻斗式雨量传感器（单位：mm）

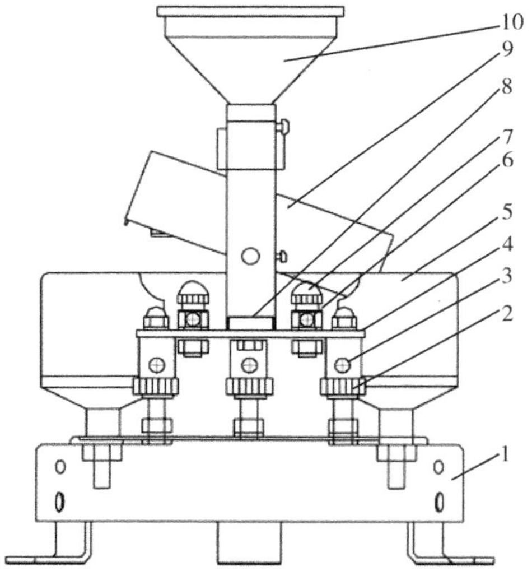

1—底座；2—调平螺帽；3—调平锁紧螺钉；
4—工作平台；5—集水罐；6—调斗锁紧螺钉；
7—调斗螺钉；8—圆水准气泡；9—翻斗；10—漏斗

图 3.3-6　翻斗式雨量传感器内部结构图

降水进入筒身上部承雨口，首先经过防虫网，过滤清除污物，然后进入翻斗。翻斗一般由金属或塑料制成，支承在刚玉轴承上。翻斗下方左右各有一个定位螺钉，调节其高度，可改变翻斗倾斜角度，从而改变翻斗每一次的翻转水量。翻斗上部装有磁钢，翻斗在翻转过程中，磁钢与干簧管发生相对运动，从而使干簧管接点状态改变，可作为电信号输出。仪器内部装有圆水泡，依靠 3 个底脚螺丝调平，可使圆水泡居中，表示仪器已呈水平状态，使翻斗处于正常工作位置。

翻斗式雨量计的输出是通过判断干簧管簧片的机械接触通断状态,接出两根连接线形成开关量输出。一次干簧管通断信号代表一次翻斗翻转,就代表一个分辨率的雨量。相应的记录器和数据处理设备接收处理此开关信号。翻斗式雨量计传感器本身无需电源。但作为整体雨量计使用时要产生、处理、接收信号,记录或传输雨量信号,就必须要有电源。翻斗式雨量传感器配以相应的雨量显示记录器,组成自记雨量计或远传雨量计。

2. 翻斗式雨量计的安装和应用

(1) 安装。翻斗式雨量计的底座上有 3 个均匀分布的底脚。一般安装基座上要有 3 个 M8 的底脚螺丝,穿入 3 个底脚的 $\phi10$ 孔中,用螺帽垫圈固定。初步安装后,要用底脚螺丝上的螺帽垫圈调整,使雨量计的承雨器口呈水平状态;调整时要借助水平尺,然后去掉连接承雨口的雨量筒身,观察内部翻斗支架上的圆水泡;利用内部翻斗支架的调平螺丝将圆水泡调平,保证翻斗部件处于水平正常工作状态,以确保翻斗的计量精度。

为了保证仪器的运输安全,翻斗可能是单独包装的,或者人为固定住翻斗,避免翻斗在运输中受损。开箱后,用户应按产品说明书要求进行安装。安装好的翻斗应翻转灵活,轴向间隙符合要求。翻斗翻转时,应有相应接点通断输出。可用万用表欧姆挡进行检查。

翻斗是直接决定仪器计量精度的关键零件,严禁被油污沾染。目前制造翻斗的材料有金属和工程塑料两种。

一般仪器在出厂前均进行了人工模拟降水调试,为防止在运输过程中仪器定位螺钉的松动,用户可对仪器用人工模拟降水的方法进行复核。以 4 mm/min 的雨强向仪器注水,接取仪器自身排水量,用前述公式计算误差。若结果在仪器测量允许误差范围内,则该仪器可判为合格。否则,需重新进行人工注水调整。

翻斗式雨量计有两根信号线(单信号输出时)接入遥测终端机。为了避免雷电和其他干扰因素的影响,满足安全需要,通常所需信号线都应该穿入金属管理地铺设,不能在空中架设。

(2) 应用。翻斗式雨量计可以长期自动工作。按照上述方法安装好后,它就可以自动工作了。仪器输出的是机械接触信号,需用两根导线接出。如果不是接入专用记录器,所应用的记录显示或数传仪器应保证通过雨量计信号触点(干簧管)的电压、电流符合要求。

3. 翻斗式雨量计的特点

翻斗式雨量传感器是雨量自动测量的首选仪器,它具有以下优点。

(1) 结构简单,易于使用。工作原理简单直观,很容易理解掌握,也便于推广。

(2) 性能稳定,满足规范要求。它的技术性能能满足水情自动测报系统对遥测雨量计的要求。只需一些简单的维护,翻斗式雨量计就能较稳定地长期工作。

(3) 信号输出简单,适合自动化、数字化处理。

(4) 价格低廉,易于维护。

(5) 因结构上的原因,这类传感器的可动部件翻斗必须和雨水接触,整个仪器更是暴露在风雨之中,夹带尘土的雨水或沙尘都会影响翻斗式雨量计的正常工作,或降低其雨量测量的准确性。另外,在需要应用 0.1 mm 分辨率测量雨量时,单翻斗式雨量计往往在准确度和降雨强度上难以满足要求;如采用双翻斗式雨量计,又增加了仪器复杂性,降低了可靠性。

4. 翻斗式雨量计的维护检测(校准)

(1) 维护。使用中最重要的维护是防尘和防堵。要定期检查雨量计所有雨水通道是否通畅。从承雨口的滤网、管嘴、漏斗进水通道,到翻斗排水后的流出通路,看各处有无堵塞和尘污。使用中要定期清洁仪器,尤其是翻斗,更要注意清洗尘土和油污。要定期检查翻斗的翻转灵敏度和信号的正常产生,包括信号是否从信号线正常传输到记录器或遥测终端机。

要求定期用人工注水的方法检查翻斗计量精度。如果有明显偏差,要按说明书要求调整翻斗翻转位置。

(2)翻斗式雨量计的检测(校准)。雨量计检定是使用雨量检定设备,将大、中、小3种不同降雨强度(0.5 mm/min、2 mm/min、4 mm/min)的降雨量,模拟成相对稳定的水流量,用导管注入翻斗部分的漏斗,水流入翻斗使翻斗翻转。按规定的翻斗翻转数,计量翻斗翻转排出的总水量,再计算翻斗计量误差。一般讲,一次测试可以计测10 mm雨量。也就是说,对雨量分辨率为0.2 mm、0.5 mm、1 mm的雨量计,可分别计量50斗、20斗、10斗的翻斗排出水量。排出水量要计量到0.5g(或0.5 mL)。翻斗计量误差应该都在−4%到+4%之间。

野外检测翻斗式雨量计多采用人工给水检定法。用10 mm的雨量筒盛相当于10 mm降雨量的清水,模拟降雨强度为2 mm/min的降雨,缓慢、均匀地注入翻斗上部的漏斗(2 mm/min的降雨强度相当于5 min内倒完10 mm雨量筒内的水量)。注入总水量应能使被测雨量计的翻斗翻转100次。相应于分别在0.2 mm、0.5 mm、1.0 mm分辨率的雨量计中,注入0.2 mm×100 mm、0.5 mm×100 mm、1 mm×100 mm的雨量,即相当于20 mm、50 mm、100 mm降雨量的水量。如果翻斗翻转总数为(100±4)次,即为合格。此方法的难点是人工倒水很难掌握均匀,更不易符合降雨强度要求。如果倒水时快时慢,尤其是超出4 mm/min时,就会形成较大的计量误差。要熟练掌握倒水速度才能测得较为正确的结果。如果需要,也可用此方法进行不同降雨强度的测试。

模拟降水试验的目的是通过滴水试验,验证或重新确立合适位置,使仪器在0~4 mm/min雨强范围时,其计量误差均在规定的误差范围之内。当实验结果误差超出要求时,用户可以通过调节翻斗左右调节螺钉的高低调整仪器。调整左右调节螺钉时,应注意使两侧翻斗的翻转水量基本一致,尽量同步调高或调低左右调节螺钉。

3.3.6 其他类型雨量计

除前述的虹吸式雨量计、翻斗式雨量计外,称重式雨量计、浮子式雨量计、容栅式雨量计、光学雨量计、X波段测雨雷达等雨量计在水文上也有少量使用。

1. 称重式雨量计

(1)工作原理

称重式雨量计采用称重法测量原理,用一定直径的承雨口承接降水,承接的降水留在雨量计内的盛水容器中,雨量计内有精确的自动称重机构,不断地自动称量承接的降水重量,从而得到降水量和降水强度。测得数据可以自动记录,并自动传输。

(2)仪器组成

称重式雨量计由承雨筒、智能传感器、数据采集器、显示器、通信接口、供电、排水等部件组成。

(3)仪器特点

只要自动称重机构准确性够高,且很稳定,称重式雨量计将不受降水强度影响。加上加热装置,可以测量降雪。一般认为,称重式雨量计比传统的翻斗式雨量计准确度高,可测量任何类型的降水,甚至可高精度地计量出雨水的蒸发量。

由于雨量计内盛水容器的容积有限,要连续测量,就需要配备自动排水系统。此排水系统可以是倒虹吸式的,也可以是自动阀门控制的。

仪器工作时需要供电,可用太阳能和蓄电池供电。

2. 浮子式雨量计

浮子式雨量计是将承雨口收集到的雨水全部汇集到浮子室,再用一浮子感测浮子室内的雨水水面位置,转化为降雨量。这种计测方式没有翻斗翻转计量误差,对降雨强度的反应不敏感,避免了翻斗式雨量计的弱点。由于浮子室内一般只能积存10 mm雨量,到达10 mm雨量时要排空存水,故排空所需历时中的降雨也会造成类似于翻斗翻转(也是在排水)历时中降雨所造成的误差。在应用中,要采取措施减少或消除此误差。

(1) 工作原理

浮子式雨量计从外形上看和雨量筒相似。但其计量部分是一个浮子式水位测量系统及排水和进水控制部分。其原理示意见图3.3-7。

从图3.3-7可看出,降雨从承雨口通过滤网及承雨口管嘴进入进水开关部件,然后进入浮子室。浮子室是个圆柱形容器,其横截面积与承雨口横截面积呈确定的比例关系。一定的降雨量进入浮子室后被转换放大成相应倍数的水面(水位)升高。用浮子感应此水位变化,带动水位编码器旋转,通过相应信号线输出水位编码值,就能知道水位值,也就是降雨量。

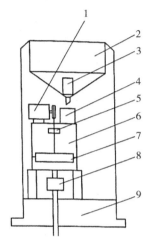

1—水位编码器;2—承雨口;3—滤网;4—进水开关部件;5—平衡锤;6—浮子室;
7—浮筒;8—排水控制部件;9—底座

图3.3-7 浮子式雨量传感器示意图

浮子室在测得一定量的降雨后必须全部排空,再对重新流入的雨水进行计量。因此,要在浮子室上下进出水处,分别安装进水开关和排水控制部件。排水控制部件的工作原理是当浮子室内的雨水水位上升到额定高度时,水位编码器及仪器控制部分测得此数值后会发出信号,打开排水控制阀(同时关闭进水阀),雨水自流排出。经一定时间排空后,排水控制阀关闭,进水阀打开,浮子室继续计测降雨。而控制部分会将这次排水的时间、水量(恒定值)记录下,同时又使以后的降水从水位编码器新的起点(排水后,浮子已降回零点)开始计测。这样反复运行就达到长期自记雨量的目的。

(2) 仪器结构与组成

仪器一般由雨量传感器、控制部分、电源组成。

雨量传感器筒身包括承雨口、底座、浮子室、人工排水排沙机构、信号线输出接口等。

控制部分是以CPU为核心的电路。其功能有:接收编码器信号,测得水位并转化为降雨量;按预设程序控制进水、排水电磁阀的工作,并可进行数据存储、显示;与遥测终端机连接;等等。

电源一般是蓄电池,也可与遥测站其他设备共用电源。

(3) 仪器特点

浮子式雨量计的优点是克服了翻斗式雨量计的弱点。单从设计上讲,它可以达到0.1 mm的分辨率,并能适应各种降雨强度。雨量计量误差和降雨强度没有关系。

它的缺点是结构复杂,包括了翻斗式雨量计和浮子式水位计两部分,还有自动控制降雨进入和排水的控制器。结构复杂不但使价格增高,而且可靠性降低,使用调试不便。

3. 容栅式雨量计

（1）工作原理

容栅式雨量计也称为电容栅式雨量计，其基本原理是使用容栅传感器对承接的雨水进行计测。容栅传感器是一种先进的线位移传感器，是在光栅、磁栅后发展起来的一种新型位移传感器。它利用高精度的电容测量技术测得因位移而改变的电容，从而测得位移量。它的准确度很高，在量程为 10～20 cm 时，一般产品很容易达到 0.03 mm 的准确度，能满足 0.1 mm 雨量计的要求。

（2）仪器结构与组成

容栅式雨量计的主要结构和浮子式雨量传感器类似，主要不同在于后者是用浮子式水位编码器测量浮子室内承接的雨水水位，而容栅式雨量计是在浮子上装一感应尺，此感应尺随浮子升降，用一容栅传感器感应测量感应尺的高度，也就是浮子和浮子室内雨水水面位置。测量时，容栅传感器并不和感应尺接触，也就没有阻力。在浮子室上下也设有进水、排水阀门，进、排水过程和浮子式雨量传感器相同，由控制部分进行运行控制和接收测得数据。与浮子式雨量计类似，容栅式雨量计需要蓄电池供电。

（3）仪器特点

容栅式雨量计的结构复杂，但它有较高的准确度，也不受降雨强度影响。

4. 光学雨量计

光学雨量计是一种较复杂的间接感测式雨量计。国外机场、高速公路等已大量采用，但目前国内使用较少。

（1）工作原理

光学雨量计并不承接雨水，它一般使用红外光直接测量降水水滴（测雪时是雪粒）的分布密度、大小，从而测知降水量。仪器上有相距数十厘米的两个光学探头，它们发送和接收红外光线，雨滴的衍、散射效应引起光的闪烁，闪烁光的光谱分析与单位时间内通过光路的降雨强度有关，由此可以测得降雨强度以及雨量。

（2）仪器结构与组成

图 3.3-8 是一种光学雨量计的照片。仪器的传感部分是一整体，主要由两个相距数十厘米相互正对着的光学探头，以及相应的控制测量部分和电源组成。它的输出是一标准接口，一般就直接接入 PC 系统。利用计算机直接控制操作，接收数据。

图 3.3-8　光学雨量计

（3）安装要求

光学雨量计安装在一专用支架顶端，或用专用接头接装在专门架设的支架上端，有一定的高度要求，类似于高杆雨量计安装，对周围也有类似于雨量观测场的无遮挡要求。

信号电缆接入接收装置、计算机系统，电缆的安装要符合较高的防雷、防干扰要求，要较远距离传输信号时，应满足传输要求。

（4）仪器特点

光学雨量计的雨量测量误差较大，但可适应的降雨强度范围大，大部分兼有测雪的功能，具有全天候测雨、测雪功能。此外，它能在高、低温的工作环境中工作，扩大了它的使用范围。

5. X 波段测雨雷达

（1）工作原理

X 波段测雨雷达采用全相参、全固态、双极化、脉冲多普勒体制，通过接收两个极化回波，可测量除反射率因子之外的差分反射率、差分相位等参数，量测雨滴扁平度进而获取降水强度。两部 X 波段测雨雷达组网探测，分别选用各自工作频点，保证同时探测且互不影响。X 波段测雨雷达采用 GPS/北斗定位定向、授时，保持探测数据时空同步。中心站协同控制雷达工作，对同一天气过程开展多剖面、多模式、多维度、多要素的探测，根据回波数据及回波的位置，综合开展地物滤除、网络衰减订正、数据融合等算法处理，反演生成反射率拼图、组合降雨等更精准的组网观测产品。X 波段测雨雷达探测原理如图 3.3-9 所示。

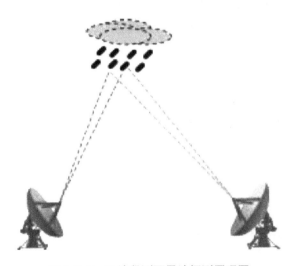

图 3.3-9　X 波段测雨雷达探测原理图

（2）仪器结构与组成

X 波段测雨雷达（图 3.3-10）采用全固态双极化多普勒体制，一体化设计，固定式安装，雷达主机及天线罩放置在室外，终端计算器及附属设备放置在室内。室外部分包括：天线罩、天线、天线座、收发机箱（发射机、接收机、信号处理部件）等；室内部分包括：计算机、伺服控制组合、交换机、UPS 等。X 波段测雨雷达通过室内的计算机控制，可实现全自动运行。

（3）仪器特点

①技术体制先进——全数字、全固态收发，双极化（偏振）；

②可维护性高——全自动测试、自动化标定、无人值守工作；

③高时空分辨率观测、高信噪比，数据可用性强、可信性高；

④具备智能化短临预警预报能力，回拨外推和机器学习兼顾；

⑤支持协同组网功能，扩大监测预警范围，提高效能。

图 3.3-10　X 波段测雨雷达

3.3.7　雨雪量计

我国的雪量观测大多是由人工进行的,人工观测降雪量可以用雨量器进行,见前文雨量器部分。也有部分测站使用雨雪量自动测量仪器观测降雪量。

雨雪量计以加热式、不冻液式、压力式、光学式为主要类型。单纯的雪量计有称重式、雪深测量式等。

1. 加热式雨雪量计

（1）工作原理

加热式雨雪量计的主要结构与翻斗式雨量计基本相同,只是增加了电加热器、测温传感器和温度控制开关等。电加热器分管状和片状两类,现在普遍应用专门制作的电加热片。在承雨口锥形底的下部和雨量筒内侧安放加热片,加热片也可安装在翻斗支架和底座上。当温度降到一定值时,温控开关接通加热器,保证降雪融化,融化后的雪水流入翻斗部分,计测出降雪量。当温度高于一定值时,温控开关切断加热器电源。加热器不工作时,加热式雨雪量计的工作过程完全和翻斗式雨量计一样。

（2）仪器的结构与组成

加热式雨雪量计是一整体结构,外观上和普通雨量筒一样。内部增加了电加热系统,包括加热器、温度传感器和温控开关。为了防止加热失控,设有过热保护装置,在内部温度过高时,强行断电。为了保温、防止散热,在雨量筒内侧布设有保温层。

（3）特点

加热式雨雪量计结构简单,易于使用。缺点是有较大的功耗,需要使用 220 V 交流电源。有些地方电力供应难以满足,就不能使用。在气温很低、降雪强度较大以及风力很大的情况下,要保证完全融雪十分困难。因此,加热式雨雪量计一般不在−25℃以下的气温中使用。

2. 不冻液式雨雪量计

（1）工作原理

不冻液式雨雪量计工作原理见图 3.3-11。仪器外形呈圆筒状，下半部就是一台翻斗式雨量计，上半部的承雨口部分改为不冻液融雪机构。这部分是溢流机构，内部加有一定深度的不冻液体。一般的不冻液是乙二醇、甲醇的混合物，可能加有少量亚硝酸钠或硝酸钠。这种混合液体的冰点在－40℃以下。它的容重略小于水，且有融化雪的作用。降雪由承雨口进入融雪桶，落入不冻液，被融化后与不冻液混合，使液面升高。此混合液体从溢流管口中溢入，注入翻斗，经翻斗计量测得雪水当量。

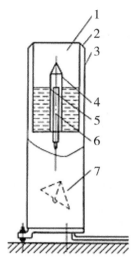

1—融雪桶；2—环口；3—桶身；4—中心管；5—通气管；6—溢流管；7—翻斗

图 3.3-11　不冻液式雨雪量计原理图

（2）仪器的结构与组成

一般的不冻液式雨雪量计由翻斗式雨量计和附加设备组成，附加设备主要包括冻液融雪装置和不冻液定量补充设施。测雪时附加设备装在翻斗式雨量计承雨口上，夏季可拆下此设备作为翻斗式雨量计测雨。

（3）特点

这类仪器不需加热设施，不耗用交流电。但它的计量误差较大，要定期配制更换不冻液，带来使用上的不便。

（4）安装要求

大部分安装要求和翻斗式雨量计相同。冬季装上融雪装置（融雪桶），将配制好的不冻液倒入融雪桶，使液面与溢流管口相平。再倒入防挥发油，使浮在液面上的油层厚约 5 mm。这时溢流管会产生溢流，溢出部分不冻液。不冻液中的甲醇等有剧毒，须妥善保管使用。

3. 压力式雨雪量计

（1）工作原理

压力式雨雪量计的主体是一个内部盛有相当高度不冻液的雨（雪）量筒，在不冻液下部设置一压力传感器。降雪进入不冻液后，液面升高，压力传感器测得的压力升高，可以换算成液面高度，测得降雪量。其工作原理和压力水位计相同，连接压力传感器的控制器记录并显示降雪量。

（2）仪器结构与组成

该仪器包括较高的融雪桶、控制器、电源三部分。融雪桶内盛有一定深度的不冻液，底部装有灵敏的压力传感器。此外，还可能装有电动搅拌器。当下雪较多，气温较低时，搅拌器开动，可以帮助雪液混融。控制器测量压力，显示、记录降水量，还控制搅拌器工作。

3.4 降水观测仪器安装要求

3.4.1 仪器的基本技术要求

1. 承雨器口

(1)雨量器和自记雨量计的承雨器口内径采用 200 mm,允许误差为 0.6 mm。

(2)承雨器口应呈内直外斜的刀刃形,刃口锐角 40°~45°。为防止锈蚀和变形,承雨器口宜采用铜或铝合金制成,内壁光滑无砂眼。承雨器口面应与器身中心轴线相垂直,与雨量器储水筒底面或自记雨量计外壳底面相平行。

2. 量杯

专用量杯的总刻度为 10.5 mm,其最小刻度与雨量站的观测记录精度一致,最小起始刻度线应等于 1/2 记录精度。

3. 雨量观测误差

1)误差计算

仪器在野外使用过程中,记录水量和自身排水量的量测误差,可用式(3.4-1)计算。

$$E_s = (W_t - W_d)/W_d \tag{3.4-1}$$

式中：E_s 为雨量计仪器测量误差,%;W_t 为仪器记录水量,mm;W_d 为仪器排水量(自然虹吸量、翻斗翻倒水量、浮子式累计水量),mm。

2)误差要求

雨量观测误差一般采用相对误差表示,但对较小的降水,可用绝对误差表示。仪器的分辨率不同,对其量测误差的要求亦不一样,具体要求如下。

(1)分辨率为 0.1 mm、0.2 mm 的仪器,其量测误差要求是:排水量小于等于 10 mm 时,量测误差宜不超过 0.2 mm,最大不得超过 0.4 mm;排水量大于 10 mm 时,量测误差宜不超过 2%,最大不得超过 4%。

(2)仪器分辨率为 0.5 mm 的仪器,其量测误差要求是:排水量不大于 12.5 mm 时,量测误差不得超过 0.5 mm;排水量大于 12.5 mm 时,量测误差不得超过 4%。

(3)仪器分辨率为 1 mm 的仪器,其量测误差要求是:排水量不大于 25 mm 时,量测误差不得超过 1 mm;排水量大于 25 mm 时,量测误差不得超过 4%。

4. 时间记录误差

自记雨量计运行过程中的时间记录误差标准:机械钟的日误差不超过 5 min;石英钟的日误差不超过 1 min,月误差不超过 5 min。

5. 其他要求

(1)自记雨量计的传感器、记录器必须计量精确,能灵敏地、连续不断地反映降水过程和降水起止时间,其量测精度可采用人工室内滴定注入水量后的仪器排水量检验。

(2)采用记录笔记录的仪器要求画线清晰,无断线现象,画线宽度不超过 0.3 mm,记录笔的调零机构应方便、可靠,复零位误差不超过仪器分辨率的 1/2。

(3)有线或无线遥测雨量计,除配有记录器外,宜同时配备数字显示装置(简称计数器),收集、显示时段累积降水量,满足及时掌握雨情和报汛的需要,记录器记录与计数器显示值之差,在一次满量程范围内允许差 1 个分辨率。

（4）有线或无线遥测自记雨量计和长期自记雨量计，均应配备储水器承接传感器的排水量，用以检查和订正仪器量测误差。如仪器发生故障，记录失真，则以储水器内水量作为该时段降水量。储水器可置于仪器内部或放在仪器外部，并加引水管和防护设备。

（5）用于采集降水量信息数据的固态存储器，应具备以下要求：

①采集信号数与输入信号数之差在 1‰以内；

②时间分辨率不大于 5 min；

③为适应长期连续工作，仪器应有显示工作情况是否正常的指示装置。

3.4.2　仪器安装

1. 仪器安装高度

（1）雨量器（计）的安装高度，以承雨器口在水平状态下至观测场地面的距离计。

（2）雨量器的安装高度为 0.7 m；自记雨量计的安装高度为 0.7 m 或 1.2 m；杆式雨量器（计）的安装高度宜不超过 4 m，否则必须安装防风圈。

（3）地面雨量器（计）的承雨口略高于地面，它观测的降水量，可评价不同安装高度雨量器（计）观测的降水量，各地可规划少数雨量站（一般选在水面蒸发站）安装地面雨量器（计）。

（4）雨量器（计）承雨器口的安装高度选定后，不得随意变动，以保持历年降水量观测高度的一致性和降水记录的可比性。

2. 仪器安装要求

（1）新仪器安装前应检查确认仪器各部件是否完整无损及传感器、记录器反应灵敏度是否正常，确认好后才能进行安装，暂时不用的仪器备件应妥善保管。

（2）雨量器和机械传动的自记雨量计，均固定安置于埋入土中的圆形木柱或混凝土基柱上，基柱埋入土中的深度应能保证仪器安置牢固，即使在暴风雨中也不发生抖动或倾斜。基柱顶部应平整，承雨器口必须保持水平。

（3）安置雨量器的基柱可配特制的带圆环的铁架，套住雨量器。铁架脚用螺钉或螺栓固定在基柱上，以确保仪器安置位置不变，便于观测时替换雨量筒。

（4）累积雨量器安置在木制或铁制的支架上，支架脚应牢固埋入土中，并用固定在支架顶部的圆环铁架套住累积雨量器，在降雪期间器口应安装防风圈。

（5）安装自记雨量计时，用 3 颗螺栓将仪器底座固定在混凝土基柱上，承雨口应水平，对有筒门的仪器外壳，其朝向应背对本地常见风向。部分仪器可加装 3 根钢丝以拉紧仪器，绳脚与仪器底座的距离一般为拉高的 1/2，对有水平工作要求的仪器应调节水准泡至水平。承雨器口安装高度大于 2 m 时，钢丝与地面的夹角在 60°左右。

（6）传感器与显示记录器间用电缆传输信号的仪器安装要求：显示记录器应安装在稳固的桌面上；电缆长度应尽可能短，宜加套保护管后埋地敷设，若架空铺设，应有防雷措施；插头插座间应密封，且安装牢固。使用交流电的仪器，应同时配备直流备用电源，以保证记录的连续性。

（7）采用固态存储的显示记录器，安装时在正确连接电源后，应根据仪器说明书的要求，正确设置各项参数，再进行人工注水试验，并符合要求。试验完毕，应清除试验数据。

（8）在安装雨雪量计时，应针对不同仪器的工作原理，妥善处理电源、不冻液等安全隐患，注意安全防范。

（9）翻斗式遥测雨量计的传感器、记录器（包括计数器）应安装在观测室内稳固的桌面上，要便于工作，避免震动。连接传感器和记录器（计数器）的电缆，应牢固可靠，加屏蔽保护，配防雷设备，使其不受自然和人为的破坏。接电缆线之前，应先接上稳压电源。为保证记录的连续性，有交流电源的地区应同时接上交流和直流电源。

（10）雨量器（计）的安装高度为2～3 m时，可配置一小梯凳，以便观测。但观测时小梯凳不要紧靠立柱，以免柱子倾斜。

（11）仪器安装完毕后，应用水平尺复核，检查承雨器口是否水平。用测尺检查安装高度是否符合规定要求，用五等水准引测观测场地地面高程。

3. 防风圈的安装与使用

（1）安装防风圈的作用

风对固态降水的影响比液态降水大得多，根据国内外试验，在器口未加任何防护的情况下，仪器捕获的降雪量比实际平均偏小10%～50%，最大可达100%。为获得较为准确的降雪量资料，除尽可能地将观测场选在受风影响小的地方外，还要安装防风圈。

承雨器口安装高度不大于1.2 m的仪器，器口未安装防风圈观测到的月、年降水量误差较小，即在月、年降水量观测误差不超过3%的条件下，考虑节省人力、物力，可不安装防风圈，但长江上游部分地区全年都可能降雪，如雨量器不加屏蔽（防风圈等），其捕雪量偏小可达50%以上。为了提高降雪量的观测精度，防止积雪和风吹雪的影响，多雪地区器口安装高度为2 m，并加防风圈，积雪很深的地区还可适当提高安装高度；其余地区可用器口高于地面0.7 m、不带防风圈的雨量器或累积雨量器测雪。

四川省以地面雨量器（计）为标准，对器口加和不加防风圈的雨量器（计）进行对比观测试验，结果表明：器口安装防风圈后能使液态降水观测值系统偏小的误差减小50%左右，即在器口安装防风圈能明显提高液态降水的观测精度。

（2）防风圈的构成及制作

雨量器（计）防风圈主要由叶片、上衬圈、下衬圈及中部用连接叶片的铅丝构成。

叶片、上衬圈、下衬圈制作方法如下：

叶片用厚0.5～0.7 mm的镀锌白铁皮制作。叶片长480 mm，上宽80 mm，下宽50 mm，从上往下为125～200 mm，叶片由两侧向内做成弯月状，叶片上下两端各有直径为5 mm的孔眼，近中部有两个直径为7 mm的穿线孔，叶片四周做成宽5～8 mm的凹凸状槽（或称压强筋），如图3.4-1所示。上下衬圈采用直径为6 mm的元钢焊制。

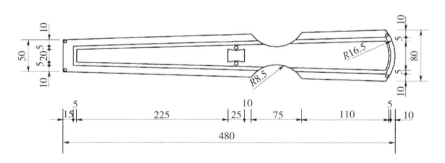

图3.4-1　防风圈叶片（单位：mm）

防风圈组装方法如下：

取叶片24个，用铅丝将上下衬圈分别绑扎在上下孔眼处，并用12号铅丝穿过叶片中部线孔连接叶片，将圈体组成上下两个不同倾角的圆台形。以叶片弯月处分界，叶片上部与水平面的倾角为35°，下部为70°，上部叶片向外伸展成曲线状。组装完成的防风圈高度为400 mm，圈体直径为上部1 050 mm，中部660 mm，下部500 mm，叶片排列均匀。

（3）防风圈的安装方法

首先用木柱、混凝土柱（直径均为200 mm）或钢管（管径可小于200 mm）制作一立柱，立柱上端固定一圈圆形钢板,其直径为 260 mm,厚 10 mm,立柱下端进行防腐处理,牢固埋入土中 1～1.5 m,上端露出地面的高度,应使装置在立柱上的雨量器(计)器口高度符合要求。

其次放置雨量器(计)的框架,用 25 mm 扁钢焊制,框架大小能自由放入、取出和稳定仪器即可;用 4 个螺栓将框架固定在立柱顶端钢盘上。将防风圈套在框架外部,在中部和下部衬圈处,在相互垂直的四个方向用连杆与框架连接,加螺栓固定,如图 3.4-2 所示。

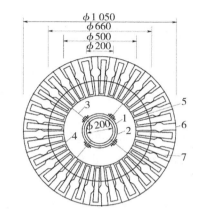

1—框架；2—雨量器；3—连杆；4—内圆钢衬圈；
5—铅丝衬圈；6—外圆钢衬圈；7—叶片

图 3.4-2 雨量器(计)框架、防风圈放置图(单位:mm)

最后固定框架上的防风圈,其上部圈口应与器口同高。为了便于更换储水瓶或记录纸,可特制加高储水筒或有外壳的雨量器(计),使储水器或记录器部分置于防风圈装置之下,如图 3.4-3 所示。若在多风地区加防风圈测液态降水量,可在防风圈的叶片上半部粘贴厚 10 mm 的泡沫塑料片防止溅水,并每年更换 2 次。

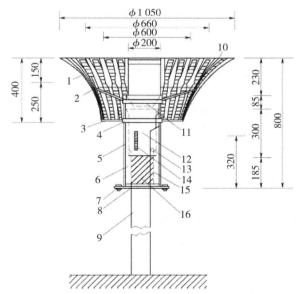

1—叶片；2—中衬圈；3—下衬圈；4—箍与连杆；5—框架；
6—改装储水筒；7—螺栓；8—圆形钢板；9—钢管立柱；10—上衬圈；
11—改装漏斗；12—储雪（水）器；13—锁；14—把手；15—观测门；
16—长方形塑料泡沫垫

图 3.4-3 防风圈安装图(单位:mm)

3.5 仪器的检查和维护保养

3.5.1 仪器的检查

1. 新安装仪器

新安装在观测场的仪器,必须按照仪器使用说明书认真检查仪器各部件安装是否正确,并按以下要求检查仪器运转是否正常。

(1)分别以每分钟大约 0.5 mm、2 mm、4 mm 的模拟降水强度向承雨器注入清水,检查记录器记录值和计数器显示值,并与排水量比较,判断其量测误差是否在允许范围内,每次注水量应大于 12.5 mm,满足连续记录 3~5 个量程。

(2)分别检查交流、直流电源供电时仪器各部件的运转是否正常。

(3)经过运转检查和调试合格的仪器,经试用 7 d 左右,证明仪器各部件性能合乎要求和运转正常后,才能正式投入使用。

(4)在试用期内,检查自记钟或计时机构的走时误差和记录器的时间误差是否符合规定。

(5)对停止使用的自记雨量计,在恢复使用前应按照上述要求进行注水运行试验检查。

2. 在用仪器

(1)每年用分度值不大于 0.05 mm 的游标卡尺测量观测场内各个仪器的承雨器口直径 1~2 次,测量时,应从均匀分布的 3 个不同方向测量器口直径,所得到的测量值都应符合规定。

(2)每年用水准器或水平尺检查承雨器口面是否水平 1~2 次。

(3)不要轻易拧动翻斗式雨量计的翻斗定位螺钉,但如雨量计各项正常,只有翻斗计量误差不符合要求,可检查调整翻斗基点。具体方法见"翻斗式雨量计"部分。

(4)宜每年对虹吸式自记雨量计进行一次器差检查。徐徐向承雨器注水,当产生虹吸时立即停止,待记录笔落到"0"线后,用量雨杯量取 10 mm 清水分 10 次向承雨器注水,每次注入 1 mm,记录每次加水后自记笔的记录值,重复试验五遍,将试验结果以累计加水量为纵坐标,相应记录值为横坐标,点绘相关图。若相关线通过原点,且是一条与坐标轴成 45°的直线,则无器差。否则,应求出器差,对记录值进行器差订正。

(5)凡检查不合格的仪器,都应及时调整维修或换用新仪器。

3.5.2 仪器的维护保养

(1)注意保护仪器,防止碰撞,保持器身稳定,器口水平无变形。无人驻守的雨量站应对仪器采取特殊安全防护措施。

(2)保证仪器内外清洁,每月在无雨时按仪器说明书要求细心清洗仪器内外尘土 1 次,随时清除承雨器中的树叶、昆虫等杂物,保持传感器承雨汇流畅通,反应灵敏,计算准确。

(3)在多风沙地区无雨或少雨季节,将承雨器加盖,但要注意在降雨前及时将盖打开。

(4)在结冰期间,自记雨量计停止使用时,应将仪器内积水排空,全面检查养护仪器,器口加盖,并用塑料布包扎器身,也可将仪器取回室内保存。

(5)在每次换纸、取观测数据或巡回检查时,均应进行长期自记雨量计的检查和维护工作。

(6)每次对仪器进行调试或检查时都要详细记录,以备查考。

3.6 应用实例

长江上游降水量观测仪器主要以翻斗式雨量计为主,部分驻测站点配有人工雨量器。水文站的降水量观测仪器主要安装于观测场内,无法建设观测站的站点采用杆式或屋顶式安装,如图3.6-1、图3.6-2、图3.6-3所示。水位站和雨量站主要采用杆式安装。

图 3.6-1　降水量观测场安装雨量计实例

图 3.6-2　屋顶式雨量计安装实例

图 3.6-3　杆式雨量计安装实例

3.7　小结

长江上游降水量大部分以降雨形式生成,另外降水量是防汛抗旱的重要参数,所以雨量观测仪器是最重要的降水观测仪器。雨量观测仪器可以分为自动测量和人工测量两类,自动雨量观测仪器是通过仪器设备自动记录降水量数据,具有精度高、实时性强等优点;人工雨量观测仪器则是通过人工观测和记录降水量数据,具有操作简便、灵活性高等优点。观测仪器也随着 100 多年的科技发展形成了如今普遍应用的遥测翻斗式雨量计,实现了传统水文降水要素监测自动化。但观测仪器的数据准确性受到多种因素的影响,如气象条件、设备精度、测量方法等,因此在实际应用中应采用高精度的测量设备,定期对设备进行校准和维护,确保测量方法的科学性和可靠性以及加强数据的质量控制和审核。

第 4 章
蒸发

4.1 蒸发与水面蒸发观测

4.1.1 蒸发的概念与定义

水面蒸发是液体表面发生的汽化现象。通常情况下，流域或区域陆面的实际蒸发量是指地表处于自然湿润状态时来自土壤和植物蒸发的水总量。潜在蒸散量是指给定气候条件下，覆盖整个地面且供水充分的成片植被蒸发的最大水量。因此，它包括在给定地区、给定时间间隔内的土壤蒸发量和植被蒸腾量，以深度表示。

蒸腾是指植被的水分以水蒸气的形式传输进入大气中的过程。

由定义可知，无论是实际蒸发量或是潜在蒸散量都难以通过准确的观测获得，因此在科学研究和实际工程中，多采用观测水面蒸发量，以满足开展科学研究或工程应用的要求。水面蒸发量也称蒸发率，其定义为单位时间内从单位（水）表面面积蒸发的水量，通常表示为单位时间内从全部（水）面积上所蒸发的液态水的相当深度。单位时间一般为 1 d；水量用深度表示，单位为 mm，也可用 cm 表示。根据仪器的精密程度，通常测量的准确度为 0.10 mm。

4.1.2 水面蒸发观测的目的和意义

水面蒸发是水循环过程中的一个重要环节，是水量平衡三大要素之一，是水文学研究中的一个重要课题。它是水库、湖泊等水体水量损失的主要部分，也是研究陆面蒸发的基本参证资料。蒸发在水资源评价、产流计算、水平衡计算、洪水预报、旱情分析、水资源利用等方面都有重要作用。水利水电工程和用水量较大的工矿企业规划设计和管理，也都需要水面蒸发资料。

随着国民经济的不断发展，水资源的开发、利用需求急剧增长，供需矛盾日益尖锐。这就要求更精确地进行水资源的评价。水面蒸发观测工作，可探索水体的水面蒸发量及蒸发能力在不同地区和时间上的变化规律，以满足国民经济各部门的需要，为水资源的开发利用服务。

测量自由水面和地表的蒸发量以及植被的蒸腾量，对于水文模拟、水文气象学及农业的研究是非常重要的，例如，水库及排灌系统的设计和运行都需要这些资料。

4.1.3 观测蒸发量的主要方法

观测蒸发量的主要方法是器测法。观测水面蒸发主要应用蒸发器、大型蒸发池；冰期蒸发用蒸发皿观测。

4.2　陆上水面蒸发场的设置和维护

4.2.1　蒸发观测的场地要求

（1）场地大小应根据各站的观测项目和仪器情况而定。设有气象辅助项目的场地应不小于 16 m（东西向）×20 m（南北向）；没有气象辅助项目的场地应不小于 12 m×12 m。

（2）为保护场内仪器设备，场地四周应设高约 1.2 m 的围栅，并在北面安设小门。为减小围栅对场内气流的影响，围栅尽量用钢筋或铁纱网制作。

（3）为保护场地自然状态，场内应铺设 0.3～0.5 m 宽的小路。人员进场时只准在路上行走。

（4）除沼泽地区外，为避免场内产生积水而影响观测，应有必要的排水措施。

（5）在风沙严重的地区，可在风沙的主要来路上设置拦沙障。拦沙障可用秫秸等做成矮篱笆或栽植矮小灌木丛而形成。拦沙障应注意不影响场地气流畅通，其高度和距离应符合观测场地环境的要求。

4.2.2　仪器安置

仪器的安置应以相互之间不受影响和观测方便为原则。其具体要求见图 4.2-1。

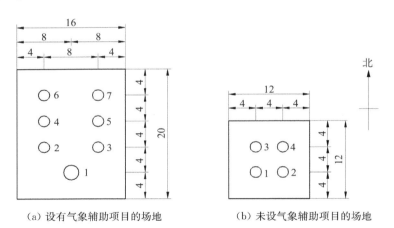

（a）设有气象辅助项目的场地　　　　（b）未设气象辅助项目的场地

1—E601B 型蒸发器；2—校核雨量器；3—20 cm 口径蒸发皿；4—自记雨量计或雨量器；

5—风速仪（表）；6、7—百叶箱

图 4.2-1　陆上水面蒸发场仪器布设图（单位：m）

（1）高的仪器安置在北面，低的仪器顺次安置在南面。

（2）仪器之间的距离，南北向不小于 3 m，东西向不小于 4 m，与围栅距离不小于 3 m。

4.2.3　陆上水面蒸发场的维护

（1）必须经常保持场地清洁，及时清除树叶、纸屑等垃圾，清除或剪短场内杂草，草高不超过 20 cm。不准在场内存放无关物件和晾晒东西，以及种植其他农作物。

（2）经常保持围栅完整、牢固。发现有损坏时，应及时修整。

（3）在暴雨季节，必须经常疏通排水沟，防止场地积水。在冬季有积雪的地区，一般应保持积雪的自然状态。

（4）经常检查场内仪器设备安装是否牢固，是否保持垂直或水平状态。发现问题应及时整修。

（5）设有风障的站，应经常检修风障。

4.3 蒸发观测仪器

4.3.1 蒸发观测仪器简介

天然水体的水面蒸发量可以通过器测法进行观测,通过器测法观测得到的蒸发量要通过与代表天然水体的蒸发量进行折算,才能得到天然水体的蒸发量。

用于水面蒸发量人工观测的仪器主要有 E601 型蒸发器和 20 cm 口径蒸发器(一般称为蒸发皿)两种。一些自动蒸发观测仪器都是在 E601B 型的基础上增加设备制成的。《水面蒸发观测规范》规定了 E601 的结构,原标准中规定的 E601 用钢板制作,后经改进,这种仪器多用玻璃钢(玻璃纤维增强树脂)制造,隔热性能优于金属,强度、耐腐蚀性也优于金属。它可以长期应用,耐冻裂。E601B 型水面蒸发器的性能优于用钢板制作的 E601 型。作为更新换代的产品,国内试验证明 E601B 型的折算系数稳定,性能优越。E601B 型水面蒸发器已成为水文、气象部门统一使用的标准水面蒸发器。因此,本节重点介绍 E601B 型水面蒸发器和 20 cm 口径蒸发器。

4.3.1.1 E601B 型水面蒸发器

1. 工作原理

其工作原理为通过测定蒸发桶内的水位变化量,得到仪器的蒸发量。以蒸发桶内小水体为蒸发观测样本,通过折算系数,推算出自然界天然水体的水面蒸发量。

E601B 型应用水位测针人工观读蒸发桶内的水位,再由降雨量、溢出量推算出蒸发量。因此,观察蒸发的同时,需要观测降雨量、溢出量,还要观测直接影响水面蒸发的气温、湿度、水温、风等气象和水文要素。

2. 组成

E601B 型蒸发器主要由蒸发桶、水圈、测针和溢流桶 4 个部分组成。在无暴雨地区,可不设溢流桶。

(1)蒸发桶。蒸发桶是该仪器的主体部分。该部件是用玻璃钢材料加工制造而成,具有防腐、抗冻、隔热的优越性能。蒸发桶桶身上部为圆柱形,器口直径为(618±2) mm,高 600 mm,下部为一锥形底,蒸发桶口缘为里直外斜的刃形,斜面为 40°～50°,桶体内部光滑、洁白。桶内壁装有测针插座,测针轴杆上装有静水器,观测时起静水防风浪的作用。在桶口处嵌有溢流管,以排泄蒸发桶内因降雨过多而溢出的水量。蒸发桶内壁刻有红色水面线,指示在向蒸发桶内加水或取水后应保持的水面液位,刻线距离器口 7.5 cm。

(2)水圈。水圈部件是装置在蒸发桶外围的套环,其作用是减少蒸发桶内外溅水和沿地面脏物对蒸发桶内的污染,削弱太阳直射,降低地面温度,减少蒸发桶内水体和地面的热交换。水圈共 4 只,呈弧形,壁上开有溢流孔。

(3)测针。测针部件是本仪器的量测装置,测针安装在蒸发桶插座上,测针尖伸进静水器内,音响器用导线和测针连接。测针的结构主要为由测微螺杆借助置紧螺丝固定于上端的游标刻度盘上,测杆安装在测针的螺丝套中,测杆上刻有分辨率为毫米的刻度,总量程为 70 mm。旋动刻度盘带动测微螺杆旋转,测微螺杆带动测杆在螺丝套中做轴向移动,使测杆下端的针尖接触水面。音响器安装在塑料盒中,连接导线,一端接音响器输入插孔,另一端分别接入一测针支杆顶端孔和电极片,电极片放入水中。

(4)溢流桶。溢流桶是一个面积为 300 cm^2 的金属圆柱桶,用于积存因暴雨超过蒸发桶规定液位的多余降雨,即蒸发桶溢出的水量。

3. 技术指标

1）蒸发桶

（1）口径：(618±2) mm。

（2）圆柱体高度 600 mm；锥体高度 87 mm；器壁厚度 6 mm；整个器高 693 mm。

（3）器口：1 cm×10 cm(厚×宽)，器口呈 40°～50°里直外斜形刃口。

（4）标准水面标志线距器口为(75±2) mm。

（5）溢流孔底距器口 60 mm，内径为 15 mm。

2）水圈

（1）槽宽：200 mm。

（2）内腔深：137 mm。

3）溢流桶

（1）内径：(196±1) mm(器口面积为 300 cm²)。

（2）器深：400 mm。

4）量测装臂(ZHD 型电测针)

（1）测针量程：70 mm。

（2）测杆最小刻度：1 mm。

（3）分辨率：0.1 mm。

（4）电测针音响器电源：DC3V。

4. E601B 型水面蒸发器的安装

（1）E601B 型水面蒸发器一般是安装在陆上蒸发观测场，也可以安装在水面漂浮蒸发场（图 4.3-1）。

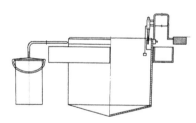

1—音响器；2—插座；3—测针；4—标准蒸发桶；5—水圈；6—橡皮管；7—溢流桶

图 4.3-1　标准水面蒸发器(E601B 型)结构图

（2）E601B 型蒸发器的埋设具体要求如下。

①蒸发器口缘高出地面 30.0 cm，并保持水平。埋设时可用水准仪检验，器口高差应小于 0.2 cm。

②水圈应紧靠蒸发桶，蒸发桶的外壁与水圈内壁的间隙应小于 0.5 cm。水圈的排水孔底和蒸发桶的溢流孔底，应在同一水平面上。

③蒸发器四周设一宽 50.0 cm(包括防坍墙在内)、高 22.5 cm 的土圈。土圈外层的防坍墙用砖顺向平摆干砌而成。在土圈的北面留一个小于 40.0 cm 的观测缺口。蒸发桶的测针座应位于观测缺口处。

（3）埋设仪器时应力求少扰动原土，坑壁与桶壁的间隙用原土回填捣实。溢流桶应设在土圈外带盖的套箱内，用胶管将蒸发桶上的溢流嘴与溢流桶相接。安装时，必须注意防止蒸发桶外的雨水顺着胶管表面流入溢流桶。

（4）为满足冰期观测一次蒸发总量的需要，在稳定封冻期，蒸发桶外需设套桶。套桶的内径稍大于蒸发桶的外径，两桶器壁间隙应小于 0.5 cm。套桶的高度应稍小于蒸发桶，使其套在蒸发桶口缘加厚部分的下面，两桶底恰好接触。为防止两桶间隙的空气与外界直接对流，应在套桶口加橡胶垫圈或用麻、棉塞紧。为观测方便，需在口缘的 4 个方向设起吊用的铁环。

5. E601B 型水面蒸发器的使用

（1）将测针插入插座，使测针底座紧贴插座平面。

（2）将一端连线插入音响器插孔中，另一端两接线分别插入支架杆插孔和放入水中。

（3）打开音响器开关，将针尖调离水面，将静水器调好上下、左右位置，待静水器中水面平静后，旋动刻度盘使测针针尖慢慢下降，听到音响后将针尖升离水面，再下降接触水面，直到听到音响，测得一水面数据。将测针旋转 90°，重复上述方法，测得第二个水面数据，每次应读至 0.1 mm。如果两个数据一致，或差值小于 0.2 mm，可取其均值作为观测值。

6. E601B 型水面蒸发器观测水面蒸发误差的来源

（1）水位测针的制造误差。通过严格、精细地制作水位测针，这种误差一般可以控制在 0.1 mm 以内。

（2）仪器测量误差。测针安装在测针插座上时，必须保证测针呈垂直状态。如果测针插座歪斜，或安装不当，测针呈倾斜状态，测得数据会产生测量误差。

（3）人为观测误差。该误差来源包括测针针尖是否刚接触水面就停止旋进，也包括读数是否正确。

（4）环境影响带来的误差。降雨量观测和溢流量计量都会产生误差，特别是阴雨天蒸发量小，真正的观测量有时会被这些误差掩盖，甚至出现计算的蒸发量为负值。雨水溅进溅出、污物进入蒸发桶、鸟类饮水等因素也会对观测值产生误差。

4.3.1.2　20 cm 口径蒸发器

20 cm 口径蒸发器也称为蒸发皿，主要用于冰期蒸发观测。

1. 工作原理

蒸发皿的工作原理和 E601B 型水面蒸发器相同，也是用一小水体的蒸发量来推求天然水体的蒸发量，只是水体更小，其口径只有 20 cm，器深 10 cm。它主要用于观测冰期蒸发，应用时，器内水体呈冰冻状态，用称重法推算蒸发量。

2. 蒸发皿的组成

仪器的主体是一个壁厚 0.5 mm 的金属圆形器皿，内径 20 cm，高约 10 cm，测壁上有一倒水嘴，上部可装防鸟栅，见图 4.3-2。

图 4.3-2　20 cm 口径蒸发皿

3. 蒸发皿的安装

在场内预定的位置上，埋设一根直径为 20 cm 的圆木柱，柱顶四周安装一铁质圈架，将蒸发皿安放其中。蒸发皿口缘应保持水平，距地面高度为 70 cm，木柱的入土部分应涂刷沥青防腐。木柱的地上部分和铁质圈架均应涂刷白漆。

4. 蒸发皿的使用

20 cm 口径蒸发皿主要是在结冰期使用,在蒸发皿内用雨量筒注入 20 mm 深的清水,放置在柱顶铁质圈架内,冰期蒸发皿内水呈冰冻状态,定时段取下,用称重法测量蒸发量。称重的台秤要能测出 0.1 mm 的蒸发量。观测后将蒸发皿的水量补足到 20 mm 深的原始量。

5. 蒸发皿的特性

20 cm 口径蒸发皿仪器结构简单,曾经被较大规模地应用过。由于它的水体太小,安装在空中,受风、太阳影响较大,测得蒸发量的代表性较差,所以不能用于非冰期的蒸发观测。它的抗冻性好,便于称重观测,主要用于冰期观测蒸发。

4.3.1.3 自动蒸发器

1. 分类

自动蒸发器在 E601B 型蒸发器的蒸发桶内安装自动化"水位计"实现蒸发自动观测。但蒸发器的水位测量精度和分辨率要求都高于一般水位计。为了保证蒸发桶内水面满足蒸发观测要求,自动蒸发器还设有向蒸发桶内补水的设备。

测量水位有很多方法,据此可以设计出多种型号的自动蒸发器。目前应用的主要有补水式自动蒸发器、浮子式自动蒸发器、超声波自记蒸发器、称重式自动蒸发器等。

2. 补水式自动蒸发器

1)仪器结构与组成

补水式自动蒸发器由蒸发桶、补水装置、控制部分、电源组成。蒸发桶为标准的 E601B 型蒸发器。

2)工作原理

蒸发使蒸发桶内的水面下降,当下降到一个预定值时,补水式自动蒸发器会自动向蒸发桶内补入一定水量,使蒸发桶内水面上升到原来高度。记录下补水时间和补水量,就完成了蒸发自动测量。

当发生降雨时,需要人工修正。

3)技术性能

典型产品的技术指标如下。

(1)蒸发桶器口直径:(618±2) mm。

(2)储水桶容积≥900 mL(相当于 300 mm 蒸发量)。

(3)蒸发量分辨率:0.5 mm。

(4)补水准确度:±3%。

(5)一次补水时间:≤20 s。

(6)输出:脉冲信号,每一个脉冲代表 0.5 mm 蒸发量。

(7)工作环境:0~50℃,95%RH(相对湿度)。

3. 浮子式自动蒸发器

1)仪器构成

浮子式自动蒸发器主要由高分辨率的精密浮子式水位计、自动补水机构、控制部分、记录装置、电源等构成。蒸发桶也是采用标准的 E601B 型蒸发器。

2)工作原理

蒸发桶作为一个水体容器,用连通管将桶内水体与一个小的"静水井"相连,用高精度、高分辨率的浮子式水位计量此"静水井"内的水位,也就测得了蒸发桶内水面的变化。再辅以自动向蒸发桶补水和自动处理降雨影响的功能,就实现了蒸发自动测量。实际应用时,此"静水井"就是仪器内部的浮子室。

3）主要技术指标

以国内某产品为例介绍该类产品的技术指标,具体如下。

（1）蒸发量测量范围:0～100 mm。

（2）蒸发分辨率:0.1 mm。

（3）测量准确度:±0.3 mm。

（4）工作环境:—10～+70℃,95%RH。

4. 超声波自记蒸发器

应用超声波测量水位的原理来测量蒸发器或大型蒸发池内水面高度,也可以测得蒸发量。不过,这种水位测量必须非常准确。

4.3.2 蒸发器的选用和对比观测要求

1. 蒸发器的选用

（1）水面蒸发观测的标准仪器是改进后的 E601B 型蒸发器。凡属国家基本站网的站,都必须采用这种标准蒸发器进行观测。

（2）在稳定封冻期较长的地区,蒸发器的采用原则上仍以 E601B 型蒸发器为主,但若满足下列条件,经省（自治区、直辖市）或流域水文领导机关审批,也可选用其他型号的蒸发器。

①以 E601B 型蒸发器为准,选用的其他蒸发器,观测冰期一次蒸发总量,与标准蒸发器相比,冰期一次蒸发总量偏差不超过±10%。

②在类似气候区,至少有一个站进行比测。

③新、旧仪器有 3 年以上的比测资料。

在此时期内,日（或旬）蒸发量,可采用 20 cm 口径蒸发皿观测。

2. 蒸发器的同步观测

凡新改用 E601B 型蒸发器的站,都必须执行新、旧蒸发器同步观测 1 年以上的要求。当相关关系复杂时,同步观测期应适当延长,以求得两器的折算关系。比测期间,两种仪器资料同时刊印。

4.3.3 蒸发器的维护

1. E601B 型蒸发器的维护

（1）E601B 型蒸发器每年至少进行一次渗漏检验。不冻地区可在年底蒸发量较小时进行。封冻地区可在解冻后进行。在平时（特别是结冰期）也应注意观察有无渗漏现象。如发现某一时段蒸发量明显偏大,而又没有其他原因时,应挖出仪器检查。如有渗漏现象,应立即更换备用蒸发器,并查明或分析开始渗漏日期。根据渗漏强度决定资料的修正或取舍,并在记载簿中注明。

（2）要特别注意保护测针座不受碰撞和挤压。如发现测针座遭碰撞时,应在记载簿中注明日期和变动程度。

（3）测针每次使用后（特别是阴天）均应用软布擦干放入盒内,拿到室内存放。还应注意检查音响器中的电池是否腐烂,线路是否完好。

（4）经常检查蒸发器的埋设情况,发现蒸发器下沉倾斜、水圈位置不准、防坍墙遭破坏等情况时,应及时修整。

（5）经常检查器壁是否油漆剥落、生锈。一经发现,应及时更换蒸发器,将已生锈的蒸发器除锈和重新刷油漆后备用。

2. 20 cm 口径蒸发皿的维护

（1）经常检查蒸发皿是否完好,有无裂痕或口缘变形,发现问题应及时修理。

（2）经常保持皿体洁净，每月用洗涤剂彻底洗刷一次，以保持皿体原有色泽。

（3）经常检查放置蒸发皿的木柱和圈架是否牢固，并及时修整。

4.3.4 大型漂浮蒸发池

大型漂浮蒸发池也有水面和陆地两种。水面大型漂浮蒸发池的水面积很大（图 4.3-3），一般都在 20 m² 以上，漂浮在水库湖泊的水面上，观测其水面蒸发。由于是漂浮在天然水体中，观测到的蒸发量对水体有很好的代表性，其常用来确定其他蒸发器的折算系数和进行科学研究。

图 4.3-3　水面大型漂浮蒸发池

陆上大型漂浮蒸发池，水面积一般也在 20 m² 以上（图 4.3-4），其观测到的蒸发量由于代表性好，主要用于蒸发研究之用。

图 4.3-4　陆上大型漂浮蒸发池

4.4　蒸发量观测和计算

4.4.1　非冰期水面蒸发量的观测

4.4.1.1　观测时间和次数

1. 正常情况下的观测时间和次数

水面蒸发量于每日 8 时观测 1 次。辅助气象项目于每日 8:00、14:00、20:00 观测 3 次。雨量观测应在蒸发量观测的同时进行。炎热干燥的日子,应在降水停止后立即进行观测。

2. 特殊情况下的观测时间和次数

有以下情况的应进行加测或改变观测时间。

(1) 为避免暴雨对观测蒸发量的影响,预计要降暴雨时,应在降暴雨前加测蒸发器内水面高度,并检查溢流装置是否正常。如无溢流设施,则应从蒸发器内汲出一定水量,并测记汲出水量和汲水后的水面高度。如加测后 2 h 内仍未降雨,则应在实际开始降雨时再加测一次水面高度。如未预计到降暴雨,降雨前未加测,则应在降雨开始时立即加测一次水面高度。降雨停止或转为小雨时,应立即加测器内水面高度,并测记降水量和溢流水量。

(2) 遇大暴雨时,在估计降水量已接近充满溢流桶时,应加测溢流水量。

(3) 若观测正点时正在降暴雨,蒸发量的测记可推迟到雨止或转为小雨时进行。但辅助项目和降水量仍按时进行观测。

4.4.1.2　观测程序

在每次观测前,必须巡视观测场,检查仪器设备。如发现不正常情况,应在观测之前予以解决。若某一仪器不能在观测前恢复正常状态,则须立即更换仪器,并将情况记在观测记载簿内。在没有备用仪器更换时,除尽可能采取临时补救措施外,还应尽快报告上级机关。

1. 有辅助项目的陆上水面蒸发场的观测程序

(1) 在正点前 20 min,巡视观测场,检查所用仪器,尤其要注意检查湿球温度表球部的湿润状态。发现问题及时处理,以保证正常观测。

(2) 正点前 10 min,将风速表安装于风速表支架上,并将水温表置于蒸发器内。

(3) 正点前 3～5 min,测读蒸发器内水温,接着测定蒸发器水面高度和溢流水量,并在需要加(汲)水时进行加(汲)水,测记加(汲)水后的水面高度。

(4) 正点测记干、湿球温度表温度及最高、最低温度,毛发湿度表读数,换温、湿自记纸。

(5) 观测蒸发量的同时测记降水量。

(6) 降水观测后进行风速测记。无降水时,可在温、湿度观测后立即进行。当 14:00、20:00 只进行辅助项目观测时,可按上述程序适当调整。但仍需提前 20 min 进行观测场巡视。

2. 没有辅助项目的陆上水面蒸发场的观测程序

在正点前 10 min 到达蒸发场,检查仪器设备是否正常,正点测记蒸发量。随后测记降水量和溢流水量。

各站的观测程序,可根据本站的观测项目和人员情况适当调整。一个站的观测程序一经确定,不宜改变。

4.4.1.3　观测方法与要求

1. E601B 型蒸发器的观测

(1) 将测针插到测针座的插孔内,使测针底盘紧靠测针座表面,将音响器的极片放入蒸发器的水中。

先把针尖调离水面,将静水器调到恰好露出水面,如遇较大的风,应将静水器上的盖板盖上。待静水器内水面平静后,即可旋转测针顶部的刻度圆盘,使测针向下移动。当听到讯号后,将刻度圆盘反向慢慢转动,直至音响停止后再正向缓慢旋转刻度盘,第二次听到讯号后立即停止转动并读数。每次观测应测读两次。在第一次测读后,应将测针旋转 $90°\sim180°$ 后再读第二次。要求读至 0.1 mm,两次读数差不大于 0.2 mm,即可取其平均值,否则应立即检查测针座是否水平,待调平后重新进行两次读数。

(2)在测记水面高度后,应目测针尖或水面标志线露出或没入水面是否超过 1.0 cm。超过时应向桶内加水或汲水,使水面与针尖(或水面标志线)齐平。每次调整水面后,都应按上述要求测读调整后的水面高度两次,并记入记载簿中,作为次日计算蒸发量的起点。

如器内有污物或小动物,应在测记蒸发量后捞出,然后再进行加水或汲水,并将情况记于附注栏。

(3)风沙严重地区,风沙量对蒸发量影响明显时,可设置与蒸发器同口径、同高度的集沙器,收集沙量数据,然后进行订正。

(4)遇降雨溢流时,应测记溢流量。溢流量可用台秤称重,量杯量读或量尺测读。但在折算成与 E601B 型蒸发器相应的毫米数时,其精度应满足 0.1 mm 的要求。

2.观测用水要求

(1)蒸发器的用水应取用能代表当地自然水体的水,水质一般要求为淡水。如当地的水源含有盐碱,但符合当地水体的水质情况,亦可使用。在取用地表水有困难的地区,可使用能供饮用的井水。当用水含有泥沙或其他杂质时,应待沉淀后使用。

(2)蒸发器中的水,要经常保持清洁,应随时捞取漂浮物,发现器内水体变色、有味或器壁上出现青苔时,应即时换水。换水应在观测后进行,换水后应测记水面高度。换入的水体水温应与换前的水温相近。为此,换水前 1~2 d 就应将水盛放在场内的备用盛水器内。

(3)水圈内的水,也要大体保持清洁。

4.4.2 冰期水(冰)面蒸发量的观测

4.4.2.1 冰期蒸发量观测的基本要求

1.观测时间和次序

冰期蒸发量及气象辅助项目的观测时间、次序,一般情况下均可按非冰期的规定执行。

2.冰期较短地区蒸发量观测

凡结冰期很短,蒸发器内间歇地出现几次结有零星冰体或冰盖的站,整个冰期仍用 E601B 型蒸发器,按非冰期的要求进行观测。结有冰盖的几天可停止逐日观测,待冰盖融化后,观测这几天的总量。停止观测期间应记合并符号,但不应跨月、跨年。当月初或年初蒸发器内结有冰盖时,应沿着器壁将冰盖敲离,使之呈自由漂浮状后,仍按非冰期的要求,测定自由水面高度。

3.稳定封冻期较长地区蒸发量观测

稳定封冻期较长的地区,可根据不同的结冰情况,按以下规定执行。

(1)在结冰初期和融冰后期,8:00 观测时,蒸发器中的冰体处于自由漂浮状态,则不论多少,均用 E601B 型蒸发器,按非冰期的要求,用测针测读器内自由水面高度的方法测定蒸发量。

(2)当 8:00 器内结有完整冰盖或部分冰层连接在器壁上,午后冰层融化或融至脱离器壁呈自由漂浮状态的时候,可将观测时间推迟至 14:00,仍用 E601B 型蒸发器,按非冰期的要求进行观测。当进入间歇地出现全日封冻时,则可在封冻的日子不观测,待解冻日观测几天的合并量,直至不再解冻进入稳定封冻期为止。

(3)从进入稳定封冻期,一直到春季冰层融化脱离器壁期间,每省(自治区、直辖市)可根据不同的气候区,选一部分代表站,采取适当的防冻措施,用 E601B 型蒸发器,观测冰期蒸发总量,同时用 20 cm 口径蒸发皿观测日(或旬)蒸发量,以便确定折算系数和时程分配。其他测站在此期间则只用 20 cm 口径蒸发皿观测,其折算系数依据代表站资料确定。所以,代表站的数量应以满足确定折算系数的需要为原则。

为年际分配上的方便,E601B 型蒸发器应在年底用称重法(或测针)观测一次。称重时可用普通台秤进行。称重前,台秤应进行检验,误差以不超过 1.0 mm 为准。

为便于资料的衔接,必须提前于历年最早出现蒸发器封冻月份的第 1 日就开始用 20 cm 口径蒸发皿观测,并延至历年最晚解冻月份的月末为止。这样,秋、春各有一段时间需同时观测 E601B 型蒸发器和 20 cm 口径蒸发皿。在同时观测期间,两者的观测时间应取得一致。

(4)由于气温突变,在稳定封冻期 E601B 型蒸发器出现融冰现象,并使冰层脱离器壁而漂浮时,则应立即用测针测读自由水面高度的方法,加测蒸发量。

(5)结冰期要记冰期符号,以"B"表示,并统计每年初、终冰日期。初、终冰日期均以 8:00 为准。

4.4.2.2 观测方法和要求

1. E601B 型蒸发器的观测方法和要求

(1)进入冰期后,即将 E601B 型蒸发器布设于套桶内进行观测。在春季,进入融冰期后,即可将套桶去掉,按非冰期的布设方法和观测要求进行观测。

(2)在不稳定封冻期用测针测读蒸发量时,蒸发器内的冰体必须全部处于自由漂浮状。如有部分冰体连结在器壁上,则应轻轻敲离器壁后方可测读。

(3)封冻期一次总量系用封冻前最后一次和解冻后第一次蒸发器自由水面高度相减而得。整个封冻期,只要不出现冰层融化脱离器壁的情况,就不再进行蒸发量测读,但必须做好蒸发器的防冻。防冻裂可采取钻孔抽水减压的方法。结冰初期钻孔时,可适量抽水,抽水的目的是在冰层下预留一定空隙,以备冰层增长所产生的体积膨胀。抽水量应视两次钻孔期间冰层增长的厚度而定。每次钻孔抽水时,都要注意防止器内的水喷出器外。每次钻孔和抽水的时间及抽出水量,都必须记入记载簿。如在钻孔时发生水喷出器外的情况,应在附注栏内详细说明,并应估计喷出的水量。

2. 20 cm 口径蒸发皿的观测方法和要求

(1)20 cm 口径蒸发皿的蒸发量可用专用台秤测定。如无专用台秤,也可用其他台秤,但其感量必须满足测至 0.1 mm 的要求。

台秤应在使用前进行 1 次检验,以后每月检验 1 次。检验时,先将台秤放平,并调好零点,接着用雨量杯量取 20 mm 清水放入蒸发皿内,置于台秤上称重,比较量杯读数与称重结果是否一致,接着再向皿内加 0.1 mm 清水,看其感量是否达到 0.1 mm。发现问题后应进行修理和重新检定。

(2)蒸发皿的原状水量为 20 mm,每次观测后应补足 20 mm,补入的水温应接近 0 ℃。

(3)如皿内冰面有沙尘,应用干毛刷刷净后再称重。如有沙尘冻入冰层,须在称重后用水将沙尘洗去后再补足 20 mm 水量。

(4)每旬应换水一次。换水前一天应用备用蒸发皿加上 20 mm 清水加盖后置于观测场内。待第二天原皿观测后,将备用皿补足 20 mm 清水替换原蒸发皿。

3. 封冻期降雪量的处理

在封冻期降雪时,只要器内干燥,应在降雪停止后立即扫净各类蒸发器内积雪。以后再有吹雪落入,也应随时扫除,计算时不做订正。如冰面潮湿或降雨夹雪时,应防止器内积雪过满,甚至与器外积雪连成一片的情况出现。这就要求及时取出积雪,记录取雪时间和雪量,并适当清除器内积雪,防止周围积雪刮入器内。进行雪量订正时,须把取出雪量减去。不论是扫雪还是取出雪量,均应在附注中说明。

4.4.3　蒸发观测资料的计算和整理

4.4.3.1　一般要求

1. 原始记录的填写要求

（1）从原始记录到各项统计、分析图表，都必须保证数据、符号正确，内容完整。凡在观测中因特殊原因造成数据不准或可能不准的和在整理分析中发现有问题而又无法改正的数据，应加可疑符号，并在附注栏说明情况。各项计算和统计流程均应按有关规定进行，防止出现方法错误。严格坚持一算二校制度，保证成果无误。

（2）各原始记载及统计表（簿）的有关项目（包括封面、封里）必须填全。

（3）各项资料应保持清洁，数字、符号、文字要书写工整、清晰。原始记载一律用硬质铅笔。记错时，应画去重写，不得涂、擦、刮、贴或重新抄录。由于某种原因（如落水、污损）造成资料难以长期保存而必须抄录时，除认真做好二校外，还必须保存原始件。

2. 资料整理时间要求

为及时发现观测中的错误和不合理现象，资料整理具体要求如下。

（1）蒸发量应在现场观测后及时计算出来，并与前几天的蒸发量对照判断是否合理。当发现特大或特小的不合理现象时，应分析其原因，并在加（汲）水前立即重测或加注说明。

（2）辅助气象项目的观测数据应在当天完成计算，并将数据点绘在逐月综合过程线上，检查辅助气象项目各要素与蒸发量的变化是否合理，发现问题应及时处理。

（3）全月资料应于下月上旬完成计算、填表、绘图及合理性检查和订正插补工作，并编写该月的资料说明。

（4）全年资料应于次年 1 月完成全部整理任务（E601B 型蒸发器封冻期一次蒸发总量资料，可于封冻结束后补整）。

4.4.3.2　逐日资料的整理

蒸发量和辅助气象项目均以 8:00 为日分界。前一日 8:00 至当日 8:00 观测的蒸发量，应为前一日的蒸发值。因特殊情况，延至 14:00 观测的日蒸发量，取前后两日两次观测值的差值，作为日蒸发量。

1. 日蒸发量的计算

1）正常情况下日蒸发量的计算

$$E = P + (h_1 - h_2) \tag{4.4-1}$$

式中：E 为日蒸发量，mm；P 为日降水量，mm；h_1、h_2 分别为上次和本次的蒸发器内水面高度，mm。

降雨时，如发生溢流，则应从降水量中扣除溢流水量。若未设置溢流桶，在暴雨前从蒸发器中汲出水量时，则应从降水量中减去取出水量。

2）暴雨前、后加测的日蒸发量计算

当暴雨时段不跨日时，日蒸发量可分段（雨前、雨后和降雨时段）计算蒸发量相加而得。其中暴雨时段的蒸发量应接近于零。若不合理，可按零处理，取雨前、雨后两时段之和为日蒸发量。

当暴雨时段跨日时，则视暴雨时段的蒸发量是否合理而定。如合理，可根据前、后日各占历时长短及风速、湿度等情况予以适当分配；如暴雨时段的蒸发量不合理，则作零处理，把降雨前后的蒸发量，直接作为前、后日蒸发量。

3）封冻期蒸发量的计算

封冻期采用 E601B 型蒸发器观测时，蒸发量的计算可视不同情况，按以下方法进行。

（1）用测针观测一次总量时，可按式（4.4-2）计算：

$$E_{\tau}=h_1-h_2+\sum h_i-\sum h_0+\sum P \tag{4.4-2}$$

式中：E_{τ} 为封冻期一次蒸发总量，mm；h_1、h_2 分别为封冻前最后一次和解冻后第一次的蒸发器自由水面高度，mm，如封冻期间出现融冰而加测时，则分段计算时段蒸发量；$\sum h_i$、$\sum h_0$ 分别为整个封冻期（或相应时段）各次加入、取出水量之和，mm；$\sum P$ 为整个封冻期（或相应时段）的降水量之和，mm，如进行了扫雪，则相应场次的降雪量不做统计，如从蒸发器中取出一定雪量，则应从降雪量中减去取出雪量。

（2）称重法观测一次总量时，可按式（4.4-3）计算：

$$Et=\frac{w_1-w_2}{300}+\sum P \tag{4.4-3}$$

式中：w_1、w_2 分别为封冻（结冰）时段始、末称得的蒸发器及器内冰（水）的总重量，g；300 为蒸发器内每 1 mm 水深的重量，g/mm。

4）20 cm 口径蒸发皿观测到的日蒸发量计算

采用 20 cm 口径蒸发皿观测的一日蒸发量，可按式（4.4-4）计算：

$$E=\frac{w_1-w_2}{31.4}+P \tag{4.4-4}$$

式中：E 为日蒸发量，mm；w_1、w_2 分别为上次和本次称得的蒸发皿及皿内冰（水）的总重量，g；P 为日累计降水（雪）量，mm；31.4 为蒸发皿中每 1 mm 水深的重量，g/mm。

2. 风沙量的计算和订正

集沙器中收集到的一日或时段风沙，均应烘干后称出其重量，然后按式（4.4-5）将沙重折算成毫米数：

$$h_s=\frac{W_s}{800} \tag{4.4-5}$$

式中：h_s 为风沙订正量，mm；W_s 为沙重，g。

计算所得的风沙订正量，应加在蒸发量上。如测得的是时段风沙量，则应根据各日风速的大小、地面干燥程度等，采取均匀或权重分配法，将分配量分别加到各日蒸发量中。

如分配量小于 0.05 mm，则可几日订正 0.1 mm，但实际订正量之和应与总的风沙量相等。

3. 辅助气象项目日平均值计算

1）各项读数的订正

（1）各种温度表读数的订正。各种温度表读数的订正值，应从仪器差订正表或检定证中摘录。订正时必须注意正负号。当订正值与读数的符号相同时，则两数相加，符号不变；符号相反时，则两数绝对值相减，其符号以绝对值大的数为准。

（2）温、湿自记值订正。自记值的订正，可根据各定时观测的温度表订正后的值进行。湿度根据干、湿球订正后的温度查得的相对湿度值与自记值的差值用直线内插法求得。冬季用湿度计作正式记录时，应用订正图法［见《地面气象观测规范 第 1 部分：总则》（QX/T 45—2007）］进行订正。

（3）温、湿自记时间订正，只在一日的时差大于 10 min 时才做时间订正。可用正点观测时所作的时间记号，重新等分时间线。

（4）风速订正，应从所附的检定曲线上直接查得。

2）水汽压、饱和水汽压、水汽压差的计算

1.5 m 高的水汽压、相对湿度、蒸发器水面的饱和水汽压可从《气象常用表》（第一号）中查取，查取时需用气压。如本站不观测气压，可借用邻近气象站的气压资料。如借用站与本站高程差大于 40 m，还需进行气压的高差订正，用订正后的气压进行查算。气压订正可用拉普拉斯气压高度差近似公式进行，即

$$\Delta P = \left(\mathrm{e}^{-0.034\,15\,\frac{\Delta h}{273 + t_1}} - 1 \right) P_1 \tag{4.4-6}$$

式中：ΔP 为气压高差订正值，kPa；P_1 为借用站的气压，kPa；Δh 为两站高程差，m；t_1 为借用站的月平均气温，℃；e 为自然对数底，取 2.72。

水汽压差是以水面饱和水汽压减去 1.5 m 处的水汽压而得。

4. 各项日平均值的计算

（1）各项辅助气象项目，若观测站备有自记仪器，其日平均值的计算方法，用加权平均或仪器说明书建议的方法计算。

（2）每天只观测 8:00、14:00、20:00 三次，且无自记仪器的站，其气温、水温、水汽压、饱和水汽压的日平均值为 8:00、14:00、20:00 和次日 8:00 观测值之和除以 4。例如，日平均水汽压：

$$\bar{e} = \frac{1}{4}(e_8 + e_{14} + e_{20} + e_{n8}) \tag{4.4-7}$$

式中：$\bar{e}$ 为日平均值；e_8、e_{14}、e_{20} 分别为当日 8:00、14:00、20:00 观测值；e_{n8} 为次日 8:00 观测值。

（3）若气温有最低气温资料，则日平均值按式（4.8）计算：

$$\bar{t} = \frac{1}{4}\left[\frac{1}{2}(t_{\min} + t_{n8}) + t_8 + t_{14} + t_{20} \right] \tag{4.4-8}$$

式中：$\bar{t}$ 为日平均气温，℃；t_8、t_{14}、t_{20} 分别为当日 8:00、14:00、20:00 气温观测值，℃；$t_{\min}$ 为日最低气温值，℃；t_{n8} 为次日 8:00 气温观测值，℃。

4.4.3.3　逐月资料的整理

蒸发资料应坚持逐月在站整理，但北方地区蒸发器封冻期一次总量的成果，可在解冻后整理。

1. 综合过程线的绘制

（1）综合过程线每月一张，按月绘制。图中应绘蒸发量、降水量、水汽压差、气温、风速等日量或平均值。如果有几种蒸发器同时观测，应合绘于一张图中。没有辅助项目的站，可绘蒸发量、降水量过程，有岸上气温和目估风力的站，将岸上气温、目估风力绘上。

（2）过程线用普通坐标纸绘制。纵坐标为各要素，横坐标为时间。蒸发量和降水量以同一坐标为零点，柱状表示，蒸发向上，降水向下。不同类型蒸发器的蒸发量和降水量用同一零点、同一比例尺、不同图例绘制。

2. 资料合理性检查

1）通过有关图表检查

（1）用本站综合过程线，对照检查其变化是否合理，有无突大突小现象，各要素起伏是否正常。特别注意不同蒸发器、雨量器的观测值是否合理。

（2）绘蒸发量和水汽压差的比值与风速相关图或气温与蒸发量相关图时，检查其点据分布是否合理。

（3）在条件许可时，可利用邻站的有关图表进行合理性检查。

上述各种图表要有机地结合起来运用，看各种图表所暴露的问题是否一致，有无矛盾，初步确定有问题的数据。检查时还须利用历年有关图表。

2）问题处理

对不合理的观测值，原因确切的应予订正或利用上述图表进行插补，并加注说明。原因不明的，不做订正，在资料中说明。

3．缺测资料的插补

由于某种原因造成资料残缺时，可用上述图表分析后插补，但必须慎重。因为影响蒸发的因素复杂，必须采用多种手段同时进行，互相校对，使插补值合理。

4．进行旬、月统计和编制资料说明

经合理性检查、资料订正和插补后，即可进行旬、月统计。缺测不能插补的，旬、月值均应加括号。如能判定所缺的资料确实不影响最大值、最小值，则最大值、最小值不加括号。

全月资料整理完成后，应编制本月的资料说明，其内容如下：

（1）观测中存在的问题及情况（包括有关仪器、观测方法及场地状况等各方面）；

（2）通过资料整理、分析发现的问题及处理情况；

（3）整理后的成果及准确度的说明。

5．冰期资料的整理

1）冰期用 E601B 型蒸发器观测一次总量的站资料的整理

（1）确定折算系数。应检查降雪量的订正是否正确，蒸发器是否冻裂渗水，封冻前和解冻后读数是否用同一测针，测针座是否变动等。肯定无差错后，根据 E601B 型观测一次总量的起止时间，计算出 20 cm 口径蒸发皿同期的蒸发总量，用两者的总量计算出 20 cm 口径蒸发皿的折算系数，进一步与历年或相邻站的折算系数对照，看其是否合理。

（2）计算 E601B 型逐月蒸发量。E601B 型逐月蒸发量，用 20 cm 口径蒸发皿观测的月总量，乘以上述折算系数进行插补。E601B 型观测一次总量的开始和结束不在月初、月末，在开始和结束月份，可先插补时段量，加上 E601B 型实测的逐日值，即为月量，其月量均不加插补符号。在附注中予以说明，不做月最大、最小统计。年统计照常进行，不加插补号和括号，但最小日蒸发量应加括号。

将 E601B 型观测的一次总量及起止时间，填入解冻年份的 E601B 型逐日蒸发量表的附注栏内。与 E601B 型同期观测的 20 cm 口径蒸发皿资料仅供分列插补，不单独刊印。

2）冰期只用 20 cm 口径蒸发皿观测的站资料的整理

首先根据代表站 E601B 型的资料，确定 20 cm 口径蒸发皿资料的折算系数，然后将折算成的 E601B 型逐月资料刊入年鉴，其具体计算、插补、统计方法同上。

3）说明编写

年鉴总的资料中，应对 E601B 型冰期逐月蒸发量的插补方法及精度加以说明，说明中应写出折算公式。

4.4.4　其他辅助项目的观测简介

（1）空气的温度和湿度

设有气象辅助项目的蒸发站，一般只需进行 8：00、14：00、20：00 三次温度和湿度的定时观测。如有需要，也可观测日最高、最低气温。配有温、湿计的站，也可作气温和相对湿度的连续记录。

（2）蒸发器内水温

水温是决定水分子活跃程度的主要因素，是计算水面饱和水汽压和水汽压力差的主要数据。水温以摄氏度（℃）计，准确至 0.1℃。蒸发器水面以下 0.01 m 处的水温，每日 8：00、14：00、20：00 观测三次。可用漂浮水温表观测。

非封冻期观测时，应在观测前 10 min 将整个漂浮水温表在蒸发器的水圈内预湿（将漂浮水温表浸入水圈后取出,待不再滴水滴的状态)后放入蒸发器内。

蒸发量观测前 2～3 min 进行测读,并记入记载簿。读数后轻轻将漂浮水温表从蒸发器中取出,防止搅动器内水面。提出水面后,应待不滴水滴时再拿出。读数要求与干球温度表相同。

若封冻期需要观测冰面温度,观测时,须在冰面钻深 2～3 cm 的小冰坑,将温度表球部放到小坑内,使其球部中心位于冰面以下 0.01 m 处,表身呈 45°倾斜状,然后将钻孔的碎冰屑回填球部四周的空隙,并轻轻捣实。表身一端支一小木杆,使其稳定在冰面上。埋后 10 min 即可进行测读。在封冻初期和末期,当下午气温升高出现冰面融化现象的时期,每次观测后须将温度表取出,待次日观测前再行埋设。当在稳定封冻期,冰面不再融化时,可将温度表较长时期地固定在冰面上。

4.5 CJH-E1 型全自动蒸发器在龚滩站的应用

4.5.1 简介

龚滩水文站设立于 1939 年。2009 年前,位于重庆市酉阳县新华村(龚滩镇场口),蒸发场在半山坡上,下垫面为泥土夹乱石,场地高程约 327 m,且到乌江水体直线距离约 200 m。

2009 年因彭水水电站建成致测站测验设施淹没,新蒸发场随站向下游迁移约 5 km 至龚滩镇小银村。库区正常蓄水位 293.5 m,新蒸发场高程约 297.2 m,距离库区水体较近且靠近乌江江边,蒸发场下垫面为石谷子土质。2009 年前,该站蒸发观测一直采用人工每天 8 点定时观测、计算蒸发量的方式。2009 年蒸发场迁移后同样采用人工观测蒸发量的方式。为了实现蒸发量自动化测报,2016 年 7 月,龚滩站安装了 PHZDF-01 型全自动蒸发仪,观测场设施如图 4.5-1 所示,经过一段时间比测分析并报上游局审批,该仪器于 2016 年 10 月正式投产。

近一年来,由于 PHZDF-01 型全自动蒸发仪运行偶尔发生故障,自记蒸发资料搜集中断,为了完整搜集本站蒸发自记资料,获得自记数据,龚滩站于 2020 年 7 月又安装了一套设备——CJH-E1 型全自动蒸发器,该仪器经过一段时间的反复调试,目前工作状态稳定,数据记录完整,观测设施如图 4.5-1、图 4.5-2 所示。两套蒸发自记仪器安装在 6.0 m×4.0 m 气象场内。

图 4.5-1　龚滩站蒸发场 PHZDF-01 全自动蒸发仪

图 4.5-2　龚滩站蒸发场 CJH－E1 型全自动蒸发器

4.5.2　工作原理及技术指标

CJH－E1 型蒸发降雨采集系统的计算依据是日蒸发量计算公式,即

$$E = P - \sum h_{取} - \sum h_{溢} + \sum h_{加} + (h_1 - h_2) \tag{4.5-1}$$

式中:E 为日蒸发量,mm;P 为日降雨量,mm;$\sum h_{取}$、$\sum h_{加}$ 分别为前日至次日 8 时各次取水量之和及加入水量之和,mm;$\sum h_{溢}$ 为前日至次日 8 时各次溢流量之和,mm;h_1、h_2 分别为上次(前一日)和本次(当日)的蒸发器水面高度,mm。

系统主要由蒸发器液位测量部分和降雨量测量部分两部分组成。

(1)蒸发器液位测量原理

图 4.5-3 是蒸发器液位测量部分原理图,系统采用连通器原理,图中左侧为测量筒,右侧为标准 E601B 型蒸发器,两个容器通过水管连通,测量筒中的液位传感器通过测量连通器内不同时刻的液面高度计算出该时段内的蒸发器液位变化量 HE。

图 4.5-3　蒸发器液位测量部分原理图

（2）降雨量测量原理

图 4.5-4 是降雨量测量部分原理图，系统采用 $\phi200$ 型承雨口收集降雨量，收集的降雨沿着导流管汇集到雨量筒内，雨量筒内的液位传感器通过测量筒内不同时刻的液面高度，换算出时段降雨量 P。

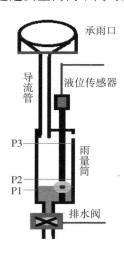

图 4.5-4　降雨量测量部分原理图

（3）系统主要技术指标

蒸发器口面积：3 000 cm^2；

蒸发传感器分辨率：0.01 mm；

蒸发传感器量程：330 mm；

蒸发最大测量误差：0.2 mm；

雨量器口直径：200 mm；

雨量传感器分辨率：0.01 mm；

雨量传感器量程：330 mm；

最大雨强：4 mm/min；

雨量最大测量误差：0.05 mm；

温度传感器测量范围：$-20\sim80℃$；

温度传感器分辨率：0.1℃；

温度最大测量误差：0.5℃；

补水泵流量：1.2 L/min；

电磁阀流量：1.0 L/min（备注：具体与水头有关）；

额定工作电压：DC 12V；

系统静态功耗：0.24 W；

最大功耗：30 W。

4.5.3　比测内容及质量评定依据

比测内容包括雨量计量精度比测和蒸发量计量精度比测。开展本比测试验旨在准确检验系统降雨量和蒸发量的计量精度，为系统正式投产提供决策支持。本比测试验依据的规范有：《降水量观测规范》（SL/T 21—2015）、《水面蒸发观测规范》（SL 630—2013）。

本比测试验判定合格标准如下。

1. 雨量比测评定合格标准

依据《降水量观测规范》(SL/T 21—2015),当降雨强度在 0.1～30 mm/min 时,测量误差小于 4% 评定为合格。

当一个降雨过程总量小于 10 mm 时,绝对误差不大于 0.4 mm 评定为合格。

2. 蒸发量比测评定合格标准

由于蒸发量观测影响因素较多,目前规范尚未就蒸发量采集系统的精度做具体规定,仅对设备的安装做了说明。本比测试验通过如下两条标准评判蒸发量的采集精度,同时满足这两条标准则认为系统精度合格。

(1) 体积液位法衡量,当液位变化理论值与蒸发传感器的测量值的差值小于 0.3 mm,则评定合格;

(2) 在系统试运行阶段,系统自记月蒸发值与投产仪器自记数据的比值为 0.97～1.03,即二者累计误差小于 3%,则判定合格。

4.5.4 加水汲水比测试验情况

加水汲水比测试验的主要器材为 10 mm(体积 314 mL)水文气象行业专用量筒,多次向雨量筒或者蒸发器倒水,每次倒水量恒定为 10 mm,通过观察采集系统计算的倒水前后的数值变化,以检验系统计量精度是否合格。

(1) 雨量计人工注水试验

2021 年 7 月 10 日,长江委水文上游局和涪陵分局技术人员在蒸发站现场做了雨量注水试验,共倒水 3 次,每次 10 mm,表 4.5-1 是试验记录情况。

表 4.5-1 雨量计注水试验记录表

序号	倒水时间	倒水量(1) (mm)	小时雨量(2) (mm)	误差 (mm)	合格情况
1	10:04	10	9.90	0.10	合格
2	10:33	10	10.05	−0.05	合格
3	11:02	10	9.95	0.05	合格

从表 4-5.1 可以看出,第 1 次倒水后,计量值比实际小,这主要是因为雨量计的承雨口有浸润损失,第 2、3 次试验,倒水量和计量值近似吻合,3 次倒水试验,计量均满足要求。

(2) 蒸发器加水汲水比测试验

E601B 型蒸发器和测量筒组成连通器,E601B 型蒸发器的横截面面积为 3 000 cm^2,测量筒横截面面积为 111.7 cm^2,二者面积和为 3 111.7 cm^2,当向测量筒倒(汲)水 314 mL 后,液位变化量理论值为 1.01 mm。倒水前后,用塑料薄膜盖住蒸发器的器口,以免蒸发损失,表 4.5-2 是试验记录情况。

表 4.5-2 蒸发器注水试验记录表

序号	操作时间	类别	水量(mL)	蒸发器液位变化量(mm)	误差(mm)	合格情况
1	11:04	注	314	0.88	−0.13	合格
2	11:32	注	314	1.05	0.04	合格
3	14:22	汲	314	−0.88	0.13	合格
4	15:02	汲	314	−1.03	−0.02	合格
5	16:13	汲	314	−0.98	0.03	合格

试验表明,第 1 次倒水时,测量误差略大,第 2 次倒水时,测量误差稍小;由注水改成汲水时,测量误

差略大,第 2、3 次汲水时,测量误差稍小。以上五次测量误差都小于 0.3 mm,测量合格。

4.5.5 数据对比分析

1. 投产自记数据收集情况

CJH - E1 型降雨蒸发量自动采集系统安装完毕后,从 2021 年 8 月 1 日开始与已投产的 PHZDF - 01 型全自动蒸发仪同步比测。截至 2021 年 12 月 31 日,合计观测 153 天,投产仪器自记的雨量、蒸发数据完整、无缺漏。

2. 降雨蒸发量自动采集系统试运行情况

CJH - E1 型降雨蒸发量自动采集系统自 2021 年 8 月 1 日比测以来,仪器运行正常,截止到 2021 年 12 月 31 日,其间设备共计收集到 149 天蒸发自记数据,其中 9 月 26 日和 11 月 28 日至 11 月 30 日因通信故障数据丢失。CJH - E1 型降雨蒸发量自动采集系统每小时观测 1 次,每小时向数据接收平台发送一次观测记录,系统每日 8 点,依据过去 24 小时的观测记录,自动计算日降雨量和日蒸发量。本次比测时间共计 149 天。

3. 降雨量数据对比分析

比测时段内共计有 46 个降雨日(PHZDF - 01 型自记仪或 CJH - E1 型自记仪有雨量则认为当天降雨),具体见表 4.5-3 和表 4.5-4。

表 4.5-3　日雨量比测分析表

日期	CJH - E1 型(mm)	PHZDF - 01 型(mm)	绝对误差(mm)
2021 - 8 - 3	2.46	2.00	0.46
2021 - 8 - 8	12.65	13.00	−0.35
2021 - 8 - 10	16.14	16.50	−0.36
2021 - 8 - 11	2.27	2.50	−0.23
2021 - 8 - 13	38.49	38.50	−0.01
2021 - 8 - 14	1.62	2.00	−0.38
2021 - 8 - 16	0.14	0.00	0.14
2021 - 8 - 17	6.74	7.00	−0.26
2021 - 8 - 18	2.65	3.00	−0.35
2021 - 8 - 19	0.08	0.00	0.08
2021 - 8 - 23	1.60	1.50	0.10
2021 - 8 - 24	0.09	0.00	0.09
2021 - 8 - 26	7.37	7.50	−0.13
2021 - 8 - 27	6.65	6.50	0.15
2021 - 9 - 6	3.40	3.50	−0.10
2021 - 9 - 7	0.30	0.00	0.30
2021 - 9 - 11	22.30	23.00	−0.70
2021 - 9 - 12	8.50	8.50	0.00
2021 - 9 - 17	7.30	7.00	0.30
2021 - 9 - 19	1.30	1.00	0.30
2021 - 10 - 11	0.12	0.00	0.12

日期	CJH - E1 型(mm)	PHZDF - 01 型(mm)	绝对误差(mm)
2021 - 10 - 12	0. 35	0. 50	-0. 15
2021 - 10 - 13	1. 05	1. 00	0. 05
2021 - 10 - 14	3. 85	4. 00	-0. 15
2021 - 10 - 15	0. 90	1. 00	-0. 10
2021 - 10 - 17	1. 03	1. 00	0. 03
2021 - 10 - 18	0. 34	0. 50	-0. 16
2021 - 10 - 19	9. 63	10. 00	-0. 37
2021 - 10 - 20	5. 33	5. 00	0. 33
2021 - 10 - 21	8. 46	8. 50	-0. 04
2021 - 10 - 22	0. 05	0. 00	0. 05
2021 - 10 - 29	0. 08	0. 00	0. 08
2021 - 10 - 31	5. 60	5. 00	0. 60
2021 - 11 - 3	3. 29	3. 50	-0. 21
2021 - 11 - 4	0. 33	0. 50	-0. 17
2021 - 11 - 7	4. 47	4. 50	-0. 03
2021 - 11 - 12	1. 91	2. 00	-0. 09
2021 - 11 - 16	0. 20	0. 00	0. 20
2021 - 12 - 10	3. 56	4. 00	-0. 44
2021 - 12 - 11	10. 78	10. 50	0. 28
2021 - 12 - 14	0. 87	0. 50	0. 37
2021 - 12 - 15	0. 41	0. 50	-0. 09
2021 - 12 - 24	1. 46	1. 50	-0. 04
2021 - 12 - 25	5. 16	5. 00	0. 16
2021 - 12 - 26	6. 02	6. 00	0. 02
2021 - 12 - 27	0. 12	0. 50	-0. 38
累计雨量	217. 42	218. 50	-1. 08

表 4.5-4　月雨量比测分析表

月份	累计降水量(mm)		相对误差(%)
	CJH - E1 型	PHZDF - 01 型	
8	98. 95	100. 00	-1. 05
9	43. 10	43. 00	0. 23
10	36. 79	36. 50	0. 79
11	10. 20	10. 50	-2. 86
12	28. 38	28. 50	-0. 42
合计	217. 42	218. 50	-0. 49

　　从表 4-4 可以看出,比测期间 PHZDF - 01 型仪器累计雨量值为 218. 50 mm,CJH - E1 型仪器累计雨量值为 217. 42 mm,CJH - E1 型仪器累计雨量值偏小 1. 08 mm,相对误差 0. 49%,小于 4%,满足规

范要求。

9月11日绝对误差为0.7 mm,对应相对误差为3.04%,当天强降雨,疑似与降雨非均匀分布有关。另外,10月31日绝对误差为0.6 mm,经核实,PHZDF-01型自记数据较为合理,建议检查CJH-E1型仪器当日数据。8月3日绝对误差为0.46 mm,12月10日,绝对误差为0.44 mm,误差稍大。除10月31日、8月3日、12月10日的其他43个降雨日,计量精度都符合规范要求,合格率为93%。

4. 蒸发量数据对比分析

比测期间,两部仪器共计收集了149 d(本应该是153 d)有效自记数据,其中被比测仪器(CJH-E1型)9月26日和11月28日至11月30日共4天因通信故障导致数据未上传发生丢失。故本次比测采用149天的数据,具体见表4.5-5和表4.5-6。

表4.5-5　逐日蒸发量比测分析表

日期	CJH-E1型(mm)	PHZDF-01型(mm)	绝对误差(mm)
2021-8-2	6.10	5.70	0.40
2021-8-3	5.20	4.50	0.70
2021-8-4	5.80	4.90	0.90
2021-8-5	5.30	4.90	0.40
2021-8-6	5.40	5.10	0.30
2021-8-7	4.60	5.10	-0.50
2021-8-8	3.70	3.60	0.10
2021-8-9	2.30	1.80	0.50
2021-8-10	2.90	3.10	-0.20
2021-8-12	1.70	2.00	-0.30
2021-8-13	1.10	0.90	0.20
2021-8-14	1.00	1.50	-0.50
2021-8-15	1.30	1.50	-0.20
2021-8-16	1.50	1.40	0.10
2021-8-17	1.20	1.50	-0.30
2021-8-18	3.20	2.70	0.50
2021-8-19	2.30	2.70	-0.40
2021-8-20	3.00	3.10	-0.10
2021-8-21	2.90	3.10	-0.20
2021-8-22	2.30	2.90	-0.60
2021-8-25	2.10	2.30	-0.20
2021-8-26	1.20	1.00	0.20
2021-8-27	0.60	0.70	-0.10
2021-8-29	1.60	2.00	-0.40
2021-8-30	2.10	2.10	0.00
2021-8-31	2.70	2.90	-0.20
2021-9-1	3.10	3.50	-0.40

日期	CJH－E1 型（mm）	PHZDF－01 型（mm）	绝对误差（mm）
2021－9－2	3.20	3.40	－0.20
2021－9－4	3.90	4.10	－0.20
2021－9－6	4.20	3.50	0.70
2021－9－7	2.10	2.40	－0.30
2021－9－9	3.10	3.10	0.00
2021－9－10	2.80	3.10	－0.30
2021－9－11	2.90	2.60	0.30
2021－9－12	1.80	2.10	－0.30
2021－9－13	2.00	2.00	0.00
2021－9－14	2.00	2.40	－0.40
2021－9－15	2.10	2.30	－0.20
2021－9－16	2.00	1.70	0.30
2021－9－17	0.80	0.90	－0.10
2021－9－18	0.90	1.10	－0.20
2021－9－21	3.20	3.40	－0.20
2021－9－22	3.10	3.40	－0.30
2021－9－23	3.20	3.20	0.00
2021－9－24	3.80	3.70	0.10
2021－9－27	3.90	3.50	0.40
2021－9－30	3.50	3.90	－0.40
2021－10－1	3.50	3.90	－0.40
2021－10－2	3.20	3.50	－0.30
2021－10－3	3.10	3.60	－0.50
2021－10－6	4.00	3.60	0.40
2021－10－7	3.10	3.40	－0.30
2021－10－8	2.80	2.70	0.10
2021－10－10	1.40	0.60	0.80
2021－10－12	2.30	2.70	－0.40
2021－10－13	1.80	1.40	0.40
2021－10－14	0.70	0.30	0.40
2021－10－15	0.30	0.30	0.00
2021－10－16	1.40	1.40	0.00
2021－10－18	1.50	1.20	0.30
2021－10－20	0.90	0.40	0.50
2021－10－21	0.90	0.40	0.50

续表

日期	CJH-E1型(mm)	PHZDF-01型(mm)	绝对误差(mm)
2021-10-22	0.70	1.60	-0.90
2021-10-23	1.70	2.60	-0.90
2021-10-24	2.60	2.30	0.30
2021-10-25	2.40	2.30	0.10
2021-10-26	1.60	1.40	0.20
2021-10-27	1.40	1.20	0.20
2021-10-28	0.60	0.40	0.20
2021-10-29	0.80	1.10	-0.30
2021-10-30	0.80	1.10	-0.30
2021-11-1	1.10	0.60	0.50
2021-11-2	0.60	0.60	0.00
2021-11-3	0.70	0.30	0.40
2021-11-5	0.30	0.20	0.10
2021-11-6	0.10	0.20	-0.10
2021-11-7	1.10	2.30	-1.20
2021-11-8	1.70	2.60	-0.90
2021-11-9	2.50	1.50	1.00
2021-11-10	1.70	2.10	-0.40
2021-11-12	1.30	0.90	0.40
2021-11-13	0.90	1.50	-0.60
2021-11-14	1.40	1.00	0.40
2021-11-15	1.00	1.00	0.00
2021-11-16	0.90	0.70	0.20
2021-11-17	1.00	0.80	0.20
2021-11-18	1.60	1.50	0.10
2021-11-20	0.50	0.20	0.30
2021-11-21	0.70	0.30	0.40
2021-11-23	1.20	1.30	-0.10
2021-11-24	1.90	1.70	0.20
2021-11-25	1.60	2.10	-0.50
2021-11-26	1.70	1.70	0.00
2021-11-27	1.70	1.70	0.00
2021-12-1	1.50	1.70	-0.20
2021-12-2	1.40	1.50	-0.10
2021-12-3	1.30	1.70	-0.40

日期	CJH－E1 型（mm）	PHZDF－01 型（mm）	绝对误差（mm）
2021－12－4	1.00	0.80	0.20
2021－12－5	1.30	0.80	0.50
2021－12－6	1.10	1.30	－0.20
2021－12－7	1.00	0.60	0.40
2021－12－8	0.40	1.20	－0.80
2021－12－9	0.90	0.60	0.30
2021－12－10	0.80	0.20	0.60
2021－12－11	0.50	0.30	0.20
2021－12－12	0.30	0.70	－0.40
2021－12－13	0.30	0.90	－0.60
2021－12－14	1.20	0.60	0.60
2021－12－16	0.30	0.30	0.00
2021－12－17	0.10	1.40	－1.30
2021－12－18	1.30	1.40	－0.10
2021－12－19	1.60	1.40	0.20
2021－12－20	1.10	1.40	－0.30
2021－12－22	1.50	1.50	0.00
2021－12－23	1.30	0.60	0.70
2021－12－26	1.40	1.30	0.10
2021－12－27	1.20	1.00	0.20
2021－12－28	0.90	0.70	0.20
2021－12－29	1.00	0.80	0.20
2021－12－30	0.70	0.80	－0.10
2021－12－31	1.20	0.80	0.40
累计蒸发量	228.00	228.80	－0.80

表 4.5-6　逐月累计蒸发量比测分析表

月份	累计蒸发量（mm）		相对误差（%）
	CJH－E1 型	PHZDF－01 型	
8	73.10	73.00	0.14
9	57.60	59.30	－2.87
10	43.50	43.40	0.23
11	27.20	26.80	1.49
12	26.60	26.30	1.14
合计	228.00	228.80	－0.35

（1）累计绝对误差与相对误差分析

从表 4.5-5 可以看出，比测期间 PHZDF-01 型仪器观测累计蒸发量为 228.80 mm，CJH-E1 型仪器累计蒸发量为 228.00 mm，与 PHZDF-01 型仪器自记值相比，偏小 0.8 mm，相对偏小 0.35%，小于 3%，满足有关规范要求。

（2）月累计绝对误差与相对误差分析

从表 4.5-6 可以看出，就每月累计蒸发量而言，CJH-E1 型仪器自记数据和 PHZDF-01 型仪器自记数据相对误差较小，均小于 3%。其中，9 月相对误差稍偏大，其原因是有几天连续降雨且有一天是大暴雨，但也满足有关规范要求。

5. 误差成因分析及小结

从上面的分析可以看出，比测期间，累计雨量、累计蒸发量的相对误差都满足规范精度要求；日雨量计量精度也大都满足规范要求；部分观测日蒸发量绝对误差稍大，成因分析如下。

（1）清洗蒸发器导致自记测量误差。如 8 月 4 日，具体可以查阅 CJH-E1 型蒸发雨量采集系统原始数据记录。

（2）降雨不均匀导致测量误差。如 9 月 11 日，PHZDF-01 型仪器雨量为 23 mm，CJH-E1 型仪器雨量为 22.3 mm，二者参与计算的雨量不一样，日蒸发量自然会不一样。比测期间，降雨日 46 天，占总观测日的 30.9%，雨量非均匀分布会不同程度地影响 PHZDF-01 型和 CJH-E1 型自记蒸发量的计算结果，进而影响蒸发量的绝对误差。降雨不均匀一般会导致雨天蒸发量误差偏大，具体某天偏多还是偏少不固定，通常与风速、风向及遮挡物的方位有关，若降雨观测日足够多，一般不会产生较大的累计误差。

从收集的数据看，雨量计量和蒸发计量大部分准确，符合有关规范要求。不存在系统性偏大或偏小的情况，未出现奇异数据导致蒸发量明显偏离实际。系统运行较为稳定，遥测上传数据完整率接近 97%，数据丢失主要系通信故障因素所致，后期需加强运行管理。

通过上述比测分析，CJH-E1 型自记降水蒸发自动采集器测量数据误差在规范允许范围内，且仪器工作稳定可靠，满足投产条件。

4.6 全自动称重式蒸发系统在涪江桥水文站的应用

4.6.1 引言

在水文气象监测中，水面蒸发量与水位、降水等水文参数一样，是水文测验中的一项重要参数，所不同的是，其自动观测在国内外仍是一道难题。水面蒸发的测量在蒸发站进行，现有技术中的主要问题有：水面形状不固定、易变形，水面的波动极易影响测量精度，造成精度低，同时难以实现真正的无人值守。

近年来，随着科技进步，水文信息化技术快速发展，降雨量、水位、流量基本已实现自动监测，而水面蒸发量的自动观测仍是一大难题。探索水体的水面蒸发量及蒸发能力在不同地区和时间上的变化规律，可为水文气象预报、水资源评价、水文模型确定、涉水工程规划等科学研究提供科学依据，以便合理利用水资源。为此，涪江桥水文站在 2021 年 1 月引进了一套 TEZ-601 全自动称重式蒸发系统，与人工观测蒸发同步开展比测工作。

4.6.2 测站概况

（1）常规蒸发测验方法

涪江桥水文站常规蒸发测验方法采用人工观测，蒸发器采用 E601B 型水面蒸发器，E601B 型蒸发器由蒸发桶、水圈、溢流桶和测针组成。蒸发桶溢流孔通过胶管与溢流桶相连,以承接因降雨较大时从蒸发桶内溢出的水量,水圈的作用在于减少太阳辐射及溅水对蒸发的影响。每日观测时调整测针针尖,与水面恰好相接时读取水面高度,用"前一日水面高度+降雨量-测量时水面高度-溢流量",即得当日的蒸发量,遇到降雨溢流时,采用量杯量读溢流量,按照相应关系,折算成与标准水面蒸发器相应的毫米数,其精度达到 0.1 mm。因降雨或其他原因致使蒸发量为负值时,蒸发量记为"0.0+"。

（2）历年蒸发情况

涪江桥水文站水面蒸发的年内变化,主要受气温、湿度及风速的影响,有明显的季节变化。冬季气温低,蒸发少;最小月平均蒸发量一般出现在 1 月、2 月以及 12 月。夏、秋季气温高,蒸发多,最大月平均蒸发值出现在 7—9 月。

（3）自动蒸发系统选型

TEZ - 601 全自动称重式蒸发系统是根据《水面蒸发观测规范》(SL 630—2013)自主研发的创新型产品,采用高精度的称重原理测得蒸发皿内液体重量,再计算出液面高度。

目前市场上大部分自动蒸发系统都是传感器本身误差大,导致精度不能满足规范的要求,影响了水文现代化的进程。TEZ - 601 全自动称重式蒸发系统从原理上解决了这个问题,采用信号放大的方法,利用天平的精度使蒸发的测量精度提高到了 100 倍,解决了传感器本身误差大的根源问题。

传统的水面蒸发量的观测,都是采用测针在每天 8:00 定时进行人工观测,并计算日蒸发量。引进全自动称重式蒸发系统取代人工值守观测,实现了水面蒸发量的全自动采集、记录、存储,其相较于现有的测量方式而言,测量精度更高,配合通信模块,可以很方便地实现远距离数据遥测,同时系统稳定可靠。

4.6.3 全自动称重式蒸发系统的组成及工作原理

1. 系统组成

全自动称重式蒸发系统由控制箱、称重蒸发仪、补水溢流系统、雨量计四部分组成,其硬件模块结构见图 4.6-1。

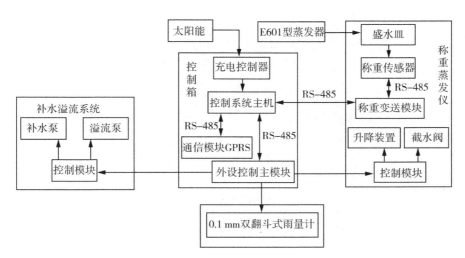

图 4.6-1 全自动称重式蒸发系统硬件模块结构图

（1）控制箱

控制箱的控制系统主机是整套系统的神经中枢,主要负责整套系统的工作流程和逻辑处理。控制系统主机直接控制蒸发和雨量的称重变送模块和外设控制主模块,另外还负责与服务器通信和数据交换。外设控制主模块主要负责蒸发、雨量、补水溢流系统内部的开关量模块控制,下发开关量指令。通信模块 GPRS 主要是与服务器进行数据透传交换。太阳能与充电控制器负责对整套系统进行供电。

（2）称重蒸发仪

称重系统用于称量蒸发皿内水的重量，称重系统包括蒸发秤、蒸发秤座和蒸发秤盘等部分，称重时使其保持自由状态。称重传感器与称重变送模块将盛水皿中的水重量传送给控制系统主机，由控制系统主机通过水的体积和密度关系计算出水位变化高度，从而得出 E601 型蒸发器水位变化高度，以及进行下一步的数据汇报。

（3）补水溢流系统

该系统配备了一个 60 L 的补水箱，补水箱上部有 2 台高速自吸水泵，一台负责补水，一台负责溢流，通过控制系统主机进行自动控制。当 E601 型蒸发器内水面上升到"上警戒高度（软件设置）"时，溢流泵开始启动，将 E601 型蒸发器内的水抽到补水箱中，直至水位达到预设高度（软件设置）。反之，当 E601 型蒸发器内水面下降到"下警戒高度（软件设置）"时，补水泵开始启动，将补水箱内的水抽到 E601 型蒸发器中，直至水位达到预设高度（软件设置）。

（4）雨量计

为满足《水面蒸发观测规范》(SL 630—2013)的精度要求和保证蒸发的高精度测量，全自动称重式蒸发系统配备了 0.1 mm 双翻斗式雨量计，该雨量计采用双翻斗的工作模式，解决了雨量测量的精度问题，同时大雨的测量精度可以达到 0.1 mm。截流阀与溢流阀是截止雨水流入与雨水自动溢出的装置，主要是配合降雨量观测时间以及与控制系统主机一起工作，由控制系统主机来计算雨天蒸发量，同时上报雨量或进行其他操作。

2. 工作原理

全自动称重式蒸发系统（图 4.6-2）在传统 E601 型蒸发器的基础上通过连通器的原理，采用精密称重传感器实现对蒸发量的测量，蒸发量测量精度可达到 0.01 mm，测量不受风雨影响，观测时间最小可达 30 min。该仪器默认的工作模式是"24 h"模式，即蒸发每隔 24 h 观测一次，每次的观测时间为早上 8:00。系统内置 9 种工作模式，包括 8 种常规工作模式和加测模式，能够看到一天内的蒸发过程图。根据测量数据，中心站管理软件可自动生成蒸发、雨量标准报表，可独立输出雨量、蒸发年报表。

图 4.6-2　TEZ-601 全自动称重式蒸发系统现场实物图

4.6.4　自记雨量和蒸发的滴定试验

设备安装调试完毕，检查无错接、漏接后，开始设备数据的准确性滴定试验。

（1）自记雨量的检验

全自动遥测蒸发系统配套 0.1 mm 翻斗式雨量计。2021 年 2 月 8 日，分 3 个时段模拟雨水注入试验，系统会在下一个整点上报该小时段的雨量数据。

如图 4.6-3 所示，2 月 8 日 14:00—15:00、15:00—16:00、16:00—17:00 分别注水 10 mm、10.1 mm、9.9 mm，等待系统统计模拟雨量数据对比，测试结果分别为 9.7 mm、9.9 mm、9.6 mm，经过 3 次对比，误差均在 4%之内，符合翻斗式雨量计的测量标准规范。

涪江桥水文站	2021/2/8 10:00:00	0	蒸发: 上次位置18280毫米 当前18250毫米 雨量0.00毫米
涪江桥水文站	2021/2/8 11:00:00	0	蒸发: 上次位置18250毫米 当前18240毫米 雨量0.00毫米
涪江桥水文站	2021/2/8 12:00:00	0	蒸发: 上次位置18240毫米 当前18228毫米 雨量0.00毫米
涪江桥水文站	2021/2/8 13:00:00	0	蒸发: 上次位置18228毫米 当前18224毫米 雨量0.00毫米
涪江桥水文站	2021/2/8 14:00:00	0	蒸发: 上次位置18224毫米 当前18166毫米 雨量0.00毫米
涪江桥水文站	2021/2/8 15:00:00	0	蒸发: 上次位置18166毫米 当前18108毫米 雨量9.70毫米
涪江桥水文站	2021/2/8 16:00:00	0	蒸发: 上次位置18108毫米 当前18064毫米 雨量9.90毫米
涪江桥水文站	2021/2/8 17:00:00	0	蒸发: 上次位置18064毫米 当前18014毫米 雨量9.60毫米
涪江桥水文站	2021/2/8 18:00:00	0	蒸发: 上次位置18014毫米 当前17962毫米 雨量0.00毫米
涪江桥水文站	2021/2/8 19:00:00	0	蒸发: 上次位置17962毫米 当前17924毫米 雨量0.00毫米
涪江桥水文站	2021/2/8 20:00:00	0	蒸发: 上次位置17924毫米 当前17892毫米 雨量0.00毫米
涪江桥水文站	2021/2/8 21:00:00	0	蒸发: 上次位置17892毫米 当前17854毫米 雨量0.00毫米

图 4.6-3　自记雨量的校验结果

11 月 4 日更新升级雨量计后的校验结果如图 4.6-4 所示，14:00—14:37(加测)、14:37—15:00、15:00—16:00 分别注水 9.9 mm、8.0 mm、4.2 mm，系统测试结果分别为 9.6 mm、7.8 mm、4.3 mm。经过 3 次对比，误差均在 4%以内，符合雨量测量标准规范。

涪江桥水文站	2021/11/4 14:37:00	0	蒸发: 上次位置22386毫米 当前22374毫米 雨量9.60毫米
涪江桥水文站	2021/11/4 15:00:00	0	蒸发: 上次位置22374毫米 当前22384毫米 雨量7.80毫米
涪江桥水文站	2021/11/4 16:00:00	0	蒸发: 上次位置22384毫米 当前22366毫米 雨量4.30毫米
涪江桥水文站	2021/11/4 17:00:00	0	蒸发: 上次位置22366毫米 当前22348毫米 雨量0.00毫米

图 4.6-4　更新升级自记雨量后的校验结果

(2) 蒸发滴定试验

全自动蒸发系统采用称重的方式测量蒸发量，故蒸发量的测量精度取决于称重传感器的准确性。

在系统正常运行的情况下，E601 型蒸发器中 1 mm 水位约等于称重蒸发仪内 22.2 g 的重量。使用量筒取 10 mm 水倒入蒸发器，观察称重传感器的值上涨约 22 g，说明称重传感器准确。确认称重传感器正常后，需判断管道是否漏水，如图 4.6-5 所示，经过多个小时的观察，无连续蒸发量异常大的情况，故蒸发器连通管道安装完好。

涪江桥水文站	2021/2/9 17:02:00	0	蒸发: 上次位置21848毫米 当前[illegible]毫米 雨量0.00毫米
涪江桥水文站	2021/2/9 18:00:00	0	蒸发: 上次位置21840毫米 当前21826毫米 雨量0.00毫米
涪江桥水文站	2021/2/9 19:00:00	0	蒸发: 上次位置21826毫米 当前21818毫米 雨量0.00毫米
涪江桥水文站	2021/2/9 20:00:00	0	蒸发: 上次位置21818毫米 当前21810毫米 雨量0.00毫米
涪江桥水文站	2021/2/9 21:00:00	0	蒸发: 上次位置21810毫米 当前21804毫米 雨量0.00毫米
涪江桥水文站	2021/2/9 22:00:00	0	蒸发: 上次位置21804毫米 当前21800毫米 雨量0.00毫米
涪江桥水文站	2021/2/9 23:00:00	0	蒸发: 上次位置21800毫米 当前21796毫米 雨量0.00毫米
涪江桥水文站	2021/2/10	0	蒸发: 上次位置21796毫米 当前21788毫米 雨量0.00毫米
涪江桥水文站	2021/2/10 1:00:00	0	蒸发: 上次位置21788毫米 当前21782毫米 雨量0.00毫米
涪江桥水文站	2021/2/10 2:00:00	0	蒸发: 上次位置21782毫米 当前21774毫米 雨量0.00毫米
涪江桥水文站	2021/2/10 3:00:00	0	蒸发: 上次位置21774毫米 当前21770毫米 雨量0.00毫米
涪江桥水文站	2021/2/10 4:00:00	0	蒸发: 上次位置21770毫米 当前21764毫米 雨量0.00毫米
涪江桥水文站	2021/2/10 5:00:00	0	蒸发: 上次位置21764毫米 当前21760毫米 雨量0.00毫米
涪江桥水文站	2021/2/10 6:00:00	0	蒸发: 上次位置21760毫米 当前21754毫米 雨量0.00毫米
涪江桥水文站	2021/2/10 7:00:00	0	蒸发: 上次位置21754毫米 当前21750毫米 雨量0.00毫米
涪江桥水文站	2021/2/10 8:00:00	0	蒸发: 上次位置21750毫米 当前21744毫米 雨量0.00毫米
涪江桥水文站	2021/2/10 9:00:00	0	蒸发: 上次位置21744毫米 当前21740毫米 雨量0.00毫米

图 4.6-5　自记蒸发的数据校验结果

4.6.5　数据对比分析过程

(1) 日蒸发量、雨量数据统计表

涪江桥水文站于 2021 年 1 月引进的全自动称重式蒸发系统，人工观测与全自动称重式蒸发系统观测同步进行，经过一段时间的试运行，于 2021 年 2 月 10 日开始正式比测。同步比测期间，设备运行稳定,无故障现象,自动化程度高,完全解放了生产力,满足水文现代化发展要求。

本次分析过程从 2021 年 2 月 10 日至 2021 年 12 月 31 日共 325 天,其中,由于外界因素造成蒸发量异常大的有 1 天(11 月 4 日,当天设备维护,更新升级雨量计),采用人工观测的蒸发数据进行对比,系统统计误差造成蒸发量异常的有一天(6 月 29 日),通过软件修正自动计算,其他数据均正常。对人工观测蒸发量和自动遥测蒸发量进行了数据比测,比测数据见表 4.6-1 至表 4.6-11。

表 4.6-1　涪江桥水文站蒸发量观测对比表(2021 年 2 月)

日期	蒸发量(mm)		降雨量(mm)		绝对误差(mm)	
	人工	自动	人工	自动	蒸发	降雨
2 月 10 日	0.9	1.0	0.0	0.0	0.1	0.0
2 月 11 日	1.3	1.5	0.0	0.0	0.2	0.0
2 月 12 日	1.0	1.2	1.3	1.4	0.2	0.1
2 月 13 日	1.7	1.9	0.0	0.0	0.2	0.0
2 月 14 日	1.6	1.5	2.1	2.0	−0.1	−0.1
2 月 15 日	1.1	1.4	0.0	0.0	0.3	0.0
2 月 16 日	1.8	2.0	0.0	0.0	0.2	0.0
2 月 17 日	1.8	1.8	0.0	0.0	0.0	0.0
2 月 18 日	2.0	1.9	0.0	0.0	−0.1	0.0
2 月 19 日	1.8	1.8	0.0	0.0	0.0	0.0
2 月 20 日	1.4	1.4	0.0	0.0	0.0	0.0
2 月 21 日	1.7	1.8	0.0	0.0	0.1	0.0
2 月 22 日	1.4	1.6	0.0	0.0	0.2	0.0
2 月 23 日	1.6	1.7	0.0	0.0	0.1	0.0
2 月 24 日	1.3	2.1	6.5	7.4	0.8	0.9
2 月 25 日	2.1	1.4	0.6	0.4	−0.7	−0.2
2 月 26 日	1.7	1.5	0.0	0.0	−0.2	0.0
2 月 27 日	0.6	0.8	0.8	1.0	0.2	0.2
2 月 28 日	1.1	1.1	0.0	0.0	0.0	0.0
统计	27.9	29.4	11.3	12.2	1.5	0.9

表 4.6-2　涪江桥水文站蒸发量观测对比表(2021 年 3 月)

日期	蒸发量(mm)		降雨量(mm)		绝对误差(mm)	
	人工	自动	人工	自动	蒸发	降雨
3 月 1 日	1.6	1.6	0.0	0.0	0.0	0.0
3 月 2 日	1.3	1.5	0.9	0.9	0.2	0.0
3 月 3 日	1.4	1.2	0.0	0.0	−0.2	0.0
3 月 4 日	0.7	0.6	0.0	0.0	−0.1	0.0
3 月 5 日	0.5	0.9	1.1	1.2	0.4	0.1
3 月 6 日	1.6	1.8	0.0	0.0	0.2	0.0

日期	蒸发量（mm）		降雨量（mm）		绝对误差（mm）	
	人工	自动	人工	自动	蒸发	降雨
3 月 7 日	0.9	0.8	1.6	1.7	−0.1	0.1
3 月 8 日	0.7	0.8	0.0	0.0	0.1	0.0
3 月 9 日	0.8	0.7	0.0	0.0	−0.1	0.0
3 月 10 日	1.2	1.3	0.0	0.0	0.1	0.0
3 月 11 日	0.8	0.7	0.0	0.0	−0.1	0.0
3 月 12 日	0.5	0.6	0.0	0.0	0.1	0.0
3 月 13 日	1.3	1.3	0.0	0.0	0.0	0.0
3 月 14 日	0.8	0.6	0.0	0.0	−0.2	0.0
3 月 15 日	1.9	2.1	0.0	0.0	0.2	0.0
3 月 16 日	1.2	1.5	0.0	0.0	0.3	0.0
3 月 17 日	1.2	0.8	1.0	1.0	−0.4	0.0
3 月 18 日	0.8	2.1	0.1	0.1	1.3	0.0
3 月 19 日	2.4	2.4	0.5	0.8	0.0	0.3
3 月 20 日	1.3	1.4	0.2	0.2	0.1	0.0
3 月 21 日	2.4	2.3	0.0	0.0	−0.1	0.0
3 月 22 日	2.4	2.5	0.0	0.0	0.1	0.0
3 月 23 日	1.7	1.7	0.0	0.0	0.0	0.0
3 月 24 日	1.3	1.1	0.0	0.0	−0.2	0.0
3 月 25 日	0.3	0.5	0.6	0.6	0.2	0.0
3 月 26 日	1.6	1.8	0.0	0.0	0.2	0.0
3 月 27 日	2.4	2.6	0.0	0.0	0.2	0.0
3 月 28 日	3.2	3.0	0.0	0.0	−0.2	0.0
3 月 29 日	2.7	2.7	0.0	0.0	0.0	0.0
3 月 30 日	1.0	1.2	5.3	5.8	0.2	0.5
3 月 31 日	1.2	1.4	10.5	11.3	0.2	0.8
统计	43.1	45.5	21.8	23.6	2.4	1.8

表 4.6-3　涪江桥水文站蒸发量观测对比表（2021 年 4 月）

日期	蒸发量（mm）		降雨量（mm）		绝对误差（mm）	
	人工	自动	人工	自动	蒸发	降雨
4 月 1 日	1.3	1.4	0.0	0.0	0.1	0.0
4 月 2 日	1.5	1.9	0.0	0.0	0.4	0.0
4 月 3 日	3.0	2.9	0.0	0.0	−0.1	0.0
4 月 4 日	1.4	1.2	0.0	0.0	−0.2	0.0
4 月 5 日	1.0	1.1	2.2	2.4	0.1	0.2
4 月 6 日	0.6	0.7	2.0	2.3	0.1	0.3

日期	蒸发量（mm）		降雨量（mm）		绝对误差（mm）	
	人工	自动	人工	自动	蒸发	降雨
4 月 7 日	2.0	2.0	0.0	0.0	0.0	0.0
4 月 8 日	1.6	1.4	0.2	0.2	−0.2	0.0
4 月 9 日	0.8	1.0	8.4	9.1	0.2	0.7
4 月 10 日	0.4	0.7	4.3	4.6	0.3	0.3
4 月 11 日	1.2	0.9	0.0	0.0	−0.3	0.0
4 月 12 日	1.5	1.3	0.0	0.0	−0.2	0.0
4 月 13 日	0.9	0.8	12.2	12.9	−0.1	0.7
4 月 14 日	1.1	1.1	0.0	0.0	0.0	0.0
4 月 15 日	0.9	1.2	1.4	1.3	0.3	−0.1
4 月 16 日	2.4	2.4	0.0	0.0	0.0	0.0
4 月 17 日	0.7	0.9	7.2	7.6	0.2	0.4
4 月 18 日	0.8	0.8	0.0	0.0	0.0	0.0
4 月 19 日	1.0	0.6	2.1	2.0	−0.4	−0.1
4 月 20 日	1.5	2.0	0.6	0.6	0.5	0.0
4 月 21 日	1.9	2.5	0.0	0.0	0.6	0.0
4 月 22 日	0.9	1.3	0.0	0.0	0.4	0.0
4 月 23 日	2.7	2.7	0.0	0.0	0.0	0.0
4 月 24 日	5.2	4.8	0.0	0.0	−0.4	0.0
4 月 25 日	2.8	2.4	0.0	0.0	−0.4	0.0
4 月 26 日	2.1	2.3	5.5	5.7	0.2	0.2
4 月 27 日	2.4	2.3	3.8	4.2	−0.1	0.4
4 月 28 日	3.1	2.6	0.0	0.0	−0.5	0.0
4 月 29 日	2.7	2.7	0.0	0.0	0.0	0.0
4 月 30 日	3.3	3.0	0.0	0.0	−0.3	0.0
统计	52.7	52.9	49.9	52.9	0.2	3.0

表 4.6-4　涪江桥水文站蒸发量观测对比表（2021 年 5 月）

日期	蒸发量（mm）		降雨量（mm）		绝对误差（mm）	
	人工	自动	人工	自动	蒸发	降雨
5 月 1 日	3.0	2.8	0.0	0.0	−0.2	0.0
5 月 2 日	3.5	2.9	1.9	1.9	−0.6	0.0
5 月 3 日	4.1	3.9	0.0	0.0	−0.2	0.0
5 月 4 日	2.4	2.2	0.0	0.4	−0.2	0.4
5 月 5 日	2.5	2.4	0.0	0.0	−0.1	0.0
5 月 6 日	1.7	1.8	0.0	0.0	0.1	0.0
5 月 7 日	2.8	2.9	0.0	0.0	0.1	0.0

日期	蒸发量（mm）		降雨量（mm）		绝对误差（mm）	
	人工	自动	人工	自动	蒸发	降雨
5月8日	2.7	2.7	0.0	0.0	0.0	0.0
5月9日	2.4	3.0	0.0	0.0	0.6	0.0
5月10日	1.0	1.2	1.9	2.0	0.2	0.1
5月11日	4.3	4.2	0.0	0.0	−0.1	0.0
5月12日	2.3	2.5	0.0	0.0	0.2	0.0
5月13日	1.3	1.6	0.4	0.3	0.3	−0.1
5月14日	1.7	1.8	0.5	0.5	0.1	0.0
5月15日	1.6	1.6	1.5	1.5	0.0	0.0
5月16日	1.9	3.1	1.8	2.3	1.2	0.5
5月17日	3.0	2.8	0.0	0.0	−0.2	0.0
5月18日	2.3	2.0	0.5	0.3	−0.3	−0.2
5月19日	2.7	2.8	0.0	0.0	0.1	0.0
5月20日	2.1	2.0	0.0	0.0	−0.1	0.0
5月21日	1.4	1.7	2.8	3.3	0.3	0.5
5月22日	1.9	1.6	11.7	12.5	−0.3	0.8
5月23日	1.7	1.7	0.0	0.0	0.0	0.0
5月24日	4.4	4.7	0.0	0.0	0.3	0.0
5月25日	2.0	1.9	3.7	4.0	−0.1	0.3
5月26日	1.4	1.4	0.0	0.0	0.0	0.0
5月27日	0.7	0.8	0.3	0.2	0.1	−0.1
5月28日	2.6	2.9	0.0	0.0	0.3	0.0
5月29日	2.1	1.9	0.0	0.0	−0.2	0.0
5月30日	2.7	2.9	0.0	0.0	0.2	0.0
5月31日	4.4	4.2	5.7	6.1	−0.2	0.4
统计	74.6	75.9	32.7	35.3	1.3	2.6

表 4.6-5　涪江桥水文站蒸发量观测对比表（2021 年 6 月）

日期	蒸发量（mm）		降雨量（mm）		绝对误差（mm）	
	人工	自动	人工	自动	蒸发	降雨
6月1日	2.3	2.0	2.1	2.3	−0.3	0.2
6月2日	3.9	3.3	11.0	11.8	−0.6	0.8
6月3日	3.1	2.6	0.0	0.0	−0.5	0.0
6月4日	3.3	3.1	0.0	0.0	−0.2	0.0
6月5日	4.4	4.3	0.0	0.0	−0.1	0.0
6月6日	2.8	2.5	0.0	0.0	−0.3	0.0
6月7日	2.0	2.1	0.0	0.2	0.1	0.2

日期	蒸发量（mm）		降雨量（mm）		绝对误差（mm）	
	人工	自动	人工	自动	蒸发	降雨
6月8日	1.8	2.2	4.3	4.9	0.4	0.6
6月9日	1.7	1.8	0.0	0.0	0.1	0.0
6月10日	2.7	2.5	0.0	0.0	−0.2	0.0
6月11日	3.0	3.0	0.0	0.0	0.0	0.0
6月12日	1.8	1.7	0.0	0.0	−0.1	0.0
6月13日	2.5	2.0	36.7	38.6	−0.5	1.9
6月14日	0.7	0.7	2.3	2.4	0.0	0.1
6月15日	0.8	1.2	4.5	4.8	0.4	0.3
6月16日	3.0	2.1	28.9	27.2	−0.9	−1.7
6月17日	1.8	1.8	0.8	1.0	0.0	0.2
6月18日	1.7	1.9	0.0	0.0	0.2	0.0
6月19日	1.6	1.6	0.0	0.0	0.0	0.0
6月20日	1.6	1.6	0.0	0.0	0.0	0.0
6月21日	2.0	1.7	0.0	0.0	−0.3	0.0
6月22日	4.3	4.1	0.0	0.0	−0.2	0.0
6月23日	2.3	2.5	0.0	0.2	0.2	0.2
6月24日	1.0	1.2	12.0	12.7	0.2	0.7
6月25日	1.5	1.6	0.3	0.3	0.1	0.0
6月26日	1.4	1.6	0.0	0.0	0.2	0.0
6月27日	3.7	3.7	0.0	0.0	0.0	0.0
6月28日	3.1	3.1	0.0	0.0	0.0	0.0
6月29日	4.3	4.2	0.0	0.0	−0.1	0.0
6月30日	2.8	2.7	0.0	0.0	−0.1	0.0
统计	72.9	70.4	102.9	106.4	−2.5	3.5

表 4.6-6　涪江桥水文站蒸发量观测对比表（2021 年 7 月）

日期	蒸发量（mm）		降雨量（mm）		绝对误差（mm）	
	人工	自动	人工	自动	蒸发	降雨
7月1日	1.6	1.6	12.9	14.5	0.0	1.6
7月2日	1.9	1.6	3.1	3.2	−0.3	0.1
7月3日	2.5	2.5	0.0	0.0	0.0	0.0
7月4日	3.5	3.1	0.0	0.0	−0.4	0.0
7月5日	1.7	1.9	3.3	3.7	0.2	0.4
7月6日	1.5	1.3	0.0	0.0	−0.2	0.0
7月7日	2.4	2.2	0.2	0.2	−0.2	0.0
7月8日	3.1	3.5	0.1	0.0	0.4	−0.1

续表

日期	蒸发量(mm)		降雨量(mm)		绝对误差(mm)	
	人工	自动	人工	自动	蒸发	降雨
7月9日	3.5	2.1	53.5	58.1	−1.4	4.6
7月10日	1.0	1.6	2.0	2.3	0.6	0.3
7月11日	2.4	2.8	0.0	0.0	0.4	0.0
7月12日	3.1	3.1	0.0	0.0	0.0	0.0
7月13日	2.0	2.2	0.0	0.0	0.2	0.0
7月14日	1.7	2.1	30.5	29.0	0.4	−1.5
7月15日	3.1	1.6	33.4	36.5	−1.5	3.1
7月16日	0.7	1.4	0.6	0.8	0.7	0.2
7月17日	2.6	3.0	0.3	0.2	0.4	−0.1
7月18日	3.8	3.9	8.0	9.4	0.1	1.4
7月19日	3.9	4.0	0.0	0.0	0.1	0.0
7月20日	2.0	1.6	9.8	10.9	−0.4	1.1
7月21日	2.9	3.4	6.5	7.1	0.5	0.6
7月22日	2.3	2.7	11.7	13.1	0.4	1.4
7月23日	3.2	2.3	16.6	17.7	−0.9	1.1
7月24日	4.3	2.6	3.0	3.1	−1.7	0.1
7月25日	2.3	2.7	0.0	0.2	0.4	0.2
7月26日	3.6	3.3	0.0	0.0	−0.3	0.0
7月27日	3.3	2.9	0.0	0.0	−0.4	0.0
7月28日	5.1	4.8	0.0	0.0	−0.3	0.0
7月29日	4.3	3.9	0.0	0.0	−0.4	0.0
7月30日	4.1	3.8	0.0	0.0	−0.3	0.0
7月31日	4.2	4.1	0.0	0.0	−0.1	0.0
统计	87.6	83.6	195.5	210.0	−4.0	14.5

表 4.6-7　涪江桥水文站蒸发量观测对比表(2021 年 8 月)

日期	蒸发量(mm)		降雨量(mm)		绝对误差(mm)	
	人工	自动	人工	自动	蒸发	降雨
8月1日	5.1	4.7	0.0	0.0	−0.4	0.0
8月2日	5.1	5.1	0.0	0.0	0.0	0.0
8月3日	4.1	3.5	0.0	0.0	−0.6	0.0
8月4日	5.0	5.1	63.7	68.0	0.1	4.3
8月5日	2.3	2.0	0.4	0.0	−0.3	−0.4
8月6日	3.0	2.5	0.3	0.2	−0.5	−0.1
8月7日	3.9	3.7	0.2	0.4	−0.2	0.2
8月8日	1.9	1.9	6.2	6.7	0.0	0.5

日期	蒸发量（mm）		降雨量（mm）		绝对误差（mm）	
	人工	自动	人工	自动	蒸发	降雨
8月9日	3.9	3.6	0.0	0.0	−0.3	0.0
8月10日	3.4	3.3	0.7	0.6	−0.1	−0.1
8月11日	3.9	3.4	0.7	1.0	−0.5	0.3
8月12日	2.0	1.8	2.6	3.0	−0.2	0.4
8月13日	3.8	3.5	0.0	0.0	−0.3	0.0
8月14日	4.6	4.0	0.0	0.0	−0.6	0.0
8月15日	2.7	2.1	5.3	5.5	−0.6	0.2
8月16日	1.4	1.4	18.4	19.2	0.0	0.8
8月17日	3.8	1.7	74.4	77.7	−2.1	3.3
8月18日	1.4	2.2	18.6	19.6	0.8	1.0
8月19日	0.9	1.3	9.5	10.5	0.4	1.0
8月20日	2.9	2.9	0.0	0.0	0.0	0.0
8月21日	3.7	2.6	45.7	49.2	−1.1	3.5
8月22日	2.8	1.8	11.0	11.4	−1.0	0.4
8月23日	2.5	2.8	0.0	0.0	0.3	0.0
8月24日	4.0	4.2	0.0	0.0	0.2	0.0
8月25日	2.4	1.7	19.8	20.7	−0.7	0.9
8月26日	1.6	2.1	2.1	2.3	0.5	0.2
8月27日	2.5	2.5	0.7	0.8	0.0	0.1
8月28日	1.4	1.2	2.8	2.0	−0.2	−0.8
8月29日	2.9	3.0	3.5	3.9	0.1	0.4
8月30日	1.5	1.3	3.6	4.1	−0.2	0.5
8月31日	1.3	1.2	0.0	0.0	−0.1	0.0
统计	91.7	84.1	290.2	306.8	−7.6	16.6

表 4.6-8　涪江桥水文站蒸发量观测对比表（2021 年 9 月）

日期	蒸发量（mm）		降雨量（mm）		绝对误差（mm）	
	人工	自动	人工	自动	蒸发	降雨
9月1日	1.5	1.8	1.3	1.3	0.3	0.0
9月2日	1.1	1.1	10.4	11.1	0.0	0.7
9月3日	1.9	1.4	34.3	37.6	−0.5	3.3
9月4日	2.2	2.0	0.0	0.0	−0.2	0.0
9月5日	2.0	1.6	0.3	0.2	−0.4	−0.1
9月6日	2.2	1.8	0.0	0.0	−0.4	0.0
9月7日	3.1	3.0	0.0	0.0	−0.1	0.0
9月8日	2.9	2.4	0.0	0.0	−0.5	0.0

日期	蒸发量(mm)		降雨量(mm)		绝对误差(mm)	
	人工	自动	人工	自动	蒸发	降雨
9 月 9 日	3.3	3.0	0.0	0.0	−0.3	0.0
9 月 10 日	3.7	3.4	0.0	0.0	−0.3	0.0
9 月 11 日	2.2	2.0	0.0	0.0	−0.2	0.0
9 月 12 日	1.5	1.6	0.0	0.0	0.1	0.0
9 月 13 日	1.4	1.4	16.6	18.0	0.0	1.4
9 月 14 日	1.1	3.1	162.6	175.2	2.0	12.6
9 月 15 日	3.0	1.1	23.5	24.0	−1.9	0.5
9 月 16 日	0.7	0.6	0.0	0.0	−0.1	0.0
9 月 17 日	0.8	1.0	1.2	1.4	0.2	0.2
9 月 18 日	1.4	1.0	2.9	3.1	−0.4	0.2
9 月 19 日	3.1	2.9	4.2	4.4	−0.2	0.2
9 月 20 日	3.0	2.9	0.0	0.0	−0.1	0.0
9 月 21 日	3.0	2.6	0.0	0.0	−0.4	0.0
9 月 22 日	2.6	2.2	0.0	0.0	−0.4	0.0
9 月 23 日	1.4	0.9	0.0	0.0	−0.5	0.0
9 月 24 日	0.4	0.8	8.7	9.4	0.4	0.7
9 月 25 日	2.0	1.2	30.3	32.2	−0.8	1.9
9 月 26 日	1.7	1.4	17.8	18.9	−0.3	1.1
9 月 27 日	1.3	1.4	9.2	9.8	0.1	0.6
9 月 28 日	2.5	2.5	0.0	0.0	0.0	0.0
9 月 29 日	2.1	2.0	0.0	0.0	−0.1	0.0
9 月 30 日	2.2	1.9	0.0	0.0	−0.3	0.0
统计	61.3	56.0	323.3	346.6	−5.3	23.3

表 4.6-9　涪江桥水文站蒸发量观测对比表(2021 年 10 月)

日期	蒸发量(mm)		降雨量(mm)		绝对误差(mm)	
	人工	自动	人工	自动	蒸发	降雨
10 月 1 日	2.0	1.9	0.0	0.0	−0.1	0.0
10 月 2 日	2.1	1.9	0.0	0.0	−0.2	0.0
10 月 3 日	1.5	1.4	9.2	10.2	−0.1	1.0
10 月 4 日	1.2	2.8	116.3	119.5	1.6	3.2
10 月 5 日	1.4	0.9	13.0	13.5	−0.5	0.5
10 月 6 日	0.9	1.1	4.8	5.1	0.2	0.3
10 月 7 日	1.4	1.3	0.1	0.0	−0.1	−0.1
10 月 8 日	0.7	1.0	2.2	2.5	0.3	0.3
10 月 9 日	1.0	1.1	3.5	3.7	0.1	0.2

日期	蒸发量（mm）		降雨量（mm）		绝对误差（mm）	
	人工	自动	人工	自动	蒸发	降雨
10月10日	2.0	1.7	0.0	0.0	-0.3	0.0
10月11日	1.9	1.2	0.0	0.0	-0.7	0.0
10月12日	1.0	0.6	0.0	0.0	-0.4	0.0
10月13日	0.8	1.0	0.0	0.0	0.2	0.0
10月14日	1.8	1.4	0.0	0.0	-0.4	0.0
10月15日	2.2	1.8	0.3	0.2	-0.4	-0.1
10月16日	2.7	2.6	0.1	0.0	-0.1	-0.1
10月17日	1.6	1.2	0.0	0.0	-0.4	0.0
10月18日	0.8	1.0	0.0	0.2	0.2	0.2
10月19日	0.7	0.5	3.6	3.7	-0.2	0.1
10月20日	1.1	0.9	0.1	0.0	-0.2	-0.1
10月21日	0.8	0.7	0.4	0.5	-0.1	0.1
10月22日	0.9	1.0	0.7	0.9	0.1	0.2
10月23日	0.7	0.7	1.2	1.3	0.0	0.1
10月24日	1.2	1.6	0.7	0.7	0.4	0.0
10月25日	0.6	0.8	3.6	4.0	0.2	0.4
10月26日	1.1	1.4	0.6	0.4	0.3	-0.2
10月27日	1.1	1.0	4.6	4.9	-0.1	0.3
10月28日	0.4	0.8	1.5	1.6	0.4	0.1
10月29日	1.6	1.6	0.0	0.0	0.0	0.0
10月30日	1.0	1.2	1.7	1.8	0.2	0.1
10月31日	1.2	1.2	1.7	1.8	0.0	0.1
统计	39.4	39.3	169.9	176.5	-0.1	6.6

表 4.6-10　涪江桥水文站蒸发量观测对比表（2021 年 11 月）

日期	蒸发量（mm）		降雨量（mm）		绝对误差（mm）	
	人工	自动	人工	自动	蒸发	降雨
11月1日	0.9	0.6	0.0	0.0	-0.3	0.0
11月2日	0.9	0.7	0.0	0.0	-0.2	0.0
11月3日	0.8	0.5	0.0	0.0	-0.3	0.0
11月4日	0.9	0.9	0.0	0.0	0.0	0.0
11月5日	1.0	0.7	0.0	0.0	-0.3	0.0
11月6日	2.9	2.7	0.4	0.0	-0.2	-0.4
11月7日	2.1	1.8	0.0	0.0	-0.3	0.0
11月8日	1.4	1.2	0.0	0.0	-0.2	0.0
11月9日	1.6	1.6	0.0	0.0	0.0	0.0

日期	蒸发量（mm）		降雨量（mm）		绝对误差（mm）	
	人工	自动	人工	自动	蒸发	降雨
11 月 10 日	1.8	1.4	0.0	0.0	−0.4	0.0
11 月 11 日	0.8	0.8	0.0	0.0	0.0	0.0
11 月 12 日	1.7	1.8	0.0	0.0	0.1	0.0
11 月 13 日	1.1	0.8	0.0	0.0	−0.3	0.0
11 月 14 日	0.8	0.7	0.0	0.0	−0.1	0.0
11 月 15 日	1.1	1.6	0.0	0.0	0.5	0.0
11 月 16 日	0.5	0.6	1.2	0.9	0.1	−0.3
11 月 17 日	1.2	1.4	0.0	0.0	0.2	0.0
11 月 18 日	0.7	0.4	0.1	0.0	−0.3	−0.1
11 月 19 日	0.8	0.9	0.0	0.0	0.1	0.0
11 月 20 日	0.7	0.7	0.0	0.0	0.0	0.0
11 月 21 日	1.7	1.5	0.0	0.0	−0.2	0.0
11 月 22 日	1.1	1.0	0.0	0.0	−0.1	0.0
11 月 23 日	1.5	1.3	0.0	0.0	−0.2	0.0
11 月 24 日	1.1	1.2	0.0	0.0	0.1	0.0
11 月 25 日	1.0	0.8	0.0	0.0	−0.2	0.0
11 月 26 日	0.7	0.5	4.9	6.2	−0.2	1.3
11 月 27 日	0.7	0.4	0.0	0.0	−0.3	0.0
11 月 28 日	0.4	0.5	0.0	0.0	0.1	0.0
11 月 29 日	1.9	1.8	0.0	0.0	−0.1	0.0
11 月 30 日	1.3	1.3	0.0	0.0	0.0	0.0
统计	35.1	32.1	6.6	7.1	−3.0	0.5

表 4.6-11　涪江桥水文站蒸发量观测对比表（2021 年 12 月）

日期	蒸发量（mm）		降雨量（mm）		绝对误差（mm）	
	人工	自动	人工	自动	蒸发	降雨
12 月 1 日	1.2	1.5	0.0	0.0	0.3	0.0
12 月 2 日	1.3	1.6	0.0	0.0	0.3	0.0
12 月 3 日	0.7	1.0	0.0	0.0	0.3	0.0
12 月 4 日	0.9	0.9	0.0	0.0	0.0	0.0
12 月 5 日	0.7	1.0	0.0	0.0	0.3	0.0
12 月 6 日	0.3	0.5	1.7	1.9	0.2	0.2
12 月 7 日	0.4	0.8	3.9	4.1	0.4	0.2
12 月 8 日	0.4	0.7	0.0	0.0	0.3	0.0
12 月 9 日	0.5	0.6	0.1	0.0	0.1	−0.1
12 月 10 日	0.6	0.4	0.8	0.5	−0.2	−0.3

日期	蒸发量（mm）		降雨量（mm）		绝对误差（mm）	
	人工	自动	人工	自动	蒸发	降雨
12月11日	0.4	0.7	0.0	0.0	0.3	0.0
12月12日	0.9	0.8	0.0	0.0	−0.1	0.0
12月13日	0.6	0.6	0.0	0.0	0.0	0.0
12月14日	0.6	0.5	0.0	0.0	−0.1	0.0
12月15日	0.4	0.4	0.0	0.0	0.0	0.0
12月16日	1.0	1.0	0.0	0.0	0.0	0.0
12月17日	0.9	0.7	0.0	0.0	−0.2	0.0
12月18日	1.2	1.2	0.0	0.0	0.0	0.0
12月19日	0.9	0.9	0.0	0.0	0.0	0.0
12月20日	1.1	0.9	0.0	0.0	−0.2	0.0
12月21日	0.7	0.7	0.0	0.0	0.0	0.0
12月22日	0.6	0.3	0.0	0.0	−0.3	0.0
12月23日	0.5	0.4	0.0	0.0	−0.1	0.0
12月24日	0.9	1.0	0.0	0.0	0.1	0.0
12月25日	0.8	1.0	0.9	0.8	0.2	−0.1
12月26日	1.5	1.4	0.3	0.3	−0.1	0.0
12月27日	0.8	0.5	0.0	0.0	−0.3	0.0
12月28日	1.0	0.9	0.0	0.0	−0.1	0.0
12月29日	0.9	1.2	0.0	0.0	0.3	0.0
12月30日	0.8	0.4	0.0	0.0	−0.4	0.0
12月31日	0.6	0.7	0.0	0.0	0.1	0.0
统计	24.1	25.2	7.7	7.6	1.1	−0.1

（2）日蒸发量误差分析

全自动称重式蒸发系统观测采用 2021 年 2—12 月的日蒸发量数据进行分析（见表 4.6-12），|误差|≤1.0 mm 达 96.9%，|误差|＞1.0 mm 为 3.1%，日最大误差为 2.1 m。

表 4.6-12　2021 年 2—12 月日蒸发量误差统计表

误差统计	误差 ≤0.3 mm	误差 ≤0.5 mm	误差 ≤1.0 mm	误差 ＞1.0 mm	总日数（d）	最大误差（mm）
日数（d）	248	297	315	10	325	2.1
占百分比（%）	76.3	91.4	96.9	3.1		

（3）月蒸发量、雨量误差分析

全自动称重式蒸发系统观测采用 2021 年 2—12 月的各月蒸发总量数据进行分析（见表 4.6-13），月蒸发总量最大绝对误差为 −7.6 mm，月降雨总量最大绝对误差为 23.3 mm。月蒸发总量最小绝对误差为 −0.1 mm，月降雨总量最小绝对误差为 −0.1 mm。从以上比测结果的分析中可以看出，全自动称重式蒸发系统与人工观测的月蒸发量、月降雨量误差较小，月累计误差均控制在 10% 以内，满足《水面蒸发观测规范》（SL 630—2013）的规范要求。

表 4.6-13　2021 年 2—12 月月蒸发总量、雨量总量及误差统计表

时间	月蒸发总量（人工）(mm)	月蒸发总量（自动）(mm)	月降雨量（人工）(mm)	月降雨量（自动）(mm)	绝对误差（蒸发）(mm)	绝对误差（降雨）(mm)	相对误差（蒸发）(%)	相对误差（降雨）(%)
2021 年 2 月	27.9	29.4	11.3	12.2	1.5	0.9	5.4	8.0
2021 年 3 月	43.1	45.5	21.8	23.6	2.4	1.8	5.6	8.3
2021 年 4 月	52.7	52.9	49.9	52.9	0.2	3.0	0.4	6.0
2021 年 5 月	74.6	75.9	32.7	35.3	1.3	2.6	1.7	8.0
2021 年 6 月	72.9	70.4	102.9	106.4	−2.5	3.5	−3.4	3.4
2021 年 7 月	87.6	82.6	195.5	210	−5.0	14.5	−5.7	7.4
2021 年 8 月	91.7	84.1	290.2	306.8	−7.6	16.6	−8.3	5.7
2021 年 9 月	61.3	56	323.3	346.6	−5.3	23.3	−8.6	7.2
2021 年 10 月	39.4	39.3	169.9	176.5	−0.1	6.6	−0.3	3.9
2021 年 11 月	35.1	32.1	6.6	7.1	−3.0	0.5	−8.5	7.6
2021 年 12 月	24.1	25.2	7.7	7.6	1.1	−0.1	4.6	−1.3

（4）年蒸发量、雨量误差分析

全自动称重式蒸发系统观测采用 2021 年 2—12 月的年度蒸发总量数据进行分析（见表 4.6-14），在比测时间段内，年度蒸发总量绝对误差为 −17 mm，年度降雨量的绝对误差为 73.2 mm，从以上比测结果的分析中可以看出，全自动称重式蒸发系统与人工观测的年蒸发量、年降雨量误差较小，年度累计误差均控制在 7% 以内，满足《水面蒸发观测规范》（SL 630—2013）的规范要求。

表 4.6-14　2021 年 2—12 月年度蒸发总量、雨量总量及误差统计表

时间	年度蒸发总量（人工）(mm)	年度蒸发总量（自动）(mm)	年度降雨量（人工）(mm)	年度降雨量（自动）(mm)	绝对误差（蒸发）(mm)	绝对误差（降雨）(mm)	相对误差（蒸发）(%)	相对误差（降雨）(%)
2021 年度（2—12 月）	610.4	593.4	1 211.8	1 285.0	−17.0	73.2	−2.8	6.0

4.6.6　日常管理注意事项

为保证数据的连续性和稳定性，在仪器运行期间，应指定专人进行数据查看，并按照水文规范每月对蒸发器进行 1 次维护和清洗，并检查仪器设备，一旦发现异常现象应及时处理或联系厂家技术人员排查。

（1）定期清洗 E601 型蒸发器，建议早上 8:00 以后清洗，避开下雨和整点时段。清洗前先关闭系统总电开关和蒸发桶内的阀门。

（2）定期检查雨量承雨口，承雨口内应保持清洁，避免沙尘与杂物堵塞承雨口。

（3）定期检查补水箱，水量至少在 1/3 处，确保补水箱内水清洁，防止物体进入补水管道造成堵塞。

（4）每年可进行一次系统准确度校验，可通过定量加/减水测试蒸发量和雨量。

4.6.7　结论

（1）监测方法的可行性

通过近一年的使用，设备性能稳定可靠，无故障现象。从系统稳定性、可靠性和工作原理分析，涪江桥水文站采用 TEZ-601 全自动称重式蒸发系统进行蒸发监测是可行的。与传统人工观测相比，其具有以下优点：自动化程度高，解放了生产力，满足水文现代化发展要求，实现了蒸发的无人值守与自动

测报。

（2）监测数据的准确性

从前文可以看出，全自动称重式蒸发系统与人工观测的方法对同一地测量的蒸发量没有明显差别，且系统自安装以来稳定，这说明全自动称重式蒸发系统在测量结果理论精度较高的同时能实现对蒸发量的可靠测量，可以代替人工观测蒸发。通过对 2021 年 2—12 月的自动观测数据与人工观测数据的对比分析，得出全自动称重式蒸发系统观测所得的月累计误差在 10％以内，满足《水面蒸发观测规范》（SL 630—2013）的技术要求。

4.7 水面蒸发仪器在三峡水库的观测研究

4.7.1 观测目的

为研究三峡水库蓄水对库区水面蒸发的影响，计算水库水面蒸发损失水量，需在三峡库区建立漂浮水面蒸发站进行实验研究。

4.7.2 主要工作内容

1. 水面蒸发观测实验场布设

蒸发观测实验场布设，包括布设陆上水面蒸发场和漂浮水面蒸发场两个观测场地，主要包括场地选址、场地建设、仪器采购与运输、比测检定与安装调试、试运行等过程。

2. 历史资料收集与一致性检验

根据本项目实验研究需要，在数据分析阶段增加了库区气象站资料收集工作，共计收集了重庆市沙坪坝、长寿、涪陵、丰都、忠县、奉节、巫山和湖北省巴东等 8 站的资料，资料系列为 1990—2013 年，资料内容包括气温、气压、湿度、风速、日照、蒸发、降雨等项目。

此外，所收集的宜昌蒸发站自建站以来的系列资料，为本项目的分析研究提供了更多的参考价值。

本项目对收集的历史资料，涉及库区气象站点的迁移，进行了一致性检验和插补延长资料系列。

3. 漂浮水面蒸发观测实验与资料整编

本项目原型为观测实验，包括陆上水面蒸发和漂浮水面观测实验两部分，主要包括对蒸发量、降水量、水温、气象辅助项目（空气温度、空气湿度、气压、风向、风速、日照）等的观测。

观测实验资料整编，包括水面蒸发场考证（蒸发场地说明、平面图绘制）、原始资料校核、逐日资料整理、年度资料整编、合理性检查、成果校核与审查。

4. 库区流域水面蒸发站网优化

调查库区流域现有水面蒸发站网，根据有关站网的规划导则，计算站网密度，结合水库特点和本研究成果，优化库区站网。

5. 分析研究

（1）库区水面蒸发历史资料的一致性检验分析；

（2）对比分析陆地与漂浮水面蒸发量及其与气象要素的关系；

（3）构建库区水位或流量与水面面积的关系；

（4）建立三峡水库水面蒸发计算模型；

（5）开展三峡水库库区蒸发观测站网布设的研究。

4.7.3 项目前期工作

1. 采用技术标准(表 4.7-1)

表 4.7-1　技术标准统计表

序号	标准编号	标准名称
1	SL 630—2013	《水面蒸发观测规范》
2	GB/T 35221—2017	《地面气象观测规范 总则》
3	SL/T 21—2015	《降水量观测规范》
4	SL/T 247—2020	《水文资料整编规范》
5	GB/T 50138—2010	《水位观测标准》
6	SL/T 58—2014	《水文测量规范》
7	GB 17621—1998	《大中型水电站水库调度规范》
8	SL/T 34—2023	《水文站网规划技术导则》
9	SL 339—2006	《水库水文泥沙观测规范》

注:在规范更新前依照旧版要求执行。

2. 设备选型

经过调研,选择 FFZ-01B 型数字自动蒸发站(图 4.7-1)进行蒸发观测。FFZ-01B 型数字自动蒸发站蒸发量监测范围为 0~100 mm,分辨率 0.1 mm,配套雨量计测量精度为±1‰,符合《降水量观测规范》(SL/T 21—2015)及《水面蒸发观测规范》(SL 630—2013)的要求。选取 DZZ6 型新型自动气象站进行气象辅助项目观测。该仪器可同时监测气温、湿度、大气压、风向、风速、日照及水汽压,符合《地面气象观测规范 总则》(GB/T 35221—2017)的要求,满足生产需求。

图 4.7-1　FFZ-01B 型数字自动蒸发站

3. 漂浮水面蒸发场选址

按照项目要求,需建设 1 座漂浮水面蒸发站,开展实验研究。三峡水库为河道型水库,库长约 663 km,平均宽度约 1.6 km,沿程可供选择的站址较多。按照《水面蒸发观测规范》(SL 630—2013)的要求,通过调查水库水深、水质、水底土质、风浪、水位变幅、岸边稳定等条件,结合库区已有的历史蒸发资料分析成果,项目组决定在常年回水区选择巴东库段设站,除可以基本满足规范要求外,还可利用巴东水位站和巴东气象站现有资源。经现场调查、论证,项目组将巴东水位站现有雨量观测场改造为陆上水面蒸发观测场。自动观测系统接收平台设于巴东水位站站房内。

4. 漂浮筏设计

根据《水面蒸发观测规范》(SL 630—2013)和三峡水库巴东水域的具体情况,安装水面蒸发观测场的漂浮筏决定采用等腰三角形形式,双层钢梁结构,三角形底宽 18 m,高 30 m,双层间距 1.5 m。设置 10 个浮筒为钢梁结构提供浮力,可利用浮筒内水位升降来调节漂浮筏水平度。

4.7.4 项目实施

1. 漂浮筏制造

2013 年 6 月 20 日,漂浮筏加工完成后切割装船,从宜昌运输到巴东进行组装,见图 4.7-2。

图 4.7-2 在巴东水域拼装漂浮筏

2. 漂浮筏抛锚定位

2013 年 7 月 23 日,在长江海事部门的护航下,漂浮水面蒸发观测场抛锚在预定水域(图 4.7-3)。

图 4.7-3 锚定后的漂浮筏

3. 设备安装

设备安装包括陆上蒸发场设备安装和漂浮水面蒸发站设备安装。自记设备由厂家专业人员安装，配套设施设备由项目组组织，按照规范施工安装(图 4.7-4)。

图 4.7-4　自记设备安装现场

陆上蒸发场仪器布设：①自动蒸发站，包括的组件有 E601B 型蒸发器、补水桶、蒸发自记仪、溢流桶、雨量计、电源柜；②气象自记仪；③百叶箱。陆上水面蒸发观测场仪器设备布置见图 4.7-5。

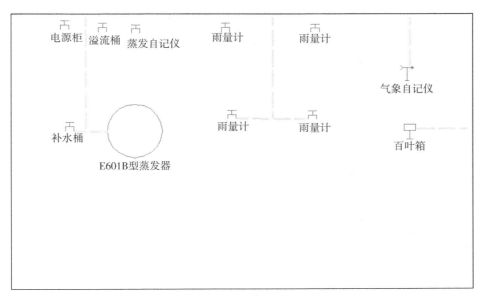

图 4.7-5　陆上蒸发观测场仪器布设图

漂浮筏上仪器布设：①E601B 型蒸发器；②气象自记仪；③校核雨量器(70 cm 雨量器)；④百叶箱。漂浮筏上仪器布设见图 4.7-6。

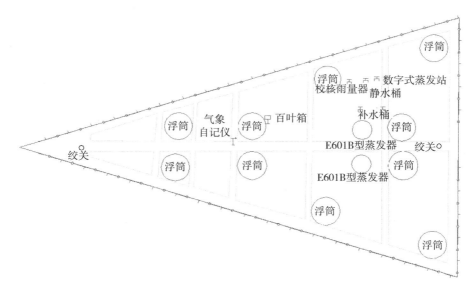

图 4.7-6 漂浮筏上仪器布设图

4. 仪器比测结论

为明确自记蒸发站观测数据与人工观测的精度差别,项目组对二者进行了为期 1 年(2013 年 8 月 1 日—2014 年 7 月 31 日)的比测,并形成了自记蒸发比测报告。分析表明,自记蒸发量与人工观测蒸发量误差较小,自记蒸发站获取的数据满足分析要求,见表 4.7-2、表 4.7-3。

表 4.7-2 蒸发量误差统计表(节选)　　　　　　　　　　　　　　　　　　　　单位:mm

日期	自记	人工	误差	降雨量	日期	自记	人工	误差	降雨量
2014-5-1	3.2	2.5	0.7	5.6	2014-6-1	3.1	2.8	0.3	
2014-5-2	2.0	2.0	0.0	2.5	2014-6-2	5.3	5.5	−0.2	
2014-5-3	1.0	1.0	0.0	1.9	2014-6-3	5.6	5.5	0.1	
2014-5-4	1.7	2.3	−0.6	0.1	2014-6-4	4.0	4.9	−0.9	
2014-5-5	1.5	1.2	0.3		2014-6-5	2.4	2.3	0.1	
2014-5-6	2.7	3.0	−0.3		2014-6-6	2.1	2.3	−0.2	
2014-5-7	3.2	3.2	0.0		2014-6-4	1.8	2.4	−0.6	
2014-5-8	3.6	3.8	−0.2	0.6	2014-6-8	2.7	2.2	0.5	
2014-5-9	1.2	1.1	0.1	0.9	2014-6-9	2.5	3.5	−1.0	
2014-5-10	0.7	0.4	0.3	17.0	2014-6-10	3.6	3.0	0.6	
2014-5-11	3.3	3.5	−0.2		2014-6-11	3.3	3.2	0.1	
2014-5-12	1.7	1.5	0.2		2014-6-12	2.1	1.7	0.4	1.0
2014-5-13	1.0	0.6	0.4	8.4	2014-6-13	0.9	0.2	0.7	4.2
2014-5-14	1.0	0.8	0.2	4.7	2014-6-14	0.7	0.6	0.1	13.5
2014-5-16	0.9	0.9	0.0	0.6	2014-6-16	1.0	0.3	0.7	3.6
2014-5-17	2.2	2.2	0.0		2014-6-17	3.0	2.2	0.8	

表 4.7-3　蒸发量误差分析表

|误差|	≤0.3 mm	≤0.5 mm	≤1.0 mm
天数(d)	247	306	355
百分比(%)	67.67	83.84	97.26

4.7.5　建议

（1）三峡水库漂浮水面蒸发观测还处于实验阶段，理论和实践都需要进一步探索。

（2）自记蒸发站在三峡水库漂浮水面蒸发的应用虽然有一些改进，但还不能达到陆上水面蒸发自记的精度，还要继续研究解决方法。

（3）当前仪器故障由厂家维修，周期较长，影响数据连续性。建议培训维修人员，增加备品备件。

（4）在本项目的分析研究中，项目组对三峡库区水面蒸发有了初步的认识，对库区蒸发站网提出了优化建议。特别是漂浮水面蒸发观测实验时间较短，还有必要在库区选择有代表性的典型库段继续开展实验，以进一步研究三峡水库库区水面蒸发规律，建立更加科学合理的三峡水库库区水面蒸发模型。

4.8　小结

观测水面蒸发量是水文学研究中的一个重要课题，水面蒸发量也是研究陆面蒸发的基本参证资料。蒸发资料在水资源评价、产流计算、水平衡计算、洪水预报、旱情分析、水资源利用等方面都有重要作用。水利水电工程和用水量较大的工矿企业规划设计和管理，也都需要水面蒸发资料。

目前观测蒸发量的主要方法是器测法，主要应用蒸发器、大型蒸发池，冰期蒸发用蒸发皿观测。

E601 型蒸发器和 20 cm 口径蒸发器（也叫蒸发皿）是用于水面蒸发量人工观测的两种主要仪器。一些自动蒸发观测仪器都是在 E601B 型蒸发器的基础上增加设备制成的。E601B 型水面蒸发器已成为水文、气象部门统一使用的标准水面蒸发器。在 E601B 型蒸发器的蒸发桶内安装自动化"水位计"可实现蒸发自动观测。由于蒸发器的水位测量精度和分辨率要求都高于一般水位计，为了保证蒸发桶内水面满足蒸发观测要求，自动蒸发器还设有向蒸发桶内补水的设备。

测量水位有很多方法，据此可以设计出多种型号的自动蒸发器。目前应用的主要有补水式自动蒸发器、浮子式自动蒸发器、超声波自记蒸发器、称重式自动蒸发器等。

第 5 章
水位

5.1 概述

5.1.1 水位的定义

在水文学中,水位是指水体的自由水面高出某一固定基面的高程,而水体的自由水面到其河床面的垂直距离则称为水深,水位的单位为米(m),常用英文字母"Z"来表示。水位计算所用的基面可以是以某处特征海平面高程作为零点的水准基面,称为绝对基面,我国常用的是黄海基面;也可以是用特定点高程作为参证计算水位的零点水准基面,称为测站基面。

5.1.2 水位的变化

1. 水位变化的特性及影响因素

水位变化的一般特性有水位变化的连续性、涨落率的渐变性、洪水涨陡落缓的特性等,而水位的变化主要取决于水体自身水量的变化、约束水体条件的改变以及水体受到的干扰和影响等三方面的因素。

在水体自身水量变化的方面,江河及渠道来水量的变化,水库、湖泊出入流量和蒸发量的变化等都会使总水量发生增减,从而使水位发生相应的涨落现象。另外,大气降水、高山冰雪融化、湖泊水补给河流以及河流反补湖泊等都将直接影响水位的变化。

在约束水体条件改变方面,河道的冲淤和水库、湖泊的淤积,将在一定程度上改变其河流、湖泊和水库底部的平均高程。水库的蓄水和放水也会影响水位变化。河道内水生植物的生长和死亡会使河道的糙率发生一定改变,从而引起水位的变化。另外,如堤防的溃决、洪水的分洪,以及河流的结冰、冰塞和冰坝的产生与消亡,河流的封冻和开河等特殊情况也都会导致水位大幅度变化。

在水体受到的干扰和影响方面,水流之间的相互顶托将干扰水流的输送条件,从而影响水位变化。潮汐和风浪的干扰作用也将影响水位的变化。

2. 气象对水位变化的影响

长江上游流域的水位主要受补给(源头冰川融化、降水、其他河流汇集等)、蒸发、水源使用等因素影响。其中降水量是影响水位变化最重要的原因之一。长江流域除地处青藏高原的长江源头地区属于高山高原气候外,大部分地区均属于亚热带季风气候。亚热带季风气候的总体气候特征为夏热冬温,四季分明,雨热同期,季风发达。加上长江流域地域辽阔,地形复杂,季风气候显著,年降水量和暴雨的时空分布很不均匀。长江汛期是 5 月至 10 月中旬,主汛期为 7、8 月。其中冬季(12 月—次年 1 月)降水量为全年最少;春季(3—5 月)降水量逐月增加;6—7 月,长江中下游月降水量达 200 余毫米;至 8 月时,主要雨区已推移至长江上游,四川盆地西部月雨量超过 200 余毫米;秋季(9—11 月),各地降水量逐月减少。长江流域水位季节变化大,夏季是汛期,冬季是枯水期,通常情况下不会出现断流现象。长江流域属于亚热带季风气候,降水夏季多冬季少,而长江最主要的补给方式是雨水补给,降水量的变化导致长江流域在冬季时水位明显降低,夏季时达到最高峰。由于地处季风气候区,季风不稳定,降水的年际变化大,导致长江水位年际变化较大。

3. 水利设施对水位变化的影响

长江三峡水利枢纽工程是开发治理长江的一项主体工程,又称三峡工程。三峡工程具有多方面的综合效益。在水情角度方面,三峡水库在枯水期做增加下泄流量的调度运行,将会促使其下游河道的水位明显升高,可大大改善枯水期长江中下游的航运状况,增强河道的通航能力,同时对枯水期长江中下游沿江广大地区的农田灌溉等带来好处;三峡水库在汛期做减泄流量的调度运行,将会促使其下游河道的水位增长减慢,对减轻汛期长江中下游地区的洪水压力极为有利,从而可以大大缓解汛期沿江防洪的紧张状况。

5.1.3 观测的方法

水位的观测主要分为人工观测和自动监测两种。

1. 人工观测

当人工观测水位时,观测的段次应该根据河流特性以及水位涨落的变化情况合理分布,以测到完整的水位变化过程,满足日平均水位计算、各项特征值的统计、水文资料整编等水情拍报的要求为原则。在峰顶、峰谷及水位变化过程转折处应布有测次;水位涨落急剧时,应加密测次。

利用水尺观测水位方便简单、可靠性高,能够获取较为准确的水位数据。但仍存在诸多不足,例如并不是所有的断面都具备安装水尺的条件,用水尺观测水位需要人工进行,很难实时获取水位数据,且观测时容易出现误差。水位观测的误差主要由偶然误差、系统误差和人为误差三个方面组成。

偶然误差的出现原因主要包含以下几个方面:

(1) 在有风浪、回流、假潮时,如果观察时间过短,读数缺乏代表性。

(2) 观测人员视线与水面不平行时所产生的折光影响会导致读数有误,错误的读数方式使得结果不准确。

面对偶然误差主要的解决措施有:

(1) 仔细勘察观测河段的现场,确保水尺安置地点符合水位观测的工作要求,尽量减少外界因素对水位观测带来的不良影响。

(2) 尽量采用流线型或者菱形的水尺桩,通过减小水流对水尺桩的冲击来减少误差。

(3) 在水位观测时,严格要求观测人员按照水位测量工作的要求来进行测量工作,在测量时观测人员通过蹲下使视线与水平面平行的方式来减少因为视觉造成的观测误差。

(4) 在存在风浪的情况下,观测值应该取三次波峰和波谷的平均值,且精度应达到厘米级;当相邻水位站之间上下水位比降低的幅度小于 0.2 m 时,应将精确值调整到毫米级。

系统误差主要由水准点、水尺本身存在的零点误差及间接观测设备存在的系统误差组成。

面对水准点和水尺存在的零点误差,解决措施有:

(1) 定期复测基本水准点,复测的同时应与国家水准点接测,以免出现水准点沉降和位移的情况,一旦水准点出现沉降和位移问题,必须立即采取有效的解决措施。

(2) 每次进行观测工作时应该采取相同的观测路线、固定的观测人员、固定的相关仪器设备,设置闭合路线的水准网点,以便消除误差。

（3）在水位观测时应尽量选择早晚和无风天气，减少高温和大风对设备仪器造成的影响，从而减少误差。

观测设备存在系统误差时的解决措施有：

（1）使用高精度的设备仪器，一些在观测水位工作中常用的观测仪器，应定期调整其水位计的走势并进行维护，把误差控制在允许的范围之内，以免仪器本身出现的误差造成测验结果不准确。

（2）水位计应定时进行比测，比测应在各种流态环境中进行，各个观测设备比测结果之间的差异不应超过规定的范围。

人为误差主要是由观测人员工作不认真负责和工作疏忽以及仪器设备故障未及时维护而产生的误差，如测验结果读取错误、记录错误、测量错误、计算错误等。这些误差是可以通过提高测验人员自身素质，端正工作态度，严格按照要求工作来解决的。

随着现代技术和水文观测设备的发展，水尺不能满足日益增长的水文信息化需求，现在水尺更多的使用于对其他水位观测设备的比测和校正。

2. 自动监测

随着水利科学和计算机科技的快速发展，水文要素信息化和自动化采集的普及，河流、湖泊、水库等水体水位观测的方法不再只局限于架设水尺，使用水准仪或全站仪等工具进行人工目测估读，而是可以先让各种传感器自动采集表征水位的模拟量，然后利用转换器转换成水位数据。

自记水位计能将水位变化的连续过程记录下来，也能将所观测的数据以数字或图像的形式传送至数据库，使得水位观测工作趋于自动化和遥测化。自记水位计种类繁多，包含浮子式、压力式、雷达、超声波、激光等多种观测设备。

电子水尺利用水具有导电性这一原理，自上至下依次读取每一个探针的电导。当探针和水面接触时，其电导会突变增大，便可获取水位值。电子水尺具有运行稳定、观测简易和误差较小等优点。但是电子水尺对监测水体及环境要求较高，对于含盐量较高或者泥沙含量较高的水域，电子水尺很容易遭到锈蚀、淤积和损坏，并可能出现数据不准确的情况。另外，电子水尺维护工作难度大，并不适合大规模的推广使用。

浮子式水位计使用浮子直接接触水面感测水位的变化，其结构简单，由浮子、平衡锤和悬索等部件组成。水位的变化会使浮子上升或下沉，拉动悬索带动水位轮旋转，水位编码器的显示器读数会对应增大或者减小。浮子式水位计性能稳定，容易维护，但是需要建造水位测井，选择河床稳定的水域，否则易因水位测井遭受淤积而失效。

压力式水位计可分为投入式和气泡式两种，从基本原理讲，两种水位计一样，都是通过测量仪器感应位置的静水压间接测得水位的。气泡式和投入式水位计的误差来源基本一致，准确性容易受水温、含沙量和盐度的影响，测量数据的稳定性不是很高，有时误差较大，因此适合含沙量变化不大的低含沙水域。

超声波水位计是一种非接触、高可靠性、易安装维护的水位测量仪器。超声波换能器发出的高频超声波脉冲遇到水面后被反射，部分反射回波被换能器接收后转换成电信号。根据超声波脉冲从发射到接收的时间间隔和传播速度，即可精确算出超声波的传播路程，从而确定水位值。超声波水位计采用非接触式测量，不受水体污染，不破坏水流结构，不需建造水位测井，因此适应面广且安装简便，能适用于江河、湖泊、水库、河口、渠道、船闸及各种水工建筑物的水位测量，特别适用于岸边无垂直面且水位变幅不大的水体水位观测。

但超声波水位计也有局限性。因为测量时是通过测量发射至接收的超声波的时间间隔计算超声波传播路程并推算水位值的，所以超声波的传播速度对测量精度有影响。超声波作为一种机械纵波，在空气中的传播速度受空气理化性质的影响，气压、温度、湿度和粉尘等杂质都会影响其传播速度。波浪对超声波水位计的准确性也有较大的影响。此外,如果水面有垃圾等漂浮物,也会影响准确性。

雷达水位计是利用电磁波探测水位的电子设备,采用发射—反射—接收的工作模式。雷达水位计发射出的电磁波经水面反射后,被水位计接收,通过计算电磁波的传播距离即可精确确定水位值。雷达水位计采用非接触式的测量方式,具有测量精度高,抗干扰能力强,不受温度、湿度、风力影响的特点。雷达水位计几乎能用于所有水体的水位测量,并可应用在高温、高压和腐蚀性很强的安装环境中。

从原理上讲,雷达水位计和超声波水位计有相似之处,即都是通过发射并接收某一类型的波,利用时间差计算水位。二者的差异之处在于,雷达水位计发射的是电磁波,而超声波水位计发射的是超声波。由于电磁波的传播速度不太容易受外界因素如温度、湿度和空气中杂质等的影响,而超声波容易受外界因素的干扰,因此雷达水位计的抗干扰能力要强于超声波水位计。但雷达水位计一般也不安装在水位测井中,波浪对它的准确性也有较大影响。此外,水面漂浮物也会影响其测量的准确性。

激光水位计跟雷达水位传感器类似,主要运用激光测距的工作原理,由于激光不能直接在水面进行反射而是直接穿透到水底,所以需要利用激光测距仪配合反射靶面,通过时间差或者相位差来计算距离。

5.1.4 水位观测的目的与意义

水位是反映水体水情变化的一个重要标志,是水文测站最基本的观测项目之一,水位的变化主要是由水体水量的增减变化引起的。水位过程线是某处水位随时间变化的曲线,其横坐标为时间,纵坐标为水位。

1. 水位是推算其他水文数据并掌握其变化过程的间接资料

在水文测验过程中,水位的变化与流量、水体内部流场等水力因子关系密切。因此常用水位直接或间接地推算其他水文要素,例如根据水位流量关系,通过水位推算流量,然后通过流量推算输沙率等,再如根据水位计算水面比降等,从而确定其他水文要素的变化特征。

2. 水位是水利建设、抗洪抗旱的重要依据

水位观测可以直接用于水文情报预报,为防汛抗旱、农田灌溉、河道航运,以及水利工程的建设、运用和管理等及时提供水情信息,长期积累的水情信息也是水利水电、桥梁、航道、港口、城市给排水等建设规划设计的基本依据,直接为水利、水运、防洪、防涝提供具有单独使用价值的资料。

5.2 观测断面

5.2.1 河流断面

河流断面指的是垂直地面剖切的河流的切断面,分为河流横断面和河流纵断面。前者是指与河流流向垂直的断面,后者是指与河流流向平行的断面。

河流纵断面是指沿河流中线(也有取沿程各横断面上的河床最低点的)的剖面,测出中线(或河床最低点)以上地形变化转折的高程,以河长为横坐标,高程为纵坐标,即可绘出河流的纵断面图。纵断面图可以表示河流的纵坡和落差。

河流横断面指垂直于主流方向的河底线与水面线所包围的平面。不同水位有不同的水面线。最大洪水时的水面线与河底线所包围的面称大断面。某一研究时刻的水面线与河底线所包围的面称过水断面。河流横断面是决定河槽输水能力、流速分布、比降、流向的重要特征,也是流量和泥沙计算所不可少的因子。山区河流断面深而窄,平原河流断面浅而宽。

河流横断面是河流平面形势和水流作用相互制约的结果,其形状可概括为两大类:单式断面、复式断面。

河流洪枯水位间,水面宽度随水位呈连续渐变的断面如图 5.2-1 中的(a)、(b)所示。其中(a)型为窄深式,多见于山区河流上游的顺直段;(b)型为近似抛物线的宽浅式,常见于平原河道或一般河流中下游顺直段。也有介于其间近似三角形或梯形的。当河床无冲淤等变化时,其水位与流量、流速、面积等要素间一般具有连续渐变的单一稳定关系。

洪枯水位间,水面宽度随水位变化不连续而有突变的断面如图 5.2-1 中的(c)、(d)、(e)所示。其中(c)型洪水时有漫滩,常见于中下游的河湾段;(d)型是冲淤严重,沙洲、岔流多的下游河道类型,中枯水时常分流,洪水时又合而为一;(e)型是洪水时水流受人工河堤控制的平原河道类型。这类断面的河床不甚稳定,水位与上述水力要素的关系在水面宽度突变处会出现转折。

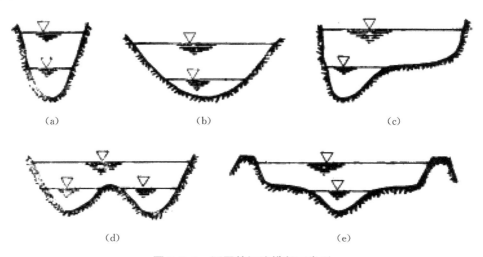

图 5.2-1　不同的河流横断面类型

了解河流的横断面,掌握地形变化情况对进行水文观测、寻找适宜的航道十分重要,了解和研究河流的纵断面对剖析河流的水文特性和编制航运发展计划均有一定价值。

5.2.2　基本水尺断面

基本水尺断面,是为经常观测水位而设置的断面。通过基本水尺断面可进行长年水位观测,提供水位变化过程的信息资料,并靠它来推求通过断面的流量等水文要素的变化过程。

设立基本水尺断面,应以是否有助于建立稳定、简单的水位流量关系为主要目标。因此,基本水尺断面应设置在具有断面控制作用的地点上游附近。测验河段内,当改变基本水尺断面位置,对水位流量关系的自然改善无明显作用时,可将基本水尺断面设置在测验河段的中央。

基本水尺断面应大致与流向垂直,与测流断面之间,不应有大支流汇入或有其他因素造成的水量的显著差异。

基本水尺断面的布设应该符合下列规定:

(1)基本水尺断面应该避开涡流、回流等影响。

(2)河道水位站的基本水尺断面,宜布设在河床稳定、水流集中的顺直河段中间,并与流向垂直。

(3)堰闸水位站的上游基本水尺断面应布设在堰闸上游水流平稳处,与堰闸的距离不宜小于最大水头的 3～5 倍;下游基本水尺断面应设在堰闸下游水流平稳处,距离消能设备末端的距离不宜小于消能设备总长的 3～5 倍。

(4)水库库区水位站的基本水尺断面,应布设在坝上游岸坡稳定、水流平稳且水位有代表性的地点。

当坝上水位不能代表闸上水位时,应另设闸上水尺;当需用坝下水位推流时,应在坝下水流平稳处设置水尺断面。

(5) 湖泊水位站的基本水尺断面应设在有代表性的水流平稳处。

(6) 感潮河段水位站的基本水尺断面宜选在河岸稳定、不易冲淤、不易受风浪直接冲击的地点。

(7) 当发生地震、滑坡、溃坝、泥石流等突发性灾害,造成河道堵塞需要观测水位时,基本水尺断面的布设可视观测目的要求和现场具体情况而定。

5.2.3 比降水尺断面

比降水尺断面是为观测河段水面比降而设置的断面。比降水尺断面的布设应符合下列规定:

(1) 要求进行比降观测的水文测站,应在基本水尺断面的上下游分别设置比降水尺断面;当地形受限制时,可用基本水尺断面兼作上或下比降水尺断面。

(2) 上下比降水尺断面间不应该有外水流入和内水流出,且河底坡降和水面比降均无明显的转折;上下比降水尺断面的间距应使得比降的综合不确定度不超过 15%。

(3) 比降水尺断面的间距应使测量的往返不符值小于测段距离的 0.1%。

5.3 观测基面

水位是河流和其他水体的自由水面相对于某一基面的高程,水位观测是对水位每日定时的观测和记录,观测水位的设备有水尺和水位计。水尺设在顺直的河道旁,水尺的读数加上已知水尺的零点高程(相对于基面的高差)即得到水位。

水位基面是指计算水位和高程的起始面。水位指水体的自由水面高出基面的高程,其单位为米。水文资料中涉及的基面有绝对基面、假定基面、测站基面和冻结基面。

5.3.1 绝对基面

绝对基面指的是将某一海滨地点平均海水平面高程定为零的水准基面。在我国,现统一采用黄海基面,也曾用过大连、吴淞、珠江、大沽、深圳等基面。我国于 1956 年规定以黄海(青岛)的多年平均海平面作为统一基面,为中国第一个国家高程系统,从而结束了过去高程系统繁杂的局面。但由于计算这个基面所依据的青岛验潮站的资料系列(1950—1956 年)较短等原因,中国测绘主管部门决定重新计算黄海平均海面,以青岛验潮站 1952—1979 年的潮汐观测资料为计算依据,并用精密水准测量接测位于青岛的中华人民共和国水准原点,得出 1985 年国家高程基准高程和 1956 年黄海高程的关系为:1985 年国家高程基准高程=1956 年黄海高程−0.029 m。

5.3.2 假定基面

假定基面是指为计算测站水位或高程而暂时假定的水准基面。常在水文测站附近设有国家水准点,用于一时不具备接测条件的情况,例如当发生地震、滑坡、泥石流等大范围突发性地质灾害,需要紧急观测水位时,可采用假定基面。

5.3.3 测站基面

测站基面是指水文测站专用的一种假定的固定基面,一般为历年最低水位或河床最低点以下 0.5～1.0 m。

5.3.4　冻结基面

冻结基面指的是水文站将本站第一次观测所使用的基面固定下来作为以后观测使用的基面。

在研究制定新中国第一部《水文测站规范》前,曾由水利部水文局专门组织讨论水文测站水位观测的高程表达方法与国家水准基面统一标准的应用问题。由于全国各河流应用高程基面尚未统一,若干水文测站尚未接测国家水准点而仍采用假定基面,各站水准点高程数据经检查复测后又往往需要变动,致使前后水位数字(水尺读数加基面高程)不相连续。经反复研究后规定:测站一经设置,使用的任何基面均须冻结,以维持实测水位值前后一致,是为水文系统使用的"冻结基面"。另在水位表上加注"冻结基面"与绝对基面间的差值。

新设的水位站应采用与上下游测站相一致的基面,并作为本站的冻结基面。对不具备与上下游测站联测条件的测站,可先采用假定基面,待具备条件时再联测。测站采用的基面应该及时与现行的国家高程基准联测,各项水位、高程资料中都应写明采用的基面与国家高程基准之间的换算关系。

5.4　观测设施

5.4.1　水尺

1. 水尺的分类

1) 按性质和用途分类

测站的水尺按性质和用途可分为基本水尺、辅助水尺、校核水尺、比降水尺、最高水位水尺(洪峰水尺)。

(1) 基本水尺是水文测站经常用来观测水位,并表达该测站水位的主要水尺,设于基本断面。

(2) 辅助水尺是当测验河段出现横比降或在利用堰闸、隧洞、涵洞等测流设施过程中,有淹没出流时,在河流对岸或下游专门设立的水尺。又如基本水尺断面与流量测验断面相距较远,水位变化剧烈时,常在测流断面设立辅助水尺,以便建立较稳定的水位流量关系,用于推求流量。这种辅助水尺也称测流断面水尺。

(3) 比降水尺是为观测河流水面比降而在测验河的水面段上、下游所设立的水尺。

(4) 最高水位水尺(洪峰水尺)是汛期专用于测计洪峰水位的水尺。

2) 按形式分类

测站的水尺按形式可分为直立式、倾斜式、矮桩式、悬锤式、测针式水尺(水位测针)等,也常分别称为直立水尺、倾斜水尺、矮桩水尺、悬锤水尺、测针水尺(水位测针)。其中最常使用的是直立式水尺和倾斜式水尺。

(1) 直立水尺是垂直于水平面的一种固定水尺,如图 5.4-1 所示。

(2) 倾斜水尺(也称斜坡水尺)是沿稳定岸坡或水工建筑物边缘的斜面设置的一种水尺,其刻度直接指示相对于该水尺零点的垂直高度,如图 5.4-2 所示。

(3) 悬锤水尺是由一条带有重(悬)锤的绳或链(或卷尺)所构成的水尺。它用于从水面以上某一已知高程的固定点测量距离水面的竖直高差来计算水位。

(4) 矮桩水尺是由设置于观测断面上的一组永久性基桩(矮桩)和便携测尺组成的水尺。将测尺直立于水面以下某一桩项,根据已知的桩顶高程和测尺上的水面读数来确定水位。

(5) 测针水尺(水位测针)是由一根针形测杆所构成的水尺。测量时将它降低直到接触水面,根据其读数来确定水位。水位测针包括直针式测针和钩形测针两类。

3）按耐用程度分类

水尺按耐用程度可分为永久水尺和临时水尺两种。

（1）永久水尺是采用钢筋混凝土制作的灌注桩或其他钢材等坚固材料作为靠桩及尺面构成的水尺。这种水尺常设立在基本水尺断面或比降水尺断面，能长期使用，不易被洪水冲毁。

（2）临时水尺是因出现特殊水情或原水尺损坏而临时设立的水尺，其耐用程度较差。

图 5.4-1　直立式水尺

图 5.4-2　倾斜式水尺

2. 水尺的基本要求

1）刻画要求

水尺的刻画要求具体来说分为以下几点：

（1）水尺的刻度必须清晰、精确和持久耐用，刻度应直接刻画在光滑的表面，数字必须清楚，大小适宜，数字的下边缘应靠近相应的刻度处。

（2）刻度、数字、底板的色彩对比应鲜明，且不易褪色和剥落。

（3）水尺刻度面宽不应小于 5 cm。

（4）最小刻度为 1 cm，误差不大于 0.5 mm。当水尺长度在 0.5 m 以下时，累积误差不得超过 0.5 mm；当水尺长度在 0.5 m 以上时，累积误差不得超过尺长的 1‰。

2）布设要求

水尺的布设应符合下列规定：

（1）水尺设置的位置应便于观测人员接近和直接观读水位。在风浪较大的地区，宜设置静水设施。

（2）水尺观读范围应高于测站历年最高水位 0.5 m，低于测站历年最低水位 0.5 m。当水位超出水尺的观读范围时，应及时增设水尺。

（3）同一组基本水尺宜设置在同一断面线上。当因地形限制或其他原因不能设置在同一断面线上时，其最上游与最下游水尺的水位落差不应超过 1 cm。

（4）同一组比降水尺，如不能设置在同一断面线上，偏离断面线的距离不得超过 5 m。同时，任何两支水尺的顺流向距离不得超过上、下比降断面间距的 1/200。

（5）相邻两支水尺的观测范围应有不小于 0.1 m 的重合；当风浪较大时，重合部分可适当增大。

（6）当发生地震、滑坡、溃坝、泥石流等突发性地质灾害，需要紧急观测水位时，水尺的布设可视观测目的要求和地理条件而定。

3）编号要求

水尺的编号应符合下列规定：

（1）对设置的水尺应统一编号。各种编号的排列顺序应为组号、脚号、支号、支号辅助号。组号代表水尺名称，脚号代表同类水尺的不同位置，支号代表同一组水尺从岸上向河心依次排列的次序，支号辅助号代表该支水尺零点高程的变动次数或在原处改设的次数。当在原设一组水尺中增加水尺时，应从原组水尺中最后排列的支号开始连续排列。当某支水尺被毁，新设水尺的相对位置不变时，应在支号后面加辅助号，并用连接符"—"与支号连接。

（2）水尺编号代表水尺的不同位置。各种水尺编号应符合表 5.4-1 的规定。

表 5.4-1　水尺编号

类别	编号	含义
组号	P	基本水尺
	C	流速仪测流断面水尺
	S	比降水尺
	B	其他专用或辅助水尺
脚号	u	设于上游的
	l	设于下游的
	a,b,c…	一个断面有多股水流时，自左岸开始的

设在重合断面上的水尺编号，按照 P、C、S、B 顺序，选用前面一个。当基本水尺兼作流速仪测流断面水尺时，组号用"P"。必要时，可另行规定其他组号。

（3）当设立临时水尺时，在组号前面应加符号"T"，支号应按设立的先后次序排列。当校测后定为正式水尺时,应按正式水尺统一编号。

(4) 当水尺变动较大时,可经一定时期后将全组水尺重新编号,一般情况下一年重编一次。

(5) 水尺编号的标识应清晰直观。直立式水尺宜标在靠桩上部,矮桩式水尺宜标在桩顶,倾斜式水尺宜标在斜面上的明显位置。

3. 水尺的构成及安装

1) 直立式水尺

直立式水尺通常由水尺靠桩和水尺板(或称尺面)组成,如图 5.4-3 所示。直立式水尺由一根针形测杆支撑尺面,也称为水尺板。水尺板通常由长 1 m、宽 8~10 cm、分辨率 1 cm(国际上也有采用 0.5 cm 分辨率)的搪瓷板、木板或合成材料制成。水尺板需要具有一定的强度,不易变形,能够耐室外气候环境的变化和水浸泡。在野外自然环境条件下,水尺的伸缩率应尽可能小。永久水尺和临时水尺的刻度必须清晰醒目,数字清楚,且数字的下边缘应靠近相应的刻度处。为了便于夜间观读,尺面表层可涂覆被动发光涂料,在光线照射下尺面会更加醒目。

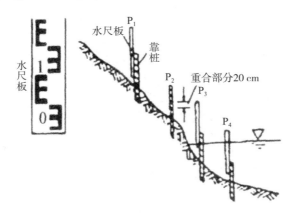

图 5.4-3　直立式水尺

水尺靠桩可采用木桩、钢管、型钢或钢筋混凝土等材料,水尺靠桩要求牢固、垂直地打入河底,避免特殊水情或原水尺损坏发生下沉或倾斜。

直立式水尺结构简单,观测方便,测站普遍要求采用。一般在水位观测断面上设置一组水尺靠桩,使用时将水尺板固定在水尺靠桩上,构成一组直立水尺。

直立式水尺的安装应符合下列规定:

(1) 直立式水尺的水尺板应固定在垂直的靠桩上。靠桩宜做流线型,靠桩可用钢铁等材料做成,或可用直径 10~20 cm 的木桩做成。当采用木质靠桩时,表面应做防腐处理。安装时,应将靠桩浇筑在稳固的岩石或水泥护坡上,或直接将靠桩打入河床,或埋设至河底。

(2) 有条件的测站,可将水尺刻度直接刻画或将水尺板安装在阻水作用小的坚固岩石或有混凝土护坡的河岸上。在有合适的水边建筑可利用的情况下,也可以在建筑物的直立建筑面上直接刻画或安装上一定高度的水尺板,而不必再去设立直立式水尺。

(3) 水尺靠桩入土深度应大于 1 m(1.0~1.5 m 为宜);松软土层或冻土层地带,水尺靠桩宜埋设至松软土层或冻土层以下至少 0.5 m;在淤泥河床上,入土深度不宜小于靠桩在河床以上高度的 1.5 倍。

(4) 水尺应与水面垂直,安装时应用吊垂线校正。

(5) 相邻两水尺之间要有一定的重合,重合范围一般要求为 0.1~0.2 m,当风浪较大时,重合部分应增大至 0.4 m,以保证水位接续观读。

(6) 水尺靠桩布设范围应高于测站历年最高水位 0.5 m、低于测站历年最低水位 0.5 m。

(7) 同一组的各支水尺应设置在同一断面线上。

（8）在有阻水作用小的坚固岩石或混凝土块石的河岸、桥墩、水工建筑物上，可直接刻绘刻度或安装水尺板。

在水尺板安装后，需要按四等水准测量的要求测定每支水尺的零点高程。

2）倾斜式水尺

当测验河段内岸边有规则平整的斜坡，岸坡又很稳定时，可采用倾斜式水尺，见图 5.4-4。在设立倾斜式水尺时，需要将水位断面的岸坡加以整修，修建出一条（或分段的几条）规则的石质或水泥质的斜尺面。此斜尺面要能覆盖大部分或整个水位变化范围。在此斜尺面上用水准测量方法测出各水位高程对应位置，直接刻画水尺刻度。观测水位时就可直接在斜尺面上观读。倾斜式水尺测读水位很方便，只是对岸坡和断面要求较高，整修时还要在斜尺面边修一条小路。

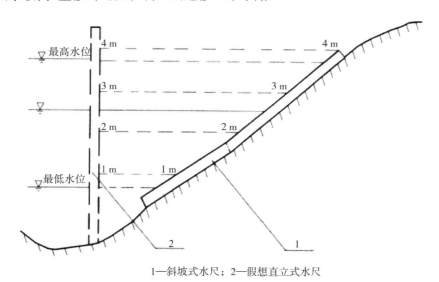

1—斜坡式水尺；2—假想直立式水尺

图 5.4-4　倾斜式水尺

同直立式水尺相比，倾斜式水尺具有耐久、不易冲毁、水尺零点高程不易变动等优点，缺点是要求条件比较严格，在多沙河流上，水尺刻度容易被淤泥遮盖。

倾斜式水尺的安装应符合下列规定：

（1）倾斜式水尺的坡度大于 30°为宜。

（2）倾斜式水尺应将金属板固紧在岩石岸坡上或水工建筑物的斜坡上，按斜线与垂线长度换算，在金属板上刻画尺度，或直接在水工建筑物的斜面上刻画，刻度面的坡度应均匀，刻度面应光滑。

（3）倾斜式水尺宜每间隔 2～4 m 设置零点高程校核点。

倾斜式水尺可采用下列两种方法刻画：

（1）用水尺零点高程的水准测量方法在水尺板或斜面上测定几条整分米数的高程控制线，然后按比例内插需要的分画刻度。

（2）先测出斜面与平面的夹角，然后按照斜面长度与垂直长度的换算关系绘制水尺。

倾斜式水尺的最小刻画长度采用下式计算：

$$\Delta Z' = \sqrt{1 + m^2}\,\Delta Z \qquad (5.4\text{-}1)$$

式中：$\Delta Z'$ 为倾斜式水尺的最小刻画长度，m；ΔZ 为直立水尺的最小刻画长度，m；m 为边坡系数。

3）矮桩式水尺

当受航运、流冰、浮运影响严重时，不宜设立直立式水尺和倾斜式水尺的测站，可改用矮桩式水尺。

矮桩式水尺由矮桩及测尺组成,见图 5.4-5。

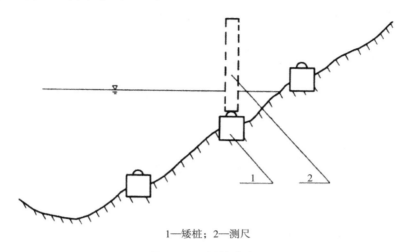

1—矮桩;2—测尺

图 5.4-5 矮桩式水尺

矮桩式水尺在安装时应注意以下几点:

(1) 矮桩式水尺入土深度和直立式水尺相同,桩顶应高出床面 10~20 cm,木质矮桩顶面宜打入直径为 2~3 cm 的金属圆头钉,用于放置测尺。

(2) 两相邻桩顶的高差宜为 0.4~0.8 m,平坦岸坡宜为 0.2~0.4 m;淤积严重的地方,不宜设置矮桩式水尺。

(3) 为减少壅水,测尺截面可做成菱形或圆柱形。

观测水位时,将测尺垂直放于桩顶,读取测尺读数,测尺读数加桩顶高程即得水位。

4) 悬锤式水尺

悬锤式水尺通常设置在坚固的陡岸、桥梁或水工建筑物的岸壁上,用带重锤的悬索测量水面距离某一固定点的高差来计算水位。它也被大量用于地下水位和大坝渗流水位的测量。

悬锤式水尺是由一条带有重锤的测绳或链所构成的水尺。它通过测量水面以上某一已知高程的固定点离水面的竖直高差来计算水位。

在安装悬锤式水尺时,需要注意以下几点:

(1) 安装时,支架应紧固在坚固的基础上,滚筒轴线应与水面平行,悬锤重量应能拉直悬索。安装后,应进行严格的率定,并定期检查、测量悬索引出的有效长度与计数器或刻度盘读数是否一致,其误差应控制在 ±1 cm 范围内。

(2) 安装前要进行测量放线,按要求进行放线定位,每米或每块标尺接缝整齐,钻孔深度要略深于螺栓长度,安装专用膨胀螺栓后拧紧。

(3) 悬锤式水尺的安装位置应该选择在坚固的陡岸、桥梁或水工建筑物上。

(4) 悬锤式水尺宜能测到历年最高、最低水位。若测不到,应配置其他观测设备。

(5) 悬锤式水尺应设置在水流平顺、无阻水影响的地方。

5) 测针式水位计

测针式水位计适用于有测流建筑物或有较好的静水湾、静水井的水位站。

测针式水位计的设置应符合下列规定:

(1) 测针式水位计宜能测到历年最高和最低水位。若测不到,应配置其他观测设备。

(2) 当同一断面需要设置两个以上水位计时,水位计可设置在不同高程的一系列基准板或台座上,但应处在同一断面线上。当受条件限制达不到此要求时,各水位计偏离断面线的距离不宜超过 1 m。

（3）安装时，应将水位计支架紧固在用钢筋混凝土或水泥浇筑的台座上，测杆应垂直，可用吊垂线调整，并可加装简单的电器设备来判断和指示针尖是否恰好接触水面。

6）临时水尺

发生下列情况之一时，应及时设置临时水尺：

（1）原水尺损坏；

（2）原水尺冻实；

（3）原水尺处干涸；

（4）断面出现分流且分流流量超出总流量的 20%；

（5）发生特大洪水或特枯水位，超出原设水尺的观读范围；

（6）出现分洪溃口；

（7）其他特殊情况。

临时水尺可采用直立式或矮桩式，并应保证在使用期间牢固可靠。当发生特大洪水、特枯水位或水尺处干涸、冻实时，临时水尺应在原水尺失效前设置；当在观测水位时才发现观测设备损坏时，可立即打一个木桩至水下，使桩顶与水面齐平或在附近的固定建筑物、岩石上刻上标记，先用校测水尺零点高程的方法测得水位，然后再及时设法恢复观测设备。

4. 水尺的选择

各类水尺中直立式水尺应用最普遍，选择水尺形式时，应优先选用直立式水尺。当直立式水尺设置或观读有困难，而断面附近有固定的岸坡或水工建筑物的护坡时，可选用倾斜式水尺。在易受流冰、航运、浮运或漂浮物等冲击以及岸坡十分平坦的断面，可选用矮桩式水尺。当水位变化范围比较小（最大 1 m）以及水面稳定时可采用测针水尺。当不能安装直立式水尺和倾斜式水尺，而水面以上有具备安装条件的建筑物时，可采用悬锤式水尺。

断面情况复杂、水位变化大的测站，可按不同的水位级分别设置不同形式的水尺。悬锤式水尺除用于明渠水流观测水位外，也多用于地下水位测量；测针水尺除少量用于室外水位观测外，主要用于蒸发观测、水工实验水位观测等水位变化小、观测精度要求高的水位观测。

总的来说，在选择水尺形式时应优先选择直立式水尺；当直立式水尺设置或者观测读数存在困难时，可以选择倾斜式水尺；在易受流水、航运、浮运或漂浮物等冲击以及岸坡平坦的断面，则可选择矮桩式水尺；当断面情况复杂时，可按照不同的水位级设置不同形式的水尺。

5.4.2 观测平台

水位观测平台是仪器房、测井及其附属设施的总称，是水文基本要素观测的主要设施之一，对保证水位观测数据的可靠性和准确性发挥了至关重要的作用。水位观测平台可大致分为地表水观测平台和地下水观测平台两类，而长江上游山区性河流水位的观测平台属于地表水观测平台的范畴。

1. 平台位置选择

水位观测平台的位置应达到建站目的和满足观测精度的要求，宜选择建在条件适宜的地点，并应该符合相关的规定：

（1）河道的水位观测平台应选择在岸边顺直、稳定，不易冲淤，主流不易改道和水位代表性好的位置，并应该避开回水和受水工建筑物影响的地方。

（2）湖泊及水库内的水位观测平台宜选择在岸坡比较稳定、水位具有代表性的地方。

（3）受风暴潮影响的地区，水位观测平台应选择在岸坡稳定、不容易受风浪直接冲击的地方。

（4）水位观测平台应靠近基本水尺断面，两者间距不宜大于 3.0 m；采用水文缆道测流的站，其水位观测平台与缆道测流断面宜保持 3.0～5.0 m 的水平距离。

2. 平台布置形式、类型与选择

（1）平台布置形式及适用条件

按照水位观测平台所在断面上的位置，其布置形式可以分为岛式、岸式和岛岸结合式三类。

岛式观测平台适用于河床稳定，不易受冰凌、船只和漂浮物撞击的测站。

岸式观测平台适用于岸边稳定、岸坡较为陡峭和淤泥累积较少的测站，也可以用于断面附近经常有船舶停靠、河流漂浮物较多的测站。

岛岸结合式观测平台适用于中低水位容易受冰凌、漂浮物和船只碰撞的测站。

（2）平台类型及适用条件

水位观测平台按照其结构和工作方式可以分为直立型（其进水管可以是水平式、虹吸式和虹连式等，见图 5.4-6）以及其他类型（悬臂型、双斜管型和斜坡型等）。

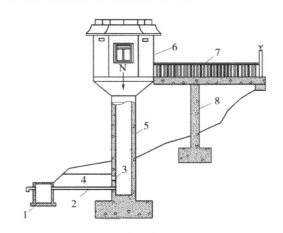

1—沉沙池；2—进水管；3—检修孔；4—淘沙廊道；
5—测井；6—仪器室；7—栈桥；8—桥墩

图 5.4-6　直立型水位观测平台示意图

设计平台应根据地形和施工条件选择适宜的进水管形式。在河岸稳定、边坡较缓、进水管路较短、易于开挖以及河流含沙量较少的地方建立的水位观测平台宜选择水平式进水管，且管头处应设置沉沙池。其布置形式见图 5.4-7。

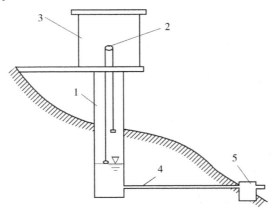

1—测井；2—水位仪；3—仪器房；4—进水管；5—沉沙池

图 5.4-7　水平式进水管示意图

虹吸式和虹连式进水管适用于河床较为稳定、滩地较低以及河流的含沙量较少的测站。

在水位变幅不大，进水管较长，堤、路外进水管路等不易开挖地方所建平台宜选择虹吸式（1）进水管,管径宜为 5 cm。其布置形式见图 5.4-8。

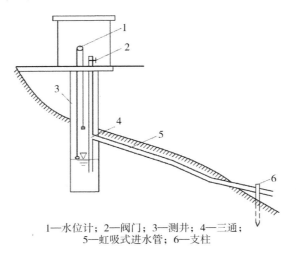

1—水位计；2—阀门；3—测井；4—三通；
5—虹吸式进水管；6—支柱

图 5.4-8　虹吸式(1)进水管示意图

在水位变幅不大,进水管较长,进水管路不易深开挖的堤、路内所建平台,宜选择虹吸式(2)进水管,管径宜为 5～10 cm。其布置形式见图 5.4-9。

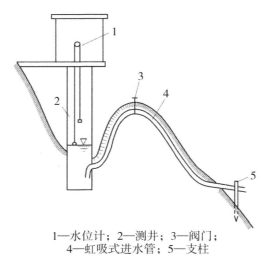

1—水位计；2—测井；3—阀门；
4—虹吸式进水管；5—支柱

图 5.4-9　虹吸式(2)进水管示意图

在进水管较长、进水管路不宜开挖的地方所建平台,宜选择虹连式进水管,其布置形式见图 5.4-10。

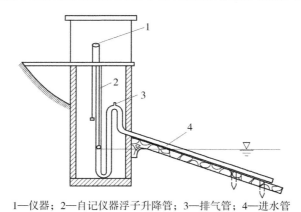

1—仪器；2—自记仪器浮子升降管；3—排气管；4—进水管

图 5.4-10　虹连式进水口类型示意图

悬臂型水位观测平台由支架、维修平台、仪器箱立柱、仪器箱、悬臂、斜拉杆和水位传感器等组成，其结构示意图见图 5.4-11。悬臂型主要适用于各种主流摆动、冲淤变化较大、遥测和无人值守的非接触式水位计，如超声波水位计、雷达波水位计等。

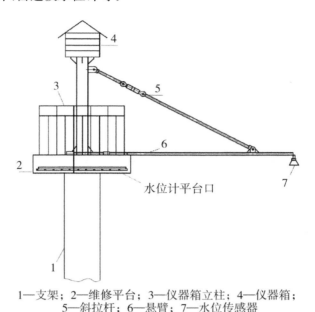

1—支架；2—维修平台；3—仪器箱立柱；4—仪器箱；
5—斜拉杆；6—悬臂；7—水位传感器

图 5.4-11　悬臂型水位观测平台示意图

双斜管型水位观测平台主要由浮子式水位平衡装置和仪器房组成，其结构示意图见图 5.4-12。双斜管型水位观测平台设计应结合地形查勘确定斜面角度范围，测量斜面角不应小于 25°。双斜管型适用于坝坡稳定、水位变幅较大的水库站，常采用滚动式浮子水位计。

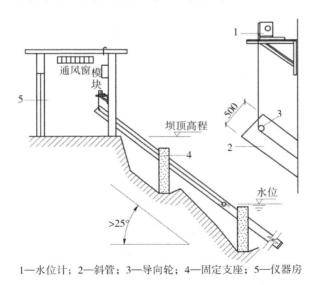

1—水位计；2—斜管；3—导向轮；4—固定支座；5—仪器房

图 5.4-12　双斜管型水位观测平台示意图(单位:mm)

斜坡型水位观测平台主要由活动测井、测井运行轨道和测井拖动绞车三部分组成，其结构示意图见图 5.4-13。斜坡型主要适用于多泥沙、结冰、水位变幅较大的岸坡较长的水位观测处，常采用接触、非接触和遥测水位计。

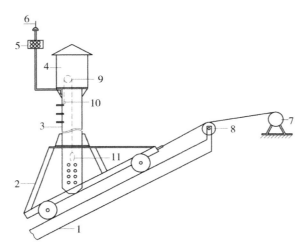

1—轨道；2—行车；3—活动测井；4—仪器室；5—太阳能电池；
6—发射天线；7—绞车；8—转向轮；9—传感器传动轮；
10—平衡锤；11—电热浮子

图 5.4-13　斜坡型水位观测平台示意图

3. 仪器对平台的要求

水位观测平台安装浮子式水位计时，其测井应符合下列要求：

（1）测井的横截面可以建成圆形、椭圆形或者矩形，应该有足够大的尺寸安装所使用的浮子式水位计。

（2）测井井壁应垂直，测井底部应至少低于设计最低水位 0.5 m，而测井的井口应该至少高于设计最高水位 0.5 m。

（3）测井无论采用何种截面，都应该使安装在其中的浮子式水位计的浮子、平衡锤距离测井壁 7.5 cm 以上的间隙。

（4）若测井内安装了两台或两台以上的浮子式水位计，所有浮子和平衡锤相互之间的距离不应小于 12 cm。

在安装其他类型的水位计时，其测井应符合的要求为：

（1）安装压力式水位计时，测井中应该有牢固的安装传感器的设施，传感器不应受淤积和冰冻的影响。

（2）安装声学水位计和雷达水位计时，应根据所采用水位计的发射波束角和水位测量范围估算所需的测井内径，井壁应该平整。

（3）安装激光水位计时，宜安装在小口径测井内，井壁应该平整且具备安装反射靶面的条件。

为保证各种水位观测仪器能够在平台内正常运行，还需要保证仪器房内干燥、通风、明亮；结构应该牢固，且具备防潮、防盗、防虫、防鼠、防雷等设施；仪器房内应有架设、保护电源，通风，信号/通信电缆的设施；测井的井口应保持封闭状态。

4. 平台的应用

随着科学技术的不断发展，如今除浮子式水位计为避免风浪影响水位观测需要修建测井外，诸如超声波水位计、雷达水位计、激光水位计、视频水位监测系统等均无须修建测井，仅需构建一个简易式悬臂型水位观测平台即可无接触且实时地测量水位值。

5.5 观测设备

5.5.1 浮子式水位计

1. 工作原理

传统浮子式水位计(图 5.5-1)主要由浮子、重锤、钢丝绳、转轮及测量记录装置等构件组成,其工作原理是利用浮子在水中的位置变化来感应水位的升降。在测量过程中,浮子式水位计浮子的垂直位置随自由水面的升降而发生改变,通过与浮子相连的钢丝绳带动转轮的旋转,将被测水位的变化转化为转轮的角位移,最后由带有计时功能的测量记录装置进行测量记录,或由编码器输出给定的数字信号。

浮子式水位计有用机械方式直接使浮子传动记录的普通水位计,有把浮子提供的转角量转换成增量电脉冲或二进制编码脉冲作远距离传输的电传、数传水位计,还有用微型浮子和许多干簧管组成的数字传感水位计等。应用较广的是机械式水位计,应用浮子式水位计需有测井设备,浮子式水位计只适合在岸坡稳定、河床冲淤很小的低含沙量河段使用。

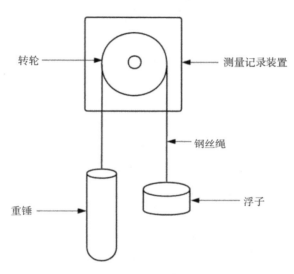

图 5.5-1 传统浮子式水位计

浮子式水位计按照水位编码方式可分为增量型水位计和全量型水位计,增量型水位计按照分辨率的要求,每增加或减少一定的水位值就会发出一次信号。而全量型水位计将水位值转换为数字量,在量程的范围内,对每一分度值有唯一确定的编码输出。

浮子式水位计按照编码原理又可分为机械编码式、光电编码式以及磁电编码式三类。机械编码式是将水位信息转换为一组机械触电通断信号的水位计,而光电编码式和磁电编码式则是将水位信息转换为相应的光量或磁场变化,再用相应的光敏或磁敏元件转换为数字信号的水位计。

自收缆浮子式水位计由浮子、钢丝绳、恒力弹簧机构、测轮等构件组成。在工作状态下,浮子、恒力弹簧机构与钢丝绳牢固连接在一起,钢丝绳悬挂于水位轮“V”形槽中。恒力弹簧机构中的平衡锤起拉紧钢丝绳和平衡的作用,调整浮子的配重可以使浮子工作于正常的吃水线上。水位不变的情况下,浮子与恒力弹簧机构的力是平衡的。当水位上升时,浮子产生向上的浮力,使恒力弹簧机构拉动钢丝绳,带动水位轮往顺时针方向旋转,水位传感器的显示读数增大,水位下降时,浮子下沉,使恒力弹簧机构拉动钢丝绳,带动水位轮往逆时针方向旋转,水位传感器的显示器读数减小,以此完成水位自动跟踪测量。

浮子式水位计由于结构简单、性能稳定、精度较高,加之造价低廉、功耗较小、易于维护等优点,成为我国在水利水电及水资源相关行业使用最广泛、应用最成熟的水位传感器。但是应用浮子式水位计往往需要修建专门的测井,这就导致土建规模较大,投资较高,而且泥沙较多的河流极大增加了测井清淤的工作难度,因此测井一般选在岸边顺直、不易出现淤积、主流较为稳定的位置。在使用浮子式水位计过程中若出现水位猛涨猛落的情况,浮子与重锤连接的钢丝绳极易打滑打绞从而导致机械故障,严重影响其后续使用。

2. 安装维护

浮子式水位计适合安装于测井内,且需在无冰冻及无明显淤积的河段,因为测井的建设成本相对比较高,且后期须在仪器设备维护的基础上增加测井的维护,以保证测井稳固畅通。

浮子式水位计在安装时应注意以下几点:

(1)必要时应在测井的进水口处设置防护桩、浮标和污水阻隔网等,防止测井堵塞。

(2)在安装时应根据实际水位变化范围调整浮子链的长度,使得浮子能够在水面上自由浮动而不受到过度拉扯或阻碍。

(3)将传感器正确连接到浮子链,确保连接稳固,避免因连接问题导致测量误差。

(4)通过正确选择安装位置、安装支架、连接水位计和调整灵敏度等步骤,保证水位计的正常工作。

(5)要注意防水防潮、定期维护检查和电源安全等事项,以确保水位计的长期稳定运行。

浮子式水位计是当前广泛用于水文监测的水位计,其主要受到机械磨损、水体冰冻、井筒淤塞、水位突变等多个因素的影响。因此应定期对浮子式水位计进行维护保养,如对水位计进行清洗、校准。测井中的沉积物应定期清理,以保证其长期稳定运行。

3. 相关研究

浮子式水位计作为我国应用广泛的水位计类型,虽为水文测量带来了极大便利,但在使用时仍然存在种种限制,行业内研究人员根据其存在的一些问题提出了不同的改进方案。

根据浮子式水位计测井的建造要求,进水口应位于水底以上适当高度的位置,而高度的设定成了一大难题。若进水口位置较低,则容易造成进水口淤积而影响使用;若进水口位置较高,则容易导致在较低水位时,水不能进入测井。陈顺胜等提出了通过将进水口改造为由不锈钢蛇形软管、不锈钢浮筒和钢制管的固定桩组成的悬浮式进水口来解决此问题。此设计思路既能保证将进水口安置在最低水位处,又能防止其受淤积物堵塞的影响,始终使进水口处于最佳工作状态,在很大程度上提高了水位计测量的准确性,具有较好的实用价值。

水面的大幅度波动极易造成浮子式水位计钢丝绳打滑的现象,这是测量误差的主要来源之一。多数生产厂家针对这一情况采取了一系列有效的措施,如设计穿孔钢带和增加压线轮等方法。侯煜等设计了一种新型的浮子式水位计,利用单浮筒、双转轮的封闭式循环结构为解决这一问题提供了一种新的思路,不仅通过增加摩擦力减小了打滑的可能性,同时对浮筒和重锤的改造也进一步降低了系统误差,提高了测量精度。另外,采用更先进的传感器与电子技术,也提高了测量精度。电路部分使用光电编码器及以低功耗单片机 MSP430F247 为基础的水位数据采集装置,提供了方便的人机接口及丰富的通信方式,提高了产品的实用性与适用性。

由于引黄灌渠泥沙含量大、漂浮物多,水流形态复杂,沿渠大部分地区缺少电网供电条件,祝玲等提出了一种智能浮子式水位计的设计方案,其采用观测井与水位计一体化的结构,可直接安装在任何灌渠水位观测点位置。采用类似游标尺的测量原理,将粗测和精测相结合,有效地解决了浮子式水位计普遍存在的量程与分辨率之间的矛盾。此智能浮子式水位计可直接固定在渠道边缘水位观测点处,并可连同保护罩整体搬移,在制作支架基础时,留出行砂通道防止淤积。该智能浮子式水位计具有与水流量自动测量相适应的量程和精度,拥有较强的数据融合能力,且耗电少,制造成本低,适应性强,可靠性高,便于安装和维修,可满足多种条件下水位测量的需要。

浮子式水位计作为水资源监测的主要仪器,目前除与现场水尺进行目测比对之外,缺少科学的现场检测手段。陈杰中等针对此问题,充分考虑了浮子式水位计的使用环境特点,研制了一种适用于各类安装场合的便携式高精度浮子式水位计检验测试装置。该检验测试装置由高精度角位移编码器以及测量码盘直径计算钢丝线性位移;步进电机驱动系统可设置标准要求的检测速率模拟水位升降;数据处理与控制系统可同时分别采集被检水位计与测量系统标准值,进而计算出被检水位计在各检测点的测量误差。该测试装置体积小、质量轻、易于携带,技术指标满足设计目标,解决了浮子式水位计现场检测的问题。同时,该装置采用模块化设计,检测过程无须人为干预,自动化程度高,改变了原有浮子式水位计的检测模式,填补了国内现场检测装置的空白,保证了现场浮子式水位计监测数据的准确性,提高了水文监测数据的质量,为国家水资源的高效开发和利用提供了有力的基础支撑。

5.5.2 压力式水位计

压力式水位计是利用压力传感器直接或间接感应水体静水压力,并将其转换为水位的仪器。压力式水位计按照压感方式可以分为投入式和气泡式两种,按压力传感器的工作原理可分为压阻式、电容式和振弦式三类,而气泡式水位计又可分为恒流式和非恒流式(瞬时式)水位计。

1. 工作原理

投入式水位计(图 5.5-2)是将压力传感器放置在水下测点直接感应静水压力进而将其转换为水位的仪器。投入式水位计是基于所测液体静压与该液体高度成正比的原理,采用扩散硅或陶瓷敏感元件的压阻效应,将静压转成电信号。经过温度补偿和线性校正,转换成标准电流信号输出,用导线传输至岸上进行处理和记录。

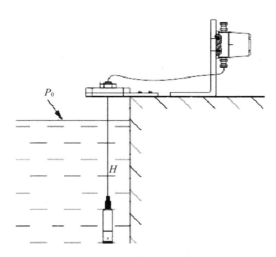

图 5.5-2 投入式水位计

当把投入式水位计的探头投入水中某一位置时,测点所受到的水压力为

$$P = \rho g H + P_0 \tag{5.5-1}$$

式中:P 为测点的水压力,Pa;H 为测点的水深,m;ρ 为水的比重,N/m^3;g 为重力加速度,m/s^2;P_0 为水面上的压强,Pa。

若投入式水位计的压力传感器背面腔与液面上部连通,则 P_0 为零,在重力加速度 g 和水的比重 ρ 已知的情况下,即可求得测点的水深 H。

气泡式水位计(图 5.5-3)与投入式水位计类似,是一种利用吹气引压装置将水下测点的静水压力转换成气体压强,并引至水面以上,压力传感器通过感应引压装置内的气体压强并将其转换为水位的仪器。其主要工作原理是空气通过空气过滤器过滤、净化后,由气泵将其经单向阀压入储气罐中,储气罐中的气体分两路分别向压力控制单元中的压力传感器和通入水下的通气管输送。当气泵停止吹气时,单向阀闭合,水下通气管口被气体封住,从而形成了一个密闭的连接压力传感器和水下通气管口的空腔。根据压力传递原理可知,当通气管道内的气体达到动态平衡时,水下通气管口所承受的压力经过通气管传递到压力控制单元的压力传感器上,所以,水下通气管口的压力和压力控制单元的压力传感器所承受的压力相等,用此压力值减去大气压力值,即可得到水头的净压值,从而得出测量的水位值。

非恒流式气泡水位计与恒流式气泡水位计的工作方式和测量原理基本相同,都是通过测量水的静压,换算得出水位数据。非恒流式气泡水位计做出了相应的改进,将原来恒流式气泡水位计的恒流阀、恒压阀去掉,在气泵出口安装一个单向阀。每次测量前先启动气泵,待单向阀储气罐形成高压气室以后,再向气管内吹入气泡,当水气交换面位于气管出口时,换算此时测得的水压从而得出实际水位值。

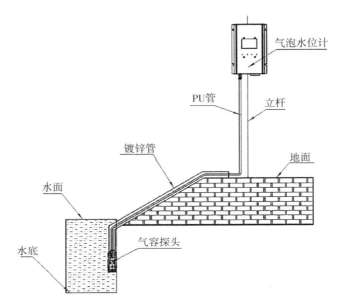

图 5.5-3　气泡式水位计安装示意图

目前,国内多数采用浮子式水位计收集水位数据,使用浮子式水位计的前提是需投资建设测井,并需要人员定时地维护、调试设备,这限制了浮子式水位计的现场应用,而压力式水位计打破了水位数据的传统收集方式,解决了无测井条件下水位数据收集的难题。压力式水位计主要应用于水位观测点不便建井或建井费用昂贵的地区,具有安装、维护方便,操作灵活,运行稳定可靠,精度高等特点,是目前无测井水位测量中较为理想的水位监测仪器之一。

投入式压力水位传感器具有量程大、安装简单、土建工程量小、设备价格低等优点。其缺点是受泥沙、温度等环境因素影响大,使用时需定期进行校核和率定,长期观测精度较差;传感器需采用导电线缆传输信号,易受电磁干扰和雷击,工作可靠性较差;传感器安装在水底,对设备的维护较困难。

气泡式水位传感器测量精度高,量程大,不受水质影响,可靠性高,土建投资小;缺点是设备价格较高,仪器结构较复杂,对气管气密性的安装要求高,维护不太方便等。

2. 安装维护

压力式水位计中的气泡压力式水位计、压阻压力式水位计,是通过支架将感应元件安装于最低水位以下,其设施要求相对较低,但气泡式水位计还须在维护设备的基础上维护气路并进行额外的校准工作。

在安装压力式水位计时需要注意以下几点：

（1）安装位置：应选择在液位变化较大的位置上安装，且应避免安装在有振动、冲击或腐蚀性介质的场所。

（2）安装支架：应选择坚固的支架，以保证压力式水位计的稳定性。

（3）连接水位计：应根据水位计的类型，将传感器或探头安装在水位计的底座上，并将线缆或管道与水位计相连。

（4）调整灵敏度：安装之后应根据实际需要调整水位计的灵敏度并进行校准，以保证测量的准确性。

（5）测试系统：在正式使用之前，应进行系统测试，验证传感器与液位的准确关系。

（6）维护保养：应定期对压力式水位计进行维护保养，如清洗、校准等，以保证其长期稳定运行。

气泡压力式水位计主要受盐度、温度、含沙量、机械磨损、电磁感应等影响，同时垃圾堆积，水流、水位突变等也会给气泡压力式水位计带来观测误差。压阻压力式水位计与气泡压力式水位计一样，主要受盐度、温度、含沙量、机械磨损、电磁感应等影响，但其输出时滞不明显；另外大气压力对压阻压力式水位计影响较大。

3. 相关研究

由于气泡压力式水位计长期运行，其测量的数据可能存在一定的误差，张亚等通过分析该类水位计的测量原理和工作原理，以波义耳定律作为理论依据进行充分论证、定量分析，找出现场检测方法和具体设计指标，通过软硬件设计实现该类水位计的现场检测。试制的检测装置样机经过现场测试、数据分析和第三方检测，其功能和性能指标符合设计要求，能够替代人工检测。该装置有效提高了仪器的检测精度和效率，能够实现气泡压力式水位计现场检测的功能，具备进一步定型生产的基础，能满足实际工作需求。

冯能操等针对气泡式水位计在水文行业实用过程中测量误差较大的现状，根据其工作原理，对环境因素造成的测量误差进行分析，对气泡式水位计最低供气量进行分析计算，就感压气腔结构对测量误差的影响程度进行简要的数值计算，从理论上总结得出气泡式水位计的测量误差主要源于水体环境、水位计的供气量、感压气腔的结构和安装方式等 3 个方面，并结合工程应用给出解决措施和最终效果，最后针对气泡式水位计的测量误差问题，总结减小测量误差在使用上需要注意的事项，并从提高精度、延长寿命的角度对气泡式水位计的工作方式提出改进建议。

5.5.3 超声波水位计

超声波水位计是一种非接触、具有高可靠性、易安装维护的水位测量仪器。其工作原理是利用超声波在遇到不同密度的介质分界面时发生反射，通过测定超声波的传播时间来确定水位值。

1. 工作原理

超声波水位计根据传感器安装位置和传播介质的不同，又可分为气介式和液介式两种。气介式超声波水位计架设于水面以上，即以空气作为超声波的传播介质，而液介式超声波水位计固定于水面以下，即以水体作为超声波的传播介质。超声波水位计主要由超声换能器、超声收发控制处理部分、数据处理显示记录部分、电源及信号传输电缆组成。

超声波水位计测量水面高程的公式为

$$H = VT/2 \tag{5.5-2}$$

$$V = 331.45 + 0.607t \tag{5.5-3}$$

式中：H 为超声波水位计发射探头至水面的距离，m；V 为声速，m/s；T 为超声波在距离内往返所需的时间，s；t 为温度，℃。

若声速 V 和往返时间 T 已知,求得高度 H ,使用超声波水位计安装的高程减去 H 即可获得水位值。超声波水位计如图 5.5-4 所示。

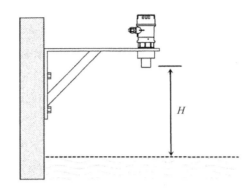

图 5.5-4　超声波水位计

超声波水位计采用非接触式测量,不受水体污染影响,不破坏水流结构,无须建造水位测井,土建投资小,设备价格低,因此适应面广且安装简便,适用于江河、湖泊、水库、河口、渠道、船闸及各种水工建筑物的水位测量,特别适用于岸边无垂直面且水位变幅不大的水体的水位观测。

从计算公式中可以看出,影响气介式超声波水位计水位测量精度的主要因素是声速与传播时间,另外,水面波动和空气温度等因素也会造成测量误差。

一方面,超声波作为一种机械纵波,在空气中的传播速度不是常数,它受空气理化性质的影响,气压、温度、湿度和粉尘等杂质都会影响传播速度。因此在采用超声波水位计测量水位时,必须保证传感器能准确地感应温度、气压、湿度等因素的变化,并根据环境的变化及时调整参数。

另一方面,由于气介式超声波水位计无需测井、安装方便,因此,容易受风、船行引起的波浪等影响。起伏的波浪不但使水位发生变化,而且改变超声波回波的方向,减弱超声波回波信号,使得水位计测得的水位值不准确。因此适用于岸边无垂直面且水位变幅不大的水体的水位观测。

超声波水位计应尽量安装在水流稳定、河道顺直的河段,对于山区性河流,水位计应尽量靠近河边或采用静水设施,使测量区域的水面保持平稳,减少波浪对水位测量精度的影响;由于周围气温的变化对非接触式水位计的测量精度也有较大的影响,因此,对出厂仪器的温度参数应仔细查阅,通过实验确定各温度变化范围的水位改正值,保证仪器自身的测量精度;在水流变化急剧或受工程控制的河段,由于水位变化剧烈,水面波浪起伏较大,漂浮物较多,真伪数据交织,故应增加人工校核次数,减少对采集数据的误判,在数据分析、处理时有可靠的依据。

2. 安装维护

液介质超声波水位计通过支架将感应元件安装于水面以下,设施要求相对比较低,但维护相对困难;气介质超声波水位计通过支架将设备安装于岸上,因为仪器设备均位于岸上,所以相对液介质超声波水位计,其维护相对方便。

超声波水位计在安装时应注意以下几点:

(1)选择安装位置时,应考虑到测量的稳定性和精确性,避免有搅拌、气泡、波浪等会影响超声波传感器测量的因素。

(2)超声波水位计应该安装在垂直于测量臂的位置,保持其垂直于水体表面,以免影响测量精度和速度。在机械振动和其他干扰频繁的环境中,需要固定装置或减振装置。

(3)应避免障碍物,确保超声波信号能够准确地传播和被接收。

(4)超声波水位计的安装方式有多种,具体要根据应用环境和水位计型号来选择。一般情况下,可以采用钻孔式、贴装式、法兰式等方式。

（5）超声波水位计需要将其信号线路与其他设备连接，如信号取集器或 PLC。安装时需要注意线路的长度和连接方式，以免产生信号干扰和损失。

（6）超声波水位计长时间使用会出现污垢和损耗，需要定期维护保养。

超声波水位计受设备姿态、雷电、电磁感应、水位突变、非固定尺长、温度、湿度等的影响。除此以外，液介质超声波水位计会受到输出时滞、盐度、水温、水体污染、人为破坏、垃圾等的影响，气介质超声波水位计还会受到漂移误差、暴雨、浮尘、雾霾、水体冰冻等影响。

3. 相关研究

宋恩提出，对于气介式超声波水位计测量误差的改正，采用直线比例的方法是不准确且不科学的，它不能反映自记水位计测量的机理及各因素对测量水位误差的解释，而采用实时校正法能更好地阐释测量误差的内在本质。

汤祥林等基于 32 位超低功耗微处理器，利用其运算速度快等优点将其应用于超声波测距。对超声波测距进行理论研究和验证、软硬件设计、整机调试，达到了预定的设计目标，完成了对水位的精准测量。

黄新建等分析了影响气介式超声波水位计水位测量精度的各种因素，提出采用超声波信号回波前沿时间分析技术，可以有效地控制因反射面、反射角、反射距离不同等各种因素引起的回波信号电平变化带来的测量误差，结合其他措施可以使超声波水位计较好地满足水文观测的要求。

5.5.4　雷达水位计

1. 工作原理

雷达水位传感器与超声波水位传感器类似，雷达水位计采用微波脉冲调制体制和纳秒级窄脉冲工作模式，通过雷达天线向目标发射脉冲，在接收到目标反射的回波后，比较发射脉冲与回波脉冲之间的时间差，得到目标距离信息。由标定的起始和停止信号获得电磁波传输时间，根据光速，可得到目标到雷达的距离值。

雷达水位计是一种利用电磁波探测水位的电子设备，采用发射—反射—接收的工作模式。雷达水位计发射出的电磁波经水面反射后，被水位计接收，通过计算电磁波的传播距离即可精准确定水位值。雷达水位计采用非接触的测量方式，具有测量精度高，抗干扰能力强，不受温度、湿度、风力影响的特点。雷达水位计几乎能用于所有水体的水位测量，并可应用在高温、高压和腐蚀性很强的安装环境。

从原理上讲，雷达水位计和超声波水位计有相似之处，即都是通过发射并接收某一类型的波，利用时间差来计算水位。雷达水位计与超声波水位计不同的是，雷达水位计采用的是电磁波，电磁波比超声波有更好的抗干扰性和较小的发散角，不受环境影响，可穿透真空、雾霾、雨雪等，不受被测介质影响，可测量任何液体。雷达水位计具有寿命长、测验精度高、量程大、抗干扰能力强、可靠性好、安装维护简单方便、无须建设测井、基建投资小、功耗低、可利用太阳能供电等优点。缺点是价格昂贵，设备较复杂，损坏后不易修复，水面漂浮物较多时也不适用。另外，在大雨时，因测量端面充满水体，雷达波放射混乱，会影响测量数据。雷达水位计一般也不安装在水位井中，波浪对它的准确性也有较大影响。雷达水位计示意图和实物图详见图 5.5-5、图 5.5-6。

2. 安装维护

雷达水位计是一种高精度的非接触式水位测量仪器，其突出的优点是能实现非接触测量，安装方便，利用电磁波探测距离，不受温度、湿度、气压、雨雪和风沙等环境因素的影响，可直接测量自然河道水位，实现水位数据的远程传输及自动化处理。雷达水位计通过支架将设备安装于岸上，维护相对比较方便，但要求安装时仪器设备与被测水面呈垂直状态，仪器与水面之间不能有遮挡，雷达发射口到岸边距离须大于雷达反射面的波束半径等，具体注意事项如下：

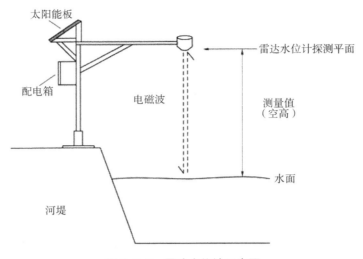

图 5.5-5　雷达水位计示意图

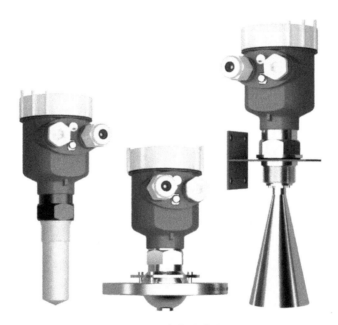

图 5.5-6　雷达水位计实物图

（1）选择安装位置时,考虑到测量的准确性和稳定性,要保证水面能够完全反射电磁波,确保传感器可以清晰地发送和接收雷达波信号,避免障碍物和干扰源,如大型金属物体或其他设备,以确保雷达波信号传输和接收的稳定性。

（2）安装支架或固定装置时确保其能够稳固地承载雷达水位传感器,并保持其垂直于液体表面。

（3）连接电源和设备时,将雷达水位计连接到适当的电源和监测设备,并确保连接牢固。

（4）在正式使用前,进行系统测试,验证传感器工作的稳定性,并需要根据实际的水位进行校准,以确保测量结果的准确性。

（5）雷达水位传感器需要定期检查和复核,以消除误差。

（6）雷达水位传感器可以与其他设备如雨量计、流速计等联网,实现综合的水情监测功能。

雷达水位计受雷达水位传感器姿态、漂移误差、水体冰冻、水面漂浮物、水位突变、雷电、电磁干扰、非固定尺长误差等影响,因此在后期的维护上需要注意以下几点:

（1）定期检查雷达水位传感器及其周围环境,确保其没有损坏、腐蚀或积聚污垢影响测量。

（2）定期清洁雷达水位传感器表面和周围区域,避免灰尘、油脂或其他污染物影响测量准确性。

（3）根据需要,定期校准雷达水位传感器,尤其是在长时间使用后或出现测量误差时。

（4）定期记录测量数据,以便监测水位变化和进行分析。

（5）定期检查连接线路和电源,确保没有松动或损坏的情况发生。

（6）根据制造商的指南和建议,定期进行维护和保养。

（7）考虑在需要时添加防护罩或屏障,以免传感器受外部环境的影响。

3. 相关研究

汪义东等针对雷达天线前端模拟电路复杂、成本高的问题,设计了一种基于毫米波传感器的雷达水位计,完整设计了雷达水位计所需要的部件,并提出在快速傅里叶变换的基础上使用选带傅里叶变换进行局部细化,提高差频测量精度,满足水文测量的规范要求。

张勇根据雷达水位计在实际观测中因受风浪、漂浮物及冬季结冰等外部环境干扰,会出现监测数据跳变现象,影响数据采集精度的问题,结合雷达水位计在流域水情自动测报系统中的应用实际,针对雷达水位计监测数据跳变产生的原因进行了系统分析,并提出了相应的解决方案。

雷达水位传感器是一种非接触式、高精度、低功耗、能远距离测量的水位测量设备,它在水情自动化系统中为防汛调度、水利管理、潮汐预报等提供了信息支持,具有广泛的前景和价值。

5.5.5　激光水位计

1. 工作原理

激光水位传感器跟雷达水位传感器类似,主要运用激光测距的工作原理,由于激光不能直接在水面进行反射而是直接穿透到水底,所以需要利用激光测距仪配合反射靶面,将激光照射到靶面上进而产生反射,测量仪检测到反射的激光,按照二者的时间差或相位差和激光的传播速度,计算出实际距离,最后按照传感器安装的高程,计算出当前的实际水位值。激光测距是利用已知光速测定它在两点间的传播时间来计算倾斜距离,大概可分为脉冲法和相位法两种方法。

脉冲式激光水位计在测站的一侧将发射光波的光调制成脉冲光,射向目标并接收反射光,据此测定光波在测站和目标间往返传播的时间,即

$$H = CT/2 \tag{5.5-4}$$

式中:H 为激光水位计至反射靶面(水面)的距离,m;C 为激光的传播速度,m/s;T 为激光至反射靶面来回的时间,s。激光的传播速度 C 为常数,若时间 T 已知,即可求得距离 H。

相位式激光水位计利用周期为 T 的高频电振荡将测距仪的发射光源进行振幅调制,使光强随电振荡的频率呈周期性变化。调制光波在待测距离上往返传播,使同一瞬间的发射光与接收光产生相位差 $\Delta\varphi$,据此间接计算出距离。在实际应用中,为进一步提高测量精度,常采用增大调制光波长 λ 的办法,使调制光波长 λ 大于被测距离 H 的 2 倍,则

$$H = \frac{C}{2} \times \frac{\Delta\varphi}{2\pi f} = \frac{\Delta\varphi}{4\pi} \times \frac{C}{f} = \frac{\Delta\varphi}{4\pi} \times \lambda \tag{5.5-5}$$

式中:$\Delta\varphi$ 为激光信号经过 $2H$ 距离后的相位移,°;λ 为激光的波长,m;f 为激光的频率,Hz。

若已知激光的波长,根据激光的相位差 $\Delta\varphi$,即可求得激光水位计至反射靶面(水面)的距离。

激光水位计由于采用调制和差频测相等技术,因此测量的精度高,并且具有测量量程大、周期短、无发散角、体积小等优点;缺点是设备结构较复杂,损坏后修复困难,设备本身的可靠性不如雷达水位计,且安装时水面需要安装反射板,安装维护较复杂。

2. 安装维护

激光水位计是一种高精度的非接触式水位测量仪器,其突出的优点是能实现非接触测量,不受温度、湿度、气压、雨雪和风沙等环境因素的影响,可直接测量自然河道水位,实现水位数据的远程传输及自动化处理。其安装维护的注意事项如下:

(1)激光水位计的安装位置应该远离有干扰的物体,如槽壁的黏附物和阶梯等物体。

(2)激光水位计的安装位置应该保证激光束能够垂直照射到水面,以保证测量的准确性。

激光水位计通过支架将反射板安装于水面上,故须对反射板进行维护。激光水位计主要受浮尘、雾霾、水面漂浮物、雷电、人为破坏等多个因素的影响。

3. 相关研究

华涛研制的激光水位仪是一个具有传感器控制,能进行数据采集、数据处理、数据存储和数据传输的测量系统。传感器部分采用了精度高、抗干扰能力强、测量范围大的激光测距仪,有效提高了测量精度和稳定性。控制系统电路通过高集成度的 FPGA 实现,极大减少了控制电路的元器件数目;同时,FPGA 自动优化配置门电路的布线,使控制电路运行更加稳定;FPGA 还可以实现类似 CPU 的微控制系统,提高了仪器的智能化程度。通过硬件描述语言 VHDL,实现了基于 FPGA 的激光水位仪的控制系统,也实现了激光水位仪与计算机的实时数据传输。华涛所设计的激光水位仪,在精度、智能化测量方面有一定的新进展。

5.5.6 电子水尺

电子水尺是新一代数字式传感器,利用水的微弱导电性测量电极的水位来获取数据,误差不会受环境因素影响,只取决于电极间距。它可长期连续自动检测水位,适用于江河、湖泊、水库、水电站、灌区及输水等水利工程,以及自来水厂,城市污水处理、城市道路积水处理等市政工程中水位的监测。

1. 工作原理

电子水尺由传感器、信号接口和显示记录装置组成。根据传感器类型的不同又可分为触点式、电容式(图 5.5-7)、静磁栅式和磁致伸缩式,其中电容式又包括电容感应式和容栅式两种。

图 5.5-7　电容式电子水尺示意图

触点式电子水尺一般由电子电路和壳体等部分组成,电子电路密封在壳体中,外观一般为直尺形,水尺表面带有均匀分布的金属触点。电子水尺表面印有一般水尺特有的间隔蓝白条或黑白条刻度。可以制作成一体式,也可以为分体级联式,可以直接通过水尺来读取水位。

电容感应式电子水尺主要由电容式探头、传感器以及引线三个部分组成,且被密闭在一个整体之中,其外观与触点式电子水尺大致相同。

容栅式电子水尺主要由容栅数显标尺、测量电路等部分组成,可直接从容栅数显标尺中读取水位数据。

静磁栅式电子水尺主要由静磁栅源与静磁栅尺两个部分组成,这两个部分一般分离,两者平行,单边有源,可动部件分离且高度密封,可为一体式,也可以为分体级联式。

磁致伸缩式电子水尺主要由测杆、变送器和套在测杆上的浮球组成。浮球内装有磁钢。测杆有刚性杆和柔性杆两种,刚性测杆由不锈钢管或其他耐腐蚀材料制成,柔性测杆在使用时保证处于直线状态。

2. 安装维护

电子水尺和传统水尺类似,需要一直于水中工作,因此需保证其满足潮湿及水下环境的防护要求,传感器一般应采用不吸水且防锈蚀的材料制成,使用其他材料时应做表面防锈蚀处理,且整个传感器应良好密封,所测环境水体不会结冰。在使用时,应保证水尺表面清洁,标识清晰,无脱漆和无锈蚀。紧固件不应有松动、损坏现象。直尺形传感器及刚性测杆不应有弯曲、变形现象。

电子水尺受到输出迟滞、暴雨、水体冰冻、水体污染、水生生物、水面漂浮物、水体含沙量变化、水流条件、水位突变、雷电、电磁干扰、船只撞击、人为破坏、温度、湿度及垃圾等多个因素的影响。因此,电子水尺需要定期维护,维护时需注意以下几点:

(1) 定期检查电子水尺是否垂直于水面,传感器、探头和连接线路确保没有损坏、腐蚀或松动的情况发生。

(2) 定期清洁传感器、探头和显示器,避免灰尘、污垢或沉积物影响测量准确性或显示效果。

(3) 根据需要,定期对电子水尺进行校准,尤其是在长时间使用后或出现测量误差时。

(4) 定期记录测量数据,以便监测水位变化和进行分析。

(5) 考虑在需要时添加防护罩或屏障,以保护设备不受外部环境影响。

(6) 根据制造商的指南和建议,定期维护和保养。

(7) 避免设备受到物理损害,确保传感器和显示器的完整性。

3. 相关研究

电子水尺是一种数字式传感器,它利用水的微弱导电性,采用高质的处理器芯片作为控制器,通过测量电极的水位以获取数据。电子水尺具备较高的精度及抗干扰能力,具备可长期连续自动监测水位的能力。电子水尺的应用场合包括城市道路污水、积水处理等市政工程,水利水电工程,食品化工工程液位检测,自来水厂及灌区渠道等水位变幅不是很大的区域。电子水尺的工作模式有空高测量模式、水深测量模式和倾斜安装模式。

5.5.7 视频水位监测系统

1. 工作原理监测系统

视频水位监测系统基于高性能的视频水位观测系统,由前端系统、传输网络、中心系统组成。这三个部分相互衔接、缺一不可。其可以对前端识别的水位数据进行采集、编码,并通过 Modbus 协议上传至水文防汛通信平台,完成定制开发对接。

前端系统由人工智能高清摄像机、网络硬盘录像机(NVR)、供电系统、遥测终端机(RTU)、通信设备组成。传输网络根据现场实际情况选择有线或无线网络。中心系统部署有监控系统和数据接收系统,其中监控系统可管理辖区的所有前端设备,数据接收系统将水位数据入库和转发。视频水位监测系统及其工作示意图详见图 5.5-8、图 5.5-9。

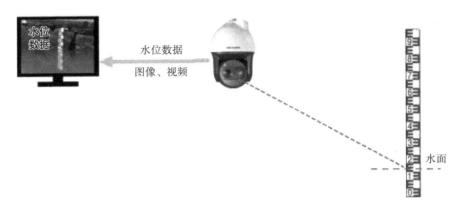

图 5.5-8 视频水位监测系统示意图

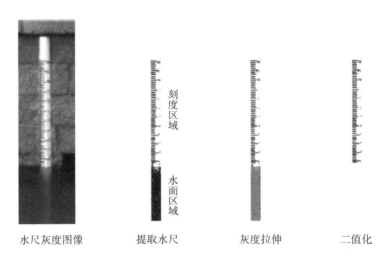

水尺灰度图像　　　　　提取水尺　　　　　灰度拉伸　　　　　二值化

图 5.5-9 视频水位监测系统工作示意图

基于人工智能图像识别技术的水位监测技术是利用高频图像传感器摄像机实时提取水尺视频、图像,一般是通过边缘检测、灰度拉伸、二值化等一系列操作处理后,将有效的水尺信息从背景中分离并增强,获得与实际刻度线吻合的图像数据,再运用投影、Hough 变换、聚类算法等分析方法,结合水尺上的刻度线数据计算出水位值,同时采用多视频帧进行识别,通过平均算法,消除风浪等环境的影响。利用这种技术,仅用摄像机获取视频,其余操作过程基本可通过软件数值模拟计算出来,因此对测量人员来说,这种技术效率更高,运行成本要求较低,具有可观的应用前景。图 5.5-10 为视频水位监测系统实机画面。

视频水位监测系统在实际应用过程中要考虑影响图像识别模拟的现场的自然因素,例如雾气、降雨等,能见度低的情况会导致光照强度不佳,记录的水尺图像模糊。在识别较困难时,应在现场安装探照灯等强光设施以提高水尺图像的清晰度。要注意,刻度线的识别算法因水尺表面污染程度的不同而有所差别,需要找寻更高级、更全面的识别方法或者对水尺进行及时清理;另外,为满足不同水位数据实时性不同的要求,实时拍摄数字图像技术应开发出更高效的算法以弥补现场没有高性能计算机导致的时效性不足,远程数字转换则需要配置高速、数据通量大的通信链路来传输视频和图像。

图 5.5-10　视频水位监测系统实机画面

2. 安装维护

视频水位监测系统是一整套精密的系统,其前端主要是具有水位识别功能的高清球形摄像机,用来识别包含水尺和水面的图像,并读取水尺刻度从而得到水位。安装时应注意以下几点:

(1)确保摄像头或视频监控系统的安装位置能够清晰、准确地捕捉液体水位高度,并避免任何遮挡或干扰。

(2)安装摄像头或视频设备时,应确保其稳固,角度适宜,能够完整地捕捉水面以及水尺。

(3)在安装完成后,对摄像头或监控系统进行校准,确保其角度和设置能准确地测量水位。

视频水位监测系统主要受浮尘、雾霾、水面漂浮物、雷电、人为破坏等多个因素的影响。视频水位监测系统安装较为方便,但一旦出现重大问题,将难以维护。使用者在日常维护时应注意以下几点:

(1)定期检查摄像头或视频设备的状态,清洁镜头和清理周围区域,避免灰尘、污垢或水渍影响视频质量。

(2)如果发现视频水位监测系统测量结果与实际水位不符,可能需要重新校准摄像头或调整设置。

(3)定期检查连接线路、电源和设备状态,确保没有松动或损坏,保持系统正常运行。

(4)考虑在需要时为视频设备增加防护措施,如增加防护罩或防水罩,以保护设备不受外部环境的影响。

3. 相关研究

房灵常等设计了一款高性能视频水位监测系统,该系统具有高度智能化、自动化、全天候工作、不接触水体、环境适用能力强等特点,是一种水位在线监测的新系统。该系统将人工智能技术集成到前端高清摄像机,通过前端设备直接获取视频、图片等素材,然后应用先进的图像识别水位技术,获取水位并降低风浪、水体倒影、透明度、光照等因素的影响,最后采用 4G 技术和卫星通信方式将水位数据与水尺抓拍图片传输至数据中心。该系统适用于各种水利工程场景,实现了江河湖海、闸坝、潮位、大中小型水库的水位在线监测。

张帆等针对图像处理检测水位方法中环境光线、水渍、杂物等干扰因素造成测量不准的问题,提出了一种基于可见激光与视频图像处理技术的嵌入式水位监测方法,该方法不是通过辨识水尺的刻度得到水位,而是通过识别可见激光从背板到水面的移动轨迹得到水位位置,避免水体污染标尺而对检测精度产生影响,其在波动水位检测方面表现优异。另外,水位线识别在大多背景区域无须考虑,只关注背板部分图像,对图像进行目标区域提取,这提高了工作效率与检测精度。

陈城等为有效提高水位数据在线监测技术的自动化、智能化水平,针对当前传统水文仪器监测设备的微控制器主频低,智能性、鲁棒性差,以及水位监测数据不精确、实时性差及成本高等问题,提出采用嵌入式 Linux 系统、图像处理及无线传输技术等实现水位数据在线自动监测。利用嵌入式 Linux 系统定时控制网络摄像机来获取高清图像,并在嵌入式 Linux 系统中进行图像识别处理,将识别的水位信息和采集的图像通过无线模块传输至控制中心,以期实现水位视频在线监测与图像查询。该方法相比传统微控制器监测,具有监测水位数据处理速度更快、智能化程度更高、水位数据精度更高、成本更低、实时性更强等优点。

5.6 应用实例

5.6.1 自动监测设备标准规范

根据《水位观测标准》(GB/T 50138—2010),使用自动监测设备监测水位时应符合相关规定。

1. 环境条件

(1)工作环境温度应为−20～+50℃;

(2)工作环境相对湿度应为 95%。

2. 技术参数

(1)分辨率应为 0.1 cm 、1.0 cm;

(2)测量范围宜为 0～10 m、0～20 m,0～40 m;

(3)能适应的水位变率不宜低于 40 cm/min ,对有特殊要求的不应低于 100 cm/min;

(4)测量允许误差应符合表 5.6-1 的规定。

表 5.6-1 自记水位计允许测量误差

水位量程 ΔZ (m)	$\leqslant 10$	$10 < \Delta Z \leqslant 15$	> 15
综合误差(cm)	2	2‰ ΔZ	3
室内测定保证率(%)	95	95	95

3. 其他要求

(1)电源宜采用直流供电,电源电压在额定电压的−15%～+20%波动时,仪器应正常工作;

(2)传感器及输出信号线应有防雷电、抗干扰措施;

(3)应采取波浪抑制措施,传感器的输出应稳定;

(4)浮子式水位计平均无故障工作时间(MTBF)不应小于 25 000 h ,其他类型水位计平均无故障工作时间(MTBF)不应小于 8 000 h。

4. 不确定度的估算

(1)系统不确定度

$$x''_y = \frac{\sum_{i=1}^{N}(P_{yi} - P_i)}{N} \tag{5.6-1}$$

式中:P_{yi} 为自动监测水位,m;P_i 为人工校测水位,m;N 为校测次数。

（2）随机不确定度

$$x'_y = 2\sqrt{\dfrac{\sum\limits_{i=1}^{N}(P_{yi} - P_i - x''_y)^2}{N-1}} \tag{5.6-2}$$

（3）综合不确定度

$$x_Z = \sqrt{x'^2_y + x''^2_y} \tag{5.6-3}$$

5. 自记水位计的比测

（1）新安装的自记水位计或改变仪器类型时应进行比测。比测合格后，方可正式使用。

（2）比测时，可按水位变幅分几个测段进行，每段比测次数应在 30 次以上。

（3）比测结果应符合下列规定：一般水位站，置信水平 95% 的综合不确定度应为 3 cm，系统误差应为 ±1 cm；波浪问题突出的近海地区水位站，综合不确定度可放宽至 5 cm。

（4）在比测合格的水位变幅内，自记水位计可正式使用，比测资料可作为正式资料。

（5）不具备比测条件的无人值守站可只进行校测。

5.6.2 雷达水位计应用实例

1. 测站信息

拉贺练水文站于 1979 年设立，地处云南省盈江县平原镇拉贺练村，河长 132.9 km，集水面积 4 225 km²，监测项目有水位、流量、泥沙、降水量、蒸发、水质，属国家重要水文站、中央报汛站。

测验河段顺直长约 800 m，系宽浅河道，水面宽 53～360 m，断面形状为 W 形，河床由细砂组成，冲淤变化频繁，两岸为人工砌石，水位约在 820.80 m 以上时左岸有漫滩。基下 24 m 处有 17 孔混凝土平桥 1 座，桥长 368 m，圆柱形支墩直径 1.2 m，桥孔间距 20 m。低水时左岸有串沟、斜流、死水。历史最大水位变幅为 4.17 m。

2. 比测方法

拉贺练水文站以上区间水利工程较多，主要是水电工程，对水位观测影响较大。2011 年 12 月，受下游抽沙、道路施工及水电站调节影响，基本水尺断面河槽不断拉深，低于历史最低水位近 0.5 m。观测人员几次开挖河床引水，进水困难，在低水位段不能采用浮子式遥测水位计观测，如采用人工水尺观测，工作量将增大。此时正式启用运行正常的雷达水位计，并使用其水位数据，为保证雷达水位计的测量精度，需进行比测分析（图 5.6-1）。

3. 比测结果

拉贺练水文站雷达水位计从 2011 年 8 月 26 日开始安装并进行观测。比测对象为用人工水尺观测的水位，分析时间取 2011 年 8 月 26 日—12 月 31 日，每日 8:00 和 20:00，共 255 组数据，历时 4 个月，汛期和枯季各 2 个月。比测期间，最高水位 820.44 m，最低水位 818.67 m，水位变幅为 1.77 m。对比测数据进行统计分析，拉贺练水文站雷达水位计置信水平 95% 的综合不确定度为 2.3 cm，系统误差为 1.8 cm，系统误差不能满足规范要求。为此，对雷达水位数据系统调整 −2.0 cm，则系统误差为 −0.2 cm，满足规范要求。调整系统误差后各时间段误差分析如表 5.6-2 所示。其中随机误差为 0 的数据占比测数据总数的 38.0%，误差为 ±0.01 m 的数据占比为 52.9%，误差为 ±0.02 m 的数据占比为 6.3%，误差为 ±0.03 m 的数据占比为 1.6%，误差≥±0.04 m 的数据占比为 1.2%，最大误差为 −0.09 m。

图 5.6-1　雷达水位计安装实物图

表 5.6-2　雷达波水位比测识别表

项目	综合不确定度（m）	系统误差（m）	随机误差（m）								
			0		±0.01		±0.02		±0.03		≥±0.04	
			次数（次）	比例（%）	次数（次）	比例（%）	次数（次）	比例（%）	次数（次）	比例（%）	次数（次）	比例（%）
早	0.025	0.003	54	42.5	63	49.6	6	4.7	2	1.6	2	1.6
晚	0.022	−0.001	43	33.6	72	56.3	10	7.8	2	1.6	1	0.8
汛期	0.019	−0.005	46	34.6	76	57.1	8	6.0	2	1.5	1	0.8
枯季	0.026	0	51	38.3	59	44.4	8	6.0	2	1.5	2	1.5
全部	0.023	−0.001 8	97	38.0	135	52.9	16	6.3	4	1.6	3	1.2

4. 比测结论

比测分析计算结果说明，置信水平 95% 的综合不确定度和系统误差，均小于《水位观测标准》规定的不确定度和误差值，满足规范要求，比测结果合格，雷达水位数据可用于整编分析。根据比测结果，通过中心站自动测报系统对传感器高程修正−2 cm，减小水位系统误差。

5.6.3　视频水位监测系统应用实例

1. 测站信息

邛海水位站位于四川省凉山彝族自治州西昌市新村街道，建立于1955年，始报年份为2015年，属于省级一般报汛站点。

在水系上，邛海属长江干流金沙江支流雅砻江支流安宁河，是四川省第二大淡水湖，古称邛池，属更新世早期断陷湖，湖水排泄入安宁河。其形状如蜗牛，南北长11.5 km，东西宽5.5 km，周长35 km，水域面积30 km² 左右；湖水平均深14 m，最深处34 m；水面标高为1 507.14～1 509.28 m；水位变幅小，集水面积约27 km²。

2. 水文特征

邛海属安宁河水系，邛海流域总面积为307.67 km²，汇集小箐河、官坝河、鹅掌河等河，由海河排泄，海河自邛海西北角流出后,在西昌城东和城西纳入东河、西河后转向西南注入安宁河。

邛海是高原半封闭淡水湖,终年无冰冻。补给水源以地表径流为主;湖周冲积扇层间以地下水为主,喀斯特裂隙水次之。周边数条山溪河支流如鸟爪状注入其中,尤以官坝河、鹅掌河为大。降水直接补给,多年平均湖面降水量 2 650 万 m³。湖泊补给系数 9.97,多年平均年径流深 760 mm,多年平均年径流量 1.2 亿 m³,湖水滞留时间 834 d,水位仅 1 m 左右。常年水面海拔高 1 507.14 m,水位变幅小,变幅为 0.41~1.69 m。一般蓄水量为 3.2 亿 m³。

据 1992 年测定,邛海集水区平均输入泥石沙量达 80 万 t,通过海河排出泥沙量(悬移质)为 55.6 t,每年均有 24.4 万 t 泥石沙在湖中沉积,使底质处于常年变动状态。从数据上看,21 世纪初的十年间,泥沙淤积达 224 万 t,特别是 1997—2000 年,邛海淤积泥沙多达 138 万 t,每年平均减少水面 30 公顷。1930 年代,邛海水域面积为 41.6 km²,1960 年代为 38.3 km²,1970 年代为 29.3 km²,1980 年代为 29 km²,1990 年代为 26.8 km²。

据 1990 年代的《西昌市志》记载,邛海透明度高,感观性好;pH 值均值 7.93,偏碱性;总硬度均值 67.91 mg/L,属软水;铁均值 0.011 mg/L,挥发性酚类均值 0.000 07 mg/L,两项指标均未超标;氟化物均值 0.09 mg/L,不在适宜标准浓度 0.5 mg/L 到 1.0 mg/L 范围内;碘化物均值 4.59 mg/L,标准要求为不得低于 10 mg/L。其余化学指标、毒理学指标均符合国家饮用水标准。

根据 2016 年《凉山日报》的数据,长期监测的邛海水质达到国家二类水质标准。

3. 水位监测

邛海水位站视频监控系统一直稳定运行,无漏报现象发生。表 5.6-3 展示了视频水位监测系统在 2023 年 11 月 20 日至 12 月 4 日分别于早 8 点和晚 8 点的水位识别结果,结合图 5.6-2 可知,视频识别水位数据与人工观测水尺数据基本吻合,系统误差较小。在该系统使用期间,虽然出现个别水位数据报错,但是经过系统升级和算法完善,问题得以解决。

表 5.6-3　邛海水位站视频水位监测系统识别表

序号	时间	视频水位监测系统识别(m)
1	2023-11-20 20:00	1 508.96
2	2023-11-21 8:00	1 508.44
3	2023-11-21 20:00	1 508.44
4	2023-11-22 8:00	1 510.07
5	2023-11-22 20:00	1 510.07
6	2023-11-23 8:00	1 508.44
7	2023-11-23 20:00	1 508.44
8	2023-11-24 8:00	1 509.26
9	2023-11-24 20:00	1 511.08
10	2023-11-25 8:00	1 510.38
11	2023-11-25 20:00	1 511.08
12	2023-11-26 8:00	1 510.01
13	2023-11-26 20:00	1 508.79
14	2023-11-27 8:00	1 510.13
15	2023-11-27 20:00	1 508.80

序号	时间	视频水位监测系统识别(m)
16	2023 - 11 - 28 8:00	1 510.08
17	2023 - 11 - 28 20:00	1 511.08
18	2023 - 11 - 29 8:00	1 509.98
19	2023 - 11 - 29 20:00	1 509.94
20	2023 - 11 - 30 8:00	1 510.02
21	2023 - 11 - 30 20:00	1 511.08
22	2023 - 12 - 01 8:00	1 509.99
23	2023 - 12 - 01 20:00	1 511.08
24	2023 - 12 - 02 8:00	1 509.97
25	2023 - 12 - 02 20:00	1 511.08
26	2023 - 12 - 03 8:00	1 509.98
27	2023 - 12 - 03 20:00	1 511.08
28	2023 - 12 - 04 8:00	1 509.98

图 5.6-2　视频水位监测系统识别画面

4. 结论

视频水位监测系统在本次示范应用期间运行稳定。从数据分析结果来看,视频识别水位数据与人工观测水尺数据基本吻合,系统的稳定性满足水文测报要求。

视频水位监测系统在直立水尺和矮桩水尺的应用中已趋于成熟,配合后处理算法优化、安装支架及各种兼容的集成方式,可满足不同应用场景的需要,适用于摄像机与水尺直线距离在 50 m 范围内的河流、湖泊、水库、人工河渠、海滨、感潮河段等的水位或城市积水深度的监测。

5.7　小结

本章围绕水位这个水文要素，主要介绍了水位的观测方法、观测设施和观测设备。现代水文站网的建设工作对水文监测仪器和设备的准确性、稳定性、自动化和信息化等要求很高。随着科学技术的快速发展，新兴水文监测仪器在自动化和信息化方面基本上能满足要求。

在水位观测仪器选型中，测站应根据水位观测的任务、要求及河流的特性、河道地形、河床组成、断面形状或河岸地貌以及水位或潮水位变幅、涨落率、泥沙等情况，从实际情况出发，本着实际应用的目的，在把握仪器设备原理和性能的基础上，通过多次的现场试验和比测分析，科学客观地选择合适的观测设施及设备。

第6章
水温

6.1 概述

6.1.1 水温监测的目的和意义

温度是影响水环境的重要因素之一,水温是水生物尤其是鱼类栖养生息的一个十分重要的指标,同时对于指导上游水库分层取水以调节水库下游的水温有着重要的参考作用。近年来,砍伐森林、城市化发展、工业生活废水排放及大坝截流形成库区等人类活动对河流水温的变化有着重要的影响,因此需要建立河流水温监测系统为研究河流水温变化提供数据来源。部分欧洲国家如奥地利在19世纪末已经开始通过河流水温检测系统来研究河流中冰的形成。中国也在20世纪80年代开始关注温度对水生态的影响,水温测量现已经成为我国水文测验工作中的重要部分。

水温是河流水环境中极其重要的因素之一,是水质分析中pH值、电导率、溶解氧等测定项目的基础数据,是评价影响河流水生态系统的重要水质参数之一。监测水温非常重要,因为水的物理、化学性质以及化学和生物化学反应与水温都有密切关系。水温监测的目的在于掌握水温变化过程,为研究水量平衡、分析水面蒸发因素、设计有关工厂冷却设备、防止热污染以及水产养殖、农田灌溉、工业和城市给水等方面提供所需要的水温资料。水温的变化可在一定程度上提示水源被污染,水温对水质混凝沉淀、氯化消毒处理的效果有直接影响,水温会影响水中微生物的繁殖和水的自净作用,还会影响水生动物、植物的生长。

6.1.2 水温监测方法

水温监测通常分为人工监测和自动监测。多年来,水温观测基本使用人工放置温度计于水中的方法进行测读。在驻站观测时,这种方法能够满足测验要求,读数稳定,可靠性高。半导体水温计早在20世纪70年代就已出现,由于其采用的是模拟表头显示,测量精度不高,所以使用很少。近年来,随着水质监测技术的发展,数字式水温监测仪器已成为水温监测仪器的发展方向。

1. 人工监测

人工监测应符合下列要求:

(1) 监测水温的测具,最小分度值不应小于0.1℃。

(2) 水温测具应放置在水面以下1.0 m处,或放置在泉水、正在开采的生产井出水水流中心处,静置5 min后读数。

(3) 同一次水温监测应连续进行两次操作,两次操作数值之差不应大于0.4℃,否则应重新监测。

应将两次监测数值的算术平均值作为本次监测的水温值。

（4）人工监测应填写原始水温监测记载表，表格式样应符合规范规定，表格填写应符合规范规定。

（5）水温测具应每年校验 1 次，校验的允许误差绝对值不得超过 0.1℃。

常规人工监测采用水温计，具体步骤如下：

（1）监测人员临水作业时应穿着救生衣，到达监测现场，查勘现场情况、明确水温测验任务后监测水温。

（2）按技术要求监测水温，并现场记录、计算。

（3）先将水温计放入水面以下 0.5 m 处，随后监读水尺，确认水尺读数无误后记录，读数精度至 0.01 m，同时按监测规定要求测记风向风力、起伏度、流向等附属监测项目。

（4）水温计入水 5 min 后提起，准确监读水温，估读至 0.1℃，确认读数无误后记录。

2. 自动监测

自动监测应符合下列要求：

（1）水温自动监测仪器宜采用水位水温一体化集成设备，也可采用分体式水温自动监测设备。

（2）水温信息监测频次可同水位信息监测频次，也可采用每日 8:00 一次的监测频次。

（3）水温自动监测设备分辨率为 0.1℃。

水温应每年比测 1 次，采用人工与自动监测仪器在同环境条件下的数值比对，允许误差小于 ±0.5℃。

6.2 水温监测设备

6.2.1 深水温度计

1. 工作原理

将玻璃温度表安放在一个特殊结构的悬吊容器内。在容器下沉过程中，由于水的浮力和相对运动产生的阻力，容器中的上、下活门全部打开，水体自由交换，从而不产生积留。当容器到达预定测点位置时，上、下活门因自重大于浮力而自动关闭，取得该测点位置的水样。当匀速上提容器时，同样利用水的阻力使上、下活门关闭，从而保证容器内外水样不进行交换，测得该点水温。

2. 结构与组成

整个装置由吊绳悬挂，在放入水中后，阻力盘及固定板受水体顶托，将上、下端的进水口打开，水体自由交换，至规定水深后，阻力盘及固定板受重力作用向下滑动，带动活门板和挡水板关闭上、下进水口，温度表感应头直接感应舱中水体的温度。用吊绳将仪器提起，此时托盘受水体的阻力，使上、下口门关闭，将仍保持测点位置的水样提出水面后人工观读温度表的读数（读数精确到 0.1℃），该读数即为该测点水体的温度。

深水温度计的测温范围为 −2～+45℃，最小刻度为 0.2℃，使用简便，与常用玻璃温度表相同。

3. 使用与维护

（1）悬吊仪器的悬索应有明显的尺度标记，以使仪器达到预定水深位置。

（2）仪器提放速度应均匀，且不允许中途停顿。

（3）仪器使用完毕后应清洗干净，贮存在干燥通风的房间，切忌在阳光下暴晒和靠近高温地点，以免上、下活门等塑料制件变形，导致关闭不严。

（4）进水口与活门板的配合面应保持清洁，微小颗粒的泥沙或异物会造成关闭不严，使用前应先做检查。

6.2.2 半导体温度计

1. 半导体热敏电阻

半导体温度计的传感器元件采用半导体热敏电阻制作。半导体热敏电阻有正温度系数（PTC）、负温度系数（NTC）、临界温度系数（CTR）三类。其中，NTC热敏电阻具有很高的负电阻温度系数，在温度测量中得到日益广泛的应用。

热敏电阻的电阻值与温度之间的关系呈指数曲线，可用下式表示：

$$R_t = A\exp(B/T) \tag{6.2-1}$$

式中：R_t 为温度为 t 时的电阻值；A 为与热敏电阻尺寸、形式及半导体物理性能有关的常数；B 为与半导体物理性能有关的常数；T 为热敏电阻的绝对温度。

2. 模拟表头式半导体温度计

用于水温测量的半导体温度计有模拟表头式和数字式两种，早期使用的基本为模拟表头式。

1）工作原理

如图 6.2-1 所示，显然，此为典型的电桥电路，当电桥平衡时，$R_2 R_t = R_1 R_3$。

因 $R_1 = R_2$，故 $R_1 = R_3$。这时电表指针指向起点温度值，电路中 R_4 为满刻度温度电阻值，所以当 R_t 等于 R_4 时，电表指针将指向满刻度温度值。而当 R_t 在 R_3 和 R_4 之间变化时，即可从电表指针处读出热敏电阻感应到的测量点温度值。

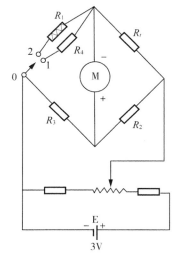

$R_1 = R_2$—电桥平衡电阻；R_3—起点温度阻值；
R_4—满刻度温度阻值；R_t—感温元件（热敏电阻）

图 6.2-1　模拟表头式半导体温度计电路图

2）结构和组成

模拟表头式半导体温度计由感温探头（带连接导线）和测量电表两部分组成（图 6.2-2）。

感温探头外形一般为长圆形，金属外壳，以玻璃封结的热敏电阻感温元件以外露式置于其中，水体可以在壳体内进出流动，以迅速感应测点的水温。

测量电表内装有测量电路，以电流表指示温度值。整个温度范围内设三挡量程，测温前应进行零点和满刻度调整。面盖上有三个调整旋钮，分别为状态选择开关、量程选择开关、微调电位器，此外还有一个"细调"调整器。

每次测量前，按照规定进行零点和满刻度调整，然后实测水温，这样可以消除测量电路中电阻、电缆、电源等对精度的影响。

每个感温元件的特性都有区别,工厂对每一套仪器均进行相应的调整和校准。

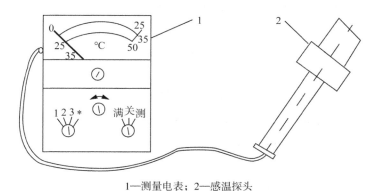

1—测量电表;2—感温探头

图 6.2-2　模拟表头式半导体温度计

3) 技术参数和指标

(1) 测量范围:0~50℃;

(2) 分度值:0.2℃;

(3) 测温误差:±0.2℃;

(4) 量程数:3;

(5) 导线长度:100 m(200 m);

(6) 典型感温探头尺寸:长 190 mm,上体 160 mm,下体 30 mm。

4) 使用与维护

(1) 使用

①将测量电表平放,状态开关置于"关",调整零位调整器,使起刻线与指针重合。

②调整满刻度,首先确定测量范围,然后将状态开关转到"满",最后用"细调"电位器调整电压,使指针与满刻度线重合。

③将感温探头沉入要测量的水深部位,然后将状态开关转至"测",测量电表指针迅速转动,待稳定,即测出被测部位的温度指示值。

(2) 维护

①测温结束后,将状态开关及时转至"关",以切断电源,避免温度低于最低刻度引起电表过载而影响精度,另外这样做可延长电池使用寿命。

②防止感温探头与硬物接触,以免损坏感温元件。

③当调整满刻度时电压不足,应调换电池。

④每台仪器的感温元件特性不同,用户不得随意调换使用感温元件。

⑤不宜在高电压、大电流、强磁场或有腐蚀性气体及饱和湿度下使用。

6.2.3　数字式水温传感器

1. 关键技术

随着集成电子技术的迅速发展,数字式温度计已在不少行业得到广泛应用,国外的多数水质监测仪都带有数字式温度传感器。随着国外技术的引进,国内也陆续有一些数字式温度传感器问世。

研制数字式水温传感器的关键技术如下:

(1) 感温元件选型。根据对国外资料的分析,国内数字式水温传感器大多使用负温度系数的热敏电阻。它具有高的负温度系数,灵敏度高,选型时必须考虑其技术参数、质量、一致性程度等。

(2)自动补偿电路的设计。热敏电阻感温元件存在非线性误差,另外,在测量电路中存在着电阻随环境条件改变而变化的因素,这些都必须采取有效的补偿措施。

2. 工作原理及组成

数字式水温传感器一般由三部分组成,即装有热敏电阻的感温探头、带连接器的防水电缆、信号处理板(或变换器)。

以热敏电阻作感应元件的数字式水温传感器,与模拟表头式半导体水温计一样,其基本原理为热敏电阻的热电效应。不同的是,它的后续信号处理部分集成了许多新的电子技术,包括自动补偿和校正、数字电路等,它的输出可以为 4~20 mA 的模拟量,也可直接为数字信号,方便 CPU 或者 MCU 微处理器处理。

3. 典型数字式水温传感器的技术指标

以国内应用的某公司生产的水温传感器为例,其技术指标如下:

(1) 量程:0~50℃;

(2) 精度:±0.2%或±0.1℃;

(3) 分辨率:0.01℃;

(4) 开启时间:10 ms;

(5) 工作电流:30 mA;

(6) 电源:5.2 V 和 DC8.5 V(外部提供);

(7) 工作温度:-40~+55℃;

(8) 电缆长度:10 英尺(1 英尺约等于 30.48 cm),带有 7 芯防水连接器;

(9) 探头尺寸:长 8 英寸,直径 5/8 英寸(1 英寸约等于 2.54 cm)。

6.2.4 水温自动遥测系统

水温自动遥测系统一般由供电系统、水温传感器、RTU、无线数据传输单元(DTU)、中心站服务器软件平台及安装支架等组成。水温传感器能按照水温观测的有关规范要求,自动测量水温,并将测得的数据通过无线网络发送至中心站服务器软件平台,实现水温监测的自动化。其中水温传感器始终处于水面以下 50 cm 的位置,能定时测量水温,自动生成相关水温报表、历史水温查询。其技术参数如下:

(1) 符合国家标准,达到《水文仪器基本参数及通用技术条件》(GB/T 15966—2017)的要求。

(2) 精度:±0.2%或 0.1℃。

(3) 使用低功耗元器件及工作逻辑:若采用太阳能电池板加锂电池供电,传感器端可正常工作 2 年以上,数据处理端在连续阴雨情况下可正常工作 20 d。

(4) 平均无故障时间(MTBF):6 000 h 以上。

(5) 传感器:可选配雨量、辐射、风速、风向等。

(6) 工作环境:温度 -50~100℃,相对湿度不高于 98%。

(7) 供电:默认采用太阳能电池板加锂电池供电,可选配市电供电。

(8) 平均功耗:传感器端 800 μA,数据处理端 10 mA。

(9) 支持多种通信方式:以太网/GPRS/RS-485 等。

(10) 跨越平台用户终端:用户可以通过服务器电脑、个人电脑、iPad、智能手机等终端登录 Web 平台,对数据进行查询。

(11) 先进的网络架构:采用的先进 B/S 架构分布性强,维护方便,开发简单且共享性强,总体成本低。

（12）水温传感器，整体材质：304 不锈钢；测量范围：-50～100℃；供电电压：DC12～36 V；输出接口：RS-485；测量精度：0.5%FS；环境温度：-40～85℃；稳定性能：±0.1%FS/年；防护等级：IP68；整体重量：约 600 g。

（13）遥测终端机（RTU），供电电压：DC12～36 V；接口：RS-232 接口 3 个，RS-485 接口 3 个；可单独控制外部供电电源；尺寸：230 mm×175 mm×50 mm。

6.2.5　光纤测温传感器

1. 工作原理

光纤测温的基本原理是：对特定光源进行温度调制，受温度调制的携温信号光在光纤中传播时因不均匀的折射率发生散射，在光纤的一端通过探测散射光参数对携温信号光进行解调，从而获得分布式的温度信息。光纤中的散射一般包括瑞利散射、拉曼散射和布里渊散射 3 种类型。其中，拉曼散射是由光纤中分子与光子因热能量交换而产生的，与温度相关。通过对拉曼散射的分析和计算，就能得出相关的温度数据。光在光纤中传输，自发拉曼散射的反斯托克斯光强 I_{AS} 与斯托克斯光强 I_S 之比应满足下列公式：

$$\frac{I_{AS}}{I_S} = \left(\frac{v - v_i}{v + v_i}\right)^4 e^{-\frac{hv}{kT}} \tag{6.2-2}$$

式中：h 是普朗克常数；k 是玻尔兹曼常数；v 是激光的频率；v_i 是振动频率；T 是绝对温度。

由上式可知，若得到了反斯托克斯光强和斯托克斯光强两个参数，其余参数已知，就能计算出绝对温度。

2. 测温特点

（1）数据量大。光纤上的任意点都能作为测温采样点，采样点的数量由测温光纤的长度和沿程点间距决定。因此，测温光纤的采样点可以达到很多个，是真正意义上的分布式多点测量。

（2）可自动化控制。通过先进的集成技术，将测温光纤与控制设备进行集成，即可根据测量需求控制光纤按照设定的时间间隔、沿程间距进行自动测量，通过无线通信信道将现场采集的数据自动传输至中心站进行处理。

（3）实时性强。测温光纤的采集时间非常短，所有采样点的采集速度都是光速级的，因此具有非常好的实时性。

（4）可靠性高。测温光纤可以在恶劣环境中持续工作，只要光纤自身不出现断裂性损坏，监测系统就能正常工作，无须更多的维护。

3. 技术参数

以 LIOS PRE. VENT 光纤测温主机为例，其技术参数如下：

（1）通道数：1，每通道测量长度 2 km；

（2）定位精度：0.5 m（可定制到 0.25 m）；

（3）可编程的输入接口：4 路（可增至 40 路）；

（4）可编程的输出接口：10 路（可增至 106 路）；

（5）模拟输出口：4～20 mA（可选，外置）；

（6）通信接口：以太网 TCP/IP，RS-232，USB；

（7）通信协议：Modbus，DNP3，IEC60870，IEC61850；

（8）外置传感器数据输入接口：Pt100，Current 0～20 mA，Voltage 0～10 V；

（9）工作电压（DC 主机）：DC12～48 V；

（10）主电压（AC 主机）：AC100～240 V；

（11）额定功率（DC 主机）：小于 25 W（最大 45 W/60℃）；

（12）光纤类型：50/125 μm 多模光纤；

（13）光纤接头：E2000/APC；

（14）光纤芯数：1～2；

（15）激光等级：1M（EN60825-1：2007）；

（16）工作温度：-10～+60℃；

（17）防护等级（IEC60529）：IP51；

（18）衰减：≤3.0 dB/km（850 nm），≤1.0 dB/km（1 300 nm）；

（19）有效群折射率：1.481（850 nm），1.476（1 300 nm）。

6.3　应用实例

6.3.1　北碚水文站水温自动监测

虽然我国的水文系统现已全面实现降水、水位、流量的快速在线监测，但在水温的自动监测上还是大量采取人工观测的方式。水温自动采集装置均是接触式的，对于上游山区性河流水文站来说，由于水位的日变幅大、洪枯落差大，水温自动监测装置的布设十分困难，造成了水温自动观测步伐滞后。同时，采用人工现场测量水温的方法不仅耗费人力资源，在洪水期间还存在着严重的安全隐患。针对上述问题，专门设计了一种偏心半潜浮筒式表层水温自动测报装置。该装置稳定可靠，功耗低，能够实现对水位变幅大的水文站表层水温的长期自动监测。通过在北碚水文站的比测，该装置获得了较好的现场使用效果，对水文监测的行业进步也起到了一定的推动作用。

本装置的设计除考虑到要达到功能要求外，还要尽量考虑漂浮物冲击、功耗等方面的因素并符合测量规范要求。其中，根据水温观测规范要求，采集的水温数据固定为断面水下 0.5 m 处水体温度；水温传感器探头需要随着水位的变化同步调整安装位置，但应始终保持水下 0.5 m 深度不变。为达到以上要求，本装置设计如下：装置整体通过钢丝绳将偏心浮筒安装在上下支架之间的河岸上，钢丝绳贯穿整个浮筒，上下支架分别固定在河岸最低水位和最高水位处，利用偏心浮筒自身的浮力及配重孔的作用使其下段位于水下 0.5 m 处左右，上段裸露于空气中，通过钢丝绳上装有的自张紧装置和过载锁死装置，可以使偏心浮筒在水位变化时通过自身浮力在钢丝绳上上下移动，使得安装于偏心浮筒内部的温度传感器探头始终保持在水下 0.5 m 左右（与水面的垂直距离）而满足规范要求。数据采集单元定时采集水温数据再传输给无线接收单元，并通过已建的水情遥测终端将数据发送到中心站。

偏心半潜浮筒式表层水温自动测报装置主要包括偏心浮筒及控制室内的无线接收单元两部分。偏心浮筒的作用主要是水温的采集和水温数据的发送，控制室内的无线接收单元主要是接收来自偏心浮筒发送过来的最新水温数据并缓存，等待本站水情遥测终端采集水温数据并与本站水位、雨量数据一起发送到水情中心站。

偏心浮筒整体采用偏心结构。其外形结构为圆形，当浮筒缠挂上漂浮物时，漂浮物能够因为偏心浮筒的旋转而自动漂走，从而在一定程度上防止漂浮物的挂缠，避免浮筒沉入水下。浮筒外壳采用耐腐蚀、抗老化且重量轻的 PVC 材料，具有一定的抗冲击能力，浮筒内部空隙采用泡沫填充，这样既可以在不影响浮筒浮力的情况下增强其防撞能力，又可以保证在浮筒外壳损坏的情况下其浮力不会减小，确保水温的正常测量。偏心浮筒内部下端设有温度传感器探头，能够与河水接触。温度传感器选用满足测量精度要求的数字温度传感器，偏心浮筒内部上端设置有定时功能的无线发射单元。

为了减少本装置的功耗，无线发射单元设有定时电路，常态下只有定时电路上电，定时时间（一般设置为 60 s)到了才给水温传感器、无线数传模块以及单片机上电,自动采集水温并把数据发送到岸上无线接收单元后进入断电模式。无线发射单元采用锂电池供电,在不更换电池的情况下设备能够正常使用半年以上。

无线接收单元安装在控制室内,控制室与偏心浮筒的直线距离小于 1 000 m。无线接收单元始终处于上电状态,采用 RS-485 与水情遥测终端接口,水情遥测终端采集无线接收单元里缓存的水温数据。当无线接收单元将缓存的水温数据成功传送给水情遥测终端后,其自动清除缓存的数据,此时水情遥测终端再次采集水温时将为负数,直至无线发射单元有新的数据上传。

偏心浮筒内部贯穿有钢丝绳,钢丝绳两端均伸出偏心浮筒外,并分别与上、下支架固定连接,两个支架均安装在河岸壁上。为了使得钢丝绳和上、下支架具有较长的使用寿命,它们均采用不易腐蚀的 304 不锈钢材质,另外,上、下支架的基座采用钢筋混凝土浇筑以保证其强度。

保证钢丝绳与水平面夹角为 30°~70°,且尽量与河岸坡度平行,确保偏心浮筒能够在钢丝绳上自由滑动并在任何水位出现故障时均可方便维修。钢丝绳设有自张紧装置和过载锁死装置。自张紧装置的设计使钢丝绳的张力在冬夏温度变化时始终保持一致,从而不影响偏心浮筒在钢丝绳上自由滑动;过载锁死装置的设计,使得在汛期洪水中偏心浮筒和钢丝绳受到大力冲击或撞上漂浮物突然受力增大时,可以立即锁死钢丝绳以保护设备不被破坏。

北碚水文站位于嘉陵江观音峡内,测验河段顺直,断面上游距朝阳桥 1.2 km,下游距江家沱 1.5 km。当三峡水电站蓄水位较高时,测验断面上游右岸 1.5 km 处有龙凤溪汇入,对本站测验无大的影响。在偏心半浮筒式表层水温自动测报装置投产前,每天 8 时人工观测表层水温数据一次,本装置投产后,拟采取逐时自动采集表层水温的方式。

需要特别注意的是,该装置的下支架需要安装在测站的历史最低水位下方,上支架安装在测站的历史最高水位上方,这样使得偏心浮筒在安装测站出现历史最高水位和最低水位时均能正常使用并留有余量,浮筒安装入水后,根据现场实际情况通过配重孔增加配重的方式来调整浮筒浮力,确保传感器探头距水面 0.5 m。

在现场使用过程中,需要定期清除钢丝绳周围 10 m 内的杂草灌木,从而清理出钢丝绳下方的检修步道,确保设备装置出现故障时,不同水位范围都能得到及时检修。

在现场比测分析方面,将北碚水文站 2020 年 1 月 1 日至 12 月 31 日的人工观测水温数据和本装置自动采集的水温数据进行比较。为了方便和北碚站人工采集的水温数据进行比测,本装置的数据也采用 8:00 的水温数据,比测结果满足规范要求。

北碚水文站自记水温与人工水温同步比测 1 年,比测期间最大水位变幅为 27.45 m,最大流速为 4.89 m/s,水温变化范围为 11.1~27.1℃。与人工采集水温数据相比,本装置所测的水温最大误差为 +0.2℃,系统误差为 0.012%,随机不确定度为 1.10。因此,本装置自动采集的水温数据比测误差很小,取得了良好的现场水温测量效果。本装置安装方便,解决了水位变幅大的水文站表层水温的自动测报问题。北碚水文站的比测分析表明,该装置的测量精度满足要求。该装置经过嘉陵江 2020 年 2 号洪水的考验,可靠性高,已在北碚水文站投产使用,并有望进一步应用推广到其他水文站。

6.3.2 向家坝坝下水温监测

溪洛渡水库和向家坝水库是金沙江下游江段两座重要的梯级水库。溪洛渡水库上接白鹤滩水电站尾水,下接向家坝水库,控制流域面积 45.44 万 km²,水库总库容 126.7 亿 m³,正常蓄水位 600 m;向家坝水库控制流域面积 45.88 万 km²,水库总库容 51.63 亿 m³,正常蓄水位 380 m。水库运行不仅会改变库区及坝下水体水温的时空分布,而且对下游江段的生态系统也会产生较大影响。基于已有研究,许多学者采用叠梁门的运行和水质模型预测等方式对溪洛渡和向家坝水库近坝段水体的水温进行了大量研究。但对库区内表层水温和垂向水温分布情况的研究较少。向家坝库区及坝下连续性水温监测数据，对梯级电站分层取水和生态调度运行具有一定的现实意义。

表层水温采用水温计进行人工监测，全年每日 8:00 监测 1 次表层水温，并同步记录气温。垂向水温采用 HY1200B 型声速剖面仪进行巡测。由于库表水温仅在小范围内存在一定差异，库底水温变化幅度较小，故为研究垂向温度梯度变化情况，在监测垂线上按 0.5 m、1 m、2 m、3 m、4 m 和 5 m 水深布置测点，5 m 水深以下按 5 m 间隔布置测点至库底。水温监测仪器主要技术指标如下：

（1）水温计

测量范围：0～50℃；

测量精度：±0.1℃。

（2）HY1200B 型声速剖面仪

测量范围：0～40℃；

分辨率：0.1℃；

测量精度：±0.1℃。

为了研究气温和水温的变化关系，采用了线性相关分析。虽然气温和水温年最低值、年最高值出现的时间有所不同，但从相关性分析结果中可以发现，气温和水温具有较好的正相关性。溪洛渡、向家坝坝上与坝下的相关性系数差别较大，这主要是由于坝上水体水温受气温、太阳辐射以及蒸发等因素的影响较大，坝下水体水温受水库低温下泄水的影响较大。

由向家坝库区垂向水温分布规律可知，该库区近坝段水体在垂向水温的分布上易产生分层现象，而坝前水体水温分层现象最为显著，具体表现为：春、夏季易产生分层现象，特别是夏季，在风力、热对流等因素的共同影响下，随着库表温度的升高，热量从库表逐渐传至库中或库底，水体易形成稳定的分层结构；秋季，库表水温随气温下降而逐渐降低，其温跃层在一定范围内也不断下移；冬季，由于库表温度再度降低，水库水温在垂向上基本呈等温混合状态。水库自蓄水以后，影响其水温结构的因素主要有来流水温、气象因素、入流和出流条件、水库调度等，其上游来水流量和水温也影响着库区内水温结构的形成。因此，水库水温结构的形成是外部热量的输入和库区流态共同作用的结果。

6.3.3　溪洛渡坝上光纤水温在线监测

1. 概述

天然水体的水位、流速、水温等水文情势会因水库的修建而发生变化，研究库区垂向分层水温变化规律对水库制定科学的生态调度方案具有重大意义。大型水电站一般大坝都较高，坝前水深为 100～200 m，大坝形成后长期蓄水造成发电出水水温长期偏低，坝上水温分层明显。

水库水温是水环境的一项重要指标，受太阳辐射、库容、来水量、水库调度方式等制约，水库中不同水深处的水温是不同的，一般可将水库分为分层型、过渡型和混合型 3 种。分层型是指升温期水库表面水温明显高于中下层水温而出现温度分层，梯度可达 1.5 ℃/m 以上，库底层水温年较差一般不超过15℃。混合型是指水库在任何时间水温分布都比较均匀，水温梯度很小，年内水温变化却很大。过渡型是指水库水温同时兼有混合型和分层型水库的特征，春、夏、秋季有分层现象，但不稳定，遇有中小洪水时水温分层即消失。对于水温类型的判定，可采用密度弗汝德数法、库水交换次数法（α-β 法）、水库宽深比法。目前，国内常采用日本学者提出的库水交换次数法判别，其计算公式如下：

$$\alpha = W_y/W_r$$
$$\beta = W_f/W_r$$

（6.3-1）

式中：W_y 为年入库总水量，m^3；W_r 为总库容，m^3；W_f 为一次洪水入库水量，m^3。

当 $\alpha < 10$ 时,水库为稳定分层型;$\alpha > 20$ 时,为混合型,$10 \leqslant \alpha \leqslant 20$ 时,为过渡型。对于分层型水库,如遇 $\beta > 1$ 的洪水,水库则为临时混合型;如遇 $\beta < 0.5$ 的洪水,则认为对水温结构没有多大影响;如遇 $0.5 \leqslant \beta \leqslant 1$ 的洪水,水库则为过渡型。

2. 深水水温测量技术分析

为系统掌握水库水温结构、水温分层特性(温跃层变化情况等)及坝前水温分布与下泄水体水温相关关系,需对坝前及坝下水温进行长期在线自动监测,目前国内外针对深水水温观测的方法是:人工观测均采用定点定深的测量方法,即预先根据测量水深,确定各测点的投放深度,然后按照设定的深度将温度传感器投放到该测点位置并记录其温度。该方法测量时间长,工作强度大,长时间在水上作业,不确定因素多,安全隐患大,且要求高精度测量。自动观测水温是在设定的各测点均安装温度传感器进行定期测量。此方法的缺点是水库坝前消落大,水位变幅大于测量水深时无法解决坝前水位低、处于深水部分的传感器挂底的问题。

利用自动测温、数据处理技术和数据预测方法,在溪洛渡水库坝前开展了垂向分层光纤水温在线监测应用的研究,获得了溪洛渡库区坝前区域水体垂向水温结构数据,得出了相关结论,为溪洛渡库区水生态调度提供了可靠的数据参考。

3. 监测设备组成及参数

1) 设备组成

考虑到溪洛渡坝体的特点及现场地形条件等,对测温光纤进行斜拉式的投放,铺满由坝顶到水底的整个垂向高层。根据斜拉角和坝顶高程等参数,将斜拉光纤上的测量点投影到垂向对应高程点上。理想的铺设方式是从坝上到坝底垂直布设,但由于坝体本身设计的原因无法满足垂直铺设条件,因此,光纤的布设从坝顶开始,斜拉向水底,光纤布设施工图以及对应高程如图 6.3-1 所示。根据坝前布设的有效光纤长度、斜拉角度和高程基值,计算出光纤投影到垂向的有效高程点和范围。

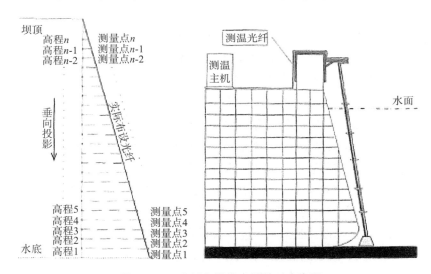

图 6.3-1　光纤布设施工图及对应高程

(1) 水上部分:太阳能光伏组件、RTU 控制器、通信模块、蓄电池、防水机箱、微型线缆收放控制装置、支架等。

(2) 水下部分:光纤温度传感器、配重及线缆。

在实际监测中,由于测温光纤上的任意点都能作为测温采样点,将光纤设置为每间隔 1 m 选取一个测量点,由两个坝前的斜拉角进行换算,得到分布式垂向水温高程间距 0.97 m。LIOS 分布式光纤测温系统可以对光纤测量的采集时间间隔进行调节,根据实际监测需要,设置为每 5 min 进行一次温度采集。

2）设备功能

（1）水上部分

①太阳能光伏组件：负责为蓄电池补充电能，利用光电转换技术为蓄电池、智能传感器及 RTU 提供电能；

②RTU 控制器：系统核心设备，负责系统整体工作的协调，控制智能传感器的收放及负责数据信息的接收转发、工作状态的监测；

③通信模块：负责数据信息的传输；

④蓄电池：储能设备，负责为设备提供电能，确保系统在连续阴天 15 d 内稳定工作；

⑤防水机箱：系统电子设备防水保护机箱，防水等级为 IP66；

⑥微型线缆收放控制装置：负责智能传感器的投放及收绞；

⑦支架：承载监测设备的岸上固定平台。

（2）水下部分

①光纤温度传感器：高精度温度传感器，负责采集水温数据，要求温度分辨率为 0.01℃，测量精度为 0.2℃；

②配重及线缆：负责将光纤固定，并向岸上微机系统传输采集的数据信息；

③记录仪工作温度：－20～＋35℃；

④耐压：740 m；

⑤内置 8MB 存储器和 4 节锂电池，8MB 固态存储器保证数据万无一失，总共可存储 2 400 000 组数据；

⑥垂向温度链探头 24 个（24 通道），总长 100 m，间距分别为 2 m、4 m、6 m。

3）工作原理及技术实现

全过程无分层连续高精度水库深水水温测量利用高速、高精度的温度传感器并配备智能 RTU 设备，当水下智能传感器接触到水面时，开始自动高速测量并存储测量的水温数据，水上设备与水下设备采用同步时钟，当全过程测量完成后，由水上控制设备自动将智能传感器提出水面，完成整个测量全过程的水温数据采集。其测量设备是由水上设备和水下设备两部分组成，设备之间采用绝缘细线缆连接，水上控制设备负责管理和控制水下智能传感器的水下运行速度、运行时间、运行距离。

该设备有效解决了测量时间、测量频次、测量精度及测量水深的同步及数据存储问题。

同时，自动控制设备通过水位传感器实时测量水深，并结合自主研发的深水自动寻底技术，根据已知资料及测量的水位，水上控制 RTU 设备预置下放智能传感器的距离，当智能传感器接近河底时，通过调整速度并通过高灵敏度的失衡传感器与高可靠性的微型传动装置相结合，自动检测智能水温传感器是否探底并记录其水深，此方法解决了水库水温测量数据不完整及低水位时固定测量法下传感器的挂底问题。

关于垂向水温数据的选取，由于测温光纤采取的是全覆盖的布设方式，即包含了由坝顶到水底的所有高程，因此采样点数据包含了有效的水温数据和空气中的温度数据。可引入坝前即时水位参数作为选取有效水温数据的阈值，将测温光纤每个测量点的垂向投影高程 h_i 与坝前即时水位 w_i 进行比较，满足 $h_i < w_i (0 < i < n)$ 的测量数据点是实际水下的有效数据点，其余数据点即为空气中的无效数据点。在实际监测中，入水点处测量点受到水温和空气温度的共同作用，入水点的水温值明显偏离表层水温正常值，因监测的重点是垂向水温的分层情况，故将入水点以及邻近的个别测量点数据剔除即可。

为了有效验证测温光纤监测的准确性，在坝前光纤投放的位置用传统单点移动的测量方法进行数据对比验证。人工采用声速剖面仪进行垂向水温测量，根据坝前即时水位将不同深度对应的水温数据换算成高程对应的水温数据，再对比同一时间点人工测量数据与光纤测量数据。选取 3 个整点时间进行对比验证,结果如图 6.3-2 所示。

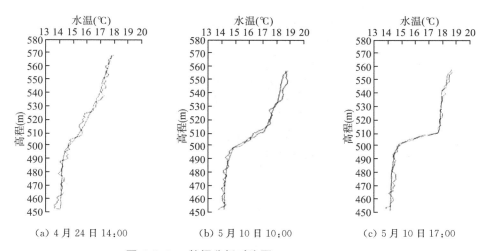

(a) 4 月 24 日 14:00   (b) 5 月 10 日 10:00   (c) 5 月 10 日 17:00

图 6.3-2   数据分析对比图

注:光滑的是人工测量数据,曲折的是光纤测量数据。

由随机选取的测量对比结果可以看出:测温光纤和声速剖面仪实测的坝前垂向水温变化趋势基本一致,呈良好的正相关关系,两种实测方式的水温温度差小于 0.5℃,考虑到所使用的测温光纤的最小分辨率和剖面声速仪的最小分辨率之间的差异,测温光纤测量的坝前垂向水温数据有效可靠。

已有文献指出,溪洛渡水库坝前垂向水温有明显的分层情况,并在 5 月份开始出现分层趋势。5 月 10 日的对比曲线也很好地反映了这种分层的趋势,由此也验证了测温光纤测量数据的准确性。

水温的垂向分层结构,导致溶解氧浓度在垂直深度上随温度发生变化,进而对水库水质产生不利影响。水库建成后,表层具有水面扩大、风速加大、流速减缓的特点,有利于浮游植物在水库表面温水层繁殖生长,其释放出的氧气使水库上层溶解氧进一步增加,该层溶解氧浓度大部分时间保持在接近饱和的水平。在斜温层,由于纵向水流很少发生掺混,而光合作用所必需的阳光也不能透射到深水层,因而生物化学反应过程中消耗的溶解氧不能得到补充,此层溶解氧浓度急剧降低,水质逐渐恶化。在水库底层,水库淹没植被的分解及异养性细菌的繁殖生存均要很高的需氧量,造成深部溶解氧耗竭,同时营养物中的磷也由生物分解出来或从土壤中沥出,深部溶解氧耗竭使有机物质分解的过程成为厌氧过程,产生出硫化氢气体,释放出二氧化碳,pH 值减小,导电性、含碱量和亚磷酸盐有所增加,深层水质逐渐恶化。但到了汛期,洪水将破坏水库水温分层,水库分层表现出临时混合型的特征,库内中上层水体相互混合,使水库中下层水体溶解氧有所增加,促进了有机物的分解,水库水质会有所改善。秋季,随着气温下降,表层水连续冷却,密度增加,与下层温暖水体产生对流现象,水库水体发生翻转,沉在库底的有机物翻转到水库上层,使水库中溶解氧增加,有机物得到降解,部分有机物质还会随溢洪道的表层泄流来到下游河段,水库水质也将进一步改善。因此,水库蓄水初期,水库水温分层使水库水质恶化,但随着时间的增长,淹没在水下的有机物逐渐被分解,当库周无新的有机污染物进入库区时,水库水质将逐渐好转。

6.4   小结

本章简单介绍了水温监测的意义和监测方法,对目前常用的水温监测设备做了简要介绍,列举了三种不同设备的应用实例。在对传统水温测量方式进行分析的基础上,根据现实需求及相关规范,依托技术革新,针对全天候实时在线监测设备的研发、提高测量数据的精度、改进仪器设备的布设方式以及提高系统运行的稳定性将是水温监测后期研究探索的主要方向。

第7章
流量

7.1 概述

流量是单位时间内通过江河某一横断面的水体体积,通过流量测验可以掌握江河水量的时空变化规律,为流域水利规划、防汛抗旱和国民经济建设提供基础数据。传统流量测验方法主要有流速仪法、水面流速法、比降-面积法、建筑物测流法、声学多普勒流速剖面仪(ADCP)法、桥测法、超声波时差测流法和雷达波表面测流系统检测法等,每种方法都有各自的使用条件及优缺点。各种方法均需建设相应的设施和技术装备,通过测量有关要素计算断面流量。传统流量测验方法在水文站流量测验中发挥了积极作用,但存在操作复杂、耗时长、劳动强度大及工作效率低下等缺点,难以满足我国水文站点快速增加和功能扩展的要求。2019年,水利部办公厅下发《水利部办公厅关于印发水文现代化建设技术装备有关要求的通知》(办水文〔2019〕199号),要求今后水文站原则上按照自动站建设,实现无人值守和自动测报。目前全国还有相当数量的水文站在降水、蒸发、水位、流量、泥沙等水文要素的监测和信息传输上发展落后,自动监测能力不足,不能满足水文现代化发展的要求。水文测验的自动化是水文监测整体现代化的重要前提,因此应改进传统流量测验方法,大力推广流量在线监测,以提高测验效率和水文测验自动化程度。

7.1.1 流量和流量测验

流量是单位时间内流过多少立方的水,常用单位是立方米每秒(m³/s)。流量反映水利资源和江河、湖泊、水库等水体的水量变化,是重要的水文数据之一。水利工程、防洪抗旱、水资源开发、流域规划、航运等都需要掌握河流的流量大小和变化情况。

本章中的"流量"主要指天然河流的流量,"流量测验"是指对天然河流进行实际测量或利用其他水力要素间接推算,获得河流的流量数据,不涉及湖泊、水库、人工渠道的流量测验内容。

7.1.2 流量测验目的

流量测验的目的是获得天然河流以及水利工程地区河道经调节控制后的各种径流资料。现有的测流方式,一般比较复杂,难以完全依据实测流量来掌握其变化过程及全年各种径流特征值。

流量实测是使用专用设备对江河进行流速和断面面积测量,再利用实测的数据按相应的算法计算出断面流量的一系列作业的过程。流量测验方法比较复杂,每次测量需要耗费人力、物力和较长时间,较理想的情况是利用河流水位和流量之间存在的对应关系(水位的升降反映流量的增减)找出并建立水位流量关系模型,这样仅仅通过水位的观测,就能推算出任何时刻的流量,所以,对于流量测验来说,其主要目的就是建立水位流量关系。目前,各水文站点的流量测验一般都是通过建立水位流量关系,用水位来推算逐日流量及各种径流特征值。

由于天然河道受到比降、糙率、冲淤等多种因素的影响,水位与流量在多数情况下并不是标准的函数关系,而只是一种相关关系,这种关系经常会发生变化。改变这种情况的办法就是利用多次实测流量,以实测数据为基准,建立或修正水位流量关系。

以实测流量为基准建立的水位流量关系就可以通过水位观测值,推算出逐时流量值,再进一步推算逐日流量等相关数据。

7.1.3 流量测验方法

根据测验时河流流量的大小,流量测验可分为洪水流量测验、平水流量测验、枯水流量测验;根据测量时水流是否有冰情,可分为畅流期流量测验、流冰期流量测验、封冻期流量测验;按流量测验原理,流量测验方法可分为流速面积法、水力学法、化学(稀释)法、直接法。

流量测量原理比较复杂,下面对不同测量原理的测流方法进行简单介绍。

1. 流速面积法

流速面积法是目前应用最为广泛的一种测流方法,通过测量测流断面上的流速和断面面积来计算流量,长江上游地区的江河基本上采用流速面积法进行流量测量。根据不同的流速测量方式,又分为以下几种方法:

1) 流速仪法

该方法是使用流速仪来测量断面上不同垂线不同测点的流速,计算出垂线平均流速,再推算出断面流量。

测定垂线平均流速的方法有两种:积点法和积分法。积点法将流速仪定位在某条垂线的某个测点上静止,测量出垂线上的所有测点流速,再计算垂线平均流速。积分法是将流速仪以水平(积宽法)或垂直运动(积深法)的方式测量垂线流速或断面平均流速的测速方法。积点法目前作为流速测验的基准,用于检验其他方法的测验精度。

2) 表面流速测量法

表面流速测量法就是测量江河的水面流速,推算断面流速,再结合断面资料计算出断面流量。表面流速测量法有水面浮标法、航空摄影法、电波流速仪法和光学流速仪法等。

(1) 水面浮标法

水面浮标法是通过仪器观测水面上漂浮物随水流运动的速度,使用浮标系数结合断面资料推算出流量。水面浮标法的优点是简单方便,缺点是测验精度差,在一些特殊水情下作为应急测验手段使用。

(2) 航空摄影法

航空摄影法是利用航空摄影对事先投入河流中的浮标、示踪剂等标记物连续摄像,根据照片中标记物的不同位置推算出水面流速,再进一步推算出断面流量。

(3) 电波流速仪法

电波流速仪是一种利用多普勒原理的测速仪器,电波流速仪对着水面发射电磁波,电磁波经过空气传输,遇到水面反射回来。受水面流速的影响,反射的回波频率或相位发生了变化,这种变化与水面流速大小相关,从而找到流速与电磁波要素的对应关系,达到测量流速的目的。

电波流速仪不用接触水体,方便架设在桥上、缆道主索或岸边杆上,非常适合于桥测、巡测和高洪时的快速测量,以及作为机械流速仪无法使用时的替代设备。

(4) 光学流速仪法

光学流速仪中最有代表性的是激光多普勒测速仪器,其先将激光射向水面的测量范围,经水面细弱质点散射形成低强信号,再通过光学系统装置检测散射光的变化,利用多普勒原理,推算出水面流速。

3)剖面流速测量法

测量剖面流速一般是通过声波在水体中的反射特性来完成的。根据所利用声波的不同特性,剖面流速测量法分为声学时差法和声学多普勒流速剖面仪法。

(1)声学时差法

声学时差法是将测量断面分为一个或几个水层,测量水层的平均流速、流向,根据水层平均流速和断面平均流速建立对应关系,推算出断面平均流速。声学时差法的仪器可以在水体中一直工作,自动运行,实现无人值守,成果精度较高。

(2)声学多普勒流速剖面仪法

声学多普勒流速剖面仪(ADCP)法根据测量方式的不同分为走航式和固定式,其中固定式根据安装位置不同又分为水平式、垂直式。

①走航式 ADCP

走航式 ADCP 是指 ADCP 探头在水体中移动,利用声学多普勒原理测量水流速度剖面,具有测深、测速、定位的功能。ADCP 的水下探头部分一般配有三个或四个声波换能器,既能发射声波,也能接收声波。换能器的声波具有指向性,声波对着河底发射即可测量河道断面的水深。当发射出的声波遇到水体中的颗粒物时,反射的回波受到流速的影响产生多普勒效应,回波频率与发射频率存在频移,通过这种差异变化就能计算出水体的流速。

ADCP 测流技术是 20 世纪 80 年代新发展起来的技术,也是流量测量技术的一次革命。安装有走航式 ADCP 的测船或铅鱼从河道断面一侧航行至另一侧时,快速实时测量水深和流速,即可测出水流流量,方便高效。

②水平式 ADCP

水平式 ADCP 是将 ADCP 探头水平固定安装在断面水体中,水体的水平面按距离划分成多个单元,换能器垂直于流向发射固定频率的超声波,然后分时接收返回的声波,利用多普勒效应计算多个单元水平方向的流速,再与其他仪器(流速仪)测得的断面平均流速建立对应关系,从而推算出断面流速和断面流量。

应用水平式 ADCP 需有一定的资料积累,借助其他仪器的数据成果,再利用回归分析和数理统计来建立水平式 ADCP 所测的这一层流速和断面平均流速的数学模型。

2. 水力学法

水力学法是通过测量水力因素,选用适当的水力学公式计算出流量的方法,并不直接测量流速和面积。水力学法分为以下三类:

(1)量水建筑物测流

利用专为流量测验而建的各类堰和槽完成测流工作。

(2)水工建筑物测流

利用河流上建成的各种水利工程建筑物完成测流工作。

(3)比降面积法

通过实测或调查河段的水面比降、断面面积,采用适当的水力学公式来计算流量。

3. 化学(稀释)法

化学(稀释)法将特殊化学物质作为示踪剂注入上游的河流中,在下游河水中进行取样分析,示踪剂经河水稀释后的浓度与流量成反比关系,从而推算出流量。

4. 直接法

直接法是直接测量流过某断面水体的容积或重量的方法,实验室或流量极小的山涧小沟才采用这种方法。

7.1.4　测站运行管理

不同地区的河流千差万别,流量数据各有不同,哪怕同一测站,不同时刻的流量差异也非常大。要想掌握河流的流量变化规律,需要收集大量的观测资料,需要进行长期系统的流量实测。

观测流量的测站称为流量站,水位和流量都要观测的测站称为水文站。

国内众多的水文测站有不同的运行管理模式,测站开展流量测验的主要运行模式有驻测、巡测、遥测、检测、间测、校测和委托观测。

不同类型的测站应根据具体情况分别选用合适的流量测验方式,如根据河流水情变化的特点,根据财力、物力和人力条件,在满足精度的条件下,因地制宜。应尽可能采用巡测和遥测等方式,经济高效,能提高工作效率,减少人力、物力的消耗。防汛任务小、地点偏僻、交通不便、水位流量关系稳定、测验方法简单固定、对测验人员要求不高的测站,可采用委托观测。

国外发达国家的流量测验以巡测和遥测为主。驻测是我国目前主要采用的测验运行模式,即工作人员长期驻守测站开展流量测验工作。随着技术的进步,数字化、自动化设备的推广应用,开展巡测和遥测的站点越来越多。

根据测站的测流渡河设施,测流有缆道测验、测船测验、测桥测验、吊船测验、涉水测验等多种方式。渡河设施也是根据河流水情变化特点,采取最适合的方式建设。水文缆道适用于水面较窄、流速较大的河流,悬索缆道水文站目前已经普及推广了自动化测流方式;船测适用于河道宽浅、流速较小的河流,河道较宽但洪水时流速较大的河道,可采用吊船测验;水深较小或枯水季节可采用涉水测验。

7.1.5　流量测量次数

(1) 测流次数必须根据高、中、低各级水位的水流特性,测站控制情况和测验精度要求确定。测流前后掌握各个时期的水情变化,将测量点合理地分布于各级水位和水情变化过程的转折点处。

(2) 对于水位流量关系稳定的测站,测量次数每年应不少于 15 次。

(3) 对于水位流量关系不稳定的测站,其测次应满足推算逐日流量和各项特征值的要求。

(4) 对于新设测站,初期的测流次数应适当增加。

7.2　水道断面测量

水道断面流量是通过测量断面面积和断面流速间接计算出来的。水道断面的测量非常重要,在部署测流方案时必须依靠水道断面的数据,水道断面数据的精度也影响到测流的精度。

垂直于河道或水流方向的截面为断面,水位线以下与河床线之间的面积就是水道断面,它随着水位的变化而变动。

水文上的水道断面一般指设置测站的河段剖面,断面的位置选取对于水位推流有重要意义,所以水文测站和断面一般设在上下游比较平顺的河段。

水道断面测量是测量断面的宽度和深度,宽度指水道河床各点的起点距(到断面起点桩的水平距离);深度指水下部分各垂线水深。

具体的测量工作是起点距测量和水深测量。

7.2.1 断面测量方式

1. 水深测量方式

使用超声波测深仪、铅鱼、测深杆、测深锤等仪器进行水深测量。

测深杆在船上、桥上、吊箱上都可应用,也可以涉水使用,测深杆适合在流速小、水深较小(小于6 m)的情况下使用。

测深锤通常在测船或测桥上使用,适用于水库或水深较大但流速较小的河流。

铅鱼适用于采用水文缆道、测船、测桥等测站使用。

超声波测深仪适用于水深较大且含沙量较小的河流、湖泊或水库,多安装在测船和缆道铅鱼上使用。

2. 起点距测量方式

在测验断面上,以一岸断面桩为起始点,沿断面方向至另一岸断面桩间任一点的水平距离,即为起点距。水文测验中这种宽度测量多称为起点距测量。水道断面的起点距,一般以高水时设在左岸的断面桩作为断面起点距(起算零点)。起点距的测量就是测量各测深垂线到起点桩的水平距离,主要有以下几种测量方法:

(1)直接测距法

该方法利用全站仪、激光测距仪、卫星定位仪等测距仪器测得数据。

(2)建筑物标志法

该方法在渡河建筑物上设立等间距的尺度标志,再测算出数据。

(3)地面标志法

该方法主要有辐射线法、方向线法、相似三角形交会法、河中浮筒标志法、河滩上固定标志法等。

(4)计数器测距法

该方法在过河索道上安装计数器,测量出数据。

(5)仪器交会法

该方法主要有经纬仪测角的水平交会法和极坐标法、平板仪交会法、六分仪交会法等。

(6)直接量距法

该方法使用钢尺等工具量算数据。

7.2.2 测深垂线的布设

水道断面测深垂线的布设参照大断面测量中的相关规定执行,主要布设原则如下:

(1)探测的测深垂线数,应能满足掌握水道断面形状的要求。新设水文站或增设断面时,应在水位平稳时期沿河宽进行水深连续探测。当水面宽度大于 25 m 时,垂线数目不得小于 50 条;当水面宽度小于或等于 25 m 时,可按最小间距 0.5 m 布设测深垂线。对于新设测站,为取得精密法测深资料,为以后进行垂线精简分析打基础,要求测深垂线数不少于规定数量的一倍。

(2)测深垂线宜均匀布设,并应能控制河床变化的转折点,使部分水道断面面积无大补大割情况。当河道有明显的边滩时,主槽部分的测深垂线应较滩地密集。

(3)断面最低点应布设垂线。

(4)当进行流量测量时,尽可能使测深垂线与测速垂线一致,对于设在游荡型河流的测站,可以在测速垂线以外适当增加测深垂线。

7.2.3 断面测量的测次

(1)对于新设水文站和河床不稳定的水文站,每次测流应同时测量水深。当测站断面冲淤变化不大且变化规律明显时,每次测流可不同时测量水深。当出现特殊水情,测流时测水深有困难时,水道断面的测量可在测流前后的有利时机进行。

(2) 对于河床稳定的测站,每年汛前、汛后应进行一次全面测深,汛期每次较大洪水后应加测;对于有岩石河床的测站,断面施测的次数可减少。

7.2.4　水道断面测量误差的控制

为了控制或消除测量误差,断面测量必须按照操作规定施测,并应符合以下规定:

(1) 当有波浪影响观测时,每个测深点的水深观测不应少于 3 次,取其平均值。

(2) 水深测量点必须控制在测流横断面线上。

(3) 使用铅鱼测深,偏角超过 10°时,应做偏角改正,当偏角过大时,需换用更重的铅鱼。

(4) 对测宽和测深的仪器设备、测具,应定期进行校正。

7.3　流速仪法流量测验

7.3.1　简介

流速仪法测流就是使用流速仪测量水道断面各个测点的流速,结合断面面积推算断面流量的一种测量方法。流速仪法测流是目前江河流量测验中应用最普遍的一种测验方法,其测量精度高,成果可靠,测量数据可用于率定或校核其他测流仪器或测流方法。

1. 测流原理

在天然河流中,断面的水体体积不规则,断面的流速在各个区域分布也不均匀,因此测量断面流量的任务就需细化为测定断面流速和断面面积,再计算出断面流量。

流速仪法从测流原理上分类属于流速面积法,其基本原理就是:设定多条测量垂线将断面面积划分成若干部分面积,河道的两个岸边为三角形,中间区域的每块部分面积为标准梯形;相邻两垂线之间的间距加上垂线水深可以计算出梯形的面积,利用相邻两垂线的垂线平均流速可以计算出梯形的部分流速;利用部分面积和部分流速又可以计算出梯形的部分流量,各个部分流量的累加值即为全断面流量。

2. 测量方案

流速仪法是测量河道中多条线多个点的流速,测速垂线数、垂线上测点数和测点测速历时是流速仪法测流方案的三个重要因素。流速仪法测流方案需根据测站精度类别、测流时水位和资料用途来制定。其测量实施过程是:

(1) 按断面流速分布规律,在断面布置若干测深测速垂线,在各测深垂线测量深度,在各测速垂线安排若干流速测点,用流速仪按规定时间测量流速。

(2) 为了控制流速的横向变化情况,需要沿河宽方向布设一定数量的测速垂线,垂线数量取决于河流宽度和河床地形的复杂程度。

(3) 为了控制流速的垂直变化情况,需要在每一根垂线上布设若干个测点,测点数量取决于水流深度。

(4) 为了减少流速脉动所产生的误差,每一个测点在测速时必须持续一定的测速历时。

3. 流速仪法流量测验的适用条件

(1) 断面内大多数测点的流速不超过流速仪的测速范围。当特殊情况下超过适用范围时,应在资料中说明;当流速超出仪器测速范围 30%时,应在使用后将仪器封存,重新检定。

(2) 垂线水深不应小于流速仪用一点法测速的必要水深。

（3）在一次测流的起讫时间内，水位涨落差不应大于平均水深的 10%；对于水深较小而涨落急剧的河流，不应大于平均水深的 20%。

（4）流经测流断面的漂浮物不致频繁影响流速仪正常运转。

4. 测速垂线的布设

（1）测速垂线宜均匀分布，并能控制断面地形和流速沿河宽分布的主要转折点，无大补大割情况。

（2）主槽垂线较河滩密集。

（3）对于测流断面内大于总流量 1% 的独股分流、串沟，需布设测速垂线。

（4）随水位级的不同，断面形状或流速横向分布有较明显变化的，可分高、中、低水位级分别布设测速垂线。

（5）测速垂线的位置宜固定，当水位涨落或河岸冲淤，致使靠岸边的垂线离岸边太远或太近，断面出现死水、回流，河底地形或测点流速沿河宽分布有较明显的变化时，要随时调整或补充测速垂线。

5. 流速测点的分布要求

（1）一条垂线上相邻两测点的最小间距不宜小于流速仪旋桨或旋杯的直径。

（2）测水面流速时，流速仪转子旋转部分不得露出水面。

（3）测河底流速时，应将流速仪下放至 0.9 相对水深以下，并应使仪器旋转部分的边缘离开河底 $2\sim5\ cm$。测冰底或冰花底时，应使流速仪旋转部分的边缘离开冰底或冰花底 $5\ cm$。

6. 流速仪法测流的主要工作内容

（1）测前准备，确定测深垂线、测速垂线、测速历时，检查仪器设备等；

（2）水位观测；

（3）水道断面测量（测宽和测深）；

（4）流速测量；

（5）现场检查整理；

（6）计算实测流量；

（7）检查、分析流量测验成果。

7.3.2 测流仪器

流速仪是用来测定水流速度的仪器，被广泛用于江河、湖泊、水库、渠道、管道、水力实验室等。流速仪根据测量技术不同，分为机械转子式流速仪、电波流速仪、超声波流速仪、电磁流速仪和激光流速仪等。目前国内应用最广的是机械转子式流速仪，它具有性能稳定、操作方便、容易保养、适用广泛等优点，《河流流量测验规范》（GB 50179—2015）把机械转子式流速仪作为其他仪器推广使用前进行比测鉴定的标准仪器。

本节流速仪法测流中提到的流速仪，如无特殊说明，特指机械转子式流速仪。

1. 机械转子式流速仪分类

机械转子式流速仪根据转子的不同，分为旋桨式流速仪和旋杯式流速仪两种。旋桨式流速仪是我国用于测流的主要仪器，可以在高流速、高含沙量、有水草等漂浮物的恶劣条件下应用。旋杯式流速仪适合在水流条件较好的中、低速条件下使用。机械转子式流速仪的缺点是不能长期自动运行，水体中的泥沙会进入流速仪的内部，时间久了会影响使用，必须隔一段时间进行清洗维护。

2. 流速仪的安装方式

流速仪的安装方式有测杆安装和悬索悬挂两种，目前缆道站和测船站普遍采用的安装方式是将流速仪安装在铅鱼上，铅鱼通过悬索悬挂的方式工作，尾翼受水流的影响，能自动将流速仪对着水流的方向。

3. 流速仪的测速原理

当流速仪放入水体后,头部桨叶受到水流冲击,转子转动,水流的速度与转子的转速之间呈近似线性关系,水流速度越快,转子转动越快,要测定水流的流速,只要测出流速仪转子的转速就可以了。

国内外应用传统的水槽试验方法,建立转子转速与水流速度之间的经验公式:

$$V = K(b) + C(a) \tag{7.3-1}$$

目前生产的直读式流速仪等先进仪器,已经可以将计速公式置入仪器中,根据流速仪信号数据直接算出流速。

7.4 智能水文缆道测验系统

水文流量测验是基层水文测站的主要工作,国内缆道型水文站,主要依赖缆道拖动铅鱼在水道中完成水文测流工作,这项工作一般需要至少两名工作人员分别操作动力设备、测量仪器和成果计算软件才能完成,其劳动强度大而且工作效率低。

多年来,在国内水文科技工作者的努力下,测验设备得到了不少改进和完善,但测验工作对人的依赖性依然很大,许多工作仍需要手工操作。计算机及软件只是作为成果计算和报表制作的工具,没有和测验系统有效集成,成为控制中枢,发挥其应有的作用。

如何提高水文测站人员的工作效率、降低劳动强度和缩短测量时间就成为水文工作者致力解决的问题。随着计算机技术、通信技术、电子技术日新月异的发展,人类步入信息技术时代。

为了满足水文在现代化、数字化和电气自动化上迫切的要求,顺应长江水文精兵简政的发展趋势,长江委水文上游局开发了智能水文缆道测验系统(AMS),协助基层缆道水文站完成全自动常规测流工作。

7.4.1 开发目的及要求

该系统针对长江委水文上游局新建水文站或旧设备改造而设计,并且适用于国内水文行业采用变频调速技术作为铅鱼拖动的缆道型水文站。这套系统以计算机为中心,使计算机从以前只是辅助计算的角色转变成主角,完全参与测流工作,实现对动力设备和测量仪器的控制,依靠软件的人工逻辑和智能,实现测量的全过程控制,完成测量数据的采集、处理,其还具有计算、存储和成果输出等功能,使基层水文测站初步实现了数字化和自动化。

当河道中没有航行船只时,该系统应能安全、可靠地完成全自动测量任务;当有船只通过断面时,只需要一旁监视的工作人员临时干预,待船只通过后,该系统就可以自动完成剩下的测量任务。

该系统的开发立足于满足生产实际需要,技术先进,界面美观,操作简单,能更方便测站员工操作;系统部件性价比高,成本低,便于以后的推广;系统的所有测验成果都符合水文相关规范。归纳起来,就是该系统技术先进,安全可靠,易于操作,合乎规范。

7.4.2 总体设计

7.4.2.1 系统总体架构

由于智能水文缆道测验系统涉及水文测验、电子、传感器、通信、自动化和计算机软硬技术等诸多领域,所以需要全新开发的任务多,工作量大。

按照结构简化的设计原则,系统被划分为三个子系统:主控子系统、动力子系统和测量子系统,如图7.4-1所示。主控子系统的核心是主控计算机及软件;动力子系统的核心是设备主机;测量子系统的核心是测量仪器。在这三个核心设备之间构建通信网络,在主控子系统的控制下完成数据传送和信息的交流,构成完整的水文测验系统。

图 7.4-1　系统结构示意图

这三个部分都涉及软硬件的开发。动力子系统完成铅鱼的测点定位;测量子系统完成水深和流速的测量;主控子系统除了完成对其他子系统的有效控制,还进行数据处理、计算及测流成果输出等工作。

7.4.2.2　动力子系统

动力子系统的功能是拖动铅鱼完成水中测点位置的定位,结构上主要由设备主机、交流变频调速设备、铅鱼定位模块和人工操作界面几大部分组成。动力子系统是这次开发的重点,任务是实现计算机程序控制下的动力运行。

1. 驱动方案选择

长江委水文上游局的二十多个缆道站,目前大多沿用 20 世纪 70 年代研制的晶闸管(可控硅)直流调速设备来实现对铅鱼的拖动和调速。该设备采用直流电机作为拖动装置,具有启动容易、调速方便、力矩大、机械特性硬等优点,得到了广泛使用。由于晶闸管直流调速设备部件多为分离元件,故障率较高,维护不易,还存在三相整流后的直流彼此间不易调整平衡、电机运行抖动的缺点。

直流电动机力矩特性好,但价格贵,体积大,维护不易;交流电机结构简单,维护方便,价格便宜,但力矩特性不好,调速不方便。

随着电子技术的迅速发展和成熟,交流调速技术及其应用发展很快。鉴于交流电机比直流电机结构简单、成本低廉、工作可靠、维护方便、转动惯量小、效率高,国内一些行业已开始将传统的直流传动装置改成交流传动装置。新一代具有矢量控制技术(磁场定向控制技术)的交流变频器已经可以分解交流电机的定子电流,分别用于控制磁通和转矩,获得与直流电机相仿的高动态性能。

由于变频器应用大量最新电子技术,它对外界电网的干扰较小,控制可靠,扩展功能方便。在这种情况下,开始考虑以高性能交流变频器为核心,设计出具有良好调速性能、操作方便的交流电机变频调速设备,取代晶闸管直流调速设备和其他以拖动方式作为测站铅鱼的动力拖动装置。

交流变频器调速原理:由于异步电机的同步转速 n_1 与电源频率 f_1 成正比,所以改变电源频率就能改变同步转速 n_1,从而实现调速。

$$n_1 = 60 f_1 / n_p \tag{7.4-1}$$

式中:n_p 为磁极对数;f_1 为电源频率,Hz。

对异步电机进行调速控制时,希望电机的主磁通保持额定值不变。磁通太弱,铁心利用不充分,在同样的转子电流下,电磁转矩小,电机的负载能力下降;磁通太强,则电机处于过励状态,励磁电流过大,严重时会因绕组过热而损坏电机。由电机理论知道,三相异步电动机定子每相电动势的有效值为

$$E_1 = 4.44 f_1 N_1 \Phi_m \tag{7.4-2}$$

式中:E_1 为定子每相由气隙磁通感应的电动势的有效值,V;f_1 为定子频率,Hz;N_1 为定子相绕组有效匝数;Φ_m 为每极磁通量,Wb。

由上式可见,Φ_m 值是由 E_1 和 f_1 共同决定的,对 E_1 和 f_1 进行适当的控制,就可以使 Φ_m 保持额定值不变。下面分两种情况说明。

（1）基频以下的恒磁通变频调速

这是从基频（电动机额定频率 f_{1N}）向下调速的情况。为了保持电动机的负载能力，应保持气隙主磁通 Φ_m 不变，这就要求在降低供电频率的同时降低感应电动势，保持 U_1/f_1＝常数，即通过保持电动势与频率之比为常数进行控制。这种控制又称为恒磁通变频调速，属于恒转矩调速方式。这种方式在实际控制中近似地将 U_1（定子相电压）当成 E_1，保持 U_1/f_1＝常数。

（2）基频以上的弱磁变频调速

这是考虑由基频开始向上调速的情况。频率由额定值 f_{1N} 向上增大，但 U_1 受额定电压 U_{1N} 的限制不能再升高，只能保持主磁通随着 f_1 的上升而减小，相当于直流电机弱磁调速的情况，属于近似的恒功率调速方式。

综合上述两种情况，异步电动机变频调速的基本控制方式如图 7.4-2 所示。

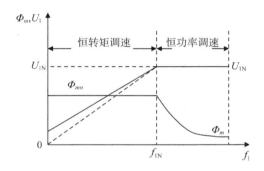

图 7.4-2 变频调速的基本控制方式

水文上铅鱼是典型的位能负载，其负载静转矩 T_L 具有固定的方向，不随转速 n 而改变，即不论铅鱼提升（n 为正）或下降（n 为负），负载静转矩始终不改变方向，T_L 总为正。铅鱼的拖动示意图如图 7.4-3 所示。

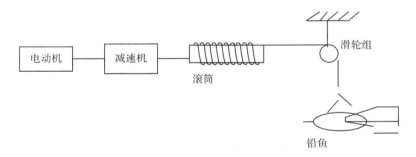

图 7.4-3 铅鱼拖动示意图

铅鱼拖动电机的机械特性和负载特性如图 7.4-4 所示。提升铅鱼时，电动机的电磁转矩要克服负载转矩，即电动机的电磁转矩 M 的方向与旋转的方向相同，电动机处于电动运行状态，工作于第一象限。下放铅鱼时，由于铅鱼属于位能负载，在该位能负载的作用下，电动机转速高于电动机的同步转速，铅鱼将拉着电机转动，电机的电磁转矩方向与旋转方向相反，电动机处于回馈制动状态，工作于第四象限。

由于铅鱼是位能负载，而且在汛期测流时还可能挂有漂浮物，所以要求电动机在起动时有足够大的起动转矩和足够强的过载能力。通过对变频调速原理的分析可知，采用恒转矩变频调速方式，可保证铅鱼的拖动电机工作时处于位能负载状态，并可人为提高启动电压来增大电机的启动转矩，满足重载起动的要求。当铅鱼下放时，拖动电机处于发电制动工作状态，可在系统电路中加以负载电阻或反向逆变装

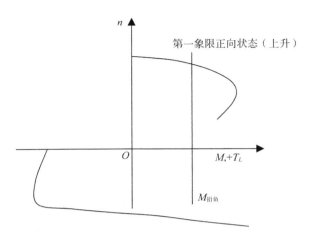

图 7.4-4　铅鱼拖动电机的机械特性和负载特性

置来提供放电回馈通路。如果采用铅鱼施测河底质,只要使电机处于掉电状态,铅鱼便会以重力加速度下放至河底。因而由变频器构成的交流变频调速系统具备了和直流电机相仿的机械特性,完全可以替代直流调速设备和其他拖动装置。

所以,采用变频器和普通异步交流电机等设备组成的动力源,具有较好的力矩特性,足以满足水文缆道动力驱动的需要。变频器把固定电压、固定频率的交流电变换为可调电压、可调频率的交流电,匹配异步交流电机,具有调速范围广、调速平滑性能好、机械特性较硬的优点,可以方便地实现恒转矩或恒功率调速,整个调速特性与直流电动机调压调速和弱磁调速十分相似,接近直流调速的效果,且成本较低,维护方便。

这种方案的优点是具有较高的性价比、设备简单、操作方便、机械特性较硬、效率高,适用于水文铅鱼这类恒转矩负载调速的应用环境。因此,在智能水文缆道测验系统中,优先采用变频器作为动力子系统的动力驱动。

在交流变频调速控制系统中,由于变频器高次谐波会对电源和周围的电子设备造成干扰,有可能影响系统的正常运行,所以动力子系统要对变频干扰进行处理。

2. 动力的控制

以前的水文站缆道拖动动力由设备的指令系统和控制逻辑由继电器与接触器组成,比如可控硅调速拖动设备,其指令和控制部分就由继电器和接触器来实现。继电器-接触器控制系统采用硬件接线,利用继电器机械触点的串联或并联等组合成控制逻辑,其连线多且复杂,体积大,功耗大,系统构成后,想再改变或增加功能较为困难。由于元部件较多,故障率也增加,所以可靠性和可维护性较差。

动力子系统首先要让动力设备接受计算机软件的指令控制,执行设定的任务,动力设备还需要处理运行时的各种信息,铅鱼拖动的主要功能由动力子系统自己实现,以减轻主控计算机的工作量,这就要求动力子系统的核心——设备主机具有小型计算机的作用,能实现编程,大部分功能由软件来实现,并能与主控计算机通信。

可编程控制器(PLC)是一种专门为在工业复杂环境下应用而设计的进行数字运算操作的电子装置。它采用可以编制程序的存储器,用来在其内部存储执行逻辑运算、顺序运算、计时、计数和算术运算等操作的指令,并能通过数字式或模拟式的输入和输出,控制各种类型的机械或生产过程。

PLC 大量的开关动作由无触点的半导体电路来完成,其寿命长,可靠性高。PLC 还具有自诊断功能,能查出自身的故障,随时显示给操作人员,并能动态地监视控制程序的执行情况,为现场调试和维护提供了方便。

还有最重要的一点,用继电器-接触器控制来实现计算机的控制相对复杂和麻烦,而由 PLC 来构建自动化的铅鱼缆道拖动系统则更为方便。由于 PLC 各方面都优于继电器和接触器组成的控制系统,所以采用 PLC 作为动力子系统的控制核心,充当设备主机的角色。

PLC 具有以下优点:可靠性高,抗干扰能力强;配套齐全,功能完善,适用性强;系统的设计、建造工作量小,维护方便,容易改造;体积小,重量轻,能耗低。

PLC 具有数字和模拟量输入输出、逻辑和算术运算、定时、计数、顺序控制、通信等功能,在功能上相当于一台小型计算机,但专业性和适用性更强。

PLC 的编程语言是梯形图语言。使用梯形图语言来设计和开发有关铅鱼拖动的所有基础功能,编制运行指令集供主控计算机调用。

PLC 在设计好后,如果外部硬件接口发生变化,开发人员可以在不对系统硬件做大幅改变的情况下,仅需改变程序的控制代码就可以满足一些改进需求。PLC 具有继电器无可比拟的优点,所以取代继电器进行控制。

PLC 可以内置或外扩通信口,这样能与系统其他设备建立起通信网络,方便设备主机与主控计算机进行信息交流。

3. 动力模块组成及功能

(1)设备主机

铅鱼动力拖动控制中枢接收主控计算机或人工操作面板的指令,控制变频器及机械传动装置,完成铅鱼上测量仪器的拖动到位,并记录运行状态信息。

(2)交流变频调速设备

交流变频调速设备是高性能的电机驱动装置,是拖动系统的动力来源,接受设备主机的控制。

(3)交流电机组、机械传动装置及保护报警模块

交流电机组和机械传动装置完成动力的输送,各种保护功能保证系统的可靠运行。

(4)铅鱼位置定位仪

铅鱼位置定位仪能实现铅鱼位置数据的提供、显示和参数设置。

(5)人工操作界面

在非自动测量模式下,用户可通过人工操作界面完成铅鱼的人工定位。

(6)水面和河底位置传感器

水面和河底位置传感器向系统提供水面和河底信号,完成后自动归零。

7.4.2.3　测量子系统

智能水文缆道测验系统要求实现全自动测流功能,测量子系统的任务以测流为主。长江委水文上游局开发完成的 HLT 系列综合控制仪和 HSH 测深仪完全可以满足系统对测流的需求。

测量子系统以 HLT 系列综合控制仪为系统核心设备,开发配套软件,制定通信协议,利用新型水下信号源,就能完全满足本系统的需要。

为了推广应用,本系统兼容第三方厂家开发的测量仪器,只需在主控计算机软件中更改或增加相关的通信协议,实现互联互通,也一样能完成测流工作。

7.4.2.4　主控子系统

主控子系统主要由主控计算机和 AMS 软件组成。AMS 软件是主控子系统的核心,也是智能水文缆道测验系统的核心,能实现对测量全过程的控制,具备测量数据的采集、处理、计算、存储和测量成果的输出等功能。AMS 作为整个系统的控制中枢,需完成任务的合理调度与分配,要求具有高效的数据处理能力和有效的出错处理机制。

AMS 软件涉及多种功能模块的开发,需要完成 TTS 语音合成技术、视频捕捉与监视模块、铅鱼定位模块、测流数据库、成果报表、流量计算模块、自动控制逻辑、人机界面、通信模块和报警保护模块等众多模块的开发工作。

在这个子系统的设计方案中,增加了视频监视和中文语音提示等新功能,加上通信、计算、图形绘制等,数据运算的工作量大,所以对主控计算机的性能有较高的要求。

主控计算机至少应满足以下要求:双核处理器 ＋ 2G 以上内存,22 寸液晶宽屏,多余 PCI 扩展槽(扩充串口通信卡),中文 Windows 7 操作系统。

7.4.3 设计与实现

智能水文缆道测验系统由三大子系统组成,三大子系统都有自己的核心处理机,将这三大子系统通过网络组织起来,整个架构如图 7.4-5 所示。

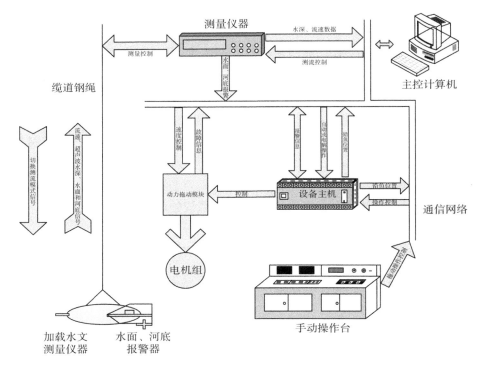

图 7.4-5 智能水文缆道测验系统架构原理示意图

主控计算机:运行 AMS 软件的计算机,它是整个系统的控制中枢。

测量仪器:测量子系统的核心,是完成测深或测速工作的仪器,一般由水下和岸上两部分组成。

设备主机:动力子系统的核心,功能上相当于一个小型计算机,负责接收指令、拖动铅鱼到达指定位置等操作。

7.4.3.1 动力子系统的实现

1. 交流调速驱动

电机是动力输出装置,采用两台带抱刹的专用变频电机或普通交流鼠笼式电机组成电机组,分别负责铅鱼在水平和垂直方向上的位移。根据铅鱼重量和减速机的传动比,选择适合的电机功率。

自带抱刹的电机能有效停车,保证了定位精度,提高了安全性和可靠性。电机的输出功率根据拖动铅鱼的重量匹配,多数缆道站一般采用 11 kW 和 4 kW 电机组成动力装置。

电机配备专门的抱刹后,刹车迅速,有利于铅鱼在水中的精确定位,它的结构紧凑,体积小,而且在机械制动时震动轻,声音小。技术人员没有选用昂贵的变频专用电机,而是根据实际运行情况采用不影响性能的普通鼠笼式电机,这不光是节约成本,也方便维修、维护。

采用高性能交流变频器作为电机的驱动器时,根据资金投入和实际使用的需要,可以采用一台变频器驱动两台电机的"一拖二"模式,降低成本,也可以配置成两台变频器驱动两台电机的"一拖一"模式,使运行更加高效。

整个交流调速驱动装置由操作台、变频柜(含电机驱动器和程序控制设备)、起点距入水深位置计数模组和电机绞车模组几个部分组成,其结构示意图如图7.4-6所示。

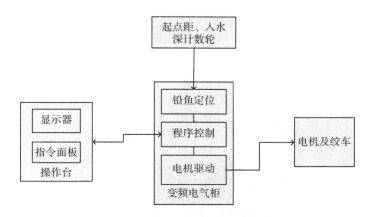

图7.4-6　交流变频驱动结构示意图

2. 控制部分的设计

PLC作为动力子系统的设备主机,受人工操作指令或计算机自动测量程序的控制,完成铅鱼的定位,实现起点距、入水深的记录、清零,设备运行状态显示,系统保护等多种功能。它的主要功能模块与应用接口如图7.4-7所示。

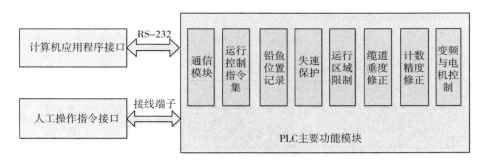

图7.4-7　PLC主要功能模块与应用接口

PLC的软件开发跟计算机软件开发类似,采用如下步骤:

(1)按照设计要求对系统任务进行分块。

(2)编制控制系统的逻辑关系图,这个逻辑关系可以是以各个控制活动的顺序为基准,也可以是以整个活动的时间节拍为基准。逻辑关系图反映了控制过程中的控制作用与被控对象的活动,也反映了输入与输出的关系。

(3)绘制各种电路图,把系统在输入输出端所设计的地址和名称联系起来,还要考虑到输入输出端的电气匹配。

(4)用梯形图软件编制PLC源代码并进行模拟调试。

在PLC软件中将铅鱼的各种拖动动作封装成"运行控制指令集"提供给计算机,计算机软件根据测量过程,调用对应的动作指令,具体执行交给PLC,这样计算机软件代码就不涉及动力子系统具体的底层操作。

为了在测量时支持紧急情况处理,全自动水文测量系统配备有人工操作指令面板,供人工干预时手动操作。人工操作指令面板的控制电缆直接以端子连接的方式连接到 PLC 输入端子上,通过各自端子的功能定义,利用端子的开关,选择不同的指令。

3. 操作面板的实现

智能水文缆道测验系统为了人工操作的方便,保留有手动操作面板。操作面板有两个操作界面:一个是拖动操作盒,另一个是虚拟软件界面,即拖动操作软件界面,分别如图 7.4-8 和图 7.4-9 所示。操作人员在不能进行全自动操作的情况下任选其一,都能手动操作完成铅鱼的拖动运行。

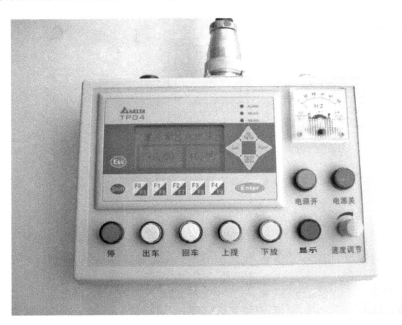

图 7.4-8　拖动操作盒

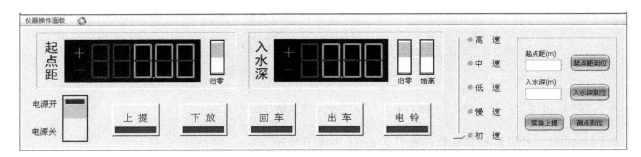

图 7.4-9　拖动操作软件界面

铅鱼拖动的操作面板有铅鱼位置显示,有速度表、指令按钮和调速旋钮,工作人员使用起来非常方便。通过操作面板,测站工作人员能完成铅鱼的动力运行,包括上提、下放、出车和回车四个基本动作以及速度的调节。

4. 变频干扰的处理

如果变频器与测量仪器、计算机这些设备距离过近,会对其他仪器产生干扰,影响这些仪器设备的正常运行。所以系统要对变频干扰做相关的处理,才能保证其他设备的可靠运行。

变频干扰的途径主要有两个:一是射频干扰,即通过无线电波的形式,使近距离内的电子设备受到影响;二是传导干扰,通过电源线来传导从而影响其他设备。

可采用如下方法来降低变频干扰对系统的影响：将变频器等重要干扰源集中在机柜中，机柜与操作台分开，实现强弱电分离；在变频器输入端使用 EMI 电源滤波器，降低变频器高次谐波对电源的影响；系统布线时强弱电之间分开布线；在变频器与电机之间安装输出滤波器；需要屏蔽的全部使用屏蔽线；有接地的测站进行接地处理。通过以上措施，可有效减少和预防干扰的产生，保证系统的正常运行。

5. 铅鱼定位

铅鱼定位模块的作用主要是计算和显示运行中的铅鱼的位置信息，辅助动力子系统进行铅鱼的测点定位。该模块还有一些重要的功能，如运行参数的设置、起点距和入水深的位置归零等。

在设计时采用软硬件结合的方法来实现铅鱼定位的功能，铅鱼定位模块的所有功能由梯形图语言编制，由设备主机的处理器执行，整个硬件部分由设备主机和液晶显示器组成。

（1）起点距和入水深的计数

当拖动铅鱼时，计数轮和光电编码器随钢绳同时转动，设备主机在软件代码的作用下记录编码器产生的脉冲数，并根据一定的公式计算出铅鱼的位置，从而实现起点距和入水深的计数功能。

铅鱼定位模块的显示器有两个：一个是实体操作盒上面的显示器，人工操作时用来提供铅鱼位置等相关信息，此显示器带有功能按键，能进行一些重要运行参数的设置；另一个显示器是虚拟显示器，集成在 AMS 软件中，当全自动运行时在显示器上会显示铅鱼位置等相关信息。

（2）计数的精度修正

铅鱼的位置数据是通过拖动钢绳带动计数轮计量出来的，轮周长在加工时由于设备精度和工艺等原因，许多时候达不到精度要求，存在一定误差，累积起来，位置数据的计数误差就相当大。

铅鱼定位模块采用输入实际轮周长的办法来解决这个问题。通过在显示器面板上设计输入参数窗口的办法或通过 AMS 软件的参数设置界面等，设置计数轮实际周长，以实际长度来计量钢绳，达到修正计数轮加工误差的目的。

（3）起点距垂度修正

起点距的计量也是通过计量钢绳的长度实现的，由于缆道跨度大，钢绳会受到铅鱼重量的影响而下垂，所以直接采用钢绳长度作为起点距会有一定的误差。如图 7.4-10 所示，当铅鱼到达 30 m 的起点距时，实际钢绳长度可能为 30.7 m，到达 50 m 的起点距时，钢绳实际长度可能为 51.2 m。

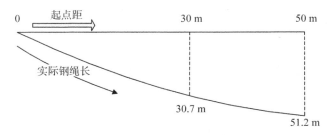

图 7.4-10　起点距计算示意图

为了修正起点距垂度造成的计数误差，采用分段动态修正的方法，在不同起点距的实际值与钢绳计数值之间建立对应关系，由程序自动修正。

（4）零点位置归零

铅鱼由缆道拖动运行，水平和垂直的运行轨道上设置有计数的零点位置，一般水平方向上的零点在铅鱼台，垂直运行方向上的零点在水面。

①起点距归零

大多数测站开始测流时，铅鱼都是从铅鱼台上提升后再拖动到河道中，铅鱼台的位置为零点，即起点距位置的计数基点,但有些测站的铅鱼台并不在真正的零点位置,比如某站的铅鱼台在－18 m 的位置。针对这种情况,允许起点距归零值可以设置为非零值,比如以－18 m 作为起点距位置计数的基点,其后的起点距数值从－18 m 开始计数。

②入水深归零

在采用铅鱼实际测量时,由于测量项目不同,有时要以铅鱼嘴对零,有时要以流速仪对零。设计的入水传感器位置可根据实际需要在铅鱼尾翼上垂直移动调整,还可以在 AMS 软件中增加入水传感器与其他仪器间的相对位置参数,当自动测量时,软件便可根据测量项目的不同,自动调整入水深归零值。

(5)运行速度显示

显示器页面提供了铅鱼的运行速度信息,并将数据显示在操作面板上供工作人员观察和参考。

(6)安全保护

动力子系统涉及机械和电子设备,为了安全运行,设计了多项保护措施来保证铅鱼的可靠运行。

(7)区域运行限制设计

铅鱼在缆道上运行,操作时要避免工作失误,防止铅鱼撞上山体或站房。为了避免意外事故的发生,规定铅鱼只能在指定的安全区域运行,一旦超出安全区域,马上停止运行。

铅鱼定位模块可以设置出车和回车限制区域。铅鱼在到达或超出这些区域时,系统立即停车并发出声响报警,避免铅鱼继续运行而造成事故。

除软件安全区域限制外,系统还设计有硬件限制功能,可以根据需要灵活安装限位保护装置,比如安装上提限位传感器,将铅鱼上提到指定位置时触发,有效避免了将铅鱼上提到缆道主索位置时拉断钢索的危险,通过硬件级限制上提高度,进一步保证运行的可靠性和安全性。

(8)失速保护设计

铅鱼运行速度计算的功能可用于铅鱼的失速保护。在铅鱼上提或下降时,一旦速度过快,比如失重下落,铅鱼定位模块检测出速度过快后,会视为出现铅鱼失速事故,马上启动抱刹动作,紧急停车,避免事故的进一步发生。

(9)电气保护设计

在系统中对变频器启用了多种安全保护方式,比如过电流、过电压、低电压、缺相等,系统一旦检测到变频器报警,就会马上发出声响报警,同时紧急停车、变频器断电等,防止事故的进一步发生。

7.4.3.2 测量子系统的实现

1. 测量模块

测量子系统由常规流速仪、HLT 系列综合控制仪和 AMS 软件等模块组成,完成系统的自动流速信号采集、计算和处理。

测量仪器主要采用长江委水文上游局开发的 HLT 系列综合控制仪,通过配套的通信协议,AMS 软件控制该仪器完成流速测量,并处理其传回的流速信息。

测量子系统可以通过更改通信协议支持第三方厂家的测量仪器。

HLT 系列综合控制仪由水下装置和岸上的前置仪器两部分组成。水下装置由水面、河底信号,流速信号和控制电路组成,除测流功能外,增加了对入水传感器和河底信号的处理。这样,测量子系统具有使用铅鱼实测水深的功能。其测量信号传输如图 7.4-11 所示。

测速时,流速信号由水下装置传回岸上的综合控制仪,综合控制仪进行信号整形、滤波、判断等处理后再传给主控计算机。主控计算机中的 AMS 软件将完成流速的计算、保存等相关工作。

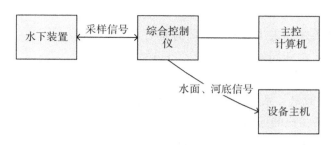

图 7.4-11　测量信号传输

铅鱼测深时,水面和河底信号由综合控制仪获得后直接传给设备主机。由设备主机中的铅鱼定位模块完成入水深归零、铅鱼测深计算等相关处理。

2. 通信模块及通信协议的实现

智能水文缆道测验系统的通信网络包括两部分:测量信号的传输和系统内三个子系统之间的通信。

测量信号的传输是利用缆道钢索传输网络,这个传输网络是在岸上前置仪器和铅鱼上的水下装置相互传输信号时使用。系统内部三个子系统之间的通信通过专门的通信网络来实现。

1）缆道钢索传输网络

缆道钢索传输网络主要由铅鱼的拖动钢索和水体构成(传统上又叫"一线一地"式传输网络)。这个传输网络能实现岸上与水下设备之间的联系,如图 7.4-12 所示,主要传输水面、河底、流速、超声波水深和控制信号等数据。

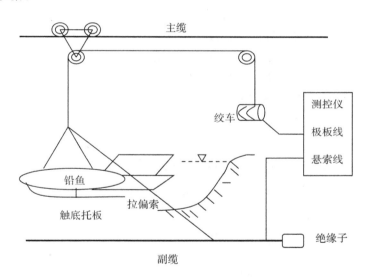

图 7.4-12　缆道钢索传输网络示意图

2）系统通信网络

（1）RS－485 通信网络

RS－485 通信网络是工业控制的一种通信组网方式,RS－485 协议符合真正多点通信网络要求,并且该协议规定在一条单总线(2 线)上支持 32 个驱动器和 32 个接收器,能实现一点对多点的通信,也能实现多点双向通信,但同一时刻只能有一个发送器,其余的为接收器,即一主多从的通信方式,具有较强的抗干扰性。

（2）RS－232C 通信网络

RS－232C 是目前最常用的一种串行通信接口标准,很多工业仪器将它作为标准通信端口。一般计算机上都配有一个或两个串行通信口。RS－232C 通信只支持点对点双向通信,不支持一对多通信。

3）通信方案设计

主控计算机与测量仪器之间采用 RS-232C 的通信方式。

主控计算机与设备主机之间同样采用 RS-232C 通信方式。

现在的计算机标准配置只有一个 RS-232 串行口,甚至没有串行口,所以需要在系统的主控计算机上外扩串行卡,增加串行口数量。系统主机使用两个串行口分别与设备主机和测量仪器通信。

（1）主控计算机与设备主机的通信

主控计算机与设备主机的通信涉及动力设备的运行,所以数据通信的可靠性很重要。主控计算机与设备主机之间的协议采用了工业控制常用的 Modbus 通信协议。

① Modbus 协议

控制器通信使用主从技术,主设备可单独和从设备通信,也能以广播方式与所有从设备通信。如果单独通信,从设备返回一条消息作为回应;如果是以广播方式查询的,则从设备不做任何回应。Modbus 协议建立了主设备查询的格式:设备（或广播）地址、功能代码、所有要发送的数据、一错误检测域。

从设备回应消息也应遵守 Modbus 协议,包括确认要行动的域、任何要返回的数据和一错误检测域。如果在消息接收过程中发生错误,或从设备不能执行其命令,从设备将建立错误消息并把它作为回应发送出去。

根据系统开发的需要,采用 Modbus 协议中的 ASCII 模式。在 ASCII 模式下,一个数据帧的格式如下:地址＋功能代码＋数据数量＋数据 1＋…＋数据 n＋ LRC 高字节＋LRC 低字节＋回车＋换行。

②Modbus 的数据错误校验方式

在 ASCII 模式下采用的是 LRC(纵向冗余校验)。这个错误校验是一个 8 位二进制数,可作为 2 个 ASCII 十六进制字节传送。把十六进制字符转换成二进制,加上无循环进位的二进制字符和二进制补码结果生成 LRC。这个 LRC 在接收设备中进行核验,并与被传送的 LRC 进行比较检验。

Modbus 协议除有格式要求外,还要求接收端收到指令后回复一次,以便发送端确定本次通信有效。这对控制的可靠性有相当大的提高。

③Modbus 协议的实现

系统中采用的通信协议是基于字符流的 Modbus 协议,如图 7.4-13 所示。

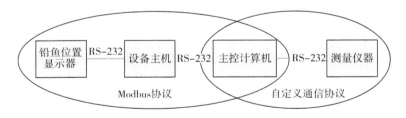

图 7.4-13 系统通信协议

④提高通信可靠性

系统为了提高主控计算机与设备主机的通信可靠性,采用了重复多发的机制。当设备主机处于忙碌状态,在规定的时间内没有回复信息时,主控计算机会重复再发两三次,如果设备主机仍不能回复信息,视为通信失败,主控计算机的 AMS 软件会弹窗报警,提醒工作人员检查通信回路。

（2）主控计算机与测量仪器的通信

主控计算机与测量仪器的通信协议,参考其他协议自定义了一组专用通信协议,简单高效。主控计算机发送信息给测量仪器时,测量仪器接收后立即回复,方便主机确认通信成功。当测量仪器第一次未回复时,主机重复发送三次,三次都无回复时,AMS 软件发出弹窗警告,提醒工作人员检查通信回路。

7.4.3.3　主控子系统的实现

主控子系统主要由计算机和 AMS 软件组成。AMS 软件通过计算机控制测量子系统和动力子系统的相关设备,需要在主控计算机上扩展串行通信卡,以满足 AMS 软件同多个设备通信的需要。

为了在测流时监视机械设备的运行状态或者解决操作台视线盲区问题,在主控子系统中增加了视频监视模块,方便操作人员查看需要重点监视的位置或设备。通过编写视频捕捉和显示的软件程序,集成在 AMS 软件中,不需要再另外采购液晶显示器,同时实现了系统的高度集成。

AMS 系统中的众多测量数据需要得到可靠的保存,Paradox 数据库是较好的关系数据库,特别适合单机使用。系统采用 Paradox 数据库存放 AMS 软件中的数据信息,并设计基于此数据库的水文测量、计算与报表程序。

7.4.4　AMS 软件设计与实现

7.4.4.1　AMS 软件开发模式

由于 AMS 软件较复杂,开发工作量大,且与硬件紧密结合。而 C++是一种使用非常广泛、面向对象开发模式的编程语言,采用 C++语言来完成 AMS 软件的编程和开发工作。一方面,利用其支持面向对象开发的优点,在系统中大量采用面向对象编程的架构进行开发;另一方面,利用 C++兼容 C 语言的特色,用 C 语言实现一些系统底层功能模块的开发。

AMS 软件开发模式准确地说是混合开发模式,大部分代码面向对象开发,小部分底层代码采用面向过程的开发模式。

采用面向对象的编程架构开发的 AMS 软件,其重用性、灵活性和扩展性都特别好,能更好地模拟现实水文测量环境,把 AMS 软件中涉及的现实对象尽量转成 C++语言描述的抽象"对象",这样将众多功能模块参与的复杂的工作变得条理清晰。AMS 软件的代码更容易维护、理解和重复使用,这些都是采用面向对象设计的优点。

AMS 软件按面向对象思想确定基本用例图,如图 7.4-14 所示。

7.4.4.2　软件设计目标

(1) 实现全自动远程、全自动现场和人工手动测流。

(2) 实现现场"四随"分析、计算、显示数据和分析图形。

(3) 实现现场采集水位、起点距、水深、流速等项目的数据或信号,自动计算水面宽、部分流量、全断面流量。

(4) 根据水情,能随时增减测线、测点或进行重测或补测,每线测完后立即存盘。

(5) 打印输出单次测验成果表。

(6) 测流控制软件应能现场控制数据采集、计算分析、人机对话,图文显示测流全过程,进行数据处理和存储,有中文语音提示。

7.4.4.3　模块结构图

AMS 软件按功能区分,主要分成如图 7.4-15 所示的几大模块,几大模块又分成若干个小模块。

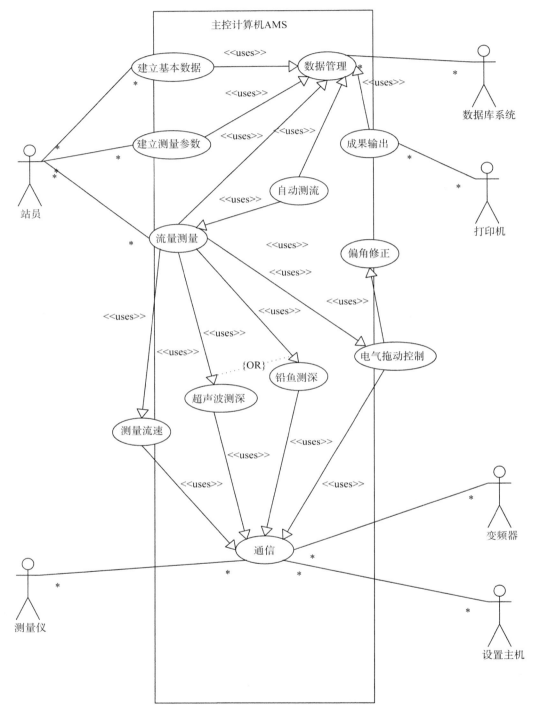

图 7.4-14　AMS 软件基本用例图

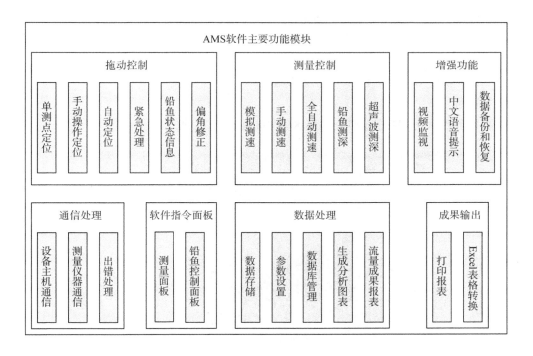

图 7.4-15　AMS 软件模块结构图

7.4.4.4　主要功能实现

1. AMS 软件的测量模式

AMS 软件在使用时只需要设置初始参数,选择好测量垂线,确定测量模式后,就可以交给计算机自动完成设定的测量工作,如图 7.4-16 所示。

图 7.4-16　AMS 软件操作流程图

AMS 软件具备两种测量模式:全自动测量和手动测量。

在全自动测量中有以下几种常见的中断情况,其会改变正在进行的自动测量过程。

(1)测流和测深需要重测数据。

(2)通航河道有船经过,需要紧急处理,避免相撞。

(3)水位变化,需要临时增减垂线。

(4)流速仪损坏,需更换后继续测量。

AMS 软件针对这些情况,采用开放式的全自动测量模式,即工作人员可随时干预操作,当干预完成后,又可恢复成全自动模式继续完成后面的任务。整个过程中,系统的交互性非常友好,易于操作。

在手动测量模式下,AMS 软件提供了完全的人工操作支持。软件提供铅鱼拖动运行和测量仪器的虚拟操作面板,提供有各种数据的输入框,以及水边查算、流速计算、水深计算、成果计算等模块。测站工作人员只需通过鼠标和键盘,就能利用 AMS 软件操作铅鱼和测量仪器,完成铅鱼运行、测点定位,数据采集,成果计算等工作,非常方便地获得测验成果。

2. 软件界面设计

外观简约、功能分区、交互友好的软件界面对于操作人员来说非常重要,AMS 软件从开发一开始就重视界面的设计。

　　AMS 软件界面进行了功能分区,这样易于操作人员上手操作。AMS 软件统一颜色和色调,美化软件窗口、图表、按钮、输入框、图标等部件的外观,使整个软件的外观漂亮、风格一致,达到了商业软件的外观要求。

　　下面介绍 AMS 软件中主要的操作界面及功能。

　　(1) 软件主界面

　　整个软件界面简约大方,划分成四个功能区域,如图 7.4-17 所示。

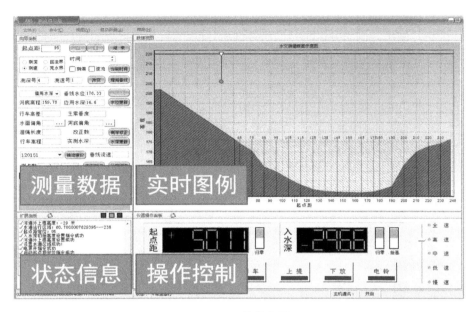

图 7.4-17　软件主界面

　　(2) 水道断面示意图

　　水道断面示意图(图 7.4-18)在系统开始测量时显示在界面的右上方,提供铅鱼运行位置的模拟显示信息,坐标按 1∶1 的比例绘制。水道断面中测深垂线和测速垂线用不同颜色加以区别。当测量中产生垂线流速时,AMS 软件会绘制流速横向分布图供工作人员参考。

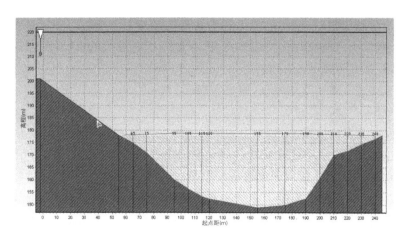

图 7.4-18　水道断面示意图

　　(3) 虚拟指令面板

　　工作人员可以通过测量仪器指令面板(图 7.4-19)和动力设备指令面板(图 7.4-20)这两个虚拟指令面板进行手动操作,完成铅鱼定位和测深、测点流速测量等工作。

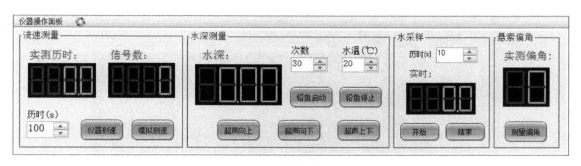

图 7.4-19　测量仪器指令面板

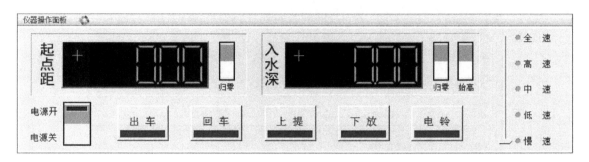

图 7.4-20　动力设备指令面板

（4）扩展面板

扩展面板在 AMS 软件主界面的左下角，集成了三个子界面，即"运行信息"、"监视视频"和"垂线流速分布曲线图"，显示的是系统各种运行信息和状态信息（图 7.4-21），将其提供给工作人员参考，使工作人员实时了解系统的运行情况。

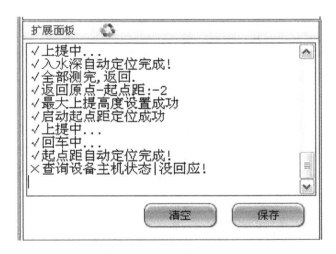

图 7.4-21　信息显示框

系统提供了对监视视频的支持，软件内置视频显示。如果在机绞或铅鱼台位置架设了视频摄像头，并将视频输入计算机，AMS 软件能将视频画面显示在扩展面板中，方便工作人员监视（图 7.4-22）。

图 7.4-22　视频监视

当测完垂线上各点的流速后,会显示垂线流速分布图(图 7.4-23),供工作人员查看和参考。

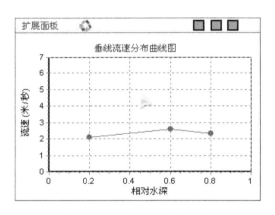

图 7.4-23　垂线流速分布图

(5) 数据面板

数据面板提供操作向导和数据的输入界面,人工操作时就是通过该面板输入数据,然后通过软件计算出流量成果。

3. 铅鱼定位操作

由 AMS 软件指挥动力子系统拖动铅鱼在河道中进行测点定位。在设备主机上开发有操作指令集,专门供 AMS 软件调用。AMS 软件在对每条垂线进行测量前,先计算出测点的起点距和入水深位置,然后通知设备主机提供动力驱动,当铅鱼到达指定位置时停车,准确完成铅鱼的测点定位任务。在这个过程中,AMS 软件使用中文语音提示功能将操作过程和状态信息报告给一旁监视的工作人员。

4. 偏角修正与自动偏角测量

在铅鱼进行测深和测点定位时,悬索和铅鱼受到水流冲力会发生偏斜,不能保持真正的铅垂状态,在大流速导致偏角大于 10°时,铅鱼钢索的计绳长不能代表水下真正的位置,这时的测点定位必须输入水面、测点等偏角数据对钢绳长度进行偏角修正(图 7.4-24)。

图 7.4-24　向导/数据面板

AMS 软件采用水文规范中的偏角修正方法。偏角修正包括三项:干绳改正、湿绳改正和位移改正。相关规范规定,在偏角大于 5°时进行干绳改正和湿绳改正,大于 10°时进行湿绳改正。

一般常规的湿绳偏角改正,是用辛普森法进行近似积分计算出湿绳长度 L_H,再与实际的垂直水深相减,得到偏角改正值。通过这种方法,用一些常用的数值代入计算,得到对应的改正值后,将这些值绘制成表格供工作人员查读使用。

一些类似的水文测验软件,也是借用查表的方式来进行湿绳改正,将修正表数据编制成计算机表格数据,然后在软件中进行实时查补。这种方法需要开发者输入大量的数据,而这些数据只是常用的经验值,并不完整,每次进行偏角修正时,还必须由计算机模仿人工修正方式进行查表读取。

AMS 软件没有采用这种查表方式,而是通过编写积分算法运算程序进行,这种方式简单快捷。根据变步长梯形求积法的原理,利用软件编写定积分算法代码,通过模拟积分计算出双精度实型的积分值。再对通过算法计算出的数值与修正表中的数据进行比较,发现两者相差很小,完全符合规范要求。

AMS 软件可与长江委水文上游局开发的铅鱼偏角仪一起实现全自动偏角修正的功能。铅鱼偏角仪的作用是完成铅鱼入水时偏角的实时测量。它分为两部分:前置测量模块架设在缆道行车上,实现实时偏角测量,并通过无线电台将数据传回站房接收装置;接收装置将数据通过通信接口 RS - 232 传回主控计算机,给 AMS 软件提供实时的偏角数据。其原理如图 7.4-25 所示。

AMS 软件通过读取偏角仪传回的偏角数据,就能在测量中实时进行铅鱼偏角自动修正的工作。

图 7.4-25　铅鱼偏角仪测量原理示意图

5. 流速测量设计

系统中的测速采用水文流速仪法测流方式,AMS 软件与测量子系统一起完成自动测流工作。

系统支持长江委水文上游局开发的两种测流仪器,即 HSH 测深仪和 HLT 系列综合控制仪。HLT 系列综合控制仪属于系统的配套仪器,完美支持多种功能;HSH 测深仪除能测流速外,还能进行超声波测深,在 AMS 软件中选择对应的仪器,都能做到完全的匹配。

由于采用面向对象的设计,AMS 软件还可以在软件仪器库中编写其他仪器的接口,做到对第三方测流仪器的支持。

系统除可以实施全自动测流外,还提供虚拟指令面板,供工作人员进行人工测量操作,完成测流任务。

AMS 软件还提供了一种在测量仪器发生故障时使用的应急测流模式。当测站无法使用测量仪器时,往往采用接入万用表、电铃或收音机的方式来接收水下的流速信号。当发现信号来到时,工作人员按键盘空格键,AMS 软件自动启动历时计量和流速信号计数,并根据历时的设定结束测量,计算出流速。这种方式在极端情况下可以代替仪器完成测流任务。

如果工作人员在全自动测量模式下,发现测量数据有误或有异常情况发生,可随时中断自动测量模式,进行判断或处理后重新补测,再返回全自动测量模式。

AMS 软件提供了测点流速分布图和流速横向分布图等图形化的流速数据,供工作人员测流时参考。

6. 测深设计

AMS 软件支持水文测站常用的几种测深方式:借用水深、铅鱼测深和超声波测深。

借用水深时,AMS 软件会根据水位和大断面数据计算出应用水深与测点位置,然后进行再测点定位和流速测量工作。

铅鱼测深是测站目前最常用的实测水深方式,在铅鱼上安装入水传感器和河底触发器,产生的水面、河底信号将传送给综合控制仪,综合控制仪对信号进行处理后再传给 AMS 软件。AMS 软件将水面和河底信号与铅鱼定位模块结合起来实现铅鱼的实时测深工作。在全自动模式下,AMS 软件根据工作流程,完成每条测深垂线的水深测量工作。

AMS 软件支持全自动超声波测深方式,提供对 HSH 系列超声波测深仪的支持。HSH 测深仪有两个超声波收发器,可以从水中向上和向下发射超声波,也可以只使用一个收发器从水面向下发射超声波,AMS 软件提供了多个超声波测深选项,软件根据不同的选项计算结果,在每条测深垂线都能轻松完成超声波水深测量。

7. AMS 软件的数据结构

所有测量数据都采用 Paradox 数据库存放,数据库按性质不同划分为不同的主从关系库,有效利用其数据共享和数据保护的功能。AMS 软件主要的三层数据库的关系如图 7.4-26 所示。每个数据库建立牵引便于检索查找,主从关系数据库之间利用外关键字连接。AMS 软件通过数据引擎与各数据库进行连接,完成各项数据查询、修改、存储等工作。

图 7.4-26　AMS 软件数据库结构

7.4.4.5　数据计算和成果输出

在系统中,数据的处理、计算和成果报表严格遵守水文相关规范的要求。数据报表基本符合《河流流量测验规范》(GB 50179—2015)、《水文测验补充技术规定》的要求。

（1）数据的取舍

不同地方的水文局或许对数值计算时的取舍方式不一样,一般有四舍五入和四舍六入两种方式。AMS 软件提供了这两种不同的取舍方式,供工作人员根据当地水文规范进行选择。

（2）成果报表的设计

AMS 软件输出的成果报表遵守相关规范的标准报表格式。测量完成后,AMS 软件对取得的所有数据进行计算,生成符合要求的成果报表,并以预览模式显示出来供工作人员查看。工作人员确认后可以选择打印出来查阅和保存,也可以将成果报表转换为电子表格文件进行拷贝和保存。

成果报表的格式（模拟生成）如图 7.4-27 所示。

北碚(三)站测深、测速记载及流量计算表　　　(一)　　(缆道畅流期流速仪法)

测站编号:60703600　　　　　　　　　　　　　　　　　　　　　　　　　　　　　　　　　　　　第　1　页　共　2　页

施测时间:01月22日10时09分 至 22日11时06分 平均:22日10时39分　　天气:南　　风向风力:　2 NE　　流向:顺流

流速仪牌号及公式:LS78型 180265 V=0.7995n+0.0058　　检定后使用次数　3　测深仪牌号:　　起点距计算公式:　　停表牌号:HLX-3T型

垂线号数 测深	垂线号数 测速	起点距(m)	测深测速时间	水位(m)	水深计数器(m) 遍数	水深计数器(m) 改正数	悬索偏角(°)	主索垂度(m)	行车至水面高差(m)	长度改正数(m) 干绳	长度改正数(m) 位移	长度改正数(m) 湿绳	湿绳长度(m)	水深或应用水深(m)	河底高程(m)	流速仪位置 相对	流速仪位置 测点深(m)	测速记录 总转数	测速记录 总历时(s)	流速m/s 口口	流速m/s 口口	系数	流速m/s 垂线平均	流速m/s 部分平均	测深垂线间 平均水深(m)	测深垂线间 间距(m)	水道断面面积 测深垂线间(m²)	水道断面面积 部分(m²)	部分流量(m³/s)
左		水边		68.9			173.36							0.00	173.36														
1	1	75.0	10:09	173.36										2.75	170.61					0.065	0.046		1.38	6.1	8.42	8.42	0.387		
														1.65		0.6	1.65	10	135	0.065									
2		85.0		173.36										10.9	162.43									6.8	10.0	68.0		
3	2	95.0	10:13	173.36										13.4	159.96					0.19	0.13		12.2	10.0	122	190	24 7		
														2.68		0.2	2.68	26	103	0.21									
														8.0		0.6	8.0	24	101	0.20									
														10.7		0.8	10.7	20	104	0.16									
4		105		173.36										16.6	156.73								15.0	10.0	150		
5	3	115	10:21	173.35										19.8	153.53					0.20	0.20		18.2	10.0	182	332	66.4		
														3.96		0.2	3.96	24	101	0.20									
														11.9		0.6	11.9	26	101	0.21									
														15.8		0.8	15.8	25	104	0.20									
6		125		173.35										22.3	151.03								21.0	10.0	210		
7	4	135	10:29	173.35										23.8	149.53					0.20	0.20		23.0	10.0	230	440	88.0		
														4.76		0.2	4.76	24	104	0.19									
														14.3		0.6	14.3	28	101	0.23									
														19.0		0.8	19.0	24	101	0.19									
8		145		173.35										24.0	149.33								23.9	10.0	239		
9	5	155	10:39	173.34										24.5	148.83					0.19	0.20		24.2	10.0	242	481	96.2		
														4.90		0.2	4.90	24	101	0.20									
														14.7		0.6	14.7	27	104	0.21									
														19.6		0.8	19.6	19	100	0.16									
10		165		173.34										24.8	148.53								24.6	10.0	246		
11	6	175	10:47	173.34										23.4	149.93					0.20	0.20		24.1	10.0	241	487	97.4		
														4.68		0.2	4.68	26	103	0.21									

施测:　　　　计算:　　　　(　月　日)初校:　　　　(　月　日)复校:　　　　(　月　日)　　　　施测号数:1

图 7.4-27　成果报表

（3）成果报表的格式转换

除能将成果报表以 AMS 软件专有的报表文件格式保存外,AMS 软件还提供了将报表文件转存为其他格式保存的扩展功能,AMS 软件支持将报表文件转换为微软 Excel 电子表格格式。

微软的 Excel 电子表格是世界上最常用的办公软件之一,在中国的普及率也相当高。将成果报表转换生成 Excel 电子表格,是 AMS 软件非常有用的一个功能。工作人员可以将每次的测量成果转换成电子表格文档进行拷贝和存放,方便独立存档、携带、保存和再次打印。

7.4.4.6 数据备份与还原

为了避免因种种意外可能造成数据丢失,AMS 软件提供数据备份与还原功能,并提供自动备份和手动备份选项。

如选择了备份功能,AMS 软件中的库文件将会被压缩,再被存放在硬盘其他区域的特定目录中。如果数据丢失,还原功能就能将特定目录中的数据解压后还原,保证数据的安全。

7.4.5 远程测量

智能水文缆道测验系统支持远程自动测流,适用于应用"无人值守、有人看管"模式的水文缆道站,在本系统的支持下,工作人员在后方的分局或中心,就能远距离控制水文站开展流量自动测量任务,如图 7.4-28 所示。

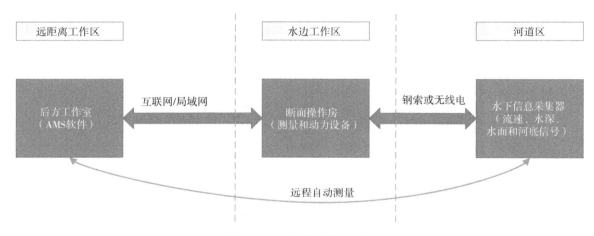

图 7.4-28 远程测量示意图

长江委水文上游局新一代 AMS 缆道远程自动测控平台于 2018 年完成开发,旨在解决以往远程测控技术的弊端,优化性能,强化信号传输的环境适应能力。最开始设计的远程测控技术,是通过远程桌面登录进行,但实际问题较多,耗费流量大,尤其在宽带环境不好的地方不易实施。

长江委水文上游局在新平台开发过程中,克服了重重困难,一步一步取得了突破。第一步实现了AMS 软件直接通过互联网控制现场的仪器设备,精简了数据量,占用带宽少;第二步解决了变频器强电磁干扰造成的误码、丢包等频繁连接失败问题,可靠性得到了保证;第三步提升了推广应用上的适用性,不再局限于昂贵的网络专线,无论水文站申请的是宽带专线固定 IP 还是民用宽带动态 IP,都能实现可靠连接和控制。

新开发的水文缆道远程自动测控平台实现了传统水文与现代水文的完美结合,为物联网水文站的研究打下了坚实的基础。

7.4.5.1 平台结构

该系统的远程自动测验平台结构如图 7.4-29 所示,包含变频控制台、岸上综合测控仪、水下综合控制器、现场计算机、远程计算机和网络通信服务器等设备,利用互联网实现水文缆道远程测控功能。

工作人员事先根据水文站的基本参数和断面数据设定测量方案,选择现场或远程自动运行,系统自动操控测量和动力设备完成断面内垂线水深、测点流速等的常规流速仪法测量,并进行成果计算、保存和输出。

7.4.5.2 传输网络

开展远程测量任务时,需要通过互联网进行数据和指令的传输工作。

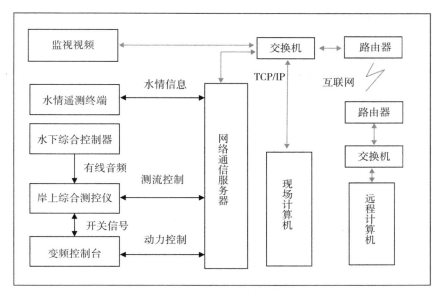

图 7.4-29　系统平台结构

互联网服务可利用当地水文局自建的专线网络,也可利用电信服务商提供的普通民用宽带(建议带宽 200M 以上)。

当使用民用宽带时,远程计算机与现场设备之间利用云服务实现穿透内网的功能,以及数据和指令的透明传输。

7.4.5.3　监视视频

进行远程自动测量时,必须有现场视频供远程查看和监视。视频系统实现对缆道运行环境的监视,包括水文绞车、铅鱼台、缆道断面和河道上游,主要监视现场运行情况。

视频系统包括枪式/筒式摄像机、交换机(支持 POE 供电)、显示器、网络硬盘录像机。筒式摄像机的架设至少包括以下四个观察位:河道断面(最好能看到上游)、铅鱼台、缆道机绞、操作室内。所有摄像机的分辨率都大于 200 万像素。

在远程工作地点的中心站,配备视频监视显示器一台,设置为一屏四机位,与主控软件显示器并列,方便一边自动工作一边察看现场状况。

当站点使用的互联网带宽速度较低时,视频的格式设备为 H.265,数据流设置为低码率的压缩格式,避免占用过多的网络带宽影响远程测量工作。

7.4.6　夜测自动照明

水文测站进行夜间缆道测流时需要观察铅鱼运行的情况,监视水面漂浮物和船只。即便是水文缆道站全自动测流系统,也需要工作人员手动操作探照灯跟随铅鱼的位置变化来进行照射补光。因此水文站一般都要配备聚光探照灯用于夜间测流照明使用。

高亮度的探照灯功率高,体积大。每次夜测时,需要有专人负责转动探照灯巨大的灯筒以照射铅鱼。常规夜测的时间较长,工作强度大,容易疲劳。如果能让高亮度聚光探照灯自动跟踪铅鱼的实时位置,不仅可以减轻工作人员人工操作探照灯的劳动强度,而且扩展了全自动测流系统的夜间自动照明功能,真正实现夜间测流的全自动化,进一步提升水文测验自动化、数字化和现代化水平。

7.4.6.1　总体设计

1. 设计要求

自动探照灯的开发立足于解决实际生产问题,将人工灯光照射改进为计算机控制下的自动跟踪照射,能更好地为测站员工服务。整套设备要求成本低、可靠性高、部件少、故障率低、照射距离远,便于以后的推广应用。

2. 总体方案

（1）采用新型光源,实现灯筒的体积小型化

自动探照灯的研制,首先要减轻灯的重量,减小灯筒的体积,这样才能减轻电机的负载,减小设备体积,降低成本。在满足远距离照射的情况下,只有采用新型光源,才能实现灯杯和灯筒的体积小型化。

（2）采用高强度的金属外壳,提高防护等级

自动探照灯要有高强度的金属外壳保护,具有较好的防护等级,能正常、可靠地工作于室外恶劣的环境。

（3）采用计算机自动控制技术,实现探照灯的二维自动转动

自动探照灯在计算机控制下实现二维自动转动,能将灯光从岸上任意角度照射至水面,因此要求灯的旋转角度足够大。为实现灯的旋转功能,探照灯底座需要设计通信接口,方便与计算机连接,接收计算机的控制指令,同时将照射角度反馈给计算机,实现软件控制下的自动操作。自动探照灯软件部分既可独立运行,又可以与全自动测流系统高度集成在一起,形成更完善的水文自动化工作平台。

7.4.6.2 设计与实现

1. 功能和结构设计

自动探照灯大致分成三部分:高亮度氙气灯、旋转底盘、自动控制软件。整个结构如图 7.4-30 所示。

光源采用氙气灯,实现灯筒小型化。保护外壳采用铝合金材料,其具有耐高温、耐老化、防水、防雨的特点,能满足水文站室外使用的要求。

安装氙气灯的旋转底座由机械传动装置、步进电机、控制电路和保护外壳构成,驱动上面的高亮度氙气灯进行二维角度的旋转照射。

控制电路以单片机为核心,接收计算机或人工操作面板的指令,依据指令传来的水平角度或俯仰角度照射水面或运行中的铅鱼。

自动探照灯的旋转角度设计为上下俯仰角±60°,旋转360°,定位精度±0.2°,能完全满足水文测站夜间测流的照明要求。

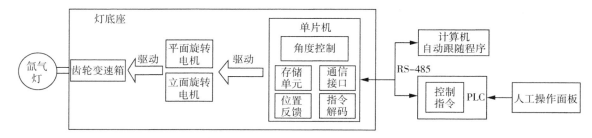

图 7.4-30 自动探照灯结构示意图

2. 探照灯的选择

选用 1 000 W 的超高压球形短弧氙灯泡作为探照灯的照射光源。氙气所产生的白色超强电弧光可提高光线色温值,类似白昼的太阳光芒,亮度是传统卤素灯泡的三倍,使用寿命比传统卤素灯泡长 10 倍,对提升夜间视线清晰度有明显的效果。

氙气灯的灯筒体积较小,重量较轻,加上增压电路,仅几千克。这种灯还可以设置聚焦和散焦方式,

聚焦能集中于照明局部,散焦能扩大照明区域,在工作中可以根据具体情况改变聚焦或散焦方式来满足照明需求。

3. 底座的设计

（1）结构及布线

旋转底座的内部结构主要分为控制电路和机械传动两部分。控制电路由单片机和外围电路组成,构成指令解码、位置反馈、角度控制、串行通信、步进电机驱动等功能模块。机械传动由永久型重载磁同步电机和精密齿轮变速箱构成,最大负载能力达到 20 千克。

外部接线端子和通信端子都处于旋转底座下端,内部走线直接在底座中完成,探照灯旋转时,电源线和控制线不会发生缠绕情况。

（2）电机的选择

采用永久型重载磁同步电机作为探照灯的旋转动力输出设备,这种步进电机能很好地满足自动探照灯的角度操控要求。

步进电机是将电脉冲信号转变为角位移的开环控制电机。当步进电机的驱动器接收到单片机发出的一个脉冲信号,它就驱动步进电机按设定的方向转动一个固定的角度,这个角度称为步距角,它的旋转是以固定的角度一步一步运行的。可以通过控制脉冲个数来控制角位移量,从而达到准确定位的目的;同时,可以通过控制脉冲频率来控制电机转动的速度和加速度,从而达到调速的目的。

（3）控制电路的设计

控制电路的功能模块组成参见图 7.4-30。其中单片机是探照灯控制电路的核心,具有高性能、低成本、低功耗的优点。单片机在收到计算机指令后,解码出二维角度,发送脉冲给步进电机,驱动电机转动,实现探照灯的定位照射。单片机通过计算步进电机的步进数和变速比,就能准确换算成探照灯的实时角度,并将角度返回给计算机软件。

4. 人工操作模式

正常情况下,自动探照灯由软件的自动跟踪模块控制从而实现自动照明。同时,软件设计了人工操作界面,供工作人员在特殊情况下应急使用。人工操作界面有两种,分别处于操作盒和软件界面上,通过人工操作可以方便地实现探照灯上、下、左、右四个方向的旋转定位照射。图 7.4-31 为软件界面的人工操作面板。

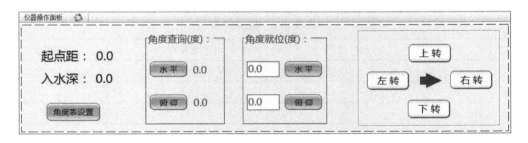

图 7.4-31　软件界面的人工操作面板

5. 通信方式

自动探照灯的安装位置有可能距离工作室较远,工作现场变频器的干扰较强,因此采用 RS-485 作为探照灯与计算机之间的通信连接。RS-485 具有通信距离远、抗干扰能力强的特点,能保证计算机与探照灯之间的数据通信可靠。

6. 自动跟踪的实现

自动跟踪照射的功能主要由自动探照灯的计算机软件部分来实现。自动跟踪软件的功能模块组成参见图 7.4-32。

图 7.4-32　自动跟踪软件功能模块示意图

全自动测流系统在运行过程中,向自动探照灯的软件模块反馈的铅鱼位置信息包括起点距和入水深度等。自动跟踪软件根据返回的铅鱼位置信息,按照位置-角度映射关系,转换成探照灯照射的水平和俯仰角度,操作探照灯进行实时的跟踪照明。自动跟踪原理如图 7.4-33 所示。

图 7.4-33　自动跟踪原理示意图

自动跟踪软件通过铅鱼的两次走航建立位置-角度映射关系。在建立映射关系前,需要将铅鱼在整个测量断面范围内水平走航两次,并记录下数据。一次是将铅鱼放在水面,保持水平运行轨迹走航;另一次是将铅鱼悬挂于空中进行水平走航。

工作人员在铅鱼两次走航中操作探照灯跟随铅鱼位置进行照明,并记录下每条垂线位置的铅鱼照射角度,将其保存在数据库中。铅鱼在水面走航时,水面运行轨迹基本上为直线;铅鱼在空中走航时,受垂度影响,水平运行轨迹为曲线。水面直线轨迹上不同的起点距与探照灯的高程等位置数据很容易通过三角函数建立起位置-角度映射关系。空中的曲线轨迹是用于校正缆道垂度对空中铅鱼照射角度的理论计算偏差。自动跟踪软件通过比较两者的差别,对理论计算的照射角度进行改正,使铅鱼在空中和水面不同位置都能达到准确的跟踪照射效果。

全自动测流系统进行起点距垂度修正,保证了起点距位置与探照灯距离的准确性。而铅鱼位置映射成照射角度,需要建立一个对应的数据库,将数据保存起来。每次全自动测流系统反馈铅鱼位置数据时,自动跟踪软件就利用数据库中的数据进行计算,得到正确的照射角度。数据库表如表 7.4-1 所示。

表 7.4-1　数据库表

起点距(m)	水平角(°)	俯仰角水面(°)	俯仰角空中(°)
30	300	−45	−37
…	…	…	…
…	…	…	…

水文站工作人员在夜间利用全自动测流系统进行自动测流时,只要选中探照灯自动跟踪选项,探照灯就会在自动跟踪软件的控制下按照位置-角度映射关系进行铅鱼的自动跟踪照明。根据水文站断面的实际情况,实时跟踪的步进值可以设置为 0.5 m、1 m、2 m。

7.4.6.3　投产应用情况

自动探照灯在北碚水文站能有效照射 1 000 m,覆盖整个测量断面,铅鱼和入水面清晰可见。自动探照灯的响应灵敏、快捷,照射定位准确,运行平稳可靠,使得使用效果非常好。若采用散焦方式照射,跟踪照明的区域更广。

每次夜间测流,自动探照灯配合全自动测流系统,提供铅鱼的自动跟踪照明,非常方便在室内监视运行状况的工作人员观察水面漂浮物和铅鱼运行轨迹,免除了室外人工操作探照灯的辛苦,提高了工作效率。

7.4.7 技术特征

7.4.7.1 软件特点

（1）具有远程自动测量、现场自动测量和手动测量等工作模式。

（2）水道断面图，铅鱼运行位置、测点流速、垂线流速分布图和流速横向分布图等多图显示，方便现场进行"四随"分析。

（3）能现场采集起点距、水深、流速等项目的数据或信息，自动计算水面宽、部分流量、全断面流量，图文显示测流全过程，进行数据处理和存储。

（4）一点法到十一点法测速任意选择，灵活方便。

（5）根据水情，能随时增减测线、测点或进行重测或补测。

（6）能打印输出单次测验成果表，成果报表遵守水文相关规范。

（7）中文语音随时提示测量过程和状态，这是同类软件中的首创。

（8）AMS软件集成视频监视功能，方便工作人员监视测流过程，不用再另外架设液晶显示器，这也是同类软件中的首创。

（9）具备数据库自动备份和还原功能，最大限度地避免数据丢失。

（10）流量测验数据保存在数据库中，可按规范报表格式打印存放的多份测量记录，并且可以将成果报表文件转换为Excel电子表格文件保存。

（11）实现起点距垂度动态修正和水深自动归零功能，使铅鱼定位更加准确，具有铅鱼失速保护和安全运行区域限制等多种保护功能。

（12）如果测量仪器发生故障，软件可模拟测速仪器，通过软件计时和人工按键完成流速测量。

（13）可以增加缆道偏角自动测量仪，与AMS内置的自动偏角修正功能结合，无须人工再观测偏角。

（14）支持长江委水文上游局开发的水文自动跟踪探照灯，夜间测流照明自动化，这在国内为首创。

（15）系统内置对HSH系列仪器的支持，可以增加HSH系列超声波测深仪实现自动测深，解决铅鱼测深存在的种种问题。

（16）具备漂亮、美观和人性化的软件操作界面，交互性非常友好。

7.4.7.2 功能和指标

主控子系统和测量子系统指标见表7.4-2。

表7.4-2 主控子系统和测量子系统指标

工作环境	操作系统	32～64位Win XP/Windows 7中文操作系统
	硬件规格	双核处理器，显示器分辨率在1 600×900以上
动力拖动控制	支持设备	PLC控制的变频无级调速设备
	通信接口	RS－232/Modbus协议
	软件操作面板	模拟拖动操作人机界面
	铅鱼位置显示	起点距、入水深
	入水深归零	自动归零，并提供手动归零操作
	中文语音提示	铅鱼拖动全过程状态提示
	速度调节	五段速调速（软件操作面板）
	监视视频	软件集成1路机绞设备实时运行监视画面
	定位方式	自动测点定位、手动定位
	保护方式	运行区域限制保护

流速测量控制	支持设备	各种转子式流速仪及相关测速仪器(第三方厂家提供协议)
	通信接口	RS-232
	软件操作面板	模拟测速操作人机界面
	模拟测速	通过按键模拟流速信号计数输入
	测点布设	一点法到十一点法
	测速历时设置	有
	测点流速计算	有
	流速仪更换	支持测量过程中更换故障流速仪
	中文语音提示	测速全过程状态提示
	"四随"图表	垂线流速分布图、流速横向分布图
水深测量控制	测深方式	支持超声波测深、铅鱼拖板测深、借用水深
	通信接口	RS-232
	软件操作面板	模拟测深操作人机界面
	中文语音提示	测深全过程状态提示
	"四随"图表	实测水深线、实时大断面示意图
测量成果	测量方式	全自动流量测量和大断面测量,并提供手动操作功能
	自动水位读取	支持,需第三方水位仪厂家提供通信协议
	中文语音提示	支持全测验过程的中文语音运行状态提示和文字提示
	增减垂线	根据水情,能随时增减测线、测点或进行重测或补测
	数据计算	符合《河流流量测验规范》(GB 50179—2015)、《水文测验补充技术规定》
	数据取舍	四舍五入或四舍六入
	数据保存	本地数据库
	数据备份与恢复	支持自动备份和还原
	输出打印报表	A4 纸打印报表、改进型流量成果表(符合相关规范)
	电子档成果报表	微软 Excel 电子表格或 RMP 格式报表文档

动力子系统指标见表 7.4-3。

表 7.4-3　动力子系统指标

支持设备	适用于水文缆道型水文绞车(异步交流电机)
电源输入	380 V/三相 AC,220 V/单相 AC
控制方式	高性能 PLC 控制
动力驱动	高性能矢量交流变频器
电机功率	支持 0.75~75 kW(380 V/三相)、0.75~5 kW(220 V/单相)
操作面板	提供集成人工操作盒
显示面板	3 寸液晶单色
显示内容	铅鱼起点距、入水深、实时运行速度等
工作频率	0~50 Hz
拖动定位	手动操作(支持 AMS 软件控制下的自动定位拖动)
速度调节	手动调节(支持 AMS 软件控制下的自动速度调节)

铅鱼入水归零	自动/手动模式
起点距范围	−999.99~999.99 m(默认)
入水深范围	−99.99~99.99 m(默认)
分辨率	5 mm
计数精度修正	计数轮精度修正
缆道垂度修正	自动动态修正起点距精度
计数传感器	增量型光电编码器
电气保护	过电压、过电流、低电压、缺相等
运行保护	失速停车、运行位置限制、支持外接行程开关
铅鱼触底停车	支持铅鱼托板触发,自动紧急停车
警告方式	蜂鸣器声响报警、紧急停车
设备固件升级	支持

视频子系统指标见表 7.4-4。

表 7.4-4　视频子系统指标

固定监视机位	4 个位置筒式/枪式摄像机
筒式摄像机主要参数	300 万像素 1/3 英寸 CMOS 筒形网络摄像机,红外 100 m,支持 H.265 编码
可控监视机位	1 个位置球形摄像机(水位选配)
球形摄像机主要参数	200 万像素 1/2.8 英寸,支持 H.264 编码,水平方向旋转 360°,垂直方向旋转−15°~90°;近距离红外补光,远距离激光补光;33 倍光学变焦,支持随动变焦技术
光纤收发器	10/100 Mbps 速率和全/半双工模式自动适应
汇聚交换机	100M/16 口,RJ45,支持 ROE 供电
硬盘录像机	支持 40/60/80M 网络接入带宽,支持最高 500 万像素接入,支持 HDMI 接口 4K 高清输出,支持 H.265 摄像机接入
显示器	22/27 寸 1 080P 显示屏,每屏四画面

夜测照明子系统指标见表 7.4-5。

表 7.4-5　夜测照明子系统指标

工作方式	自动跟踪/人工操作
额定功率	1 000 W
额定电压	灯泡:AC 220 V/50~60 Hz;底座:DC 24 V
有效射程	850~1 100 m
灯泡寿命	1 000 h(800 h 后光衰开始)
色温	6 500 K
防护等级	IP54
重复定位精度	±0.2°

转速	水平 0.1~9°/s;俯仰 0.1~4°/s
通信	RS-485
波特率	9 600
俯仰角转向	±60°
水平角转向	360°

7.4.8 结论

智能水文缆道测验系统从水文测站测验数字化和现代化的迫切需要出发,针对测站测验的具体情况,运用最新的电子和计算机技术,让计算机真正成为系统核心,实现了远程和现场测流的自动化,满足了数据处理的规范化要求,提高了测流的工作效率,减小了工作人员的劳动强度。该设备在通用性、实用性、可靠性及功能的多样性等方面取得了很大进展,在界面美观和功能上超过了同类软件,受到测站工作人员的欢迎和肯定,是一套非常值得推广的水文流量测验系统。

7.5 河道测深技术

国内水文站在采用常规流速仪法测流时需要进行水道断面水深和流速的测量。缆道型水文站应用最普及的水深测量方法是铅鱼测深:从水面下放铅鱼至河底,计量钢绳的长度即能获取当前的垂线水深。这种方式简单易行,但存在下面明显的缺点。

(1)由于计数轮的加工工艺和钢绳的直径不一,计数轮每转一圈经过的钢绳长度和预期的长度存在误差,水越深,这种误差就累积得越多,加上铅鱼在水中并不会垂直下放,钢绳会呈弧形,所以这种测量方法精度不高,流速大时误差更明显。如果水道断面河床有乱石,下放铅鱼测量河底流速时往往容易将铅鱼上的测量仪器损坏。

(2)当流速很大时,铅鱼无法下放至河底,无法完成垂线水深的测量,只能借用以前测量的断面水深。

(3)当流速较大时,铅鱼下放位置的确定需要人工观察偏角并做复杂的干绳、湿绳和位移修正,费时费力。

(4)通过判断拖动钢绳的弹动来确定铅鱼下放到河底的时刻,这种方法不仅误差大,测量时间长,而且大大增加了测量人员的紧张度和劳动强度。

针对这些情况,专门开发了 HSH 测深仪。HSH 测深仪原名叫微机测流系统,是利用微机作为测量控制和成果计算的平台来完成水道断面的流量测量。该仪器最大的特点是采用超声波测深技术解决缆道型水文站铅鱼测深时存在的问题。该仪器集成了流速仪测速功能,所以能完成即时的实测流量任务。

这套系统已成功被应用在多个缆道水文站,实践证明,其操作界面友好,测量时间短,测量精度和可靠性满足规范要求,提高了工作效率,减轻了劳动强度,帮助测量人员顺利完成测流任务。

7.5.1 缆道测深仪器概况

国外的水文测量方式与国内有很大差异,极少采用在断面上架设缆道的方式来测流和取样,多采用 ADCP 等仪器在测流的同时测量水深。国内近几年也引进了 ADCP,由于其价格昂贵,不能在众多的缆道型水文站普及应用。

目前国内缆道型水文站大多还是沿用计量铅鱼拖动钢绳的方法来计算垂线水深。长江委水文上游局早在 20 世纪 70 年代就进行了超声波测深技术在水文应用方面的研究,80 年代就开发出测船型和缆道型超声波测深仪,90 年代利用计算机整合流速测量和水深测量技术,开发出利用超声波测深的 HSH 测深仪,并推广到局内大多测站使用,特别是一些有乱石河床的水文站只能借助该仪器实测水道断面。这是目前国内缆道水文站最早得到成功应用的具有超声波测深功能的测流仪器。

7.5.2 总体设计

7.5.2.1 方案

垂线水深的测量采用长江委水文上游局开发的缆道超声波测深技术,其最主要的特点就是将超声波测深仪器装载在铅鱼上,利用缆道和水体传输信号。

利用计算机作为测量的操作平台,实现测量的过程控制和流量成果计算、打印等功能,通过软硬件结合的方式实现系统化。

(1)测深测速方案

超声波测深技术具有测量时间短、精度高、量程大的优点,非常适合水文测站进行断面施测、铅鱼位置实测。为了适应长江上游高流速、大水深的特点,将超声波测深量程的设计目标定为 80 m,适应工作流速为 5 m/s 以下。

测点流速的测量采用经济可靠的流速仪方式。流速仪的测点定位可在超声波测出整条垂线水深后再用钢绳计量方式下放铅鱼确定,也可利用超声波直接测出铅鱼的相对水深,调整铅鱼在水下的位置,达到测点定位的目的。

(2)仪器组成

将全新开发的水下装置安装在铅鱼上,集成采样、控制、通信和电源管理等诸多功能,完成测速和测深任务。

测量前置仪作为计算机与水下测流装置的接口,以水下传回的数据通过前置仪转为数字信号再传给计算机,计算机的控制指令也通过前置仪转为电信号传给水下装置产生相应动作。前置仪也应设有操作面板和显示窗口,可和水下装置一起作为独立的流量测量仪完成测流工作。

(3)通信设计

在计算机与前置仪之间采用 RS-232 串行通信,开发相应的通信协议。

在前置仪与水下装置之间,则利用水文缆道的铅鱼拖动钢绳与大地、水体构成信号传输网络,实现水下装置与岸上前置仪之间的通信。

7.5.2.2 仪器结构

基于总体设计方案,整个系统的结构如图 7.5-1 所示。

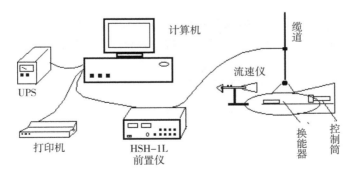

图 7.5-1 结构示意图

从图 7.5-1 中可以看出,整个系统由三个部分组成。

前端是水下装置。水下装置包括流速仪、控制筒和超声波换能器,它们完成水深、流速的采样工作。

中端是前置仪。前置仪为计算机提供数字化的水下数据,并向水下装置"解释"计算机发出的控制指令。前置仪也可作为独立的流量测量仪使用。

后端由计算机、UPS 和打印机构成,主要完成流量成果的计算和输出。

7.5.3 基本原理

7.5.3.1 超声波测深原理

超声波是一种频率高于 20 kHz 的声波,具有方向性,可以在气体、液体和固体中传播。超声波如果在传播途中遇到不同的媒介,大部分的能量会被反射。

利用超声波在传输时遇到不同介质会反射回来的特点,将超声波换能器安装于铅鱼水平翼上,在水中向水面和河底垂直发射超声波,计算发射起始时间与收到河底反射波的结束时间,算出单边水深,通过累积上下单边水深就能计算出所在垂线的水深。同样,通过换能器向水面发射超声波,也能测得换能器与水面的距离。所以安装于铅鱼上的换能器在水下电路的控制下,既能施测垂线全水深,也能施测测点位置的相对水深。

已知超声波在江河中的传播速度公式为

$$V = 1\,410 + 4.21T - 0.034T^2 + 1.14S \tag{7.5-1}$$

式中:V 为超声波在水中的传播速度,m/s;T 为水温,℃;S 为水中含盐量,长江中约为 0.002 3%,可略去。

上式简化为

$$V = 1\,410 + 4.21T - 0.037T^2 \tag{7.5-2}$$

当水温 T 测定后,超声波在水中的传播速度即可求得。

又知水深计算公式为

$$H = h_上 + h_下 \tag{7.5-3}$$

式中:H 为垂线水深,m;$h_上$ 为换能器以上水深,m;$h_下$ 为换能器以下水深,m。

由图 7.5-2 所示的超声波传播路径可知,向上、向下的水深公式为

$$h = 1/2V\tau = K\tau \tag{7.5-4}$$

式中:τ 为从换能器发声到收声的时间间隔;K 为只与水温有关的参数,$K = \dfrac{1}{2}V$。

从上述各式可知,只要测出水温 T 和换能器发声到收声的时间间隔 τ,就可以求得换能器到水面的距离($h_上$)和换能器到河底的距离($h_下$),两者之和就是铅鱼所在垂线的总水深。

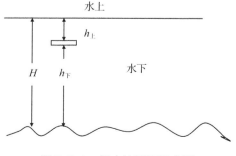

图 7.5-2 超声波测深示意图

7.5.3.2　流速仪测速原理

铅鱼上的流速仪桨叶在水中测点位置迎着水流发生旋转,旋转速度对应水流的流速大小。流速仪内有接触丝,当桨叶旋转到标称转数时接触丝接通一次,接触丝连接的开关信号触发相应电路计数。通过取得流速历时内流速仪转动产生的信号数,就可根据该型流速仪提供的流速计算公式得到该测点的流速,其计算公式如下:

$$V = KN/t + C \tag{7.5-5}$$

式中:V 为测点流速;K、C 为流速仪系数;N 为流速仪转数;t 为测速周期(测速历时)。

取得了测速垂线上各测点的流速,就能计算出垂线平均流速。

7.5.4　设计与实现

7.5.4.1　缆道超声波测深的实现方案

为了能使超声波在高流速、大水深情况下测量水深,提高测量成果的可靠性,缆道超声波测深应解决缆道传输、测深控制电路、水深修正算法等方面的各种难题。

超声波测深的控制和计算由岸上的前置仪完成;水下装置完成超声波的发射和接收,直接测量铅鱼所在垂线的水深数据。岸上前置仪与水下装置之间通过缆道钢索、大地和水体构成的传输回路传输指令和数据。

采用的超声波换能器工作频率为 100 kHz,在这个频率下,超声波的测量范围和精度正好与长江上游河道较深的条件相匹配。单个超声波换能器的最大量程为 40 m,通过两个换能器向上、向下测深叠加就能达到 80 m 的量程。

根据铅鱼停放位置和水深测量的需要,超声波测深模式分为单边向上、单边向下和全水深测深。水下装置收到前置仪发出的测深指令后就切换相应的换能器和电路工作,将以上几种方式测得的超声波数据转为数字信号传回前置仪。前置仪根据超声波回波间隔数据计算出具体的水深。

7.5.4.2　提高超声波测深的可靠性

由于水文缆道是开放环境,会引入各种干扰杂波,加上水流对超声波换能器的剧烈冲击,其上会感应出微小的交变电压,经收声电路放大后会形成噪声输出,所以减小干扰对测深仪的影响非常重要。

通过模拟实验发现,产生的噪声电压远大于回波电压,其频率仍为 100 kHz(换能器固有频率),经收声放大后的噪声电压脉冲,用示波器观察到的是随机变化的不规则脉冲,特别在流速大于 5 m/s 时,水流冲击造成的声波噪声又多又密,无法分辨哪些是干扰,哪些是超声波反射的回波。

从理论上讲,既要克服水流冲击超声波换能器带来的噪声干扰,又要有较高的回波检测灵敏度,只靠硬件是无法实现的。所以,根据回波间隔相对固定,而干扰是随机的这一特性,利用单片机来采集、分析和计算数据,对水下各种信号进行数字滤波处理,通过滤波识别并找出有效的回波数据从而进行水深的计算。

1. 多次采样效果分析

采用多次采样加数字滤波方式来提高超声波测深的可靠性,完成一次测深可设置为 10～90 次采样。

下面以多次检测与单次检测进行可靠性比较,用数学模型来描述两种测深方法。

在单次检测有效的测深方法中,设定干扰在发声以后的单位时间 ΔT 内出现的概率为 P,且在任意时间出现是随机的,则能够正确检测到回波(在回波到来以前的时间 T 内不出现干扰)的概率为

$$P(x) = (1-P)T/\Delta T \tag{7.5-6}$$

上式即为单次检测有效的测深方法可靠性的数学表达式。图 7.5-3 为单次检测回波时序示意图。

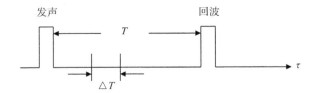

图 7.5-3 单次检测回波时序示意图

在 n 次检测的测深方法中,设回波次数为 $k(k \leqslant n)$,如在同一单位时间内出现 k 次或大于 k 次的干扰,则检测错误。设在 ΔT 内干扰出现的概率仍为 P,重复进行 n 次施测,在同一相位时间内出现 k 次干扰的概率可用"独立试验序列概型计算公式"表示为

$$P(干扰发生 k 次) = C_n^k P^k q^{n-k} \qquad (q = 1-P) \qquad (7.5-7)$$

而干扰在同一相位出现 k 次以上的概率为

$$P(干扰发生 k 次以上) = C_n^k P^k q^{n-k} + C_n^{k+1} P^{k+1} q^{n-(k+1)} + \cdots + C_n^n P^n q^{n-n} \qquad (7.5-8)$$

由于在发声后的 T' 时间内包含有 $T'/\Delta T$ 个单位时间,任一单位时间出现 k 次以上干扰均会检测到错误。在所有单位时间内干扰均不会发生 k 次以上的概率(正确检测的概率)计算公式为

$$P(正确检测的概率) = [1 - P(干扰发生 k 次以上)]^{T'/\Delta T}$$
$$= [1 - (C_n^k P^k q^{n-k} + C_n^{k+1} P^{k+1} q^{n-(k+1)} + \cdots + C_n^n P^n q^{n-n})]^{T'/\Delta T} \qquad (7.5-9)$$

通过以上推导,得到两种测深方法的数学模型,在相同条件下(干扰在单位时间 ΔT 内出现的概率相同的条件下),分别计算出各自的概率再进行比较。

在公式(7.5-6)中,设 $T = 15$ ms(相当于水深为 10 m 所需检测时间),$\Delta T = 67$ μs(相当于声波传播 5 cm 所需要时间),在公式(7.5-9)中,设 $n = 50$(每次测深重复发射 50 次),$T' = 70$ ms(检测完 50 m 水深所需时间),k 分别取不同值(当 $k = 30$ 时,表示 50 次发声中收到 30 次回波),将以上值代入公式中,两种测深方法数学模型比较见表 7.5-1。

由表 7.5-1 可见,采用单次检测有效的方法,在干扰出现频率为 0.01 时,其有效检测概率就下降到 0.1 左右,即检测 10 次只有 1 次合格,干扰再大,就无法正常工作了。而采用数字滤波后,只要 50 次发声中收到 20 次回波,就可以保证有效数检测率大于 95%。

表 7.5-1 两种测深方法数学模型比较表

干扰出现概率 P	单次测深概率 $(1-P)^{T'/\Delta T}$	发射 50 次后叠加检测		多次测深概率 $(1-P)^{T'/\Delta T}$
		收到回波次数 k	$P = C_n^k P^k q^{n-k} + C_n^{k+1} P^{k+1} q^{n-(k+1)} + \cdots + C_n^n P^n q^{n-n}$	
0.001	0.800 025 5	30	$3.34 \times 10^{-72} + 5.39 \times 10^{-75} + \cdots$	1.000 000
		10	$2.56 \times 10^{-70} + 1.16 \times 10^{-72} + \cdots$	1.000 000
0.01	0.106 328 2	30	$2.13 \times 10^{-42} + 3.43 \times 10^{-44} + \cdots$	1.000 000
		10	$1.63 \times 10^{-10} + 7.42 \times 10^{-12} + \cdots$	1.000 000
0.02	0.011 051 3	30	$1.39 \times 10^{-33} + 4.47 \times 10^{-35} + \cdots$	1.000 000
		10	$1.01 \times 10^{-7} + 9.22 \times 10^{-9} + \cdots$	0.999 894
0.05	0.000 010 8	30	$2.68 \times 10^{-22} + 2.16 \times 10^{-23} + \cdots$	1.000 000
		10	$0.000 216 + 0.000 049 + 0.000 010$	0.750 471

续表

| 干扰出现概率 P | 单次测深概率 $(1-P)T'/\Delta T$ | 发射50次后叠加检测 | | 多次测深概率 $(1-P)T'/\Delta T$ |
		收到回波次数 k	$P=C_n^k P^k q^{n-k}+C_n^{k+1}P^{k+1}q^{n-(k+1)}+\cdots+C_n^n P^n q^{n-n}$	
0.1	6.25×10^{-11}	30	$2.37\times10^{-14}+3.82\times10^{-15}+\cdots$	1.000 000
		20	$0.000\,000\,2+6.288\,59\times10^{-8}+\cdots$	0.999 687
		10	$0.018\,133+0.008\,242+\cdots$	7.60×10^{-13}

注:近似计算公式为 $C_n^k P^k q^{n-k}\approx\dfrac{(nP)k}{k!}\mathrm{e}^{-nP}$。

2. 数字滤波的实现方案

在分析处理超声波信号时,利用相关相位叠加抗干扰的原理,相对以往超声波测深一次回波有效的方式,这种数字滤波方式极大提高了测量的可靠性,在流速达到 5 m/s 时,测深的可靠性指标完全满足规定要求。

设五次水下发声、收声输出波形如图 7.5-4 所示,计算机从发声信号发出起每隔一定时间,对信号检测一次,有信号即为1,无信号即为0,并同上一次的结果累加后记录在内存中,见图 7.5-5。

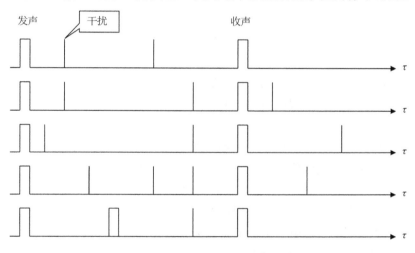

图 7.5-4　5 次超声波脉冲示意图

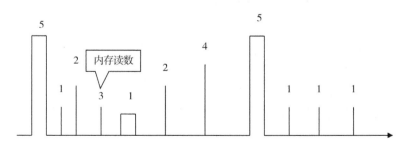

图 7.5-5　叠加后的超声脉冲

由图 7.5-5 可见,超声波发声每次都有,相位相同时,叠加值为5。回波每次也有,相位相同时,叠加值为5;干扰虽然也有,但其相位是随机的,其叠加值低于5。于是,计算机对最大值进行检索,即可查找出准确的回波位置,进而换算成水深,再进行温度修正后,就能计算出准确的水深。

将多次采样加数字滤波的方案编写成算法,多数测试证明,这种方案能有效降低干扰的影响,使超声波测深的数据最终满足可靠性和准确性的要求。

3. 采用两个超声波换能器的方案

超声波测深采用两个换能器的方案不仅能增大超声波测深的量程,而且避免了只使用一个换能器测深,数据重复性差的问题。

由于超声波发出后有一定的散射,波束呈现为圆锥体状,只使用一个超声波换能器从水面发射声波到河底,铅鱼在水中会受到水流冲击而摆动,在几十次的采样中其位置会发生变化。如果河床有大块乱石,超声波束有时会落在石头上,有时会落在石头缝中,返回的多次回波数据重复性就不好。

采用上下两个换能器的设计就是为了解决上述问题。将铅鱼放在垂线水深约 80% 位置处,由于离河床近,铅鱼摆动的影响小,向下测深的采样点位置变化小,多次回波的数据相差也小。水面是平面的,向上测深距离虽远但反射回波稳定,这样测出的水深数据重复性就比较理想。

4. 流速测量的实现方案

测速是由前置仪、水下装置和计算机一起完成的。水下装置负责收集铅鱼上流速仪的转数信号,前置仪识别并记录规定历时的信号数,达到历时要求后,将数据传给计算机,计算机根据对应的流速仪公式算出流速。

水下装置收到前置仪发出的测速指令后就处在测速状态。水下测速模块主要是一个频率为 850 Hz 的信号发生器。信号发生器的启动开关与流速仪的接触丝相连,每当接触丝接通一次,信号发生器就产生一次信号,此信号经过功率放大后经由缆道和水体组成的信号网络传回给岸上的前置仪。

5. 提高流速测量的可靠性

水下装置处于测速状态时,流速仪接触丝每接通一次,水下装置就通过缆道传回一次频率为 850 Hz 的流速信号。实验中发现,如果流速仪的接触丝接触不良,每转动一次常会有两个信号输出,直接采集转数信号而不加处理会造成严重的数据误差。

针对这种情况,在前置仪软件中采用了一种特殊的算法来记录流速仪信号个数。该算法认为流速在短时间内不会突变,前置仪检测到信号突变时就视为干扰不做记录。

当前置仪收到水下传回的流速信号后会计算此信号与前一个信号的间隔周期,并与保存的上一次间隔周期做比较,如果此周期小于上一次信号周期的一半,则认为是无效信号,放弃不记,否则就记录保存,这个方法基本上能排除流速仪接触丝弹动而造成的问题。

为了保证在测速工作中水下能可靠地传回每一个流速信号,采用 850 Hz 低频模拟信号作为测速信号并且提高输出电压,15 V 的信号电压远远高于一般的干扰信号电压强度,能有效提升抗干扰处理效果。

前置仪内的带通滤波电路保证只有 850 Hz 信号能被识别并记录,缆道上的干扰一般为高频电波,频率高且功率小,这两种方案叠加应用能有效避免干扰,提高测速的可靠性。

通过对长江委水文上游局的缆道进行调研发现,没有采用绝缘处理的缆道在传输电路上表现为阻抗特性,采用 850 Hz 低频模拟信号在这种特殊的通信网络中传输具有很好的效果。

6. 缆道传输效率及可靠性设计

由于水文站靠近河边,环境特殊,通过缆道和水体与铅鱼上的仪器传输信号,每个站点的传输效果千差万别,分别受气候(雨水)、土壤含水率、河水、环境(电网、无线电台、大型用电仪器)和传输形式的影响,其传输效率变化范围大,给信号的电路设计带来困难,对此,采用如下方案:

(1)约定所有由水上向水下发出的控制信号为负脉冲信号,水下向水上发回的所有信号为正脉冲信号。

(2)水下的输入灵敏度可调,针对不同测站调整不同的灵敏度,仪器到站安装调试好后一般不用频繁调整。

(3)为了保证控制信号传输的有效性,前置仪发送控制脉冲的电压幅度增大到 35 V,这样当传输效率受到环境影响衰减较大时,水下装置也能可靠接收。由于发送脉冲的时间短,电流小,输出的功率并不大。

7. 水下装置的设计

水下装置安装在铅鱼上工作,主要完成超声波测深和流速测量任务。水下装置工作时有三个状态:测速、超声波向上测深和超声波向下测深。其工作状态的轮换由室内前置仪发送的指令脉冲控制。

在测速状态时,水下电源接通测速模块,流速仪接触丝接通和断开,相当于一个开关,启动 850 Hz 方波信号输出,通过缆道和水体网络传输到前置仪。水下装置的功能模块示意图见图 7.5-6。

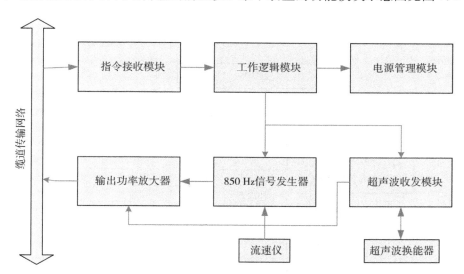

图 7.5-6 水下装置功能模块示意图

水下装置在测速状态下接收到控制脉冲以后,转换为超声波向上测深状态,接通超声波测深模块电源和向上发射的换能器,测深模块向水面发射 100 kHz 的超声波后开始检测水面的回波,收到回波信号后通过缆道和水体网络传回前置仪。前置仪一般需要采样 30 次超声回波信号。对测深信号的识别、分析、同步控制等都由前置仪完成。水下装置安装在铅鱼上的示意图见图 7.5-7。

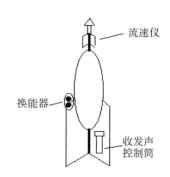

图 7.5-7 水下装置安装示意图

8. 前置仪的设计

通过使用前置仪操作面板或配套计算机软件可以方便地完成测流任务。

前置仪中的电路设计主要由单片机构成,带有 LCD 显示界面和操作面板,可以独立作为测深、测速的常规仪器。仪器面板如图 7.5-8 所示。

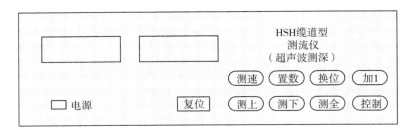

图 7.5-8 前置仪面板

前仪控制模块产生 35 V 左右的负脉冲信号,此信号控制水下装置工作状态的切换,其内部功能模块图如图 7.5-9 所示。

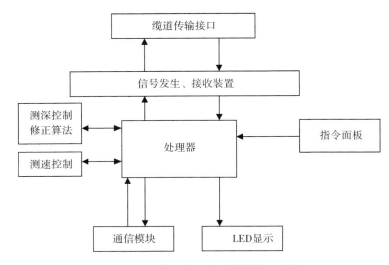

图 7.5-9 前置仪内部功能模块示意图

9. 计算机软件的设计

测流软件作为计算机测流系统的核心,完成测流操作、数据计算和成果输出等任务。在设计软件时要求其不仅具有控制前置仪完成测速、测深等工作的功能,而且其所产出的流量计算的成果和相关报表符合水文相关规范要求;整个软件的界面简约易懂,操作过程简单明晰,易于上手。

开发的配套软件支持 Windows 中文操作系统多个版本,软件大致分为控制、通信、计算、作图、打印和数据处理等几个模块。

10. 程序主要功能

(1) 通过前置仪控制水下装置完成测流工作。

(2) 完成流量及输沙率测验、计算和成果输出,表格可以生成为 Excel 格式,便于查看和打印。

(3) 完成单沙测验记载、计算、制表等工作。

(4) 流速测点法可多选,测点流速、测线平均流速分布图和水道断面图可现场显示,做到现场自动点图分析。自动显示前两次垂线平均流速分布图,可现场对照。

7.5.5 设计指标和技术参数

1. 基本参数

测深量程:80 m。

盲区:1.5 m。

测深准确度:±1%或±0.1 m。

超声波频率:100 kHz±2 kHz。

换能器电阻:两信号线之间的绝缘电阻应≥5 MΩ。

电源电阻:机壳与电源线之间的电阻应不小于 1 MΩ。

测深重复性误差:≤±0.5%或±0.05 m。

测深再现性误差:≤±1.5%或±0.15 m。

分辨率:测深 0.02 m,计时 0.1 s。

计时精度:误差≤0.1 s。

工作电源:主机为 AC 220 V±22 V,50 Hz;水下装置为 DC 18 V±1.8 V(15 节 5 号充电电池)。

主机信号输入灵敏度:≥200 mV。

水下装置信号输入灵敏度:≥1.5 V。

2. 性能要求

能设置 1～99 次超声波测深滤波次数;能设置 1～250 s 测量历时;具有人工设置水温进行声速改正的功能;具有 RS-232 接口,配合专业软件能实现计算机控制下的测流;流速和水深信号输入时有声响提示。

3. 使用环境条件

工作温度范围:0～45℃。

工作相对湿度范围:0～85%(40℃)。

工作水温:1～30℃。

4. 水体条件

实测水深时,流速为 0.1～5.0 m/s;含沙量≤10 kg/m³;借用水深时,流速为 0.1～10 m/s;缆道的信号传输效率应≥10%;缆道站附近应无强电气干扰源;水下装置最大入水深度应≤40 m。

7.5.6 结论

HSH 测深仪研制成功后,经过重庆计量质量检测研究院和水利部水文仪器及岩土工程仪器质量监督检验测试中心的检测,各项指标达到了设计要求和国家标准。

该仪器成功应用于长江委水文上游局,在重庆、云南、广西、四川等地多个缆道水文站开展流量测验工作。其利用超声波测深技术解决了基层水文站实测水深工作中存在的问题,测量水深方便快捷,数据精度高,集成了测速功能,成为完整的测流仪器,可以和软件整合成为计算机测流平台,适应水文现代化、电气化和数字化的需要,提高了测站人员的工作效率,减轻了劳动强度,值得在全国缆道型水文站大力推广应用,是新时期国内测流设备中较为突出的仪器。

第8章
接触式自动流量监测

8.1 概述

接触式自动流量监测是指使用与液体接触的传感器来测量流速、水位和流量的方法。例如声学多普勒流速剖面仪(ADCP)法、超声波时差法等。接触式自动流量监测的优点是测量精度高、响应速度快、适用范围广。接触式自动流量监测的缺点是管道及设备敷设安装复杂,增加了施工成本和维护难度,大灾害时极易造成设备水毁而无法工作且无法抢修。

1. 声学多普勒流速剖面仪(ADCP)法

声学多普勒流速剖面仪(ADCP)是一种融合水声物理、水声换能器设计、电子技术和信号处理等多学科而研制的测速声呐设备。作为水声技术的一个应用,多普勒流速测量为这些相关学科提供了一个综合应用平台。

ADCP利用声学多普勒原理,测量分层水介质散射信号的频移信息,并利用矢量合成方法获取海流垂直剖面的水流速度,即水流的垂直剖面分布。其对被测验流场不产生任何扰动,也不存在机械惯性和机械磨损,能一次测得一个剖面上若干层流速的三维分量和绝对方向,是一种水声测流仪器。

声学剖面流速仪有走航式和固定式两种类型,固定式声学剖面流速仪分为水平式和垂直式。受测流环境的影响,水平式声学剖面流速仪(H-ADCP)安装较多。

(1)水平式声学多普勒流速剖面仪(H-ADCP)法

H-ADCP法的原理是根据声波频率在声源移向观察者时变高、远离观察者时变低的多普勒频移原理来测量水体流速。通常将水平式声学多普勒流速剖面仪安装在河岸、桥墩、渠道或其他建筑物的侧壁上,且使换能器处于水平状态,每个换能器既能发射信号也能接收信号。

H-ADCP通过"指标流速法"对河流断面进行流量监测,即通过建立指标流速与断面平均流速的相关关系计算断面流量。通常指标流速与断面平均流速直接构建线性相关关系。

H-ADCP法所适用的河道断面情况:河宽小于100 m的规则河道,无滩地,岸坡较陡;平均流速0.2 m/s以上,流场稳定;水深与河道宽度比大于1∶40,水浅、水位变幅大的不适用。采用H-ADCP法测流时,河面宽度要小于H-ADCP的剖面范围。

(2)垂直式声学多普勒流速剖面仪(V-ADCP)法

V-ADCP法是将声学多普勒流速剖面仪安装在河底或水面,声束垂直向上或向下发射。V-ADCP法通过"垂线流速法"对河流断面进行流量监测,即通过实测一条或几条垂线平均流速,通过代表线流速与断面平均流速的相关关系来推算断面平均流速,进而计算断面流量。V-ADCP法可采用仰视测流和俯视测流两种测流方法,仰视测流只能测出一条垂线的流速分布,俯视测流可根据需要测出多条垂线的流速分布。

V－ADCP 法所适用的河道断面情况:河宽 10～500 m 的规则河道,冲淤变化小。适用河道流速:适用流速范围大,特别是低流速河道,适用水深为 0.2～20.0 m。采用 V－ADCP 法测流时,V－ADCP 声速要能够覆盖明渠断面主要部分。

(3)走航式声学多普勒流速剖面仪法

走航式 ADCP 系统由四部分组成:计算机部分、操作软件部分、ADCP 能量变换器以及其他一些连接设备。水面上的悬浮物由于水面张力与摩擦力的存在,会跟着水的流动而流动,通过悬浮物向河道中发射声波脉冲,在水中就会产生多普勒频率,计算机根据多普勒频移,对河流的流速剖面进行测量。河流的流速剖面是水层的三维立体成像,可以反映水流的流速以及流向。和传统的测量方式相比,走航式 ADCP 测量准确,测量用时短,操作方便快捷且所测出的河流资料比较完整。走航式 ADCP 能在各种情况下迅速准确地对河流流量进行测定,对水文测量的准确性和高效性是一个极大的提升。

2. 超声波时差法

超声波时差法流量自动监测技术是按流动方向对角安装一对换能器。通过超声波时差法流速仪器测得顺、逆流方向的传输时间,在测量距离固定的情况下便可算出测线平均流速,故称为“时差法”。用无线时差法流量仪进行断面流速流向的测量,其中的流量数据由超声波时差法流量计主机计算得出。

超声波时差法通过“断面流速分布模型法”中的“水平流速法”对河流断面进行流量监测,即通过采集测流断面上的水层流速,结合流速分布模型,计算得到断面平均流速,从而计算断面流量。

超声波时差法适用于中等流速和低含沙量的河流,不适用于断面变化很大和过宽或过窄的河道。超声波流量计安装时要求河岸比较陡直稳定,不易淤积。

8.2 声学多普勒流速剖面仪(ADCP)法

8.2.1 水平式声学多普勒流速剖面仪(H－ADCP)法

8.2.1.1 H－ADCP 测流原理

H－ADCP 是利用声学多普勒原理测量水流速度的仪器,国内外诸多学者对其测流技术及应用进行了研究探讨,认为 ADCP 稳定性较好、适用性较强且随机误差小,可以满足水文测验精度的要求。

每台 ADCP 一般有三个声波换能器,每个换能器既是发射器又是接收器。每个换能器发射某一固定频率的声波,然后接收被水体中颗粒物(如泥沙、气泡等漂浮物)散射回来的声波,如图 8.2-1 所示。假定水体中颗粒物与水体流速相同,当颗粒物的移动方向接近换能器时,换能器接收到的回波频率比发射频率高;当颗粒物的移动方向背离换能器时,换能器接收到的回波频率比发射频率低。发射频率与回波频率存在差值,即声学多普勒频移,发射频率与回波频率之差由下式计算:

$$f_d = 2f_s \frac{v}{c} \tag{8.2-1}$$

式中:f_d 为声学多普勒频移,Hz;f_s 为回波频率,Hz;v 为颗粒物沿声束方向的移动速度,即水流速度,m/s;c 为声波在水中的传播速度,m/s。

水平式声学多普勒剖面流速仪主要测量河流断面中某一部分的流速及流速分布,给出单元流速值 $V_{单元}$,并通过计算得出指标流速,即 $V_{指标}=F(V_{单元})$。分析指标流速与断面平均流速的关系,建立两者之间的相关方程,即 $V_{断面}=f(V_{指标})$,进行三项检验,若满足检验精度要求,则指标流速与断面平均流速之间的相关关系成立。根据指标流速计算出断面平均流速,再计算断面流量 Q,即 $Q=V_{断面}\times A=F(V_{单元})\times f(Z)$,其中 Z 为水位,这一分析过程称为比测率定。

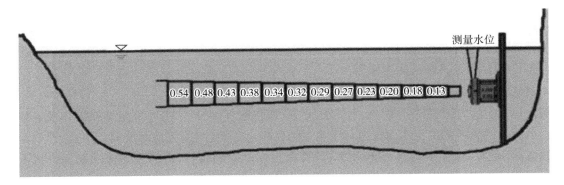

图 8.2-1 H－ADCP 测流示意图

H－ADCP 流量在线监测精度受诸多因素影响,其中安装位置、设备选型和比测率定在测流中起着关键作用。H－ADCP 的安装要具备一定的水深,在设计有效测量范围内,声束既不能达到水面也不能达到河底,要根据河流的特征水位值,选择合适型号的水平式声学多普勒剖面流速仪,经过比测率定分析建立稳定的指标流速与断面平均流速的关系,进而计算断面流量。

从理论上讲,H－ADCP 测流原理与流速仪测流原理是相同的,都是测出测流断面上的点流速。从使用过程来看,ADCP 测流具有以下优势:①测验一次用时短,提高了测量过程的经济效益;②一次可以测量多个点的流速,提高了测量效率和精度;③不与测量范围内的水体接触,不扰动流场,提高了测量精度。

8.2.1.2 H－ADCP 系统组成与安装测验

H－ADCP 流量实时在线监测系统一般由 H－ADCP 流速仪、数据采集仪或工业控制计算机、电源系统、辅助设备、通信设备等组成。

H－ADCP 流量实时在线监测系统采用 H－ADCP 进行断面流速流向的测量,同时使用自带水位计或外接水位计测量实时水位值(建议采用外接水位计,自带水位计为超声波水位计。受水体漂浮物影响,跳动大,不稳定)。通过测量断面上某一层的流速,利用指标流速法得到断面平均流速,再通过实测的水位数据计算出断面面积,最后两者相乘可以得到断面流量数据,再通过通信网络发送监测数据到中心站,从而实现了水文站水位、流量监测和信息传输报送自动化。

H－ADCP 测量精度受诸多因素影响,其中安装位置正确与否至关重要。H－ADCP 要结合测站断面资料、历史最高水位、历史最低水位和常水位特征值,来确定安装位置。H－ADCP 并不要求一定要测量整个过水层,只要测量到过水层的某一部分(测量的部分最好能包含主槽),就可以通过比测率定分析,计算出流量;不同型号、不同频率的 ADCP 声束扩散角不同,测量范围不同,根据测站断面特征水位、声束扩散角和测量范围,分析 H－ADCP 有效测验距离所对应的水深来确定安装位置。实际上,天然河道断面的实际情况非常复杂,H－ADCP 的安装位置并不容易确定,需要根据测站所测河流的水文特性,并对相关资料做详细分析。安装位置选择的基本原则如下:①尽量在历史最低水位下一定距离处;②两个声学传感器位于同一水平面上,中心轴线要与水流方向基本垂直;③根据测站断面资料、常水位、最低水位,选择合适型号的 H－ADCP;④依据 H－ADCP 声束扩散角的扩散范围 α,在大断面图上前后上下移动 H－ADCP 及其声束扩散角,使 H－ADCP 声束扩散角尽可能达到河流主槽,并且尽可能远,如图 8.2-2 所示。

当 H－ADCP 发射声波后,如果没有阻挡或传播介质的改变,测量波束的回波强度会随着测量距离的增加而逐步衰减。当波束遇到障碍物或者打到河底或水面时,回波强度会有一个强反射,反映在波束检测上就会有一个明显突变,回波强度突变点之后的测量值就不能参与计算。H－ADCP 主要采用回波强度的变化来判定可测量距离,确定有效测量区间;如果 H－ADCP 安装后测量距离不满足设计要求,可适当调整其安装高程。

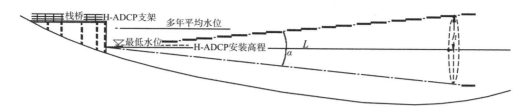

图 8.2-2　H－ADCP 安装位置选择示意图

回波强度受水中漂浮物、水体含沙量、水生物等影响。含沙量越大,测量距离越近,大量的生物附着同样会导致仪器回波信号紊乱,数据异常,因此维护保养时必须涂上防螺漆等。水体含沙量和微生物附着并不会影响流速测量,但会减弱回波强度,减小 H－ADCP 的有效测量范围。在微生物高活动区域,应定期清洁 H－ADCP 换能器的表面,以保持仪器的最佳工作性能。若要去除换能器表面生长的生物,使用非金属的刷子小心处理;对于换能器表面的贝类,可以用倒有食醋的毛巾擦拭换能器表面,直至沾污物消除。

8.2.1.3　比测率定方法

在实际应用中,有很多测站安装 H－ADCP 之后没有经过比测率定,直接投入使用,认为 H－ADCP 可以直接测量流量。然而 H－ADCP 是通过测量断面上某一部分流速并经过内部数据分析处理得出单元流速,由单元流速计算出指标流速,指标流速与断面面积相乘计算出流量,因此使用 H－ADCP 测流必须经过比测率定分析后才行。目前比测率定方法有单元流速法和指标流速法。

单元流速法是用垂线平均流速或将走航式 ADCP 单元流速与 H－ADCP 单元流速进行相关性分析,建立相关方程,并进行三项检验分析。指标流速法是用流速仪测速或走航式 ADCP 测速计算出来的断面平均流速与 H－ADCP 的指标流速进行相关性分析,建立相关方程,并进行三项检验分析。

8.2.1.4　小河坝水文站应用实例

1. 小河坝水文站概况

小河坝水文站为嘉陵江重要支流涪江下游的出口控制站,集水面积 28 901 km²,是掌握涪江水情变化规律和认识河流水文特性的涪江下段基本控制站以及国家基本水文站。该站测验河段顺直,站房所在左岸陡峭,右岸相对较为平坦,河床组成主要为乱石夹沙,断面冲淤变化不大,测站控制条件较好。

该站 H－ADCP 位于起点距 25.5 m,高程 233.20 m 处。图 8.2-3、图 8.2-4 分别为小河坝水文站2019 年大断面及 H－ADCP 安装位置图、水位-面积关系图。

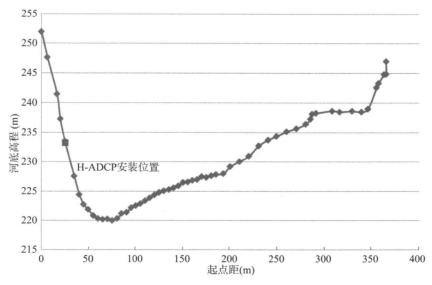

图 8.2-3　小河坝水文站大断面及 H－ADCP 安装位置图

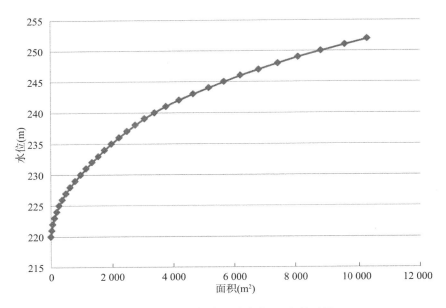

图 8.2-4　小河坝水文站水位-面积关系图

2. 系统构成和安装

小河坝 H－ADCP 系统主要由 Channel Master 型 300 kHz H－ADCP、计算机、Q－Monitor－H 流量通数据采集及回放软件、电源等组成。H－ADCP 的技术指标见表 8.2-1。

表 8.2-1　Channel Master 型 H－ADCP 技术指标

流速剖面测量		倾斜计	
系统频率	300 kHz	量程	$\pm15°$
单元数	1～128	精度	$\pm0.5°$
最小单元长度	1 m	分辨率	0.01°
最大单元长度	10 m	**通信**	RS－232、RS－422、RS－485、SDI－12
最大剖面范围	300 m		支持 SDI－12 版本 1.3
第一单元起点	2～10 m		同时支持 RS－232、SDI－12、内存记录
流速量程	±5 m/s		波特率为 300～115 200 bps
精度	$\pm0.5\%$	**内存**	2 m
	±0.2 cm/s	**软件**	
分辨率	1 mm/s	数据采集和回放	WinH－ADCP、流量通
标准配置传感器		系统检测	BBTalk
流速测量换能器		**外壳**	聚亚胺酯浇铸壳体、钛合金衔接件
配置	双声束、$\pm20°$声束角	**底座**	不锈钢安装底座
声束宽度	300 kHz、2.2°	**电源**	
超声波水位计		电压	DC9～18 V
量程	0.1～10 m	最大电流	1.5 A
精度	±2 mm	**重量**	
分辨率	0.1 mm	空气中重量	6.8 kg
压力式水位计		水中重量	3.17 kg

续表

量程	0.1～10 m	外形尺寸(水平安装)		
精度	±2 mm	高度		18.3 cm
分辨率	1.0 mm	宽度		32.5 cm
温度探头		纵深		19.8 cm
量程	−4～35℃	作业温度		−5～45℃
精度	±0.2℃	贮藏温度		−30～75℃
分辨率	0.01℃			

注：最大剖面范围取决于温度、盐度、含沙量等参数，功耗取决于流速测量参数设定。

为保证 H-ADCP 所收集资料的完整性和准确性，H-ADCP 的安装需满足以下原则：

(1) 安装高度要在历年最高、最低水位变幅内，所测的水平层的流速尽量具有良好的代表性；

(2) 安装位置应高于河底的淤积层，避免主机遭受掩埋或被杂物遮挡；

(3) 安装时应使两个声学传感器水平，保证测流波束水平发射并尽量垂直于流速方向。

根据以上原则，小河坝站 H-ADCP 仪器安装方案经过比较分析，选择在基本水尺断面(兼测流断面)的左岸，为了便于采集不同水位级的数据，安装了滑道。经过现场调整，仪器表面水平指向对岸，且与水流方向垂直，仪器倾斜传感器测量的纵、横摇角度确保在小河坝站监测断面代表流速范围内，并确保纵、横摇角度与初始采集安装角度值变化在±0.5°以内，且通过对安装位置进行标记的方式尽量确保放置位置固定。

小河坝站 H-ADCP 的连接方式是将仪器主机数据和电源通过有线的方式直接接到缆道操作房，平时采用仪器自动记录存储，定时提取数据，与走航式 ADCP 测流比测或有其他需要时采用计算机实时采集、监控。其安装方式见图 8.2-5。

图 8.2-5　小河坝站 H-ADCP 安装连接现场图

3. 比测试验分析

率定时间：2019 年 5 月 14 日 10：59—2019 年 8 月 10 日 9：40。

测次：H-ADCP 共收集了 19 244 组数据，走航式 ADCP 实测流量 85 次。

比测期水位变幅：235.86～237.66 m。

比测期流量变幅:132～5 460 m³/s。

比测期(走航式 ADCP)流速变幅:0.053～2.55 m/s(指断面平均流速)。

比测期含沙量变幅:0.013～1.25 kg/m³。

比测率定方案:对走航式 ADCP 85 次实测流量分高、中、低不同流量级,采用相邻三次流量抽取两次的方式作为比测资料(57 次实测流量),建立数据模型,余下实测流量(28 次实测流量)作为率定资料。为了体现随机性,抽取施测号为 3 的倍数的测次作为率定资料。

（1）代表流速段的选取

根据代表流速建立要求,依据代表流速稳定程度,即通过流速和回波强度(见图 8.2-6),选取回波信号稳定、流速紊动较小的单元段,并结合大断面资料,初步确定小河坝站 H－ADCP 的 VSL 流速的水平段按照表 8.2-2 的单元范围进行选取。

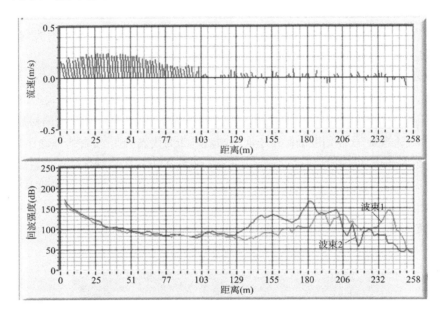

图 8.2-6　小河坝站 H－ADCP 流速及回波强度

表 8.2-2　小河坝站 H－ADCP 流速单元选取范围表

序号	宽度单位序号	代表流速宽度（m）	到仪器距离（m）
1	4～9	10	9.43～19.43
2	4～14	20	9.43～29.43
3	4～19	30	9.43～39.43
4	4～24	40	9.43～51.43
5	9～14	10	19.43～29.43
6	9～19	20	19.43～39.43
7	9～24	30	19.43～51.43
8	14～19	10	29.43～39.43
9	14～24	20	29.43～51.43

说明:到仪器距离含 H－ADCP 盲区数据 1.43 m。

（2）代表流速关系的率定

根据 57 组分析数据,采用 H－ADCP 的代表流速 V_{sl} 与走航式 ADCP 的平均流速 $V_{断}$ 进行回归分析。各种不同的代表流速段按照一元线性和一元二次代表流速回归方程进行分析计算,通过误差分析及其他综合因素得出最合理的方案,为$V_{sl(14-24)}$。

根据代表流速和流速仪断面平均流速,按一元线性回归方程建立关系,即

$$V_{断} = b_1 + b_2 V_{sl} \tag{8.2-2}$$

式中:V_{sl}为 H－ADCP 不同单元段的平均流速,m/s;$V_{断}$为走航式 ADCP 的断面平均流速;b_1为加常数;b_2为乘常数。

通过表 8.2-3 数据率定走航式 ADCP 的$V_{断}$与 H－ADCP 的$V_{sl(14-24)}$代表流速段的一元线性回归方程关系,详见图 8.2-7。

表 8.2-3　小河坝站代表流速和断面平均流速统计表

施测号数	走航式 ADCP 施测时间				$V_{断}$ (m/s)	H－ADCP 相应时间	$V_{sl(4-9)}$ (m/s)	$V_{sl(4-14)}$ (m/s)	$V_{sl(4-19)}$ (m/s)	$V_{sl(4-24)}$ (m/s)	$V_{sl(9-14)}$ (m/s)	$V_{sl(9-19)}$ (m/s)	$V_{sl(9-24)}$ (m/s)	$V_{sl(14-19)}$ (m/s)	$V_{sl(14-24)}$ (m/s)
	年份	月	日	起	止											
1	2019	05	14	10:59	11:33	0.17	10:59—11:34	0.20	0.21	0.21	0.21	0.22	0.22	0.22	0.21	0.21
2	2019	05	14	14:00	14:34	0.17	14:00—14:35	0.19	0.21	0.22	0.22	0.23	0.23	0.23	0.23	0.23
4	2019	05	15	09:42	10:06	0.14	09:42—10:07	0.16	0.17	0.18	0.18	0.19	0.19	0.19	0.19	0.19
5	2019	05	15	12:44	13:06	0.16	12:42—13:07	0.17	0.19	0.21	0.22	0.22	0.23	0.23	0.25	0.24
7	2019	05	16	10:07	10:28	0.20	10:07—10:52	0.20	0.23	0.24	0.25	0.26	0.27	0.27	0.28	0.28
8	2019	05	16	12:30	12:47	0.21	12:27—12:47	0.23	0.26	0.28	0.29	0.30	0.31	0.31	0.32	0.31
10	2019	05	17	09:22	09:40	0.17	09:20—09:40	0.15	0.17	0.18	0.19	0.18	0.19	0.20	0.20	0.21
11	2019	05	17	12:34	12:51	0.18	12:30—12:55	0.19	0.22	0.23	0.24	0.25	0.26	0.25	0.26	0.26
13	2019	05	18	10:01	10:16	0.29	10:00—10:20	0.31	0.33	0.35	0.36	0.36	0.37	0.38	0.38	0.38
14	2019	05	18	16:47	17:02	0.28	16:45—17:05	0.26	0.28	0.30	0.32	0.31	0.33	0.34	0.35	0.36
16	2019	05	19	11:56	12:09	0.29	11:55—12:10	0.32	0.35	0.36	0.36	0.39	0.38	0.38	0.37	0.37
17	2019	05	20	10:30	10:37	0.40	10:28—10:38	0.48	0.50	0.51	0.51	0.53	0.53	0.53	0.52	0.53
19	2019	05	20	16:47	17:01	0.31	16:43—17:03	0.38	0.40	0.40	0.40	0.42	0.41	0.40	0.40	0.40
20	2019	05	21	08:40	08:53	0.33	08:40—08:55	0.37	0.39	0.40	0.41	0.42	0.42	0.42	0.43	0.42
22	2019	05	21	16:33	16:48	0.31	16:30—16:50	0.38	0.40	0.41	0.41	0.42	0.42	0.42	0.43	0.42

施测号数	走航式ADCP施测时间				$V_{断}$ (m/s)	H-ADCP 相应时间	$V_{sl(4-9)}$ (m/s)	$V_{sl(4-14)}$ (m/s)	$V_{sl(4-19)}$ (m/s)	$V_{sl(4-24)}$ (m/s)	$V_{sl(9-14)}$ (m/s)	$V_{sl(9-19)}$ (m/s)	$V_{sl(9-24)}$ (m/s)	$V_{sl(14-19)}$ (m/s)	$V_{sl(14-24)}$ (m/s)
	年份	月	日	起	止											
23	2019	05	22	09:40	09:54	0.29	09:37—09:57	0.32	0.34	0.36	0.36	0.37	0.38	0.38	0.38	0.38
25	2019	05	22	16:47	17:33	0.24	16:47—17:37	0.20	0.22	0.24	0.25	0.24	0.26	0.27	0.28	0.28
26	2019	05	23	09:51	10:14	0.24	09:48—10:18	0.27	0.29	0.30	0.30	0.31	0.32	0.31	0.32	0.31
28	2019	05	23	16:54	17:10	0.22	16:53—17:13	0.19	0.19	0.21	0.23	0.20	0.23	0.24	0.25	0.26
29	2019	05	24	08:42	09:21	0.05	08:38—09:23	0.036	0.040	0.044	0.047	0.044	0.048	0.051	0.052	0.054
31	2019	05	24	16:26	16:44	0.18	16:23—16:45	0.17	0.18	0.18	0.18	0.19	0.19	0.19	0.19	0.19
32	2019	05	25	09:44	10:01	0.09	09:40—10:05	0.12	0.13	0.13	0.13	0.14	0.14	0.13	0.14	0.13
34	2019	05	25	17:13	17:29	0.17	17:10—17:32	0.17	0.19	0.2	0.21	0.22	0.21	0.22	0.23	0.23
35	2019	05	26	09:29	09:45	0.13	09:28—09:49	0.15	0.16	0.16	0.17	0.17	0.17	0.17	0.17	0.18
37	2019	05	26	17:07	17:18	0.18	17:04—17:19	0.18	0.2	0.21	0.22	0.23	0.22	0.23	0.23	0.23
38	2019	05	27	08:59	09:20	0.16	08:55—09:20	0.14	0.15	0.16	0.17	0.17	0.16	0.18	0.18	0.18
40	2019	05	27	16:59	17:13	0.18	16:56—17:18	0.22	0.22	0.22	0.22	0.23	0.23	0.22	0.22	0.22
41	2019	05	28	09:38	09:53	0.25	09:38—09:53	0.28	0.29	0.30	0.30	0.31	0.31	0.31	0.32	0.31
43	2019	05	28	16:26	16:42	0.10	16:22—16:42	0.12	0.13	0.13	0.13	0.13	0.13	0.13	0.13	0.13
44	2019	05	29	08:41	08:58	0.08	08:37—09:02	0.092	0.094	0.095	0.095	0.097	0.097	0.096	0.096	0.10
46	2019	05	29	16:26	16:41	0.24	16:22—16:42	0.29	0.3	0.3	0.3	0.32	0.31	0.31	0.31	0.31
47	2019	05	30	10:08	10:23	0.11	10:07—10:27	0.14	0.15	0.14	0.14	0.15	0.14	0.14	0.14	0.14
49	2019	05	30	16:31	16:46	0.17	16:27—16:47	0.14	0.16	0.18	0.18	0.18	0.19	0.20	0.21	0.21
50	2019	05	31	09:27	09:44	0.26	09:27—09:47	0.24	0.26	0.28	0.29	0.28	0.30	0.31	0.31	0.32
52	2019	05	31	16:38	16:55	0.19	16:37—16:57	0.14	0.16	0.18	0.19	0.18	0.20	0.20	0.21	0.22

施测号数	走航式ADCP施测时间					$V_{断}$ (m/s)	H-ADCP相应时间	$V_{sl(4-9)}$ (m/s)	$V_{sl(4-14)}$ (m/s)	$V_{sl(4-19)}$ (m/s)	$V_{sl(4-24)}$ (m/s)	$V_{sl(9-14)}$ (m/s)	$V_{sl(9-19)}$ (m/s)	$V_{sl(9-24)}$ (m/s)	$V_{sl(14-19)}$ (m/s)	$V_{sl(14-24)}$ (m/s)
	年份	月	日	起	止											
53	2019	06	1	08:11	08:26	0.24	08:07—08:27	0.27	0.27	0.28	0.28	0.28	0.28	0.29	0.28	0.29
55	2019	06	1	17:04	17:18	0.18	17:02—17:23	0.15	0.16	0.18	0.19	0.18	0.19	0.20	0.20	0.21
56	2019	06	2	09:37	09:51	0.22	09:36—09:51	0.24	0.26	0.27	0.27	0.28	0.29	0.28	0.29	0.28
58	2019	06	3	12:04	12:20	0.14	12:02—12:22	0.14	0.14	0.15	0.15	0.15	0.15	0.15	0.15	0.16
59	2019	06	3	16:56	17:12	0.09	16:52—17:12	0.094	0.095	0.10	0.10	0.096	0.10	0.11	0.11	0.11
61	2019	06	4	16:39	16:56	0.17	16:36—16:56	0.13	0.15	0.17	0.18	0.17	0.18	0.19	0.20	0.20
62	2019	06	5	09:44	09:51	0.05	09:36—09:51	0.033	0.039	0.045	0.052	0.046	0.052	0.058	0.057	0.065
64	2019	07	25	09:09	09:17	0.44	09:08—09:18	0.16	0.26	0.38	0.44	0.35	0.47	0.52	0.61	0.62
65	2019	07	25	15:41	15:48	0.38	15:40—15:50	0.12	0.22	0.32	0.37	0.30	0.40	0.44	0.52	0.53
67	2019	07	30	07:44	08:02	0.84	07:43—08:03	0.48	0.68	0.82	0.91	0.87	0.99	1.05	1.13	1.16
68	2019	07	30	12:15	12:24	0.65	12:13—12:28	0.43	0.59	0.67	0.72	0.73	0.79	0.81	0.86	0.86
70	2019	07	31	06:40	06:56	0.49	06:37—06:57	0.22	0.36	0.46	0.52	0.48	0.57	0.62	0.68	0.70
71	2019	07	31	15:54	16:02	0.38	15:52—16:02	0.22	0.32	0.40	0.43	0.42	0.48	0.50	0.55	0.55
73	2019	08	05	10:36	10:56	0.52	10:34—10:59	0.37	0.47	0.55	0.59	0.56	0.63	0.66	0.70	0.70
74	2019	08	06	09:13	09:31	1.28	09:12—09:32	1.02	1.30	1.44	1.52	1.59	1.66	1.70	1.74	1.74
76	2019	08	06	17:45	18:03	2.55	17:42—18:07	1.83	2.37	2.66	2.83	2.97	3.11	3.19	3.27	3.27
77	2019	08	06	19:36	19:42	2.31	19:32—19:42	1.59	2.08	2.35	2.52	2.63	2.77	2.85	2.93	2.93
79	2019	08	07	11:13	11:20	1.99	11:12—11:22	1.82	2.16	2.34	2.44	2.54	2.63	2.67	2.72	2.72
80	2019	08	07	15:17	15:25	1.36	15:17—15:27	1.05	1.29	1.45	1.56	1.56	1.67	1.74	1.79	1.79
82	2019	08	08	09:22	09:29	0.83	09:22—09:32	0.81	0.94	0.99	1.02	1.08	1.09	1.11	1.10	1.10
83	2019	08	08	17:21	17:28	0.63	17:17—17:32	0.6	0.71	0.75	0.77	0.82	0.83	0.83	0.84	0.83

续表

施测号数	走航式 ADCP 施测时间				$V_{断}$ (m/s)	H-ADCP 相应时间	$V_{sl(4-9)}$ (m/s)	$V_{sl(4-14)}$ (m/s)	$V_{sl(4-19)}$ (m/s)	$V_{sl(4-24)}$ (m/s)	$V_{sl(9-14)}$ (m/s)	$V_{sl(9-19)}$ (m/s)	$V_{sl(9-24)}$ (m/s)	$V_{sl(14-19)}$ (m/s)	$V_{sl(14-24)}$ (m/s)
	年份	月	日	起	止											
85	2019	08	10	09:32	09:40	0.40	09:32—09:42	0.33	0.41	0.45	0.46	0.49	0.51	0.51	0.54	0.52

备注:表中 $V_{断}$ 指走航式 ADCP 施测的断面平均流速;$V_{sl(4-9)}$、$V_{sl(4-14)}$、$V_{sl(4-19)}$、$V_{sl(4-24)}$、$V_{sl(9-14)}$、$V_{sl(9-19)}$、$V_{sl(9-24)}$、$V_{sl(14-19)}$、$V_{sl(14-24)}$ 分别指 H-ADCP 不同单元的代表流速。

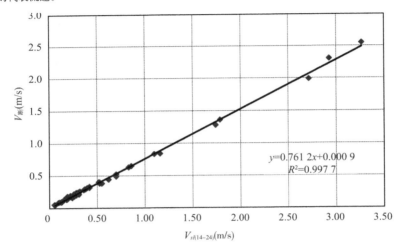

图 8.2-7　$V_{sl(14-24)}$ 与 $V_{断}$ 的关系图

根据上述分析可得:

$$V_{断} = 0.761\,2V_{sl(14-24)} + 0.000\,9 \tag{8.2-3}$$

根据 57 组分析数据,相对误差大于 10% 的样本为 3 个,系统误差为 0.68%,标准差为 7.66%。

由上述样本比测数据分析论证,由小河坝站 H-ADCP 代表流速来代表断面平均流速是可行的,满足水文站规范规定的精度要求。

4. 存在问题

(1) 本次率定小河坝站含沙量最大为 1.25 kg/m³,H-ADCP 代表流速段回波正常,因此当小河坝站含沙量达到 1.25 kg/m³ 以上时,应密切监视 H-ADCP 代表流速区间流速棒的变化情况,收集确定代表流速发生紊乱时的合理含沙量值。当代表流速区间的流速棒在分析单元段内开始有紊乱发生时,必须恢复其他流量测验方式,确保推求的水位流量关系保持衔接。

(2) 特殊情况下,当 H-ADCP 出现代表流速区间段流速棒在 24 层以内紊乱时,必须恢复其他流量测验方式。

(3) 受 H-ADCP 探头安装位置高程所限,结合 H-ADCP 扩散波束原理,推荐水位 233.20 m 以上的水体采用 H-ADCP 代表流速法测流,水位 233.20 m 及以下的水体采用流速仪或其他方式测流。

8.2.1.5　北碚水文站应用实例

1. 北碚水文站概况

北碚水文站近年来在流量测验断面上安装了 H-ADCP 测流系统(见图 8.2-8),受北碚站所处的复杂水流条件的影响,经过长时间比测分析,北碚水文站于 2019 年 8 月编制完成了《北碚水文站 H-ADCP 投产比测分析报告》,率定了该站流速仪全断面流速与 H-ADCP 代表流速的相应关系。

北碚水文站是嘉陵江流域出口控制站,集水面积 156 736 km²,是国家的基本水文站,为掌握嘉陵

图 8.2-8　北碚站 H－ADCP 现场安装图

江、涪江、渠江汇合后的水情变化规律和认识河流水文特性的嘉陵江下段基本控制站。

该站测验河段顺直,两岸平缓而稳定,站址位于嘉陵江观音峡内,在常年水位下,河宽为 150～220 m。河床组成主要是基岩乱石,断面冲淤变化不大,测站控制条件较好。

该站 H－ADCP 安装位置为起点距 76.0 m、高程 172.52 m 处,相关情况见图 8.2-9 至图 8.2-11。

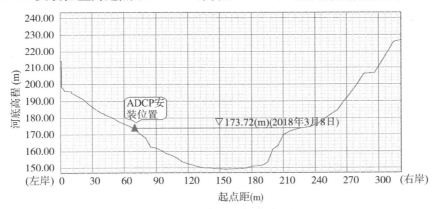

图 8.2-9　北碚水文站大断面及 H－ADCP 安装位置图

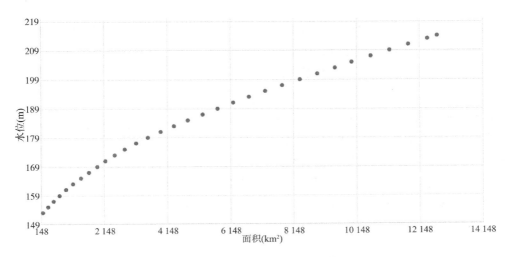

图 8.2-10　北碚水文站水位-面积关系图

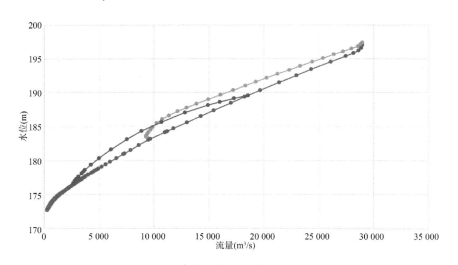

图 8.2-11 北碚水文站 2018 年水位-流量关系图

2. H－ADCP 安装及比测

1）H－ADCP 系统及连接

北碚 H－ADCP 系统主要由 Channel Master 型 300 kHz H－ADCP、计算机、Q－Monitor－H 流量通数据采集及回放软件、电源等组成。

北碚站 H－ADCP 的连接方式是将仪器主机数据和电源通过有线的方式直接接到缆道操作房，平时采用仪器自动记录存储，定时提取数据，可采用计算机实时采集、监控。其连接方式见图 8.2-12。

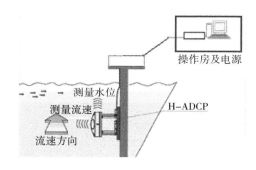

图 8.2-12 北碚站 H－ADCP 安装连接示意图

2）仪器安装

为保证 H－ADCP 所收集资料的完整性和准确性，H－ADCP 的安装需满足以下原则：

（1）安装高度要在历年最高、最低水位变幅内，所测的水平层的流速尽量具有良好的代表性；

（2）尽量在历史最枯水位以下一定的距离；

（3）安装固定位置尽量在陡岸或垂直设施上，高于河底的淤积层，避免主机遭受掩埋或被杂物遮挡；

（4）安装固定时应使两个声学传感器水平，保证测流波束水平发射并尽量垂直于流速方向。

根据以上原则，北碚站 H－ADCP 仪器安装方案经过比较分析，选择在基本水尺断面的左岸。经反复试验安装、调试后，采用垂直钢结构支架安装，该仪器位置在断面的起点距 76.0 m 处，仪器安装位置高程为 172.52 m（接近历年最低）。经过现场调整，仪器表面水平指向对岸，且与水流方向垂直，确保纵、横摇角度与初始采集安装角度值变化在±0.5°以内，且放置位置固定。

3）H－ADCP 比测试验目的、内容、方法

（1）试验目的和意义

①探索 H－ADCP 在长江上游山区性河道和库区的不同水力条件和水流特性下，特别是在不同含

沙量级下的测验适用条件和适用范围。

②确定 H-ADCP 在北碚站测验时相关测验参数的设置,确定流量推算方案,主要是代表流速的率定,包括代表流速段的选取和相关关系的建立。

③检验 H-ADCP 在不同水沙运用条件下的稳定性和精度,探索 H-ADCP 在北碚站测流时的基本方法和手段的可行性,提高北碚站水文监测的技术水平,推进水文现代化的进程。

(2) 参数设置以及试验内容、方法

参数设置如下:

①单元尺寸:2 m;

②单元个数:70,覆盖了大断面相应安装高度的全水平层;

③盲区:2 m;

④采样间隔:15 min;

⑤平均时段:15 min;

⑥盐度:0ppt。

试验内容及方法如下:

①按上述参数设置好仪器后,利用自动采集记录与计算机实时采集记录相结合,收集资料;

②对枯水期收集的数据进行回放处理和分析,与实测流速或整编后的相应流速确定代表流速关系;

③对所有原始数据进行备份、保存、归档。

3. H-ADCP 比测试验及分析过程

(1) 北碚站比测试验概况

北碚站岸边水流条件复杂,H-ADCP 管线早期在安装后曾多次被冲毁,探头被冲歪,数据异常。北碚站总结经验,通过加固改造,于 2017 年 1 月 1 日至 2018 年 12 月 31 日期间收集比测资料,进行比测分析。比测期间,通过回放,数据较为正常,外部影响较小,且覆盖了北碚站自迁站以来较大水位变幅,比测期间实测流量变化范围为 257~29 000 m³/s,流速仪施测流速范围为 0.11~3.78 m/s,为 H-ADCP 代表流速法参数率定提供了一定范围的流速变幅。

(2) 特殊情况率定及资料处理

比测分析时间内,由于 H-ADCP 在测验期间受到仪器数据存储量不够、数据格式损坏等因素影响,在 2017 年 9 月 12 日—11 月 12 日(数据格式损坏)、2017 年 6 月 19—29 日、2017 年 8 月 24—28 日、2017 年 8 月 30 日、2018 年 7 月 2—4 日及 2018 年 7 月 12—13 日等六个时间段内,未收集到数据。但是这些时段相对整个分析时间来说,时间较短,不影响资料分析。同时,以后通过技术手段可以克服数据存储难题,当其他时间水位相对较高或含沙量变大时,可以通过恢复流速仪测验,来解决 H-ADCP 测验受含沙量影响的难题。

4. H-ADCP 流量推算原理

当采用 H-ADCP 进行在线流量监测时,H-ADCP 实时采集水平线上的流速分布数据和水位数据。测站人员需要选择适当的流量算法,利用这些数据以及过水断面数据计算出流量。有两种流速计算方法可以应用:代表流速法和数值法。这两种方法是独立的、完全不同的流量算法。但常用的是代表流速法,结合北碚站的实际情况,主要采用 H-ADCP 代表流速法建立的代表流速与北碚站现有流速仪施测的断面平均流速的相关关系进行推算。

(1) 代表流速法原理

代表流速法的基本原理是建立断面平均流速与代表流速(某一实测流速)之间的相关关系(率定曲线或回归方程)。代表流速实际上是河流断面上某处的局部流速。断面平均流速则可以认为是河流断面上的总体流速。因此,代表流速法的本质是由局部流速来推算总体流速。在实际应用中,有三种局部流速可以用来作为代表流速,即某一点处的流速、某一垂线处的深度平均流速、某一水层处某一水平线段内的线平均流速。

H－ADCP主要选取某一水层处某一水平线段内的线平均流速作为代表流速。需要指出的是,第三种代表流速只要求某一水层处某一水平线段内的线平均流速,并不要求整个河宽范围内的水平线平均流速。

根据上述代表流速与断面平均流速建立相关关系,推算流量Q的基本公式为

$$Q = AV \tag{8.2-4}$$

式中:V为断面平均流速;A为过水断面面积。

过水断面面积由断面几何形状和水位确定。对于某一断面,过水断面面积仅为水位的函数,即$A = f(H)$,式中H为水位。过水断面面积与水位的关系通常采用表格或经验曲线来表示。

(2)代表流速的率定

代表流速的率定即建立代表流速与断面平均流速的相关关系,建立率定关系(流速回归函数或方程)需要两个步骤。

第一步是获取流量和代表流速采样样本。在采用H－ADCP进行代表流速采样的同时,需用流速仪或走航式ADCP和超声波测验流量与断面面积,从而得到断面平均流速数据。样本中需包含不同水位、不同流量级的具代表性的样本。通过比测,得到相应的断面平均流速与代表流速相应的样本数,其中代表流速要求选取不同单元范围,代表层面不同级的代表流速。

第二步是进行回归分析。要求选择合适的回归方程,表8.2-4列出了几种常用的流速回归方程。通过对数据比测值进行回归分析,从而确定回归系数。回归分析过程可以借助软件也可通过其他几种方程来实现。通常要求采用几种方程以不同方式进行回归分析,最后对回归分析结果进行综合评价以确定"最佳"回归方程及代表流速单元范围。

表8.2-4　常用的流速回归方程

回归方程名称	函数关系
一元线性	$V = b_1 + b_2 V_1$
一元二次	$V = b_1 + b_1 V_1 + b_3 V_1^2$
复合线性	$V = b_1 + b_2 V_1, V_1 \leqslant V_c$ $V = b_3 + b_4 V_1, V_1 \geqslant V_c$
二元线性	$V = b_1 + (b_2 + b_3 H) V_1$

注:表中b_1、b_2、b_3、b_4为回归系数。

5. 北碚水文站H－ADCP比测试验成果分析

1)H－ADCP比测试验特征值统计及资料评价

(1)率定特征值综合统计

率定时间:2017-1-1 00:00—2018-12-31 24:00;

比测期水位变幅:172.73~183.96 m;

比测期流量变幅:258~13 900 m³/s;

比测期(流速仪)流速变幅:0.11~3.78 m/s(指断面平均流速);

比测期含沙量变幅:0.003~4.91 kg/m³。

(2)资料评价

该项目比测仪器的选型、安装和参数的设置合理,操作方法适当,测站在比测期间严格遵照操作方法来完成比测资料的收集,因此资料是准确可靠的。同时根据上述率定内容统计来看,整个比测期的资

料基本反映了年度各项相关水文要素的变化范围,具有较好的代表性,其适用性也得到一定的验证。用于代表流速率定具有充分的代表性。

2) 代表流速率定

(1) 代表流速段的选取

通过回放比测期间北碚站 H-ADCP 的回波强度,检查 H-ADCP 代表流速施测状况,比测期间某一施测时间段 H-ADCP 的回波强度示意图见图 8.2-13。

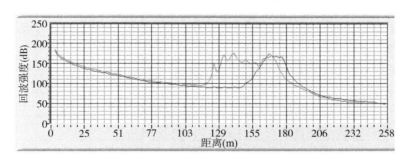

图 8.2-13　某一施测时间段北碚 H-ADCP 回波强度示意图

北碚站 H-ADCP 仪器安装在起点距为 76.0 m 的位置上,通过回放 H-ADCP 数据,北碚站 H-ADCP 回波正常的范围值为 0~119 m,换算 H-ADCP 施测达到的最远起点距是 195 m,此起点距覆盖了北碚站测流断面中泓处最大流速所代表的起点距。

根据代表流速建立要求、代表流速稳定程度,选取回波信号稳定、流速紊动较小的单元段,结合大断面资料,初步确定北碚站 H-ADCP 代表流速的水平段按照表 8.2-5 的单元范围进行选取。

表 8.2-5　北碚 H-ADCP 流速单元选取范围表

序号	宽度单位序号	代表流速宽度(m)	到仪器距离(m)
1	8~15	16	17.40~33.40
2	4~6	6	9.40~15.40
3	4~8	10	9.40~19.40
4	4~10	14	9.40~23.40
5	4~16	26	9.40~35.40
6	4~26	46	9.40~55.40

说明:到仪器距离含 H-ADCP 盲区数据 3.42 m。

(2) 相应断面平均流速计算

按照表 8.2-5 的流速单元范围,并根据同时段缆道流速仪法施测的断面平均流速,生成了 H-ADCP 不同单元的代表流速。在比测期间,不同单元的代表流速选取时段包含缆道流速仪法单次流量测验起止时间。北碚站代表流速和断面平均流速统计见表 8.2-6。

表 8.2-6　北碚站代表流速和断面平均流速统计表

代表流速时段		$V_{sl(8-15)}$ 平均	$V_{sl(4-6)}$ 平均	$V_{sl(4-8)}$ 平均	$V_{sl(4-10)}$ 平均	$V_{sl(4-16)}$ 平均	$V_{sl(4-26)}$ 平均	V_{S25-3}	
日期	时间段	m/s	m/s	m/s	m/s	m/s	m/s	m/s	测次
2017-1-2	8:17—9:22	0.15	0.14	0.14	0.14	0.15	0.15	0.15	1
2017-1-4	8:54—9:59	0.16	0.16	0.16	0.16	0.16	0.15	0.14	2

代表流速时段		$V_{sl(8-15)}$ 平均	$V_{sl(4-6)}$ 平均	$V_{sl(4-8)}$ 平均	$V_{sl(4-10)}$ 平均	$V_{sl(4-16)}$ 平均	$V_{sl(4-26)}$ 平均	V_{S25-3}	
日期	时间段	m/s	m/s	m/s	m/s	m/s	m/s	m/s	测次
2017-1-4	16:52—17:53	0.24	0.21	0.22	0.22	0.23	0.24	0.23	3
2017-1-6	8:08—9:08	0.11	0.11	0.10	0.10	0.11	0.11	0.11	4
2017-1-13	14:54—16:01	0.42	0.40	0.40	0.41	0.42	0.43	0.43	5
2017-1-18	10:14—11:16	0.11	0.11	0.11	0.11	0.11	0.11	0.11	6
2017-1-31	9:07—10:09	0.17	0.16	0.16	0.16	0.17	0.17	0.17	7
2017-2-6	15:09—16:19	0.22	0.20	0.21	0.21	0.21	0.22	0.20	8
2017-2-13	11:43—12:44	0.28	0.28	0.28	0.27	0.28	0.28	0.25	9
2017-2-13	17:22—18:24	0.33	0.32	0.32	0.32	0.33	0.34	0.33	10
2017-2-20	12:44—13:57	0.31	0.30	0.30	0.30	0.31	0.32	0.31	11
2017-2-21	13:19—14:19	0.41	0.39	0.40	0.40	0.40	0.42	0.37	12
2017-2-25	16:56—18:06	0.64	0.58	0.59	0.60	0.62	0.63	0.61	13
2017-3-11	7:04—8:03	0.16	0.15	0.15	0.15	0.16	0.17	0.15	14
2017-3-15	14:47—16:01	0.60	0.57	0.57	0.57	0.59	0.60	0.62	15
2017-3-17	9:29—11:08	0.38	0.36	0.37	0.37	0.38	0.39	0.38	16
2017-3-25	14:04—15:12	0.54	0.48	0.49	0.50	0.52	0.54	0.53	17
2017-4-1	15:09—16:21	0.63	0.60	0.61	0.61	0.62	0.63	0.65	18
2017-4-9	19:19—20:34	0.86	0.78	0.80	0.81	0.84	0.87	0.89	19
2017-4-10	8:42—9:56	0.83	0.79	0.80	0.80	0.82	0.83	0.89	20
2017-4-14	6:34—7:41	0.41	0.36	0.37	0.37	0.40	0.41	0.38	21
2017-4-17	13:57—15:06	0.50	0.46	0.47	0.48	0.49	0.50	0.54	22
2017-4-24	8:44—10:06	0.51	0.47	0.48	0.48	0.50	0.52	0.59	23
2017-4-29	10:33—11:39	0.46	0.44	0.45	0.45	0.46	0.48	0.49	24
2017-5-3	16:58—18:19	0.77	0.69	0.71	0.72	0.75	0.77	0.80	25
2017-5-3	22:23—23:34	1.12	1.02	1.04	1.05	1.10	1.13	1.18	26
2017-5-4	16:00—17:26	1.53	1.43	1.44	1.46	1.50	1.50	1.53	27
2017-5-5	12:22—13:33	1.15	1.06	1.08	1.09	1.13	1.18	1.22	28
2017-5-7	9:36—10:46	0.73	0.68	0.69	0.70	0.72	0.72	0.75	29
2017-5-15	14:17—15:27	0.82	0.78	0.79	0.79	0.81	0.81	0.88	30
2017-5-21	11:51—13:04	0.91	0.84	0.85	0.86	0.89	0.91	0.95	31
2017-5-24	8:34—9:53	0.73	0.69	0.70	0.69	0.72	0.73	0.78	32
2017-5-25	8:24—9:44	0.50	0.46	0.47	0.47	0.49	0.51	0.51	33
2017-6-2	8:27—9:27	0.19	0.18	0.18	0.18	0.18	0.19	0.20	34
2017-6-6	9:34—10:37	0.90	0.87	0.88	0.87	0.90	0.91	0.97	35
2017-6-9	8:34—10:11	1.72	1.58	1.61	1.64	1.68	1.73	1.66	36

代表流速时段		$V_{sl(8-15)}$ 平均	$V_{sl(4-6)}$ 平均	$V_{sl(4-8)}$ 平均	$V_{sl(4-10)}$ 平均	$V_{sl(4-16)}$ 平均	$V_{sl(4-26)}$ 平均	V_{S25-3}	
日期	时间段	m/s	m/s	m/s	m/s	m/s	m/s	m/s	测次
2017-6-9	14:12—15:33	1.76	1.64	1.66	1.69	1.73	1.74	1.77	37
2017-6-10	2:07—3:18	1.40	1.31	1.33	1.34	1.38	1.40	1.43	38
2017-6-12	12:17—13:24	0.88	0.82	0.84	0.83	0.86	0.88	0.97	39
2017-6-15	6:24—7:31	0.91	0.86	0.87	0.88	0.90	0.90	0.89	40
2017-6-15	12:51—14:07	1.40	1.29	1.31	1.33	1.37	1.38	1.39	41
2017-6-16	00:46—2:04	1.95	1.82	1.85	1.88	1.91	1.90	1.89	42
2017-6-16	6:33—7:52	2.18	2.04	2.08	2.11	2.15	2.15	2.17	43
2017-6-16	12:14—13:44	2.28	2.11	2.15	2.18	2.23	2.23	2.20	44
2017-6-17	5:53—7:28	2.05	1.91	1.94	1.97	2.01	2.01	1.98	45
2017-6-17	8:09—10:21	1.87	1.74	1.77	1.80	1.83	1.82	1.75	46
2017-6-17	18:23—19:36	1.39	1.30	1.32	1.33	1.37	1.40	1.42	47
2017-7-6	5:34—6:37	0.27	0.27	0.27	0.27	0.27	0.29	0.29	51
2017-7-6	10:53—11:59	0.72	0.67	0.68	0.69	0.71	0.73	0.76	52
2017-7-6	22:01—23:26	1.22	1.16	1.17	1.17	1.21	1.24	1.26	53
2017-7-7	2:07—3:39	2.15	1.99	2.03	2.06	2.11	2.11	2.17	54
2017-7-7	5:16—6:33	2.24	2.07	2.11	2.14	2.20	2.22	2.21	55
2017-7-7	10:59—12:26	2.29	2.13	2.17	2.20	2.24	2.26	2.10	56
2017-7-7	21:12—21:43	1.79	1.68	1.71	1.73	1.76	1.75	1.78	57
2017-7-8	15:23—16:46	1.90	1.75	1.78	1.81	1.86	1.84	1.80	58
2017-7-9	8:09—9:23	1.65	1.50	1.53	1.56	1.61	1.61	1.58	59
2017-7-10	17:06—18:14	0.94	0.88	0.90	0.90	0.92	0.93	0.98	60
2017-7-13	8:34—9:33	0.21	0.20	0.20	0.20	0.21	0.22	0.22	61
2017-7-13	17:09—18:16	0.82	0.76	0.77	0.78	0.80	0.82	0.89	62
2017-7-14	8:46—9:46	0.21	0.20	0.20	0.20	0.21	0.21	0.21	63
2017-7-16	9:29—10:32	1.01	0.96	0.98	0.97	1.00	1.01	1.02	64
2017-7-20	9:37—10:41	0.90	0.83	0.85	0.86	0.88	0.89	0.91	65
2017-7-24	8:28—10:06	0.73	0.67	0.68	0.68	0.72	0.74	0.75	66
2017-7-26	9:21—10:33	0.53	0.49	0.50	0.50	0.52	0.54	0.49	67
2017-7-28	15:13—16:18	0.66	0.60	0.61	0.62	0.64	0.67	0.67	68
2017-7-29	11:09—12:22	0.51	0.48	0.49	0.48	0.50	0.54	0.47	69
2017-8-7	15:49—17:09	0.52	0.47	0.48	0.48	0.51	0.53	0.53	70
2017-8-9	10:46—11:51	0.84	0.78	0.79	0.79	0.83	0.85	0.85	71
2017-8-10	6:26—7:34	0.47	0.43	0.44	0.44	0.46	0.47	0.46	72
2017-8-11	8:29—9:34	0.29	0.25	0.26	0.26	0.28	0.28	0.25	73

续表

代表流速时段		$V_{sl(8-15)}$ 平均	$V_{sl(4-6)}$ 平均	$V_{sl(4-8)}$ 平均	$V_{sl(4-10)}$ 平均	$V_{sl(4-16)}$ 平均	$V_{sl(4-26)}$ 平均	V_{S25-3}	
日期	时间段	m/s	m/s	m/s	m/s	m/s	m/s	m/s	测次
2017-8-18	8:31—9:31	0.29	0.29	0.29	0.28	0.29	0.29	0.31	74
2017-8-20	8:27—9:27	0.15	0.15	0.15	0.15	0.15	0.15	0.17	75
· 2017-8-22	22:01—23:08	0.85	0.80	0.81	0.82	0.84	0.85	0.88	76
2017-8-23	11:08—12:22	1.07	0.99	1.01	1.02	1.05	1.06	1.09	77
2017-8-23	22:34—23:41	0.95	0.88	0.90	0.91	0.93	0.96	1.03	78
2017-8-28	14:51—15:57	1.07	0.99	1.01	1.02	1.05	1.06	1.11	83
2017-8-29	00:11—1:17	1.52	1.43	1.44	1.46	1.50	1.50	1.56	84
2017-8-29	6:13—7:31	1.73	1.60	1.62	1.65	1.70	1.70	1.71	85
2017-8-29	12:23—13:37	1.47	1.35	1.38	1.40	1.44	1.43	1.43	86
2017-8-31	9:46—11:01	1.45	1.34	1.36	1.38	1.42	1.43	1.44	89
2017-8-31	18:38—19:46	1.06	1.00	1.01	1.01	1.04	1.06	1.09	90
2017-9-1	9:11—10:19	0.86	0.76	0.77	0.79	0.83	0.87	0.87	91
2017-9-2	6:21—7:49	1.39	1.29	1.30	1.32	1.36	1.38	1.39	92
2017-9-4	6:17—7:32	1.53	1.43	1.45	1.47	1.50	1.51	1.54	93
2017-9-4	16:06—17:14	0.91	0.84	0.85	0.86	0.89	0.92	0.98	94
2017-9-6	11:06—12:11	1.08	0.99	1.01	1.03	1.06	1.06	1.02	95
2017-9-6	18:17—19:31	1.43	1.33	1.35	1.36	1.41	1.42	1.40	96
2017-9-7	5:47—7:06	1.69	1.57	1.59	1.62	1.66	1.66	1.64	97
2017-9-7	16:33—17:48	1.39	1.29	1.31	1.33	1.36	1.38	1.48	98
2017-9-9	6:36—7:42	0.90	0.82	0.84	0.84	0.88	0.90	0.94	99
2017-9-10	00:23—1:53	1.54	1.42	1.44	1.46	1.51	1.55	1.58	100
2017-9-10	15:34—16:57	1.75	1.62	1.65	1.68	1.72	1.74	1.72	101
2017-9-10	21:06—22:26	2.17	2.02	2.06	2.09	2.13	2.14	2.13	102
2017-9-11	6:18—7:36	1.80	1.71	1.72	1.74	1.78	1.93	2.52	103
2017-9-11	9:56—11:17	2.13	1.99	2.01	2.03	2.10	2.26	2.79	104
2017-9-11	15:03—16:17	1.85	1.71	1.72	1.74	1.82	1.99	2.47	105
2017-9-12	00:29—1:11	1.39	1.33	1.34	1.35	1.37	1.45	1.99	106
2017-11-14	6:39—7:44	0.35	0.33	0.34	0.33	0.34	0.35	0.39	152
2017-11-21	9:12—10:11	0.30	0.29	0.30	0.30	0.30	0.30	0.33	153
2017-11-22	6:13—7:12	0.16	0.17	0.18	0.17	0.17	0.16	0.18	154
2017-11-24	7:26—8:49	0.50	0.47	0.48	0.49	0.50	0.50	0.52	155
2017-11-30	7:47—8:49	0.18	0.18	0.18	0.18	0.18	0.17	0.20	156
2017-12-4	08:38—9:38	0.11	0.13	0.12	0.11	0.12	0.12	0.14	157
2017-12-14	8:14—9:16	0.13	0.12	0.12	0.12	0.12	0.13	0.13	158

代表流速时段		$V_{sl(8-15)}$ 平均	$V_{sl(4-6)}$ 平均	$V_{sl(4-8)}$ 平均	$V_{sl(4-10)}$ 平均	$V_{sl(4-16)}$ 平均	$V_{sl(4-26)}$ 平均	V_{S25-3}	
日期	时间段	m/s	m/s	m/s	m/s	m/s	m/s	m/s	测次
2017-12-25	8:36—9:37	0.14	0.14	0.14	0.14	0.14	0.14	0.14	159
2017-12-28	15:04—16:08	0.43	0.37	0.39	0.4	0.42	0.43	0.40	160
2017-12-31	8:27—9:31	0.18	0.17	0.17	0.17	0.18	0.19	0.18	161
2018-1-1	8:43—9:37	0.19	0.20	0.20	0.19	0.20	0.20	0.20	1
2018-1-4	7:47—8:54	0.11	0.12	0.11	0.11	0.12	0.12	0.13	2
2018-1-8	9:23—10:22	0.17	0.17	0.17	0.17	0.17	0.17	0.15	3
2018-1-11	8:48—9:44	0.15	0.15	0.14	0.14	0.15	0.16	0.16	4
2018-1-17	7:28—8:36	0.13	0.11	0.11	0.12	0.12	0.13	0.12	5
2018-1-22	14:09—15:16	0.61	0.59	0.59	0.59	0.60	0.62	0.62	6
2018-1-23	8:03—9:07	0.15	0.16	0.15	0.15	0.15	0.16	0.18	7
2018-1-24	8:23—9:21	0.11	0.10	0.10	0.10	0.11	0.11	0.12	8
2018-2-2	8:58—9:56	0.16	0.17	0.17	0.16	0.17	0.16	0.15	9
2018-2-10	8:52—9:47	0.22	0.20	0.20	0.20	0.21	0.22	0.19	10
2018-2-15	14:22—15:24	0.23	0.21	0.22	0.22	0.23	0.23	0.23	11
2018-2-16	18:34—19:36	0.13	0.12	0.11	0.11	0.13	0.13	0.12	12
2018-2-22	14:41—15:39	0.16	0.17	0.17	0.17	0.17	0.17	0.16	13
2018-2-25	7:23—8:21	0.15	0.14	0.14	0.14	0.15	0.15	0.17	14
2018-3-5	8:54—9:48	0.13	0.13	0.13	0.13	0.13	0.14	0.13	15
2018-3-6	11:08—12:04	0.17	0.15	0.15	0.15	0.17	0.18	0.16	16
2018-3-11	16:49—17:48	0.19	0.20	0.19	0.18	0.19	0.20	0.21	17
2018-3-12	15:27—16:27	0.35	0.31	0.32	0.33	0.34	0.36	0.33	18
2018-3-16	5:56—6:57	0.12	0.11	0.11	0.11	0.12	0.13	0.13	19
2018-3-19	14:37—15:39	0.30	0.25	0.27	0.27	0.29	0.30	0.27	20
2018-3-20	14:04—16:03	0.29	0.28	0.29	0.28	0.29	0.30	0.29	21
2018-3-23	15:29—16:27	0.23	0.20	0.20	0.21	0.22	0.22	0.19	22
2018-3-31	12:32—13:42	0.41	0.39	0.39	0.39	0.40	0.42	0.43	23
2018-4-4	6:57—8:11	0.11	0.09	0.09	0.10	0.11	0.11	0.12	24
2018-4-13	8:11—9:16	0.64	0.58	0.60	0.60	0.63	0.65	0.68	25
2018-4-15	13:08—14:14	0.52	0.48	0.49	0.49	0.51	0.52	0.52	26
2018-4-16	22:44—23:48	0.73	0.68	0.69	0.70	0.72	0.73	0.80	27
2018-4-20	6:56—7:54	0.21	0.22	0.22	0.22	0.21	0.22	0.25	28
2018-4-23	16:12—17:16	0.90	0.82	0.83	0.84	0.88	0.89	0.91	29
2018-4-25	9:18—10:23	0.88	0.81	0.82	0.83	0.86	0.86	0.90	30
2018-4-25	17:12—18:26	1.46	1.36	1.38	1.40	1.44	1.47	1.50	31

代表流速时段		$V_{sl(8-15)}$ 平均	$V_{sl(4-6)}$ 平均	$V_{sl(4-8)}$ 平均	$V_{sl(4-10)}$ 平均	$V_{sl(4-16)}$ 平均	$V_{sl(4-26)}$ 平均	V_{S25-3}	
日期	时间段	m/s	m/s	m/s	m/s	m/s	m/s	m/s	测次
2018-4-26	10:48—11:59	1.32	1.23	1.24	1.26	1.29	1.29	1.36	32
2018-4-27	8:46—9:52	0.95	0.88	0.89	0.91	0.93	0.93	0.93	33
2018-4-28	8:16—9:24	0.55	0.51	0.52	0.52	0.54	0.55	0.54	34
2018-5-14	15:41—16:47	0.83	0.77	0.78	0.78	0.79	0.78	0.81	35
2018-5-15	7:09—8:11	0.17	0.16	0.16	0.16	0.17	0.17	0.17	36
2018-5-17	6:28—7:34	0.12	0.11	0.11	0.11	0.12	0.12	0.15	37
2018-5-20	8:41—9:44	0.44	0.41	0.42	0.42	0.43	0.44	0.41	38
2018-5-22	12:44—13:51	1.09	1.01	1.03	1.03	1.07	1.09	1.11	39
2018-5-22	20:07—21:21	1.55	1.47	1.48	1.50	1.52	1.55	1.56	40
2018-5-23	9:46—10:58	1.39	1.30	1.32	1.33	1.37	1.37	1.38	41
2018-5-24	9:42—11:01	1.56	1.43	1.46	1.48	1.52	1.54	1.60	42
2018-5-24	17:47—18:59	1.24	1.14	1.16	1.17	1.21	1.24	1.28	43
2018-5-25	10:54—12:43	1.14	1.07	1.08	1.09	1.12	1.13	1.15	44
2018-5-28	13:36—14:41	0.71	0.66	0.67	0.67	0.70	0.71	0.73	45
2018-6-5	6:32—7:26	0.16	0.15	0.15	0.15	0.16	0.17	0.18	46
2018-6-7	7:24—8:22	0.11	0.11	0.10	0.10	0.11	0.12	0.13	47
2018-6-19	6:22—7:28	0.94	0.87	0.88	0.89	0.92	0.94	0.98	48
2018-6-20	2:14—3:24	1.41	1.30	1.33	1.34	1.38	1.38	1.40	49
2018-6-20	9:01—10:19	1.57	1.47	1.49	1.51	1.54	1.55	1.56	50
2018-6-21	2:24—3:36	1.39	1.32	1.33	1.34	1.37	1.39	1.39	51
2018-6-22	14:14—15:17	0.81	0.77	0.79	0.78	0.80	0.80	0.84	52
2018-6-26	00:34—1:39	1.05	0.99	0.99	1.00	1.03	1.04	1.02	53
2018-6-26	10:02—11:19	1.65	1.53	1.56	1.58	1.62	1.62	1.62	54
2018-6-26	20:51—22:12	2.00	1.88	1.90	1.93	1.97	1.96	1.91	55
2018-6-27	11:09—12:52	2.19	2.00	2.04	2.08	2.13	2.13	2.06	56
2018-6-28	2:53—4:16	2.80	1.65	1.68	2.08	2.08	2.08	1.70	57
2018-6-28	9:34—10:49	1.56	1.21	1.22	1.29	1.38	1.38	1.23	58
2018-6-28	15:17—16:29	1.00	0.99	1.00	0.99	1.00	1.30	0.98	59
2018-6-29	9:08—10:21	1.21	1.12	1.14	1.15	1.19	1.18	1.23	60
2018-7-1	14:39—15:52	1.60	1.48	1.51	1.53	1.57	1.56	1.55	61
2018-7-5	9:03—11:27	2.63	2.38	2.45	2.50	2.58	3.13	2.50	71
2018-7-5	20:22—21:41	2.74	2.48	2.52	2.57	2.67	2.78	2.65	72
2018-7-6	17:24—18:46	2.63	2.38	2.44	2.48	2.56	2.62	2.54	73
2018-7-8	8:59—10:19	2.47	2.25	2.30	2.34	2.41	2.44	2.42	74

代表流速时段		$V_{sl(8-15)}$ 平均	$V_{sl(4-6)}$ 平均	$V_{sl(4-8)}$ 平均	$V_{sl(4-10)}$ 平均	$V_{sl(4-16)}$ 平均	$V_{sl(4-26)}$ 平均	V_{S25-3}	
日期	时间段	m/s	m/s	m/s	m/s	m/s	m/s	m/s	测次
2018-7-9	8:41—9:59	2.04	1.89	1.93	1.96	2.00	2.00	2.03	75
2018-7-10	11:16—12:37	2.19	2.03	2.06	2.09	2.14	2.13	2.08	76
2018-7-10	17:08—18:31	2.62	2.38	2.44	2.49	2.56	2.60	2.56	77
2018-7-11	8:51—10:14	2.88	2.58	2.64	2.70	2.80	2.87	2.81	78
2018-7-11	15:17—16:46	2.62	2.27	2.29	2.33	2.53	2.92	3.09	79
2018-7-12	5:14—5:48	2.75	1.37	1.43	1.57	2.18	2.18	3.35	80
2018-7-14	5:44—7:16	0.63	0.26	0.25	0.27	0.69	0.72	3.61	85
2018-7-14	18:18—20:02	1.34	1.04	1.00	1.02	1.29	1.69	3.41	86
2018-7-15	2:37—3:07	2.72	2.31	2.36	2.43	2.62	3.02	2.91	87
2018-7-15	3:52—5:06	2.84	2.52	2.60	2.65	2.76	3.10	2.78	88
2018-7-15	9:18—10:38	2.32	2.07	2.12	2.18	2.25	2.79	2.19	89
2018-7-15	20:21—21:33	2.08	1.91	1.95	1.99	2.04	2.54	2.08	90
2018-7-16	8:09—9:31	2.44	2.21	2.27	2.31	2.38	2.46	2.36	91
2018-7-16	16:19—17:38	2.83	2.44	2.50	2.57	2.73	2.95	3.06	92
2018-7-16	21:51—22:24	2.74	2.27	2.37	2.45	2.63	2.85	3.09	93
2018-7-17	11:58—13:11	2.82	2.47	2.57	2.63	2.73	2.88	2.70	94
2018-7-18	10:42—11:58	2.29	2.07	2.12	2.16	2.24	2.28	2.17	95
2018-7-19	8:06—9:31	1.66	1.54	1.56	1.59	1.62	1.62	1.57	96
2018-7-19	20:32—21:43	1.17	1.08	1.09	1.11	1.15	1.16	1.17	97
2018-7-20	9:18—10:24	0.88	0.83	0.84	0.84	0.86	0.87	0.89	98
2018-7-21	16:36—17:38	1.20	1.12	1.13	1.13	1.18	1.22	1.25	99
2018-7-27	11:19—12:36	1.48	1.37	1.39	1.41	1.45	1.46	1.45	100
2018-7-31	8:33—10:04	1.65	1.52	1.55	1.57	1.61	1.61	1.62	101
2018-8-2	9:36—11:19	1.47	1.37	1.4	1.41	1.44	1.44	1.41	102
2018-8-2	18:13—19:58	1.71	1.60	1.62	1.65	1.68	1.69	1.70	103
2018-8-3	8:48—10:21	2.37	2.17	2.23	2.27	2.23	2.35	2.34	104
2018-8-3	14:07—16:11	2.16	2.01	2.05	2.08	2.12	2.13	2.11	105
2018-8-3	22:23—23:41	1.40	1.30	1.32	1.34	1.37	1.39	1.41	106
2018-8-4	8:29—9:34	0.95	0.87	0.89	0.90	0.93	0.97	0.98	107
2018-8-4	19:04—20:29	1.70	1.57	1.60	1.62	1.66	1.68	1.73	108
2018-8-5	9:08—10:29	1.38	1.28	1.31	1.33	1.36	1.35	1.39	109
2018-8-5	16:28—17:37	0.99	0.93	0.94	0.95	0.97	0.98	1.05	110
2018-8-6	6:09—7:28	1.33	1.24	1.26	1.28	1.30	1.31	1.34	111
2018-8-7	9:58—11:12	0.87	0.83	0.83	0.83	0.86	0.87	0.86	112

代表流速时段		$V_{sl(8-15)}$ 平均	$V_{sl(4-6)}$ 平均	$V_{sl(4-8)}$ 平均	$V_{sl(4-10)}$ 平均	$V_{sl(4-16)}$ 平均	$V_{sl(4-26)}$ 平均	V_{S25-3}	
日期	时间段	m/s	m/s	m/s	m/s	m/s	m/s	m/s	测次
2018-8-7	20:23—21:33	1.34	1.25	1.26	1.27	1.32	1.36	1.36	113
2018-8-18	8:51—9:58	0.53	0.47	0.48	0.49	0.51	0.53	0.53	114
2018-8-19	8:29—9:33	0.86	0.79	0.80	0.81	0.84	0.87	0.88	115
2018-8-20	11:27—12:37	0.49	0.47	0.47	0.47	0.49	0.50	0.50	116
2018-8-23	9:24—10:27	0.72	0.66	0.68	0.69	0.70	0.72	0.71	117
2018-8-26	9:12—10:18	0.64	0.60	0.61	0.60	0.63	0.64	0.66	118
2018-9-3	8:31—9:32	0.34	0.31	0.31	0.32	0.33	0.33	0.33	119
2018-9-7	9:12—10:19	0.92	0.84	0.85	0.86	0.89	0.92	0.96	120
2018-9-12	15:36—16:46	0.66	0.62	0.63	0.63	0.65	0.66	0.67	121
2018-9-13	14:43—15:42	0.27	0.25	0.25	0.25	0.26	0.28	0.28	122
2018-9-17	8:44—9:51	0.42	0.39	0.39	0.40	0.41	0.42	0.45	123
2018-9-19	16:43—17:49	0.84	0.78	0.79	0.80	0.83	0.85	0.88	124
2018-9-20	11:33—12:46	0.84	0.77	0.78	0.79	0.82	0.83	0.86	125
2018-9-20	20:28—21:34	1.01	0.95	0.96	0.96	0.99	1.01	1.01	126
2018-9-21	14:16—15:36	1.73	1.59	1.62	1.65	1.69	1.68	1.69	127
2018-9-22	13:13—14:29	1.52	1.39	1.42	1.44	1.48	1.48	1.50	128
2018-9-23	12:28—13:36	0.87	0.80	0.81	0.82	0.85	0.86	0.87	129
2018-9-27	9:29—10:33	0.57	0.52	0.52	0.53	0.55	0.56	0.58	130
2018-9-30	9:58—11:04	0.69	0.64	0.65	0.66	0.67	0.69	0.71	131
2018-10-2	11:19—12:26	0.59	0.55	0.55	0.56	0.58	0.59	0.60	132
2018-10-4	10:04—11:07	0.80	0.76	0.78	0.77	0.79	0.80	0.85	133
2018-10-7	16:23—17:31	0.59	0.57	0.58	0.58	0.59	0.60	0.62	134
2018-10-10	17:14—18:28	0.52	0.49	0.49	0.49	0.51	0.53	0.55	135
2018-10-15	8:57—10:04	0.60	0.54	0.55	0.56	0.58	0.60	0.64	136
2018-10-16	7:58—9:01	0.37	0.35	0.36	0.36	0.36	0.35	0.42	137
2018-10-18	15:03—16:18	0.75	0.69	0.70	0.71	0.73	0.76	0.81	138
2018-10-20	7:44—8:56	0.14	0.14	0.14	0.14	0.14	0.14	0.16	139
2018-10-20	9:09—10:07	0.18	0.18	0.18	0.17	0.17	0.18	0.18	140
2018-10-21	9:12—10:12	0.18	0.18	0.18	0.18	0.18	0.18	0.20	141
2018-10-27	8:31—9:36	0.26	0.28	0.28	0.28	0.27	0.25	0.29	142
2018-10-29	12:44—14:02	0.47	0.44	0.45	0.45	0.46	0.48	0.52	143
2018-10-30	8:21—9:22	0.16	0.17	0.17	0.16	0.16	0.16	0.19	144
2018-11-4	7:13—8:24	0.12	0.12	0.12	0.11	0.12	0.12	0.13	145
2018-11-5	9:42—10:41	0.15	0.15	0.15	0.15	0.15	0.16	0.14	146

续表

代表流速时段		$V_{sl(8-15)}$ 平均	$V_{sl(4-6)}$ 平均	$V_{sl(4-8)}$ 平均	$V_{sl(4-10)}$ 平均	$V_{sl(4-16)}$ 平均	$V_{sl(4-26)}$ 平均	V_{S25-3}	
日期	时间段	m/s	m/s	m/s	m/s	m/s	m/s	m/s	测次
2018-11-11	8:26—9:36	0.70	0.66	0.67	0.67	0.69	0.70	0.76	147
2018-11-15	15:18—16:24	0.58	0.54	0.55	0.55	0.57	0.60	0.67	148
2018-11-18	9:16—10:16	0.14	0.14	0.14	0.14	0.14	0.14	0.14	149
2018-11-19	13:19—14:26	0.40	0.36	0.37	0.37	0.39	0.40	0.41	150
2018-12-4	15:24—16:23	0.22	0.24	0.23	0.22	0.23	0.23	0.27	151
2018-12-28	8:48—9:46	0.19	0.21	0.21	0.20	0.20	0.21	0.22	152
2018-12-30	8:08—9:16	0.38	0.36	0.36	0.36	0.37	0.36	0.39	153

说明:V_{S25-3} 指流速仪法施测的断面平均流速;$V_{sl(8-15)}$、$V_{sl(4-6)}$、$V_{sl(4-8)}$、$V_{sl(4-10)}$、$V_{sl(4-16)}$、$V_{sl(4-26)}$ 分别指 H-ADCP 不同单元的代表流速。

（3）洪水位、含沙量影响分析

比测时段内 H-ADCP 代表流速数据处理原则为:重点研究其出现单元段流速开始减少的量程及流速棒开始紊乱的时段,在分析的单元段内,要求各层流速棒正常,最远单元段正常代表流速能达到 70 m 以上的距离,且代表流速区间具有一定的代表性,同时考虑含沙量对 ADCP 的影响,代表流速区间需选择尽量靠近仪器的左岸,一方面是为了提高 H-ADCP 的分析精度,方便开展多种方案研讨,另一方面是为了尽可能开展高水高沙条件下的 H-ADCP 施测研究。

①比测期间中低水代表流速变化分析

回放比测时段内北碚站 H-ADCP 代表流速区间流速变化值,回放过程如图 8.2-14 所示。通过全程回放,北碚站 H-ADCP 在中低水时代表流速区间流速形态正常。

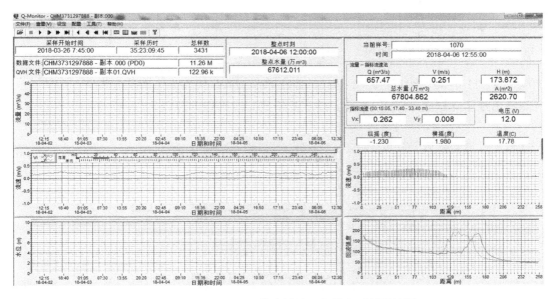

图 8.2-14 H-ADCP 代表流速区间某一时刻回放图

将北碚站中低水、含沙量较小时缆道流速仪法推求的流量和 H-ADCP 选取的代表流速按率定的关系推求的实时流量过程相对比(中低水某一时段对比示意图见图 8.2-15)。通过对比,中低水时缆道流速仪法与 H-ADCP 代表流速法推求的流量过程变化是基本吻合的。

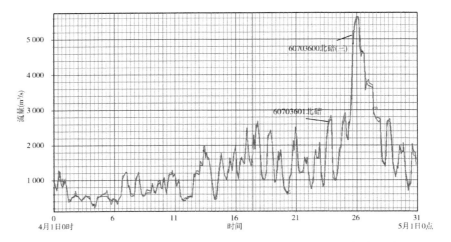

图 8.2-15　2018 年 4 月缆道流速仪法流量和 H-ADCP 流量过程对比

②代表流速区间紊乱时洪水位、沙量大小变化分析

经回放检查发现,北碚站 H-ADCP 比测期间受含沙量或高水位的影响在 2017-9-11 6:00—2017-9-12 1:30、2018-6-28 2:00—2018-6-28 12:00、2018-7-11 16:10—2018-7-14 21:00 及 2018-7-15 3:05—2018-7-17 13:00 等四个时间段内,其间代表流速区间的流速棒紊乱,H-ADCP 代表流速区间数据有些不符合实际。

比测期间 H-ADCP 四个代表流速发生紊乱时段所对应的最低水位、最小含沙量见表 8.2-7。

表 8.2-7　代表流速发生紊乱时段相应的最低水位、最小含沙量统计表

时间段	最低水位	最小含沙量	备注
2017-9-11 6:00—2017-9-12 1:30	182.28 m	0.469 kg/m³	年最大洪水、沙峰涨落过程
2018-6-28 2:00—2018-6-28 12:00	177.96 m	3.23 kg/m³	
2018-7-11 16:10—2018-7-14 21:00	189.13 m	1.98 kg/m³	年最大洪水、沙峰涨落过程
2018-7-15 3:05—2018-7-17 13:00	183.43 m	1.58 kg/m³	

a. 2017-9-11 6:00—2017-9-12 1:30 时段 H-ADCP 代表流速紊乱分析

本时间段出现了北碚站 2017 年年最大洪水及年最大沙峰涨落过程,此段瞬时水文要素过程线见图 8.2-16。

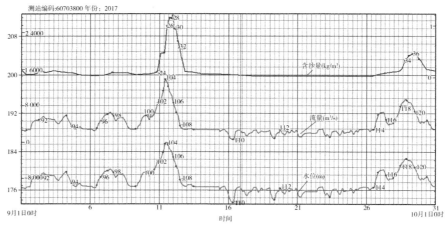

图 8.2-16　2017 年 9 月缆道流速仪法瞬时水文要素过程线图

本时段内 2017 年年最高水位为 186.02 m,2017 年最大含沙量为 1.20 kg/m³。回放本时段内 H - ADCP 代表流速变化情况,本时段内 H - ADCP 某时刻回放见图 8.2-17。

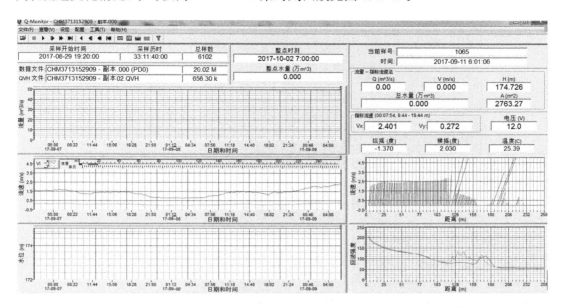

图 8.2-17　2017 - 9 - 11 6:00—2017 - 9 - 12 1:30 时段某时刻数据回放

对本时段 H - ADCP 代表流速变化过程回放进行分析,由于受上游渠江罗渡溪站洪水影响,本站出现了年最大洪水、沙峰起涨过程,沙量变化较为急剧,尽管流速棒范围没有缩小,但回波强度明显不对,产生了二次、三次回波,处理后的流量和实际流量明显不相符。

b. 2018 - 6 - 28 2:00—2018 - 6 - 28 12:00 时段 H - ADCP 代表流速紊乱分析

本时间段有明显的含沙量涨落过程,本时段内最高水位为 183.14 m,最大含沙量为 4.91 kg/m³。回放本时段内 H - ADCP 代表流速变化情况,本时段内 H - ADCP 某时刻回放见图 8.2-18。

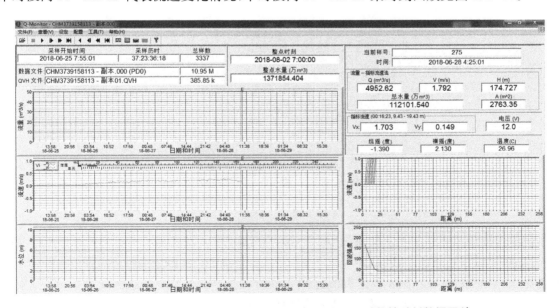

图 8.2-18　2018 - 6 - 28 2:00—2018 - 6 - 28 12:00 时段某时刻数据回放

将本时段内缆道流速仪法推求的流量和 H - ADCP 选取的代表流速按率定的关系推求的实时流量过程相对比,对比过程线见图 8.2-19。

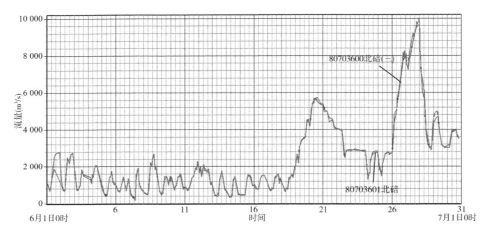

图 8.2-19　2018 年 6 月缆道流速仪法流量和 H－ADCP 实时流量过程对比

通过对比,本时段内 H－ADCP 代表流速因含沙量增加、部分代表流速区间数据缺失,且代表流速的测量范围随着沙量增加缩小至 20 m 以内,但因水位峰值不高,所以缆道流速仪法定线推求的流量和 H－ADCP 实时流量还是比较吻合的。

c. 2018－7－11 16:10—2018－7－14 21:00 时段 H－ADCP 代表流速紊乱分析

本时间段有明显的洪水及含沙量涨落过程,回放本时段内 H－ADCP 代表流速变化情况,本时段内 H－ADCP 某时刻回放见图 8.2-20。

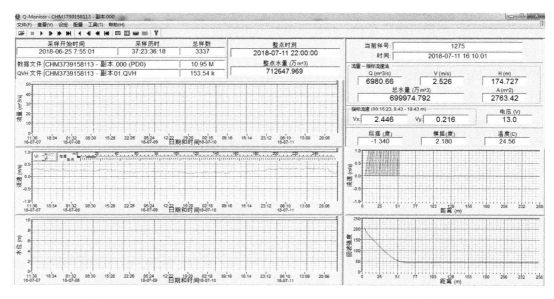

图 8.2-20　2018－7－11 16:10—2018－7－14 21:00 时段某时刻数据回放

将本时段内缆道流速仪法推求的流量和 H－ADCP 选取的代表流速按率定的关系推求的实时流量过程相对比,对比过程线见图 8.2-21。

通过对比,本时段内 H－ADCP 代表流速因含沙量增加、部分代表流速区间数据缺失,当水位在 189.13 m,含沙量在 1.98 kg/m³ 左右时,代表流速的流速棒测量范围缩小到 51 m 左右,率定的代表流速值明显偏小,导致本时段内部分时间的 H－ADCP 流速出现完全不相应的情况。

d. 2018－7－15 3:05—2018－7－17 13:00 时段 H－ADCP 代表流速紊乱分析

本时间段有明显的洪水及含沙量涨落过程,回放本时段内 H－ADCP 代表流速变化情况,本时段内 H－ADCP 某时刻回放见图 8.2-22。

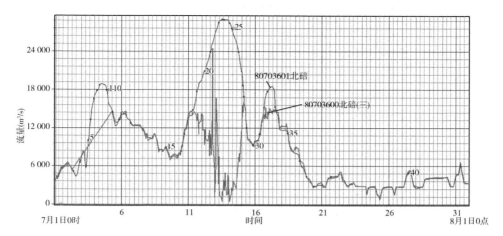

图 8.21　2018 年 7 月缆道流速仪法流量和 H－ADCP 实时流量过程对比

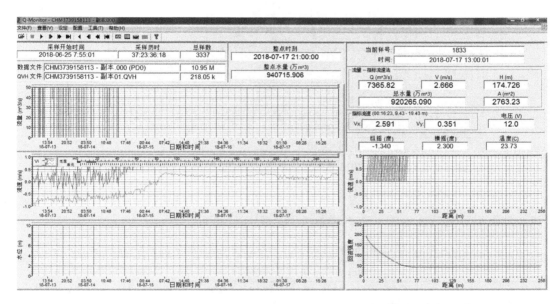

图 8.2-22　2018－7－15 3:05—2018－7－17 13:00 时段某时刻数据回放

将本时段内缆道流速仪法推求的流量和 H－ADCP 选取的代表流速按率定的关系推求的实时流量过程相对比,对比过程线见图 8.2-23。

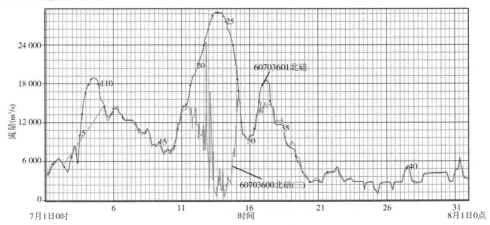

图 8.2-23　2018 年 7 月缆道流速仪法推求的流量和 H－ADCP 推求的实时流量过程对比

通过对比,本时段内 H－ADCP 代表流速因含沙量增加、部分代表流速区间数据缺失,当水位在 188.04 m,含沙量在 1.83 kg/m³ 时,代表流速的流速棒测量范围在 60 m,流速棒有轻微向外倾斜,流速仪定线推求的流量和 H－ADCP 率定的实时流量开始吻合。

根据上述分析,2018 年代表流速区间流速棒发生紊乱的 2018 年 7 月 11 日 16:00—14 日 21:00 和 7 月 15 日 3:05—17 日 13:00 两个时间段内,发生了本年内的最大洪水过程及最大沙峰涨落过程,相应瞬时水文要素过程线见图 8.2-24。

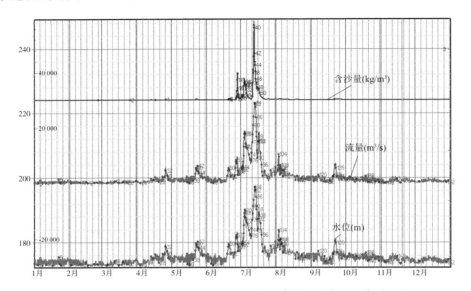

图 8.2-24 北碚站 2018 年最大洪水及沙量涨落瞬时水文要素过程线图

统计 2018 年代表流速区间流速棒发生紊乱现象时段的洪水、沙量涨落过程及相应的水位、沙量涨落率,分析统计结果分别见表 8.2-8、表 8.2-9。

表 8.2-8 北碚站 2018 年代表流速区间流速棒紊乱时洪水涨落过程统计表

| 次数 | 起涨段 | | 峰顶段 | | 退水段 | | 时长 | | 水水位变幅(m) | 涨落率(m/h) |
	时间	水位(m)	时间	水位(m)	时间	水位(m)	涨水(h)	退水(h)		
1	7 月 10 日 4:30	181.20	7 月 13 日 19:20	197.41	7 月 15 日 21:50	183.43	86.83	50.5	16.21	0.19
2	7 月 15 日 23:15	183.61	7 月 17 日 6:55	189.58	7 月 17 日 23:30	186.21	31.67	16.58	5.97	0.19

表 8.2-9 北碚站 2018 年代表流速区间流速棒紊乱时沙量涨落统计表

| 次数 | 起涨段 | | 峰顶段 | | 退水段 | | 时长 | | 涨变幅含沙量(kg/m³) | 涨落率[kg/(m³·h)] |
	时间	沙量(kg/m³)	时间	沙量(kg/m³)	时间	沙量(kg/m³)	涨沙(h)	退沙(h)		
1	7 月 11 日 14:00	1.32	7 月 12 日 23:00	14.2	7 月 16 日 8:00	1.58	33	81	12.88	0.390
2	7 月 16 日 8:00	1.58	7 月 17 日 8:00	2.13	7 月 17 日 19:00	1.25	24	11	0.55	0.023

通过表 8.2-8 得知,2018 年代表流速区间的流速棒发生紊乱时,出现了年最大涨水变幅 16.21 m,相应涨落率 0.19 m/h,涨水历时 86.83 h,并出现全年最高洪水位 197.41 m;最小涨水变幅 5.97 m,涨落率 0.19 m/h,最低洪水位为 189.58 m。

通过表 8.2-9 得知,2018 年代表流速区间的流速棒发生紊乱时,沙量起涨过程晚于水量起涨过程,沙峰与洪峰出现时间基本相近,退沙过程与洪水退水过程相近;出现了年最大沙峰变幅 12.88 kg/m³,涨落率 0.390 kg/(m³·h),历时 33 h,并出现全年最大沙峰含沙量 14.2 kg/m³;最小沙峰变幅 0.55 kg/m³,涨落率 0.023 kg/(m³·h),沙峰含沙量为 2.13 kg/m³。

③水位、沙量变化影响下的 H-ADCP 分析成果

根据 H-ADCP 全过程回放及上述分析结果表明:

a. 北碚站 H-ADCP 代表流速受上游三江不同来水、来沙影响,在较大洪峰、较大沙峰涨落过程中,H-ADCP 代表流速区间的流速棒会发生紊乱的情况,而此时洪水位一般为 182.28 m 及以上。取用水位达到 182.20 m 及以上时,应密切注意 H-ADCP 代表流速区间流速棒的变化情况,并采用缆道流速仪法等其他测验方式进行同步测验、整编推流定线,确保推求的水位流量关系保持衔接。

b. 北碚站 H-ADCP 安装高程为 172.52 m,结合 H-ADCP 测量波束扩散原理,当北碚站水位在 172.72 m 及以下时,H-ADCP 代表流速远程回波会逐渐打出水面,因此,当北碚站水位在 172.72 m 及以下时,应根据 H-ADCP 回波打出水面的距离,采用缆道流速仪法等其他测验方式进行同步测验、整编推流定线,确保推求的水位流量关系保持衔接。

c. 当沙量涨落过程变化较大时,受沙质来源不同的影响,部分时段含沙量达到 3.23 kg/m³,代表流速的流速区间尽管有所缩小,但选定区域的代表流速仍能正常运行。为了确保在含沙量涨落较大时,H-ADCP 仍能正常运行,根据上述分析的含沙量比较小的值 1.58 kg/m³ 及以上代表流速区间流速棒会发生的不同程度的变化,在取用水含沙量达到 1.50 kg/m³ 及以上时,应密切注意 H-ADCP 代表流速区间流速棒的变化情况,并采用缆道流速仪法等其他测验方式进行同步测验、整编推流定线,确保推求的水位流量关系保持衔接。

为了保证比测分析精度,确保代表流速分析到位,通过以上分析,2017-9-11 6:00—2017-9-12 1:30、2018-6-28 2:00—2018-6-28 12:00、2018-7-11 16:10—2018-7-14 21:00、2018-7-15 3:05—2018-7-17 13:00 等四个时段内的水位、沙量变化较大,H-ADCP 代表流速区间由远及近,出现不同程度的流速棒紊乱现象,比测的数据过程相对离散,影响了与相应流速仪流量的比测研究,故上述四个时段内的数据不用于比测分析。最终参与比测率定的数据见表 8.2-10。

表 8.2-10 北碚站 H-ADCP 率定数据过程表

代表流速时段		$V_{sl(8-15)}$ 平均	$V_{sl(4-6)}$ 平均	$V_{sl(4-8)}$ 平均	$V_{sl(4-10)}$ 平均	$V_{sl(4-16)}$ 平均	$V_{sl(4-26)}$ 平均	V_{S25-3}	
日期	时间段	m/s	m/s	m/s	m/s	m/s	m/s	m/s	测次
2017-1-2	7:30—9:35	0.15	0.14	0.14	0.14	0.15	0.15	0.15	1
2017-1-4	8:50—10:05	0.16	0.16	0.16	0.16	0.16	0.15	0.14	2
2017-1-4	16:50—18:05	0.24	0.21	0.22	0.22	0.23	0.24	0.23	3
2017-1-6	8:05—9:15	0.11	0.11	0.11	0.10	0.11	0.11	0.11	4
2017-1-13	14:45—16:15	0.42	0.40	0.40	0.41	0.42	0.43	0.43	5
2017-1-18	10:15—11:30	0.11	0.11	0.11	0.11	0.11	0.11	0.11	6
2017-1-31	9:05—10:20	0.17	0.16	0.16	0.16	0.17	0.17	0.17	7
2017-2-6	15:00—16:30	0.21	0.20	0.21	0.21	0.21	0.22	0.20	8
2017-2-13	11:32—12:47	0.28	0.28	0.28	0.27	0.28	0.28	0.25	9
2017-2-13	17:17—18:32	0.33	0.32	0.32	0.32	0.33	0.34	0.33	10

续表

代表流速时段		$V_{sl(8-15)}$ 平均 m/s	$V_{sl(4-6)}$ 平均 m/s	$V_{sl(4-8)}$ 平均 m/s	$V_{sl(4-10)}$ 平均 m/s	$V_{sl(4-16)}$ 平均 m/s	$V_{sl(4-26)}$ 平均 m/s	V_{S25-3}	
日期	时间段	m/s	m/s	m/s	m/s	m/s	m/s	m/s	测次
2017-2-20	12:30—14:00	0.31	0.30	0.30	0.30	0.31	0.32	0.31	11
2017-2-21	13:16—14:31	0.41	0.39	0.40	0.40	0.40	0.42	0.37	12
2017-2-25	16:50—18:20	0.64	0.58	0.59	0.60	0.62	0.63	0.61	13
2017-3-11	7:01—8:12	0.16	0.15	0.15	0.15	0.16	0.17	0.15	14
2017-3-15	14:45—16:15	0.60	0.57	0.57	0.57	0.59	0.60	0.62	15
2017-3-17	9:15—11:15	0.38	0.36	0.37	0.37	0.38	0.39	0.38	16
2017-3-25	14:00—15:15	0.54	0.48	0.49	0.50	0.52	0.54	0.53	17
2017-4-1	14:55—16:25	0.63	0.60	0.61	0.61	0.62	0.63	0.65	18
2017-4-9	19:15—20:45	0.86	0.78	0.80	0.81	0.84	0.87	0.89	19
2017-4-10	8:30—10:00	0.83	0.79	0.80	0.80	0.82	0.83	0.89	20
2017-4-14	6:30—7:45	0.41	0.36	0.37	0.37	0.40	0.41	0.38	21
2017-4-17	13:55—15:10	0.50	0.46	0.47	0.48	0.49	0.50	0.54	22
2017-4-24	7:00—10:10	0.51	0.47	0.48	0.48	0.50	0.52	0.59	23
2017-4-29	10:25—11:40	0.46	0.44	0.45	0.45	0.46	0.48	0.49	24
2017-5-3	16:45—18:30	0.77	0.69	0.71	0.72	0.75	0.77	0.80	25
2017-5-3	22:15—23:45	1.12	1.02	1.04	1.05	1.10	1.13	1.18	26
2017-5-4	15:50—17:35	1.53	1.43	1.44	1.46	1.50	1.50	1.53	27
2017-5-5	12:20—13:35	1.15	1.06	1.08	1.09	1.13	1.18	1.22	28
2017-5-7	9:35—10:50	0.73	0.68	0.69	0.70	0.72	0.72	0.75	29
2017-5-15	14:15—15:30	0.82	0.78	0.79	0.79	0.81	0.81	0.88	30
2017-5-21	11:46—13:16	0.91	0.84	0.85	0.86	0.89	0.91	0.95	31
2017-5-24	8:27—9:57	0.73	0.69	0.70	0.69	0.72	0.73	0.78	32
2017-5-25	8:15—9:45	0.50	0.46	0.47	0.47	0.49	0.51	0.51	33
2017-6-2	8:15—9:30	0.19	0.18	0.18	0.18	0.18	0.19	0.20	34
2017-6-6	9:30—10:45	0.90	0.87	0.88	0.87	0.90	0.91	0.97	35
2017-6-9	8:29—10:14	1.72	1.58	1.61	1.64	1.68	1.73	1.66	36
2017-6-9	13:59—15:44	1.76	1.64	1.66	1.69	1.73	1.74	1.77	37
2017-6-10	1:59—3:29	1.40	1.31	1.33	1.34	1.38	1.40	1.43	38
2017-6-12	12:10—13:25	0.88	0.82	0.84	0.83	0.86	0.88	0.97	39
2017-6-15	6:25—7:40	0.91	0.86	0.87	0.88	0.90	0.90	0.89	40
2017-6-15	12:45—14:15	1.40	1.29	1.31	1.33	1.37	1.38	1.39	41
2017-6-16	00:45—2:15	1.95	1.82	1.85	1.88	1.91	1.90	1.89	42

续表

代表流速时段		$V_{sl(8-15)}$ 平均	$V_{sl(4-6)}$ 平均	$V_{sl(4-8)}$ 平均	$V_{sl(4-10)}$ 平均	$V_{sl(4-16)}$ 平均	$V_{sl(4-26)}$ 平均	V_{S25-3}	
日期	时间段	m/s	m/s	m/s	m/s	m/s	m/s	m/s	测次
2017 - 6 - 16	6:30—8:00	2.18	2.04	2.08	2.11	2.15	2.15	2.17	43
2017 - 6 - 16	12:00—13:45	2.28	2.11	2.15	2.18	2.23	2.23	2.20	44
2017 - 6 - 17	5:45—7:30	2.05	1.91	1.94	1.97	2.01	2.01	1.98	45
2017 - 6 - 17	8:00—10:30	1.87	1.74	1.77	1.80	1.83	1.82	1.75	46
2017 - 6 - 17	18:15—19:45	1.39	1.30	1.32	1.33	1.37	1.40	1.42	47
2017 - 7 - 6	5:06—6:40	0.27	0.27	0.27	0.27	0.27	0.29	0.29	51
2017 - 7 - 6	10:40—12:10	0.72	0.67	0.68	0.69	0.71	0.73	0.76	52
2017 - 7 - 6	21:55—23:40	1.22	1.16	1.17	1.17	1.21	1.24	1.26	53
2017 - 7 - 7	1:55—3:40	2.15	1.99	2.03	2.06	2.11	2.11	2.17	54
2017 - 7 - 7	5:10—5:40	2.24	2.07	2.11	2.14	2.20	2.22	2.21	55
2017 - 7 - 7	10:55—12:40	2.29	2.13	2.17	2.20	2.24	2.26	2.10	56
2017 - 7 - 7	21:10—21:55	1.79	1.68	1.71	1.73	1.76	1.75	1.78	57
2017 - 7 - 8	15:10—16:55	1.90	1.75	1.78	1.81	1.86	1.84	1.80	58
2017 - 7 - 9	7:55—9:40	1.65	1.50	1.53	1.56	1.61	1.61	1.58	59
2017 - 7 - 10	17:05—18:20	0.94	0.88	0.90	0.90	0.92	0.93	0.98	60
2017 - 7 - 13	8:30—9:45	0.21	0.20	0.20	0.20	0.21	0.22	0.22	61
2017 - 7 - 13	17:00—18:30	0.82	0.76	0.77	0.78	0.80	0.82	0.89	62
2017 - 7 - 14	8:37—9:52	0.21	0.20	0.20	0.20	0.21	0.21	0.21	63
2017 - 7 - 16	9:22—10:37	1.01	0.96	0.98	0.97	1.00	1.01	1.02	64
2017 - 7 - 20	9:30—10:45	0.90	0.83	0.85	0.86	0.88	0.89	0.91	65
2017 - 7 - 24	8:15—10:15	0.73	0.67	0.68	0.68	0.72	0.74	0.75	66
2017 - 7 - 26	9:15—10:45	0.53	0.49	0.50	0.50	0.52	0.54	0.49	67
2017 - 7 - 28	15:00—16:30	0.66	0.60	0.61	0.62	0.64	0.67	0.67	68
2017 - 7 - 29	11:00—12:30	0.51	0.48	0.49	0.48	0.5	0.54	0.47	69
2017 - 8 - 7	15:45—17:15	0.52	0.47	0.48	0.48	0.51	0.53	0.53	70
2017 - 8 - 9	10:45—12:00	0.84	0.78	0.79	0.79	0.83	0.85	0.85	71
2017 - 8 - 10	6:15—7:45	0.47	0.43	0.44	0.44	0.46	0.47	0.46	72
2017 - 8 - 11	8:15—9:45	0.29	0.25	0.26	0.26	0.28	0.28	0.25	73
2017 - 8 - 18	8:30—9:45	0.29	0.29	0.29	0.28	0.29	0.29	0.31	74
2017 - 8 - 20	8:15—9:30	0.15	0.15	0.15	0.15	0.15	0.15	0.17	75
2017 - 8 - 22	22:00—23:15	0.85	0.80	0.81	0.82	0.84	0.85	0.88	76
2017 - 8 - 23	11:00—12:30	1.07	0.99	1.01	1.02	1.05	1.06	1.09	77

代表流速时段		$V_{sl(8-15)}$ 平均	$V_{sl(4-6)}$ 平均	$V_{sl(4-8)}$ 平均	$V_{sl(4-10)}$ 平均	$V_{sl(4-16)}$ 平均	$V_{sl(4-26)}$ 平均	V_{S25-3}	
日期	时间段	m/s	m/s	m/s	m/s	m/s	m/s	m/s	测次
2017 - 8 - 23	22:30—23:45	0.95	0.88	0.90	0.91	0.93	0.96	1.03	78
2017 - 8 - 28	14:45—16:00	1.07	0.99	1.01	1.02	1.05	1.06	1.11	83
2017 - 8 - 29	00:00—1:30	1.52	1.43	1.44	1.46	1.50	1.50	1.56	84
2017 - 8 - 29	6:00—7:45	1.73	1.60	1.62	1.65	1.70	1.70	1.71	85
2017 - 8 - 29	12:15—13:45	1.47	1.35	1.38	1.40	1.44	1.43	1.43	86
2017 - 8 - 31	9:35—11:05	1.45	1.34	1.36	1.38	1.42	1.43	1.44	89
2017 - 8 - 31	18:35—19:50	1.06	1.00	1.01	1.01	1.04	1.06	1.09	90
2017 - 9 - 1	9:05—10:05	0.86	0.76	0.77	0.79	0.83	0.87	0.87	91
2017 - 9 - 2	6:20—7:50	1.39	1.29	1.30	1.32	1.36	1.38	1.39	92
2017 - 9 - 4	6:05—7:35	1.53	1.43	1.45	1.47	1.50	1.51	1.54	93
2017 - 9 - 4	16:00—17:15	0.91	0.84	0.85	0.86	0.89	0.92	0.98	94
2017 - 9 - 6	11:00—12:15	1.08	0.99	1.01	1.03	1.06	1.06	1.02	95
2017 - 9 - 6	18:15—19:45	1.43	1.33	1.35	1.36	1.41	1.42	1.40	96
2017 - 9 - 7	5:45—7:15	1.69	1.57	1.59	1.62	1.66	1.66	1.64	97
2017 - 9 - 7	16:30—18:00	1.39	1.29	1.31	1.33	1.36	1.38	1.48	98
2017 - 9 - 9	6:31—7:46	0.90	0.82	0.84	0.84	0.88	0.90	0.94	99
2017 - 9 - 10	00:16—2:01	1.54	1.42	1.44	1.46	1.51	1.55	1.58	100
2017 - 9 - 10	15:31—17:01	1.75	1.62	1.65	1.68	1.72	1.74	1.72	101
2017 - 9 - 10	21:01—22:31	2.17	2.02	2.06	2.09	2.13	2.14	2.13	102
2017 - 11 - 14	6:30—7:45	0.35	0.33	0.34	0.33	0.34	0.35	0.39	152
2017 - 11 - 21	9:00—10:15	0.30	0.29	0.30	0.30	0.30	0.30	0.33	153
2017 - 11 - 22	6:00—7:15	0.16	0.17	0.18	0.17	0.17	0.16	0.18	154
2017 - 11 - 24	7:15—9:00	0.50	0.47	0.48	0.49	0.50	0.50	0.52	155
2017 - 11 - 30	7:41—9:00	0.18	0.18	0.18	0.18	0.18	0.17	0.20	156
2017 - 12 - 4	8:30—9:45	0.11	0.13	0.12	0.11	0.12	0.12	0.14	157
2017 - 12 - 14	8:00—9:30	0.13	0.12	0.12	0.12	0.12	0.13	0.13	158
2017 - 12 - 25	8:35—9:50	0.14	0.14	0.14	0.14	0.14	0.14	0.14	159
2017 - 12 - 28	15:01—16:16	0.43	0.37	0.39	0.40	0.42	0.43	0.40	160
2017 - 12 - 31	8:22—9:37	0.18	0.17	0.17	0.17	0.18	0.19	0.18	161
2018 - 1 - 1	8:32—9:47	0.19	0.20	0.20	0.19	0.20	0.20	0.20	1
2018 - 1 - 4	7:38—9:10	0.11	0.12	0.11	0.11	0.12	0.12	0.13	2
2018 - 1 - 8	9:10—10:25	0.17	0.17	0.17	0.17	0.17	0.17	0.15	3

代表流速时段		$V_{sl(8-15)}$ 平均	$V_{sl(4-6)}$ 平均	$V_{sl(4-8)}$ 平均	$V_{sl(4-10)}$ 平均	$V_{sl(4-16)}$ 平均	$V_{sl(4-26)}$ 平均	V_{S25-3}	
日期	时间段	m/s	m/s	m/s	m/s	m/s	m/s	m/s	测次
2018-1-11	8:39—9:55	0.15	0.15	0.14	0.14	0.15	0.16	0.16	4
2018-1-17	7:23—8:38	0.13	0.11	0.11	0.12	0.12	0.13	0.12	5
2018-1-22	14:00—15:30	0.61	0.59	0.59	0.59	0.6	0.62	0.62	6
2018-1-23	8:00—9:15	0.15	0.16	0.15	0.15	0.15	0.16	0.18	7
2018-1-24	8:15—9:30	0.11	0.10	0.10	0.10	0.11	0.11	0.12	8
2018-2-2	8:46—10:01	0.16	0.17	0.17	0.16	0.17	0.16	0.15	9
2018-2-10	8:45—10:00	0.22	0.20	0.20	0.20	0.21	0.22	0.19	10
2018-2-15	14:20—15:35	0.23	0.21	0.22	0.22	0.23	0.23	0.23	11
2018-2-16	18:21—19:36	0.13	0.12	0.11	0.11	0.13	0.13	0.12	12
2018-2-22	14:27—15:42	0.16	0.17	0.17	0.17	0.17	0.17	0.16	13
2018-2-25	7:12—8:27	0.15	0.14	0.14	0.14	0.15	0.15	0.17	14
2018-3-5	8:45—10:00	0.13	0.13	0.13	0.13	0.13	0.14	0.13	15
2018-3-6	11:00—12:15	0.17	0.15	0.15	0.15	0.17	0.18	0.16	16
2018-3-11	16:44—17:59	0.19	0.20	0.19	0.18	0.19	0.20	0.21	17
2018-3-12	15:27—16:27	0.35	0.31	0.32	0.33	0.34	0.36	0.33	18
2018-3-16	5:45—7:00	0.12	0.11	0.11	0.11	0.12	0.13	0.13	19
2018-3-19	14:30—15:45	0.30	0.25	0.27	0.27	0.29	0.30	0.27	20
2018-3-20	14:00—16:15	0.29	0.28	0.29	0.28	0.29	0.30	0.29	21
2018-3-23	15:21—16:36	0.23	0.20	0.20	0.21	0.22	0.22	0.19	22
2018-3-31	12:30—13:46	0.41	0.39	0.39	0.39	0.40	0.42	0.43	23
2018-4-4	6:47—8:17	0.11	0.09	0.09	0.10	0.11	0.11	0.12	24
2018-4-13	8:05—9:20	0.64	0.58	0.60	0.60	0.63	0.65	0.68	25
2018-4-15	13:05—14:20	0.52	0.48	0.49	0.49	0.51	0.52	0.52	26
2018-4-16	22:42—23:57	0.73	0.68	0.69	0.70	0.72	0.73	0.80	27
2018-4-20	6:49—8:04	0.21	0.22	0.22	0.22	0.21	0.22	0.25	28
2018-4-23	16:00—17:30	0.90	0.82	0.83	0.84	0.88	0.89	0.91	29
2018-4-25	9:15—10:30	0.88	0.81	0.82	0.83	0.86	0.86	0.90	30
2018-4-25	17:00—18:30	1.46	1.36	1.38	1.40	1.44	1.47	1.50	31
2018-4-26	10:45—12:00	1.32	1.23	1.24	1.26	1.29	1.29	1.36	32
2018-4-27	8:45—10:00	0.95	0.88	0.89	0.91	0.93	0.93	0.93	33
2018-4-28	8:15—9:30	0.55	0.51	0.52	0.52	0.54	0.55	0.54	34
2018-5-14	14:37—16:52	0.83	0.77	0.78	0.78	0.79	0.78	0.81	35

代表流速时段		$V_{sl(8-15)}$ 平均	$V_{sl(4-6)}$ 平均	$V_{sl(4-8)}$ 平均	$V_{sl(4-10)}$ 平均	$V_{sl(4-16)}$ 平均	$V_{sl(4-26)}$ 平均	V_{S25-3}	
日期	时间段	m/s	m/s	m/s	m/s	m/s	m/s	m/s	测次
2018 - 5 - 15	7:07—8:22	0.17	0.16	0.16	0.16	0.17	0.17	0.17	36
2018 - 5 - 17	6:22—8:00	0.12	0.11	0.11	0.11	0.12	0.12	0.15	37
2018 - 5 - 20	8:39—9:54	0.44	0.41	0.42	0.42	0.43	0.44	0.41	38
2018 - 5 - 22	12:35—14:05	1.09	1.01	1.03	1.03	1.07	1.09	1.11	39
2018 - 5 - 22	20:05—21:35	1.55	1.47	1.48	1.50	1.52	1.55	1.56	40
2018 - 5 - 23	9:35—11:05	1.39	1.30	1.32	1.33	1.37	1.37	1.38	41
2018 - 5 - 24	9:35—11:05	1.56	1.43	1.46	1.48	1.52	1.54	1.60	42
2018 - 5 - 24	17:35—19:05	1.24	1.14	1.16	1.17	1.21	1.24	1.28	43
2018 - 5 - 25	10:50—12:50	1.14	1.07	1.08	1.09	1.12	1.13	1.15	44
2018 - 5 - 28	13:25—14:55	0.71	0.66	0.67	0.67	0.70	0.71	0.73	45
2018 - 6 - 5	6:18—7:33	0.16	0.15	0.15	0.15	0.16	0.17	0.18	46
2018 - 6 - 7	7:18—8:30	0.11	0.11	0.10	0.10	0.11	0.12	0.13	47
2018 - 6 - 19	6:10—7:40	0.94	0.87	0.88	0.89	0.92	0.94	0.98	48
2018 - 6 - 20	2:10—3:25	1.41	1.30	1.33	1.34	1.38	1.38	1.40	49
2018 - 6 - 20	8:55—10:25	1.57	1.47	1.49	1.51	1.54	1.55	1.56	50
2018 - 6 - 21	2:10—3:40	1.39	1.32	1.33	1.34	1.37	1.39	1.39	51
2018 - 6 - 22	14:10—15:25	0.81	0.77	0.79	0.78	0.80	0.80	0.84	52
2018 - 6 - 26	00:25—1:40	1.05	0.99	0.99	1.00	1.03	1.04	1.02	53
2018 - 6 - 26	9:55—11:25	1.65	1.53	1.56	1.58	1.62	1.62	1.62	54
2018 - 6 - 26	20:40—22:25	2.00	1.88	1.90	1.93	1.97	1.96	1.91	55
2018 - 6 - 27	10:55—12:55	2.19	2.00	2.04	2.08	2.13	2.13	2.06	56
2018 - 6 - 28	15:15—16:30	1.00	0.99	1.00	0.99	1.00	1.30	0.98	59
2018 - 6 - 29	9:00—10:30	1.21	1.12	1.14	1.15	1.19	1.18	1.23	60
2018 - 7 - 1	14:30—16:00	1.60	1.48	1.51	1.53	1.57	1.56	1.55	61
2018 - 7 - 5	8:50—11:35	2.63	2.38	2.45	2.50	2.58	3.13	2.50	71
2018 - 7 - 5	20:20—21:50	2.74	2.48	2.52	2.57	2.67	2.78	2.65	72
2018 - 7 - 6	17:20—18:50	2.63	2.38	2.44	2.48	2.56	2.62	2.54	73
2018 - 7 - 8	8:50—10:20	2.47	2.25	2.30	2.34	2.41	2.44	2.42	74
2018 - 7 - 9	8:40—10:10	2.04	1.89	1.93	1.96	2.00	2.00	2.03	75
2018 - 7 - 10	11:10—12:40	2.19	2.03	2.06	2.09	2.14	2.13	2.08	76
2018 - 7 - 10	16:55—18:40	2.62	2.38	2.44	2.49	2.56	2.60	2.56	77
2018 - 7 - 11	8:40—10:25	2.88	2.58	2.64	2.70	2.80	2.87	2.81	78

代表流速时段		$V_{sl(8-15)}$ 平均	$V_{sl(4-6)}$ 平均	$V_{sl(4-8)}$ 平均	$V_{sl(4-10)}$ 平均	$V_{sl(4-16)}$ 平均	$V_{sl(4-26)}$ 平均	V_{S25-3}	
日期	时间段	m/s	m/s	m/s	m/s	m/s	m/s	m/s	测次
2018-7-15	3:50—5:20	2.84	2.52	2.60	2.65	2.76	3.10	2.78	88
2018-7-15	9:05—10:50	2.32	2.07	2.12	2.18	2.25	2.79	2.19	89
2018-7-15	20:20—21:35	2.08	1.91	1.95	1.99	2.04	2.54	2.08	90
2018-7-16	8:00—9:45	2.44	2.21	2.27	2.31	2.38	2.46	2.36	91
2018-7-17	11:45—13:15	2.82	2.47	2.57	2.63	2.73	2.88	2.70	94
2018-7-18	10:30—12:00	2.29	2.07	2.12	2.16	2.24	2.28	2.17	95
2018-7-19	8:00—9:45	1.66	1.54	1.56	1.59	1.62	1.62	1.57	96
2018-7-19	20:30—21:45	1.17	1.08	1.09	1.11	1.15	1.16	1.17	97
2018-7-20	9:15—10:30	0.88	0.83	0.84	0.84	0.86	0.87	0.89	98
2018-7-21	16:30—17:45	1.20	1.12	1.13	1.13	1.18	1.22	1.25	99
2018-7-27	11:15—12:45	1.48	1.37	1.39	1.41	1.45	1.46	1.45	100
2018-7-31	8:31—10:16	1.65	1.52	1.55	1.57	1.61	1.61	1.62	101
2018-8-2	9:35—11:20	1.47	1.37	1.40	1.41	1.44	1.44	1.41	102
2018-8-2	17:50—20:05	1.71	1.60	1.62	1.65	1.68	1.69	1.70	103
2018-8-3	8:35—10:35	2.37	2.17	2.23	2.27	2.23	2.35	2.34	104
2018-8-3	14:05—16:20	2.16	2.01	2.05	2.08	2.12	2.13	2.11	105
2018-8-3	22:14—23:44	1.40	1.30	1.32	1.34	1.37	1.39	1.41	106
2018-8-4	8:20—9:35	0.95	0.87	0.89	0.90	0.93	0.97	0.98	107
2018-8-4	18:50—20:35	1.70	1.57	1.60	1.62	1.66	1.68	1.73	108
2018-8-5	9:05—10:35	1.38	1.28	1.31	1.33	1.36	1.35	1.39	109
2018-8-5	16:20—17:50	0.99	0.93	0.94	0.95	0.97	0.98	1.05	110
2018-8-6	6:05—7:35	1.33	1.24	1.26	1.28	1.30	1.31	1.34	111
2018-8-7	9:45—11:15	0.87	0.83	0.83	0.83	0.86	0.87	0.86	112
2018-8-7	20:15—21:45	1.34	1.25	1.26	1.27	1.32	1.36	1.36	113
2018-8-18	8:47—10:02	0.53	0.47	0.48	0.49	0.51	0.53	0.53	114
2018-8-19	8:17—9:47	0.86	0.79	0.80	0.81	0.84	0.87	0.88	115
2018-8-20	11:13—12:43	0.49	0.47	0.47	0.47	0.49	0.50	0.50	116
2018-8-23	9:13—10:40	0.72	0.66	0.68	0.69	0.70	0.72	0.71	117
2018-8-26	9:10—10:25	0.64	0.60	0.61	0.60	0.63	0.64	0.66	118
2018-9-3	8:15—9:40	0.34	0.31	0.31	0.32	0.33	0.33	0.33	119
2018-9-7	9:00—10:30	0.92	0.84	0.85	0.86	0.89	0.92	0.96	120
2018-9-12	15:30—17:00	0.66	0.62	0.63	0.63	0.65	0.66	0.67	121

| 代表流速时段 | | $V_{sl(8-15)}$ 平均 | $V_{sl(4-6)}$ 平均 | $V_{sl(4-8)}$ 平均 | $V_{sl(4-10)}$ 平均 | $V_{sl(4-16)}$ 平均 | $V_{sl(4-26)}$ 平均 | V_{S25-3} | |
日期	时间段	m/s	m/s	m/s	m/s	m/s	m/s	m/s	测次
2018-9-13	14:40—15:55	0.27	0.25	0.25	0.25	0.26	0.28	0.28	122
2018-9-17	8:25—9:55	0.42	0.39	0.39	0.40	0.41	0.42	0.45	123
2018-9-19	16:40—17:55	0.84	0.78	0.79	0.80	0.83	0.85	0.88	124
2018-9-20	11:24—12:54	0.84	0.77	0.78	0.79	0.82	0.83	0.86	125
2018-9-20	20:24—21:39	1.01	0.95	0.96	0.96	0.99	1.01	1.01	126
2018-9-21	14:09—15:39	1.73	1.59	1.62	1.65	1.69	1.68	1.69	127
2018-9-22	13:09—14:39	1.52	1.39	1.42	1.44	1.48	1.48	1.50	128
2018-9-23	12:24—13:39	0.87	0.80	0.81	0.82	0.85	0.86	0.87	129
2018-9-27	9:15—10:45	0.57	0.52	0.52	0.53	0.55	0.56	0.58	130
2018-9-30	9:45—11:15	0.69	0.64	0.65	0.66	0.67	0.69	0.71	131
2018-10-2	11:15—12:30	0.59	0.55	0.55	0.56	0.58	0.59	0.60	132
2018-10-4	10:00—11:15	0.80	0.76	0.78	0.77	0.79	0.80	0.85	133
2018-10-7	16:15—17:45	0.59	0.57	0.58	0.58	0.59	0.60	0.62	134
2018-10-10	17:00—18:30	0.52	0.49	0.49	0.49	0.51	0.53	0.55	135
2018-10-15	8:45—10:15	0.60	0.54	0.55	0.56	0.58	0.60	0.64	136
2018-10-16	7:45—9:15	0.37	0.35	0.36	0.36	0.36	0.35	0.42	137
2018-10-18	15:00—16:30	0.75	0.69	0.70	0.71	0.73	0.76	0.81	138
2018-10-20	7:30—9:00	0.14	0.14	0.14	0.14	0.14	0.14	0.16	139
2018-10-20	9:15—10:15	0.18	0.18	0.18	0.17	0.17	0.18	0.18	140
2018-10-21	9:00—10:15	0.18	0.18	0.18	0.18	0.18	0.18	0.20	141
2018-10-27	8:30—9:45	0.26	0.28	0.28	0.28	0.27	0.25	0.29	142
2018-10-29	12:30—14:15	0.47	0.44	0.45	0.45	0.46	0.48	0.52	143
2018-10-30	8:15—9:30	0.16	0.17	0.17	0.16	0.16	0.16	0.19	144
2018-11-4	7:02—8:32	0.12	0.12	0.12	0.11	0.12	0.12	0.13	145
2018-11-5	9:30—10:45	0.15	0.15	0.15	0.15	0.15	0.16	0.14	146
2018-11-11	8:15—9:45	0.70	0.66	0.67	0.67	0.69	0.70	0.76	147
2018-11-15	15:10—16:25	0.58	0.54	0.55	0.55	0.57	0.60	0.67	148
2018-11-18	9:10—10:25	0.14	0.14	0.14	0.14	0.14	0.14	0.14	149
2018-11-19	13:06—14:36	0.40	0.36	0.37	0.37	0.39	0.40	0.41	150
2018-12-4	15:15—16:30	0.22	0.24	0.23	0.22	0.23	0.23	0.27	151
2018-12-28	8:45—10:00	0.19	0.21	0.21	0.20	0.20	0.21	0.22	152
2018-12-30	8:00—9:30	0.38	0.36	0.36	0.36	0.37	0.36	0.39	153

结合以上分析数据,采用 H-ADCP 的代表流速 V_{sl} 与常规流速仪的流速 V_{S25-3} 进行回归分析时,各种不同的代表流速段按照一元线性、一元二次等多种代表流速回归方程进行分析计算,率定 2017—2018 年的综合代表流速方案,通过误差分析及其他综合因素得出最合理的代表流速为 $V_{sl(4-8)}$。

（4）一元线性回归方程方案

将代表流速和流速仪断面平均流速按一元线性回归方程建立关系,即

$$V_{S25-3} = b_1 + b_2 V_{SL} \tag{8.2-5}$$

通过表 8.2-10 数据率定缆道流速仪法 V_{S25-3} 与 H-ADCP 的 $V_{sl(4-8)}$ 代表流速段的一元线性回归方程关系,见图 8.2-25。

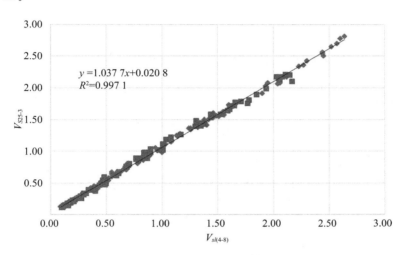

图 8.2-25　V_{S25-3} 与 $V_{sl(4-8)}$ 的一元线性回归方程关系图

根据上述分析可得:

$$V_{S25-3} = 1.037\,7 V_{sl(4-8)} + 0.020\,8 \tag{8.2-6}$$

由以上图表可以得到相应的不同单元段方案一元线性回归方程成果,见表 8.2-11。

表 8.2-11　不同单元段方案的一元线性回归方程成果表

序号	方案	综合资料率定公式	相关系数 R^2
1	$V_{sl(8-15)}$	$V_{S25-3} = 0.968\,0 V_{sl(8-15)} + 0.030\,0$	0.997 0
2	$V_{sl(4-6)}$	$V_{S25-3} = 1.060\,9 V_{sl(4-6)} + 0.015\,8$	0.997 0
3	$V_{sl(4-8)}$	$V_{S25-3} = 1.037\,7 V_{sl(4-8)} + 0.020\,8$	0.997 1
4	$V_{sl(4-10)}$	$V_{S25-3} = 1.017\,6 V_{sl(4-10)} + 0.028\,5$	0.996 9
5	$V_{sl(4-16)}$	$V_{S25-3} = 0.992\,6 V_{sl(4-16)} + 0.025\,4$	0.997 1
6	$V_{sl(4-26)}$	$V_{S25-3} = 1.017\,6 V_{sl(4-26)} + 0.028\,5$	0.996 9

（5）一元二次回归方程方案

分析建立相应的一元二次回归方程:

$$V_{S25-3} = b_1 V_{SL(x-x)}^2 + b_2 V_{SL(x-x)} + b_3 \tag{8.2-7}$$

通过表 8.2-10 数据率定缆道流速仪法 V_{S25-3} 与 H-ADCP 的 $V_{sl(4-8)}$ 代表流速段的一元二次回归方程关系,见图 8.2-26。

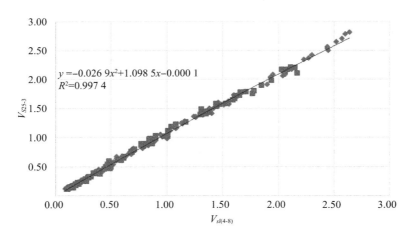

图 8.2-26 V_{S25-3} 与 $V_{sl(4-8)}$ 的一元二次回归方程关系图

根据上述分析可得：

$$V_{S25-3} = -0.026\ 9V_{sl(4-8)}^2 + 1.098\ 5V_{sl(4-8)} - 0.000\ 1 \tag{8.2-8}$$

由以上图表可以得到相应的不同单元段方案一元二次回归方程成果，见表 8.2-12。

表 8.2-12 不同单元段方案一元二次回归方程成果表

序号	方案	综合资料率定公式	相关系数 R^2
1	$V_{sl(8-15)}$	$V_{S25-3} = -0.033\ 8V_{sl(8-15)}^2 + 1.050\ 0V_{sl(8-15)} - 0.000\ 1$	0.997 7
2	$V_{sl(4-6)}$	$V_{S25-3} = -0.021\ 5V_{sl(4-6)}^2 + 1.108\ 5V_{sl(4-6)} - 0.000\ 3$	0.997 2
3	$V_{sl(4-8)}$	$V_{S25-3} = -0.026\ 9V_{sl(4-8)}^2 + 1.098\ 5V_{sl(4-8)} - 0.000\ 1$	0.997 4
4	$V_{sl(4-10)}$	$V_{S25-3} = -0.032\ 0V_{sl(4-10)}^2 + 1.091\ 3V_{sl(4-10)} + 0.002\ 8$	0.997 4
5	$V_{sl(4-16)}$	$V_{S25-3} = -0.031\ 7V_{sl(4-16)}^2 + 1.067\ 7V_{sl(4-16)} - 0.001\ 7$	0.997 7
6	$V_{sl(4-26)}$	$V_{S25-3} = -0.032\ 0V_{sl(4-26)}^2 + 1.091\ 3V_{sl(4-26)} + 0.002\ 8$	0.997 4

在建立好各种不同方案的代表流速回归方程后，根据综合分析的结果，选取 $V_{sl(4-8)}$ 的一元线性方程 $V_{S25-3} = 1.037\ 7V_{sl(4-8)} + 0.020\ 8$ 为北碚水文站 H-ADCP 代表流速优选方案。

将选定的 $V_{sl(4-8)}$ 代入公式计算 2019 年 1—7 月的 H-ADCP 代表流速，从而验证选取公式的合理性。误差统计分析见表 8.2-13。

表 8.2-13 北碚站 H-ADCP $V_{sl(4-8)}$ 方案误差统计分析表

序号	施测号数	年份	月	日	相应水位（m）	V_{S25-3}（m/s）	一元线性综合公式 $V_{sl(4-8)}$（m/s）	相对误差（%）
1	1	2019	1	1	174.88	0.45	0.42	-6.67
2	2	2019	1	4	174.61	0.39	0.39	0.00
3	3	2019	1	5	173.35	0.17	0.16	-5.88
4	4	2019	1	7	174.28	0.34	0.36	5.88
5	5	2019	1	8	174.28	0.33	0.34	3.03
6	6	2019	1	9	173.25	0.18	0.18	0.00
7	9	2019	1	21	173.19	0.17	0.19	11.76
8	11	2019	2	2	172.84	0.12	0.13	8.33

序号	施测号数	年份	月	日	相应水位 (m)	V_{S25-3} (m/s)	一元线性综合公式 $V_{sl(4-8)}$ (m/s)	相对误差（%）
9	12	2019	2	14	173.45	0.22	0.23	4.55
10	13	2019	2	16	172.80	0.14	0.14	0.00
11	14	2019	2	25	173.85	0.26	0.29	11.54
12	15	2019	3	10	173.96	0.29	0.29	0.00
13	16	2019	3	15	174.62	0.44	0.41	−6.82
14	18	2019	3	23	172.82	0.13	0.14	7.69
15	19	2019	3	29	172.99	0.17	0.15	−11.76
16	20	2019	4	9	173.72	0.25	0.28	12.00
17	21	2019	4	10	175.55	0.63	0.64	1.59
18	22	2019	4	12	174.18	0.33	0.38	15.15
19	23	2019	4	13	176.05	0.77	0.72	−6.49
20	24	2019	4	19	174.45	0.37	0.37	0.00
21	25	2019	4	21	175.28	0.57	0.56	−1.75
22	26	2019	4	22	176.39	0.82	0.79	−3.66
23	27	2019	5	3	172.89	0.15	0.15	0.00
24	28	2019	5	9	176.46	0.87	0.82	−5.75
25	29	2019	5	19	177.07	0.97	0.98	1.03
26	30	2019	5	22	178.35	1.21	1.06	−12.40
27	31	2019	5	23	175.15	0.53	0.52	−1.89
28	32	2019	6	5	175.43	0.67	0.64	−4.48
29	33	2019	6	5	177.24	1.10	1.06	−3.64
30	34	2019	6	6	179.90	1.64	1.68	2.44
31	35	2019	6	6	179.61	1.50	1.47	−2.00
32	36	2019	6	7	177.82	1.05	1.12	6.67
33	37	2019	6	7	174.70	0.41	0.41	0.00
34	38	2019	6	8	177.01	1.00	0.97	−3.00
35	39	2019	6	16	177.18	1.01	1.02	0.99
36	40	2019	6	21	177.90	1.20	1.19	−0.83
37	41	2019	6	22	177.64	1.23	1.24	0.81
38	42	2019	6	22	179.37	1.53	1.51	−1.31
39	43	2019	6	22	181.33	1.90	1.89	−0.53
40	44	2019	6	22	181.23	1.84	1.86	1.09
41	45	2019	6	23	181.65	1.87	1.96	4.81
42	46	2019	6	23	180.23	1.63	1.64	0.61
43	47	2019	6	25	178.36	1.22	1.16	−4.92
44	56	2019	7	2	176.60	0.81	0.82	1.23
45	57	2019	7	5	177.43	1.06	1.10	3.77
46	58	2019	7	11	174.23	0.33	0.35	6.06
47	59	2019	7	17	178.52	1.37	1.34	−2.19
48	60	2019	7	17	181.16	1.97	1.97	0.00

续表

序号	施测号数	年份	月	日	相应水位(m)	V_{S25-3}(m/s)	一元线性综合公式 $V_{sl(4-8)}$(m/s)	相对误差(%)
49	61	2019	7	18	181.04	1.92	1.93	0.52
50	62	2019	7	18	183.56	2.40	2.41	0.42
51	63	2019	7	18	186.20	2.82	2.80	−0.71
52	65	2019	7	20	187.04	2.77	2.68	−3.25
53	66	2019	7	21	185.14	2.46	2.46	0.00
54	67	2019	7	21	182.47	2.01	2.02	0.50
55	68	2019	7	22	179.68	1.42	1.45	2.11
56	73	2019	7	25	181.75	1.85	1.86	0.54
57	74	2019	7	27	180.61	1.58	1.68	6.33
58	75	2019	7	28	178.31	1.17	1.18	0.85
59	76	2019	7	29	177.13	1.01	0.95	−5.94
60	77	2019	7	30	178.53	1.33	1.33	0.00
61	78	2019	7	30	180.91	1.85	1.95	5.41
62	79	2019	7	31	181.87	1.90	1.94	2.11
系统误差						0.6%		
标准差						5.3%		

在2019年的验证关系中,3月18日7:25—3月19日17:25数据缺失是数据内存不足造成的。6月28日2:27—7月2日5:50、7月22日16:15—7月25日8:00因相应沙量变化较大,出现了H-ADCP代表流速区间流速棒紊乱,所以舍去这些时段的相应率定验证资料。

根据以上选定的验证资料,绘制北碚站验证的$V_{sl(4-8)}$流速残差图,如图8.2-27所示。由图可知,残差均匀分布在0值附近,没有趋势变化特征,点子过程合理离散,说明北碚站$V_{sl(4-8)}$一元线性方程适用于北碚站H-ADCP代表流速。

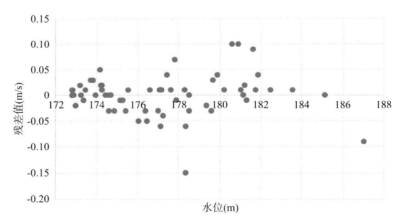

图8.2-27 北碚站$V_{sl(4-8)}$流速残差图

结合表8.2-13验证的$V_{sl(4-8)}$一元线性误差统计分析结果,分析样本为62个,相对误差大于10%的样本为6个,系统误差为0.6%,标准差为5.3%。如不考虑流速在0.2 m/s以下的比测点,则分析样本为54个,相对误差大于10%的样本为4个,系统误差为0.4%,标准差为4.8%。

上述样本比测数据分析论证表明,用北碚站H-ADCP代表流速来代表断面平均流速是可行的。

通过2019年的验证分析论证,结合残差图、北碚站的水流特性,以及H-ADCP受水量、沙量变化影响的分析,在分析的水量、沙量变化值范围内,选取 $V_{sl(4-8)}$ 的一元线性方程 $V_{S25-3}=1.037\ 7V_{sl(4-8)}+0.020\ 8$ 作为推荐方案是合适的。

6. 质量保证措施

1) 投产测验保证措施

(1)采用数据后处理软件对北碚站水位、面积、代表流速等水力因素进行综合计算,并按照整编资料规范要求生成整编文件。投产后,开发相关软件,实现自记水位与 H‐ADCP 代表流速同步接入,同步报汛。

(2)对存储在 H‐ADCP 中的数据,坚持每隔 3~4 天进行数据提取,并严格记录文件采集开始、结束时间,回放 H‐ADCP 数据,确保取数据时段内,数据合理可靠。

取数据时,应时间较短,并应避开在 8 段次等整点时间段内取数据,确保数据的连续性。

投产后,研究软件实现 H‐ADCP 数据远程传输、在线监测、实时报汛,避免出现人工取数据导致部分时段数据中断的现象。

(3)加强 H‐ADCP 日常运行、维护保养

定期将 H‐ADCP 探头提上来进行清理工作,并做好维护记录。严格控制每次提放 H‐ADCP 的纵、横摇角度与初始值变化,控制在 ±0.5°,并确保水下放置位置前后一致,以确保数据的系统性。

正式投产后,受 ADCP 探头位置安装较低(高程为 172.52 m)的影响,寻求改成滑车式,方便及时检查与修复。若不能改成滑车式,且水位较高,H‐ADCP 代表流速出现故障时,无法取出 H‐ADCP 探头维护,则应及时恢复缆道流速仪法或者用其他方式测流。

(4)H‐ADCP 实现在线传输、实时报汛时,通过实时监测代表流速变化状态,及时研判是否需要采用其他测验方式,确保流量监测到位。

研究相应的 H‐ADCP 快速处理报汛软件,实现 H‐ADCP 实时报汛,在线监测,资料的整理、整编。

(5)投产后,代表流速率定关系应每年在高中低不同流量级率定一次以上,以验证关系的稳定性。

2) 质量管理体系

(1)加强全面质量管理

合川分局成立北碚水文站 H‐ADCP 测量的质量保证小组,并贯穿于项目实施全过程,其主要任务是项目质量保障和项目质量控制。项目质量保障是一种预防性、提高性和保障性的质量管理活动,而项目质量控制是一种过程性、纠偏性和把关性的质量管理活动。

项目质量保障的主要方法是质量审核,通过质量审核,评价项目审核对象的现状对规定的符合性,并确定是否需要采取持续改进、纠正和预防的措施。

项目质量保障的主要内容:厘清项目质量特性及要求,制定科学的质量标准,建立健全项目质量体系,配备合格与必要的资源,持续改进质量,全面控制项目变化过程。

项目质量控制的主要内容:项目质量的监视与测量、项目质量与质量标准的符合情况比较、项目质量误差的确认、项目质量问题的原因分析及采取的纠正措施等一系列活动。

(2)编制项目质量计划

依据有关技术标准与规定,编制北碚站 H‐ADCP 实施方案,包括项目质量计划、项目过程质量工序管理、质量校审及验收准则、质量清单等文件。

(3)做好资源的合理、可靠配置

资源包括人力资源、物力资源和财力资源,确保 H‐ADCP 流量测验的有效实施是保证质量的根本。H‐ADCP 每年要与常规流速率定进行合格确认;测验、分析、整编人员均需通过专业技术与相关业务培训,经上岗资格考核合格后持证上岗。

（4）强化过程动态质量控制

实行项目、技术、质量负责制，从水文测验到资料分析、整编全过程，按 PDCA 模式开展工作，并强化"事前指导控制、事中检查控制和事后校审控制"重点环节的工序管理。

合川分局不定期到现场进行过程控制和检查，测验完成后及时进行测验成果的合理性检查，确认数据、图表资料无误后，方可放行进入整编工序流程。所有测验资料均按任务书要求的规定时间及时交付。

7. 结论

（1）经过对 2017—2018 年北碚站 H - ADCP 与流速仪断面流速的比测资料分析，北碚站 H - ADCP 代表流速采用 4～8 单元段，推荐采用公式为 $V_{S25-3} = 1.037\ 7V_{sl(4-8)} + 0.020\ 8$。经过 2019 年 1—7 月的资料验证，系统误差为 0.6%，标准差为 5.3%，北碚站 H - ADCP 可投产使用。投产的水位范围为 172.72～182.20 m，含沙量范围为 1.50 kg/m³ 及以下。当水位和含沙量超出范围时，应采用缆道流速仪法等其他流量测验方式进一步比测。

（2）北碚站洪水水位达到 182.20 m 及以上时或含沙量达到 1.50 kg/m³ 及以上时，应密切注意 H - ADCP 代表流速区间流速棒的变化情况，流速棒开始紊乱时，根据情况采用缆道流速仪法等其他流量测验方式进行同步测验、整编推流定线，确保推求的水位流量关系保持衔接。

（3）特殊情况下，当 H - ADCP 出现代表流速区间段距离在 40 m 以内时流速棒开始紊乱的情况，必须恢复其他流量测验方式。

8.2.2 垂直式声学多普勒流速剖面仪（V - ADCP）法

8.2.2.1 V - ADCP 测流原理

目前，声学多普勒流量在线监测系统主要有 V - ADCP 和 H - ADCP 两种，其测流原理为：声学多普勒传感器发射的超声波遇到水中和水一起流动的悬浮物时会产生反射，部分声波反射至发射端被声学多普勒流速测量传感器接收，且反射回来的声波频率随流速的大小变化而发生变化，根据频率大小可计算出各层水流某一段上各点的矢量流速，通过比测率定建立稳定的层流速与断面平均流速的关系，测量水深，并根据水深和仪器安装高程算出水位，由"水位-过水面积关系表"得到过水面积，现场数据采集仪利用声学多普勒流速测量传感器提供的流速数据及水位数据采用"指标流速法"实时计算流量，或用流量计算模型直接计算流量。由于 V - ADCP 采用垂向式安装、代表垂线测流，与人工测流普遍使用的流速仪代表垂线法测流原理一致，因此得到了较为广泛的推广应用。

8.2.2.2 V - ADCP 系统组成

V - ADCP 主机配置 3 个换能器，换能器与 ADCP 成一定的夹角，每个换能器既是发射器又是接收器。换能器发射某一固定频率的声波，然后接收水体中颗粒物散射回来的声波。V - ADCP 主机安装在河底，3 个换能器向水面发射 3 束测流波束，获得 3 个方向上多个水流层面的精确流速，利用 3 个声束上的单元流速得到整个断面的平均流速。主机带有超声波水位计，能进行水深测量。根据预先输入的实测大断面成果数据，建立流速-流量函数关系，积分后得到断面流量。

8.2.2.3 V - ADCP 安装测验

V - ADCP 自动测流系统是在测流断面测速垂线起点距的河床，采用混凝土块或混凝土桩或其他材料进行施工，构造固定垂向式 ADCP 的基础。为了便于安装、调整、维护维修，一般在固定垂向式 ADCP 的基础上安装升降套件，从而可以方便地把 V - ADCP 传感器从河底升至水面，从水面降至河底。V - ADCP 自动测流系统设备安装剖面示意图如图 8.2-28 所示。

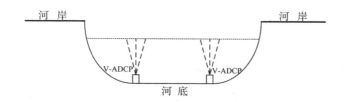

图 8.2-28 垂直式声学多普勒流速剖面仪(V-ADCP)安装示意图

8.2.3 走航式声学多普勒流速剖面仪法

8.2.3.1 走航式 ADCP 测流原理

走航式 ADCP 利用声学多普勒效应进行测流。走航式 ADCP 向水中发射固定频率的声波短脉冲。这些声脉冲碰到水中的散射体(浮游生物、泥沙等)将发生散射。换能器发射出一定频率的脉冲,该脉冲碰到水体中的悬浮物质后产生后向散射回波信号,该信号为走航式 ADCP 所接收。悬浮物质随流而漂移,使该回波信号的频率与发射的频率之间产生一个频差,即多普勒频移。

8.2.3.2 走航式 ADCP 系统组成

为了测量三维流速,走航式 ADCP 一般装备有 4 个换能器。每个换能器与 ADCP 轴线成一定夹角,其轴线即为一个声束坐标。每个换能器测量的流速是水流沿其声束坐标方向的速度。通过 ADCP 上安装的罗盘和倾斜仪,可以将测得的相对于 ADCP 坐标系的三维流速转换成地理坐标下的三维流速。

走航式 ADCP 在软件设备方面一般会使用 WinRiver。与其他类型的软件设备不同,WinRiver 不仅具有极高的信息传输能力,自然的抗干扰能力也十分优越,能够在相对糟糕的环境中对水文环境的数据资料进行准确分析与储存。通常情况下,ADCP 的软件设备会对整个测验点的坐标位置、测验范围、水流流向以及时均流速进行全方位记录,并且根据现场实际情况对整个水文环境的回声强度以及水温情况进行数据分析,以此来确保最终测量结果的精度不会产生较大的偏差。

8.2.3.3 走航式 ADCP 安装测验

外业操作符合下列要求:

(1) 走航式 ADCP 测流系统应安装牢固,避免测量时换能器探头发生偏转或抖动。

(2) 走航式 ADCP 测验参数应保持相对固定,不应随意调整。

(3) 尽可能施测至近岸边,并记录近岸边的坐标值,以推算距水边的距离。

(4) 当底跟踪(BTM)模式下的断面流量比 GPS 模式下的断面流量偏小 1% 时,应采用 GPS 模式下的流量作为断面流量。

(5) 流量测验应施测两个测回,任一次底跟踪(BTM)或 GPS 模式下的测量值与平均值的相对误差不应大于 5%,否则补测同向的一个测次流量。当断面流场出现顺逆不定或流量较小的情况时,可不考虑单次流量间的相对误差,流量取施测两个测回的平均值。

测验过程中,应对走航式 ADCP 的施测数据进行回放检查,并剔除不合理数据。资料整理应符合下列要求:

(1) 水面宽应采用水位在实测大断面上插补求得。

(2) 走航式 ADCP 测验计算中与两岸边的水边距,应根据水位在大断面上插补开始、结束位置的水边距求得。文本文件输出前,应在回放软件中对水边距离进行改正,并重新进行流量计算。

(3) 断面面积、最大流速、最大水深等特征值,在回放软件中摘录。断面面积为各测回的平均值,最大流速、最大水深为各半测回中的最大值,断面平均流速用断面流量除以断面面积求得,平均水深用断面面积除以水面宽求得。对特征值数据应进行合理性检查,不合理的应舍去。

（4）断面流量以各测次的流量平均值统计。

8.2.3.4　比测内容和方法

在进行流量比测的过程中,水文站相关人员需要根据现场的实际情况进行相应的调整与规划。在整个比测环节,相关人员所采用的走航式 ADCP 横渡法需要与之前所用到的流速仪法进行相应的对比,在这一过程中,整个施工工艺都要符合相关水文环境测量需求,以此来确保数据对比的有效性不会因外界因素而受到影响。对于水文站的测验工作而言,流量比测无疑是十分重要的,通过与常规测量方法所测结果的比较,相关人员不仅能够直观地感受到水体质量的偏差,同时还能为日后的河流规划提供较为详细的数据支持。

垂线定点流速比测是水文站在使用走航式 ADCP 设备时最常用到的比测方法。通常情况下,在水文站流速仪测流断面中,水文站工作人员需要先对 ADCP 的垂线位置进行速度测验,并且以 ADCP 浮船为参考物,利用流速仪一同进行相应的同步流速分析。

8.2.3.5　用 WLAN 传输无线数据

1. 简述

走航式 ADCP 具有测量时间短、测量精度高的特点,这些年被陆续引入国内水文流量测量领域,是目前最先进的测流设备之一。

走航式 ADCP 在国内一般被安置于测船上,ADCP 的通信接口通过电缆直接与船上的工作计算机连接,其在控制信号和数据与计算机之间的通信传输方面非常可靠,所以走航式 ADCP 在测船上的应用非常成功。

长江委水文上游局下属站点除有船测站外,还有大量的缆道型水文站,水文测量主要通过缆道钢索上悬挂的铅鱼进行。如果将走航式 ADCP 安装在铅鱼上,在水道中拖动时,水中的 ADCP 与岸上计算机之间无法直接连接实现相互的通信。

水文缆道的钢绳中没有内嵌通信电缆,常规测流、取沙的数据都是通过钢绳与水体之间构成的"一线一地"通信通道传输的。由于 ADCP 数据量大,传输速率快,也无法采用长江委水文上游局一直使用的"一线一地"通信方式,就需要设计新的传输方式,来实现水道中的走航式 ADCP 与岸上计算机之间的通信,这是保证走航式 ADCP 在长江委水文上游局缆道水文站成功应用的关键。

长江委水文上游局要求设计的走航式无线数据传输方案通信可靠,易于实现,成本低,利于推广。对 ADCP 的传输特点、使用方式和使用环境进行了详细的研究。最初的设计方案是采用全双工无线数传电台作为水下 ADCP 和岸上计算机的"沟通渠道",ADCP 数据和计算机指令都通过无线电台调制信号进行编码和解码。

这种方案是可行的,需要无线数传电台空中传输的波特率达到 19 200 bps 以上。经试验,国产无线电台空中传输的实际波特率最高只能达到 9 600bps。此波特率下 ADCP 上传数据没有问题,若在数据传输过程中插入控制指令则不可靠,时通时断,计算机软件无法实现对 ADCP 的有效控制。而国外配套的高速无线数传电台速率上能达到通信要求,但价格昂贵,需要数万元。

如何实现成本低廉、通信可靠的大数据量的高速率无线通信呢？经过对目前使用的几种无线通信技术的研究和消化,终于确定采用无线局域网（Wireless Local Area Network,WLAN）技术实现 ADCP 的数据传输,并根据走航式 ADCP 的使用模式设计通信传输方案。通过不断试验和测试,终于成功解决了无线通信问题,实现了走航式 ADCP 的无线数据通信。

2. WLAN 技术介绍

WLAN 是一种利用射频技术实现数据传输的通信系统。IEEE（美国电子和电气工程师协会）组织制定的 IEEE 802.11b 是无线局域网的一个标准,其载波的频率为 2.4 GHz,传送速度为 11 Mbit/s。这是所有无线局域网标准中最著名,也是普及最广的标准。IEEE 802.11b 的后继标准是 IEEE 802.11 g,

其传送速度达到 54 Mbit/s,这是目前最常用的一个标准。

无线局域网的主要特性是速度快,可靠性高。由于无线局域网的频段在世界范围内是无需任何电信运营执照的免费频段,因此 WLAN 无线设备提供了一个世界范围内可以使用的、费用极其低廉且数据带宽极高的无线空中接口。

采用无线局域网技术作为岸上计算机与水下 ADCP 的通信载体,在通信速率上是完全满足要求的。

3. 实现方案

(1) 通信方案介绍

根据 WLAN 的通信拓扑结构和特点,选择在岸上建立无线接入点,即 AP(Access Point),也叫网络桥接器。AP 由无线路由器构成,无线路由器与计算机之间通过以太网模式连接。水下建立功能类似无线网卡的 WLAN 通信模块,功能是通信客户端,模块与 ADCP 之间通过 RS－422 连接。水下通信装置安装在密封箱内,工作时位于水体中,通信天线伸出水面,与岸上计算机进行通信。通信方案示意图如图 8.2-29 所示。

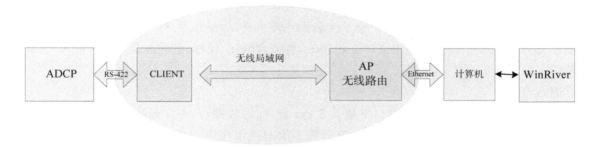

图 8.2-29　WLAN 通信方案示意图

(2) 增加传输距离

WLAN 是一种短程无线传输技术,一般家用或办公的有效传输距离在几十米,开放地段 300 m 左右。而满足测站整个断面的有效数据传输距离至少要保证 500 m。

通过增大无线路由设备功率和改换高增益天线或定向天线的办法来解决远距离传输问题。经过实验,通过改进的 WLAN 通信设备,有效通信距离超过 700 m,完全满足缆道站断面测量要求。

(3) 实现与 WinRiver 软件接口

在测船上使用走航式 ADCP 时,ADCP 通过 RS422－RS232 转换器直接连到工作计算机的串行口上,WinRiver 软件通过选择对应的计算机串行口,就可与 ADCP 通过串口通信,实现数据的传输和处理。而在缆道水文站通过 WLAN 无线通信,水下 ADCP 的数据被加载成以太网数据包的格式传回计算机,WinRiver 软件无法直接获取 TCP/IP 数据,必须将 TCP/IP 数据包转换成 WinRiver 软件支持的串行接口数据,才能被 WinRiver 软件识别和读取。

通过虚拟串口的办法,在 Windows 驱动层将以太网 IP 地址映射成计算机的虚拟串口,这样,每个 TCP/IP 数据包被转换成 RS－232 串行格式数据。从本地用户的角度来看,这种虚拟的串口完全跟本地原生的串口没有区别。计算机上的软件,比如 WinRiver 就可以像以前测船的有线连接方式一样,通过这个虚拟的串行口,对水下的 ADCP 进行控制和通信。映射关系示意图如图 8.2-30 所示。

图 8.2-30　映射关系示意图

4. 使用效果

在长江委水文上游局机关办公楼顶上采用试验样机距离寸滩水文站 1 km 左右进行点对点远距离传输测试,偶尔有丢包现象,属于正常范围,不影响数据有效性。在北碚水文站进行真机下水测试,全断面控制和数据传输一切正常,效果非常好。

加装了 WLAN 通信设备的走航式 ADCP 目前已经在长江委水文上游局下属溪洛渡推移质专用站成功投产运行。

5. 结论

从使用的情况看,采用无线局域网技术,解决走航式 ADCP 大数据量高速率传输问题,实现水文缆道站的 ADCP 测流,是目前最好的解决方案。这种解决方案的成本费用远远低于采购国外的无线通信设备,而且通信传输可靠,实现方便,可以在水文测站大力推广应用。

8.2.3.6　寸滩水文站应用实例

1. 概况

寸滩水文站由前扬子江水利委员会设立于 1939 年 2 月,1947 年 7 月由长江水利工程总局改名为重庆水文站,1949 年 12 月由长江水利委员会又改名为寸滩水文站,沿用至今。寸滩水文站位于重庆市寸滩三家滩,集水面积 866 559 km²,距河口 2 495 km,控制着岷江、沱江、嘉陵江及赤水河汇入长江后的基本水情。

2. 测站特性

测验河段位于长江与嘉陵江汇合口下游 7.5 km 处,河段较顺直,左岸较陡,右岸为卵石滩,高水有九条石梁横布断面附近,左岸上游 550 m 处有砂帽石梁起挑水作用,中泓偏向左岸,断面下游急转处有猪脑滩为低水控制,再下游 8 km 处有铜锣峡起高水控制,河床为倒坡,断面基本稳定。

3. 寸滩水文站的传统测验方式面临的问题

(1) 寸滩现代化发展的要求

随着现代科技的发展,各行各业都在加大对传统手段和技术的改造。作为水利的基础,水文事业也必须适应当前形势的要求,提高科技水平和技术含量,对水文要素的监测必须提高测验的精确度和劳动效率。水文现象普遍存在着短时间尺度的偶然性和长序列的规律必然性,因此,对水文要素施测的时效性和精确度的要求越来越高,甚至要求在线实时监测和监控信息的传输,这都对水文测验技术提出了很高的要求,必须尽快转变测验手段和技术,以适应现代水文的要求。寸滩站作为长江的五大重要控制站之一,也是全国首批重要站,其现代化水平理应走在前列。同时由于国家重点工程——三峡工程的兴建,它又作为入库站,承担着为三峡工程提供水文服务的任务,三峡工程的决策、重大技术问题如泥沙问题的解决、施工进度的组织和计划的实施、三峡水库的运行和调度等都离不开寸滩水文站及时、准确的水文数据,明确提出了尽快实现实时在线监测水文要素的技术要求,这些都要求寸滩水文站必须尽快实现传统测流手段的转变,采用目前最先进的测流技术。

(2) 寸滩港口的影响

由于寸滩站是大江站,其所处的位置和性质都决定了测量方式不可能向小江站那样用缆道。测船在测量的时候很大程度上受过往船只的影响,现在正在建设的寸滩港口,预计明年将投产使用。此港口离寸滩的测流断面距离很近,到时候过往的船只将大幅度增加,测流及其他船上作业将受到很大程度的影响,再加上断面下游不远处海尔集团的修建,将再一次增加寸滩过往船只的数量。考虑到水文资料的及时性,宜采用更好的、更快的测量方式来解决存在的问题。

(3) 水文特性的变化影响

随着重庆直辖市的发展,江北也成了重庆的工业发展对象,现在基本已经开发到了寸滩。随着经济的开发和城市的建设,寸滩断面的上下左右都发生了变化,有的直接影响到寸滩的断面,对断面产生了一定的影响,比如现在左右水边的变化,已经影响到了原来的断面,使断面发生了一定的变化。一旦三峡三期蓄水,将直接影响到寸滩的断面。综合各个方面的影响,以后寸滩断面也可能发生很大的变化,对测流也提出了一定的要求,需要更精确、更先进的仪器来解决现在和以后存在的问题,ADCP 的应用正是解决这个问题的好办法。

(4) 电站水库调度的影响

为了满足电站发电、通航、防洪的需要,电站必须进行频繁的水库库容的调度,因此水文要素的变化也比天然河道状态时变化频繁,水文测验的最基本要求就是要能够控制住其变化过程。采用传统的测流手段,测验历时长,劳动强度大,测验效率低,成果精度有限,测次的布置要控制住其变化过程非常困难,甚至达不到要求。从寸滩的实际情况可以看出,在三峡蓄水以后,由于回水的影响,水位流量关系线紊乱。三峡三期蓄水将直接影响到寸滩,也有可能受变动回水的影响,从而导致水位流量关系的紊乱,再加上寸滩测量任务繁重,蓄水后若不改变现在应有的测量模式,将给别的工作带来很大的影响。吸取寸滩站使用的经验,考虑到明年蓄水的影响,ADCP 应该投产使用。

针对寸滩水文站目前面临的和以后有可能面临的测验困难,特别是流量测验,初步考虑采用 ADCP 这种新型的流量测验技术来满足其生产要求,ADCP 包括固定式和走航式两种。该次所做的比测是 600K 的走航式 ADCP,固定式 ADCP 待以后比测和研究,争取能够找到适合寸滩站甚至长江上游干流及山区性河道的最佳流速、流量测验手段。

4. 寸滩水文站进行 ADCP 比测的目的、意义

2003 年 7 月,长江委水文上游局引进首台 300K 的 ADCP,2004 年又引进 2 台(300K、600K)ADCP,分别配到万县站、寸滩站、清溪场站。为使该设备尽快投入生产,同时探索 ADCP 在长江上游和山区性河道的适用条件与适用范围,探索和研究解决其技术问题与障碍的途径和方法,探索 ADCP 作为一种测流的基本方法和手段的可行性,推进 ADCP 测验技术在水文测站、工程水文监测和科研项目中的推广使用,提高水文监测的技术水平,推进水文现代化的进程,2004—2005 年,在寸滩站做了有针对性的野外比测,收集了高、中水大量的系列比测资料(低水资料正在比测收集当中)。

5. 比测的设备

比测所使用的主要设备和软件如下:

(1) ADCP(600K)1 台;

(2) SDH - 13D 数值测深仪 1 台;

(3) SAGITTA - 5401 差分 GPS 一套;

(4) KVH AUTOCOMP 1000 磁罗经一台;

(5) 水文 018 号铁质测船一艘;

(6) 计算机数台;

(7) WinRiver 1.06 数据采集和数据回放处理软件、WinADCP 数据处理软件、自主开发的数据处理软件。

6. 比测的内容及方法

(1) 比测项目

流量、水深、底沙运动。

(2) 测次布置

①流量:在高、中、低水位兼顾含沙量级收集流量比测资料不少于 30 次。

②水深:在高、中、低水位兼顾含沙量级收集水深比测资料不少于 5 次。

③底沙运动:在高、中、低水位兼顾含沙量级收集底沙运动资料不少于 5 次。

（3）比测方法

①流量：在常规测流前后各施测 ADCP 流量（往、返）1 次，取其平均值与常规测流结果比较；选取 3～7 条固定垂线，连续采集 30 个以上的 ADCP 采样数据，将其平均值与流速仪流速结果比较。

②水深：选取 5～7 条固定垂线，连续采集 30 个以上的 ADCP 采样数据，将其平均值与常用测深方法所测水深比较。

③底沙运动：选取测流断面上 3～5 条固定垂线，将船通过吊船缆道并结合 GPS 定位固定在选定的垂线上，通过 ADCP 测得的"船速"即为底沙运动速度。

在开展流量流速、水深、底沙运动比测工作中，兼顾含沙量，尽量保证各含沙量级都有比测资料，特别注意收集高含沙量级的资料。

ADCP 测量软件采用 WinRiver 1.06 版。ADCP 比测过程中，必须外接 GPS、罗经，并采集、记录其数据、以备日后回放分析用；必须做好记录，测量原始数据文件需做好备份和保存。

7. ADCP 测量参数的设置（表 8.2-14）

测流模式（WM 命令）：对于 Rio Grande ADCP 来说，有三种测流剖面模式可用，它们是测流模式 1、5 和 8。每种模式都有其自己的适应范围。模式 1 是通用模式，适用于大部分水流条件；模式 5 和 8 是高分辨率模式，适用于浅水低流速条件。由于寸滩水深的特点，所以选择 WM＝4。

每个数据组包含脉冲数（WP 和 BP 命令）：在流量测量时采用单脉冲数据组（WP4 和 BP1），其好处是 ADCP 可以输出没经任何修改的原始数据，从而在 WinRiver 中可以依据需要灵活地改变平均间隔进行数据后处理，从而方便数据回放分析，提高精度。

脉冲间隔时间（TP 命令）：TP 命令设置各脉冲之间的时间间隔，以确保它们不会互相干扰。

数据组之间的时间间隔（TE 命令）：通常取 0。

盲区大小（WF 命令）：为了最大限度地发挥 ADCP 的能力及减小河流顶部不可测量部分的深度，通常将盲区设为 25 cm（WF25）。

最大底深度（BX 命令）：应将最大底跟踪深度设成比最大估计深度大 50%。

B：为幂指数，寸滩水文站控制河段水流比较平缓顺直，垂线流速分布基本符合理论的指数流速分布规律，取默认值 0.166 7。

深度单元尺寸（WS 命令）：该命令设置每个被测量的水层单元的长度。

深度单元个数（WN 命令）：一般设置成最大估计水深加 2，即 WN＝最大估计水深（以 cm 为单位）/WS＋2。

其他参数根据施测时水情而定。

表 8.2-14　寸滩站 ADCP 参数设置

序号	时间	比测项目	WM	BP	WP	TP	TE	WF	B	BX	WS	WN
1	7 月 19 日	Q	1	1	1	000020	00000000	25	0.166 7	1 235	50	124
2	7 月 29 日	Q	1	1	1	000020	00000000	25	0.166 7	1 235	50	124
3	8 月 4 日	Q	1	1	1	000020	00000000	25	0.166 7	1 235	50	124
4	8 月 5 日	Q	1	1	1	000020	00000000	25	0.166 7	1 235	50	124
5	8 月 12 日	Q	1	1	1	000020	00000000	25	0.166 7	1 235	50	124
6	8 月 18 日	Q	4	1	4	000020	00000000	25	0.166 7	1 235	50	124
7	9 月 4 日	Q	4	1	4	000020	00000000	25	0.166 7	1 500	100	52
8	9 月 5 日	Q	4	1	4	000020	00000000	25	0.166 7	1 500	100	52

续表

序号	时间	比测项目	WM	BP	WP	TP	TE	WF	B	BX	WS	WN
9	9 月 5 日	Q	4	1	4	000020	00000000	25	0.166 7	1 500	100	52
10	9 月 6 日	Q	4	1	4	000020	00000000	25	0.166 7	1 500	100	52
11	9 月 8 日	Q	4	1	4	000020	00000000	25	0.166 7	1 500	100	52
12	9 月 8 日	Q	4	1	4	000020	00000000	25	0.166 7	1 500	100	52
13	9 月 9 日	Q	4	1	4	000020	00000000	25	0.166 7	1 500	100	52
14	9 月 9 日	Q	4	1	4	000020	00000000	25	0.166 7	1 500	100	52
15	9 月 11 日	Q	4	1	4	000020	00000000	25	0.166 7	1 500	100	52
16	9 月 14 日	Q	4	1	4	000020	00000000	25	0.166 7	1 500	100	52
17	9 月 21 日	Q	4	1	4	000020	00000000	25	0.166 7	1 500	100	52
18	10 月 2 日	Q	4	1	4	000020	00000000	25	0.166 7	1 500	100	52
19	10 月 17 日	Q	4	1	4	000020	00000000	25	0.166 7	1 500	100	52
20	10 月 22 日	Q	4	1	4	000020	00000000	25	0.166 7	1 500	100	52

8. 资料收集的情况及成果评价

表 8.2-15 是寸滩站 2004 年采用 600K 的走航式 ADCP 比测试验所收集资料的统计情况,共比测流量 20 次,流量变幅只测到全年的高、中水,低水有待进一步补充测量比测。测水深和流量的过程中也测到了含沙量变幅中的最大流量和含沙量级的资料,同时完整地测到了全年最大洪水的流量变化过程,比测垂线水深 15 测次。以上比测实验以《ADCP 河流流量测验技术指南》和上游局〔2004〕120 号文件《关于做好 ADCP 流量测量比测工作的通知》为依据,数据经回放处理、计算、校核,形成了完整的分析资料,具有比较充分的代表性,基本满足精度误差分析的要求。

表 8.2-15 2004 年寸滩站 ADCP 比测工作统计

项目	统计数量	水位(m)				流量(m³/s)				断面平均含沙量(kg/m³)				说明
		最大	最小	年最大	年最小	最大	最小	年最大	年最小	最大	最小	年最大	年最小	
流量	20	183.26	165.40	183.30	158.77	57 200	12 500	57 900	2 950	1.95	0.206	1.95	0.016	断面流量
水深	15									1.72	0.03			垂线水深

9. 精度和误差分析

(1)比测误差统计方法

考虑常规流速仪测流已经形成了长系列的水文资料,所以本次 ADCP 比测的误差统计以水文测验常规流速仪法测验成果作为"真值",包括水深、垂线点流速、垂线平均流速以及断面流量等水文要素,方法是利用数理统计方法和公式,统计或估算各项比测误差。因 ADCP 的各独立测量值是在不同的条件下测得的,ADCP 测量值与流速仪法"真值"作为同一母体的样本观测值,分别统计或估算各测次(点)的水深,流速和断面流量的相对误差、平均相对误差(或平均相对系统误差)、相对均方差(或随机不确定度)等指标以及相关性。样本统计参数估算公式如下:

相对误差:

$$\delta Y_{Ai} = \frac{Y_{Ai} - Y_L}{Y_L} \qquad (8.2-9)$$

平均相对误差(相对偏离值或称平均相对系统误差):

$$\overline{\delta Y_A} = \frac{1}{n}\sum_{i=1}^{n}\delta Y_{Ai} \tag{8.2-10}$$

相对标准差(与流速仪测得相应量的离散程度或称相对随机误差):

$$\sigma_{VA} = \sqrt{\frac{\sum_{i=1}^{n}(\delta Y_{Ai} - \overline{\delta Y_A})^2}{n-1}} \tag{8.2-11}$$

式中:Y_L 为常规流速仪测得的垂线水深、流速或流量成果,近似真值;Y_{Ai} 为同一样本中 ADCP 测量值;n 为测次总数(或统计样本总数);i 为测次号。

(2)垂线水深比测及精度分析

水深的比测方法:采用 SDH-13D 数值式测深仪与 ADCP 进行同步比测,同时实测含沙量,然后在 WinRiver 软件中提取数据,与测深仪的同步水深数据进行分析对比,以测深仪所测的水深为"真值"来计算误差,SDH-13D 数值式测深仪是寸滩站目前已正式投产的测深设备。2004 年寸滩站水深比测情况见表 8.2-16。

表 8.2-16　2004 年寸滩站水深比测情况表

序号	比测位置	时间	起点距(m)	ADCP 数据文件名	ADCP Ha(m)	SDH-13D Hs(m)	断面平均含沙量(kg/m³)	相对误差(%)
1	测流断面	9 月 5 日	106	2004ADCPbcQ08004r.000	23.05	23.10	1.72	−0.2
2	测流断面	9 月 8 日	106	2004ADCPbcds02000r.000	28.32	28.20	1.10	0.4
3	测流断面	9 月 18 日	106	2004ADCPbcds03000r.000	8.65	8.90	0.556	−2.8
4	测流断面	9 月 19 日	106	2004ADCPbcds04000r.000	8.16	8.20	0.555	−0.5
5	测流断面	12 月 30 日	106	2004ADCPbcds05000r.000	6.84	6.97	0.03	−1.9
6	测流断面	9 月 5 日	217	2004ADCPbcQ08004r.000	22.06	22.20	1.72	−0.6
7	测流断面	9 月 8 日	217	2004ADCPbcds02000r.000	28.07	28.10	1.10	−0.1
8	测流断面	9 月 18 日	217	2004ADCPbcds03000r.000	14.57	14.80	0.556	−1.6
9	测流断面	9 月 19 日	217	2004ADCPbcds04000r.000	14.22	14.30	0.555	−0.6
10	测流断面	12 月 30 日	217	2004ADCPbcds05000r.000	6.67	6.65	0.03	0.3
11	测流断面	9 月 5 日	411	2004ADCPbcQ08004r.000	16.77	16.60	1.72	1.0
12	测流断面	9 月 8 日	411	2004ADCPbcds02000r.000	21.49	21.60	1.10	−0.5
13	测流断面	9 月 18 日	411	2004ADCPbcds03000r.000	15.02	15.20	0.556	−1.2
14	测流断面	9 月 19 日	411	2004ADCPbcds04000r.000	14.70	14.70	0.555	0.0
15	测流断面	12 月 30 日	167	2004ADCPbcds05000r.000	8.25	8.30	0.03	−0.6
误差统计	相对标准差:0.05%　　置信水平 95% 的随机不确定度:1%　　平均相对误差:−0.585%							

水深比测的误差分析:从表 8.2-16 中可以看出,水深比测普遍偏小,平均相对误差为 −0.585%,最大相对误差为 −2.8%,最小为 0,置信水平 95% 的随机不确定度为 1%。由于寸滩的含沙量不是很大,加上断面处的水深也不是很深,所以测量出来的水深误差比较小,精度也比较高,从水深相关测量关系图 8.2-31 来看,$R^2 = 0.9998$,河底变化也比较缓慢,测量结果符合规范的要求。

(3)断面流量比测及精度分析

ADCP 断面流量的比测方法:在寸滩水文站测流断面与流速仪法测流进行比测,分别在测流开始和结束时测一次往返,共计四个流量,四次流量的偏差系数需小于 5,否则加测一次往返。一共进行了 20 次比测,测次分布于高、中水和高、中、低含沙量级,并收集到了 2004 年的最大洪水资料,非常具有代

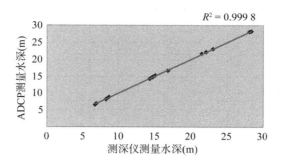

图 8.2-31　ADCP、测深仪水深测量关系图

表性,可用于误差和精度统计。图 8.2-32 是 ADCP 断面流量比测的代表界面。ADCP 流量同流速仪流量统计见表 8.2-17,ADCP 流量同流速仪流量相关关系见图 8.2-33。

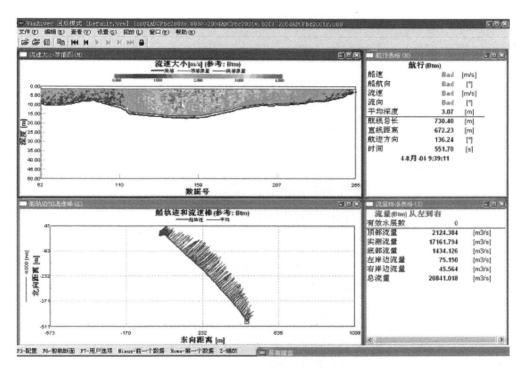

图 8.2-32　ADCP 断面流量比测的界面

表 8.2-17　2004 年寸滩站 ADCP 流量同流速仪流量统计

序号	日期	平均时间	平均水位 (m)	ADCP 流量 (m³/s)	流速仪流量 (m³/s)	断面平均含沙量	相对误差(%)
1	7 月 19 日	10:15	169.13	20 300	19 600	0.623	3.6
2	7 月 29 日	10:20	168.53	18 900	17 800	0.479	6.2
3	8 月 4 日	10:30	169.58	21 100	21 000	0.948	0.5
4	8 月 5 日	10:08	170.80	24 000	23 500	1.950	2.1
5	8 月 12 日	10:10	167.88	17 500	16 900	0.632	3.6
6	8 月 18 日	11:03	168.22	18 400	17 900	1.380	2.8
7	9 月 4 日	17:15	169.45	21 000	20 800	0.740	1.0

序号	日期	平均时间	平均水位 （m）	ADCP 流量 （m³/s）	流速仪流量 （m³/s）	断面平均含沙量	相对误差（%）
8	9月5日	10:38	173.85	34 300	32 700	1.310	4.9
9	9月5日	18:03	177.03	43 000	43 000	1.630	0.0
10	9月6日	11:00	181.34	53 700	53 700	1.500	0.0
11	9月8日	9:38	181.91	51 000	50 500	1.340	1.0
12	9月8日	16:58	180.92	47 500	46 500	1.070	2.2
13	9月9日	9:45	177.94	39 400	38 500	1.000	2.3
14	9月9日	17:58	176.74	36 700	35 900	1.060	2.2
15	9月11日	8:23	183.26	57 200	57 900	1.620	−1.2
16	9月14日	10:08	170.52	22 900	21 900	0.889	4.6
17	9月21日	11:03	167.43	16 000	15 700	0.426	1.9
18	10月2日	16:46	169.65	21 800	21 700	0.535	0.5
19	10月17日	10:38	165.78	13 000	12 700	0.206	2.4
20	10月22日	10:38	165.40	12 500	12 000	0.151	4.2
误差统计	相对标准差：2.86% 平均相对误差：2.23%						

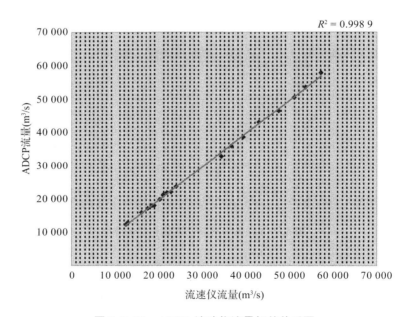

图 8.2-33 ADCP、流速仪流量相关关系图

ADCP 断面流量误差的来源：断面流量的误差除上述水深、流速测验的误差外，还包括边部、顶部、底部流量估算误差（下面讨论），水边断面形状的估计误差，底沙运动导致的流速失真，外接 GPS、罗经等带来的误差，人为操作不恰当带来的误差，如 ADCP 的安装是否正确，测船的速度是否保持匀速且尽量小于船速。

（4）边部流量估算误差及流速形状系数的选择

边部流量的计算公式为

$$Q_{\text{shore}} = CV_m L D_M \tag{8.2-12}$$

式中：Q_{shore} 为边部流量；V_m 为 ADCP 实测的第一或最后的剖面流速；L 为估算第一或最后的剖面与水边的距离；D_M 为 ADCP 实测的第一或最后的剖面深度；C 为边部流速形状系数。公式(8.2-12)与传统流速仪法测流计算边部流量是一致的，ADCP 的边部流量估算误差主要来源于 C(边部流速形状系数)和 L(岸边距离的估算)。

C(边部流速形状系数)对于呈三角形的边部来说，应该为流速系数的 1/2。针对寸滩水文站，其边部流速系数分别为 0.7(右)和 0.5(左)，该系数是通过比测分析论证得出的，流速仪测流一直采用该系数，所以 C 的取值建议采用 $C_左$ 为 0.25，$C_右$ 为 0.35。

在估算岸边距离 L 时，也可以和流速仪法保持一致，即 ADCP 施测至边部固定垂线位置，通过水位和大断面成果内插水边的位置，计算出边部距离 L。

将边部距离 L 和边部流速形状系数 C 与流速仪法保持一致后，ADCP 的边部流量估算误差就主要来源于 V_m、D_M，在前面的专项比测中已经得出了相应的精度指标，同时 ADCP 测量在起始和结束剖面测量时要求采集 10 个脉冲数据，以消除脉动误差。

综上所述，ADCP 测流在 C 与 L 的确定上可以与流速仪法保持一致，消除主要的误差源，再通过正确的操作消除其他误差，其边部流量的估算精度是可靠的。

(5)垂线流速分布与插补模型(幂指数或常数)的适应性

一般情况下，垂线流速分布水面流速比水下要大，到河底流速为零。个别情况下，如水流紊乱、回流(双向水流)、水面气象因素等造成垂线流速分布十分复杂的情况下，指数流速分布是在假定流速沿垂线分布服从曼宁公式的情况下的近似，随着水流条件的不同，其指数也是不同的。针对水文断面不同测次不同垂线拟合出来的指数也不同，只能采用一个综合的指数来进行流速分布拟合和顶部、底部流速插补。研究表明，天然河流的指数变化在 1/10 到 1/2 范围内，1/6 指数分布率在大多数水流条件下具有稳定的抗噪声性能而被选用。如果水流条件复杂，其流速分布不能采用指数流速分布来拟合和插补，只能根据第一层和最后一层的流速进行常数外推。

寸滩水文站测流断面处水流条件较好，基本不存在回流，水流顺直，其垂线流速分布完全可以采用指数流速分布规律进行拟合和内插。在 2004 年的比测中采用默认的 1/6 指数，在 WinRiver 软件中回放，其流量剖面图中实测的数据曲线和采用 1/6 指数拟合的曲线具有非常好的一致性，因此在寸滩站采用 1/6 指数进行顶部、底部流速流量计算是可行的。

10. 存在的问题

(1)人为操作带来的误差比较大。由于 ADCP 的运用相对来说是一个比较复杂的工作，对测量操作人员的要求比较高，不同的操作人员对参数设置的理解程度不同，因此在设置参数的合理性上也会有差别。同时在测量过程中，走航式 ADCP 对测船横渡断面也有较高的要求，故船速要匀速并尽量小于流速。

(2)ADCP 对天然河流的含沙量的适应范围有限。当含沙量到一定程度后底跟踪失效，甚至水体跟踪也会失效。2004 年 9 月 7 日高洪时，寸滩站的 ADCP 就无法测量。图 8.2-34 是在高含沙量条件下水跟踪和底跟踪均失效的情况。

(3)底沙运动的影响。当底沙运动严重时需使用 GPS，并进行磁偏改正。当外界磁场大(如有铁质测船、电磁场等)时还需使用外接罗经，但是使用 GPS 又会降低 ADCP 的测验精度。

11. 认识及建议

(1)ADCP 测量必须严格要求和培训，制定详细的 ADCP 测量质量保证及控制体系，消除人为操作失误。

(2)ADCP 测验作为一种测流的高新技术，与传统测流方法比较，具有快速、高效的特点，适应性好，故障率低。

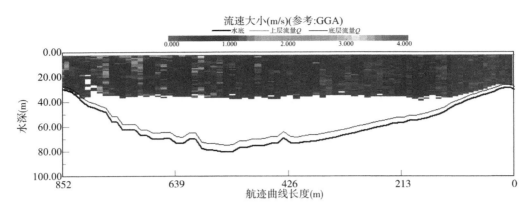

图 8.2-34　高含沙水流条件下 **ADCP** 测量流速(流量)图

(3) ADCP 测量作为测量流量和流速的手段,其成果准确度高、精确可靠(其误差和精度见前面分析),可作为基本水文站流量和流速测量的基本手段。

8.3　超声波时差法

8.3.1　测流原理

时差法流量监测系统包括岸上测流控制器、一组(或几组)声学换能器、信号电缆、电源、防雷接地设施(含信号避雷器、电源避雷器、避雷地网)等组成部分,其中流量数据由岸上测流控制器计算得出。

声学时差法是采用声学流量计进行测流,声学流量计基于流速面积法流量测量原理进行测流。声波在静水中传播时有一恒定的速度,此传播速度会随水温、盐度、含沙量发生变化,但当水流状况一定时,此传播速度是一定的。顺水传播时,实际传播速度为声速加上水流速度;逆水传播时,实际传播速度为声速减去水流速度。据此原理,在河流上、下游两固定点之间,声波顺水和逆水传播所需时间有一定的差别,测出这时间差别就能测得水流速度,这种测量水流速度的方法称为"时差法"。

时差法超声波流量计安装测流示意图如图 8.3-1 所示,两换能器之间的距离 L 称为声程。工作时,换能器 A 向换能器 B 顺水发射声脉冲,测出顺水穿过声程的传播时间;换能器 B 向换能器 A 逆水发射声脉冲,测出逆水穿过声程的传播时间。则从换能器 A 到换能器 B 的历时为

$$t_1 = L/(c + V\cos\theta) \tag{8.3-1}$$

从换能器 B 到换能器 A 的历时为

$$t_2 = L/(c - V\cos\theta) \tag{8.3-2}$$

换能器对应水层流速为

$$V = \frac{1}{2\cos\theta}\left(\frac{1}{t_1} - \frac{1}{t_2}\right) \tag{8.3-3}$$

式中:t_1 是超声波从换能器 A 到换能器 B(顺流)的传输时间,s;t_2 是超声波从换能器 B 到换能器 A(逆流)的传输时间,s;V 为河流某水层平均流速,m/s;L 为换能器 A 和 B 之间的距离,m;c 为特定水温下,超声波在该水环境下的传播速度,m/s;θ 为声波传输路径与水流方向的夹角,一般为 30°~60°。

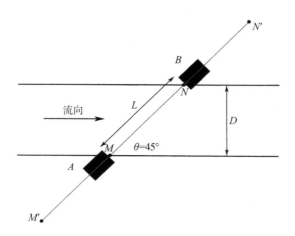

图 8.3-1 时差法超声波流量计安装测流示意图

8.3.2 系统组成和安装要点

超声波时差法由换能器、岸上测流控制器、信号电缆、电源组成。

探头安装位置是否科学合理,决定了系统测验的精度。探头安装位置主要从水平、垂直两个方向考虑。水平方向的安装位置应做到以下方面:两岸换能器应相互对准,误差接受范围为 3°～5°,与断面线呈 45°夹角,涉及的河段长和河宽相等;安装探头的河岸要求陡直稳定,不易淤积,河段顺直,具有稳定的流态;仪器安装位置若离岸远,则水深大,造价高,阻碍航运,施工困难,离岸近应考虑其合理性、相关性及局部地形影响。

8.3.3 沿河水文站应用案例

1. 概述

沿河水文站建于 1983 年,为乌江干流站,位于贵州省沿河县和平镇月亮岩村,集水面积 55 237 km²,距河口 244 km,为控制乌江水情变化的二类精度流量站、二类精度泥沙站,属国家基本水文站。它是彭水水利枢纽工程的入库站,为该枢纽工程规划设计以及施工、运行管理、水库调度的主要控制站。

天然状况下断面下游约 700 m 处有五门滩,起低水控制作用,断面下游约 500 m 处有红军渡卡口及长达 2 km 的顺直河道,起中水控制作用,再下游约 10 km 处有黎志峡大弯道,起高水控制作用。站房下游约 8 km 处有一小河从右岸汇入,遇区间暴雨或较大洪水暴发时对水位流量关系有顶托影响;低、中水主泓为 103～125 m,最大垂线流速起点距 103 m 随水位升高逐渐移至起点距 195 m,水位 286.5 m 时左岸有漫滩,294 m 以上流速横向分布呈矩形。沿河水文站断面上游约 9 km 处有沙坨水电站,2009 年彭水电站开始蓄水,坝前水位 285 m 时对该站水位流量关系有顶托影响。由于受上游沙沱水电站和下游彭水电站蓄放水影响,水位流量关系复杂。

沿河站测验河段顺直,长约 3 km,河床较稳定,基本断面位于猫滩下游约 200 m 处,中水位时水流不稳定,水位 286～288 m 时左岸逐步有漫滩,河宽增加 80 m。流量测验断面同基本水尺断面。采用缆道悬索悬吊方式测量,主要测流仪器为转子式流速仪。流量测次主要按水位级布置,相邻测点间距不大于 0.5 m,年最大洪峰过程应增加测次,测出洪水变化过程。测次安排一般在电站出流稳定时期,且相邻测次间隔不超过 15 天。在洪峰前或洪峰后布置测次,当河床冲淤变化较大时增加垂线数目和断面测次。由于上下游电站调节影响,加剧了该站陡涨陡落水位变化过程,致使沿河站水位流量关系发生较大变化,测量时机不宜把控,整编定线工作十分困难。图 8.3-2、图 8.3-3 分别展示了沿河站测验河断平面图和乌江水系图。

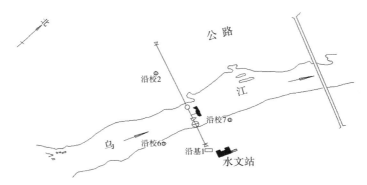

图 8.3-2　沿河站测验河段平面图

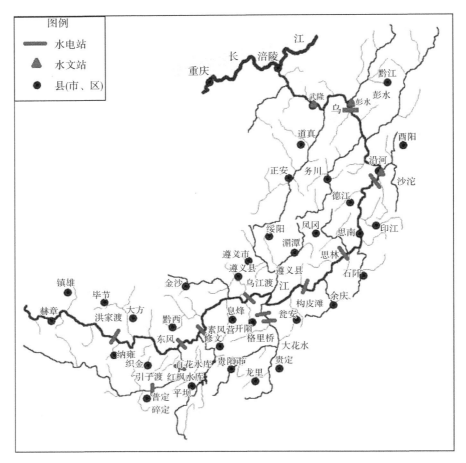

图 8.3-3　乌江水系图

2. 超声波时差法技术指标

（1）由于声音在水中传播的速度达到 1 500/s，约是空气中传播速度的 4.4 倍。沿河水文站所在的乌江河流宽度大约为 150 m，两岸间换能器斜线声道距离大约 210 m，从左岸换能器发射声脉冲到右岸换能器接收只需要 0.14 s，反之也只需要 0.14 s。一般电子处理器采用 1 s 各收发一次，理论和实际上完成一次时差法测流只需要 2 s。所以，声波的高速度传播特性能够高效率地实现实时在线测量。

（2）声脉冲在穿越两岸上下游整个水层时，顺流方向的声脉冲会受到该断面水层缓、慢、快、急，甚至漩涡回流等各种水流流态推力的作用影响，所以，声脉冲从 A 点到 B 点的传播运行会快一些；反之，从 B 点到 A 点的传播运行速度因声脉冲会受到各种水流流态阻力的影响会慢一些，采用精准计时和高分辨率的电子处理系统，可实现整个水层无遗漏瞬间测量，并且得到的是瞬时精准的平均流速。

（3）由于声脉冲传播运行速度快，相对于≤10 m/s 的河水运动流速，几乎是无障碍运行，所以超声波时差法测流仪可满足 10 m/s 的流速测量。同时，由于该仪器采用高效精准的处理技术，最低可测 0.01 m/s 的流速。

3. 超声波时差法安装设计

1）设备安装一般要求

时差法测流装置（标准配置）配备 2 对（最多 4 对）换能器，换能器之间的声道与测流断面呈 45°夹角（允许 30°～60°，45°最佳）。换能器探头固定安装在专用的安装支架、栈桥侧壁支架或水泥墩上，通过电缆连到机箱内，探头固定在支架或水泥墩的安装底板上。左右两岸换能器均安装在同一高程处。换能器安装位置按《河流流量测验规范》(GB 50179—2015)的要求进行选择。为防止雷击及其他强干扰源对换能器探头产生影响，电缆需要采用保护管和铠装屏蔽线进行保护，要求达到不易破坏。

时差法测流设备实测得到的数据称为指标流速，指标流速和断面平均流速的关系需要通过率定获得。系统可以用测得的指标流速通过率定系数来计算出断面平均流速。故指标流速范围的选取应具有代表性。时差法测流设备需长期安装于水面以下。设备声波扩散角为 6°，以仪器中心线为轴，上下扩散角均为 3°。安装在两岸的一对超声波换能器（与流速方向呈一定的夹角）相互发射声波，顺流的声波传播快，逆流的声波传播慢，通过差值可以计算出断面流速。故主副机应尽量安装在同一高度。

根据时差法测流原理，为保证声波的传播速度包含水体流速的速度矢量，声道应与流向存在一定角度。综合仪器实际运用的先例，最佳角度定为 45°，并且设备安装支架应可调节方向，以便根据实测效果调节角度。仪器安装时，应根据实际测量效果调整仪器安装高程和角度，以提高测量质量。

依据沿河水文站复杂的水情状态，利用声学测量原理可有效实现实时在线、高效、快捷的测验。而对于沿河水文站河道距离比较宽的现状，采用超声波时差法测流系统可以实现测流的高标准要求。

2）超声波时差法测流声道与水层的高度位置考量

长江委水文上游局技术部门根据在沿河水文站长期探索总结的经验，以及对超声波时差法测流技术原理的深入调研和实践，确定采用二层声道进行设计、应用；二声道采用固定高程应用，为达到高效的运行维护和维修，两岸斜坡上换能器布点位置采用混凝土斜道和步梯建造，铺设安装不锈钢运行双轨道（二声道换能器独立运行）和牵引装置，实现换能器可移动或定位应用（图 8.3-4）。

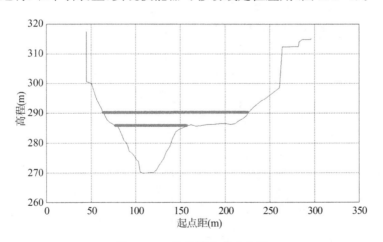

图 8.3-4 换能器安装高程图

第一层换能器建议安装在高程为 286 m，水面宽为 101 m 处，每年能淹没换能器的时间为 360 天，主要用于中、低水测量，建议安装时间为 5 月 21 日以后。

第二层换能器建议安装在高程为 290 m，水面宽为 162 m 处，每年能淹没换能器的时间为 230 天，主要用于中、高水测量，建议安装时间为 4 月上旬。

由于河道水位变幅受上下游水电站影响,为了尽快适应和探索该水文站水情现实规律,分为两个工程安装作业期。

3)依据现场地形条件初步确定两岸安装形式和位置

超声波时差法测流系统安装,涉及河道左右岸地形条件,主、辅机位置确定,换能器安装适用条件,仪器与换能器电缆线长度及铺设,电源应用条件,通信方式等综合要素。

(1)右岸测量换能器初步设定位置见图8.3-5,主机安装设置在顶层站房内(见图8.3-6),水下换能器电缆线通过曾经铺设的预埋管过马路往上牵引至站房,电缆线长度约50 m。

图 8.3-5　右岸换能器安装位置

图 8.3-6　主机安装位置

（2）左岸测量换能器初步设定位置（见图 8.3-7）为对应右岸下游 30°～60°比较适合进行土建和测量相对有效的地点；临近换能器的岸基处需要竖立 10 m 高的立杆和护栏（见图 8.3-8），安装辅机机箱和相关太阳能电源系统，防止河道最高水位的损毁。

图 8.3-7　左岸测量换能器和岸基立杆大致位置

图 8.3-8　立杆吊篮辅机安装示意图

4）超声波时差法设备选型（表 8.3-1）

由于断面窄，河床形状有利于超声波传输，故选择的超声波时差法设备超声波频率为 200 kHz，发射功率为 25 W，换能器信号传输形式为无线。

表 8.3-1　时差法无线测流系统表

序号	名称	单位	数量	规格	参数
1	时差法无线测流设备	套	1	包含 2 层换能器、主机，200 kHz/25 W	1. 无线主机 (1) 系统配置：多层路径 (2) 测量范围：－10～10 m/s (3) 测速精度：误差＜0.1％ (4) 测流精度：误差 3％；启用现场标定，优于±1％（河床稳定） (5) 操作控制：RS－232 接口、笔记本电脑、调制解调器 (6) 输入参数：1×0/4－20 mA、1×0－1/2、5 V (7) 输出参数：1×0/4－20 mA、2×RS－232 (8) 可用接口：RS－232/、RS－422/485 或 Active X (9) 工作电压：DC 12～36 V (10) 能耗：工作状态＜25 W、待机状态＜1 W (11) 远程数据传输：GSM、GPRS (12) 通信（主辅机之间）：卫星无线传输 2. 水声换能器 (1) 工作频率：200 kHz (2) 发射功率：25 W (3) 发射锥束：3°
2	遥测终端机 RTU	套	1	符合《水文自动测报系统技术规范》（GB/T 41368—2022）的规定，采用《水文监测数据通信规约》（SL/T 651—2014）	
3	GSM/GPRS通信模块	台	1	(1) 每秒或每分钟发射脉冲；(2) 2 个时间触发输入；(3) 2 个 RS－232 接口，报警输出；(4) 标准频率输出，4 个串行端口，3 个可编程的开关输出、时间码发生器	(1) 每秒或每分钟发射脉冲；(2) 2 个时间触发输入；(3) 2 个 RS－232 接口，报警输出；(4) 标准频率输出，4 个串行端口，3 个可编程的开关输出、时间码发生器
4	太阳能板	套	4	200 W	单晶 200 W
5	蓄电池	节	4	200 AH/12 V 免维护铅酸蓄电池	200 AH/12 V 蓄电池
6	充电控制器	块	2	12/24V，30 A	12/24V，30 A
7	直流电源模块	块	2	24 V－12 V、DC－DC 电源变换器（100 W）	24 V－12 V、DC－DC 电源变换器（100 W）
8	设备机箱	个	2	不锈钢保温机箱，定制	不锈钢保温机箱，定制
9	RG11 同轴电缆	m	400	含防护管及铺设，国产	含防护管及铺设，定制
10	BVR0.5 mm² 电缆	m	80	含防护管及铺设，国产	含防护管及铺设，定制
11	BVR10 mm² 电缆	m	80	含防护管及铺设，国产	含防护管及铺设，定制
12	配套设施				
	断面清淤	m³	100		
	太阳能板立杆（含固定支架）	套	2	定制	定制
	太阳能板立杆混凝土基础	套	2	按现场施工	按现场施工
	防雷接地网	处	2	热镀锌钢管、角钢，按现场施工	热镀锌钢管、角钢，按现场施工

5）系统设计和设备配置

为了搭建超声波时差法在线测流系统，系统需要配置野外现场设备，逻辑如图 8.3-9 所示。采集数据可以通过 GPRS/GSM 信道传至沿河水文站与长江委水文上游局信息中心。

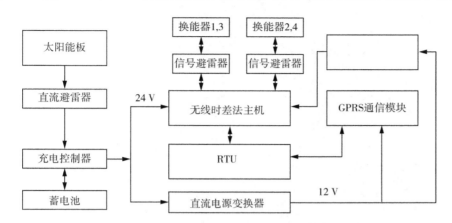

图 8.3-9　系统设备配置逻辑图

6）设备安装方式设计

沿河水文站河道断面呈 U 形，利于超声换能器的安装，拟为每层换能器加工两个安装支架，分别安装在两岸侧（具体形状以现场查勘设计为准）。

7）安装、调试和率定

在主机安装侧埋设避雷地网，其接地电阻不大于 5Ω，并将地线引至仪器避雷端子。

仪器安装完成后首先进行设置，设置项目包括：左右岸换能器方向、换能器安装高程、与水流流线夹角、两条声线的精确长度、水道断面图、系统的基本增益指标等。

如同其他自动在线测流方法都需要率定一样，超声波时差法设备安装后也需要进行率定，只是层流速与断面平均流速相关性极高和设备中有许多现成模型可供选择，使这种率定变得非常简单。

沿河水文站建有水文缆道，在水流速度满足转子式流速仪使用条件的情况下，可采用常规缆道流速仪法测流获取率定依据数据；在河道水流速度不满足转子式流速仪使用条件的情况下，可采用缆道牵引走航式 ADCP 测流取得率定依据数据。这种率定测验仅需要不同水位级实施有限次数即可。率定测验结束后，按照设备技术说明规定方法分析得出修正系数表，同时将断面数据（水下可用走航式 ADCP 数据）输入仪器，则超声波无线时差法自动测流系统即可投入运行。

考虑到河床可能存在的冲淤变化，当河床发生变化后应及时进行修正。

8）辅助工程及牵引系统制造安装方案

为了满足 286 和 290 两个声道的换能器定位应用和方便维护需要，在左、右岸选定位置与河道相切的斜坡上，从上往下建造混凝土斜坡滑道和行走步梯（参照图 8.3-10 单轨道，本系统为二声道双轨道安装），如图 8.3-11 所示。滑道坡面宽 550～600 mm 即可，步梯宽度为 700～800 mm 即可。长度距离需要满足从海拔 285.8 m 到 295.0 m 的斜坡长度，预计长度 15 m 左右，斜坡面要求保证直线度和平行度。

超声波时差法的应用在很大程度上取决于水下换能器是否有效对准，是否能够有效相互发射、接收声脉冲。换能器单边指向性开角一般为 3°～4°，在换能器 360°全方位开角中，偏差 1.5°～2°即无法有效应用。在完全不规则的河道水中使换能器相互对准以减少偏差，需要采用复杂的工艺手段和辅助条件，以及多方面相关工程人员的配合。

图 8.3-10　河堤岸混凝土斜坡及单轨道现场图

土建工艺说明：
（1）预制钢筋地笼作为混凝土骨架，地笼须有垂直钢筋扎深烧固于堤坡土壤中；
（2）预制混凝土厚度达100 mm比较好；
（3）保证直线度、平行度，可有效实现水下钢轨延伸的直线度。

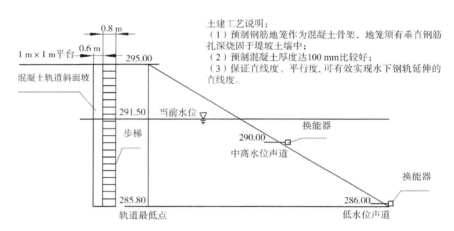

（a）土建施工示意图

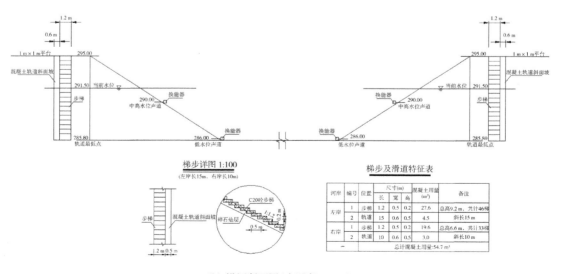

梯步详图 1:100
（左岸长15m，右岸长10m）

梯步及滑道特征表

河岸	编号	位置	尺寸(m)			混凝土用量 (m³)	备注
			长	宽	高		
左岸	1	步梯	1.2	0.5	0.2	27.6	总高9.2 m，共计46梯
	2	轨道	15	0.6	0.5	4.5	斜长15 m
右岸	1	步梯	1.2	0.5	0.2	19.6	总高6.6 m，共计33梯
	2	轨道	10	0.6	0.5	3.0	斜长10 m
						总计混凝土用量:54.7 m³	

（b）沿河断面图（水面宽101 m）

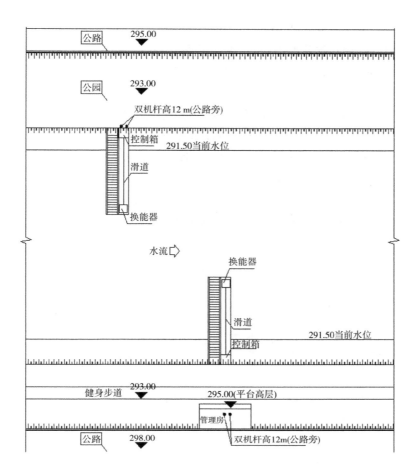

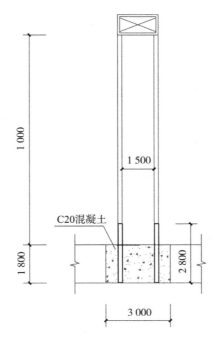

(c) 左岸立杆和吊篮制造与安装示意图

图 8.3-11　部分土建施工图(尺寸单位:mm,水位单位:m)

4. 安装调试

（1）第一阶段（2019年6月至2021年3月）

2019年6月，沿河站时差法测流装置（标准配置）配备2对换能器，换能器之间的声道与测流断面成45°夹角。换能器探头固定安装在专用的安装滑轨上，通过电缆连到机箱内。采用二层声道设计应用，二声道采用固定高程应用。为达到高效运行维护和维修，两岸斜坡上换能器布点位置采用混凝土斜道和步梯建造，铺设安装不锈钢运行双轨道（二声道换能器独立运行）和牵引装置，实现换能器可移动或定位应用。左右两岸换能器均安装在同一高程处。换能器安装位置按《河流流量测验规范》（GB 50179—2015）的要求进行选择。为防止雷击及其他强干扰源对换能器探头产生影响，电缆需要采用保护管和铠装屏蔽线进行保护，达到不易被破坏的要求。

超声波时差法测流系统安装涉及河道左右岸地形条件，主、辅机位置，换能器安装适用条件，仪器与换能器电缆线长度及铺设，电源应用条件，通信方式等多个要素。设备安装总体布置见图8.3-12。

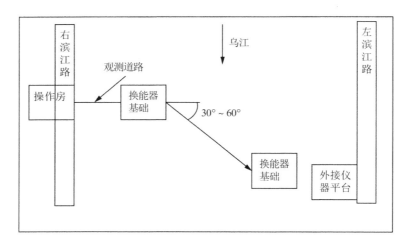

图8.3-12　沿河站时差法设备安装总体布置图

沿河站时差法分两级水位安装换能器探头，第一级在287.50 m左右，常年在水面线以下达到300天，第二级安装在290.00 m左右，常年在水面线以下约180天。安装完后将时差法设备数据和流速仪法实测得到的数据进行对比，应选取具有代表性时段的流速和用旋桨流速仪设备测得的流速来对比流速误差，判断设备总体运行良好情况等。

（2）第二阶段（2021年4月至2021年9月）

沿河站一般年份最低水位在286.00 m左右，时差法探头安装高程为287.50 m，还有约1.5 m低水不能正常记录数据。但是探头继续往下迁移存在困难，为解决低水位探测问题，施工方在2019年9月移动低水换能器探头至287.25 m后，因时差法声波被河床底部岩石挡了一部分造成流速偏小。

2021年3月，经过厂方专业人员的维修、更换配件，恢复用时差法收集测量资料，对比流速仪实测资料，平均流速误差稳定。

（3）第三阶段（2021年9月至今）

依据沿河水文站复杂的水情状态和测站使用后的建议，2021年9月，水位退到常年低水286.00 m左右时，测站联系厂方延伸超声波探头。厂方再次安装升级版的超声波低水探头。2021年9月15日，水位退到286.00 m，施工方加班加点完成低水探头施工（将原290.00 m高水探头移装至286.30 m）（图8.3-13至图8.3-15）。

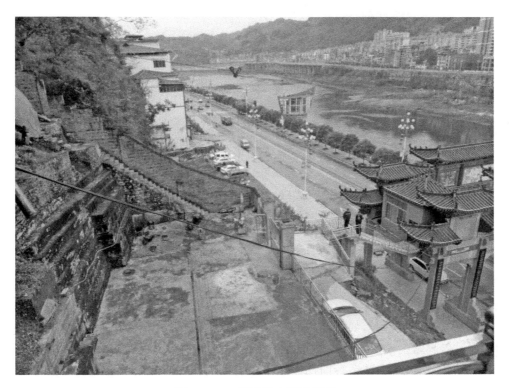

图 8.3-13　沿河站右岸现场图

图 8.3-14　沿河站时差法低水探头安装现场图 1

图 8.3-15　沿河站时差法低水探头安装现场图 2

5. 时差法测流应用

1）时差法数据采集

在处理时差法获得的数据时，如果其中混杂着若干异常值，可能导致整个实验的可靠性降低，甚至实验结论的错误。若异常值是由于客观外界条件变动，测量人员操作、记录错误以及仪器故障等方面得出，则考虑删除。时差法设备安装运行前期数据不稳定，时有时无，导致部分比测时段内数据缺失或者数据为零，因此将该部分数据剔除。另外，仪器运行期间还存在数据跳动现象，但这部分数据无法人为判定其合理性，应采用数理统计原理进行异常值剔除。拉依达准则（3σ准则）是水文数据异常值剔除中常采用的判别方法，其使用起来简单方便，适合大样本情形，测量次数较少时，不宜使用拉依达准则。肖维勒准则适合测量次数不是很多的情形，其判别规则更为严格，剔除效果也更明显。本书中的时差法平均流速采用转子式流速仪比测期间开始和结束的测流时间为节点，算术平均流速由时段内时差法仪器所采集的流速数据计算而来，其间数据量较少，因此采用肖维勒准则进行异常值剔除。

肖维勒准则内容为：在 n 次测量中，取不可能发生的数据个数为 1/2，这可以和舍入误差中的 0.5 相联系，那么对正态分布而言，误差不可能出现的概率为

$$1-\frac{1}{2}\int_{-\omega_n}^{\omega_n}\exp\left(-\frac{x^2}{2}\right)\mathrm{d}x=\frac{1}{2n} \tag{8.3-4}$$

由标准正态函数的定义，则有

$$\Phi(\omega_n)=\frac{1}{2}\left(1-\frac{1}{2n}\right)+0.5=1-\frac{1}{4n} \tag{8.3-5}$$

利用标准正态函数表，根据等式右端的已知值可求出肖维勒系数 ω_n。对于数据点 x_d，若其残差 V_d 满足 $V_d>\omega_n\sigma$，则剔除。

取 2020 年和 2021 年沿河水文站流速仪实测流量资料，用流速仪测流时段挑选出时差法测得流速，进行时段平均后得到时差法平均流速。流速仪测流断面和时差法测流断面距离相近，断面变化不大，故本书直接采用流速进行比测分析。由于时差法设备故障，且修复进度受到环境影响，时差法测量数据不完整，且水位较低探头露出水面时无法获得流速数据。2020 年和 2021 年比测原始数据见表 8.3-2 和表 8.3-3，挑选出的时差法监测数据采用肖维勒准则剔除异常数据，时差法数据不连续的测次不参加比测。

表 8.3-2　2020 年原始比测数据统计表

| 测次 | 比测仪器 | 日期 | 时间 | | | 平均水位(m) | 断面面积(m²) | 平均流量(m³/s) | 断面平均流速(m/s) | 时差法平均流速(m/s) | 相对误差(%) | 备注 |
			起	止	平均							
20	流速仪(Q20)	2020-4-12	16:21	16:51	16:36	287.16	779	646	0.83	无数据		
21	流速仪(Q21)	2020-4-19	20:13	20:41	20:27	287.29	795	678	0.85	0.82	−4	
22	流速仪(Q22)	2020-4-25	9:54	10:32	10:13	287.48	826	768	0.93	0.90	−3	
23	流速仪(Q23)	2020-5-3	7:22	7:52	7:37	286.08	652	325	0.50	无数据		
24	流速仪(Q24)	2020-5-9	16:16	16:51	16:34	287.27	796	573	0.72	0.68	−6	
25	流速仪(Q25)	2020-5-14	17:37	18:11	17:54	287.92	889	778	0.88	0.79	−10	
26	流速仪(Q26)	2020-5-15	17:52	18:31	18:12	288.32	948	766	0.81	0.61	−25	
27	流速仪(Q27)	2020-5-21	8:09	8:51	8:30	288.82	1 020	1 460	1.43	1.39	−3	
28	流速仪(Q28)	2020-5-27	15:16	15:43	15:30	287.40	816	751	0.92	0.88	−4	
29	流速仪(Q29)	2020-6-3	16:26	16:57	16:42	286.91	749	654	0.87	无数据		
30	流速仪(Q30)	2020-6-10	7:02	7:34	7:18	287.46	826	767	0.93	0.97	4	
31	流速仪(Q31)	2020-6-11	8:51	9:26	9:08	288.23	939	1 200	1.28	1.15	−10	
32	流速仪(Q32)	2020-6-13	7:24	8:09	7:46	289.80	1 180	1 810	1.53	1.51	−1	不参加比测
33	流速仪(Q33)	2020-6-13	20:32	21:23	20:58	290.43	1 280	1 870	1.46	1.42	−3	不参加比测
34	流速仪(Q34)	2020-6-14	6:32	7:12	6:52	288.09	920	805	0.88	0.82	−7	
35	流速仪(Q35)	2020-6-18	8:08	8:57	8:32	290.08	1 230	1 690	1.37	1.34	−2	
36	流速仪(Q36)	2020-6-18	20:29	21:19	20:54	291.12	1 400	1 900	1.36	1.34	−1	
37	流速仪(Q37)	2020-6-21	11:33	12:22	11:58	290.76	1 350	1 870	1.39	1.40	1	不参加比测
38	流速仪(Q38)	2020-6-21	22:54	23:42	23:18	292.29	1 600	2 100	1.31	无数据		

表 8.3-3　2021 年原始比测数据统计表

| 测次 | 比测仪器 | 日期 | 时间 | | | 平均水位(m) | 断面面积(m²) | 平均流量(m³/s) | 断面平均流速(m/s) | 时差法平均流速(m/s) | 相对误差(%) | 备注 |
			起	止	平均							
20	流速仪(Q20)	2021-4-27	15:46	16:26	16:06	288.20	943	794	0.84	0.75	−11	
21	流速仪(Q21)	2021-4-30	5:53	6:34	6:13	286.77	741	380	0.51	无数据		
22	流速仪(Q22)	2021-5-1	10:00	10:33	10:16	286.12	664	309	0.47	无数据		
23	流速仪(Q23)	2021-5-3	11:27	12:07	11:47	287.89	903	429	0.48	0.43	−10	
24	流速仪(Q24)	2021-5-3	20:38	21:34	21:06	290.58	1 320	1 600	1.21	1.30	7	
25	流速仪(Q25)	2021-5-11	15:26	16:12	15:49	289.50	1 150	1 720	1.50	1.48	−1	
26	流速仪(Q26)	2021-5-12	5:14	7:04	6:09	289.56	1 150	1 700	1.48	1.48	0	
27	流速仪(Q27)	2021-5-19	9:11	10:01	9:36	289.99	1 220	1 900	1.56	1.59	2	
28	流速仪(Q28)	2021-5-23	16:19	17:17	16:48	290.86	1 370	2 380	1.74	1.74	0	
29	流速仪(Q29)	2021-5-26	15:31	16:11	15:51	288	918	1 040	1.13	1.04	−8	
30	流速仪(Q30)	2021-6-2	16:23	17:24	16:53	289.27	1 120	1 740	1.55	1.57	1	
31	流速仪(Q31)	2021-6-2	6:01	6:49	6:25	290.42	1 290	1 960	1.52	1.54	1	
32	流速仪(Q32)	2021-6-9	8:41	9:26	9:03	289.66	1 180	1 900	1.61	1.62	1	
33	流速仪(Q33)	2021-6-9	16:03	16:47	16:25	289.07	1 080	1 660	1.54	1.62	5	
34	流速仪(Q34)	2021-6-25	8:57	9:31	9:14	287.48	843	782	0.93	0.65	−30	
35	流速仪(Q35)	2021-7-1	15:14	16:07	15:40	290.41	1 300	2 160	1.66	1.76	6	

续表

测次	比测仪器	日期	时间			平均水位（m）	断面面积（m²）	平均流量（m³/s）	断面平均流速（m/s）	时差法平均流速（m/s）	相对误差（%）	备注
			起	止	平均							
36	流速仪（Q36）	2021-7-7	15:16	16:01	15:38	288.49	998	1 280	1.28	1.21	−5	
37	流速仪（Q37）	2021-7-15	16:28	17:19	16:53	289.69	1 180	1 730	1.47	1.49	1	
38	流速仪（Q38）	2021-7-22	16:39	17:28	17:03	289.70	1 170	1 700	1.45	1.47	1	
39	流速仪（Q39）	2021-7-31	10:36	11:31	11:03	289.54	1 150	1 760	1.53	1.49	−3	
40	流速仪（Q40）	2021-8-9	8:41	9:33	9:07	289.72	1 170	1 830	1.56	1.54	−1	
41	流速仪（Q41）	2021-8-17	6:29	7:14	6:51	288.94	1 050	1 350	1.29	1.28	−1	
42	流速仪（Q42）	2021-8-20	13:19	14:56	14:08	287.70	859	899	1.05	0.96	−9	
43	流速仪（Q43）	2021-8-22	7:41	8:09	7:55	286.14	653	345	0.53	无数据		
44	流速仪（Q44）	2021-8-25	6:31	7:00	6:46	287.30	795	476	0.60	0.50	−17	不参加比测
45	流速仪（Q45）	2021-9-2	16:37	17:26	17:02	291.63	1 480	1 180	0.80	0.84	5	
46	流速仪（Q46）	2021-9-7	7:48	8:22	8:05	287.49	826	308	0.37	0.32	−14	
47	流速仪（Q47）	2021-9-15	16:37	17:11	16:54	286.49	704	324	0.46	无数据		
48	流速仪（Q48）	2021-9-22	15:33	16:26	16:00	288.90	1 050	380	0.36	无数据		
49	流速仪（Q49）	2021-9-26	0:17	0:46	0:32	286.04	656	338	0.52	无数据		
50	流速仪（Q50）	2021-9-27	6:43	7:14	6:58	286	652	344	0.53	无数据		
51	流速仪（Q51）	2021-10-5	8:53	9:24	9:08	286.54	708	444	0.63	无数据		
52	流速仪（Q52）	2021-10-10	15:08	16:03	15:36	288.75	1 030	349	0.34	0.32	−6	
53	流速仪（Q53）	2021-10-16	7:08	7:38	7:23	285.91	646	320	0.50	无数据		
54	流速仪（Q54）	2021-10-23	8:42	9:26	9:04	288.98	1 060	372	0.35	0.34	−3	
55	流速仪（Q55）	2021-10-28	6:13	7:16	6:44	290.42	1 300	150	0.12	0.12	0	
56	流速仪（Q56）	2021-11-5	6:56	7:43	7:20	289.25	1 110	291	0.26	0.27	4	
57	流速仪（Q57）	2021-11-12	15:43	17:58	16:50	288.70	1 020	299	0.29	无数据		
58	流速仪（Q58）	2021-11-18	15:11	16:12	15:42	289.68	1 170	325	0.28	无数据		
59	流速仪（Q59）	2021-11-26	14:14	15:02	14:38	289.48	1 140	280	0.25	无数据		
60	流速仪（Q60）	2021-12-04	14:41	15:32	15:06	290.38	1 290	292	0.23	无数据		
61	流速仪（Q61）	2021-12-13	10:46	11:38	11:12	289.80	1 190	307	0.26	无数据		
62	流速仪（Q62）	2021-12-22	16:33	17:26	17:00	290.19	1 250	385	0.31	0.29	−6	
63	流速仪（Q63）	2021-12-28	16:11	17:06	16:38	290.06	1 230	310	0.25	0.25	0	

2）成果精度评价方法

以常规流量测验方法测得流速为基准，计算样本数据时差法测得流速的平均相对误差 δ，计算公式见式（8.3-6）：

$$\delta = \frac{1}{n}\sum_{i=1}^{n}\frac{V_{is}-V_{ic}}{V_{ic}}\times 100\%$$ （8.3-6）

计算相对误差标准差 S 采用公式（8.3-7）：

$$S = \sqrt{\frac{\sum_{i=1}^{n}\left(\frac{V_{is}-V_{ic}}{V_{ic}}-8\right)^{2}}{n-1}}$$ （8.3-7）

随机不确定度计算公式见式(8.3-8)：

$$X = ZS \tag{8.3-8}$$

其中：V_{is} 为第 i 个测次时差法超声波流量计测得流速；V_{ic} 为第 i 个测次常规流量测验方法测得流速；n 为样本数量；S 为时差法超声波流量计测得流量的相对误差标准差。Z 为置信系数，若观测次数大于 30，置信系数 Z 一般取 2，对应置信概率为 95%；当观测次数不足 30 时，置信系数 Z 按表 8.3-4 取值。

表 8.3-4　置信系数取值表

n	2	3	4	5	6	7	8	9	10	20	30
$P=95\%$	12.7	4.30	3.18	2.78	2.57	2.45	2.36	2.31	2.26	2.09	2.05

3) 时差法流速修正

剔除时差法中无数据记录和数据记录不完整的测次，2020 年和 2021 年剩余有效比测测次共计 41 次，其中 2020 年 12 次，2021 年 29 次，并按时间先后顺序进行编号，如表 8.3-5 所示。

表 8.3-5　时差法比测有效测次统计表

序号	测次	比测仪器	日期	水位(m)	断面平均流速(m/s)	时差法平均流速(m/s)
1	21	流速仪(Q21)	2020-4-19	287.29	0.85	0.82
2	22	流速仪(Q22)	2020-4-25	287.48	0.93	0.90
3	24	流速仪(Q24)	2020-5-9	287.27	0.72	0.68
4	25	流速仪(Q25)	2020-5-14	287.92	0.88	0.79
5	26	流速仪(Q26)	2020-5-15	288.32	0.81	0.61
6	27	流速仪(Q27)	2020-5-21	288.82	1.43	1.39
7	28	流速仪(Q28)	2020-5-27	287.40	0.92	0.88
8	30	流速仪(Q30)	2020-6-10	287.46	0.93	0.97
9	31	流速仪(Q31)	2020-6-11	288.23	1.28	1.15
10	34	流速仪(Q34)	2020-6-14	288.09	0.88	0.82
11	35	流速仪(Q35)	2020-6-18	290.08	1.37	1.34
12	36	流速仪(Q36)	2020-6-18	291.12	1.36	1.34
13	20	流速仪(Q20)	2021-4-27	288.20	0.84	0.75
14	23	流速仪(Q23)	2021-5-3	287.89	0.48	0.43
15	24	流速仪(Q24)	2021-5-3	290.58	1.21	1.30
16	25	流速仪(Q25)	2021-5-11	289.50	1.50	1.48
17	26	流速仪(Q26)	2021-5-12	289.56	1.48	1.48
18	27	流速仪(Q27)	2021-5-19	289.99	1.56	1.59
19	28	流速仪(Q28)	2021-5-23	290.86	1.74	1.74
20	29	流速仪(Q29)	2021-5-26	288.00	1.13	1.04
21	30	流速仪(Q30)	2021-6-2	289.27	1.55	1.57
22	31	流速仪(Q31)	2021-6-4	290.42	1.52	1.54

续表

序号	测次	比测仪器	日期	水位(m)	断面平均流速(m/s)	时差法平均流速(m/s)
23	32	流速仪(Q32)	2021-6-9	289.66	1.61	1.62
24	33	流速仪(Q33)	2021-6-9	289.07	1.54	1.62
25	34	流速仪(Q34)	2021-6-25	287.48	0.93	0.65
26	35	流速仪(Q35)	2021-7-1	290.41	1.66	1.76
27	36	流速仪(Q36)	2021-7-7	288.49	1.28	1.21
28	37	流速仪(Q37)	2021-7-15	289.69	1.47	1.49
29	38	流速仪(Q38)	2021-7-22	289.70	1.45	1.47
30	39	流速仪(Q39)	2021-7-31	289.54	1.53	1.49
31	40	流速仪(Q40)	2021-8-9	289.72	1.56	1.54
32	41	流速仪(Q41)	2021-8-17	288.94	1.29	1.28
33	42	流速仪(Q42)	2021-8-20	287.70	1.05	0.96
34	45	流速仪(Q45)	2021-9-2	291.63	0.80	0.84
35	46	流速仪(Q46)	2021-9-7	287.49	0.37	0.32
36	52	流速仪(Q52)	2021-10-10	288.75	0.34	0.32
37	54	流速仪(Q54)	2021-10-23	288.98	0.35	0.34
38	55	流速仪(Q55)	2021-10-28	290.42	0.12	0.12
39	56	流速仪(Q56)	2021-11-5	289.25	0.26	0.27
40	62	流速仪(Q62)	2021-12-22	290.19	0.31	0.29
41	63	流速仪(Q63)	2021-12-28	290.06	0.25	0.25

由时差法平均流速与实测流速线性相关关系图(图8.3-16)可以看出,时差法测得平均流速与实测流速具有较好的相关性,相关系数为0.980 7。将时差法平均流速代入相关公式进行修正,以实测流速为真值,计算修正后时差法平均流速的系统误差为2.9%,相对误差标准差为13.2%,随机不确定度为26.5%,这显然不满足《水文资料整编规范》(SL/T 247—2020)中二类精度站水位流量关系定线精度要求(系统误差不超过±2%,随机不确定度不超过12%)。

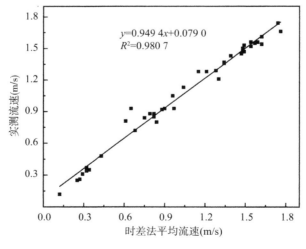

图8.3-16 时差法平均流速与实测流速线性相关关系

将通过拟合公式得到的时差法平均流速值称为拟合流速,分析由上述线性回归得到的线性拟合流速与实测流速的相对误差发现,当流速较小时,线性拟合值与实测值的相对误差较大(图 8.3-17),并且拟合值均偏大,因此线性拟合方法并不适合。

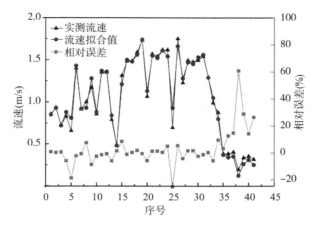

图 8.3-17　线性拟合效果及相对误差

将时差法平均流速与实测流速进行多项式拟合(多项式次数为 2),时差法平均流速与实测流速相关性良好,关系点均匀分布于趋势线两侧,相关系数为 0.984 9(图 8.3-18)。经图中多项式公式进行拟合的时差法平均流速与实测流速之间的系统误差为 0.8%,相对误差标准差为 6.7%,随机不确定度为 13.5%。多项式拟合较线性拟合效果有显著提升,但仍然无法满足规范要求。

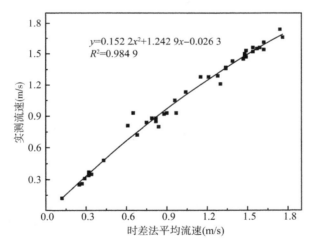

$$y=0.152\ 2x^2+1.242\ 9x-0.026\ 3$$
$$R^2=0.984\ 9$$

图 8.3-18　时差法平均流速与实测流速非线性相关关系

进一步分析多项式拟合值与实测流速的相对误差发现,序号 25(2021 年第 34 次比测)相对误差较大(图 8.3-19),其绝对值超过了 20%。将 2021 年 6 月 25 日(第 34 次测流日)时差法测流数据与水位变化过程进行比较(图 8.3-20),时差法流速变化过程与水位变化过程相似度高,同步性较好,整个时段里时差法流速存在个别数据异常波动,但流速仪测流期间(8:57—9:31)无明显异常数据出现(图 8.3-21)。时差法测流精度可能会受流体含沙量的影响,通过查阅沿河站 2021 年逐日含沙量表发现,6 月 25 日含沙量为零,故排除含沙量对时差法测流精度的影响。经过以上可能的误差来源分析,认为该次时差法测量数据准确无误。

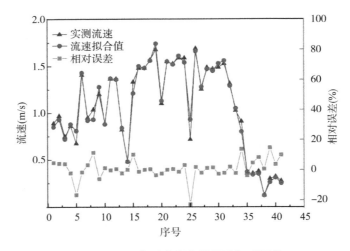

图 8.3-19　多项式拟合效果及相对误差

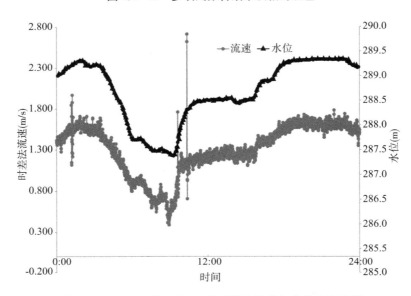

图 8.3-20　2021 年 6 月 25 日时差法流速与水位变化过程

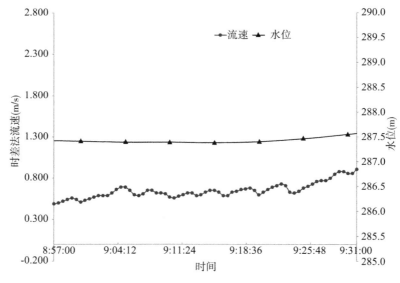

图 8.3-21　2021 年 6 月 25 日 8:57—9:31 时差法流速与水位变化过程

（1）按流速级分析

由图 8.3-22 可知，实测流速小于 0.5 m/s 时，时差法测得流速与实测流速之间线性拟合效果不佳，因此本次将 0.5 m/s 作为临界点进行流速分级，0~0.5 m/s 作为低流速段，0.5~1.8 m/s 作为中高流速段。低流速段和中高流速段与实测流速的线性相关关系如图 8.3-23、图 8.3-24 所示，相关系数均在 0.96 以上。低流速段系统误差为 -0.3%，相对误差标准差为 6.4%，置信系数取 2.4，随机不确定度为 15.3%；中高流速段系统误差为 0.3%，相对误差标准差为 6.1%，随机不确定度为 12.2%；均不满足规范要求。

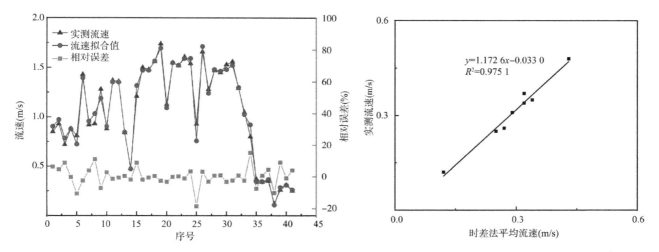

图 8.3-22　按流速级线性拟合效果
及相对误差

图 8.3-23　低流速段时差法平均流速与实测
流速线性相关关系

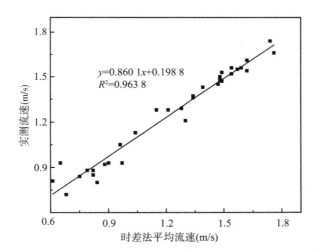

图 8.3-24　中高流速段时差法平均流速与实测流速线性相关关系

采用多项式（多项式次数为 2）进行拟合（图 8.3-25 至图 8.3-27），结果如下：中高流速段相关系数为 0.964 5，时差法平均流速与实测流速的系统误差为 0.3%，相对误差标准差为 5.9%，随机不确定度为 11.9%；低流速段相关系数为 0.979 1，系统误差为 0.1%，相对误差标准差为 4.7%，随机不确定度为 11.3%，满足规范定线精度要求。

按流速级分析拟合流速相对误差见表 8.3-6。

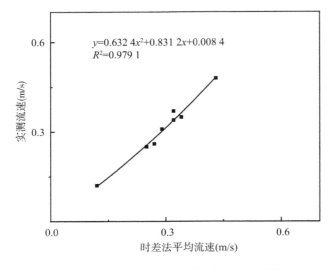

图 8.3-25 低流速段时差法平均流速与实测流速
非线性相关关系

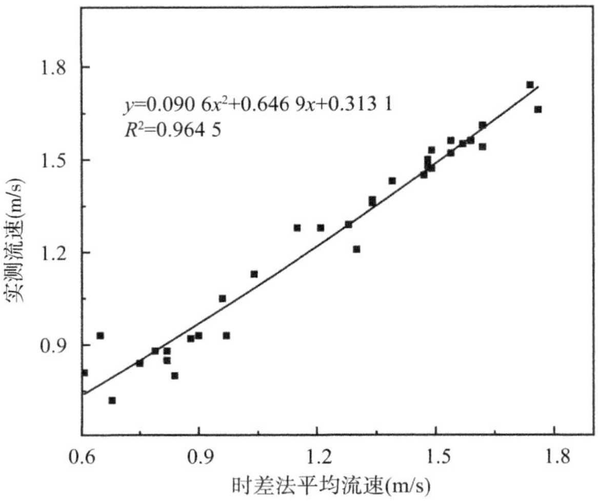

图 8.3-26 中高流速段时差法平均流速与实测
流速非线性相关关系

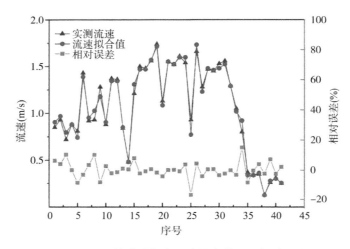

图 8.3-27 按流速级多项式拟合效果及相对误差

表 8.3-6 按流速级分析拟合流速相对误差

序号	实测流速（m/s）	线性拟合流速（m/s）	相对误差1（%）	多项式拟合流速（m/s）	相对误差2（%）
1	0.85	0.90	6.4	0.90	6.4
2	0.93	0.97	4.6	0.97	4.2
3	0.72	0.78	8.8	0.79	10.4
4	0.88	0.88	−0.2	0.88	0.1
5	0.81	0.72	−10.7	0.74	−8.5
6	1.43	1.39	−2.5	1.39	−3.0
7	0.92	0.96	3.9	0.95	3.5
8	0.93	1.03	11.1	1.03	10.3
9	1.28	1.19	−7.2	1.18	−8.1
10	0.88	0.90	2.7	0.90	2.8

序号	实测流速(m/s)	线性拟合流速(m/s)	相对误差1(%)	多项式拟合流速(m/s)	相对误差2(%)
11	1.37	1.35	−1.4	1.34	−2.0
12	1.36	1.35	−0.6	1.34	−1.3
13	0.84	0.84	0.5	0.85	1.1
14	0.48	0.47	−1.8	0.48	0.6
15	1.21	1.32	8.8	1.31	8.0
16	1.50	1.47	−1.9	1.47	−2.1
17	1.48	1.47	−0.6	1.47	−0.7
18	1.56	1.57	0.4	1.57	0.7
19	1.74	1.70	−2.6	1.71	−1.6
20	1.13	1.09	−3.2	1.08	−4.1
21	1.55	1.55	−0.1	1.55	0.1
22	1.52	1.52	0.2	1.52	0.3
23	1.61	1.59	−1.1	1.60	−0.7
24	1.54	1.59	3.4	1.60	3.8
25	0.93	0.76	−18.5	0.77	−17.0
26	1.66	1.71	3.2	1.73	4.4
27	1.28	1.24	−3.2	1.23	−4.0
28	1.47	1.48	0.7	1.48	0.6
29	1.45	1.46	0.9	1.46	0.7
30	1.53	1.48	−3.2	1.48	−3.4
31	1.56	1.52	−2.3	1.52	−2.3
32	1.29	1.30	0.8	1.29	0.0
33	1.05	1.02	−2.4	1.02	−3.1
34	0.80	0.92	15.2	0.92	15.1
35	0.37	0.34	−7.5	0.34	−8.3
36	0.34	0.34	0.7	0.34	−0.3
37	0.35	0.37	4.5	0.36	4.0
38	0.12	0.11	−10.2	0.12	−2.3
39	0.26	0.28	9.1	0.28	7.3
40	0.31	0.31	−1.0	0.30	−2.4
41	0.25	0.26	4.1	0.26	2.3

（2）按水位级分析

沿河水文站受上游约9km处沙坨水电站蓄放水影响,水面波浪起伏不定,而时差法探头中部安装高程为287.25m,当水位接近探头高程时,波浪容易造成探头露出水面或探头对应水层出现较多空气,进而影响时差法仪器测量精度。考虑探头安装高程和波浪爬高,本次只对水位高于287.50m时的时差法流速测量结果进行分析。

　　采用多项式(多项式次数为 2)进行拟合发现,数据点较均匀分布在趋势线两侧,相关系数为 0.991 2,具有很好的拟合效果,系统误差为 0.3%,相对误差标准差为 5.6%,随机不确定度为 11.2%,均满足规范要求(图 8.3-28、图 8.3-29、表 8.3-7)。

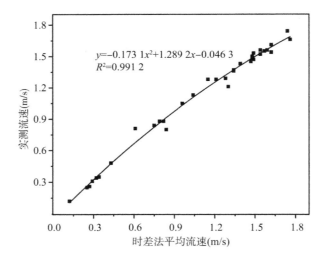

图 8.3-28　按水位级非线性拟合

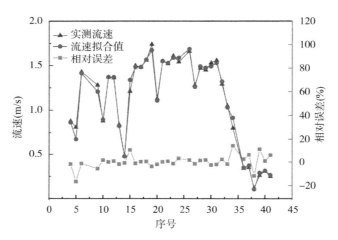

图 8.3-29　按水位级多项式拟合效果及相对误差

表 8.3-7　按水位级分析拟合流速相对误差

序号	实测流速(m/s)	拟合流速(m/s)	相对误差(%)
4	0.88	0.86	-1.8
5	0.81	0.68	-16.6
6	1.43	1.41	-1.3
9	1.28	1.21	-5.7
10	0.88	0.89	1.6
11	1.37	1.37	0.0
12	1.36	1.37	0.8
13	0.84	0.82	-2.0
14	0.48	0.48	-0.8

序号	实测流速(m/s)	拟合流速(m/s)	相对误差(%)
15	1.21	1.34	10.5
16	1.50	1.48	−1.2
17	1.48	1.48	0.2
18	1.56	1.57	0.4
19	1.74	1.67	−3.9
20	1.13	1.11	−2.0
21	1.55	1.55	0.1
22	1.52	1.53	0.6
23	1.61	1.59	−1.4
24	1.54	1.59	3.1
26	1.66	1.69	1.6
27	1.28	1.26	−1.5
28	1.47	1.49	1.4
29	1.45	1.47	1.7
30	1.53	1.49	−2.6
31	1.56	1.53	−2.0
32	1.29	1.32	2.3
33	1.05	1.03	−1.7
34	0.80	0.91	14.3
36	0.34	0.35	2.5
37	0.35	0.37	6.3
38	0.12	0.11	−11.7
39	0.26	0.29	11.2
40	0.31	0.31	1.0
41	0.25	0.27	6.1

4）比测结果及误差分析

本书共计制定五种方案进行关系线性拟合，并计算其系统误差和随机不确定度，结果见表 8.3-8。

表 8.3-8　不同拟合方案误差

方案编号	方案	公式	系统误差(%)	随机不确定度(%)
1	整体分析-线性拟合	$y=0.949\,4x+0.079\,0$	2.9	26.5
2	整体分析-多项式拟合	$y=0.152\,2x^2+1.242\,9x-0.026\,3$	0.8	13.5
3	分流速级-线性拟合	$y=1.172\,6x-0.033\,0$（低流速）	−0.3	15.3
		$y=0.860\,1x+0.198\,8$（中高流速）	0.3	12.2
4	分流速级-多项式拟合	$y=0.632\,4x^2+0.831\,2x+0.008\,4$（低流速）	0.1	11.3
		$y=0.090\,6x^2+0.646\,9x+0.313\,1$（中高流速）	0.3	11.9
5	分水位级-多项式拟合	$y=-0.173\,1x^2+1.289\,2x-0.046\,3$	0.3	11.2

就整体而言,通过多项式(次数为2)拟合时差法得出的平均流速与实测流速之间的关系效果明显优于线性拟合法,方案2较方案1系统误差降低2.1%,随机不确定度降低13.0%,方案4较方案3低流速段随机不确定度下降4.0%,中高流速段随机不确定度下降0.3%。多项式拟合方案中,按流速级和水位级拟合结果均满足整编规范要求(系统误差不超过±2%,随机不确定度不超过12%),但低流速段数据量较少,仅有8组数据,存在代表性不足的问题。水位高于287.50 m时,时差法平均流速与实测流速拟合效果良好,系统误差0.3%,随机不确定度11.2%。多项式拟合效果更佳的原因,主要是比测过程中水位变幅较大,导致超声波探头相对水深变化代表流速和断面平均流速之间关系不固定。

经分析,在本次比测实验中,时差法测得流速误差来源主要有以下几方面:

(1)沿河站时差法采用的是两组固定探头,随着断面水位的变化,测得的瞬时流速的相对水深也在不停发生变化,计算断面平均流速时若未考虑相对水深影响,可能造成流速出现偏离。

(2)沿河站时差法采用的低水位探头高程为287.25 m,接近或低于该水位时,可能导致采集数据异常、流速偏差较大或无法采集瞬时流速。

(3)理想情形下认为时差法测流断面和流速仪测流断面相近或相同,但现实条件下两者存在一定偏差,这也是误差来源之一。

(4)比测实验中,以常规流量测验方法作为基准,但其测验成果同样存在误差,且误差范围无法精准评估。

6. 结论及建议

根据2020年和2021年沿河水文站比测资料,本书对该站时差法超声波测得代表流速与断面平均流速进行关系拟合,采用线性和多项式两种拟合方式,5种拟合方案。结果表明:

(1)时差法测得流速与转子流速仪测得流速相关关系良好,多项式拟合效果明显优于线性拟合,按流速段和按水位级多项式拟合结果误差在合理范围内,满足整编规范要求。但按流速段拟合方案中,低流速数据量有限,对最终结果不利,因此建议水位高于287.50 m时采用表8.3-8中多项式拟合公式建立时差法流速与实测流速之间的相关关系。

(2)当时差法设备运行正常时,数据关系良好,与转子流速仪测流方法得到的数据误差较小,在合理范围内,能建立有效的相关关系时,可以使用时差法代替缆道流速仪法测流,以得到较为完整的时间-流速过程,结合断面测量,以及水位自记仪器使用,能得到可靠的水位流量关系。

建议:

(1)比测资料较少,2020年和2021年收集到的有效比测数据共计41组,且没有足够的中高水比测资料。资料较少还带来另一个问题,就是缺少成果检验资料,建议后期增加资料收集次数。

(2)受技术条件限制,目前沿河站通过时差法采集的监测数据仅通过网络存储于厂家的云端服务器上,无本地存储。

(3)受权限不足限制,沿河站时差法监测系统未纳入分中心报汛系统,缺少日常监测检查,且无法自主下载云端服务器上的数据,需由厂家转发。

(4)分局一线工作人员缺少相应技术培训,当时差法使用出现故障时,分局人员排查检修能力可能存在短板。

(5)若后期沿河站时差法超声波测流设备投产,应当注意,设备运行不正常,数据为零时,或与转子流速仪测流方法得到的数据误差较大,不在合理范围内,不能建立有效的相关关系时,可以采用缆道流速仪法测流或ADCP测流等其他方法,补充资料的完整性。

8.3.4 五岔水文站应用实例

1. 概述

（1）项目背景

进入 21 世纪，中央与时俱进地提出"水资源是基础性的自然资源和战略性的经济资源"；十八大，中央提出"建设生态文明"。随着经济社会的快速发展，我国水资源形势深刻变化，水安全状况日趋严峻，水利的内涵不断丰富，水利对全局的影响更为重大，地位更加凸显。近年来频繁发生的严重洪涝干旱灾害，充分反映了水利"基础脆弱、欠账太多、全面吃紧"的突出问题。

水是基础性的自然资源和战略性的经济资源，是生态环境的控制性要素，是经济社会发展的重要支撑和保障。人多水少，水资源时空分布不均、与生产力布局不相匹配，既是现阶段我国的突出水情，也是我国将要长期面临的基本国情，水资源供需矛盾突出是我国可持续发展的主要瓶颈。中央提出要大力发展民生水利，实行最严格的水资源管理制度，把严格水资源管理作为加快转变经济发展方式的战略举措。

实行最严格的水资源管理制度的关键是围绕水资源配置、节约和保护，确立水资源管理；全面实行最严格的水资源管理制度，必须实时掌握来水、取水、用水和排水动态，保证第一手信息的准确性、科学性和精细化，为最严格的水资源管理制度考核提供手段和依据。

测站有非常重要的地位，提高测站的自动测报能力和精度，保证在不同水位、流量条件下均能准确获得数据，是提高防汛抗旱能力、为水资源管理和保护提供重要依据、促进水资源可持续利用和经济社会可持续发展的重要保障。

（2）测站地理环境

五岔水文站（图 8.3-30）为綦江流域控制站，属国家一级水文站，地处重庆市江津区贾嗣镇五福村，流域名为綦江，流域控制集水面积 5 566 km²，距河口 40 km，是长江一级支流。

图 8.3-30　五岔水文站实拍

（3）测站河流特征

五岔水文站断面河道宽 100～130 m，河道深 2.94 m（通航河道最低通航水位时，或者不通航河道最低水位时的河道平均深度），常年最大流量 1 560 m³/s，常年平均流量 88.0 m³/s，常年最小流量 1.83 m³/s，常年最高水位 198.62 cm，常年平均水位 193.51 cm，常年最低水位 192.51 cm。在常年水位条件下属于宽浅河道，两岸都有近 30 m 的缓坡。五岔水文站大断面见图 8.3-31。

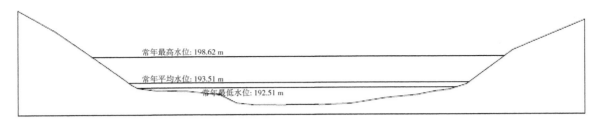

常年最高水位：198.62 m

常年平均水位：193.51 m

常年最低水位：192.51 m

图 8.3-31　五岔水文站大断面图

（4）建设内容

建设一套具有实时自动监测功能的流量设备，以及保障设备正常运行的土建工程和配套设施。

（5）功能需求

流量自动监测站应具有实时监测五岔水文站断面流速、水位等信息的能力，并能实时计算流量数据；流量自动监测站应具有数据采集、数据计算和处理、数据存储、数据传输等功能；流量自动监测站应维护方便，确保安全。流量自动监测站应立足无人驻守，实现定期巡检、采集、传输、处理一体化，应用软件工程方法，确保系统的开放性、可扩充性和可维护性，强化系统自身的安全、保密性，便于实现信息共享，同时充分处理好数据安全保密性。

（6）性能需求

流量自动监测站建设必须符合国家、行业相关标准，在线监测数据必须实时、准确可靠；流量、水位数据实时采集；流量数据采集周期最小为 60 s，可按需求设置。依照仪器设备的数据采集周期，可根据需要调整监测频次；数据传输和数据存储采用国家相关标准，方便数据共享。

2. 测站总体设计

1）设计原则

（1）实用先进。系统设计从需求出发，立足于应用。其采用世界先进且成熟的技术，充分考虑所选产品升级时的平滑度，并留足今后的需求，确保能吸收升级换代的新技术，保证所选的软硬件具有较长的生命周期，并适合于重庆水域环境可靠运行，确保整个系统的先进性。

（2）可靠稳定。按照应用需要，严格确定本系统平均无故障运行时间和可靠性等级，合理确定系统各部件平均故障修复时间和运行时间，选择相应的软硬件，保障系统的可靠性和稳定性。

（3）标准规范。严格遵循国家标准和行业内的标准，保障系统建设的标准化和规范化。

（4）维护方便，确保安全。立足无人驻守，实现定期巡检、采集、传输、处理一体化，应用软件工程方法，确保系统的开放性、可扩充性和可维护性，有效降低系统运行与维护的难度和代价。强化系统自身的安全、保密性，便于实现信息共享，同时充分处理好数据安全保密性。

（5）平面布置上因地制宜，测站尽量布置在不影响航运的区域。

（6）工程结构在满足安全、可靠、耐久等要求的前提下，充分考虑河势变化和材料来源及施工条件等因素。

（7）管理方便，且建筑物的外观设计与周边环境充分协调。

2）设计依据

（1）《电气装置安装工程 电缆线路施工及验收标准》（GB 50168—2018）。

（2）《水位观测标准》（GB/T 50138—2010）。

（3）《信息交换用汉字编码字符集 基本集》（GB 2312—1980）。

（4）《水文情报预报规范》（GB/T 22482—2008）。

（5）《水文自动测报系统设备基本技术条件》（SL/T 102—1995）。

（6）《水文数据固态存储装置通用技术条件》（SL 149—2013）。

（7）《水文基本术语和符号标准》（GB/T 50095—2014）。

（8）《水文自动测报系统设备 遥测终端机》（SL 180—2015）。

（9）《水文自动测报系统技术规范》（GB/T 41368—2022）。

（10）《基础水文数据库表结构及标识符标准》（SL 324—2005）。

（11）《水文资料整编规范》（SL/T 247—2020）。

（12）《重庆市水文监测数据通信规程》。

3）测站总体功能

（1）实时采集、传输遥测站的水文信息。

（2）遥测站具有水文数据自动存储的功能。

（3）遥测站具有自动测报能力。

（4）遥测站具备自检能力，并能对电源电压进行监测。

（5）具有数据超限报警及设备故障报警的功能。

4）测站总体性能

（1）总体设计具有实用性、先进性、开放性、安全性和经济性的特点。

（2）总体设计符合国家、行业最新的有关技术标准和规范。

（3）采集的水文监测数据其准确度和精度满足合同要求。

（4）所采用的设备符合结构简单、性能可靠、能耗低的原则，可在无人值守的条件下长期工作，能全天候工作，具备良好的防雷能力。

（5）项目具有良好的兼容性和可扩展性。

（6）遥测站采集的信息传输到中心站的时间小于 1 分钟。

5）可靠性设计

（1）项目可靠性设计

①遥测站设备采用间断工作方式，间歇时间长，功耗低，设备简单，从而大大提高了设备的使用寿命。

②信道编码采用纠错编码技术，能检两位、纠一位错误，从而降低了通信误码率。

③采取完善的防雷电措施，遥测站采用直流供电，以消除电源线引入的雷电干扰的破坏。

④传感器尽可能选用无源的或功耗低的设备，以利于长时间在现场工作。

⑤选用高可靠、高质量、成熟的辅助设备。

⑥重视遥测站的接地地网和避雷针的设计，严格按照土建技术要求设计安装。

⑦采用先进的硬件设计技术，如采用微功耗、大规模集成电路，工业级单片机，降额设计，密封结构等。

⑧设备安装远离可能导致雷电或人为破坏的地方，尤其是传感器。只有严格按照技术要求安装，才能保证测量精度。

⑨重视人员培训，加强运行管理。

（2）设备可靠性设计

①优良的电路设计：选择既简单又合理的电路方案。

②选用优质元器件：尽量选用高集成度的元器件，用较少的元件做出满足设计要求的设备，对关键元器件进行老化筛选，或者降额设计以提高可靠性。

③电磁兼容设计：为了减少各部分设备、各部分电路之间的电磁干扰，必须进行正确的接地和屏蔽设计，例如对脉冲数字地、模拟信号地、交流电源地分别处理，进行避雷接地、保护接地时采用一点接地技术等。

④干扰抑制措施:如信号远距离传输的抗干扰隔离等。

⑤人机联系尽可能简单。

⑥良好的机械性能:包括防震、防蚀、防潮等。

⑦软件设计采用先进的手段,采用多重保护措施防止程序运行紊乱、死机等,软件的质量控制主要依赖长期的动态检验考核。

⑧对主要设备进行加电调试,开展高温老化、主要指标测试和联机试验。

⑨加强质量管理:对所有设备进行严格的质量检测,每一批设备均按规范进行振动跌落、高温高湿及高低温抽样检验,保证设备能在现实更苛刻的环境条件下可靠运行。

(3)供电可靠性设计

对于遥测站的供电,应采用太阳能电池浮充的蓄电池供电。这种供电方式一方面避免了从电源上引入的各种工业干扰和雷击干扰;另一方面,经过计算后选择适当容量的蓄电池,可满足长期自动运行的要求,减少维护的工作量。

(4)防雷接地设计

①为了保证遥测站可靠运行,防止从天馈线、电源线、遥测设备与传感器间的信号线引入的雷电损坏设备,应在遥测站安装避雷针。避雷针的接地电阻应小于4Ω。

②遥测站应采用太阳能电池浮充的蓄电池供电,避免从交流电源引入雷电。

③为遥测终端和遥测传感器之间的室外传输电缆增加电缆保护措施和避雷设备。较长的信号传输线应穿入金属管道埋入地下铺设。应尽可能使一个遥测站的设备相对集中,减少室外传输电缆,尽量避免长距离空架起来的电缆传送。

④遥测终端和传感器之间的接口采用光电隔离技术、压敏电阻等浪涌吸收元件隔离或吸收雷电冲击,能有效防止信号线上引入的感应电对遥测终端接口的冲击。

(5)系统集成可靠性设计

①外购设备具有可靠的质量保证,并经过全面的性能测试。

②系统联调:设备进入现场前进行严格的系统联调,保证设备性能可靠稳定。

③设备安装调试严格按照有关规范和标准进行。

④安装完毕,设备要经过全面细致的测试。

6)流量测量方案

(1)流量测量方案比选

目前我国河道观测常用的自动流量采集仪器主要有固定式声学多普勒流速仪(H-ADCP)和时差法超声波流量计。

固定式声学多普勒流速仪(H-ADCP)是一种利用声学多普勒原理测量水流速度的仪器,是根据声波频率在声源移向观察者时变高,而在声源远离观察者时变低的多普勒频移原理测量水体流速的,其只测量某一水层的部分流速。

超声波时差法流量自动监测工作原理:按流动方向对角安装一对换能器。声波在静水中传播时,有一恒定的速度。此传播速度会随水温、盐度、含沙量发生一些变化,但当水流状况一定时,此传播速度是一定的。由于水流速度的影响,在顺水传播时实际速度大于声速,逆水传播时实际速度小于声速。通过超声波时差法流速仪器测得顺流、逆流方向的传输时间,在测量距离固定的情况下便可算出测线平均流速,故称这种方法为"时差法"。

时差法超声波流量计的测流分有线、无线两种方式。时差法超声波流量计的最大特点是测量断面宽(最大可达2 000 m),测量水位变幅范围大、精度高,在低流速、浅水状态下也可以工作。

时差法流量自动监测(无线声路)是基于时差法的测量方法。其系统的任一边都可自主运行,并使得两点视线与水的流向成对角线。主辅机用定向无线电装置相互通信。此外,系统主辅机配备了 GPS 接收器。从接收器收到的卫星数据提供了高精度的标准频率和必要的精确定时脉冲,以确保主辅机运行绝对同步。一个主机可控制多个辅机多层次、交叉通道和应答系统的安装(图 8.3-32)。

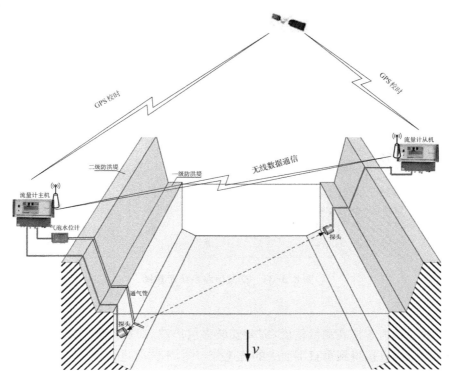

图 8.3-32　时差法流量自动监测系统示意图

时差法流量自动监测(无线声路)工作方式主要有单声路、交叉声路、多层声路三种。

①单声路

如果水流方向与岸堤平行,安装最简单的单声路系统即可得到很好的测量流量,仅需要 2 个声学换能器、2 个主机(图 8.3-33)。

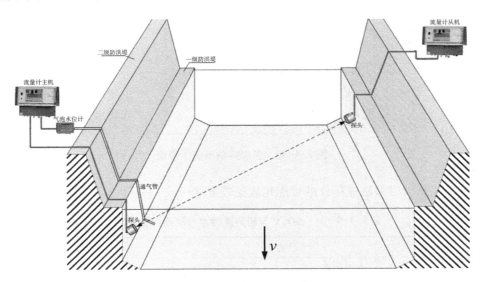

图 8.3-33　单声路系统示意图

②交叉声路

如果水流方向与岸堤不平行,在安装了第一道声路的基础上,需要再安装第二道声路,两路交叉,适用于弯曲的河道或断面的几何形状变化频繁的情况(图 8.3-34)。

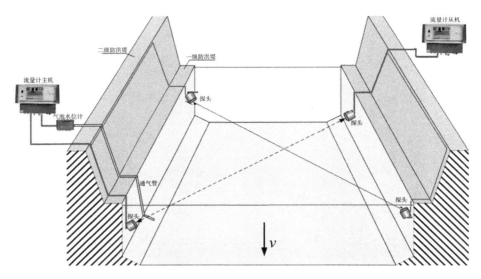

图 8.3-34　交叉声路系统示意图

③多层声路

如果水位变化剧烈,为了提高测量精度,需要安装多层声路,即在不同的水深分别安装上述 2 种声路。多层声路精度高,能直接得到垂直剖面上的流速分布图,不需要进行现场校准(率定)(图 8.3-35)。

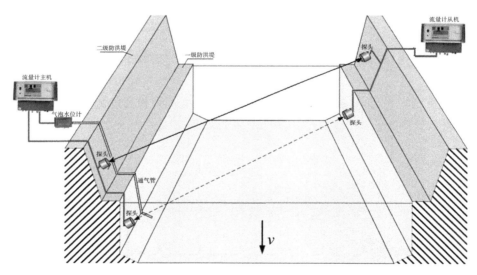

图 8.3-35　多层声路系统示意图

H－ADCP 与超声波时差法流速仪的性能比较见表 8.3-9。

表 8.3-9　H－ADCP 与超声波时差法流速仪性能对比

设备名称	性能			维护成本	安装难度	投资成本
	量程(m/s)	分辨率(mm/s)	流速测量精度			
H－ADCP	±5	1	0.5%±0.2 cm/s	高	低	低
超声波时差法流速仪	±10	1	小于±0.1%	低	低	高

两种方法适用性比较：

①使用 H-ADCP 进行流量监测的优点：建设成本低,设备安装方式简单。

②当测流断面较宽且常年水深较浅造成不能准确测量断面流速的情况时,则需选用超声波时差法流速仪作为测流设备。

H-ADCP 换能器横向向测流断面发射超声波,因为超声波发射扩散角为 1.5°(1 200 kHz、600 kHz)或 2.2°(300 kHz),当超声波波束到达水面和河底被反射后,会影响之后区域流速的测量结果,所以只有超声波波束到达水面和河底前的范围为设备的有效测量范围。因此当河流很宽且很浅时,H-ADCP 流速仪的有效测量范围不能包含测流断面的主泓,测量到的流速数据不具有代表性。

超时波时差法(无线时差法)下,两岸的换能器同时横向向对方发射超声波脉冲信号,由于超声波的传输路径与河道的水流方向成 45°夹角,因此两路超声波一路顺着水流传输,一路逆着水流传输,从而河道两侧的换能器接收到对方发射的超声波的时间存在时间差,通过计算此时间差可以推算出断面的流速。时差法设备两岸都有传感器,只要能够互相接收到对方的信号就可以进行测量,不存在扩散角度的问题,因此可以测量较为宽浅的断面。

③当测流断面存在常年流速较低的情况时,相应地对流速仪的精度要求更高。由于 H-ADCP 流速仪的测量精度没有无线时差法流速仪的测量精度高,针对常年流速较低的测流断面优先选用无线时差法流速仪测流。

④由于 H-ADCP 从原理上说需要建立实测的部分流速和断面平均流速的函数关系,实测流速需具有代表性,两者的相关性才好,所以在水位变幅过大的情况下,由仪器安装位置所决定的实测的部分流速,很难保证与低水位和高水位情况下的断面平均流速的相关性都能满足建立良好函数关系的要求。而无线时差法流速仪可以根据需要增加实测层数,以满足测量不同水位下的流量的需求。所以在水位变幅过大的断面优先选用无线时差法流速仪测流。

(2)设备选型

重庆五岔水文站断面条件复杂,河道宽 100～130 m,河道深 2.94 m(通航河道最低通航水位时,或者不通航河道最低水位时的河道平均深度),常年最大流量 1 560 m³/s,常年平均流量 88.0 m³/s,常年最小流量 1.83 m³/s,常年最高水位 198.62 cm,常年平均水位 193.51 cm,常年最低水位 192.51 cm。断面在常水位条件下属于宽浅河道。常年最高水位和常年最低水位相差 6.11 m,历史最高水位和历史最低水位差值超过 10 m。

因此,采用单声路时差法流量自动监测(无线声路)的方案。

(3)功能要求

①能对断面流速进行自动在线监测,采集时间和工作方式可以本地设置,也可远程设置。

②能实时采集测量断面的流速、水位数据,根据采集的流速、水位数据和水位-面积关系,实时计算断面流量。能实现监测数据的处理及存储功能。

③现场能显示实时水位、流速、流量数据,具备历史数据查询、统计、对比分析等功能。

④能将监测数据传输到重庆市水文局水情中心,支持远程数据下载功能。

⑤具备现场流速标定系数修改的功能。

⑥流量监测传感器的安装位置要根据监测断面的具体情况确定,安装支架的结构要求坚固、稳定,并能方便地进行设备维护。

3. 流量自动监测站详细设计

无线时差法测流设备 1 套,换能器安装设施 2 套,建设机箱平台 2 处,时差法固定支架及栈桥 2 套。

1)布局设计

系统布局平面图如图 8.3-36 所示。

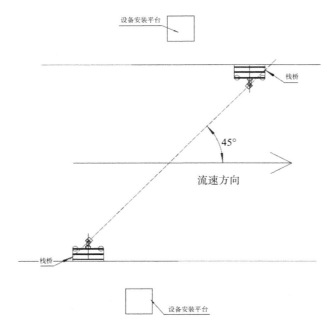

图 8.3-36　站点平面布局设计

2）测站结构（图 8.3-37）

测站主要采集流速、水位数据。时差法设备实时运行，每隔 18 秒采集一组数据，每组含 9 个数据。流量计主机负责采集处理流速、水位数据，并根据大断面资料计算实时流量，数据采集仪每 15 分钟采集一次数据，并通过 GPRS 模块将数据传到重庆市水情中心。

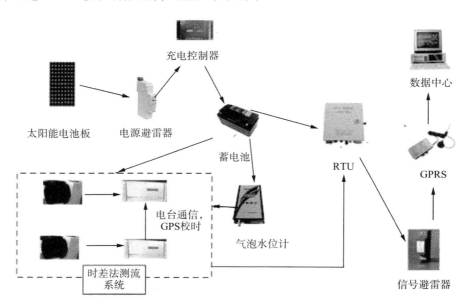

图 8.3-37　测站结构示意图

3）测站功能

（1）系统采用的设备结构简单、性能可靠、维护方便，具有防误操作、防潮、防腐、防雷击等能力，系统可在无人值守的条件下长期工作。

（2）系统具有良好的兼容性和可扩展性。充分考虑将来系统的扩充要求，相关设备保留相应的余量和接口。

（3）系统工作稳定，确保自动监测站在有人看管、无人值守时正常工作。

（4）能进行全自动在线监测，能按设置定时完成监测。

（5）能自动进行监测信息的采集、处理和存储，现场要求最少存储一年的原始数据。

（6）现场能显示所有实时监测信息和部分设备的工作状态。

（7）能将所有监测信息、部分工况信息和设备状态信息按设置定时传输到重庆市水情中心，并具备远程数据下载功能。

（8）具备监测数据超限和设备故障等状态的自动报警功能。

（9）具备主要运行参数和控制流程的配置及修改功能，设置能在现场完成。

（10）自动监测站采集的信息传输到重庆市水情中心的时间不大于1分钟，监测信息数据必须具有时标。

4）时差法测流系统

（1）组成

自动流量站包括时差法传感器（图8.3-38中为换能器）、流量计主机、水位计（图8.3-38中为气泡水位计）、数据采集仪（RTU）、供电系统、支架电缆等安装辅材组成。

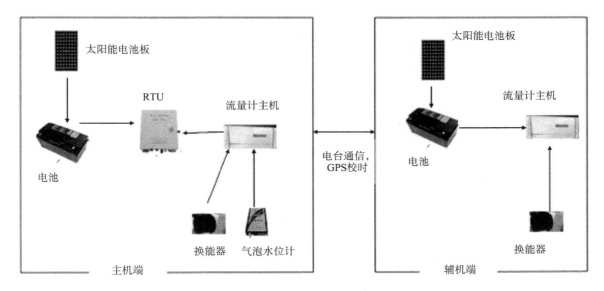

图8.3-38　无线时差法测流设备组成图

（2）供电设备

本系统需要的供电设备有流量计主机、换能器、压力水位计、数据采集仪、GPRS，总功耗最大为40 W。

以无浮充连续工作7天，单侧计算：$7×24×40/(12×0.9×80\%)=778$ A•h。因此本系统需要使用800 A•h的蓄电池，才能保证系统在阴雨天连续运行7天以上。

使用太阳能板充电时，因系统是24小时不间断运行，所以1天的总功耗为960 W，太阳能转换效率以90%、每天充电6小时计算，实际需要输出功率为960 W•h/90%＝1 067 W•h，太阳能电池板的输出功率应为1 067 W•h/6 h/70%＝254 W（70%是充电过程中太阳能电池板的实际使用功率）。

因此，采用2块150 W的太阳能板并联组合的方式给系统供电，太阳能板选用单晶硅板，充电控制器采用Steca PRS 2020型。

（3）测量原理

时差法探头分别通过安装支架安装在两岸水下，安装位置需要根据断面情况确定。时差法探头分别与两岸的时差法流量计主机连接。流量计主机置于机箱内,其中主机的一端和数据采集仪连接,数据采集仪负责控制数据的采集、处理和传输。两端设备电源分别由 4 块 200 A·h 的电池提供,300 W 太阳能电池负责充电。两处流量计主机通过无线电台传输数据并由高精度 GPS 授时单元保证时间同步。

如图 8.3-39 所示,在使用无线时差法设备进行流量自动监测时,首先将两个时差法探头安装在水面下某一水深处,安装时要求河两岸探头中心连线与水面平行,且与水流方向成一定夹角。测量时,主机端的时差法探头向对岸发射超声波,辅机端的流量计主机在接收到超声波信号后,记录下超声波传播的时间,再向主机端发射相同频率的超声波。主机端的流量计主机接收到超声波信号后也记录下超声波反向传播的时间,再利用声波在流体中传播时因流体流动方向不同而传播速度不同的特点,计算顺流传播时间和逆流传播时间之间的差值,从而计算流体流动的速度。两岸流量计主机通过纳秒级的 GPS 授时设备保证时间同步,从而确保测量超声波传播起止时间的准确性。无线时差法测流系统测量的是断面从左岸到右岸整个一层的平均流速数据,在经过流速标定后,通常能建立稳定的层流速与断面平均流速的关系;通过水位计测量水位,由"水位-过水面积关系表"得到断面过水面积。最后利用率定得出断面流速数据及水位数据,采用"流速-面积法"实时计算断面平均流量。

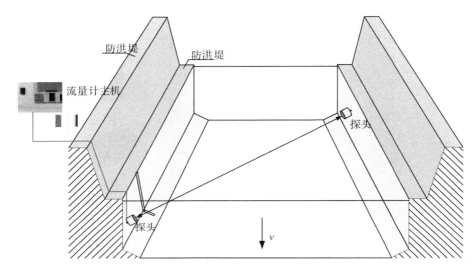

图 8.3-39 无线时差法测流方式系统结构示意图

(4) 工作流程

在进行流量自动监测时,时差法设备实时运行,每 18 秒采集一组数据,每组含 9 个数据(经流量计主机处理后保留 7 个数据)。流量计主机负责采集处理流速、水位数据,并根据大断面资料计算实时流量,数据采集仪每 15 分钟采集一次数据,并通过 GPRS 模块将数据传到重庆市水情中心。

(5) 安装要求

为了更好地完成流量监测,测量设备的安装与选择是非常重要的。在实际建设过程中,需要考虑以下几个方面的要求:断面的选择、探头安装的深度和方向、通信电缆和电源线的布设、有无后期流速标定条件。

①测流断面的选择:应尽量选择在河段平直、水流均匀、无漩涡或回流的地方,断面应与水流方向尽量垂直。测流段应基本具有稳定规则的断面,测流断面处及附近无淤积物和石块等,保持测流断面的完整和通畅。

②设备安装的位置:在安装传感器时,要根据河宽、最高最低水位、常年平均水位、河流中泓位置等来确定安装位置。换能器发射方向要求与水平线一致,一对换能器在水平方向与流向有 45°左右的夹角。

③安装固定支架:设备要求安装在河流中的固定物体上。被安装的设备结构必须坚固、稳定,没有沉降或移位。维护仪器后,能准确恢复到原安装位置。同时,安装支架要考虑到可以方便地将仪器上下移动,便于调节安装位置及维护。

(6) 时差法设备技术参数

本项目选择的超声波时差法测流设备含无线主辅机各 1 套、气泡水位计 1 套、GPS 卫星接收单元 2 套、无线调制解调器 2 套、换能器 2 个、换能器安装附件 2 套。主要设备技术指标如下。

①无线主辅机

工作原理:时差法/超声波发射测量法;

测量范围:－10～10 m/s;

精度 V:绝对误差＜0.1%;

精度 Q:绝对误差 3%,启用现场校正时可达到±1%;

处理器:主板 EURO STPC 嵌入式控制器,512 MB 闪存(数据记录器),板上集成 SVGA 图形控制器及用于断电后自动重启的看门狗定时器;

显示器:带背光的 LCD 显示器;

操作控制:RS-232 接口,笔记本电脑,调制解调器;

数模转换器:12 位;

输入参数:4×0/4－20 mA,4×0－1/2,5 V;

输出参数:3×0/4－20 mA,2×RS-232;

可用接口:RS-232/,RS-422/485 或 Active X;

工作电压:DC 12～36 V;

能耗:工作状态＜11VA,待机状态＜1VA;

远程数据传输:GSM,GPRS。

②GPS 卫星接收模块

每秒或每分钟发射脉冲;2 个时间触发输入;2 个 RS-232 接口报警输出;标准频率输出 FLASH-EPROM,引导加载程序提供多达 4 个串行端口、3 个可编程的开关输出、时间码发生器(IRIG-B,AFNOR);环境温度为 0～50℃。

③无线调制解调器

频率:863/870 MHz;

功率:50 MW;

灵敏度:－112 dBm;

发射频率和速率:9/38.4/57.6 kbps;

通道数:2(WB)/ 65(NB);

额定功耗:0.7W(TX)～0.27W(RX);

串行流或速率:9/38.4/57.6 kbps;

串行端口:自供电的 RS-232、RS-485、USB;

电源电压范围:DC 4.5～36 V。

④换能器

水声换能器:28 kHz;

工作频率:28 kHz;

发射功率:2 000 W;

发射锥束:18°;

可下水连接接头。

（7）流速标定

①计算断面平均流速

时差法流量计的标定主要是指建立声路上实测流速与断面平均流速的关系曲线。

这一关系曲线可以通过使用理论公式、数学计算或在自然环境中使用单点旋桨流速仪进行实地对比测量等方式得出。通常流量的计算公式为

$$Q = KAV_g = K_1 K_2 A V_g \qquad (8.3\text{-}9)$$

其中：Q 为断面流量；K 为流速标定系数（KV_g 为断面平均流速）；K_1 为理论流速计算的标定系数；K_2 为现场安装造成的标定系数；A 为断面面积；V_g 为实测声路流速。

对于标定系数 K，可将其分解为两部分：理论公式决定的标定系数 K_1 和现场具体情况决定的标定系数 K_2。且 $K = K_1 K_2$，做标定就是要得出 K_1 和 K_2，从而最终确定 K 值。

②系数 K_1 的标定（经验值法）

依据明渠水流测量 超声波（声波）法测量流量（ISO 6416—1992）的测量规范，许多宽阔的天然河流，流速分布与水位有一定的关系。理论流速计算的标定系数 K_1 对于不同的安装水深有不同的数值。表 8.3-10 为 ISO 6416—1992 的相关数值。

表 8.3-10　ISO 6416—1992 K_1 分布数据

Z/h	0.1	0.2	0.3	0.4	0.5	0.6	0.7	0.8	0.9
K_1	0.846	0.863	0.882	0.908	0.937	0.979	1.039	1.154	1.424

其中：Z/h 的含义是换能器的安装高度与实际水深的比值。这些值是在 7 个不同的测量点（1.94 m＜h＜2.20 m）经 15 次测量所确定的。

a. 对数曲线流速分布模型法

这种方式适用于河岸超过 90°（河宽大于 10 倍水深）的河道。使用这一方法需将换能器声路安装于距离河底 0.4 倍的水深处，在这一测量环境下，测量的声路流速与断面平均流速基本一致。因此可认为，如果超声波流量计安装在 0.4 倍水深处，所得到的声路流速就是断面平均流速。

当河道水位发生变化，或河道底部形状（粗糙度）发生变化时，会产生二次流。这些二次流会对流速测量产生影响，它们之间相互作用，将岸边的悬浮颗粒转移至主流区域。结果是减小了流速，增大了摩擦，这种对数分布关系失效。

b. 水文数字模型法

对于水泥结构的矩形或梯形河段，不能忽略流速剖面的边缘补偿影响。

在水文数字模型（如 SIMK 模型）的帮助下，可以计算出有稳定流的断面流速分布，从而确定沿测量路径的各个高程上的流速标定系数 K_1。

通过反复的仿真模拟计算，即对不同水位情况的分析，相对于水位完整的标定系数 $K_1(h)$ 的函数公式就可得出。

③系数 K_2 的标定

对于一些河道，测量点受潮汐影响或底层形状变化影响，其流速剖面的理论偏移可计算出来。而影响流速剖面的其他因素还包含河道的弯折，水面风的影响，河道内是否有排水口、取水口等。

图 8.3-40 给出了不同的河底对应的流速剖面形状。第一张图是平滑的河底，第二张图是粗糙的河底，第三张图是有乱石和水草的河底。

在某一特定河流，理论系数 K_1 会有所偏离，可通过标定系数 K_2 来纠正。

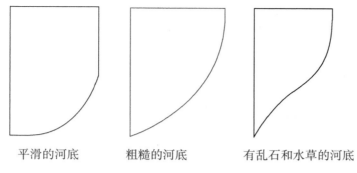

平滑的河底　　　　　粗糙的河底　　　　有乱石和水草的河底

图 8.3-40　不同的河底对应的流速剖面形状图

由于测量点的流场特性经常是不可预知的,对于现场安装人员来说,做相关的水文标定是非常重要的。

对于不同的水位和流量,会有不同的标定参数 K_2,因此 K_2 须满足如下公式:

$$K_2 = f(\text{水位 } w, \text{水流角度 } \phi)$$
$$K_2 = f(\text{横截面 } A, \text{流量 } Q)$$

(8.3-10)

其中,$A = f(w)$,$Q = f(\phi)$。

由前面提到的水文标定方法,可以得出 K_2 为一个标定系数矩阵。

多点测量,是在测量断面内分布许多测量点,先使用叶轮式流速仪测量每一个点的流速,再进行垂线和横向平均计算出断面平均流速,从而得到流量数据。

当河道很宽时,多点流速测量有时是不可行的,费用会很高,这时可以使用走航式 ADCP 进行测量,这种测量方式是在船舷边安装一套 ADCP 将船由一岸行至另一岸,可累计算出流量。

对于本项目,需要根据高、中、低不同流速的情况来进行标定,为此需在不少于 3 种流速条件下人工对比测量断面流量,每种流速条件下需连续测量 10 组以上数据。

(8) 设备清单(表 8.3-11)

表 8.3-11　设备清单

序号	采购物品名称	型号规格	数量	单位	备注
1	时差法无线测流设备	Wireless System 4 - 500/28 - 33	1	套	包含换能器、流速控制器、电台、GPS 模块等设备,具备水位监测功能
2	数据采集仪 RTU	YDG - 1	1	套	
3	GSM/GPRS 通信模块	H - 7710 系列	1	台	
4	太阳能电池板	300 W	2	套	共 4 块 150 W
5	蓄电池	4 节 200 A·h/12 V 蓄电池	2	组	共 8 节 200 A·h/12 V 蓄电池
6	信号避雷器	S12YFF2	2	台	
7	直流避雷器	PD05 - 24	2	台	
8	充电控制器	Steca PRS 2020	2	块	20A
9	直流电源模块	KREE - 24 - 12 - 100W	2	块	24 V 转 12 V 变压器
10	设备机箱	南水自制	2	套	
11	太阳能杆、支架	南水自制	2	套	

序号	采购物品名称	型号规格	数量	单位	备注
12	RG11 同轴电缆	国产	100	m	含防护管及铺设
13	BVR0.5 mm² 电缆	国产	100	m	含防护管及铺设
14	BVR10 mm² 电缆	国产	100	m	含防护管及铺设

4. 土建及配套设施设计

1) 断面修整

测站在常水位和最低水位条件下岸边缓坡段水深很浅,缓坡较长。为获得不同水位条件下的流量数据,保证测流精度和测站的安全性,断面两岸均应进行清淤工作。

右岸部分,为保证换能器正常工作,清淤高度 0.4 m,长度 12.77 m,如图 8.3-41 所示。

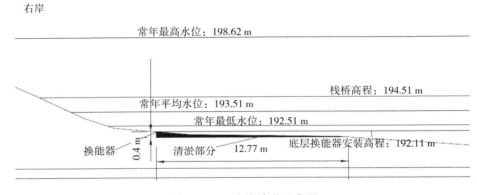

图 8.3-41 右岸清淤示意图

左岸清淤高度 0.4 m,长度 4.04 m,如图 8.3-42 所示。

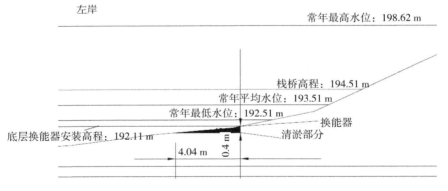

图 8.3-42 左岸清淤示意图

2) 野外箱体及太阳能板立杆基础

(1) 野外机箱基础:一体化野外机箱采用内外两层,外层内侧安装保温板,主要监测设备都安装在箱体内。野外箱体需设计安装在混凝土基础上,箱体基础选择在靠近栈桥且高程较高的地方。因站点一般在河边,土质相对较松软,箱体基础采用混凝土 C25 浇铸方式,基座内配置一定数量的钢筋进行加强。基础平面结构尺寸见图 8.3-43。

(2) 太阳能板立杆基础:采用太阳能板供电系统给设备供电。2 块太阳能板安装在专用立杆支架上,因其面积较大而承受风力较大,立杆需要安装在比较牢固的混凝土基础上。因站点一般在河边,土质相对较松软,所以对太阳能板支架立杆安装基座的施工要求比较高。针对这种情况,基座采用混凝土

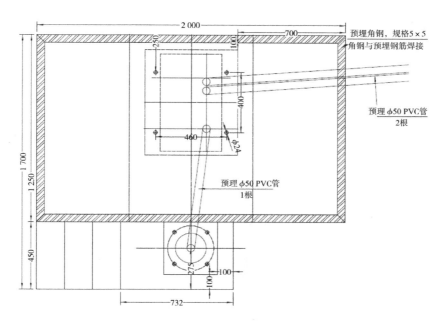

图 8.3-43　野外机箱基础平面尺寸图(单位:cm)

C25 浇铸方式,基座内配置一定数量的钢筋进行加强,钢筋直径大于 14 mm。基座深一般在 0.8 m 以上,宽度最少在 0.8 m,可以在底部加宽,形成锥体形混凝土基座(图 8.3-44)。

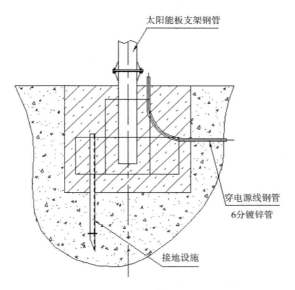

图 8.3-44　太阳能板立杆基础示意图

3) 太阳能板安装立杆(图 8.3-45)

为使太阳能板采光较好,支架立杆不低于 4 m。太阳能板安装立杆满足以下要求:

(1) 所有杆及支架采用 A3 钢,壁厚度≥4 mm,底法兰厚度≥12 mm;

(2) 结构合理,牢固可靠,能抗震 5 级、抗风力 7 级;

(3) 整体热镀锌后表面喷塑,喷塑采用优质塑粉,附着力强;

(4) 与避雷地网进行可靠连接,保证系统的防雷效果。

4) 栈桥、换能器安装支架(图 8.3-46)

为保证设备维护方便,需做简易栈桥,栈桥桥面位于常水位以上 1 m。时差法设备换能器需要放置在一定的水深下才能进行流速测量。因测流涉及的安装配件沉重,为保证设备安全,在测流栈桥前端固定两根钢管,换能器放置于这两根钢管之间。

5）防雷接地设施

为了防止雷电对监测设备的影响,需要在测站做好防雷接地措施。防雷主要采用避雷针将雷电引入地下,设备应放在避雷针的顶点 35°～45°角锥体保护范围内。防雷接地的关键是接地,要做好接地地网的建设,接地地网基本要求如下:

(1) 在设备安装的位置建设设备地网,接地电阻<10 Ω;

(2) 避雷地网和设备地网的连接方式:避雷针引下线和设备接地线采取一点接地法共同接到同一地网。

地网施工:在地面上呈直线选择 3 处点,在这 3 处下挖 0.8 m 的壕沟,将 3 根 2.5 m 的 L50×5 角钢从 3 处壕沟处打入地下,3 根角钢之间焊 5 m 长的 40×4 扁钢。接地地网结构如图 8.3-47 所示。

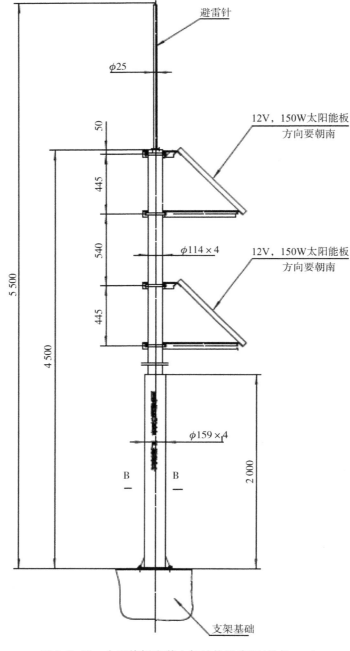

图 8.3-45　太阳能板安装立杆结构示意图(单位:cm)

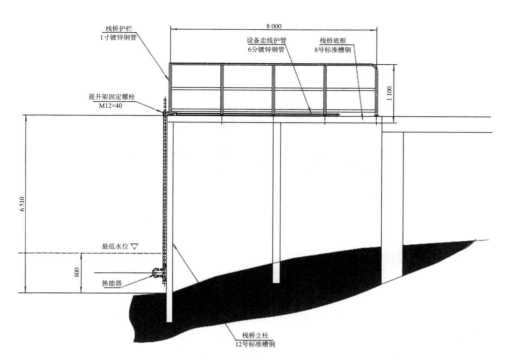

图 8.3-46 栈桥、换能器安装支架示意图(单位:cm)

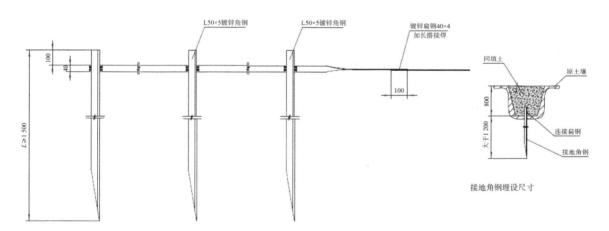

图 8.3-47 接地地网结构示意图(单位:cm)

6) 土建及配套设施清单(表 8.3-12)

表 8.3-12 土建及配套设施清单

序号	采购物品名称	型号规格	数量	单位	备注
1	断面清淤		300	m³	含设备接地地网
2	太阳能板立杆	南水定制	2	套	热镀锌钢管、角钢
3	机箱及太阳能板立杆基础	按图施工	2	处	混凝土
4	防雷接地网	按图施工	2	处	
5	设备安装栈桥	按图施工	2	套	桩基及钢结构平台
6	换能器安装支架装置	南水定制	2	套	不锈钢

第9章

非接触式自动流量监测

9.1 概述

非接触式自动流量监测是指使用不与液体接触的传感器来测量流速、水位和流量的方法,例如视觉法、侧扫测流、移动式和固定式雷达波、无人机测流、激光测流。非接触式自动流量监测的优点是不需要安装管道,减少了施工成本和维护难度,也降低了设备损坏的风险。非接触式自动流量监测的缺点是测量精度低、响应速度慢、受环境因素影响大。

9.1.1 视觉测流法

视觉测流技术是一种基于图像的河流水面成像测速技术,是实验室环境下的粒子图像测速(Particle Image Velocimetry, PIV)技术和粒子追踪测速(Particle Tracking Velocimetry, PTV)技术在大尺度现场环境下的扩展技术。视觉测流技术具有瞬时全场流速测量的特点,在快速获取瞬时流场、湍流特征、流动模式等方面具有明显优势。

9.1.2 侧扫雷达法

侧扫雷达又称超高频雷达,侧扫雷达测流系统由侧扫雷达测流仪、水文基础数据通用平台(以下简称数据平台)、射频线缆、综合机箱(包含电磁波收发组件、中频信号处理机、工业控制计算机和稳压直流电源)、通信设备、太阳能电源组成。侧扫雷达测流仪测量断面流速并将流速数据发送到云端的数据平台,数据平台通过断面资料、水位和流速数据合成流量数据。侧扫雷达测流仪包括发射和接收天线,由电磁波收发组件实现发射机和接收机的功能,中频信号处理机和工业控制计算机实现信号处理和数据转发等功能,数据存储在云数据服务器上,数据显示由访问云数据服务器的计算机或手机实现。

侧扫雷达测流仪是利用多普勒效应进行测速的,在原理上其实是一部脉冲多普勒雷达,但与其他多普勒雷达相比,它充分地利用了水流表面的 Bragg 散射特性。

9.1.3 雷达波法

雷达波法又称电波法,雷达波测流系统流量测验通过多普勒原理测量,通过雷达波传感器自动发射和接收电磁波,然后通过光谱分析计算出水面流速。通过模拟确定转换系数 k 并得出断面平均流速,通过测量的大断面得出断面面积,进而求取流量。在线雷达波测流系统分为固定式雷达波测流系统和移动式雷达波测流系统,固定式雷达波测流系统可固定于桥上或通过架设简易缆道固定于缆道之上,移动式雷达波测流系统分为缆道式电波流速仪、手持式雷达波测速仪、无人机式电波流速仪等。利用雷达波法,工作人员可以很方便地在现场得到流速数据。雷达波法测流不受含沙量的影响,但易受大风大雨等恶劣天气及测量角度的影响。雷达波表面测流系统一般用于中高水流量(表面波流速应大于 0.3 m/s)测验,且河道断面不宜过宽。

9.1.4　激光法

用激光测量流体的流速和过去应用传统的测速仪器如旋桨式流速仪、热线式风速仪等来测量相比,有如下几个主要优点:无接触测量,不干扰流场;测速范围广;空间分辨率高;动态响应快。特别是在对高速流体、恶性(如酸性、碱性、高温等)流体、狭窄流场、湍流、紊流边界层等的测量方面,激光法显示出传统方法无法比拟的优点,目前已在航空、动力机械、气象、水工、化工、电力、医疗、国防、科研等部门得到应用。

激光多普勒测速的原理,是利用光学多普勒效应。即当激光照射运动着的流体时,激光被跟随流体运动的粒子所散射,散射光的频率将发生变化,它和入射激光的频率之差称为多普勒频差或多普勒拍频。这个频差正比于流速,所以测出多普勒频差,就测得了流体的速度。

9.1.5　无人机法

无人机测流是一种利用无人机搭载水文测流雷达或视频算法解析的方式,实现非接触测量水体流速、流量的方法。无人机测流具有灵活机动、成本低、功能丰富、操作简单、风险性低等特点,可用于水文监测、水行政执法、水环境保护、环保监测执法等业务领域。无人机测流可以提高水文测量的效率和精度,保障人员安全,降低测流设备水毁概率,实现智能化、数字化的水文监测。

9.2　视觉测流法

视觉测流技术是一种基于图像的河流水面成像测速技术,是实验室环境下的 PIV(Particle Image Velocimetry)技术和 PTV(Particle Tracking Velocimetry)技术在大尺度现场环境下的扩展技术。相比声学法和雷达法等非接触式测流技术,视觉测流技术具有瞬时全场流速测量的特点,在快速获取瞬时流场、湍流特征、流动模式等方面具有明显优势。

该技术能够以可视性和稳定性较差但分布更均匀的天然漂浮物及水面模式作为水流示踪物(例如植物碎片、泡沫、细小波纹等天然水面漂浮物及水面纹理等),测量漂浮对象的移动过程轨迹,解析对象流速流向,并在河道断面上等序分布监测,获得河道断面水面流速场分布成果;事前经过实测比对或有限元分析构建水面流速场解算断面平均流速模型,获取断面平均流速,乃至断面流量。在线式的视觉测流技术是以固定安装方式对河流进行全天候实时流速流量的监控和预警。

在线式视觉测流技术更具有野外天然河道表面流速流量监测的能力,还具有安装维护方便、施工费用低、全自动稳定、测验时间短、实时在线监测可靠等优点,能提高测验精度和人员的安全,降低测站的维护成本和人员的劳动强度等。

9.2.1　测量原理

视觉测流技术通过光学方法,获取河流表面运动图像,遵循"所见即所得"的测量理念。它采用机器视觉的图像处理方法,对河流表面运动图像进行分析,计算河流表面流速分布,结合河流断面信息,计算河流断面流量信息。

视觉测流技术本质上是一种图像分析技术。该技术通过对流体中不同模态与示踪的有效识别,达到一种全场、动态、非接触的测量目标。根据测量算法的不同,该技术又可分为 PIV 技术和 PTV 技术。

1. PIV 技术原理

图 9.2-1 是 PIV 技术应用的简单原理图。PIV 通过对流场中的跟随性及反光性良好的示踪或河流表面模态的跟踪,在 CCD(CMOS)成像设备进行成像。

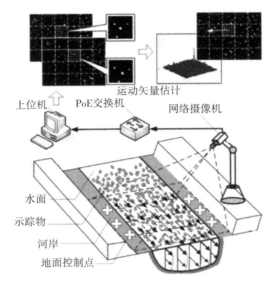

图 9.2-1　PIV 技术简单原理图

在相邻的两次测量时间 t 和第二次时间 t',系统对这两幅图像采用图像处理技术将所得图像分成许多很小的区域,使用自相关或互相关分析区域内粒子位移的大小和方向,就能得到流场内部的二维速度矢量分布。在实测时,对同一位置可拍摄多对曝光图片,这样能够更全面、更精确地反映出整个流场内部的流动状态。

2. PTV 技术原理

与 PIV 算法类似,PTV 算法也同样假设流体中的示踪或者模态的运动可以代表其所在流场内相应位置流体运动,使用计算机对连续两帧或者多帧图像进行处理分析,得出各点粒子的位移,最后根据粒子位移和曝光的时间间隔,便可以计算出流场中各点的速度矢量,于是测量出了全流场瞬时流速,当然也得到流场的其他参数。在 PTV 技术中,当得到连续两帧或者多帧图像时,接下来最关键也是最困难的一步就是对这两帧或者多帧图像中的粒子进行正确匹配。

目前已经有几种常见的粒子匹配方法,其中原理最简单的是最近邻法。但也正是因为该算法的简单性,当撒入示踪粒子的浓度比较高时,或者粒子运动的速度比较快时,很容易发生误匹配,相应得到的速度矢量也不会正确。而人工神经网络技术的出现,使得粒子匹配的过程有可能完全自动进行,而且有可能保证较低的错误率,但这类方法需要耗费非常多的计算时间,而且有些人工神经网络实用性还不够好,因此 PTV 算法还有极大的发展空间。

9.2.2　系统构成和安装

视觉测流系统构成如图 9.2-2 所示。

视觉测流采集终端一般采用三维万向节安装于监控支架上,通过万向节调整安装角度,以确保拍摄范围准确。采集终端供电一般采用市电或太阳能供电,根据现场安装条件进行选择。采集终端数据传输一般采用宽带或 4G,根据现场安装条件进行选择。多台采集终端通过交换机连接至路由器,路由器的选择一般为普通路由器或 4G 路由器,根据现场安装进行选择。视觉流量监控平台是整个测量系统的中控系统,它负责对终端系统的控制,视频图像信息的存储、处理、分析和流场计算等功能。

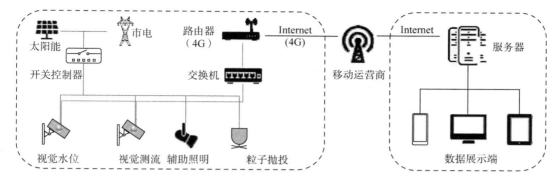

图 9.2-2　视觉测流系统构成

视觉测流技术的硬件核心是高性能的视觉采集设备。由于算法原理的独特优势,在表面纹理特征点合适的条件下,视觉测流技术能够测量低至 0.01 m/s 的流速。视使用场景的不同,视觉测流技术在安装高度足够的情况下,能够测量高至 30 m/s 的流速,在通常安装高度的适用场景下,适用流速范围一般为 0.01～10.0 m/s。

视觉测流技术对河道宽度有一定的要求。如果河流上方具有横跨河流的安装条件(一般是指桥梁、索道、管道等),那么视觉测流技术对河宽没有限制性要求。如果河流上方不具有横跨河流的安装条件,那么视觉测流技术能够覆盖的河宽一般不超过 200 m。

视觉测流技术适用于有市电供应或者可以安装太阳能供电系统的场景下。系统内置电源控制模块,定时启动视觉测流设备进行数据采集,能够有效地降低电能消耗。

视觉测流技术适用于公网、物联网、局域网环境。不同网络环境下,数据传输链路大同小异。

9.2.3　宁桥水文站应用案例

1. 宁桥水文站概况

宁桥水文站于 1988 年设立,1989 年 12 月上迁 400 m,隶属长江水利委员会。宁桥水文站位于重庆市巫溪县宁桥乡青坪村,集水面积 685 km^2,为控制西溪河水情的三类流量测验精度的巡测水文站,属国家基本水文站,现有水位、流量等测验项目。

宁桥水文站测验河段顺直长约 100 m,上、下游有急弯,两岸为石砌公路。下游滩口起中低水控制作用,再下游的宁桥起高水控制作用。河槽为宽浅型,河床中部由卵石夹沙组成,断面受逐级冲淤变化影响。历年水位流量关系为单一曲线。

具体情况详见表 9.2-1 至表 9.2-4。

表 9.2-1　宁桥水文站基础信息表

基础信息	测站编码	60513800	集水面积	685 km^2	设站时间	1988 年 3 月
	流域	长江	水系	长江上游下段	河流	西溪河
	测站地址	重庆市巫溪县宁桥乡青坪村				
	管理机构	长江水利委员会水文局长江上游水文水资源勘测局				
	监测项目	水位、流量				
	水文测验方式、方法及整编方法	测验方式:巡测 流量测验方法:流速仪测法,全年为水文缆道铅鱼测验 流量整编方法:人工水位流量关系曲线法				
	测站位置特点	大宁河支流西溪河控制站,距离河口 8.3 km				
	测验河段特征	测验河段顺直长约 100 m,上、下游有急弯,两岸为石砌公路。下游滩口起中低水控制作用,再下游的宁桥起高水控制作用。河槽为宽浅型,河床中部由卵石夹沙组成,断面受逐级冲淤变化影响。历年水位流量关系为单一曲线				

测站 沿革	设立或变动	发生年月	站名	站别	主管部门	说明
	设立	1988 年 3 月	宁桥	水位	长江水利委员会	
	上迁 400 m	1989 年 12 月	宁桥	三类精度流量站	长江水利委员会	

表 9.2-2　宁桥站各水文要素特征值表 1

最大流量 （m³/s）	最小流量 （m³/s）	最大断面 平均流速(m/s)	最小断面 平均流速(m/s)	最大点 流速(m/s)	最大平均 水深(m)	最小平均 水深(m)	最大水深 （m）
2 300	2.85	4.67	0.20	5.61	4.64	0.39	6.10

表 9.2-3　宁桥站各水文要素特征值表 2

最大涨落率 （m/h）	最大水面宽 （m）	最小水面宽 （m）	常水位水面 宽(m)	常水位水深 （m）	最大水位变幅 （m）	最大含沙量 （kg/m³）
1.5	40	22.0	26	1.30	2.88	

表 9.2-4　宁桥站各水文要素特征值表 3

保证率(%)	最高日	0.1	0.5	0.75	0.90	0.95	0.97	0.99
水位(m)	296.76	294.91	294.55	294.37	294.18	294.07	293.98	293.88
流量(m³/s)		44.4	20.7	15.3	10.4	8.83	7.89	7.71
含沙量(kg/m³)								

2. 系统安装

宁桥站视觉测流系统采用侧边集中式安装方式,适用于河流上空没有横跨河道的安装条件,一般将视觉测流设备安装于水文流量监测断面的左岸和右岸,通过立杆的方式将设备安装于高处,倾斜拍摄垂线上的各个测点。还有凌空分布式安装方式,适用于河流上空有横跨河流的安装条件,例如桥梁、索道等,一般将视觉测流设备安装于桥梁上游一侧,避免桥墩对流速产生影响。

宁桥站视觉测流系统安装见图 9.2-3、图 9.2-4。

3. 比测试验分析

宁桥站视觉测流系统于 2020 年 1 月安装后,经过调试(包括测试接入匹配自记水位、调试探头角度、率定参数、搭建数据平台等),于 2020 年 6 月可采集收集数据,正式进行适用性运行。视觉测流系统

视觉测流设备

图 9.2-3　宁桥水文站视觉系统安装位置(远景)

图 9.2-4　宁桥水文站视觉测流系统（近景）

探头安装在宁桥基本水尺断面下游 60 m 处测井顶部平台上，采集终端安装于宁桥站房内，数据服务器搭建在万州水情分中心，现场测量数据通过网络传至水情中心服务器。视觉测流系统比测期间采用预设整点定时的测量方式，在 2020 年 6 月 15 日至 2020 年 10 月 26 日期间，收集到有效视觉测流流量 450 次，测量水位范围为 294.32～298.48 m，覆盖全年水位变幅的 86%，收集到 7 月最大一次洪水过程流量。宁桥站本年流速仪实测流量 5 次，检验综合水位流量关系基本稳定。

对视觉实测流量连续系列资料进行分析，挑选出同样水位下的不同测次流量分析视觉测流的稳定性，将同水位的各次流量测次取平均值，再计算每次流量与均值的相对误差。

表 9.2-5　同水位视觉流量稳定性分析统计表

项目	相对误差大于 20%	相对误差为 10%～20%	相对误差小于 10%
次数	18	59	391
占样本总数百分比（%）	4.0	13.1	86.9

从表 9.2-5 中可以看出，同水位比较中，有 18 次视觉流量与中数误差超过 20%，占总样本的 4.0%，误差在 10% 以内的为 391 次，占总样本的 86.9%。整体看来比较稳定，误差较大的主要集中在 295.00 m 以下的低水测次，随着水位的升高、流速的增大，测速的稳定性得以提高，这与该系统测流特性是一致的。

视觉测流系统所测流速为断面表面流速，通过借用断面计算出流量，为满足后期视觉测流系统测验资料的投产应用，需要建立视觉测流系统测验资料与流速仪测验资料的关系。由于宁桥站视觉测流系统测验与流速仪测验无法完全同步，而 2020 年实测流量测次有限（5 次，主要用于检验），但宁桥站历年水位流量具有较好的单一关系，因此，本次分析采用视觉测流系统实测流量与对应时间流速仪整编流量进行分析。剔除同水位相对误差大于 20% 的测次，本次用 435 次视觉流量资料与综合水位流量关系线上流量对比分析。

将 435 次视觉流量资料与实测综合线上流量点绘成水位流量关系图和相关关系图，由图 9.2-5、图 9.2-6 可看出，视觉流量测点在水位 298.00 m 以下（中低水）分布较集中，呈带状，与实测综合流量相关性好；298.00 m 以上（高水）分布比较散乱，相关性较差，且高水收集到的测次较少，因此本次主要对

298.00 m 以下(中低水)进行率定分析。

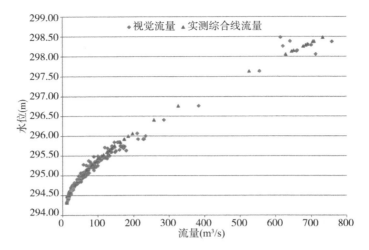

图 9.2-5　水位流量关系图

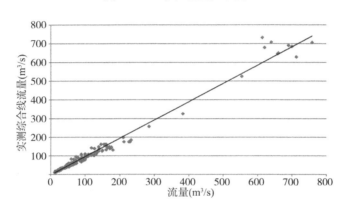

图 9.2-6　相关关系图

从 435 次视觉流量中按照不同水位(中低水)均匀抽取了 112 次实测视觉流量资料,与对应的实测综合线推算流量建立关系,如图 9.2-7 所示。率定期间的水流情况如下:

比测期水位变幅:294.32~298.06 m。

比测期流量变幅:12.5~629 m³/s。

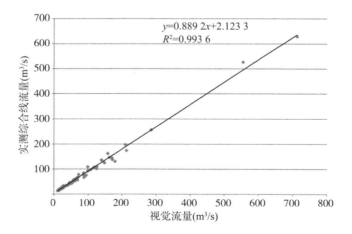

图 9.2-7　视觉流量与综合线流量线性关系图

经过分析,采用线性公式拟合,视觉虚流量与断面流量建立相关关系,系统误差为 -2.3%,最大偶然误差为 -19.8%,随机不确定度为 19.2%,误差大于 10% 的测点占 36.7%。整体误差情况详见表 9.2-6。

表 9.2-6 视觉虚流量与断面流量误差表

公式	系统误差(%)	随机不确定度(%)	相关系数 R^2	偶然误差大于15%的个数	偶然误差大于10%的个数	最大偶然误差(%)
$Q = 0.889\ 2Q_视 + 2.123\ 3$	-2.3	19.2	0.993 6	15	41	-19.8

从宁桥站视觉流量数据中随机抽取 30 次流量资料与对应的综合线上推算流量对上节关系进行验证,验证情况见表 9.2-7。验证期间的水流情况如下:

验证资料水位变幅:294.32～296.76 m。

验证流量变幅:12.5～326 m³/s。

表 9.2-7 视觉流量与综合线流量线性关系验证

序号	开始测量时间	水位(m)	视觉流量(m³/s)	实测综合线流量(m³/s)	推算流量(m³/s)	相对误差(%)
1	2020-10-01 13:05:00	294.32	11.8	12.5	12.6	1.1
2	2020-10-25 10:05:01	294.41	16.0	15.0	16.4	9.1
3	2020-10-01 09:05:01	294.45	13.7	16.3	14.3	-12.3
4	2020-10-23 12:05:01	294.50	18.0	18.1	18.1	-0.1
5	2020-10-22 13:05:01	294.56	23.0	20.5	22.6	10.3
6	2020-10-16 08:05:01	294.62	25.3	23.5	24.6	4.8
7	2020-10-09 09:05:01	294.68	24.9	27.1	24.3	-10.3
8	2020-10-06 08:05:01	294.74	27.8	31.4	26.8	-14.5
9	2020-06-19 15:05:00	294.79	41.1	35.1	38.6	10.1
10	2020-07-07 13:05:00	294.87	41.8	41.3	39.3	-4.9
11	2020-07-10 15:05:00	294.92	51.9	45.6	48.3	5.9
12	2020-06-24 09:05:00	294.98	64.7	51.1	59.7	16.8
13	2020-07-31 08:05:00	295.04	60.1	56.8	55.6	-2.2
14	2020-06-20 09:05:00	295.10	63.7	62.8	58.8	-6.4
15	2020-07-29 12:05:00	295.15	68.4	67.8	63.0	-7.1
16	2020-06-29 08:05:00	295.24	84.1	77.7	76.9	-1.0
17	2020-07-30 17:05:00	295.28	59.1	82.3	54.7	-33.6
18	2020-06-28 12:05:00	295.34	97.9	89.7	89.2	-0.6
19	2020-06-17 10:05:00	295.41	101	98.8	91.7	-7.2
20	2020-06-21 17:05:00	295.45	113	104	103	-1.2
21	2020-06-20 17:05:00	295.53	129	115	117	1.4
22	2020-07-14 07:05:00	295.60	135	125	122	-2.2

续表

序号	开始测量时间	水位(m)	视觉流量(m³/s)	实测综合线流量(m³/s)	推算流量(m³/s)	相对误差(%)
23	2020-06-21 08:05:00	295.63	150	129	135	4.8
24	2020-07-21 13:05:00	295.71	118	141	107	−23.8
25	2020-07-13 09:05:00	295.74	175	145	158	8.8
26	2020-07-13 10:05:00	295.75	164	147	148	0.8
27	2020-07-19 16:05:00	295.85	154	162	139	−14.2
28	2020-06-17 07:05:00	295.93	230	174	206	18.5
29	2020-07-12 18:05:00	296.00	234	185	210	13.4
30	2020-07-22 15:05:00	296.76	383	326	342	5.0

经过验证,采用率定的线性公式,30 次视觉流量经相关关系推算流量与综合线流量误差统计,系统误差为 1.0%,随机不确定度为 22.8%,2 个测点误差大于 20%,占总测点的 6.7%,误差大于 10% 的测点 11 个,占总测点的 36.7%,见表 9.2-8。

表 9.2-8 视觉流量与综合线流量线性关系验证表

公式	系统误差(%)	随机不确定度(%)	偶然误差大于20%的个数	偶然误差大于10%的个数	最大偶然误差(%)
$Q = 0.889\,2Q_{视} + 2.123\,3$	1.0	22.8	2	11	−33.6

从公式率定样本误差和验证样本误差分析看来,视觉流量与实测综合线流量相对误差较大,模型率定建立相关关系相关性不够高,还原计算系统误差、随机不确定度均大于规范允许值,需进一步检测率定。

4. 存在的问题

(1)探头安装位置

目前探头位于基本水尺断面下游 60 m 处,探头照射角度正对滩口处,虽然从视觉原理上只要在探头视线范围即可测流,但滩口处水流相对较乱,且流量计算为借用基本水尺处断面,图像中心离断面位置较远,图像标定、流量计算相对误差可能加大,因此,建议调整探头安装位置和角度,让视觉图像中心在基本水尺断面线上。

(2)测验时机设置优化

目前的测验设置为逐时测流,低水时测次较多,高水时测次相对较少,且容易漏掉洪峰流量。建议优化测验方案,除定时段测流外,增加以水位涨落率控制测次。

(3)水位采集系统

本系统现状为外接宁桥站自记水位系统,测量时采用前 5 分钟的数据,水位有延迟,特别是洪水期急涨急落时,水位不同步造成的借用面积误差较大,建议增加水位采集模块,测流时同步采集水位,或利用后台处理程序对水位进行改算。

(4)供电系统

目前,视觉测流系统为外机市电,遇到雷雨天气停电便无法进行测流,而雷雨天往往正是高洪时期,因此,建议增加蓄电池等备用电源,保证停电时系统正常运行。

(5)测量数据有一些不合理的地方

如水位高时流量反而小,所测视觉流量与水文规律有冲突。视觉流量测速为水面流速,断面面积为借用,以流速面积法计算。物理原理上虚流量会比流速仪法实测流量成果要大,但收集到的视觉流量与整编流量的相对误差有大有小,并未体现系统偏大这一规律。这可能是影响视觉表面测速的不利因素(如无示踪物、波浪)带来的,应进一步从视觉识别技术方面过滤掉不利影响。

宁桥视觉测流系统作为一种光学非接触式测验手段,尚处于摸索阶段,下一步应积极跟仪器公司沟通交流,在仪器安装位置、测流方案及后台计算方法等方面进一步优化完善,使测量数据更稳定,更符合水文规律,进而早日率定出视觉流量与实测(整编)流量的相关关系,达到可投产程度。

5. 结论

1)视觉测流系统能够自动完成流量测验并计算流量,是实现流量在线监测的一种有效方式。

2)从宁桥站收集到的视觉流量系列资料看,有以下分析结论:

(1)同水位流量相对误差较小,测量稳定性较好。

(2)宁桥站视觉系统测得流量资料在水位极差上不合理,流量误差不符合一般水文规律。

(3)视觉流量与实测综合线流量相对误差较大,模型率定建立相关关系相关性不够高,还原计算系统误差、随机不确定度均大于规范允许值,需进一步检测率定。

3)仪器尚未达到可正式投产使用的程度,后续需在仪器安装、测流方案及后台计算方法等方面进一步优化完善,同时加强比测率定工作,收集更多有效资料进一步分析。

9.2.4 古学水文站应用案例

1. 基本情况

古学水文站于 2022 年 5 月安装了一套视觉测流系统,该系统经测试调整后于 2022 年 5 月 26 日开始正常收集数据。截至 2022 年 10 月,收集到视觉测流系统有效测次 1 180 次。2022 年 10 月对仪器测量数据进行了第一次分析率定,结果显示视觉流量与实测综合线流量相对误差不大,模型率定建立相关关系相关性不够高,还原计算系统误差、随机不确定度均大于规范允许值,需进一步检测率定。

至 2022 年 10 月 16 日,共收集到视觉测流系统有效测次 1 180 次,现根据相关技术规范要求,对该系统测量数据进行再次分析率定。

2. 测站概况

古学水文站位于四川省得荣县古学乡劳动桥,集水面积为 12 152 km²,距金沙江河口 8.5 km。该站于 1985 年 10 月设立,1999 年 8 月下迁 60 m 为古学(二)站,2015 年 8 月上迁 1.4 km 为古学(三)站。测验断面位于松麦河和左岸支流硕曲河汇合口下游 200 m 处,松麦河上游约 7 km 处有古学电站,左岸汇入的硕曲河上游约 7 km 处有去学电站。断面上游 60 m 处低水时出现浅滩,下游 50 m 处有急滩,90 m 处有向左弯道。河段顺直,河床由乱石夹沙组成,右岸为泥石流堆积体,左岸为弃石,河床稳定。古学水文站为控制松麦河水情的三类流量测验精度的巡测水文站,属国家基本水文站,现有水位、流量等测验项目。具体情况详见表 9.2-9 至表 9.2-11。

表 9.2-9 古学水文站基础信息表

	测站编码	60105170	集水面积	12 152 km²	设站时间	1985 年 10 月
基础信息	流域	长江	水系	长江上游下段	河流	西溪河
	测站地址	四川省得荣县古学乡劳动桥				
	管理机构	长江水利委员会水文局长江上游水文水资源勘测局				
	监测项目	水位、流量				
	水文测验方式、方法及整编方法	测验方式:巡测 流量测验方法:流速仪测法,全年为水文缆道铅鱼测验 流量整编方法:人工水位流量关系曲线法				
	测站位置特点	金沙江支流松麦河控制站,距金沙江河口 8.5 km				
	测验河段特征	断面上游 60 m 处低水时出现浅滩,下游 50 m 处有急滩,90 m 处有向左弯道。河段顺直,河床由乱石夹沙组成,右岸为泥石流堆积体,左岸为弃石,河床稳定。历年水位流量关系为单一曲线				

续表

测站沿革	设立或变动	发生年月	站名	站别	主管部门	说明
	设立	1985 年 10 月	古学	水位、流量	长江水利委员会	
	上迁 1.4 km	2015 年 8 月	古学	三类精度流量站	长江水利委员会	

表 9.2-10　古学水文站各水文要素特征值表 1

最大流量 （m³/s）	最小流量 （m³/s）	最大断面平均流速（m/s）	最小断面平均流速（m/s）	最大点流速（m/s）	最大平均水深（m）	最小平均水深（m）	最大水深（m）
1 780	16.1	3.23	0.74	4.85	5.9	0.60	7.80

表 9.2-11　古学水文站各水文要素特征值表 2

保证率（%）	最高日	0.1	0.5	0.75	0.90	0.95	0.97	0.99
水位（m）	2 278.86	2 276.86	2 274.5	2 274.16	2 274.05	2 273.92	2 273.81	2 273.75
流量（m³/s）		321	78.6	56.8	50.3	44.7	42.3	32.9

注：流量极值外，其他为近 10 年统计。

测站位置特点：位于金沙江上游支流松麦河和硕曲河汇合口下游 200 m，松麦河上游约 7 km 处有古学电站。

测验河段特征：断面上游 60 m 处低水时出现浅滩，下游 50 m 处有急滩，90 m 处有向左弯道。河段顺直长约 150 m，最大水面宽约 65 m，河床由乱石夹沙组成，右岸为泥石流堆积体，左岸为弃石，河床稳定。断面呈"U"形。主泓全年分布在起点距 39.0 m 和 51.0 m 之间，流速横向分布呈抛物线形。历年水位流量关系为单一曲线。

3. 水流特性

根据多年大断面资料分析，古学站测流断面比较稳定，断面无较大变化。由于古学站来水受上游梯级电站调蓄影响，每年水位变幅较小，无较大洪水，河床冲淤变化比较小。该站近年来大断面分析数据见图 9.2-8。

由于古学站水位流量关系稳定，现根据任务书要求已实行每年巡检，流量测次按照水位级布控。要求能完整地控制水流变化过程，确保洪峰过程形态不变。定线方法采用近三年流量点子定线。

经分析，古学站断面规整稳定，历年水位流量关系稳定，呈单一线。用 2019—2021 年实测点综合绘制水位流量关系如图 9.2-9 所示，实测点均匀分布，最大偶然误差不超过 3%，系统误差小于 0.5%，证明近 3 年古学站水位流量呈稳定的单一关系，同水位的流量比较稳定。

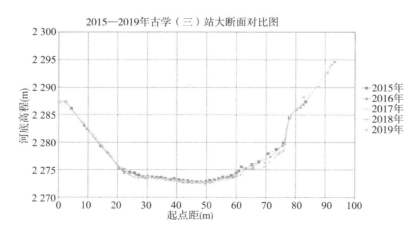

2015—2019年古学（三）站大断面对比图

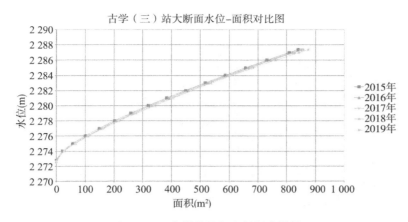

图 9.2-8　古学站历年大断面比较图

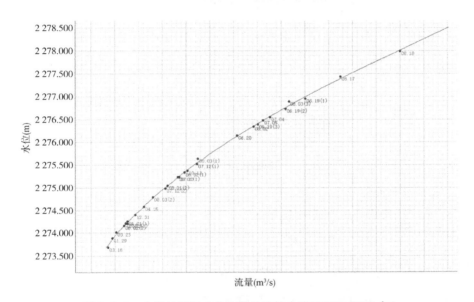

图 9.2-9　古学站近年水位流量关系综合线（2019—2021 年）

4. 测验能力提升分析

古学水文站是国家基本站，其设站目的之一就是研究水文站无人值守技术，推动全国水文站网的发展和进一步提高我国的水文技术水平。

古学水文站常规测流方案为在起点距 30.0、33.0、36.0、39.0、42.0、45.0、48.0、51.0、54.0、57.0 m 按 10 线二点法、测速历时 100 s 或 60 s 施测测点流速。涨落快时，可采用一点法（相对位置 0.2），但还是优先采用二点法。由于山溪性河流的河水陡涨陡落，测量时间紧张，涨水时满河都是树木、杂草等漂浮物，流速仪极易损坏，导致测流失败。

为提升古学站测验能力，重点是解决中高水流量施测，也为研究水文站无人值守技术，优先选用非接触式的流量测验手段，如视觉测流系统。

5. 视觉测流系统

1）系统安装

古学站视觉测流系统采用侧边集中式安装方式，适用于河流上空没有横跨河道的安装条件，一般将视觉测流设备安装于水文流量监测断面的左岸和右岸，通过立杆的方式将设备安装于高处，倾斜拍摄垂线上的各个测点。还有凌空分布式安装方式，适用于河流上空有横跨河流的安装条件，例如桥梁、索道等，一般将视觉测流设备安装于桥梁上游一侧，避免桥墩对流速产生影响。

古学站视觉测流系统安装见图 9.2-10、图 9.2-11。

图 9.2-10　古学水文站视觉系统安装位置(远景)

图 9.2-11　古学水文站视觉系统安装位置(近景)

2）软件平台

软件主要模块包括首页、实时测量、数据管理、数据分析、测站配置、设备管理等。

首页展示基本信息、单位时间内的水位流量过程线、测量情况滚动播报、测站地图、全景视频等。

实时测量支持用户随时遥测，支持用户填写校核后的水位施测及在测量结束后绘制水面线图和断面流速分布图，以供核验。

数据管理展示所有测次数据，提供数据异常过滤和筛选功能。它对每个测次结果展示详细的测量数据结果表单，能够远程拉取本次测量的数据分析视频，记录本次测量的相关参数。

数据分析能够绘制水位流量关系散点图，提供不同的曲线拟合方式，提供过程曲线查看功能。

测站配置提供用户进行基本信息配置、断面信息配置、测流垂线配置、率定参数配置、算法参数配置、系统运行配置等丰富的功能。

设备管理帮助用户管理测站相关设备。

6. 比测情况

1）资料收集情况

古学站视觉测流系统于 2022 年 5 月 25 日安装后，经过调试（包括测试接入匹配自记水位、调试探头角度、率定参数、搭建数据平台等），于 2022 年 5 月 26 日可采集收集数据，正式进行适用性运行。视觉测流系统探头安装在古学基本水尺断面平台上，采集终端安装于古学站房内，数据服务器搭建在攀枝花水情分中心，现场测量数据通过网络传至水情中心服务器。视觉测流系统比测期间采用预设整点定时的测量方式，在 2022 年 5 月 26 日至 2022 年 10 月 16 日期间，收集到有效视觉测流流量 1 180 次，测量水位范围为 2 274.02～2 278.31 m，覆盖其间水位变幅的 98％，收集到 9 月最大一次洪水过程流量，比测期间古学站当年流速仪实测流量 15 次，检验综合水位流量关系基本稳定。

2）视觉实测流量稳定性分析

（1）设备稳定性

视觉测流系统外部设备高清摄像机固定安装于支架上，高度、角度固定，视觉采集区稳定，受风力、外部干扰小，外部设备稳定。

采集终端供电系统为外接市电，传输系统依赖网络，同时水位为外接本站水位自记系统，数据正常采集和传输受到停电断网的影响。

（2）测量数据稳定性

对视觉实测流量连续系列资料进行分析，挑选出同样水位下的不同测次流量分析视觉测流的稳定性，将同水位的各测次流量取平均值，再计算每次流量与均值的相对误差。

以 2022 年 10 月 16 日的两组集中比测为例，视觉测流系统分别在水位不变的条件下，进行了七次重复性测量验证。

第一组，视觉流量系统的测量时间从 7 时 25 分至 8 时 10 分，七次连续测量，将各测次流量取平均值用于计算误差，最大偶然误差为 3.1％，不确定度为 3.8％，分析情况详见表 9.2-12。

表 9.2-12　第一组集中比测数据稳定性分析

组次	测量时间	水位（m）	视觉流量（m³/s）	视觉平均流量（m³/s）	误差	误差不确定度
1	2022 - 10 - 16 7:25	2 275.12	169.40		−1.6%	
2	2022 - 10 - 16 7:30	2 275.14	171.70		−0.3%	
3	2022 - 10 - 16 7:35	2 275.13	171.91	172.15	−0.1%	3.8%
4	2022 - 10 - 16 7:43	2 275.13	169.92		−1.3%	
5	2022 - 10 - 16 7:52	2 275.13	169.00		−1.8%	

组次	测量时间	水位(m)	视觉流量(m³/s)	视觉平均流量(m³/s)	误差	误差不确定度
6	2022-10-16 8:00	2 275.14	175.65	172.15	2.0%	3.8%
7	2022-10-16 8:10	2 275.13	177.49		3.1%	

第二组,视觉流量系统的测量时间从8时39分至9时28分,七次连续测量,将各测次流量取平均值用于计算误差,最大偶然误差为3.5%,不确定度为3.9%,分析情况详见表9.2-13。

表 9.2-13　第二组集中比测数据稳定性分析

组次	测量时间	水位(m)	视觉流量(m³/s)	视觉平均流量(m³/s)	误差	误差不确定度
1	2022-10-16 8:39	2 275.34	199.88		−2.8%	
2	2022-10-16 8:47	2 275.37	202.72		−1.4%	
3	2022-10-16 8:52	2 275.38	205.52		−0.1%	
4	2022-10-16 9:03	2 275.36	205.94	205.67	0.1%	3.9%
5	2022-10-16 9:10	2 275.38	205.47		−0.1%	
6	2022-10-16 9:19	2 275.37	207.33		0.8%	
7	2022-10-16 9:28	2 275.38	212.82		3.5%	

综上所述,视觉测流系统在相同水位下的不同测次结果,数据波动较小,系统多次重复性测量的数据稳定性较高。详见表9.2-14。

表 9.2-14　视觉流量与综合线流量线性关系验证

序号	开始测量时间	水位(m)	综合线查读流量(m³/s)	改算后视觉流量(m³/s)	相对误差(%)
1	2022-05-26 09:00	2 275.19	179	181	0.82
2	2022-05-26 10:00	2 275.00	157	147	−6.38
3	2022-05-26 11:00	2 274.54	106	111	4.73
4	2022-05-26 12:00	2 274.52	104	110	5.56
5	2022-05-26 13:00	2 274.84	139	123	−10.87
6	2022-05-26 14:00	2 274.65	118	112	−5.28
7	2022-05-26 15:00	2 274.08	62.5	62.4	−0.08
8	2022-05-26 16:00	2 274.03	58.2	54.0	−7.20
9	2022-05-26 17:00	2 274.02	57.3	71.0	23.77
10	2022-05-26 18:00	2 274.01	56.5	61.3	8.48
11	2022-05-26 19:00	2 274.42	94.2	105	11.29
12	2022-05-26 20:00	2 274.50	102	107	4.92
13	2022-05-27 07:00	2 274.20	73.2	75.9	3.67
14	2022-05-27 08:00	2 274.09	63.4	62.4	−1.58
15	2022-05-27 09:00	2 274.08	62.5	64.9	3.86
16	2022-05-27 10:00	2 274.07	61.6	55.1	−10.60
17	2022-05-27 11:00	2 274.07	108	72.1	−33.52
18	2022-05-27 12:00	2 274.37	89.3	100	12.06

续表

序号	开始测量时间	水位(m)	综合线查读流量(m³/s)	改算后视觉流量(m³/s)	相对误差(%)
19	2022-05-27 14:00	2 274.77	131	125	-4.59
20	2022-05-27 15:00	2 274.96	152	145	-4.39
21	2022-05-29 07:00	2 275.00	157	147	-6.10
22	2022-05-29 18:00	2 274.94	150	150	0.23
23	2022-05-29 19:00	2 274.95	151	152	0.70
24	2022-05-29 20:00	2 274.95	151	149	-1.39
25	2022-05-30 07:00	2 274.43	95.2	96.6	1.41
26	2022-05-30 08:00	2 274.51	103	103	0.02
27	2022-05-30 09:00	2 274.95	151	141	-6.74
28	2022-05-30 10:00	2 274.99	156	155	-0.66
29	2022-05-30 12:00	2 274.98	154	147	-4.74
30	2022-05-30 13:00	2 274.99	156	150	-3.80
31	2022-05-30 14:00	2 274.98	154	142	-8.05
32	2022-05-30 15:00	2 275.19	179	172	-4.34
33	2022-05-30 16:00	2 275.18	178	166	-7.01
34	2022-05-30 17:00	2 275.16	176	183	4.23
35	2022-05-30 18:00	2 275.17	177	178	0.34
36	2022-05-30 19:00	2 275.15	175	180	3.26
37	2022-05-30 20:00	2 275.16	176	170	-3.26
38	2022-05-31 07:00	2 274.35	87.4	84.4	-3.40
39	2022-05-31 08:00	2 274.33	85.5	73.9	-13.54
40	2022-05-31 09:00	2 274.11	65.0	59.5	-8.51
41	2022-05-31 11:00	2 274.12	65.9	55.5	-15.80
42	2022-05-31 12:00	2 274.07	61.6	60.3	-2.19
43	2022-05-31 13:00	2 274.35	87.4	83.7	-4.21
44	2022-05-31 14:00	2 274.30	82.6	76.3	-7.59
45	2022-05-31 15:00	2 274.82	136	131	-4.04
46	2022-06-01 07:00	2 274.46	98.2	97.6	-0.61
47	2022-06-01 08:00	2 274.50	102	95.0	-6.83
48	2022-06-01 09:00	2 274.95	151	146	-3.06
49	2022-06-01 10:00	2 274.40	92.2	84.1	-8.80
50	2022-06-01 11:00	2 274.22	75.1	74.1	-1.28
51	2022-06-01 12:00	2 274.06	60.7	59.5	-2.06
52	2022-06-01 13:00	2 274.56	108	103	-5.35
53	2022-06-01 14:00	2 274.56	108	106	-2.11
54	2022-06-01 15:00	2 274.56	108	112	3.56
55	2022-06-01 16:00	2 274.55	107	112	4.72

序号	开始测量时间	水位(m)	综合线查读流量(m³/s)	改算后视觉流量(m³/s)	相对误差(%)
56	2022 - 06 - 01 17:00	2 274.54	106	115	8.11
57	2022 - 06 - 01 18:00	2 274.53	105	105	−0.42
58	2022 - 06 - 01 19:00	2 274.53	105	105	0.08
59	2022 - 06 - 01 20:00	2 274.53	105	102	−2.75
60	2022 - 06 - 02 07:00	2 275.33	196	183	−6.78
61	2022 - 06 - 02 08:00	2 275.32	195	189	−3.31
62	2022 - 06 - 02 09:00	2 275.32	195	207	6.23
63	2022 - 06 - 02 10:00	2 274.44	96.2	98.0	1.81
64	2022 - 06 - 02 11:00	2 274.32	84.5	80.1	−5.25
65	2022 - 06 - 02 12:00	2 274.03	58.2	57.1	−1.85
66	2022 - 06 - 02 13:00	2 274.27	79.8	71.1	−10.89
67	2022 - 06 - 02 14:00	2 274.04	59.0	55.4	−6.15
68	2022 - 06 - 02 15:00	2 274.31	83.5	77.2	−7.62
69	2022 - 06 - 02 16:00	2 274.04	59.0	66.0	11.81
70	2022 - 06 - 02 17:00	2 274.02	57.3	67.8	18.21
71	2022 - 06 - 02 18:00	2 274.43	95.2	99.4	4.39
72	2022 - 06 - 02 19:00	2 274.43	95.2	97.5	2.38
73	2022 - 06 - 02 20:00	2 274.43	95.2	92.8	−2.50
74	2022 - 06 - 03 07:00	2 274.51	103	105	1.67
75	2022 - 06 - 03 08:00	2 274.50	102	100	−1.82
76	2022 - 06 - 03 09:00	2 274.50	102	110	7.63
77	2022 - 06 - 03 10:00	2 274.44	96.2	96.6	0.43
78	2022 - 06 - 03 11:00	2 274.20	73.2	84.1	14.81
79	2022 - 06 - 03 12:00	2 274.87	141	143	1.42
80	2022 - 06 - 03 13:00	2 274.86	140	131	−7.09
81	2022 - 06 - 03 14:00	2 274.57	109	112	2.35
82	2022 - 06 - 03 15:00	2 274.57	109	111	1.83
83	2022 - 06 - 03 16:00	2 274.52	104	110	5.97
84	2022 - 06 - 03 17:00	2 274.52	104	112	7.74
85	2022 - 06 - 03 18:00	2 274.49	101	102	1.06
86	2022 - 06 - 03 19:00	2 274.48	100	102	1.47
87	2022 - 06 - 03 20:00	2 274.48	100	98.0	−2.42
88	2022 - 06 - 04 07:00	2 274.44	96.2	100	3.57
89	2022 - 06 - 04 08:00	2 275.63	236	229	−2.71
90	2022 - 06 - 04 10:00	2 275.85	265	283	6.57
91	2022 - 06 - 04 11:00	2 275.95	281	290	3.17
92	2022 - 06 - 04 15:00	2 275.68	243	246	1.31

续表

序号	开始测量时间	水位(m)	综合线查读流量(m³/s)	改算后视觉流量(m³/s)	相对误差(%)
93	2022－06－04 16:00	2 275.91	275	269	－2.35
94	2022－06－04 18:00	2 274.95	151	164	8.81
95	2022－06－04 19:00	2 275.35	198	203	2.34
96	2022－06－04 20:00	2 274.71	124	120	－3.11
97	2022－06－05 07:00	2 275.19	179	175	－2.48
98	2022－06－05 08:00	2 274.92	147	131	－10.76
99	2022－06－05 09:00	2 274.72	125	127	1.72
100	2022－06－05 10:00	2 274.67	120	126	4.76
101	2022－06－05 11:00	2 274.67	120	117	－2.67
102	2022－06－05 12:00	2 274.86	140	139	－0.73
103	2022－06－05 13:00	2 275.12	171	179	4.61
104	2022－06－05 14:00	2 275.09	167	159	－5.00
105	2022－06－05 15:00	2 275.08	166	167	0.58
106	2022－06－05 16:00	2 275.09	167	176	5.10
107	2022－06－05 17:00	2 274.74	127	137	7.43
108	2022－06－05 18:00	2 275.38	203	198	－2.14
109	2022－06－05 20:00	2 275.25	187	182	－2.62
110	2022－06－06 07:00	2 274.50	102	106	4.08
111	2022－06－06 08:00	2 274.49	101	94.9	－6.01
112	2022－06－06 09:00	2 274.25	77.9	76.1	－2.23
113	2022－06－06 10:00	2 274.06	60.7	52.5	－13.59
114	2022－06－06 11:00	2 274.03	58.2	51.6	－11.30
115	2022－06－06 12:00	2 274.83	137	140	2.10
116	2022－06－06 13:00	2 275.21	182	177	－2.63
117	2022－06－06 14:00	2 275.38	203	190	－6.31
118	2022－06－06 15:00	2 275.45	212	202	－4.92
119	2022－06－06 16:00	2 275.52	221	227	2.69
120	2022－06－06 17:00	2 274.77	131	142	8.65
121	2022－06－06 18:00	2 274.64	117	111	－4.79
122	2022－06－08 10:00	2 275.29	192	186	－3.07
123	2022－06－08 11:00	2 275.16	176	167	－5.25
124	2022－06－08 12:00	2 275.29	192	186	－2.91
125	2022－06－08 13:00	2 275.59	230	230	－0.12
126	2022－06－08 14:00	2 275.59	230	229	－0.47
127	2022－06－08 17:00	2 274.73	126	118	－6.92
128	2022－06－08 18:00	2 274.55	107	114	5.88
129	2022－06－08 19:00	2 274.68	121	122	1.08

续表

序号	开始测量时间	水位(m)	综合线查读流量(m³/s)	改算后视觉流量(m³/s)	相对误差(%)
130	2022 - 06 - 08 20:00	2 274.73	126	123	−2.31
131	2022 - 06 - 09 07:00	2 275.11	170	171	0.69
132	2022 - 06 - 09 08:00	2 275.41	207	200	−3.40
133	2022 - 06 - 09 09:00	2 275.55	225	241	6.90
134	2022 - 06 - 09 10:00	2 275.79	258	252	−2.42
135	2022 - 06 - 09 11:00	2 275.02	159	158	−0.81
136	2022 - 06 - 09 12:00	2 274.91	145	134	−7.68
137	2022 - 06 - 09 13:00	2 274.90	144	143	−0.93
138	2022 - 06 - 09 14:00	2 274.89	143	139	−3.06
139	2022 - 06 - 09 15:00	2 274.71	124	127	2.35
140	2022 - 06 - 09 16:00	2 274.69	122	127	4.09
141	2022 - 06 - 09 17:00	2 274.70	123	136	10.70
142	2022 - 06 - 09 18:00	2 274.70	123	124	1.09
143	2022 - 06 - 09 19:00	2 274.71	124	126	1.25
144	2022 - 06 - 09 20:00	2 274.71	124	130	4.45
145	2022 - 06 - 10 07:00	2 275.16	176	172	−2.16
146	2022 - 06 - 10 08:00	2 275.17	177	174	−1.78
147	2022 - 06 - 10 09:00	2 275.16	176	181	3.12
148	2022 - 06 - 10 10:00	2 275.05	163	163	0.09
149	2022 - 06 - 10 11:00	2 274.34	86.4	84.6	−2.10
150	2022 - 06 - 10 12:00	2 274.23	76.0	81.3	6.94
151	2022 - 06 - 10 13:00	2 274.15	68.3	70.3	2.87
152	2022 - 06 - 10 14:00	2 274.23	76.0	77.4	1.86
153	2022 - 06 - 10 15:00	2 274.27	79.8	77.9	−2.29
154	2022 - 06 - 10 16:00	2 274.39	91.3	89.4	−2.09
155	2022 - 06 - 10 17:00	2 274.39	91.3	88.9	−2.59
156	2022 - 06 - 10 18:00	2 274.15	68.3	73.3	7.29
157	2022 - 06 - 10 19:00	2 274.14	67.5	71.6	6.09
158	2022 - 06 - 10 20:00	2 274.14	67.5	71.8	6.38
159	2022 - 06 - 11 07:00	2 275.11	170	169	−0.33
160	2022 - 06 - 11 08:00	2 275.13	172	164	−4.86
161	2022 - 06 - 11 09:00	2 274.24	76.9	79.8	3.75
162	2022 - 06 - 11 10:00	2 274.19	72.3	71.0	−1.81
163	2022 - 06 - 11 11:00	2 274.17	70.3	72.1	2.59
164	2022 - 06 - 11 12:00	2 274.16	69.3	72.5	4.61
165	2022 - 06 - 11 13:00	2 274.16	69.3	69.9	0.85
166	2022 - 06 - 11 15:00	2 274.89	143	140	−2.28

序号	开始测量时间	水位(m)	综合线查读流量(m³/s)	改算后视觉流量(m³/s)	相对误差(%)
167	2022 - 06 - 11 16:00	2 275.11	170	176	3.45
168	2022 - 06 - 11 17:00	2 275.10	169	181	7.44
169	2022 - 06 - 11 18:00	2 275.09	167	163	−2.49
170	2022 - 06 - 11 19:00	2 275.34	197	199	1.00
171	2022 - 06 - 11 20:00	2 275.48	216	210	−2.71
172	2022 - 06 - 12 07:00	2 275.19	179	172	−4.39
173	2022 - 06 - 12 08:00	2 275.18	178	174	−2.29
174	2022 - 06 - 12 09:00	2 274.33	85.5	77.9	−8.89
175	2022 - 06 - 12 10:00	2 274.20	73.2	71.5	−2.37
176	2022 - 06 - 12 11:00	2 274.23	76.0	80.9	6.44
177	2022 - 06 - 12 12:00	2 274.23	76.0	85.0	11.87
178	2022 - 06 - 12 13:00	2 274.75	129	127	−1.06
179	2022 - 06 - 12 14:00	2 274.75	129	121	−5.78
180	2022 - 06 - 12 15:00	2 274.75	129	123	−4.12
181	2022 - 06 - 12 16:00	2 274.75	129	125	−2.53
182	2022 - 06 - 12 17:00	2 274.75	129	139	8.00
183	2022 - 06 - 12 18:00	2 274.75	129	129	0.15
184	2022 - 06 - 12 19:00	2 274.90	144	157	8.81
185	2022 - 06 - 12 20:00	2 275.19	179	172	−4.23
186	2022 - 06 - 13 07:00	2 274.60	113	115	2.32
187	2022 - 06 - 13 08:00	2 275.11	170	167	−1.43
188	2022 - 06 - 13 09:00	2 275.00	157	146	−6.75
189	2022 - 06 - 13 10:00	2 274.97	153	142	−7.47
190	2022 - 06 - 13 11:00	2 274.95	151	145	−4.11
191	2022 - 06 - 13 12:00	2 274.95	151	141	−6.69
192	2022 - 06 - 13 13:00	2 275.05	163	152	−6.43
193	2022 - 06 - 13 14:00	2 275.03	160	151	−6.06
194	2022 - 06 - 13 15:00	2 275.03	160	159	−0.84
195	2022 - 06 - 13 16:00	2 275.04	161	167	3.50
196	2022 - 06 - 13 17:00	2 275.11	170	173	2.16
197	2022 - 06 - 13 18:00	2 275.07	165	160	−3.22
198	2022 - 06 - 13 19:00	2 275.07	165	159	−3.72
199	2022 - 06 - 13 20:00	2 274.99	156	139	−10.53
200	2022 - 06 - 14 07:00	2 274.77	131	131	−0.08
201	2022 - 06 - 14 08:00	2 274.86	140	133	−5.41
202	2022 - 06 - 14 10:00	2 274.38	90.3	88.4	−2.11
203	2022 - 06 - 14 11:00	2 274.42	94.2	96.5	2.36

序号	开始测量时间	水位(m)	综合线查读流量(m³/s)	改算后视觉流量(m³/s)	相对误差(%)
204	2022 - 06 - 14 12:00	2 274.40	92.2	93.7	1.56
205	2022 - 06 - 14 13:00	2 275.05	163	166	2.14
206	2022 - 06 - 14 14:00	2 275.50	219	210	−3.89
207	2022 - 06 - 14 15:00	2 275.53	222	225	0.92
208	2022 - 06 - 14 16:00	2 275.52	221	213	−3.81
209	2022 - 06 - 14 17:00	2 275.52	221	217	−1.77
210	2022 - 06 - 14 18:00	2 275.51	220	223	1.27
211	2022 - 06 - 14 19:00	2 275.53	222	212	−4.65
212	2022 - 06 - 14 20:00	2 275.28	190	173	−9.30
213	2022 - 06 - 15 07:00	2 274.93	148	143	−3.60
214	2022 - 06 - 15 08:00	2 274.92	147	137	−6.90
215	2022 - 06 - 15 09:00	2 274.79	133	128	−3.81
216	2022 - 06 - 15 10:00	2 274.69	122	120	−1.37
217	2022 - 06 - 15 11:00	2 274.68	121	118	−2.45
218	2022 - 06 - 15 12:00	2 274.70	123	121	−1.72
219	2022 - 06 - 15 13:00	2 274.69	122	116	−5.05
220	2022 - 06 - 15 14:00	2 274.71	124	121	−2.98
221	2022 - 06 - 15 15:00	2 274.71	124	117	−5.85
222	2022 - 06 - 15 16:00	2 274.76	130	121	−6.96
223	2022 - 06 - 15 17:00	2 275.21	182	185	1.48
224	2022 - 06 - 15 18:00	2 275.28	190	186	−2.41
225	2022 - 06 - 15 19:00	2 275.28	190	196	2.83
226	2022 - 06 - 15 20:00	2 275.33	196	183	−6.61
227	2022 - 06 - 16 07:00	2 275.31	194	183	−5.90
228	2022 - 06 - 16 08:00	2 275.32	195	180	−7.75
229	2022 - 06 - 16 09:00	2 275.31	194	177	−8.87
230	2022 - 06 - 16 10:00	2 275.32	195	179	−8.48
231	2022 - 06 - 16 11:00	2 275.36	200	181	−9.42
232	2022 - 06 - 16 12:00	2 275.42	208	194	−6.66
233	2022 - 06 - 16 13:00	2 275.43	209	182	−13.10
234	2022 - 06 - 16 14:00	2 275.41	207	187	−9.51
235	2022 - 06 - 16 15:00	2 275.43	209	186	−11.19
236	2022 - 06 - 16 16:00	2 275.35	198	172	−13.05
237	2022 - 06 - 16 17:00	2 275.30	193	182	−5.72
238	2022 - 06 - 16 18:00	2 275.30	193	175	−9.08
239	2022 - 06 - 16 19:00	2 275.75	252	226	−10.53
240	2022 - 06 - 16 20:00	2 275.85	265	248	−6.60

续表

序号	开始测量时间	水位(m)	综合线查读流量(m³/s)	改算后视觉流量(m³/s)	相对误差(%)
241	2022 - 06 - 17 07:00	2 275.82	262	260	-0.75
242	2022 - 06 - 17 08:00	2 275.81	261	255	-2.06
243	2022 - 06 - 17 09:00	2 275.88	270	256	-5.36
244	2022 - 06 - 17 10:00	2 275.96	282	270	-4.48
245	2022 - 06 - 17 11:00	2 275.65	239	230	-3.57
246	2022 - 06 - 17 12:00	2 275.54	224	214	-4.51
247	2022 - 06 - 17 13:00	2 276.28	332	347	4.59
248	2022 - 06 - 17 16:00	2 276.29	333	355	6.44
249	2022 - 06 - 17 17:00	2 276.38	347	361	3.79
250	2022 - 06 - 17 18:00	2 276.37	346	350	1.12
251	2022 - 06 - 17 19:00	2 276.34	341	342	0.16
252	2022 - 06 - 17 20:00	2 276.31	337	329	-2.37
253	2022 - 06 - 18 07:00	2 275.32	195	189	-3.14
254	2022 - 06 - 18 08:00	2 275.66	240	220	-8.43
255	2022 - 06 - 18 09:00	2 275.67	241	226	-6.23
256	2022 - 06 - 18 10:00	2 275.11	170	145	-14.29
257	2022 - 06 - 18 11:00	2 275.20	181	161	-10.83
258	2022 - 06 - 18 12:00	2 276.02	291	316	8.58
259	2022 - 06 - 18 13:00	2 276.30	335	337	0.62
260	2022 - 06 - 18 14:00	2 276.65	393	396	0.76
261	2022 - 06 - 18 15:00	2 276.59	383	383	-0.01
262	2022 - 06 - 18 16:00	2 276.55	376	380	1.10
263	2022 - 06 - 18 17:00	2 276.52	371	394	6.28
264	2022 - 06 - 18 20:00	2 276.44	358	366	2.41
265	2022 - 06 - 19 07:00	2 276.10	304	295	-2.88
266	2022 - 06 - 19 08:00	2 276.16	313	293	-6.36
267	2022 - 06 - 19 09:00	2 275.84	264	258	-2.37
268	2022 - 06 - 19 10:00	2 276.38	347	404	16.37
269	2022 - 06 - 19 11:00	2 277.00	455	462	1.58
270	2022 - 06 - 19 12:00	2 276.94	444	476	7.29
271	2022 - 06 - 19 13:00	2 276.85	428	424	-0.89
272	2022 - 06 - 19 14:00	2 276.78	416	391	-6.00
273	2022 - 06 - 19 15:00	2 276.69	400	394	-1.44
274	2022 - 06 - 19 16:00	2 276.56	378	366	-3.12
275	2022 - 06 - 19 17:00	2 276.51	369	370	0.03
276	2022 - 06 - 19 18:00	2 276.42	354	381	7.74
277	2022 - 06 - 19 19:00	2 276.37	346	345	-0.16

序号	开始测量时间	水位(m)	综合线查读流量(m³/s)	改算后视觉流量(m³/s)	相对误差(%)
278	2022 - 06 - 19 20:00	2 276.33	340	340	−0.03
279	2022 - 06 - 20 07:00	2 275.94	280	280	0.35
280	2022 - 06 - 20 08:00	2 276.13	308	328	6.42
281	2022 - 06 - 20 09:00	2 276.16	313	308	−1.44
282	2022 - 06 - 20 10:00	2 276.35	343	372	8.43
283	2022 - 06 - 20 11:00	2 276.88	432	465	7.49
284	2022 - 06 - 20 12:00	2 276.82	423	423	0.06
285	2022 - 06 - 20 13:00	2 276.75	410	394	−3.94
286	2022 - 06 - 20 14:00	2 276.65	393	393	0.02
287	2022 - 06 - 20 15:00	2 276.68	398	401	0.61
288	2022 - 06 - 20 16:00	2 276.63	390	392	0.48
289	2022 - 06 - 20 17:00	2 276.54	374	374	−0.11
290	2022 - 06 - 20 18:00	2 276.48	364	382	4.96
291	2022 - 06 - 20 19:00	2 276.44	358	349	−2.51
292	2022 - 06 - 20 20:00	2 276.40	350	338	−3.58
293	2022 - 06 - 21 07:00	2 276.16	313	308	−1.55
294	2022 - 06 - 21 08:00	2 276.18	316	308	−2.60
295	2022 - 06 - 21 09:00	2 276.15	311	320	2.94
296	2022 - 06 - 21 10:00	2 276.83	424	434	2.32
297	2022 - 06 - 21 11:00	2 276.77	414	446	7.86
298	2022 - 06 - 21 12:00	2 276.78	416	447	7.45
299	2022 - 06 - 21 13:00	2 276.68	398	418	4.84
300	2022 - 06 - 21 14:00	2 276.60	385	376	−2.12
301	2022 - 06 - 21 15:00	2 276.62	388	399	2.79
302	2022 - 06 - 21 16:00	2 276.45	359	379	5.34
303	2022 - 06 - 21 17:00	2 276.50	368	394	7.16
304	2022 - 06 - 21 18:00	2 276.46	361	385	6.55
305	2022 - 06 - 21 19:00	2 276.41	352	320	−9.11
306	2022 - 06 - 21 20:00	2 276.35	343	344	0.32
307	2022 - 06 - 22 07:00	2 274.61	114	109	−4.23
308	2022 - 06 - 22 08:00	2 276.49	366	389	6.14
309	2022 - 06 - 22 09:00	2 276.83	424	424	−0.04
310	2022 - 06 - 22 10:00	2 276.88	432	417	−3.63
311	2022 - 06 - 22 11:00	2 276.81	421	418	−0.57
312	2022 - 06 - 22 12:00	2 276.75	410	401	−2.30
313	2022 - 06 - 22 13:00	2 276.68	398	389	−2.28
314	2022 - 06 - 22 14:00	2 276.65	393	401	1.94

序号	开始测量时间	水位(m)	综合线查读流量(m³/s)	改算后视觉流量(m³/s)	相对误差(%)
315	2022 - 06 - 22 15:00	2 276.59	383	410	6.99
316	2022 - 06 - 22 16:00	2 276.54	374	387	3.25
317	2022 - 06 - 22 17:00	2 276.47	363	391	7.73
318	2022 - 06 - 22 18:00	2 276.55	376	377	0.25
319	2022 - 06 - 22 19:00	2 276.49	366	368	0.42
320	2022 - 06 - 22 20:00	2 276.45	359	363	0.95
321	2022 - 06 - 23 07:00	2 275.02	159	160	0.59
322	2022 - 06 - 23 08:00	2 275.02	159	156	−2.19
323	2022 - 06 - 23 17:00	2 276.63	390	391	0.24
324	2022 - 06 - 23 18:00	2 276.59	383	374	−2.41
325	2022 - 06 - 23 19:00	2 276.75	410	405	−1.21
326	2022 - 06 - 23 20:00	2 276.68	398	410	2.90
327	2022 - 06 - 24 07:00	2 276.48	364	373	2.27
328	2022 - 06 - 24 08:00	2 276.63	390	391	0.29
329	2022 - 06 - 24 09:00	2 276.63	390	383	−1.67
330	2022 - 06 - 24 10:00	2 276.76	412	419	1.66
331	2022 - 06 - 24 11:00	2 276.76	412	383	−7.18
332	2022 - 06 - 24 12:00	2 276.75	410	411	0.02
333	2022 - 06 - 24 13:00	2 276.58	381	378	−0.94
334	2022 - 06 - 24 14:00	2 276.54	374	379	1.08
335	2022 - 06 - 24 15:00	2 276.54	374	399	6.49
336	2022 - 06 - 24 17:00	2 276.75	410	428	4.32
337	2022 - 06 - 24 18:00	2 276.78	416	418	0.61
338	2022 - 06 - 24 19:00	2 276.72	405	394	−2.87
339	2022 - 06 - 24 20:00	2 276.12	307	283	−7.80
340	2022 - 06 - 25 07:00	2 275.53	222	221	−0.62
341	2022 - 06 - 25 08:00	2 275.50	219	213	−2.33
342	2022 - 06 - 25 09:00	2 275.47	215	205	−4.57
343	2022 - 06 - 25 10:00	2 275.49	217	213	−2.04
344	2022 - 06 - 25 11:00	2 275.52	221	203	−8.17
345	2022 - 06 - 25 12:00	2 275.52	221	211	−4.51
346	2022 - 06 - 25 13:00	2 275.52	221	208	−5.83
347	2022 - 06 - 25 14:00	2 275.51	220	216	−1.79
348	2022 - 06 - 25 15:00	2 275.44	211	206	−2.20
349	2022 - 06 - 25 16:00	2 275.30	193	189	−2.02
350	2022 - 06 - 25 18:00	2 276.38	347	357	2.90
351	2022 - 06 - 25 19:00	2 276.95	446	461	3.48

续表

序号	开始测量时间	水位(m)	综合线查读流量(m³/s)	改算后视觉流量(m³/s)	相对误差(%)
352	2022 - 06 - 25 20:00	2 276.60	385	391	1.68
353	2022 - 06 - 26 07:00	2 275.55	225	227	1.04
354	2022 - 06 - 26 08:00	2 275.66	240	243	1.08
355	2022 - 06 - 26 09:00	2 275.67	241	239	−0.98
356	2022 - 06 - 26 10:00	2 275.65	239	232	−2.67
357	2022 - 06 - 26 11:00	2 275.72	248	251	1.20
358	2022 - 06 - 26 12:00	2 276.01	290	269	−7.18
359	2022 - 06 - 26 13:00	2 275.92	277	268	−3.01
360	2022 - 06 - 26 15:00	2 275.88	270	272	0.50
361	2022 - 06 - 26 17:00	2 276.15	311	308	−1.16
362	2022 - 06 - 26 18:00	2 276.25	327	314	−3.85
363	2022 - 06 - 26 19:00	2 276.05	296	289	−2.39
364	2022 - 06 - 26 20:00	2 276.17	314	306	−2.79
365	2022 - 06 - 27 07:00	2 275.91	275	262	−4.68
366	2022 - 06 - 27 08:00	2 275.69	244	230	−5.90
367	2022 - 06 - 27 09:00	2 275.70	245	239	−2.58
368	2022 - 06 - 27 10:00	2 275.70	245	224	−8.52
369	2022 - 06 - 27 11:00	2 275.67	241	248	2.74
370	2022 - 06 - 27 12:00	2 275.61	233	219	−6.24
371	2022 - 06 - 27 13:00	2 275.62	234	234	−0.09
372	2022 - 06 - 27 14:00	2 275.66	240	229	−4.34
373	2022 - 06 - 27 15:00	2 275.66	240	247	3.15
374	2022 - 06 - 29 17:00	2 275.98	285	280	−2.05
375	2022 - 06 - 29 18:00	2 275.95	281	284	1.07
376	2022 - 06 - 29 19:00	2 275.93	278	276	−0.79
377	2022 - 06 - 29 20:00	2 275.93	278	269	−3.43
378	2022 - 06 - 30 07:00	2 275.95	281	275	−2.30
379	2022 - 06 - 30 08:00	2 275.92	277	262	−5.12
380	2022 - 06 - 30 09:00	2 276.11	305	304	−0.20
381	2022 - 06 - 30 10:00	2 275.92	277	268	−3.19
382	2022 - 06 - 30 11:00	2 275.86	267	255	−4.56
383	2022 - 06 - 30 12:00	2 275.85	265	263	−0.94
384	2022 - 06 - 30 13:00	2 275.52	221	226	2.09
385	2022 - 06 - 30 14:00	2 275.66	240	243	1.27
386	2022 - 06 - 30 15:00	2 275.75	252	240	−4.79
387	2022 - 06 - 30 16:00	2 275.75	252	240	−4.78
388	2022 - 06 - 30 17:00	2 275.78	257	247	−3.83

序号	开始测量时间	水位(m)	综合线查读流量(m³/s)	改算后视觉流量(m³/s)	相对误差(%)
389	2022 - 06 - 30 18:00	2 276.11	305	298	-2.30
390	2022 - 06 - 30 19:00	2 275.96	282	268	-5.25
391	2022 - 06 - 30 20:00	2 276.00	288	251	-13.02
392	2022 - 07 - 01 07:00	2 276.40	350	337	-3.84
393	2022 - 07 - 01 08:00	2 276.40	350	344	-1.77
394	2022 - 07 - 01 09:00	2 276.39	349	342	-1.91
395	2022 - 07 - 01 10:00	2 276.37	346	327	-5.47
396	2022 - 07 - 01 11:00	2 276.27	330	299	-9.40
397	2022 - 07 - 01 12:00	2 276.16	313	286	-8.67
398	2022 - 07 - 01 13:00	2 276.26	329	308	-6.10
399	2022 - 07 - 01 14:00	2 276.38	347	329	-5.40
400	2022 - 07 - 01 15:00	2 276.42	354	352	-0.51
401	2022 - 07 - 01 16:00	2 276.44	358	354	-1.04
402	2022 - 07 - 01 17:00	2 276.32	338	311	-7.93
403	2022 - 07 - 01 18:00	2 276.39	349	350	0.28
404	2022 - 07 - 01 19:00	2 276.38	347	342	-1.43
405	2022 - 07 - 01 20:00	2 276.57	380	386	1.60
406	2022 - 07 - 02 07:00	2 276.71	403	392	-2.74
407	2022 - 07 - 02 08:00	2 276.71	403	398	-1.33
408	2022 - 07 - 02 09:00	2 276.67	397	388	-2.08
409	2022 - 07 - 02 10:00	2 276.72	405	421	3.89
410	2022 - 07 - 02 11:00	2 276.53	373	359	-3.76
411	2022 - 07 - 02 12:00	2 276.40	350	318	-9.30
412	2022 - 07 - 02 13:00	2 276.45	359	340	-5.27
413	2022 - 07 - 02 14:00	2 276.56	378	362	-4.19
414	2022 - 07 - 02 15:00	2 276.54	374	364	-2.84
415	2022 - 07 - 02 16:00	2 276.58	381	384	0.62
416	2022 - 07 - 02 17:00	2 276.67	397	415	4.62
417	2022 - 07 - 04 09:00	2 276.63	390	362	-7.09
418	2022 - 07 - 04 10:00	2 276.56	378	357	-5.62
419	2022 - 07 - 04 11:00	2 276.55	376	365	-2.88
420	2022 - 07 - 04 12:00	2 276.57	380	366	-3.66
421	2022 - 07 - 04 13:00	2 276.56	378	354	-6.29
422	2022 - 07 - 04 14:00	2 276.55	376	390	3.61
423	2022 - 07 - 04 15:00	2 276.54	374	376	0.49
424	2022 - 07 - 04 16:00	2 276.56	378	392	3.81
425	2022 - 07 - 04 17:00	2 276.54	374	389	3.96

序号	开始测量时间	水位(m)	综合线查读流量(m³/s)	改算后视觉流量(m³/s)	相对误差(%)
426	2022 - 07 - 04 18:00	2 276.55	376	389	3.34
427	2022 - 07 - 04 19:00	2 276.52	371	388	4.47
428	2022 - 07 - 04 20:00	2 276.53	373	345	-7.33
429	2022 - 07 - 05 07:00	2 276.67	397	390	-1.70
430	2022 - 07 - 05 08:00	2 276.64	391	355	-9.40
431	2022 - 07 - 05 09:00	2 276.49	366	349	-4.53
432	2022 - 07 - 05 10:00	2 276.48	364	376	3.29
433	2022 - 07 - 05 11:00	2 276.46	361	378	4.81
434	2022 - 07 - 05 12:00	2 276.48	364	356	-2.34
435	2022 - 07 - 05 13:00	2 276.50	368	360	-2.04
436	2022 - 07 - 05 14:00	2 276.47	363	358	-1.35
437	2022 - 07 - 05 15:00	2 276.49	366	380	3.74
438	2022 - 07 - 05 16:00	2 276.43	356	375	5.49
439	2022 - 07 - 05 17:00	2 276.36	344	365	6.00
440	2022 - 07 - 05 18:00	2 276.34	341	366	7.31
441	2022 - 07 - 05 19:00	2 276.34	341	338	-0.98
442	2022 - 07 - 05 20:00	2 276.32	338	345	1.96
443	2022 - 07 - 06 07:00	2 276.47	363	357	-1.45
444	2022 - 07 - 06 08:00	2 276.45	359	349	-2.97
445	2022 - 07 - 06 09:00	2 276.46	361	338	-6.46
446	2022 - 07 - 06 10:00	2 276.19	317	313	-1.41
447	2022 - 07 - 06 11:00	2 276.22	322	299	-7.20
448	2022 - 07 - 06 12:00	2 276.24	325	329	1.01
449	2022 - 07 - 06 15:00	2 276.31	337	339	0.83
450	2022 - 07 - 06 16:00	2 276.30	335	363	8.35
451	2022 - 07 - 06 17:00	2 276.27	330	344	4.20
452	2022 - 07 - 06 18:00	2 276.24	325	316	-2.74
453	2022 - 07 - 06 19:00	2 276.21	321	329	2.47
454	2022 - 07 - 06 20:00	2 276.32	338	345	2.14
455	2022 - 07 - 07 07:00	2 276.38	347	342	-1.64
456	2022 - 07 - 07 08:00	2 276.30	335	285	-15.05
457	2022 - 07 - 07 09:00	2 276.16	313	322	2.81
458	2022 - 07 - 07 10:00	2 275.88	270	268	-0.97
459	2022 - 07 - 07 11:00	2 275.89	272	269	-1.21
460	2022 - 07 - 07 12:00	2 275.90	274	262	-4.34
461	2022 - 07 - 07 13:00	2 275.88	270	271	0.31
462	2022 - 07 - 07 14:00	2 275.87	269	268	-0.32

序号	开始测量时间	水位(m)	综合线查读流量(m³/s)	改算后视觉流量(m³/s)	相对误差(%)
463	2022 - 07 - 07 15:00	2 275.85	265	274	3.47
464	2022 - 07 - 07 17:00	2 275.98	285	310	8.69
465	2022 - 07 - 07 18:00	2 276.01	290	290	−0.08
466	2022 - 07 - 07 19:00	2 276.00	288	293	1.75
467	2022 - 07 - 07 20:00	2 275.87	269	270	0.67
468	2022 - 07 - 08 07:00	2 276.14	310	279	−9.89
469	2022 - 07 - 08 08:00	2 276.11	305	297	−2.72
470	2022 - 07 - 08 09:00	2 275.91	275	278	1.20
471	2022 - 07 - 08 10:00	2 275.90	274	281	2.57
472	2022 - 07 - 08 11:00	2 275.73	250	251	0.55
473	2022 - 07 - 08 12:00	2 275.67	241	232	−3.86
474	2022 - 07 - 08 13:00	2 275.45	212	204	−3.88
475	2022 - 07 - 08 14:00	2 275.45	212	186	−12.42
476	2022 - 07 - 08 15:00	2 275.45	212	197	−7.20
477	2022 - 07 - 08 16:00	2 275.47	215	218	1.57
478	2022 - 07 - 08 17:00	2 275.46	213	221	3.59
479	2022 - 07 - 08 18:00	2 275.47	215	212	−1.22
480	2022 - 07 - 08 19:00	2 275.47	215	208	−3.10
481	2022 - 07 - 08 20:00	2 275.50	219	219	0.04
482	2022 - 07 - 09 07:00	2 275.62	234	230	−1.93
483	2022 - 07 - 09 08:00	2 275.63	236	227	−3.69
484	2022 - 07 - 09 09:00	2 275.42	208	202	−3.12
485	2022 - 07 - 09 10:00	2 275.42	208	201	−3.62
486	2022 - 07 - 09 12:00	2 275.42	208	202	−3.08
487	2022 - 07 - 09 13:00	2 275.42	208	207	−0.33
488	2022 - 07 - 09 14:00	2 275.42	208	194	−6.65
489	2022 - 07 - 09 15:00	2 275.44	211	200	−4.95
490	2022 - 07 - 09 16:00	2 275.44	211	212	0.72
491	2022 - 07 - 09 17:00	2 275.44	211	213	1.08
492	2022 - 07 - 09 18:00	2 275.42	208	210	0.86
493	2022 - 07 - 09 19:00	2 275.43	209	212	1.42
494	2022 - 07 - 09 20:00	2 275.53	222	235	5.49
495	2022 - 07 - 10 07:00	2 275.35	198	198	−0.16
496	2022 - 07 - 10 08:00	2 275.35	198	200	0.83
497	2022 - 07 - 10 09:00	2 275.36	200	200	−0.10
498	2022 - 07 - 10 10:00	2 275.36	200	188	−5.90
499	2022 - 07 - 10 11:00	2 274.99	156	144	−7.46

序号	开始测量时间	水位(m)	综合线查读流量(m³/s)	改算后视觉流量(m³/s)	相对误差(%)
500	2022 - 07 - 10 12:00	2 274.98	154	149	−3.69
501	2022 - 07 - 10 13:00	2 275.06	164	165	0.97
502	2022 - 07 - 10 14:00	2 275.20	181	188	3.84
503	2022 - 07 - 10 15:00	2 275.63	236	246	4.18
504	2022 - 07 - 10 16:00	2 275.91	275	296	7.54
505	2022 - 07 - 10 17:00	2 275.93	278	311	11.97
506	2022 - 07 - 10 18:00	2 275.86	267	271	1.42
507	2022 - 07 - 10 19:00	2 275.86	267	280	4.74
508	2022 - 07 - 10 20:00	2 275.83	263	277	5.22
509	2022 - 07 - 11 07:00	2 275.51	220	222	0.96
510	2022 - 07 - 11 08:00	2 275.92	277	289	4.34
511	2022 - 07 - 11 09:00	2 275.89	272	275	1.08
512	2022 - 07 - 11 10:00	2 275.86	267	273	2.35
513	2022 - 07 - 11 11:00	2 275.82	262	269	2.70
514	2022 - 07 - 11 12:00	2 275.78	257	258	0.66
515	2022 - 07 - 11 13:00	2 275.73	250	246	−1.58
516	2022 - 07 - 11 14:00	2 275.55	225	219	−2.72
517	2022 - 07 - 11 15:00	2 275.37	201	198	−1.52
518	2022 - 07 - 11 17:00	2 275.37	201	213	5.69
519	2022 - 07 - 11 19:00	2 275.39	204	211	3.58
520	2022 - 07 - 11 20:00	2 275.41	207	204	−1.62
521	2022 - 07 - 12 07:00	2 275.46	213	204	−4.24
522	2022 - 07 - 12 08:00	2 275.58	229	229	0.01
523	2022 - 07 - 12 09:00	2 275.60	232	249	7.22
524	2022 - 07 - 12 10:00	2 275.60	232	239	2.97
525	2022 - 07 - 12 11:00	2 275.57	228	239	4.98
526	2022 - 07 - 12 12:00	2 275.72	248	247	−0.26
527	2022 - 07 - 12 13:00	2 275.59	230	234	1.47
528	2022 - 07 - 12 14:00	2 275.38	203	183	−9.88
529	2022 - 07 - 12 15:00	2 274.78	132	131	−0.55
530	2022 - 07 - 12 16:00	2 274.96	152	149	−2.36
531	2022 - 07 - 12 17:00	2 274.98	154	152	−1.54
532	2022 - 07 - 12 18:00	2 274.99	156	156	0.35
533	2022 - 07 - 12 19:00	2 274.87	141	144	2.04
534	2022 - 07 - 12 20:00	2 275.43	209	211	0.75
535	2022 - 07 - 13 07:00	2 274.84	139	133	−4.28
536	2022 - 07 - 13 08:00	2 275.07	165	165	−0.04

序号	开始测量时间	水位(m)	综合线查读流量(m³/s)	改算后视觉流量(m³/s)	相对误差(%)
537	2022 - 07 - 13 09:00	2 275.08	166	165	-0.74
538	2022 - 07 - 13 10:00	2 275.22	183	194	6.05
539	2022 - 07 - 13 11:00	2 275.21	182	179	-1.71
540	2022 - 07 - 13 12:00	2 275.36	200	201	0.51
541	2022 - 07 - 13 13:00	2 275.25	187	184	-1.57
542	2022 - 07 - 13 14:00	2 275.04	161	159	-1.24
543	2022 - 07 - 13 15:00	2 274.98	154	154	-0.20
544	2022 - 07 - 13 16:00	2 275.38	203	211	4.17
545	2022 - 07 - 13 17:00	2 275.40	206	217	5.55
546	2022 - 07 - 13 18:00	2 275.39	204	212	3.94
547	2022 - 07 - 13 19:00	2 275.44	211	206	-2.11
548	2022 - 07 - 13 20:00	2 275.44	211	223	5.74
549	2022 - 07 - 14 07:00	2 274.93	148	145	-2.36
550	2022 - 07 - 14 08:00	2 275.18	178	177	-0.82
551	2022 - 07 - 14 09:00	2 275.18	178	187	4.74
552	2022 - 07 - 14 11:00	2 275.24	186	193	4.03
553	2022 - 07 - 14 12:00	2 275.24	186	193	4.26
554	2022 - 07 - 14 13:00	2 275.25	187	191	2.16
555	2022 - 07 - 14 14:00	2 275.26	188	194	3.01
556	2022 - 07 - 14 15:00	2 275.25	187	186	-0.22
557	2022 - 07 - 14 16:00	2 275.26	188	197	4.62
558	2022 - 07 - 14 17:00	2 275.25	187	202	8.24
559	2022 - 07 - 14 18:00	2 275.24	186	191	2.99
560	2022 - 07 - 14 19:00	2 275.24	186	196	5.39
561	2022 - 07 - 14 20:00	2 275.31	194	198	2.29
562	2022 - 07 - 15 07:00	2 274.74	127	128	0.72
563	2022 - 07 - 15 08:00	2 275.17	177	174	-1.70
564	2022 - 07 - 15 09:00	2 275.40	206	206	0.07
565	2022 - 07 - 15 10:00	2 275.34	197	208	5.62
566	2022 - 07 - 15 11:00	2 275.26	188	194	3.19
567	2022 - 07 - 15 12:00	2 275.24	186	199	7.29
568	2022 - 07 - 15 13:00	2 275.23	184	186	1.00
569	2022 - 07 - 15 14:00	2 275.25	187	189	1.38
570	2022 - 07 - 15 15:00	2 275.18	178	187	4.70
571	2022 - 07 - 15 16:00	2 275.16	176	192	9.01
572	2022 - 07 - 15 17:00	2 275.12	171	184	7.48
573	2022 - 07 - 15 18:00	2 275.22	183	195	6.40

续表

序号	开始测量时间	水位(m)	综合线查读流量(m³/s)	改算后视觉流量(m³/s)	相对误差(%)
574	2022 - 07 - 15 19:00	2 275.36	200	213	6.64
575	2022 - 07 - 15 20:00	2 275.36	200	203	1.42
576	2022 - 07 - 16 07:00	2 274.66	119	123	3.70
577	2022 - 07 - 16 08:00	2 275.05	163	168	3.26
578	2022 - 07 - 16 09:00	2 275.07	165	181	9.64
579	2022 - 07 - 16 10:00	2 275.20	181	183	1.05
580	2022 - 07 - 16 11:00	2 275.17	177	184	3.85
581	2022 - 07 - 16 12:00	2 275.15	175	187	6.88
582	2022 - 07 - 16 13:00	2 275.17	177	176	−0.44
583	2022 - 07 - 16 14:00	2 275.18	178	180	0.98
584	2022 - 07 - 16 15:00	2 275.17	177	186	4.93
585	2022 - 07 - 16 16:00	2 275.17	177	189	6.94
586	2022 - 07 - 16 17:00	2 275.18	178	192	7.80
587	2022 - 07 - 16 18:00	2 275.30	193	202	4.78
588	2022 - 07 - 16 19:00	2 275.27	189	193	2.07
589	2022 - 07 - 16 20:00	2 275.28	190	199	4.71
590	2022 - 07 - 17 07:00	2 275.02	159	169	6.46
591	2022 - 07 - 17 08:00	2 275.03	160	158	−1.55
592	2022 - 07 - 17 10:00	2 275.30	193	190	−1.55
593	2022 - 07 - 17 11:00	2 275.19	179	182	1.32
594	2022 - 07 - 17 12:00	2 275.10	169	181	7.18
595	2022 - 07 - 17 13:00	2 275.08	166	164	−1.29
596	2022 - 07 - 17 14:00	2 275.08	166	171	2.72
597	2022 - 07 - 17 15:00	2 275.08	166	176	5.97
598	2022 - 07 - 17 16:00	2 274.85	140	149	6.72
599	2022 - 07 - 17 17:00	2 274.84	139	148	7.03
600	2022 - 07 - 17 18:00	2 275.09	167	178	6.14
601	2022 - 07 - 17 19:00	2 275.31	194	188	−3.19
602	2022 - 07 - 17 20:00	2 275.31	194	193	−0.61
603	2022 - 07 - 18 07:00	2 275.06	164	163	−0.43
604	2022 - 07 - 18 08:00	2 275.28	190	201	5.73
605	2022 - 07 - 18 09:00	2 275.27	189	191	1.02
606	2022 - 07 - 18 10:00	2 275.29	192	204	6.62
607	2022 - 07 - 18 12:00	2 275.32	195	202	3.54
608	2022 - 07 - 18 13:00	2 275.08	166	169	1.62
609	2022 - 07 - 18 14:00	2 274.97	153	151	−1.37
610	2022 - 07 - 18 15:00	2 274.76	130	128	−1.00

续表

序号	开始测量时间	水位(m)	综合线查读流量(m³/s)	改算后视觉流量(m³/s)	相对误差(%)
611	2022 - 07 - 18 16:00	2 275.10	169	181	7.35
612	2022 - 07 - 18 17:00	2 274.60	113	119	5.35
613	2022 - 07 - 18 19:00	2 274.10	64.2	68.8	7.08
614	2022 - 07 - 18 20:00	2 274.12	65.9	68.8	4.42
615	2022 - 07 - 19 07:00	2 274.53	105	113	7.55
616	2022 - 07 - 19 08:00	2 274.54	106	112	5.14
617	2022 - 07 - 19 09:00	2 274.44	96.2	97.0	0.54
618	2022 - 07 - 19 10:00	2 274.63	116	120	3.96
619	2022 - 07 - 19 11:00	2 274.64	117	119	2.34
620	2022 - 07 - 19 12:00	2 274.64	117	118	1.24
621	2022 - 07 - 19 13:00	2 274.67	120	120	0.36
622	2022 - 07 - 19 14:00	2 274.69	122	118	−3.54
623	2022 - 07 - 19 15:00	2 274.53	105	103	−2.41
624	2022 - 07 - 19 16:00	2 274.49	101	100	−1.36
625	2022 - 07 - 19 17:00	2 274.52	104	104	−0.02
626	2022 - 07 - 19 18:00	2 274.27	79.8	80.4	0.75
627	2022 - 07 - 19 19:00	2 274.26	78.8	80.2	1.73
628	2022 - 07 - 19 20:00	2 274.25	77.9	80.9	3.85
629	2022 - 07 - 20 07:00	2 274.21	74.2	68.0	−8.33
630	2022 - 07 - 20 08:00	2 274.23	76.0	74.8	−1.62
631	2022 - 07 - 20 09:00	2 274.23	76.0	74.9	−1.51
632	2022 - 07 - 20 10:00	2 274.21	74.2	72.0	−2.96
633	2022 - 07 - 20 11:00	2 274.46	98.2	102	3.53
634	2022 - 07 - 20 12:00	2 274.46	98.2	95.2	−3.01
635	2022 - 07 - 20 13:00	2 274.47	99.1	100	1.23
636	2022 - 07 - 20 17:00	2 274.47	99.1	107	7.76
637	2022 - 07 - 21 13:00	2 274.47	97.2	98.0	0.78
638	2022 - 07 - 21 14:00	2 274.47	94.2	95.0	0.82
639	2022 - 07 - 21 16:00	2 274.41	93.2	98.7	5.87
640	2022 - 07 - 21 17:00	2 274.58	110	118	7.13
641	2022 - 07 - 21 18:00	2 274.27	79.8	79.3	−0.60
642	2022 - 07 - 21 19:00	2 274.25	77.9	82.2	5.59
643	2022 - 07 - 21 20:00	2 274.61	113.6	113	−0.85
644	2022 - 07 - 22 07:00	2 274.43	95.2	94.6	−0.60
645	2022 - 07 - 22 08:00	2 274.41	93.2	92.6	−0.70
646	2022 - 07 - 22 09:00	2 274.42	94.2	92.6	−1.75
647	2022 - 07 - 22 10:00	2 274.37	89.3	89.4	0.10

序号	开始测量时间	水位(m)	综合线查读流量(m³/s)	改算后视觉流量(m³/s)	相对误差(%)
648	2022－07－22 11:00	2 274.61	114	129	13.35
649	2022－07－22 12:00	2 275.31	194	208	7.07
650	2022－07－22 13:00	2 275.32	195	186	－4.60
651	2022－07－22 14:00	2 275.32	195	201	2.91
652	2022－07－22 15:00	2 275.32	195	204	4.51
653	2022－07－22 16:00	2 275.32	195	203	4.07
654	2022－07－22 17:00	2 275.32	195	204	4.55
655	2022－07－22 18:00	2 275.33	196	194	－0.94
656	2022－07－22 19:00	2 275.31	194	201	3.38
657	2022－07－22 20:00	2 275.33	196	201	2.41
658	2022－07－23 07:00	2 275.41	207	194	－6.28
659	2022－07－23 08:00	2 275.41	207	206	－0.51
660	2022－07－23 09:00	2 275.41	207	226	9.41
661	2022－07－23 10:00	2 275.31	194	181	－6.93
662	2022－07－23 12:00	2 275.27	189	186	－1.85
663	2022－07－23 13:00	2 275.28	190	189	－0.68
664	2022－07－23 14:00	2 275.22	183	176	－3.87
665	2022－07－23 15:00	2 275.29	192	186	－2.85
666	2022－07－23 16:00	2 275.29	192	190	－0.99
667	2022－07－23 17:00	2 275.29	192	194	1.14
668	2022－07－23 18:00	2 275.27	189	173	－8.65
669	2022－07－23 19:00	2 275.28	190	192	0.87
670	2022－07－23 20:00	2 275.29	192	177	－7.43
671	2022－07－24 07:00	2 274.97	153	144	－6.17
672	2022－07－24 08:00	2 275.21	182	179	－1.67
673	2022－07－24 09:00	2 275.39	204	172	－15.66
674	2022－07－24 10:00	2 275.37	201	199	－1.07
675	2022－07－24 11:00	2 275.35	198	200	1.00
676	2022－07－24 12:00	2 275.21	182	187	2.85
677	2022－07－24 13:00	2 275.21	182	174	－4.59
678	2022－07－24 14:00	2 275.22	183	184	0.27
679	2022－07－24 15:00	2 275.22	183	186	1.80
680	2022－07－24 16:00	2 275.36	200	209	4.48
681	2022－07－24 17:00	2 275.36	200	214	6.93
682	2022－07－31 17:00	2 275.00	140	142	1.31
683	2022－08－01 08:00	2 274.50	102	96.3	－5.60
684	2022－08－01 09:00	2 274.83	137	146	6.04

续表

序号	开始测量时间	水位(m)	综合线查读流量(m³/s)	改算后视觉流量(m³/s)	相对误差(%)
685	2022 - 08 - 01 10:00	2 275.24	186	179	−3.68
686	2022 - 08 - 01 11:00	2 275.25	186	189	2.03
687	2022 - 08 - 01 16:00	2 275.05	161	165	1.93
688	2022 - 08 - 01 17:00	2 275.03	160	165	3.05
689	2022 - 08 - 09 16:00	2 274.98	154	154	−0.20
690	2022 - 08 - 09 17:00	2 275.00	157	161	2.87
691	2022 - 08 - 09 18:00	2 275.28	190	203	6.65
692	2022 - 08 - 09 19:00	2 275.13	172	183	6.47
693	2022 - 08 - 09 20:00	2 274.85	140	138	−1.12
694	2022 - 08 - 10 07:00	2 275.43	209	202	−3.54
695	2022 - 08 - 10 08:00	2 275.44	211	217	2.73
696	2022 - 08 - 10 11:00	2 274.26	78.8	84.0	7.21
697	2022 - 08 - 10 12:00	2 274.37	89.3	96.0	7.21
698	2022 - 08 - 10 13:00	2 274.47	99.1	106	7.00
699	2022 - 08 - 10 14:00	2 274.49	101	104	3.32
700	2022 - 08 - 10 15:00	2 274.49	101	105	4.21
701	2022 - 08 - 10 16:00	2 274.49	101	108	6.68
702	2022 - 08 - 10 17:00	2 274.48	100	112	12.02
703	2022 - 08 - 10 18:00	2 274.46	98.2	102	3.72
704	2022 - 08 - 10 19:00	2 274.47	99.1	102	2.42
705	2022 - 08 - 10 20:00	2 274.70	123	125	1.40
706	2022 - 08 - 11 07:00	2 275.45	212	204	−4.01
707	2022 - 08 - 11 08:00	2 275.44	211	208	−1.42
708	2022 - 08 - 11 09:00	2 275.45	212	206	−2.63
709	2022 - 08 - 11 10:00	2 274.55	107	112	4.29
710	2022 - 08 - 11 11:00	2 274.48	100	107	7.03
711	2022 - 08 - 11 12:00	2 274.48	100	103	3.34
712	2022 - 08 - 11 13:00	2 274.44	96.2	100	3.53
713	2022 - 08 - 11 14:00	2 274.37	89.3	94.0	5.71
714	2022 - 08 - 11 15:00	2 274.46	98.2	108	9.67
715	2022 - 08 - 11 16:00	2 274.46	98.2	110	11.78
716	2022 - 08 - 11 17:00	2 274.40	92.2	102	10.58
717	2022 - 08 - 11 18:00	2 274.36	88.3	93.4	5.74
718	2022 - 08 - 11 19:00	2 274.35	87.4	89.4	2.28
719	2022 - 08 - 11 20:00	2 274.35	87.4	86.7	−0.80
720	2022 - 08 - 12 07:00	2 275.10	169	171	1.50
721	2022 - 08 - 12 08:00	2 275.14	173	186	7.56

序号	开始测量时间	水位(m)	综合线查读流量(m³/s)	改算后视觉流量(m³/s)	相对误差(%)
722	2022 - 08 - 12 09:00	2 275.42	208	217	4.23
723	2022 - 08 - 12 10:00	2 275.43	209	218	3.85
724	2022 - 08 - 12 11:00	2 274.85	140	139	−0.47
725	2022 - 08 - 12 12:00	2 274.73	126	133	5.01
726	2022 - 08 - 12 13:00	2 274.73	126	136	7.23
727	2022 - 08 - 12 14:00	2 274.73	126	131	3.91
728	2022 - 08 - 12 15:00	2 274.42	94.2	104	10.55
729	2022 - 08 - 12 16:00	2 274.40	92.2	102	10.24
730	2022 - 08 - 12 17:00	2 274.41	93.2	102	9.30
731	2022 - 08 - 12 18:00	2 275.15	175	186	6.79
732	2022 - 08 - 12 19:00	2 275.21	182	184	1.10
733	2022 - 08 - 12 20:00	2 275.19	179	173	−3.46
734	2022 - 08 - 13 07:00	2 274.74	127	124	−2.38
735	2022 - 08 - 13 08:00	2 274.70	123	124	0.95
736	2022 - 08 - 13 09:00	2 274.71	124	124	0.11
737	2022 - 08 - 13 11:00	2 274.74	127	131	2.65
738	2022 - 08 - 13 12:00	2 274.73	126	126	0.08
739	2022 - 08 - 13 13:00	2 274.73	126	128	1.52
740	2022 - 08 - 13 14:00	2 274.71	124	122	−2.00
741	2022 - 08 - 13 15:00	2 274.45	97.2	103	5.92
742	2022 - 08 - 13 16:00	2 274.49	101	106	5.19
743	2022 - 08 - 13 17:00	2 274.45	97.2	104	6.53
744	2022 - 08 - 13 18:00	2 274.53	105	111	5.28
745	2022 - 08 - 13 19:00	2 275.02	159	159	−0.08
746	2022 - 08 - 13 20:00	2 275.19	179	180	0.54
747	2022 - 08 - 14 07:00	2 274.66	119	123	3.64
748	2022 - 08 - 14 08:00	2 274.87	141	144	1.96
749	2022 - 08 - 14 09:00	2 275.37	201	227	12.86
750	2022 - 08 - 14 10:00	2 274.69	122	127	4.24
751	2022 - 08 - 14 11:00	2 274.68	121	125	3.22
752	2022 - 08 - 14 12:00	2 274.72	125	131	4.63
753	2022 - 08 - 14 13:00	2 274.43	95.2	100	5.24
754	2022 - 08 - 14 14:00	2 274.68	121	126	4.20
755	2022 - 08 - 14 15:00	2 274.66	119	121	1.92
756	2022 - 08 - 14 16:00	2 274.66	119	129	8.27
757	2022 - 08 - 14 17:00	2 274.67	120	133	11.30
758	2022 - 08 - 14 18:00	2 275.16	176	181	2.84

序号	开始测量时间	水位(m)	综合线查读流量(m³/s)	改算后视觉流量(m³/s)	相对误差(%)
759	2022 - 08 - 14 19:00	2 275.41	207	218	5.57
760	2022 - 08 - 14 20:00	2 274.96	152	145	−4.90
761	2022 - 08 - 15 07:00	2 275.38	203	196	−3.25
762	2022 - 08 - 15 08:00	2 275.15	175	178	2.09
763	2022 - 08 - 15 09:00	2 275.39	204	204	0.14
764	2022 - 08 - 15 10:00	2 274.91	145	156	7.15
765	2022 - 08 - 15 11:00	2 274.71	124	133	6.83
766	2022 - 08 - 15 12:00	2 274.44	96.2	99.0	3.20
767	2022 - 08 - 15 13:00	2 274.27	79.8	86.0	7.26
768	2022 - 08 - 15 14:00	2 274.27	79.8	82.0	2.75
769	2022 - 08 - 15 15:00	2 274.25	77.9	85.0	9.54
770	2022 - 08 - 15 16:00	2 275.14	173	188	8.35
771	2022 - 08 - 15 17:00	2 275.14	173	183	5.40
772	2022 - 08 - 15 18:00	2 275.02	159	173	8.89
773	2022 - 08 - 15 19:00	2 275.24	186	196	5.82
774	2022 - 08 - 15 20:00	2 275.18	178	184	3.24
775	2022 - 08 - 16 07:00	2 275.15	175	175	0.22
776	2022 - 08 - 16 08:00	2 275.17	177	191	7.87
777	2022 - 08 - 16 09:00	2 275.40	206	214	4.14
778	2022 - 08 - 16 10:00	2 275.39	204	208	1.75
779	2022 - 08 - 16 11:00	2 275.25	187	187	0.23
780	2022 - 08 - 16 12:00	2 275.13	172	180	4.79
781	2022 - 08 - 16 13:00	2 275.13	172	179	4.11
782	2022 - 08 - 16 14:00	2 275.14	173	181	4.65
783	2022 - 08 - 16 15:00	2 275.18	178	192	7.96
784	2022 - 08 - 16 16:00	2 274.90	144	149	3.83
785	2022 - 08 - 16 17:00	2 275.01	158	186	17.84
786	2022 - 08 - 16 18:00	2 275.40	206	206	0.01
787	2022 - 08 - 16 19:00	2 275.42	208	201	−3.22
788	2022 - 08 - 16 20:00	2 275.50	219	192	−11.96
789	2022 - 08 - 17 07:00	2 275.34	197	209	6.10
790	2022 - 08 - 17 08:00	2 275.36	200	202	0.89
791	2022 - 08 - 17 09:00	2 275.39	204	210	2.88
792	2022 - 08 - 17 10:00	2 274.58	110	109	−1.18
793	2022 - 08 - 17 11:00	2 274.46	98.2	101	2.49
794	2022 - 08 - 17 12:00	2 274.75	129	141	9.96
795	2022 - 08 - 17 13:00	2 275.23	184	178	−3.15

续表

序号	开始测量时间	水位(m)	综合线查读流量(m³/s)	改算后视觉流量(m³/s)	相对误差(%)
796	2022-08-17 14:00	2 275.03	160	165	2.93
797	2022-08-17 15:00	2 275.10	169	176	4.21
798	2022-08-17 16:00	2 275.10	169	180	6.82
799	2022-08-17 17:00	2 275.09	167	169	0.94
800	2022-08-17 18:00	2 275.35	198	202	2.03
801	2022-08-17 19:00	2 275.36	200	210	5.31
802	2022-08-17 20:00	2 275.35	198	202	1.68
803	2022-08-18 07:00	2 275.39	204	195	−4.72
804	2022-08-18 08:00	2 275.40	206	209	1.83
805	2022-08-18 09:00	2 275.40	206	219	6.30
806	2022-08-18 11:00	2 275.39	204	214	4.73
807	2022-08-18 12:00	2 275.15	175	172	−1.24
808	2022-08-18 13:00	2 275.14	173	165	−4.54
809	2022-08-18 14:00	2 274.69	122	119	−2.19
810	2022-08-18 15:00	2 274.68	121	121	0.29
811	2022-08-18 16:00	2 274.67	120	121	1.27
812	2022-08-18 17:00	2 274.67	120	129	7.93
813	2022-08-18 18:00	2 274.94	150	155	3.36
814	2022-08-18 19:00	2 275.22	183	200	9.18
815	2022-08-18 20:00	2 275.20	181	179	−1.04
816	2022-08-19 07:00	2 274.72	125	128	2.13
817	2022-08-19 08:00	2 274.72	125	130	3.92
818	2022-08-19 09:00	2 274.72	125	128	2.26
819	2022-08-19 10:00	2 274.72	125	126	0.71
820	2022-08-19 11:00	2 274.68	121	116	−4.43
821	2022-08-19 12:00	2 274.13	66.7	84.2	26.27
822	2022-08-19 13:00	2 274.79	133	136	2.16
823	2022-08-19 14:00	2 274.31	83.6	91.2	9.08
824	2022-08-19 15:00	2 274.23	76	84.3	10.86
825	2022-08-19 16:00	2 274.58	110	120	8.20
826	2022-08-19 17:00	2 275.10	169	187	10.74
827	2022-08-20 18:00	2 275.44	211	216	2.30
828	2022-08-20 19:00	2 275.45	212	218	3.01
829	2022-08-20 20:00	2 275.44	211	210	−0.21
830	2022-08-21 07:00	2 275.46	213	209	−1.88
831	2022-08-21 08:00	2 275.48	216	221	2.38
832	2022-08-21 09:00	2 275.48	216	216	−0.05

序号	开始测量时间	水位(m)	综合线查读流量(m³/s)	改算后视觉流量(m³/s)	相对误差(%)
833	2022 - 08 - 21 10:00	2 275.47	215	217	1.28
834	2022 - 08 - 21 11:00	2 275.10	169	172	2.22
835	2022 - 08 - 21 12:00	2 275.07	165	164	−0.43
836	2022 - 08 - 21 13:00	2 275.06	164	176	7.18
837	2022 - 08 - 21 14:00	2 274.82	136	140	2.66
838	2022 - 08 - 21 15:00	2 274.86	140	142	1.25
839	2022 - 08 - 21 16:00	2 274.81	135	141	4.24
840	2022 - 08 - 21 17:00	2 274.83	137	142	3.56
841	2022 - 08 - 21 18:00	2 275.08	166	173	4.26
842	2022 - 08 - 21 19:00	2 275.08	166	173	4.16
843	2022 - 08 - 21 20:00	2 275.10	169	165	−2.18
844	2022 - 08 - 22 07:00	2 275.57	228	234	2.74
845	2022 - 08 - 22 08:00	2 275.58	229	234	2.23
846	2022 - 08 - 22 09:00	2 275.59	230	242	5.10
847	2022 - 08 - 22 11:00	2 275.40	206	208	1.40
848	2022 - 08 - 22 12:00	2 275.41	207	206	−0.61
849	2022 - 08 - 22 13:00	2 275.33	196	185	−5.54
850	2022 - 08 - 22 14:00	2 274.87	141	142	0.27
851	2022 - 08 - 22 15:00	2 274.87	141	139	−1.57
852	2022 - 08 - 22 16:00	2 274.54	106	102	−3.66
853	2022 - 08 - 22 17:00	2 274.46	98.2	104	6.27
854	2022 - 08 - 22 18:00	2 274.43	95.2	94.5	−0.76
855	2022 - 08 - 22 19:00	2 275.02	159	166	4.41
856	2022 - 08 - 22 20:00	2 275.35	198	190	−4.31
857	2022 - 08 - 23 07:00	2 274.55	107	101	−5.98
858	2022 - 08 - 23 08:00	2 274.41	9	89.2	890.66
859	2022 - 08 - 23 09:00	2 274.85	140	134	−4.24
860	2022 - 08 - 23 10:00	2 274.95	151	139	−7.65
861	2022 - 08 - 23 11:00	2 274.81	135	141	4.18
862	2022 - 08 - 23 12:00	2 274.80	134	131	−2.02
863	2022 - 08 - 23 13:00	2 274.81	135	130	−3.68
864	2022 - 08 - 23 14:00	2 274.80	134	131	−2.33
865	2022 - 08 - 23 15:00	2 274.74	127	127	0.00
866	2022 - 08 - 23 16:00	2 274.53	105	102	−3.04
867	2022 - 08 - 23 17:00	2 274.24	76.9	84.9	10.39
868	2022 - 08 - 23 18:00	2 274.55	107	102	−4.76
869	2022 - 08 - 23 19:00	2 274.75	129	123	−4.12

序号	开始测量时间	水位(m)	综合线查读流量(m³/s)	改算后视觉流量(m³/s)	相对误差(%)
870	2022 - 08 - 23 20:00	2 274.75	129	123	−4.60
871	2022 - 08 - 24 08:00	2 274.75	129	131	1.54
872	2022 - 08 - 24 10:00	2 274.25	77.9	75.5	−3.11
873	2022 - 08 - 24 11:00	2 274.21	74.2	75.2	1.35
874	2022 - 08 - 24 12:00	2 274.20	73.2	73.8	0.76
875	2022 - 08 - 24 13:00	2 274.22	75.1	74.6	−0.61
876	2022 - 08 - 24 14:00	2 274.22	75.1	77.4	3.01
877	2022 - 08 - 24 15:00	2 274.24	76.9	74.5	−3.24
878	2022 - 08 - 24 16:00	2 274.24	76.9	74.1	−3.69
879	2022 - 08 - 24 17:00	2 274.23	76.0	74.1	−2.56
880	2022 - 08 - 24 18:00	2 274.22	75.1	69.7	−7.15
881	2022 - 08 - 24 19:00	2 274.20	73.2	70.5	−3.70
882	2022 - 08 - 24 20:00	2 274.71	124	124	−0.27
883	2022 - 08 - 25 07:00	2 274.81	135	128	−4.95
884	2022 - 08 - 25 08:00	2 274.84	139	140	1.16
885	2022 - 08 - 25 09:00	2 274.58	110	110	−0.76
886	2022 - 08 - 25 10:00	2 274.56	108	108	−0.69
887	2022 - 08 - 25 11:00	2 274.42	94.2	96.3	2.22
888	2022 - 08 - 25 12:00	2 274.43	95.2	93.4	−1.96
889	2022 - 08 - 25 13:00	2 274.43	95.2	90.9	−4.54
890	2022 - 08 - 25 14:00	2 274.43	95.2	93.0	−2.38
891	2022 - 08 - 25 15:00	2 274.43	95.2	99.2	4.21
892	2022 - 08 - 25 16:00	2 274.45	97.2	98.0	0.79
893	2022 - 08 - 25 17:00	2 274.43	95.2	92.9	−2.40
894	2022 - 08 - 25 18:00	2 274.42	94.2	93.6	−0.71
895	2022 - 08 - 25 19:00	2 274.45	97.2	92.3	−5.01
896	2022 - 08 - 25 20:00	2 274.42	94.2	87.3	−7.39
897	2022 - 08 - 26 07:00	2 274.51	103	96.2	−6.64
898	2022 - 08 - 26 08:00	2 274.48	100	97.9	−2.17
899	2022 - 08 - 26 09:00	2 274.48	100	98.1	−1.98
900	2022 - 08 - 26 10:00	2 274.50	102	97.3	−4.59
901	2022 - 08 - 26 11:00	2 274.49	101	101	−0.01
902	2022 - 08 - 26 12:00	2 274.51	103	102	−0.92
903	2022 - 08 - 26 13:00	2 274.50	102	104	1.51
904	2022 - 08 - 26 14:00	2 274.51	103	104	0.66
905	2022 - 08 - 26 15:00	2 274.49	101	102	0.69
906	2022 - 08 - 26 16:00	2 274.52	104	107	3.03

续表

序号	开始测量时间	水位(m)	综合线查读流量(m³/s)	改算后视觉流量(m³/s)	相对误差(%)
907	2022 - 08 - 26 17:00	2 274.50	102	108	6.40
908	2022 - 08 - 26 18:00	2 274.99	156	150	−3.32
909	2022 - 08 - 26 19:00	2 275.03	160	167	4.09
910	2022 - 08 - 26 20:00	2 275.15	175	173	−1.12
911	2022 - 08 - 27 07:00	2 275.01	158	154	−2.52
912	2022 - 08 - 27 08:00	2 274.99	156	153	−1.66
913	2022 - 08 - 27 09:00	2 275.02	159	160	0.64
914	2022 - 08 - 27 10:00	2 275.00	157	149	−5.17
915	2022 - 08 - 27 11:00	2 275.01	158	166	4.79
916	2022 - 08 - 27 12:00	2 274.76	130	126	−3.02
917	2022 - 08 - 27 13:00	2 274.71	124	123	−0.89
918	2022 - 08 - 27 14:00	2 274.71	124	113	−8.98
919	2022 - 08 - 27 15:00	2 274.72	125	120	−3.86
920	2022 - 08 - 27 16:00	2 274.72	125	122	−2.55
921	2022 - 08 - 27 17:00	2 274.71	124	128	3.12
922	2022 - 08 - 27 18:00	2 274.61	114	111	−2.12
923	2022 - 08 - 27 19:00	2 274.70	123	129	4.97
924	2022 - 08 - 27 20:00	2 275.15	175	170	−2.57
925	2022 - 08 - 28 07:00	2 275.09	167	166	−0.52
926	2022 - 08 - 28 08:00	2 275.12	171	170	−0.50
927	2022 - 08 - 28 09:00	2 274.90	144	141	−1.92
928	2022 - 08 - 28 10:00	2 275.17	177	182	2.69
929	2022 - 08 - 28 11:00	2 274.57	109	107	−1.79
930	2022 - 08 - 28 12:00	2 274.58	110	106	−3.91
931	2022 - 08 - 28 14:00	2 274.38	90.3	82.8	−8.31
932	2022 - 08 - 28 15:00	2 274.35	87.4	80.4	−8.03
933	2022 - 08 - 28 16:00	2 274.36	88.3	84.5	−4.41
934	2022 - 08 - 28 17:00	2 274.36	88.3	87.9	−0.49
935	2022 - 08 - 28 18:00	2 274.50	102	96.4	−5.49
936	2022 - 08 - 28 19:00	2 274.75	129	133	3.28
937	2022 - 08 - 28 20:00	2 275.04	161	159	−1.33
938	2022 - 08 - 29 07:00	2 275.11	170	168	−0.74
939	2022 - 08 - 29 08:00	2 275.10	169	169	0.19
940	2022 - 08 - 29 09:00	2 275.12	171	180	5.40
941	2022 - 08 - 29 12:00	2 275.00	157	149	−5.18
942	2022 - 08 - 29 13:00	2 275.02	159	160	0.75
943	2022 - 08 - 29 14:00	2 275.03	160	159	−0.54

续表

序号	开始测量时间	水位(m)	综合线查读流量(m³/s)	改算后视觉流量(m³/s)	相对误差(%)
944	2022 - 08 - 29 15:00	2 274.89	143	134	−6.61
945	2022 - 08 - 29 16:00	2 274.97	153	152	−0.89
946	2022 - 08 - 29 17:00	2 274.91	145	151	4.08
947	2022 - 08 - 29 18:00	2 274.74	127	126	−1.47
948	2022 - 08 - 29 19:00	2 274.75	129	131	1.52
949	2022 - 08 - 29 20:00	2 275.28	190	185	−2.72
950	2022 - 08 - 30 07:00	2 275.29	192	183	−4.49
951	2022 - 08 - 30 08:00	2 275.27	189	185	−2.39
952	2022 - 08 - 30 09:00	2 275.05	163	164	0.80
953	2022 - 08 - 30 10:00	2 275.05	163	162	−0.53
954	2022 - 08 - 30 11:00	2 275.01	158	155	−1.65
955	2022 - 08 - 30 12:00	2 274.91	145	137	−5.80
956	2022 - 08 - 30 13:00	2 274.64	117	115	−1.72
957	2022 - 08 - 30 14:00	2 274.72	125	122	−2.58
958	2022 - 08 - 30 15:00	2 274.77	131	132	0.67
959	2022 - 08 - 30 16:00	2 274.99	156	160	2.97
960	2022 - 08 - 30 17:00	2 274.82	136	143	4.59
961	2022 - 08 - 30 18:00	2 274.84	139	139	0.38
962	2022 - 08 - 30 19:00	2 274.82	136	135	−1.02
963	2022 - 08 - 30 20:00	2 275.04	161	153	−5.01
964	2022 - 08 - 31 08:00	2 274.75	129	128	−0.24
965	2022 - 08 - 31 09:00	2 274.74	127	128	0.46
966	2022 - 08 - 31 10:00	2 274.73	126	126	−0.31
967	2022 - 08 - 31 11:00	2 274.61	114	113	−0.72
968	2022 - 08 - 31 12:00	2 274.36	88.3	82.6	−6.48
969	2022 - 08 - 31 13:00	2 274.19	72.3	71.6	−0.89
970	2022 - 08 - 31 14:00	2 274.19	72.3	73.3	1.41
971	2022 - 08 - 31 16:00	2 274.50	102	100	−1.55
972	2022 - 08 - 31 17:00	2 274.36	88.3	88.8	0.62
973	2022 - 08 - 31 18:00	2 275.02	159	166	4.14
974	2022 - 08 - 31 19:00	2 275.07	165	169	2.20
975	2022 - 08 - 31 20:00	2 275.06	164	160	−2.12
976	2022 - 09 - 01 07:00	2 275.51	220	217	−1.51
977	2022 - 09 - 01 08:00	2 275.55	225	236	4.65
978	2022 - 09 - 01 09:00	2 275.12	171	161	−5.94
979	2022 - 09 - 01 10:00	2 275.24	186	195	5.33
980	2022 - 09 - 01 11:00	2 275.44	211	208	−1.34

续表

序号	开始测量时间	水位（m）	综合线查读流量（m³/s）	改算后视觉流量（m³/s）	相对误差（%）
981	2022 - 09 - 01 12:00	2 275.21	182	163	−10.28
982	2022 - 09 - 01 13:00	2 275.17	177	166	−6.40
983	2022 - 09 - 01 14:00	2 275.14	173	165	−4.96
984	2022 - 09 - 01 15:00	2 275.19	179	173	−3.31
985	2022 - 09 - 01 16:00	2 275.14	173	175	0.85
986	2022 - 09 - 01 17:00	2 275.13	172	185	7.25
987	2022 - 09 - 01 18:00	2 275.13	172	169	−1.85
988	2022 - 09 - 01 19:00	2 275.18	178	172	−3.45
989	2022 - 09 - 01 20:00	2 275.19	179	166	−7.42
990	2022 - 09 - 02 07:00	2 275.53	222	218	−1.91
991	2022 - 09 - 02 08:00	2 275.53	222	235	5.41
992	2022 - 09 - 02 09:00	2 275.18	178	171	−3.97
993	2022 - 09 - 02 10:00	2 274.89	143	139	−3.17
994	2022 - 09 - 02 11:00	2 274.87	141	141	−0.07
995	2022 - 09 - 02 12:00	2 274.83	137	134	−2.79
996	2022 - 09 - 02 13:00	2 275.19	179	176	−1.79
997	2022 - 09 - 02 14:00	2 275.20	181	175	−3.27
998	2022 - 09 - 02 15:00	2 275.20	181	171	−5.31
999	2022 - 09 - 02 16:00	2 275.22	183	183	−0.01
1000	2022 - 09 - 02 17:00	2 275.22	183	179	−1.96
1001	2022 - 09 - 02 18:00	2 275.13	172	175	1.93
1002	2022 - 09 - 02 19:00	2 275.23	184	193	4.65
1003	2022 - 09 - 02 20:00	2 275.27	189	183	−3.29
1004	2022 - 09 - 03 07:00	2 274.99	156	143	−8.02
1005	2022 - 09 - 03 08:00	2 274.95	151	145	−3.93
1006	2022 - 09 - 03 09:00	2 274.95	151	143	−5.20
1007	2022 - 09 - 03 10:00	2 274.96	152	136	−10.44
1008	2022 - 09 - 03 11:00	2 274.94	150	136	−8.80
1009	2022 - 09 - 03 12:00	2 274.57	109	104	−4.99
1010	2022 - 09 - 03 13:00	2 274.51	103	98.4	−4.52
1011	2022 - 09 - 03 14:00	2 274.50	102	98.6	−3.35
1012	2022 - 09 - 03 15:00	2 274.55	107	106	−1.68
1013	2022 - 09 - 03 16:00	2 274.53	105	108	2.49
1014	2022 - 09 - 03 17:00	2 274.50	102	100	−2.40
1015	2022 - 09 - 03 18:00	2 274.50	102	104	2.16
1016	2022 - 09 - 03 19:00	2 274.73	126	128	1.44
1017	2022 - 09 - 03 20:00	2 274.77	131	125	−4.43

序号	开始测量时间	水位(m)	综合线查读流量(m³/s)	改算后视觉流量(m³/s)	相对误差(%)
1018	2022 - 09 - 04 07:00	2 275.10	169	163	−3.05
1019	2022 - 09 - 04 08:00	2 275.05	163	158	−2.57
1020	2022 - 09 - 04 09:00	2 275.09	167	160	−4.11
1021	2022 - 09 - 04 10:00	2 275.30	193	200	3.86
1022	2022 - 09 - 04 11:00	2 275.17	177	170	−3.90
1023	2022 - 09 - 04 12:00	2 274.82	136	131	−4.05
1024	2022 - 09 - 04 13:00	2 274.86	140	135	−4.20
1025	2022 - 09 - 04 14:00	2 275.13	172	165	−4.29
1026	2022 - 09 - 04 15:00	2 275.07	165	160	−2.73
1027	2022 - 09 - 04 16:00	2 275.03	160	164	2.46
1028	2022 - 09 - 04 17:00	2 275.05	163	156	−3.99
1029	2022 - 09 - 04 18:00	2 275.12	171	189	10.44
1030	2022 - 09 - 04 19:00	2 275.61	233	239	2.35
1031	2022 - 09 - 04 20:00	2 275.41	207	185	−10.79
1032	2022 - 09 - 05 07:00	2 275.36	200	192	−3.73
1033	2022 - 09 - 05 09:00	2 275.34	197	193	−1.88
1034	2022 - 09 - 05 10:00	2 275.41	207	201	−2.81
1035	2022 - 09 - 05 11:00	2 275.27	189	189	−0.14
1036	2022 - 09 - 05 12:00	2 275.24	186	183	−1.28
1037	2022 - 09 - 05 13:00	2 275.32	195	185	−5.09
1038	2022 - 09 - 05 14:00	2 275.33	196	179	−8.84
1039	2022 - 09 - 05 15:00	2 275.34	197	190	−3.73
1040	2022 - 09 - 05 16:00	2 275.38	203	195	−3.97
1041	2022 - 09 - 05 17:00	2 275.41	207	200	−3.10
1042	2022 - 09 - 05 18:00	2 275.36	200	190	−4.67
1043	2022 - 09 - 05 19:00	2 275.40	206	193	−6.04
1044	2022 - 09 - 06 07:00	2 275.28	190	166	−12.66
1045	2022 - 09 - 06 08:00	2 275.28	190	179	−5.77
1046	2022 - 09 - 06 09:00	2 275.28	190	178	−6.38
1047	2022 - 09 - 06 10:00	2 275.25	187	175	−6.47
1048	2022 - 09 - 06 11:00	2 275.29	192	180	−5.88
1049	2022 - 09 - 06 12:00	2 274.98	154	139	−10.11
1050	2022 - 09 - 06 13:00	2 275.06	164	154	−6.00
1051	2022 - 09 - 06 14:00	2 275.25	187	169	−9.27
1052	2022 - 09 - 06 15:00	2 275.21	182	167	−8.05
1053	2022 - 09 - 06 16:00	2 275.31	194	175	−9.98
1054	2022 - 09 - 06 17:00	2 275.21	182	166	−8.61

序号	开始测量时间	水位(m)	综合线查读流量(m³/s)	改算后视觉流量(m³/s)	相对误差(%)
1055	2022 - 09 - 06 18:00	2 275.30	193	186	−3.46
1056	2022 - 09 - 06 19:00	2 275.04	161	155	−3.90
1057	2022 - 09 - 06 20:00	2 275.59	230	262	13.53
1058	2022 - 09 - 07 07:00	2 275.58	229	215	−6.26
1059	2022 - 09 - 07 08:00	2 275.55	225	230	2.32
1060	2022 - 09 - 07 09:00	2 275.48	216	194	−10.20
1061	2022 - 09 - 07 10:00	2 275.35	198	189	−4.78
1062	2022 - 09 - 07 11:00	2 274.82	136	126	−7.44
1063	2022 - 09 - 07 13:00	2 275.06	164	153	−6.70
1064	2022 - 09 - 07 14:00	2 274.87	141	132	−6.39
1065	2022 - 09 - 07 15:00	2 274.81	135	128	−5.14
1066	2022 - 09 - 07 16:00	2 274.84	139	125	−9.86
1067	2022 - 09 - 07 17:00	2 274.85	140	128	−8.59
1068	2022 - 09 - 07 18:00	2 275.26	188	205	9.00
1069	2022 - 09 - 07 19:00	2 275.34	197	193	−2.32
1070	2022 - 09 - 08 07:00	2 276.72	405	388	−4.15
1071	2022 - 09 - 08 08:00	2 276.71	403	381	−5.45
1072	2022 - 09 - 08 09:00	2 276.71	403	399	−1.14
1073	2022 - 09 - 08 10:00	2 276.75	410	404	−1.50
1074	2022 - 09 - 08 11:00	2 277.01	456	438	−4.04
1075	2022 - 09 - 08 12:00	2 277.06	465	465	−0.02
1076	2022 - 09 - 08 13:00	2 277.06	465	399	−14.21
1077	2022 - 09 - 08 14:00	2 277.06	465	464	−0.29
1078	2022 - 09 - 08 15:00	2 277.08	469	463	−1.32
1079	2022 - 09 - 08 16:00	2 277.15	482	507	5.27
1080	2022 - 09 - 08 17:00	2 278.03	655	684	4.49
1081	2022 - 09 - 08 18:00	2 278.26	705	713	1.12
1082	2022 - 09 - 08 19:00	2 278.31	717	755	5.40
1083	2022 - 09 - 09 07:00	2 277.56	559	553	−1.14
1084	2022 - 09 - 09 08:00	2 277.59	565	572	1.18
1085	2022 - 09 - 09 09:00	2 277.72	591	607	2.65
1086	2022 - 09 - 09 10:00	2 277.97	642	641	−0.23
1087	2022 - 09 - 09 11:00	2 277.99	645	665	3.02
1088	2022 - 09 - 09 12:00	2 278.09	668	644	−3.71
1089	2022 - 09 - 09 13:00	2 278.18	688	689	0.16
1090	2022 - 09 - 09 14:00	2 278.12	675	681	0.94
1091	2022 - 09 - 09 15:00	2 278.21	694	678	−2.37

序号	开始测量时间	水位(m)	综合线查读流量(m³/s)	改算后视觉流量(m³/s)	相对误差(%)
1092	2022 - 09 - 09 16:00	2 278.23	699	720	3.07
1093	2022 - 09 - 09 17:00	2 278.18	688	703	2.24
1094	2022 - 09 - 09 18:00	2 278.20	692	693	0.13
1095	2022 - 09 - 09 19:00	2 278.02	652	671	2.97
1096	2022 - 09 - 10 07:00	2 278.05	660	613	−7.14
1097	2022 - 09 - 10 08:00	2 278.06	662	652	−1.52
1098	2022 - 09 - 10 09:00	2 278.08	666	664	−0.38
1099	2022 - 09 - 10 10:00	2 278.02	652	647	−0.76
1100	2022 - 09 - 10 11:00	2 277.99	645	622	−3.57
1101	2022 - 09 - 10 12:00	2 277.94	637	621	−2.53
1102	2022 - 09 - 10 13:00	2 277.90	628	633	0.77
1103	2022 - 09 - 10 14:00	2 277.93	635	591	−6.80
1104	2022 - 09 - 10 15:00	2 277.91	630	615	−2.37
1105	2022 - 09 - 10 16:00	2 277.93	635	616	−2.97
1106	2022 - 09 - 10 17:00	2 277.98	644	635	−1.40
1107	2022 - 09 - 10 18:00	2 277.88	624	602	−3.61
1108	2022 - 09 - 10 19:00	2 277.88	624	614	−1.61
1109	2022 - 09 - 11 07:00	2 277.72	591	587	−0.80
1110	2022 - 09 - 11 08:00	2 277.73	593	588	−0.93
1111	2022 - 09 - 11 09:00	2 277.71	589	578	−1.88
1112	2022 - 09 - 11 11:00	2 277.63	573	571	−0.37
1113	2022 - 09 - 11 12:00	2 276.62	388	395	1.92
1114	2022 - 09 - 11 13:00	2 276.86	429	454	5.82
1115	2022 - 09 - 11 14:00	2 275.69	244	246	0.68
1116	2022 - 09 - 11 17:00	2 275.36	200	206	3.32
1117	2022 - 09 - 11 18:00	2 275.64	237	240	1.08
1118	2022 - 09 - 11 19:00	2 275.74	251	261	3.87
1119	2022 - 09 - 12 07:00	2 276.37	346	328	−5.19
1120	2022 - 09 - 12 08:00	2 276.34	341	345	1.17
1121	2022 - 09 - 12 09:00	2 276.35	343	333	−2.94
1122	2022 - 09 - 12 10:00	2 276.22	322	327	1.53
1123	2022 - 09 - 12 11:00	2 276.18	316	335	6.15
1124	2022 - 09 - 12 12:00	2 276.38	347	361	3.82
1125	2022 - 09 - 12 13:00	2 276.36	344	334	−2.97
1126	2022 - 09 - 12 14:00	2 276.48	364	379	4.07
1127	2022 - 09 - 12 15:00	2 276.53	373	375	0.58
1128	2022 - 09 - 12 16:00	2 276.51	369	386	4.52

续表

序号	开始测量时间	水位(m)	综合线查读流量(m³/s)	改算后视觉流量(m³/s)	相对误差(%)
1129	2022 - 09 - 12 17:00	2 276.49	366	385	5.25
1130	2022 - 09 - 12 18:00	2 276.47	363	377	3.88
1131	2022 - 09 - 12 19:00	2 276.62	388	401	3.42
1132	2022 - 09 - 13 07:00	2 276.27	330	325	−1.66
1133	2022 - 09 - 13 08:00	2 276.24	325	340	4.45
1134	2022 - 09 - 13 09:00	2 276.23	324	326	0.73
1135	2022 - 09 - 13 10:00	2 276.06	297	296	−0.51
1136	2022 - 09 - 13 11:00	2 275.72	248	251	1.21
1137	2022 - 09 - 13 12:00	2 275.73	250	242	−3.08
1138	2022 - 09 - 13 13:00	2 275.82	262	253	−3.20
1139	2022 - 09 - 13 14:00	2 275.40	206	196	−4.71
1140	2022 - 09 - 13 15:00	2 275.43	209	195	−7.06
1141	2022 - 09 - 13 16:00	2 275.37	201	207	3.04
1142	2022 - 09 - 13 17:00	2 275.25	187	186	−0.36
1143	2022 - 09 - 13 19:00	2 275.33	196	192	−1.79
1144	2022 - 09 - 14 07:00	2 276.09	302	297	−1.80
1145	2022 - 09 - 14 08:00	2 276.10	304	308	1.60
1146	2022 - 09 - 14 09:00	2 276.08	300	302	0.58
1147	2022 - 09 - 14 10:00	2 276.09	302	308	2.03
1148	2022 - 09 - 14 11:00	2 275.92	277	274	−1.02
1149	2022 - 09 - 14 12:00	2 275.98	285	287	0.40
1150	2022 - 09 - 14 13:00	2 275.66	240	244	1.65
1151	2022 - 09 - 14 14:00	2 275.63	236	226	−4.07
1152	2022 - 09 - 14 15:00	2 275.50	219	213	−2.64
1153	2022 - 09 - 14 16:00	2 275.73	250	242	−3.10
1154	2022 - 09 - 14 17:00	2 275.50	219	207	−5.11
1155	2022 - 09 - 14 18:00	2 275.52	221	211	−4.59
1156	2022 - 09 - 14 19:00	2 275.65	239	233	−2.17
1157	2022 - 09 - 15 07:00	2 275.51	220	217	−1.37
1158	2022 - 09 - 15 08:00	2 275.52	221	223	0.93
1159	2022 - 09 - 15 09:00	2 275.53	222	220	−1.15
1160	2022 - 09 - 15 10:00	2 275.53	222	218	−2.02
1161	2022 - 09 - 15 11:00	2 275.48	216	201	−7.02
1162	2022 - 09 - 15 12:00	2 275.34	197	193	−2.19
1163	2022 - 09 - 15 13:00	2 275.22	183	183	0.03
1164	2022 - 09 - 15 14:00	2 275.15	175	171	−2.21
1165	2022 - 09 - 15 15:00	2 275.42	208	199	−4.59
1166	2022 - 09 - 15 17:00	2 275.26	188	131	−30.57

序号	开始测量时间	水位(m)	综合线查读流量(m³/s)	改算后视觉流量(m³/s)	相对误差(%)
1167	2022-09-15 18:00	2 275.17	177	180	1.75
1168	2022-09-15 19:00	2 275.50	219	221	1.15
1169	2022-09-16 07:00	2 275.52	221	216	−2.12
1170	2022-09-16 08:00	2 275.50	219	224	2.58
1171	2022-09-16 09:00	2 275.49	217	227	4.71
1172	2022-09-16 11:00	2 275.28	190	188	−1.51
1173	2022-09-16 12:00	2 274.83	137	140	1.94
1174	2022-09-16 13:00	2 274.85	140	142	1.89
1175	2022-09-16 14:00	2 274.84	139	132	−4.52
1176	2022-09-16 15:00	2 274.86	140	145	3.47
1177	2022-09-16 16:00	2 274.76	130	139	7.00
1178	2022-10-14 15:44	2 275.01	161	162	0.62
1179	2022-10-16 07:48	2 275.13	168	170	1.19
1180	2022-10-16 09:04	2 275.37	196	206	5.10

对表 9.2-14 中误差进行统计分析,结果如表 9.2-15 所示。从表中可以看出,同水位比较中,有 4 次视觉流量与中数误差超过 20%,有 46 次视觉流量与中数误差超过 10%,占总样本的 3.90%,误差在 10% 以内的为 1 130 次,占总样本的 95.76%。整体看来比较稳定,误差分布于不同水位级。

表 9.2-15　同水位视觉流量稳定性分析统计表

项目	相对误差大于20%	相对误差为10%~20%	相对误差小于10%
次数	4	46	1 130
占样本总数百分比(%)	0.34	3.90	95.76

3) 比测分析

视觉测流系统所测流速为断面表面流速,通过借用断面计算出流量,为满足后期视觉测流系统测验资料的投产应用,需要建立视觉测流系统测验资料与流速仪测验资料的关系。由于古学站视觉测流系统测验与流速仪测验无法完全同步,而实测流量测次有限(15 次,主要用于检验),考虑到古学站历年水位流量具有较好的单一关系,本次分析采用视觉测流系统实测流量与对应时间流速仪整编流量进行分析。按照不同水位,随机抽取 1 180 次视觉流量资料与综合水位流量关系线上流量进行对比分析。

(1) 模型的建立

将 1 180 次视觉流量资料与实测综合线上流量点绘成水位流量关系图和相关关系图,由图 9.2-12、图 9.2-13 可看出,整体上视觉流量测点分布比较好,在视觉流量大于 600 m³/s 以上时分布比较散乱,相关性较差。因此,需要根据不同的水位级,率定不同的系数。根据断面地形的变化情况,水位级划分与率定系数的对应关系见表 9.2-16。

表 9.2-16　水位级划分与率定系数对应关系

水位 H(m)	率定系数
$H \leqslant 2\ 274.25$	0.74
$2\ 274.25 < H \leqslant 2\ 275.00$	0.70

续表

水位 H（m）	率定系数
$2\,275.00 < H \leqslant 2\,275.50$	0.73
$2\,275.50 < H \leqslant 2\,277.50$	0.76
$H > 2\,277.50$	0.72

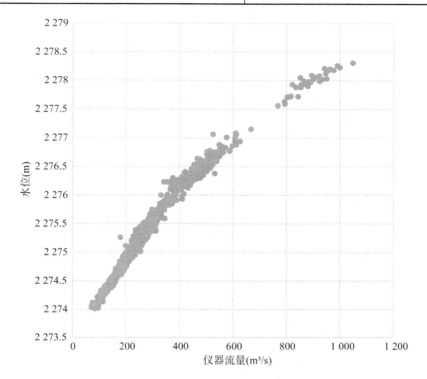

图 9.2-12　水位流量关系图

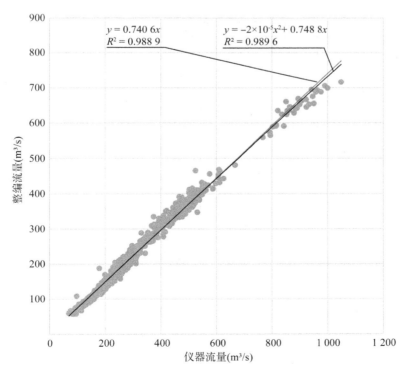

图 9.2-13　相关关系图

用 1 180 次实测视觉流量资料样本与对应的实测综合线推算流量建立关系,率定期间的水流情况如下:

比测期水位变幅:2 274.03~2 278.31 m。

比测期流量变幅:58.2~717 m³/s。

在统计视觉流量与综合流量误差分析中,把大于或接近 10% 的视觉流量数据剔除,样本统计个数为 1 130 个,占总样本的 95.76%,见表 9.2-17。

表 9.2-17　视觉改算流量与综合流量误差表

公式	系统误差(%)	随机不确定度(%)	相关系数 R^2	偶然误差大于 10% 的个数	偶然误差小于 10% 的个数
	0.16	8.62	0.989 1	50	1 130

在统计视觉流量与综合流量误差分析中,把大于 8% 的视觉流量数据剔除,参与统计样本有 1 076 个,占总样本的 91.19%,见表 9.2-18。

表 9.2-18　视觉改算流量与综合流量误差表

公式	系统误差(%)	随机不确定度(%)	相关系数 R^2	偶然误差大于 8% 的个数	偶然误差小于 10% 的个数
	0.05	7.72	0.989 1	104	1 076

(2)模型的验证

受到疫情的影响,古学站从 8 月底到 10 月中旬未进行实测流量,导致该站高水流量未与视觉流量进行比测,难以判断高水期间实测流量与视觉流量的相关关系。从古学站视觉流量数据中随机抽取 14 次流量资料与实测流量建立关系进行验证,验证情况见表 9.2-19、图 9.2-14。验证期间的水流情况如下:

验证资料水位变幅:2 274.98~2 276.95 m。

验证流量变幅:156~451 m³/s。

表 9.2-19　古学站 2022 年视觉流量与实测流量关系对比

序号	实测时间 (平均时间)	实测水位(m)	实测流量(m³/s)	视觉改算流量(m³/s)	相对误差(%)	系统误差(%)	标准差(%)	不确定度(%)	最大偶然偏差(%)
1	2022-6-2 07:22	2 275.33	196	185	−5.6	0.9	3.94	7.88	6.7
2	2022-6-19 11:40	2 276.95	451	471	4.4				
3	2022-6-19 14:31	2 276.73	409	393	−3.9				
4	2022-6-19 18:39	2 276.39	351	358	2.0				
5	2022-6-20 08:32	2 276.14	307	317	3.3				
6	2022-7-4 16:58	2 276.55	376	389	3.5				
7	2022-7-5 15:29	2 276.48	362	372	2.8				
8	2022-7-12 16:40	2 274.98	156	151	−3.2				
9	2022-7-13 10:29	2 275.23	185	175	−5.4				
10	2022-8-1 09:48	2 275.23	183	182	−0.5				
11	2022-8-1 16:32	2 275.04	161	168	4.3				
12	2022-10-14 15:44	2 275.01	160	162	1.3				

续表

序号	实测时间（平均时间）	实测水位(m)	实测流量(m³/s)	视觉改算流量(m³/s)	相对误差(%)	系统误差(%)	标准差(%)	不确定度(%)	最大偶然偏差(%)
13	2022-10-16 07:48	2 275.13	166	170	2.4				
14	2022-10-16 09:04	2 275.37	193	206	6.7				

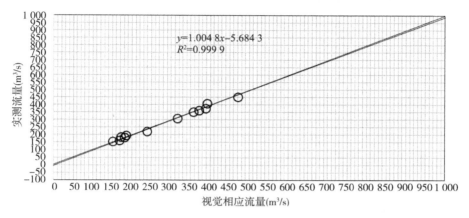

图 9.2-14 古学站视觉流量与实测流量相关关系率定误差图

经过分析，采用线性公式拟合，视觉改算流量与实测流量建立相关关系，系统误差为 0.9%，最大偶然误差为 6.7%，随机不确定度为 7.88%，整体误差情况详见表 9.2-20。

表 9.2-20 视觉改算流量与实测流量误差表

公式	系统误差(%)	随机不确定度(%)	相关系数 R^2	偶然误差大于10%的个数	偶然误差大于5%的个数
$Q=1.004\,8Q_{视}-5.684\,3$	0.9	7.88	0.999 9	0	3

（3）成果误差分析

从公式率定样本误差和验证样本误差分析看来，视觉流量与实测综合线流量相对误差整体较小，但也存在部分测点较大的问题。模型率定建立不同水位级的相关关系相关性较高，还原计算系统误差、随机不确定度满足三类精度规范允许值，如需进一步提高系统精度等级则需要进一步开展优化测量参数和检测率定工作。

7. 存在问题与解决方案

（1）测验时机设置优化

目前测验设置为逐时测流，视觉测流时间较短，一般 1 分钟就测量结束。而实测流量需要 40 分钟才能完成，两者测流时机不同步，导致测得的流量数据对比差异较大。建议在实测流量的时间段内，视觉测流以每 5~10 分钟测量一次，进行多次重复性测量，增加测量次数，延长每次测量时间，求取视觉测流系统的平均流量与实测流量进行比对，效果较好。

（2）水位采集系统

本系统目前为外接古学站自记水位系统，视觉测流系统水位数据来源是攀枝花分局服务器，由于古学站水位 RTU 上报数据到分局服务器需要时间，分局服务器给视觉测流系统推送水位数据也需要时间，因此测量时存在大约 3 分钟的水位数据延迟问题。特别是洪水期急涨急落时，水位数据不同步造成的借用面积误差较大，建议视觉测流系统的边缘计算模块能够直接连接古学站 RTU，获取实时的水位数据。

（3）供电系统

目前，视觉测流系统为外接市电，遇到雷雨天气停电便无法进行测流，而雷雨天往往正是高洪时期，因此，建议增加蓄电池等备用电源，保证停电时系统正常运行。

（4）图像分析参数优化

视觉测流的图像分析算法中有两个关键参数：检测点密度和测量时间。目前视觉测流的检测点密度不够多，测量时间不够长，导致断面流速分布数据在断面的不同位置存在一定的随机性误差。建议仪器公司根据边缘计算的算力性能进行评估，将检测点密度参数提升 3 倍以上，单次测量的时间提升 2 倍以上。以此方法，获取更多有效的断面流速分布数据，尽可能消除因测量时间短和检测点密度低带来的随机性误差。

古学站视觉测流系统作为一种光学非接触式测验手段，尚处于摸索阶段，下一步应积极跟仪器公司沟通交流，在仪器安装位置、测流方案及后台计算方法等方面进一步优化完善，使测量数据更稳定，更符合水文规律，进而早日率定出视觉流量与实测（整编）流量的相关关系，达到可投产程度。

8. 结论

1）视觉测流系统能够自动完成流量测验并计算流量，是实现流量在线监测的一种有效方式。

2）从古学站收集到的视觉流量系列资料看，有以下分析结论：

（1）同水位流量相对误差较小，测量稳定性较好。

（2）古学站视觉系统测得流量与实测流量分析结果：计算系统误差、随机不确定度符合水文先进仪器运用的相关规定。目前，由于实测流量较少，只有 14 个，按照水文规范要求需要 30 个以上进行比测，接下来该仪器还需要与实测流量进行进一步的比测工作验证。

（3）视觉流量与实测综合线流量相对误差部分较大，模型率定建立相关关系相关性较好。把大于或接近 10％的视觉流量数据剔除，还原计算系统误差符合规范允许值［《河流流量测验规范》（GB 50179—2015）第 4.1.2.3 条］，随机不确定度大于规范允许值（《河流流量测验规范》第 4.1.2.3 条）。把大于 8％的视觉流量数据剔除，还原计算系统误差、随机不确定度均符合规范允许值（《河流流量测验规范》第 4.1.2.3 条）。

（4）仪器尚未达到可正式投产使用的程度，后续需在仪器安装、测流方案及后台计算方法等方面进一步优化完善，同时加强比测率定工作，收集更多有效资料进一步分析。

9.3 侧扫雷达法

9.3.1 测流原理

侧扫雷达对网络点流速的监测，是借助非接触式雷达技术进行连续性监测，以实现对河流表面流场的监测，通过互联网技术提供数据服务。侧扫雷达在工作时每 5 min 完成 1 次自动测量（时间依据需求设置），河流流量数据的合成依据流速比的数据交互来完成。侧扫雷达系统主要由天线系统和雷达系统两部分组成，采用天线共址、收发分开的模式，并兼容调频连续与脉冲多普勒体制。侧扫雷达工作时，先发射信号，由于水的流动会产生波浪，所以信号在投射到水面时与波浪相互作用，如果电磁波波长达到波浪长度的一倍，则形成最强的后向射电磁波信号，而河水的回波信号以 Bragg 散射为主。水的波浪有前进波与后退波两种，后退波处理时可以独立进行，因为能量能够分离。当水面流速不为零时需要再叠加一个频率偏移量，频偏大小与水面流速大小及方向有关，频偏正、负数均可。

9.3.2 系统设计与安装

侧扫雷达测流系统可以露天安装，安装位置有较牢固的基础即可。考虑到使用太阳能电池板，场地面积一般不小于 1 m × 2 m,太阳能电池板可向正南方向安装,安装示意图如图 9.3-1 所示。

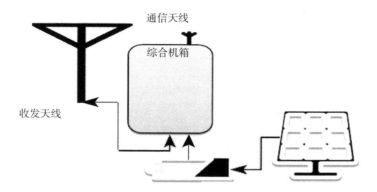

图 9.3-1　侧扫雷达测流系统组成示意图

1. 雷达测流仪设计

(1) 确定发射信号波长。一般情况下,波长越短,测流仪的体积越小,因此应尽量选择短波长。河流表面的波浪含有多种波长,从厘米级到米级均有出现,均能满足 Bragg 散射条件,但波长越短,散射信号越弱。综合考虑设计成本和原理效果,选择的电磁波波长为 0.72 m(工作频率为 415 MHz)。

(2) 确定工作方式。目前商品化的雷达测流仪均采用调频连续波工作方式,这种工作方式的优点是峰值功率小,成本低;缺点是信号占用频带宽,收发天线隔离度要求高。所以测流系统采用脉冲多普勒体制,点频工作,虽然成本高,但性能很好,而且不会与现有的非接触式测流设备发生知识产权方面的纠纷。为提高测流系统的可靠性,采用天线共址、收发分开的结构形式。信号部分采用直接射频采样、数字正交相参混频、FIR 数字滤波和抽取、DDS 频率合成、多普勒处理、高精度定向算法等技术措施,数据结果可以采用以太网通信技术或其他通信方式完成传输。

(3) 设计信号波束。侧扫雷达测流仪安装在河岸上,考虑到河流中常有船只通行,设计了 3 个独立波束,分别指向上游、前方和下游。内河的船只一般只出现在 1 个波束中,因此在进行数据处理时,对原始数据采用三取二的滤波法则剔除船只信号。从实际使用情况看,效果非常理想。

针对单个波束只能获取径向多普勒速度的特点,设计了 2 个对称波束(分别指向±45°)。这样对测流系统安装和调整的要求简化到只需要对着河流即可,不需要进行信号波束的指向标定,既方便实际使用,也可有效克服河岸上出现大风等情况时雷达测流仪支撑架受力变形的影响,使数据精度稳定可信。设计时考虑实际使用情况,分别设计了 100、200、800 型(测量河面宽度分别为 100、200、800 m 以上)等 3 个型号的雷达测流仪。这些雷达测流仪的体制相同,基本硬件设备相同,区别在于发射功率和天线规模不同。如果需要便携式,可以将 100 型简化为单个天线使用。如果测量的河道宽度超过 800 m,则可在河流两岸各安装 1 台 800 型,将数据融合后送至指定地点。

雷达测流仪技术性能指标如下:探测河面宽度为 30~800 m;测速范围为 0.025~20.000 m/s;测速误差(均方根误差)≤0.01 m/s;速度分辨率≤0.01 m/s。200 型和 100 型的距离分辨率都为 10 m;800 型的距离分辨率为 20 m。

2. 其他设备设计

通信设备。数据传输网络通信设备采用支持 4G 移动通信网络的水文专用 RTU,兼容联通和移动 4G/3G/2G,以及电信 4G 网络,主要实现数据自动发送、报警信息发送、短信遥调和数据查询等功能。

测流系统中有 Wi-Fi 网络设备,如果安装位置有无线网接入点,可以实现远程管理和故障诊断。

供电设备。太阳能供电设备包括 1 块 200 W 的光伏组件(太阳能电池板)、供电控制箱和 80 A·h 的磷酸铁锂电池。在 4 h 平均日照条件下日均发电量为 640 W·h,测流系统的日平均耗电量为 520 W·h。太阳能供电系统的发电量大于设备日耗电量,同时 80 A·h 的电池在无太阳能充电的情况下,可以支持测流系统连续工作7 d,所以只有在出现极端天气情况时才需要人工干预。供电控制箱中有市电充电接口,可以使用220 V交流电为电池充电。在电池无法输出的状态接入市电,48 h可以充满。

3. 安装位置设计

单台雷达测流仪安装在河岸上,如图9.3-2所示。

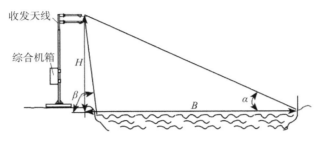

图9.3-2　安装示意图

雷达测流仪天线安装高度为H,河道宽度为B,安装地点与河水的距离需＞5 m,安装架高度由最大探测距离确定,一般探测最远点与雷达测流仪波束的夹角α(远端视角)应＞1.5°,$\tan\alpha=H/B$。计算可得,800型在探测时,安装架高度应高于26 m。但安装架的位置还必须考虑最近距离,近端视角β不应大于45°,以免最近处的河流出现在雷达测量仪波束照射盲区内。安装位置固定后,设置雷达测流仪水平补偿距离为雷达测流仪位置到断面起点的距离,就可以将雷达测流仪测量的垂线位置与断面上的水平位置保持一致。

雷达测流仪天线到河面的区间应开阔,以安装点为基准的左右60°视角内,从安装位置到河对岸,不能有树木、铁塔、桥梁和建筑物等。安装点应选择在平直的河道上,上下游平直长度应超过200 m。尽量远离水坝和水库,降低水坝、水库对测量的影响。

安装点还需考虑电磁环境及干扰防护,应与高压线、电站、电台、工业干扰源设施保持安全距离。电磁环境应有利于侧扫测流雷达站的运行,不可避免的有源干扰造成的接收机灵敏度损失不应大于1 dB。

通过试验分析,得到雷达测流仪最佳使用环境如下:河宽最小为30 m;流速为0.025～10.000 m/s;水深最小为15 cm;水波纹高度最小为3 cm;水位变化不超过安装高度的0.7倍。

9.3.3　乌东德水文站应用案例

1. 乌东德水文站概况

乌东德水文站于2019年5月底配置了Ridar-200型侧扫雷达测速仪,测站职工根据相关规范要求,将2019年6月至12月实测流量数据与Ridar-200型侧扫雷达测速仪数据进行了比测分析。

乌东德水文站所使用的Ridar-200型侧扫雷达测速仪安装在河流右岸基本水尺断面框架楼梯顶部,视线通畅,自安装以来使用正常,未出现较大问题。

2. 系统特点及安装

目前使用的非接触式测量雷达有K波段雷达测流系统和P波段雷达测流系统。但是K波段雷达只能测量较小面积的水流,对于较宽河面则难以完成测量。P波段雷达采用非接触式测量,几乎可以测量国内所有河流,并可实现对湖泊等大面积水域的流速测量,还可安装在车辆上完成移动测量(巡测)。

Ridar-200型侧扫雷达测速仪结构简单,采用侧扫方式工作,利用布拉格散射效应,回波质量高,探测性能大大优于多普勒效应的电波流速仪;采用超分辨处理技术及全相关分析技术,能稳定监测0.05 m/s的低流速。

Ridar-200 型侧扫雷达测速仪的环境适应性好,不受天气影响,可全天候连续工作,特别是使洪水携带漂浮物、浅滩过水等高难度的流量测验任务变得简单易行。该设备只需要安装在岸边即可完成河流表面流场及流速测量,无需人员操作,可以长期连续地提供监测数据。如图 9.3-3 所示。

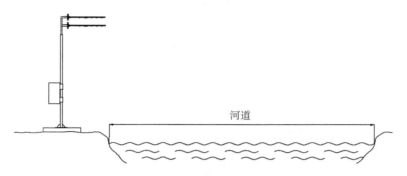

图 9.3-3　Ridar-200 型侧扫雷达测速仪测流方法

Ridar-200 型侧扫雷达测速仪低频产品设置在河流左右岸,可以承担大江大河的流量监测;技术和产品全部国产,性价比优越,可以在抗洪救灾、除险加固、江河治理方面发挥巨大作用。其安装图见图 9.3-4。

图 9.3-4　乌东德水文站 Ridar-200 型侧扫雷达测速仪安装图

3. 比测试验分析

面积因素:根据公式 $Q = A(h) \times V_i \times K$ 可知,过水面积 $A(h)$ 是影响侧扫雷达流量 Q 变化的重要因素之一。分析资料选取 2019 年 6 月 1 日至 12 月 21 日共 51 次测量数据,通过实测流量数据与雷达数据进行对比分析,采用大断面与流速仪断面面积系统误差为 1.97%,采用当月实测断面与流速仪断面面积系统误差为 0.06%,由此可知本站断面面积变化较小,实测断面后及时更新数据有助于消除断面引起的误差。

流速因素:若断面稳定且及时更换实测断面数据,流速就成为影响雷达流量变化的主要因素了。通过数据分析,流速关系实测流速 $y = 1.0752x - 0.1159$,数据中存在较多的突出点,根据原始数据分析,有的是测量误差,有的是坏值,删除突出点后关系较好。如图 9.3-5、图 9.3-6 所示。

由于侧扫雷达断面平均流速采用垂线表面流速和垂线面积权重加权得出,在面积固定的情况下,表面流速与垂线流速存在一定的系统偏移,特做单次测验分析,对照图 9.3-7。

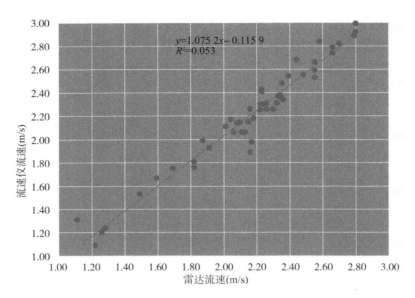

图 9.3-5　流速仪流速与雷达流速关系

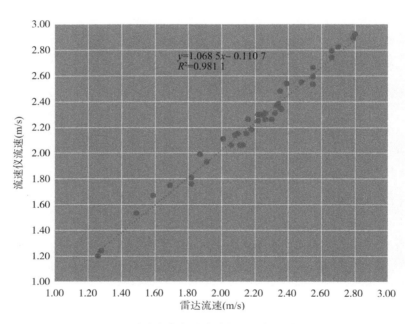

图 9.3-6　删除突出点后流速仪流速与雷达流速关系

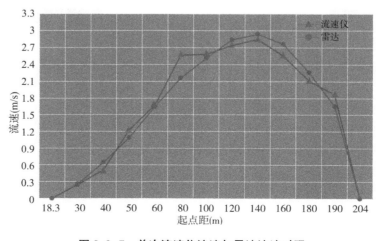

图 9.3-7　单次流速仪流速与雷达流速对照

（1）雷达 K 值率定

根据公式 $Q = A(h) \times V_i \times K$ 可知影响侧扫雷达合成流量 Q 变化的主要因素是流速和系数 K 值，上文对流速和断面部分进行了分析，现主要对系数 K 值进行率定工作。

本次分析资料选取 2019 年 6 月 1 日至 10 月 3 日实测流量数据，共 47 次，通过率定确定侧扫雷达流量系数 K 值采用 1.034（建议值为 0.60～1.20）作为统一系数，分析过程详见图 9.3-8。

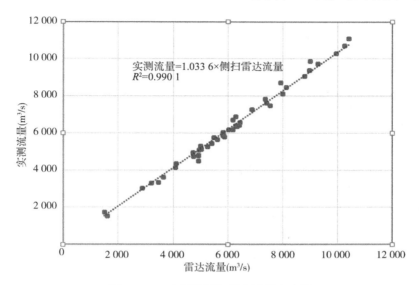

图 9.3-8　实测流量与雷达流量率定图

（2）日平均流量对比（整编）

本次比测方式主要有两种。第一种是采用流速仪测量期间的雷达数据×系数 K 值定线整编后与流速仪实测流量定线整编对比分析，详见表 9.3-1、图 9.3-9；第二种是采用逐时雷达数据×系数 K 值整编（实时）与实测流量定线整编对比分析，详见表 9.3-2、图 9.3-10。

表 9.3-1　流速仪测量期间的雷达数据×系数 K 值定线整编逐日平均流量对比表

站名	乌东德站实测流量与雷达筛选站逐日平均流量对比											
	乌东德6 (m³/s)	雷达筛6 (m³/s)	误差(%)	乌东德7 (m³/s)	雷达筛7 (m³/s)	误差(%)	乌东德8 (m³/s)	雷达筛8 (m³/s)	误差(%)	乌东德9 (m³/s)	雷达筛9 (m³/s)	误差(%)
1	3 000	3 010	0.33	4 380	4 490	2.51	5 210	5 340	2.50	4 370	4 490	2.75
2	2 900	2 900	0.00	4 420	4 540	2.71	4 590	4 710	2.61	4 150	4 260	2.65
3	3 070	3 090	0.65	4 450	4 570	2.70	4 100	4 200	2.44	4 950	5 080	2.63
4	2 970	2 980	0.34	4 730	4 860	2.75	4 490	4 610	2.67	5 920	6 020	1.69
5	3 160	3 190	0.95	5 000	5 130	2.60	4 290	4 400	2.56	6 010	6 110	1.66
6	2 930	2 940	0.34	5 160	5 290	2.52	4 900	5 020	2.45	6 670	6 720	0.75
7	2 930	2 940	0.34	5 410	5 540	2.40	5 460	5 590	2.38	6 790	6 830	0.59
8	2 220	2 180	−1.80	5 580	5 700	2.15	5 480	5 600	2.19	7 410	7 390	−0.27
9	2 250	2 220	−1.33	5 570	5 690	2.15	5 140	5 270	2.53	7 310	7 290	−0.27
10	2 210	2 180	−1.36	5 580	5 700	2.15	6 180	6 260	1.29	6 930	6 950	0.29
11	1 970	1 940	−1.52	5 940	6 040	1.68	5 770	5 880	1.91	7 900	7 820	−1.01

乌东德站实测流量与雷达筛选站逐日平均流量对比表

站名	乌东德6 (m³/s)	雷达筛6 (m³/s)	误差(%)	乌东德7 (m³/s)	雷达筛7 (m³/s)	误差(%)	乌东德8 (m³/s)	雷达筛8 (m³/s)	误差(%)	乌东德9 (m³/s)	雷达筛9 (m³/s)	误差(%)
12	1 610	1 610	0.00	5 760	5 870	1.91	6 170	6 260	1.46	7 680	7 620	−0.78
13	1 650	1 640	−0.61	5 400	5 520	2.22	5 870	5 970	1.70	7 980	7 890	−1.13
14	1 610	1 620	0.62	5 340	5 470	2.43	5 670	5 790	2.12	8 120	8 020	−1.23
15	1 660	1 650	−0.60	5 310	5 440	2.45	5 770	5 880	1.91	9 230	9 040	−2.06
16	1 640	1 630	−0.61	5 050	5 180	2.57	5 660	5 770	1.94	8 170	8 060	−1.35
17	1 850	1 810	−2.16	5 360	5 490	2.43	5 720	5 830	1.92	9 450	9 250	−2.12
18	2 700	2 680	−0.74	5 380	5 500	2.23	5 810	5 920	1.89	10 800	10 600	−1.85
19	3 030	3 040	0.33	5 020	5 150	2.59	5 850	5 950	1.71	9 630	9 420	−2.18
20	2 890	2 900	0.35	5 000	5 130	2.60	5 780	5 890	1.90	9 610	9 400	−2.19
21	3 420	3 480	1.75	5 020	5 160	2.79	5 870	5 970	1.70	9 150	8 960	−2.08
22	4 100	4 200	2.44	5 140	5 270	2.53	5 790	5 900	1.90	8 890	8 720	−1.91
23	4 260	4 370	2.58	5 390	5 520	2.41	5 610	5 730	2.14	8 750	8 600	−1.71
24	4 370	4 500	2.97	5 200	5 330	2.50	5 060	5 180	2.37	8 480	8 340	−1.65
25	4 460	4 580	2.69	5 000	5 140	2.80	5 710	5 820	1.93	8 600	8 460	−1.63
26	4 730	4 860	2.75	4 980	5 120	2.81	5 640	5 760	2.13	9 660	9 460	−2.07
27	4 720	4 860	2.97	5 010	5 150	2.79	6 200	6 290	1.45	9 640	9 440	−2.07
28	4 960	5 090	2.62	4 940	5 070	2.63	5 860	5 950	1.54	9 700	9 500	−2.06
29	4 870	5 000	2.67	4 720	4 850	2.75	5 160	5 290	2.52	8 470	8 330	−1.65
30	4 880	5 000	2.46	4 920	5 050	2.64	5 170	5 300	2.51	7 900	7 820	−1.01
31				5 060	5 190	2.57	4 660	4 790	2.79			
平均	3 100	3 140		5 140	5 260		5 440	5 550		7 940	7 860	
最大	5 490	5 620	2.97	6 380	6 450	2.81	6 620	6 670	2.79	11 100	10 900	2.75
最小	1 300	1 390	0.00	3 740	3 820	1.68	3 350	3 390	1.29	3 650	3 730	0.27
误差			0.65			2.48			2.10			0.71

年份：2019

序号	河名	站名	集水面积 (km²)	月平均流量 (m³/s)				年平均流量 (m³/s)	年径流量 (10⁸m³)	年径流深度 (mm)	年径流模数 10⁻³m³/ (s·km²)	年最大流量 (m³/s)	发生日期 月 日	年最小流量 (m³/s)	发生日期 月 日
				六月	七月	八月	九月								
2	金沙江	乌东德(二)	406184	3100	5140	5440	7940	(1810)	(569.5)	140.2	4.46	11100	9 18	(1300)	(6 14)
3	金沙江	乌东德雷达筛选	406184	3140	5260	5550	7860	(1820)	(574.8)	133.6	4.23	10900	9 18	(1390)	(6 14)

图 9.3-9　流速仪测量期间的雷达数据×系数 *K* 值定线整编的年平均流量对照

表 9.3-2　逐时雷达数据×系数 **K** 值整编逐日平均流量对比表

站名	乌东德6 (m³/s)	雷达过6 (m³/s)	误差(%)	乌东德7 (m³/s)	雷达过7 (m³/s)	误差(%)	乌东德8 (m³/s)	雷达过8 (m³/s)	误差(%)	乌东德9 (m³/s)	雷达过9 (m³/s)	误差(%)
						乌东德站实测流量与雷达过程站逐日平均流量对比						
1	3 000	3 240	8.00	4 380	4 590	4.79	5 210	5 520	5.95	4 370	4 770	9.15
2	2 900	3 070	5.86	4 420	4 740	7.24	4 590	4 810	4.79	4 150	4 380	5.54
3	3 070	3 180	3.58	4 450	4 770	7.19	4 100	4 260	3.90	4 950	5 230	5.66
4	2 970	3 160	6.40	4 730	5 000	5.71	4 490	4 750	5.79	5 920	6 340	7.09
5	3 160	3 180	0.63	5 000	5 290	5.80	4 290	4 520	5.36	6 010	6 370	5.99
6	2 930	2 990	2.05	5 160	5 320	3.10	4 900	4 940	0.82	6 670	6 690	0.30
7	2 930	3 020	3.07	5 410	5 690	5.18	5 460	5 560	1.83	6 790	6 900	1.62
8	2 220	2 130	−4.05	5 580	5 830	4.48	5 480	5 550	1.28	7 410	7 640	3.10
9	2 250	2 180	−3.11	5 570	5 640	1.26	5 140	5 300	3.11	7 310	7 420	1.50
10	2 210	2 140	−3.17	5 580	5 730	2.69	6 180	6 320	2.27	6 930	6 960	0.43
11	1 970	1 940	−1.52	5 940	6 210	4.55	5 770	5 980	3.64	7 900	7 970	0.89
12	1 610	1 610	0.00	5 760	6 030	4.69	6 170	6 240	1.13	7 680	7 890	2.73
13	1 650	1 760	6.67	5 400	5 510	2.04	5 870	5 780	−1.53	7 980	8 010	0.38
14	1 610	1 710	6.21	5 340	5 460	2.25	5 670	5 810	2.47	8 120	8 210	1.11
15	1 660	1 660	0.00	5 310	5 500	3.58	5 770	5 790	0.35	9 230	9 170	−0.65
16	1 640	1 680	2.44	5 050	5 220	3.37	5 660	5 800	2.47	8 170	8 090	−0.98
17	1 850	1 760	−4.86	5 360	5 510	2.80	5 720	5 900	3.15	9 450	9 400	−0.53
18	2 700	2 680	−0.74	5 380	5 530	2.79	5 810	6 000	3.27	10 800	10 700	−0.93
19	3 030	2 900	−4.29	5 020	5 250	4.58	5 850	6 210	6.15	9 630	9 430	−2.08
20	2 890	2 890	0.00	5 000	5 320	6.40	5 780	5 880	1.73	9 610	9 180	−4.47
21	3 420	3 390	−0.88	5 020	5 180	3.19	5 870	6 100	3.92	9 150	9 110	−0.44
22	4 100	4 000	−2.44	5 140	5 370	4.47	5 790	6 090	5.18	8 890	8 910	0.22
23	4 260	4 250	−0.23	5 390	5 600	3.90	5 610	5 900	5.17	8 750	8 660	−1.03
24	4 370	4 490	2.75	5 200	5 350	2.88	5 060	5 200	2.77	8 480	8 450	−0.35
25	4 460	4 570	2.47	5 000	5 070	1.40	5 710	6 000	5.08	8 600	8 480	−1.40
26	4 730	4 810	1.69	4 980	5 100	2.41	5 640	5 910	4.79	9 660	9 690	0.31
27	4 720	4 860	2.97	5 010	5 300	5.79	6 200	6 330	2.10	9 640	9 790	1.56
28	4 960	5 060	2.02	4 940	5 080	2.83	5 860	6 000	2.39	9 700	9 790	0.93
29	4 870	5 040	3.49	4 720	4 960	5.08	5 160	5 430	5.23	8 470	8 620	1.77
30	4 880	5 080	4.10	4 920	5 040	2.44	5 170	5 430	5.03	7 900	8 090	2.41
31				5 060	5 250	3.75	4 660	4 990	7.08			
平均	3 100	3 150		5 140	5 340		5 440	5 620		7 940	8 010	
最大	5 490	5 880	8.00	6 380	6 820	7.24	6 620	6 750	7.08	11 100	11 000	4.47
最小	1 300	1 410	0.00	3 740	3 810	1.26	3 350	3 050	0.35	3 650	3 750	0.22
误差			1.30			3.96			3.44			1.33

序号	河名	站　名	集水面积(km²)	月平均流量(m³/s)				年平均流量(m³/s)	年径流量(10⁸m³)	年径流深度(mm)	年径流模数10⁻³m³/(s·km²)	年最大流量(m³/s)	发生日期		年最小流量(m³/s)	发生日期	
				六月	七月	八月	九月						月	日		月	日
1	金沙江	乌东德(二)	406184	3100	5140	5440	7940	(1810)	(569.5)	140.2	4.46	11100	9	18	(1300)	(6	14)
2	金沙江	乌东德雷达过程	406184	3150	5340	5620	8010	(1850)	(582.8)	150.0	4.76	11000	9	18	(1410)	(6	11)

图 9.3-10　逐时雷达数据×系数 *K* 值整编的年平均流量对照

通过上述方法对比分析,侧扫测速雷达的使用基本可以满足报汛要求,将雷达断面数据换算成月实测断面数据后误差较小,流量更接近测站实测数据。对于系数 *K* 值的选用目前还在不断收集数据整理分析中,后期可以继续分析完善。

4. 问题与建议

(1) Ridar-200 型侧扫雷达测速仪目前一直使用本年测站大断面查算水道面积,与实测断面查算有部分差距,流量计算与实际有部分误差。雷达查算的面积精确到小数点后 2 位小数,与实测流量规范面积 3 位有效数字有一定的误差。建议测站每次实测断面后及时对侧扫雷达断面进行更新,确保流量精度。

(2) Ridar-200 型侧扫雷达测速仪目前采用 10 分钟采集数据,个别 10 分钟数据测量只测了部分垂线流速,流量误差很大,属于坏值。建议后期做报汛使用时采用坏值剔除后平均值作为报汛流量。

(3) Ridar-200 型侧扫雷达测速仪在测站使用独立水位传输,与测站水位不同步。建议后期平台建成统一管理后与报汛水位同步。

(4) Ridar-200 型侧扫雷达测速仪在乌东德水文站使用良好。2019 年 6 月到 10 月,除部分时段因测站电力供应故障无数据,其余时段数据采集正常。建议对雷达增加备用电力设施,确保数据收集正常。

(5) Ridar-200 型侧扫雷达测速仪系数 *K* 值建议后期及时率定。实际使用时通过率定形成水位 *H* 对应 *K* 值表,下载到雷达中,或者安装在上传的网站上。与 *K* 值对应的相关量有断面形状、边坡糙率、安装起点距等。

9.3.4　石鼓水文站应用案例

9.3.4.1　概述

1. 研究背景及目的

目前我国河道流量的测量以缆道测流为主,该方法利用横跨河岸的缆道搭载转子式流速仪和铅鱼沿河断面不同位置测量水流流速和水深,然后使用分段流速面积法估算累计流量,适用于恶劣天气和高水位作业,缺点是建站维护成本高,位置固定,且测量比较费时。近几年发展引进的水平声学多普勒流速剖面仪(H-ADCP)利用声学多普勒效应测量水流流速,解决了实时测量问题,但 H-ADCP 需要安装在水下,不适合浑浊、杂物较多的水体,同时由于仪器长期置于水中,维护成本高且易丢失。雷达测量作为一种远程遥感技术,近几年在河流流速测量方面进行了大量应用,可解决恶劣天气、高水位、复杂水体、应急测量等特殊情况下的流量监测问题。

为适应新时代水文监测发展的需要,提升水文测验监测水平,应对测验难度高、工作量大、提高时效性带来的挑战,采用现代信息化技术,探索 Ridar－200 型侧扫雷达测速仪的可行性及适用途径,用以创新测验方式方法。为推进雷达测流技术的应用,加快巡测的步伐,拟在石鼓水文站开展 Ridar－200 型侧扫雷达测速仪的比测试验研究工作。

2. 研究内容

采用 Ridar－200 型侧扫雷达测速仪(以下简称"雷达")以非接触的方式获得河流表面流的流速、流向,反演深层流速,进而推求出断面流量,使水文测验技术迈入一个新阶段。主要研究内容有:

1)雷达稳定性分析

(1)采用雷达实测成果数据点绘连时序水位流量过程线进行分析。

(2)选取不同时间段、不同水位级下的测量成果数据进行误差评判。

2)垂线表面流速比测分析

(1)在高、中、低水位级下开展流速仪与雷达表面流速的比测试验。

(2)流速仪的布设位置应考虑石鼓站表面流速横向分布的代表性,同时应位于雷达施测相应单元格的中心位置。

(3)流速仪测流历时宜与雷达的单次采样时间同步,每点不少于 100 秒。

3)断面流量比测分析

(1)用流速仪法与雷达同步实测流量。建立雷达测流虚流量与流速仪测流流量的相关关系。

(2)比测测次应分布在高、中、低水位级,比测测次不应少于 30 次。

4)指标流速分析

采用流速仪断面的断面平均流速与雷达对应的垂线表面流速,进行各垂线指标流速的系数试算,确定最优的系数后进行断面流量的推算,再进行相关数据的检验与误差分析。

5)比测精度、误差分析

(1)表面流速精度要求参照《河流流量测验规范》(GB 50179—2015)中的浮标法相关精度要求。

(2)推求表面流速与断面平均流速之间相关系数,指标流速与断面平均流速相关关系定线精度应符合《水文资料整编规范》(SL/T 247—2020)的定线要求。

(3)比测试验完成情况如下。

本次比测工作主要包括前期准备工作、外业测验工作和内业整理分析工作三部分。其中前期准备工作包括仪器安装、比测方案制定和相关单位沟通,数据来源、处理方法、起点距换算等。外业测验工作包括实测大断面、ADCP 流量测验、流速仪法流量测验和雷达流量测验。

外业测验工作从 2021 年 1 月开展至今;内业整理分析工作从 2021 年 12 月至今。

①比测水位变幅:6.50 m。

②比测流量变幅:235～5 190 m³/s 。

③表面流速比测共有 39 次(低水位 4 次、中水位 16 次、高水位 19 次)。

④流量比测共有 71 次,采用流速仪实测资料的时间范围为 2021 年 2 月 1 日—2022 年 7 月 24 日,水位为 1 817.39～1 823.89 m(低枯水位 9 次、中水位 24 次、高水位 38 次)。

⑤指标流速分析数据共有 62 组(流速比测分析的数据时间范围为 2021 年 5 月 10 日—2022 年 7 月 24 日,未采用流量比测区间的 ADCP 测流的数据),水位为 1 818.24～1 823.89 m,断面平均流速为 0.74～2.51 m/s。

9.3.4.2　仪器设备情况

1. 简介

2020 年 11 月,侧扫雷达测流系统安装在石鼓水文站基本断面上游 10 m 处的缆道房屋顶。Ridar－200 型侧扫雷达测速仪适用于大江大河的河流流量实时自动化监测,采用非接触式测流技术,全天候对河流断面的表面流速进行连续监测,每 10 分钟(可按照需求设置)完成一次全自动测量,沿断面线每 10 m 给出一个段流速(视作用距离,最小 5 m,最大 40 m)。水文基础数据通用平台将接收到的基础数据存储至数据库,同时根据相关的水位值、断面资料及流速比等数据信息进行网络流量合成,为用户提供数据接收、存储处理及成果浏览等工作。该设备安装在河岸上,雷达发射/接收天线与河流流向成 90°,安装简单,环境适应性强。产品对于解决恶劣天气、高洪多漂浮物、漫滩、河面结冰(初期薄冰)、汛期(大洪水)、堤防决口、应急监测等特殊情况下的流量测验更具优势。

2. 仪器安装

为了固定设备,在楼顶的安装处浇筑混凝土台体,用于支撑设备。混凝土台体浇筑完成、凝固后,根据设备底座固定孔洞的位置,在混凝土底座上用电钻打出对应的安装孔。将安装底座置于台体上,采用膨胀螺栓组将底座固定于混凝土台体上。

将仪器三角支架、天线、机箱等部件按照安装图纸进行组合,并在固定位置采用螺栓组件进行固定。综合机箱安装完成后,即可采用对应的电缆和供电电源线将雷达综合机箱与雷达支架、收发天线进行连接。如图 9.3-11 所示。

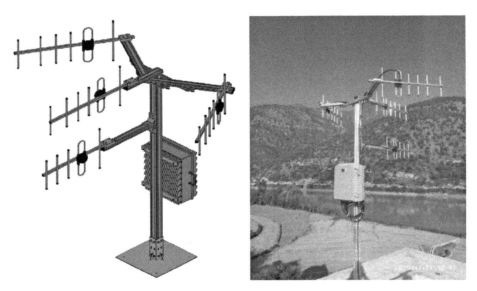

图 9.3-11　设备组成及安装于石鼓站的 Ridar - 200 型侧扫雷达测速仪图

在控制单元及平台软件的控制下,自动完成断面各垂线流速测量、流量计算、数据分析、报表输出的智能流量监测系统工作。

3. 工作原理

Ridar - 200 型侧扫雷达测速仪属于一部 P 波段脉冲多普勒雷达。当发射的电磁波信号投射到水面,信号会与水面的波浪发生相互作用,产生布拉格散射,雷达利用这种布拉格散射特性发现河流水面回波,利用电波传播的多普勒效应来测量河流移动速度,利用接收回波与发射波的时间差来测定距离,并通过目标回波在各天线通道上幅度或相位的差异来判别其方向。

图 9.3-12 中,H 为雷达天线距离河面的高度,探测距离越远,H 应越大,如探测距离 800 m 时,H 应大于 26 m;R 为河流宽度,最大可以超过 1 000 m;L 为侧扫雷达测量的距离间隔,即距离分辨率,可以设置为 5 m、10 m、20 m、40 m;α 是探测最远点与雷达波束的夹角,应大于 1.5°;β 是测量最近点与雷达波束的夹角,应不小于 45°,以免最近处的河流出现在雷达波束照射盲区内。

雷达波照射到河面上,同时获取河面各距离段上的回波信号,雷达得到的是每个距离段上的平均速度。雷达发射脉冲的频率是 20 kHz,即每秒发射 20 000 个脉冲,5 分钟完成表面流速测量,因此获得的

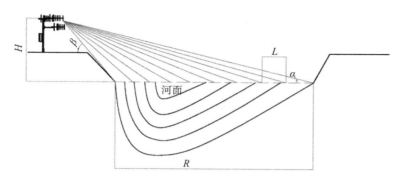

图 9.3-12　雷达测流示意图

每个距离段上表面流速是 600 万次测量结果的平均值。

雷达工作在 P 频段,散射信号主要是布拉格散射。接近和后退波的能量可以分离开,对回波数据进行常规延迟-多普勒处理。同时利用 3 个八木天线信号的幅度和相位响应,采用超分辨处理算法,角分辨率达到 1°。对原始数据进行中值滤波以剔除野值。

为了准确获取表面流速,雷达采用脉冲多普勒体制,天线共址,收发分开。信号部分采用直接射频采样、数字正交相参混频、FIR 数字滤波和抽取、DDS 频率合成、多普勒处理、高精度定向算法等技术措施,使得雷达稳定性好,可靠性高;雷达数据传输采用以太网通信技术或其他通信方式完成。如图 9.3-13 所示。

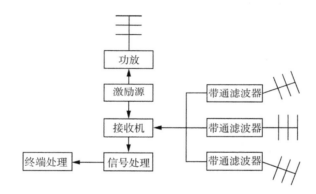

图 9.3-13　雷达系统框架图

雷达工作时,河水对微波的回波信号主要是布拉格散射。接近和后退波的能量可以分离开,独立进行处理,接近和后退能量区域重叠接近零的多普勒频移的小部分。信号带宽为 5 MHz,可达到 5 m 的距离分辨率。对回波数据进行延迟-多普勒处理。同时利用 3 个八木天线信号的幅度和相位响应,采用多重信号超分辨处理算法确定回波位置。对原始数据采用三取二滤波算法以剔除舰船等干扰信号。

侧扫雷达持续测量江流、河流、渠道表面的速度分布,记录表面平均流速并穿过河流产生一个速度剖面。用户可以应用这些数据连同已知的河流截面(深度分布)和水位计算出总的流量,也就是说穿过截面的总的水体积通量。

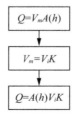

图 9.3-14　河流测量雷达流量计算

图 9.3-14 的式中:Q 为流量;V_m 为断面平均流速;V_i 为表面测量点流速;$A(h)$ 为过水面积,取决于水位;K 的取值范围为 0.60～1.20。

9.3.4.3 运行方式及技术指标

1. 仪器运行方式

仪器安装完成后,采用全站仪对安装位置进行测量,测得雷达侧扫测流仪安装的位置距离基本断面 0 点位置的水平距离为 49.5 m,即起点距为 -49.5 m。通过测量得知雷达侧扫测流仪存在水平距离为 17 m 的视觉盲区,无法测得数据。设定雷达在视觉盲区交界处,也就是水平距离 17 m 处(在起点距 -32.5 m 处)为雷达侧扫起点距零点(见图 9.3-15),从该 0 点开始设定每 10 m 采集一个流速数据。采用 3～4 分钟不间断所采集的流速数据经系统处理后得到一个断面平均流速,借用测站断面数据和水位数据计算出断面虚流量,采用断面虚流量与实测流量进行一定次数的分析,得出系数,最后用系数乘以断面虚流量得到测站断面流量。

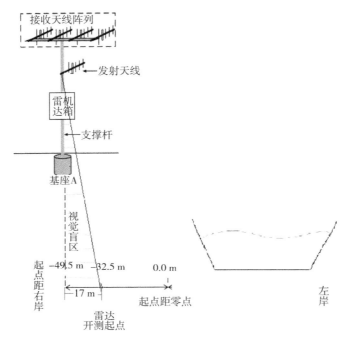

图 9.3-15 雷达起点距设置示意图

测站安装的雷达侧扫仪器是将采集的流速数据通过网络上传到分局服务器数据库中,并将测站水位也读入数据库,将断面数据由测站实测后及时交水情分中心导入数据库,由设备供应商安装在服务器中的数据分析显示软件计算出最终流量成果。

2. 基本技术指标

基本技术指标详见表 9.3-3。

表 9.3-3 基本技术指标统计表

	河宽	>30 m
最佳使用环境	流速	0.05～20 m/s
	水深	最小 15 cm
	水波纹高度	最小 0.5 cm

天线位置	水平方向	距水面 20 cm
	垂直方向	高出水面 4～20 m
	朝向河面视角	＞±45°
技术性能指标	工作频段	P
	工作模式	脉冲多普勒
	工作频率	403.2 MHz
	探测河面宽度	≤1 km(单台)
	距离分辨率	10 m
	测速范围	0.05～20 m/s
	测速误差(均方根误差)	≤0.01 m/s
	速度分辨率	≤0.01 m/s
	测流时间间隔	10 min
	流量测量	＜5%
环境适应性	工作温度	室外-35～65℃
	储存温度	-40～80℃
	相对湿度	10%～95%
	抗风能力	0～60 m/s

9.3.4.4 测站基本概况

1. 基本情况

石鼓水文站始建于 1939 年 2 月,由长江水利委员会领导,为长江上游干流控制站,位于云南省丽江市玉龙县石鼓镇大同村,集水面积 214 184 km²,距河口 4 175 km。它是为控制金沙江干流上游河段水情,以及认识河流水文特性而建立的一类精度流量站、一类精度泥沙站,属国家基本水文站,现有水位、流量、单样含沙量、悬移质输沙率、颗分、降水、蒸发、地下水水位、地下水水温、地表水水温、水质分析等测验项目。

2. 测验河段情况及测站特性

测验河段在两弯道间顺直河段长约 4 km,最大水面宽约 320 m。断面下游 300 m 处河道靠左中间有一大石坝,起低水控制作用。下游约 200 m 处左岸有一毛石护堤向河心延伸至碛石坝,断面水位超过 1 823 m 时,护堤和碛石坝被淹没,控制作用逐渐被下游的弯道代替,中高水有一定的顶托,主泓在起点距 230 m 左右,下游 2 km 弯道处有冲江河从右岸汇入,河床由卵石夹沙组成,断面基本稳定。水位流量关系中低水较稳定,高水受洪水涨落影响,水位流量关系呈绳套线形。

3. 目前测验方式和垂线分布

流量测验断面同基本水尺断面。采用悬索悬吊方式渡河。主要测流仪器为流速仪,备用测流方式有走航式 ADCP、浮标法。

1)测次布置要求

(1)以能满足顾客需求和水位流量关系整编定线、准确推算逐日流量和各种径流特征值为原则。

(2)水位流量关系中低水时较稳定,流量测次按水位级布控,高水时受洪水涨落等影响按绳套布点。要求完整地控制水流变化过程,确保洪峰过程形态不变。

(3)水位在 1 821.50 m 以下时逢单年实测、逢双年停测,停测年按不同水位级检测流量 5 次左右。每次流量检测前 20 天内应实测断面或实测水深,线点布设执行流量常测法方案,将检测成果与推流的水位流量关系曲线进行适线检查。若误差超过《水文巡测规范》(SL 195—2015)规定的允许误差范围,应进行现场分析并就地复测,复测后仍然超出误差范围的,应恢复测验并采用当年实测流量定线。误差未超限则间测期采用前一年的水位流量关系曲线推流。

（4）当水流情况发生明显变化或者出现分洪、溃口、漫溢及顺逆流向转变等现象,改变了水位流量关系时,应根据实际情况适时增加测次。

（5）应注意年接头关系曲线的测次布置,并确定其合理性。

2）水位级的划分

水位级划分见表9.3-4。

表9.3-4　各水位级统计表

高水期水位	中水期水位	低水期水位	枯水期水位
1 821.50 m 以上	1 818.90～1 821.50 m	1 818.00～1 818.90 m	1 818.00 m 以下
警戒水位	1 822.50 m	保证水位	1 824.50 m

3）测验垂线分布

测验垂线分布情况见表9.3-5。

表9.3-5　测验垂线分布统计表

测验方法	测速线点	起点距（m）
流速仪法	10 线 2 点法	41、52、70、98、125、155、185、230、244、268(278)
	多线 5 点法	41、52、70、84、98、110、125、140、155、170、185、200、215、230、244、257、268、278
	5 线 1 点法	70、125、185、230、268，$Q_实 = Q_{0.2} \times 0.90 + 50.3$
		41、98、185、244、268，$Q_实 = Q_{0.2} \times 0.96 - 263$
	3 线 1 点法	52、98、155、230、268，$Q_实 = Q_{0.2} \times 0.92 - 103$
		98、185、268，$Q_实 = Q_{0.2} \times 0.93 + 85.5$
		70、185、268，$Q_实 = Q_{0.2} \times 0.93 + 39.1$
		41、155、268，$Q_实 = Q_{0.2} \times 1.10 - 626$
说明		1. 流速仪法测流时,测速垂线宜均匀分布,且应控制流速变化的转折点; 2. 每年在不同的流量级施测 3 次多线 5 点法,测速历时不低于 60 s; 3. 流速仪多线 5 点法测流时部分垂线水深不能施测 5、2 点时,可测 3 点或 1 点; 4. 流量在 3 800 m³/s 以上时可测 10 线 1 点法(相对位置 0.2),但检测点不宜采用 1 点法; 5. 5 线 1 点法和 3 线 1 点法根据上游局〔2017〕83 号文在暴涨暴落或漂浮物严重等特殊水情下抢测洪峰时使用

注:近岸边固定测深、测速垂线根据高、中、低水位适当调整(可视情况增减)。

9.3.4.5　比测方案

采用石鼓水文站常规测验方法铅鱼缆道测流与雷达流量测验系统同步进行流速、流量测验比对,雷达测流水位读取的是相应时段的自记水位,水位无误差。

1. 时间选取及起点距换算

1）时间选取

由于雷达流量测验系统每隔 10 分钟生成一组测流数据,与实际流速仪测流时段并非严格重合,因此,本次比测主要是根据实际流速仪测流的平均时间,查找与该平均时间最接近的时间所对应的雷达测流数据,进行对比分析。

2）起点距换算

由于雷达安装位置没在基本断面起点距零点，并且存在一定的视觉盲区，通过与厂家沟通联系，在系统里设置雷达测点对应实际断面的起点距 $D_雷$，$D_雷=$ 雷达安装位置 $A+$ 雷达水平补偿距离 $B+$ 测点单位距离 $C\times$ 测点位置 E。式中 $A=-49.5$ m，$B=17$ m，$C=10$ m，$E=$ 自然数 $1,2,3\cdots$。雷达安装位置距断面零点的距离 A、雷达水平补偿距离 B 均为全站仪实际测量而得，测点单位距离 C 为测量垂线的间距，测点位置为设置的测点数，按自然数逐步增加。

雷达上报的第一点 10 m 的起点距，在断面上投映为 $10+17-49.5$ m，对应的实际断面起点距为 -22.5 m。雷达上报的第二点 20 m 的起点距，在断面上投映为 $20+17-49.5$ m，对应的实际断面起点距为 -12.5 m……雷达上报的第 7 点 70 m 的起点距，在断面上投映为 $70+17-49.5$ m，对应的实际断面起点距为 37.5 m。雷达上报的第 8 点 80 m 的起点距，在断面上投映为 $80+17-49.5$ m，对应的实际断面起点距为 47.5 m。以此类推。已将该换算方法设置进雷达仪器，生成的成果表上有显示相关数据（图 9.3-16）。

石鼓水文站侧扫雷达流量计算表

测站名称		石鼓水文站				施测开始时间		2021/08/23 17:00:39			施测结束时间		2021/8/23 17:05:39	
侧扫雷达型号：RIDAR系列 P200						测站编码		60101300						
垂线号数		起点距（m）	实际断面起点距（m）	根据起点距直算间底高程（m）	水深（m）	测流相对位置	流速（m/s）段数	系数	部分平均	平均水深（m）	间距（m）	水道断面面积（㎡）垂线间面积（㎡）	部分流量（m³/s）
测深	测速												
石水边		60.8	28.3	1822.41	0.00	0.00	0.00	1					
1	1	70.0	37.5	1818.59	3.82	0.00	1.15	1	0.80	1.91	9.2	17.6	14.1
2	2	80.0	47.5	1816.44	6.0	0.00	1.43	1	1.29	4.91	10	49.1	63.3
3	3	90.0	57.5	1816.01	6.4	0.00	1.73	1	1.58	6.2	10	62.0	98.0

图 9.3-16　雷达侧扫流量计算表

2. 流速

1）表面流速比测

（1）雷达流量测验系统根据设定的历时时间，采集表面流速，并经过处理生成各条雷达测点的起点距（每隔 10 m）对应的表面流速，见表 9.3-6。

表 9.3-6　雷达测流软件生成表面流速示例

距离（m）	流速（m/s）	可信度（%）	测量时间	距离（m）	流速（m/s）	可信度（%）	测量时间
10.00	0.27	17.00	2022-7-9 8:30:29	150.00	1.61	100.00	2022-7-9 8:30:29
20.00	0.37	33.00	2022-7-9 8:30:29	160.00	1.68	100.00	2022-7-9 8:30:29
30.00	0.46	48.00	2022-7-9 8:30:29	170.00	1.74	100.00	2022-7-9 8:30:29
40.00	0.49	47.00	2022-7-9 8:30:29	180.00	1.80	100.00	2022-7-9 8:30:29
50.00	0.49	57.00	2022-7-9 8:30:29	190.00	1.87	100.00	2022-7-9 8:30:29
60.00	0.54	73.00	2022-7-9 8:30:29	200.00	1.89	100.00	2022-7-9 8:30:29
70.00	0.64	93.00	2022-7-9 8:30:29	210.00	1.91	100.00	2022-7-9 8:30:29
80.00	0.75	99.00	2022-7-9 8:30:29	220.00	1.93	100.00	2022-7-9 8:30:29
90.00	0.88	99.00	2022-7-9 8:30:29	230.00	1.99	100.00	2022-7-9 8:30:29
100.00	1.00	99.00	2022-7-9 8:30:29	240.00	2.06	100.00	2022-7-9 8:30:29
110.00	1.13	100.00	2022-7-9 8:30:29	250.00	2.11	100.00	2022-7-9 8:30:29
120.00	1.28	100.00	2022-7-9 8:30:29	260.00	2.13	100.00	2022-7-9 8:30:29
130.00	1.41	100.00	2022-7-9 8:30:29	270.00	2.12	100.00	2022-7-9 8:30:29
140.00	1.52	100.00	2022-7-9 8:30:29	280.00	2.11	100.00	2022-7-9 8:30:29

续表

距离(m)	流速(m/s)	可信度(%)	测量时间	距离(m)	流速(m/s)	可信度(%)	测量时间
290.00	2.09	100.00	2022 - 7 - 9 8:30:29	330.00	2.16	81.00	2022 - 7 - 9 8:30:29
300.00	2.06	100.00	2022 - 7 - 9 8:30:29	340.00	2.02	79.00	2022 - 7 - 9 8:30:29
310.00	2.08	98.00	2022 - 7 - 9 8:30:29	350.00	1.71	92.00	2022 - 7 - 9 8:30:29
320.00	2.15	94.00	2022 - 7 - 9 8:30:29				

(2) 本站利用缆道流速仪施测断面流速,测验系统采用 HLX - 3T 型,测速垂线 10 条。雷达各垂线表面流速采用的是经过系统转换后的实际断面起点距对应的表面流速,经过转换后的雷达起点距与本站测速垂线起点距(41 m、52 m、70 m、98 m…)并不重合,因此,进行表面流速误差分析时要根据本站断面起点距,对相邻雷达斜距对应的雷达表面流速进行线性插补,得到与本站测速垂线起点距对应的雷达表面流速,再与该起点距下的流速仪表面流速进行误差分析。

2) 指标流速分析

指标流速分析主要考虑将流速仪测流的断面平均流速与雷达测流各位置的表面流速进行比较分析,找出与实测断面平均流速相关关系最好的雷达表面流速的垂线位置(1 条或多条),将该垂线(1 条或多条)测得的雷达表面流速作为指标流速,建立与流速仪实测断面平均流速的相关关系,并根据两者的相关关系,计算出雷达测流的断面平均流速 $\overline{V}_{雷达}$,根据计算得到的 $\overline{V}_{雷达}$ 与 $\overline{V}_{流速仪}$ 进行误差分析。

3. 流量

流量比测方案主要考虑两种情况:

1) 将 Ridar - 200 型侧扫雷达测速仪测出来的虚流量与本站实测流量进行误差分析。建立与本站实测流量相关关系,并根据两者的相关关系,计算出所有雷达所测出的断面流量,再根据计算出来的各时段雷达流量,用连实测流量法,用 2.0 南方片整编程序进行整编推流计算,把计算出的日平均流量与 2021 年通过最终审查的本站整编成果上的日、月平均流量和月径流量等进行误差分析。

2) 根据指标流速与本站实测断面平均流速的相关关系,计算出各测次的雷达断面平均流速,将该流速与本站实测的测流相应水位所查算出来的断面面积进行计算,计算出各测次的雷达断面流量,将计算出来的雷达断面流量与流速仪实测流量进行误差分析。

4. 比测时间及测次

Ridar - 200 型侧扫雷达测速仪于 2020 年 11 月安装,因为疫情等影响,设备无法得到及时的相关调试。经过水文站与厂家多次联系沟通,克服相关困难,在 2021 年 1 月设备运行开始趋于稳定,并于当年 2 月 1 日开始至今有较为稳定的测流数据。其中在 2022 年 1 月 24 日雷达出现仪器故障,厂家由于疫情影响无法及时到站维修,水文站 4 月才把雷达设备拆卸下来寄回厂家维修,5 月设备被寄回,通过调试后正常运行。

本次比测包括流速及流量的综合比较,其中,表面流速比测共 39 次(低水位 4 次、中水位 16 次、高水位 19 次),均为流速仪实测 0.2 相对水深流速与雷达表面流速横向分布比较。

流量比测共 71 次,采用流速仪实测资料(含走航式 ADCP 测流 7 次)的时间范围为 2021 年 2 月 1 日—2022 年 7 月 24 日,水位在 1817.39 m 和 1 823.89 m 之间(低枯水位 9 次、中水位 24 次、高水位 38 次),实测流量在 235 m³/s 和 5 190 m³/s 之间。

指标流速分析数据共有 62 组(流速比测分析的数据时间范围为 2021 年 5 月 10 日—2022 年 7 月 24 日,未采用流量比测区间的 ADCP 测流的数据),水位在 1 818.24 m 和 1 823.89 m 之间,断面平均流速在 0.74 m/s 和 2.51 m/s 之间。对应的雷达表面流速数据共有 62 组。

9.3.4.6　Ridar - 200 雷达侧扫比测分析

按照《河流流量测验规范》(GB 50179—2015)中第 4.1.2 条规定,该站采用侧扫雷达测流系统在高、中、低不同水位级下与流速仪同步比测。通过与实测流量进行对比分析,确定侧扫雷达测流系统应采用的计算参数,再分析雷达流量和流速仪定线流量之间的误差关系,分析仪器在石鼓站的适用条件和使用范围。

1. Ridar-200 稳定性分析

通过对 2021 年 1 月至 2022 年 11 月的雷达侧扫实测流量资料与站上实际水位相结合,点绘出连时序水位流量过程线图(图 9.3-17),并对不同时间段相同水位条件下的流量进行统计和计算误差,来判断该设备是否能够正常运行。

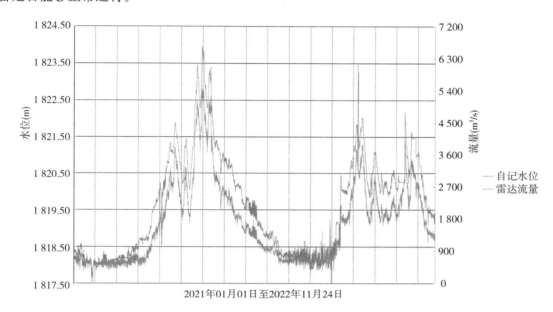

图 9.3-17 雷达侧扫连时序水位流量过程线图

通过图 9.3-17 可以清晰地看出,水位流量过程趋势基本稳定,通过图形可以看出:①在 2022 年 1 月 20 日至 2 月 28 日雷达仪器出现故障,通过和厂家联系后,排查相关问题发现是电瓶电压过低,更换电瓶后恢复正常。②2022 年 3 月 29 日雷达设备出现故障,通过与厂家沟通,确定需要返厂维修,但在这期间由于疫情影响厂家无法及时到站维修且快递也不寄送。在疫情有所缓和、能够寄送快递的时候,站上工作人员及时把雷达设备拆卸下来寄回厂家维修,5 月厂家把维修好的设备寄回站上,设备通过调试后正常运行。③2022 年 6 月 22 日至 6 月 25 日雷达设备发射端故障,导致相关数据突跳,通过与厂家联系及时解决相关问题,6 月 25 日 18 时雷达设备恢复正常。④从提出来的所有原始数据分析得知,2021 年 12 月 4 日至 31 日,雷达设备的供电系统出现问题,导致电压过低,发射功率较低,测出来的数据不稳定。⑤2022 年 9 月 1 日至 10 日和 10 月 1 日至 9 日,为了保障网络安全,调试雷达与水情分中心的水位数据传输平台,导致水位与流量数据不稳定,用分中心的上述时段的准确水位数据把该时段的流量数据进行重算。其余时段的数据无突出、异变等情况,数据较全。

表 9.3-7 雷达侧扫相同水位下实测流量误差分析表

年份	施测时间			基本水尺水位(m)	流量 (m³/s)	相同水位 平均流量(m³/s)	绝对误差 (m³/s)	相对误差(%)
	月	日	时分					
2021	6	21	5:57	1 820.28	2 090		0	0.00
2021	7	27	1:55	1 820.28	2 090	2 090	0	0.00
2021	8	6	15:25	1 820.28	2 090		0	0.00

年份	施测时间			基本水尺水位(m)	流量(m³/s)	相同水位平均流量(m³/s)	绝对误差(m³/s)	相对误差(%)
	月	日	时分					
2021	6	24	23:27	1 820.48	2 260		0	0.00
2021	7	24	10:45	1 820.48	2 260	2 260	0	0.00
2021	8	10	3:35	1 820.48	2 260		0	0.00
2021	6	26	23:46	1 820.68	2 520		20	0.80
2021	6	27	2:46	1 820.68	2 520	2 500	20	0.80
2021	8	4	19:55	1 820.68	2 460		−40	−1.60
2021	6	30	2:46	1 820.88	2 690		40	1.51
2021	7	21	7:25	1 820.88	2 650	2 650	0	0.00
2021	8	3	23:46	1 820.88	2 630		−20	−0.75
2021	10	1	13:16	1 820.88	2 640		−10	−0.38
2021	7	6	17:45	1 821.08	2 840		−20	−0.70
2021	7	10	21:35	1 821.08	2 900	2 860	40	1.40
2021	8	3	16:45	1 821.08	2 840		−20	−0.70
2021	7	1	17:06	1 821.28	3 090		50	1.64
2021	7	11	20:15	1 821.28	2 970	3 040	−70	−2.30
2021	7	18	15:45	1 821.28	3 070		30	0.99
2021	7	12	7:55	1 821.48	3 310		20	0.61
2021	7	16	6:55	1 821.48	3 310	3 290	20	0.61
2022	9	25	22:20	1 821.48	3 250		−40	−1.22
2021	7	12	16:45	1 821.68	3 680		60	1.66
2021	7	14	22:45	1 821.68	3 600	3 620	−20	−0.55
2021	7	15	0:45	1 821.68	3 570		−50	−1.38
2021	7	13	17:05	1 821.88	3 830		60	1.59
2021	7	13	21:25	1 821.88	3 830	3 770	60	1.59
2021	8	15	10:45	1 821.88	3 640		−130	−3.45
2021	8	15	14:55	1 822.06	3 760		−20	−0.53
2021	8	15	15:15	1 822.06	3 790	3 780	10	0.26
2021	8	15	15:45	1 822.06	3 790		10	0.26
2021	8	15	21:35	1 822.35	4 210		−10	−0.24
2021	8	15	21:45	1 822.35	4 220	4 220	0	0.00
2021	8	15	21:55	1 822.35	4 230		10	0.24
2021	8	18	19:05	1 822.74	4 490		0	0.00
2021	8	18	19:15	1 822.74	4 490	4 490	0	0.00
2021	8	18	19:25	1 822.74	4 490		0	0.00
2021	8	19	7:25	1 823.10	4 950		0	0.00
2021	8	19	7:35	1 823.10	4 960	4 950	10	0.20
2021	8	19	7:45	1 823.10	4 950		0	0.00
2021	8	19	19:35	1 823.46	5 030		−10	−0.20
2021	8	19	19:45	1 823.46	5 040	5 040	0	0.00
2021	8	19	19:55	1 823.46	5 040		0	0.00

续表

年份	施测时间			基本水尺水位(m)	流量 (m³/s)	相同水位 平均流量(m³/s)	绝对误差 (m³/s)	相对误差(%)
	月	日	时分					
2021	9	27	1:55	1 820.57	2 200		0	0.00
2021	9	27	2:05	1 820.57	2 200	2 200	0	0.00
2021	9	27	2:15	1 820.57	2 200		0	0.00
2021	9	29	7:06	1 820.97	2 650		10	0.38
2021	9	29	7:16	1 820.97	2 640	2 640	0	0.00
2022	10	18	17:20	1 820.97	2 630		−10	−0.38
2021	10	26	7:15	1 820.03	1 720		0	0.00
2021	10	26	7:25	1 820.03	1 720	1 720	0	0.00
2021	10	26	7:05	1 820.03	1 720		0	0.00
2021	11	2	21:15	1 819.81	1 630		0	0.00
2021	11	3	20:25	1 819.81	1 620	1 630	−10	−0.62
2021	11	5	16:05	1 819.81	1 630		0	0.00
2021	10	30	10:05	1 819.58	1 460		−10	−0.68
2021	11	1	21:05	1 819.58	1 460	1 470	−10	−0.68
2022	11	9	21:10	1 819.58	1 490		20	1.36
2021	11	8	10:05	1 819.38	1 330		0	0.00
2021	11	8	11:15	1 819.38	1 340	1 330	10	0.75
2021	11	9	5:45	1 819.38	1 320		−10	−0.76
2021	11	18	16:35	1 819.16	1 200		0	0.00
2021	11	18	19:45	1 819.16	1 190	1 200	−10	−0.83
2022	11	21	19:20	1 819.16	1 200		0	0.00
2021	11	27	14:16	1 818.94	1 070		0	0.00
2021	11	27	17:36	1 818.94	1 070	1 070	0	0.00
2021	11	28	17:46	1 818.94	1 060		−10	−0.94
2021	12	8	0:37	1 818.71	913		−2	−0.22
2021	12	9	1:07	1 818.71	914	915	−1	−0.11
2021	12	10	20:37	1 818.71	917		2	0.22
2021	12	21	1:07	1 818.48	768		−1	−0.13
2021	12	21	0:47	1 818.48	769	769	0	0.00
2021	12	21	1:57	1 818.48	769		0	0.00
2021	12	30	16:10	1 818.22	610		−8	−1.29
2021	12	30	17:00	1 818.22	609	618	−9	−1.46
2022	1	1	8:10	1 818.22	636		18	2.91

对侧扫雷达实测流量连续系列资料进行水位排序,分析相同水位所测流量的稳定性,从而可以分析侧扫雷达测流的稳定性,从表 9.3-7 中可以看出水位在 1 818.22~1 823.46 m 上的相对误差基本都在正负 3% 以内。除去需要返厂维修及等待期、网络安全调试期间未收集到和不正常的数据外,仪器故障导致的数据不正常占比为 0.83%,正常数据占比高达 99.17%。经过以上分析,可以判断 Ridar-200 雷达侧扫系统比较稳定,仪器能正常运行,在下大雨或者刮风时不受影响,不容易中断数据,投产后能正常收集数据。

2. 直接雷达流量法比测分析

1）全变幅水位下雷达与实测误差分析

对同一时间的雷达系统流量与本站实测流量进行误差分析。采用的 ADCP 及流速仪实测数据共计 71 次，ADCP/流速仪测流时间范围为 2021 年 2 月 1 日—2022 年 7 月 24 日，水位在 1 817.39 m 和 1 823.89 m 之间（低枯水位 9 次、中水位 24 次、高水位 38 次），实测流量在 235 m³/s 和 5 190 m³/s 之间。

雷达系统流量采用 Ridar‑200 实际测量的各垂线表面流速，先计算出垂线部分流速，然后借用相邻实测水道断面，由实时水位插补求得垂线部分面积，再根据流速面积法计算得到垂线部分流量，最后将各部分流量相加得出断面虚流量。流量在 233 m³/s 和 5 450 m³/s 之间。

通过在图上点绘雷达虚流量和本站实测的流量，建立雷达虚流量与本站实测流量相关关系（见图 9.3‑18）。

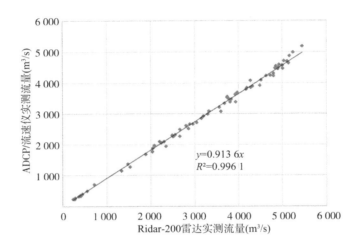

图 9.3‑18　ADCP/流速仪与雷达实测流量相关图

经分析，Ridar‑200 雷达系统流量与本站实测流量相关关系为

$$Q_常 = 0.913\ 6 \times Q_雷 \tag{9.3-1}$$

显著性达 0.996 1，线性关系良好。

由于 Ridar‑200 型侧扫雷达测速仪所施测的是水面虚流量，现将该流量用上述公式进行计算，得出雷达测的断面流量，再与站上实测流量进行流量相对误差的分析统计（见表 9.3‑8），相对误差在 −10.13% 和 11.38% 之间，系统误差为 0.4%，标准差为 3.9%，随机不确定度为 7.7%。

表 9.3‑8　ADCP/流速仪与雷达实测流量误差分析计算表

序号	实测时间	相应水位 （m）	雷达实测虚 流量（m³/s）	流速仪实测 流量（m³/s）	相关关系计算雷达 断面流量（m³/s）	雷达流量计算 后相对误差（%）
1	2021 - 02 - 01 14:21	1 817.75	407	334	372	11.38
2	2021 - 02 - 01 18:56	1 817.67	359	314	328	4.46
3	2021 - 02 - 02 08:21	1 817.40	233	237	213	−10.13
4	2021 - 02 - 02 19:17	1 817.39	266	235	243	3.40
5	2021 - 02 - 02 21:59	1 817.55	273	272	249	−8.46
6	2021 - 02 - 03 09:24	1 817.80	392	352	358	1.70
7	2021 - 02 - 03 17:22	1 817.94	438	397	400	0.76

序号	实测时间	相应水位 (m)	雷达实测虚 流量(m³/s)	流速仪实测 流量(m³/s)	相关关系计算雷达 断面流量(m³/s)	雷达流量计算 后相对误差(%)
8	2021 - 05 - 10 14:51	1 818.72	709	707	648	-8.35
9	2021 - 05 - 31 11:31	1 819.48	1 330	1 150	1 220	6.09
10	2021 - 06 - 10 17:24	1 819.82	1 480	1 380	1 350	-2.17
11	2021 - 06 - 14 14:31	1 820.10	1 880	1 680	1 720	2.38
12	2021 - 06 - 25 10:26	1 820.53	2 240	2 060	2 050	-0.49
13	2021 - 06 - 30 10:16	1 820.97	2 660	2 490	2 430	-2.41
14	2021 - 07 - 02 13:49	1 821.32	3 160	2 850	2 890	1.40
15	2021 - 07 - 12 09:24	1 821.52	3 330	3 090	3 040	-1.62
16	2021 - 07 - 12 23:18	1 821.80	3 680	3 340	3 360	0.60
17	2021 - 07 - 13 21:07	1 821.88	3 780	3 480	3 450	-0.86
18	2021 - 07 - 14 10:43	1 821.73	3 560	3 210	3 250	1.25
19	2021 - 07 - 19 15:59	1 821.13	2 800	2 610	2 560	-1.92
20	2021 - 07 - 21 15:15	1 820.86	2 490	2 300	2 270	-1.30
21	2021 - 07 - 25 09:15	1 820.39	2 050	1 880	1 870	-0.53
22	2021 - 07 - 28 20:45	1 820.61	2 300	2 100	2 100	0.00
23	2021 - 07 - 30 09:02	1 821.21	2 890	2 670	2 640	-1.12
24	2021 - 08 - 01 15:28	1 821.41	3 200	2 920	2 920	0.00
25	2021 - 08 - 11 09:43	1 820.83	2 490	2 290	2 270	-0.87
26	2021 - 08 - 15 13:55	1 822.01	3 740	3 560	3 420	-3.93
27	2021 - 08 - 16 07:12	1 822.55	4 270	4 080	3 900	-4.41
28	2021 - 08 - 19 09:12	1 823.12	4 990	4 560	4 560	0.00
29	2021 - 08 - 19 15:59	1 823.42	5 030	4 710	4 600	-2.34
30	2021 - 08 - 20 08:59	1 823.33	4 930	4 590	4 500	-1.96
31	2021 - 08 - 22 15:14	1 822.77	4 510	4 090	4 120	0.73
32	2021 - 08 - 23 17:33	1 822.40	4 170	3 790	3 810	0.53
33	2021 - 08 - 25 22:35	1 822.61	4 310	3 900	3 940	1.03
34	2021 - 08 - 27 10:07	1 822.85	4 630	4 230	4 230	0.00
35	2021 - 08 - 27 16:44	1 823.13	4 850	4 540	4 430	-2.42
36	2021 - 08 - 27 22:43	1 823.44	5 160	4 870	4 710	-3.29
37	2021 - 08 - 28 07:14	1 823.89	5 450	5 190	4 980	-4.05
38	2021 - 08 - 29 18:57	1 823.61	5 110	4 700	4 670	-0.64
39	2021 - 08 - 30 16:42	1 823.79	5 240	4 990	4 790	-4.01
40	2021 - 08 - 31 19:27	1 823.61	5 140	4 640	4 700	1.29
41	2021 - 09 - 01 09:32	1 823.18	4 840	4 480	4 420	-1.34
42	2021 - 09 - 02 09:14	1 822.90	4 730	4 240	4 320	1.89
43	2021 - 09 - 04 15:53	1 822.51	4 190	3 850	3 830	-0.52

序号	实测时间	相应水位 (m)	雷达实测虚流量(m³/s)	流速仪实测流量(m³/s)	相关关系计算雷达断面流量(m³/s)	雷达流量计算后相对误差(%)
44	2021-09-06 16:10	1 822.30	3 920	3 640	3 580	−1.65
45	2021-09-07 08:33	1 822.48	4 280	3 860	3 910	1.30
46	2021-09-08 09:33	1 822.87	4 800	4 230	4 390	3.78
47	2021-09-08 18:49	1 823.12	5 000	4 560	4 570	0.22
48	2021-09-09 03:18	1 823.20	4 910	4 500	4 490	−0.22
49	2021-09-10 07:46	1 823.22	4 900	4 450	4 480	0.67
50	2021-09-11 09:09	1 823.01	4 800	4 300	4 390	2.09
51	2021-09-12 04:19	1 823.32	5 010	4 470	4 580	2.46
52	2021-09-12 14:36	1 822.82	4 480	3 920	4 090	4.34
53	2021-09-12 19:52	1 822.31	3 930	3 390	3 590	5.90
54	2021-09-13 01:52	1 822.18	3 740	3 520	3 420	−2.84
55	2021-09-13 11:59	1 822.34	3 970	3 690	3 630	−1.63
56	2021-09-14 11:29	1 822.09	3 810	3 380	3 480	2.96
57	2021-09-15 16:14	1 821.83	3 600	3 080	3 290	6.82
58	2021-09-17 15:58	1 821.43	3 050	2 720	2 790	2.57
59	2021-09-26 09:27	1 821.00	2 660	2 270	2 430	7.05
60	2021-09-26 20:55	1 820.48	2 080	1 970	1 900	−3.55
61	2021-09-28 15:52	1 820.84	2 510	2 260	2 290	1.33
62	2021-10-11 13:24	1 820.64	2 200	2 090	2 010	−3.83
63	2021-10-27 15:55	1 819.67	1 530	1 270	1 400	10.24
64	2022-03-22 11:41	1 818.33	545	491	498	1.43
65	2022-06-10 09:55	1 820.83	2 550	2 320	2 330	0.43
66	2022-06-17 14:31	1 821.51	3 300	2 990	3 010	0.67
67	2022-06-26 19:33	1 821.21	2 960	2 660	2 700	1.50
68	2022-07-01 15:40	1 821.97	3 830	3 470	3 500	0.86
69	2022-07-09 08:42	1 820.30	2 040	1 770	1 860	5.08%
70	2022-07-18 16:27	1 820.51	2 340	1 950	2 140	9.74
71	2022-07-24 09:30	1 821.05	2 860	2 520	2 610	3.57

2）水位在 1 819.50 m 以上雷达与实测误差分析

通过以上分析可以看出,在水位 1 819.50 m 以下,相关关系推算出来的流量误差较大;在该水位以上误差较小。现将水位 1 819.50 m 以上进行单独分析,采用的流速仪实测数据共计 62 次,流速仪测流时间范围为 2021 年 5 月 31 日—2022 年 7 月 24 日,水位在 1 819.48 m 和 1 823.89 m 之间(中水位 24 次、高水位 38 次),实测流量在 1 150 m³/s 和 5 190 m³/s 之间。采用的雷达系统实测虚流量在 1 330 m³/s 和 5 450 m³/s 之间。

通过在图上点绘雷达虚流量和本站实测的流量,建立雷达虚流量与本站实测流量相关关系(见图 9.3-19),经分析,线性关系较好,雷达流量与本站实测流量相关关系为

$$Q_常 = 0.932\ 2 \times Q_雷 - 74.365 \tag{9.3-2}$$

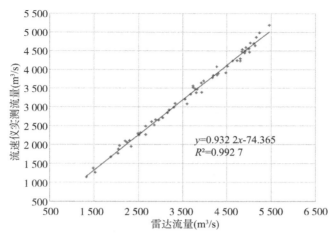

图 9.3-19　石鼓站水位 1819.50 m 以上流速仪流量与雷达流量相关图

由于 Ridar-200 型侧扫雷达测速仪所施测的是水面虚流量,现将该流量用上述公式进行计算,得出雷达测的断面流量,再与站上实测流量进行流量误差的分析(见表 9.3-9),相对误差在 -5.58% 和 8.21% 之间,系统误差为 0.1%,标准差为 3.0%,随机不确定度为 6.0%。

表 9.3-9　流速仪实测流量与雷达流量误差分析计算表

序号	实测时间	相应水位 (m)	雷达实测虚 流量(m³/s)	流速仪实测 流量(m³/s)	相关关系计算 雷达断面流量(m³/s)	计算后雷达流量 相对误差(%)
1	2021-05-31 11:31	1 819.48	1 330	1 150	1 170	1.74
2	2021-06-10 17:24	1 819.82	1 480	1 380	1 310	-5.07
3	2021-06-14 14:31	1 820.10	1 880	1 680	1 680	0.00
4	2021-06-25 10:26	1 820.53	2 240	2 060	2 010	-2.43
5	2021-06-30 10:16	1 820.97	2 660	2 490	2 410	-3.21
6	2021-07-02 13:49	1 821.32	3 160	2 850	2 870	0.70
7	2021-07-12 09:24	1 821.52	3 330	3 090	3 030	-1.94
8	2021-07-12 23:18	1 821.80	3 680	3 340	3 360	0.60
9	2021-07-13 21:07	1 821.88	3 780	3 480	3 450	-0.86
10	2021-07-14 10:43	1 821.73	3 560	3 210	3 240	0.93
11	2021-07-19 15:59	1 821.13	2 800	2 610	2 540	-2.68
12	2021-07-21 15:15	1 820.86	2 490	2 300	2 250	-2.17
13	2021-07-25 09:15	1 820.39	2 050	1 880	1 840	-2.13
14	2021-07-28 20:45	1 820.61	2 300	2 100	2 070	-1.43
15	2021-07-30 09:02	1 821.21	2 890	2 670	2 620	-1.87
16	2021-08-01 15:28	1 821.41	3 200	2 920	2 910	-0.34
17	2021-08-11 09:43	1 820.83	2 490	2 290	2 250	-1.75
18	2021-08-15 13:55	1 822.01	3 740	3 560	3 410	-4.21
19	2021-08-16 07:12	1 822.55	4 270	4 080	3 910	-4.17
20	2021-08-19 09:12	1 823.12	4 990	4 560	4 580	0.44

序号	实测时间	相应水位（m）	雷达实测虚流量（m³/s）	流速仪实测流量（m³/s）	相关关系计算雷达断面流量（m³/s）	计算后雷达流量相对误差（%）
21	2021－08－19 15：59	1 823.42	5 030	4 710	4 610	－2.12
22	2021－08－20 08：59	1 823.33	4 930	4 590	4 520	－1.53
23	2021－08－22 15：14	1 822.77	4 510	4 090	4 130	0.98
24	2021－08－23 17：33	1 822.40	4 170	3 790	3 810	0.53
25	2021－08－25 22：35	1 822.61	4 310	3 900	3 940	1.03
26	2021－08－27 10：07	1 822.85	4 630	4 230	4 240	0.24
27	2021－08－27 16：44	1 823.13	4 850	4 540	4 450	－1.98
28	2021－08－27 22：43	1 823.44	5 160	4 870	4 740	－2.67
29	2021－08－28 07：14	1 823.89	5 450	5 190	5 010	－3.47
30	2021－08－29 18：57	1 823.61	5 110	4 700	4 690	－0.21
31	2021－08－30 16：42	1 823.79	5 240	4 990	4 810	－3.61
32	2021－08－31 19：27	1 823.61	5 140	4 640	4 720	1.72
33	2021－09－01 09：32	1 823.18	4 840	4 480	4 440	－0.89
34	2021－09－02 09：14	1 822.90	4 730	4 240	4 330	2.12
35	2021－09－04 15：53	1 822.51	4 190	3 850	3 830	－0.52
36	2021－09－06 16：10	1 822.30	3 920	3 640	3 580	－1.65
37	2021－09－07 08：33	1 822.48	4 280	3 860	3 920	1.55
38	2021－09－08 09：33	1 822.87	4 800	4 230	4 400	4.02
39	2021－09－08 18：49	1 823.12	5 000	4 560	4 590	0.66
40	2021－09－09 03：18	1 823.20	4 910	4 500	4 500	0.00
41	2021－09－10 07：46	1 823.22	4 900	4 450	4 490	0.90
42	2021－09－11 09：09	1 823.01	4 800	4 300	4 400	2.33
43	2021－09－12 04：19	1 823.32	5 010	4 470	4 600	2.91
44	2021－09－12 14：36	1 822.82	4 480	3 920	4 100	4.59
45	2021－09－12 19：52	1 822.31	3 930	3 390	3 590	5.90
46	2021－09－13 01：52	1 822.18	3 740	3 520	3 410	－3.13
47	2021－09－13 11：59	1 822.34	3 970	3 690	3 630	－1.63
48	2021－09－14 11：29	1 822.09	3 810	3 380	3 480	2.96
49	2021－09－15 16：14	1 821.83	3 600	3 080	3 280	6.49
50	2021－09－17 15：58	1 821.43	3 050	2 720	2 770	1.84
51	2021－09－26 09：27	1 821.00	2 660	2 270	2 410	6.17
52	2021－09－26 20：55	1 820.48	2 080	1 970	1 860	－5.58
53	2021－09－28 15：52	1 820.84	2 510	2 260	2 270	0.44
54	2021－10－11 13：24	1 820.64	2 200	2 090	1 980	－5.26
55	2021－10－27 15：55	1 819.67	1 530	1 270	1 350	6.30
56	2022－06－10 09：55	1 820.83	2 550	2 320	2 300	－0.86
57	2022－06－17 14：31	1 821.51	3 300	2 990	3 000	0.33
58	2022－06－26 19：33	1 821.21	2 960	2 660	2 680	0.75

序号	实测时间	相应水位（m）	雷达实测虚流量（m³/s）	流速仪实测流量（m³/s）	相关关系计算雷达断面流量（m³/s）	计算后雷达流量相对误差（%）
59	2022 - 07 - 01 15:40	1 821.97	3 830	3 470	3 500	0.86
60	2022 - 07 - 09 08:42	1 820.30	2 040	1 770	1 830	3.39
61	2022 - 07 - 18 16:27	1 820.51	2 340	1 950	2 110	8.21
62	2022 - 07 - 24 09:30	1 821.05	2 860	2 520	2 590	2.78

3）关系检验及误差分析

将在 2021 年水位流量关系曲线上查得的比测区间里不同水位级的流量与上述分析出来的公式所计算出来的同时刻流量进行相关的检验、误差统计与分析，详见表 9.3-10、表 9.3-11。

表 9.3-10　石鼓站直接雷达流量法检验计算表（全变幅水位）

序号	水位（m）	实测流量（m³/s）	线上流量（m³/s）	偏差 P（%）	$P_{(i)} - P_{(平)}$	$[P_{(i)} - P_{(平)}]^2$
1	1 817.39	243	235	3.40	3.39	11.49
2	1 817.80	358	351	1.99	1.98	3.92
3	1 817.94	400	393	1.78	1.77	3.13
4	1 818.33	498	511	−2.54	−2.55	6.50
5	1 819.67	1 350	1 300	3.85	3.84	14.75
6	1 819.82	1 350	1 410	−4.26	−4.27	18.23
7	1 820.10	1 720	1 640	4.88	4.87	23.72
8	1 820.39	1 870	1 880	−0.53	−0.54	0.29
9	1 820.53	2 050	2 020	1.49	1.48	2.19
10	1 820.64	2 010	2 120	−5.19	−5.20	27.04
11	1 820.83	2 300	2 300	0.00	−0.01	0.00
12	1 820.97	2 430	2 450	−0.82	−0.83	0.69
13	1 821.13	2 560	2 610	−1.92	−1.93	3.72
14	1 821.32	2 890	2 810	2.85	2.84	8.07
15	1 821.43	2 790	2 720	2.57	2.56	6.55
16	1 821.52	3 040	3 040	0.00	−0.01	0.00
17	1 821.80	3 360	3 350	0.30	0.29	0.08
18	1 821.88	3 450	3 440	0.29	0.28	0.08
19	1 822.01	3 420	3 570	−4.20	−4.21	17.72
20	1 822.18	3 420	3 520	−2.84	−2.85	8.12
21	1 822.31	3 590	3 390	5.90	5.89	34.69
22	1 822.48	3 910	3 840	1.82	1.81	3.28
23	1 822.55	3 900	4 080	−4.41	−4.42	19.54
24	1 822.61	3 940	3 900	1.03	1.02	1.04
25	1 822.77	4 120	4 090	0.73	0.72	0.52
26	1 823.01	4 390	4 300	2.09	2.08	4.33
27	1 823.12	4 560	4 560	0.00	−0.01	0.00
28	1 823.22	4 480	4 450	0.67	0.66	0.44

序号	水位(m)	实测流量(m³/s)	线上流量(m³/s)	偏差 P(%)	$P_{(i)} - P_{(平)}$	$[P_{(i)} - P_{(平)}]^2$
29	1 823.32	4 580	4 470	2.46	2.45	6.00
30	1 823.33	4 500	4 590	−1.96	−1.97	3.88
31	1 823.42	4 600	4 710	−2.34	−2.35	5.52
32	1 823.44	4 710	4 870	−3.29	−3.30	10.89
33	1 823.61	4 700	4 640	1.29	1.28	1.64
34	1 823.61	4 670	4 700	−0.64	−0.65	0.42
35	1 823.79	4 790	4 990	−4.01	−4.02	16.16
样本容量	$N = 35$		正号个数:19.5		符号交换次数:21	
符号检验	$u = 0.51$		允许:1.15(显著性水平 $\alpha = 0.25$)		合格	
适线检验	$U = -1.54$		免检			
偏离数值检验	$\lvert t \rvert = 0.02$		允许:1.05(显著性水平 $\alpha = 0.30$)		合格	
标准差	Se(%) $= 2.8$		随机不确定度(%):5.6		系统误差(%):0.0	

表 9.3-11　石鼓站直接雷达流量法检验计算表(水位 1 819.50 m 以上)

序号	水位(m)	实测流量(m³/s)	线上流量(m³/s)	偏差 P(%)	$P_{(i)} - P_{(平)}$	$[P_{(i)} - P_{(平)}]^2$
1	1 819.67	1 350	1 300	3.85	4.31	18.58
2	1 819.82	1310	1 410	−7.09	−6.63	43.96
3	1 820.10	1 680	1 640	2.44	2.90	8.41
4	1 820.39	1 840	1 880	−2.13	−1.67	2.79
5	1 820.53	2 010	2 020	−0.50	−0.04	0.00
6	1 820.64	1 980	2 120	−6.60	−6.14	37.70
7	1 820.83	2 300	2 300	0.00	0.46	0.21
8	1 820.97	2 410	2 450	−1.63	−1.17	1.37
9	1 821.13	2 540	2 610	−2.68	−2.22	4.93
10	1 821.32	2 870	2 810	2.14	2.60	6.76
11	1 821.43	2 770	2 720	1.84	2.30	5.29
12	1 821.52	3 030	3 040	−0.33	0.13	0.02
13	1 821.80	3 360	3 350	0.30	0.76	0.58
14	1 821.88	3 450	3 440	0.29	0.75	0.56
15	1 822.01	3 410	3 570	−4.48	−4.02	16.16
16	1 822.18	3 410	3 520	−3.12	−2.66	7.08
17	1 822.31	3 590	3 390	5.90	6.36	40.45
18	1 822.48	3 920	3 840	2.08	2.54	6.45
19	1 822.55	3 910	4 080	−4.17	−3.71	13.76
20	1 822.61	3 940	3 900	1.03	1.49	2.22
21	1 822.77	4 130	4 090	0.98	1.44	2.07
22	1 823.01	4 400	4 300	2.33	2.79	7.78

续表

序号	水位(m)	实测流量(m³/s)	线上流量(m³/s)	偏差 P(%)	$P_{(i)}-P_{(平)}$	$[P_{(i)}-P_{(平)}]^2$
23	1 823.12	4 580	4 560	0.44	0.90	0.81
24	1 823.22	4 490	4 450	0.90	1.36	1.85
25	1 823.32	4 600	4 470	2.91	3.37	11.36
26	1 823.33	4 520	4 590	−1.53	−1.07	1.14
27	1 823.42	4 610	4 710	−2.12	−1.66	2.76
28	1 823.44	4 740	4 870	−2.67	−2.21	4.88
29	1 823.61	4 690	4 700	−0.21	0.25	0.06
30	1 823.61	4 690	4 640	1.08	1.54	2.37
31	1 823.79	4 810	4 990	−3.61	−3.15	9.92
样本容量	N=31	正号个数:15.5			符号交换次数:15	
符号检验	u=−0.18	允许:1.15(显著性水平 α=0.25)			合格	
适线检验	U=−0.18	免检				
偏离数值检验	|t|=0.87	允许:1.05(显著性水平 α=0.30)			合格	
标准差	Se(%)=3.0	随机不确定度(%):6.0			系统误差(%):−0.5	

通过检验可知,在全变幅水位下用雷达流量计算公式(9.3-1)推算出来的流量,检验结果为:标准差2.8%,系统误差 0.0%,随机不确定度 5.6%,三项检验均合格;在水位 1 819.50 m 以上用雷达流量计算公式(9.3-2)推算出来的流量,检验结果为:标准差 3.0%,系统误差−0.5%,随机不确定度 6.0%,三项检验均合格。

3. 指标流速法比测分析

考虑常规流速仪测验已经形成了长系列的水文资料,所以本次雷达测流的误差统计以常规流速仪法测验成果为"真值",利用数理统计方法和公式,统计或估算各项比测误差。因雷达的 n 个独立测量值是在不同的条件下测得的,雷达测量值与其流速仪法"真值"作为同一母体的样本观测值,分别统计或估算各垂线表面流速和流量的相对误差、平均相对误差(或平均相对系统误差)、相对均方差(或随机不确定度)等指标以及其相关性。

1) 表面流速分析

对 71 次流量进行筛选,选取了不同时段、不同水位级的流量 39 次。其中有低水位 4 次,中水位16 次,高水位 19 次,均为流速仪实测 0.2 相对水深流速与雷达表面流速横向分布比较。部分流速横向分布图(见图 9.3-20 至图 9.3-24),通过两者的对比图可以看出流速的横向分布基本相应,个别情况存在对岸流速偏大的情况。总体关系较好。具体分析统计详见表 9.3-12。

表 9.3-12　流速仪与雷达表面流速分析统计表

序号	时间	水位(m)	流速仪采用测速位置	雷达采用测速位置
1	2021 年 05 月 31 日 11 时 31 分	1 819.48	0.2 相对水深	水面
2	2021 年 06 月 10 日 17 时 24 分	1 819.82	0.2 相对水深	水面
3	2021 年 06 月 14 日 14 时 32 分	1 820.10	0.2 相对水深	水面
4	2021 年 06 月 25 日 10 时 26 分	1 820.53	0.2 相对水深	水面
5	2021 年 06 月 30 日 10 时 16 分	1 820.97	0.2 相对水深	水面

序号	时间	水位(m)	流速仪采用测速位置	雷达采用测速位置
6	2021 年 07 月 02 日 13 时 49 分	1 821.32	0.2 相对水深	水面
7	2021 年 07 月 12 日 09 时 24 分	1 821.52	0.2 相对水深	水面
8	2021 年 07 月 12 日 23 时 18 分	1 821.80	0.2 相对水深	水面
9	2021 年 07 月 14 日 10 时 43 分	1 821.73	0.2 相对水深	水面
10	2021 年 07 月 19 日 16 时 00 分	1 821.13	0.2 相对水深	水面
11	2021 年 07 月 21 日 15 时 16 分	1 820.86	0.2 相对水深	水面
12	2021 年 07 月 25 日 09 时 15 分	1 820.39	0.2 相对水深	水面
13	2021 年 08 月 01 日 15 时 28 分	1 821.41	0.2 相对水深	水面
14	2021 年 08 月 15 日 13 时 55 分	1 822.01	0.2 相对水深	水面
15	2021 年 08 月 19 日 09 时 12 分	1 823.12	0.2 相对水深	水面
16	2021 年 08 月 19 日 15 时 59 分	1 823.42	0.2 相对水深	水面
17	2021 年 08 月 20 日 08 时 59 分	1 823.33	0.2 相对水深	水面
18	2021 年 08 月 23 日 17 时 33 分	1 822.40	0.2 相对水深	水面
19	2021 年 08 月 27 日 10 时 08 分	1 822.85	0.2 相对水深	水面
20	2021 年 08 月 27 日 16 时 44 分	1 823.13	0.2 相对水深	水面
21	2021 年 08 月 28 日 07 时 14 分	1 823.89	0.2 相对水深	水面
22	2021 年 08 月 29 日 18 时 58 分	1 823.61	0.2 相对水深	水面
23	2021 年 08 月 30 日 16 时 42 分	1 823.79	0.2 相对水深	水面
24	2021 年 09 月 01 日 09 时 32 分	1 823.18	0.2 相对水深	水面
25	2021 年 09 月 04 日 15 时 53 分	1 822.51	0.2 相对水深	水面
26	2021 年 09 月 10 日 07 时 46 分	1 823.22	0.2 相对水深	水面
27	2021 年 09 月 26 日 09 时 27 分	1 821.00	0.2 相对水深	水面
28	2021 年 10 月 11 日 13 时 24 分	1 820.64	0.2 相对水深	水面
29	2021 年 10 月 27 日 15 时 55 分	1 819.67	0.2 相对水深	水面
30	2021 年 12 月 05 日 10 时 29 分	1 818.75	0.2 相对水深	水面
31	2021 年 12 月 30 日 11 时 15 分	1 818.24	0.2 相对水深	水面
32	2022 年 01 月 02 日 15 时 48 分	1 818.30	0.2 相对水深	水面
33	2022 年 06 月 10 日 09 时 55 分	1 820.83	0.2 相对水深	水面
34	2022 年 06 月 17 日 14 时 31 分	1 821.51	0.2 相对水深	水面
35	2022 年 06 月 26 日 19 时 33 分	1 821.21	0.2 相对水深	水面
36	2022 年 07 月 01 日 15 时 40 分	1 821.97	0.2 相对水深	水面
37	2022 年 07 月 09 日 08 时 42 分	1 820.30	0.2 相对水深	水面
38	2022 年 07 月 18 日 16 时 27 分	1 820.51	0.2 相对水深	水面
39	2022 年 07 月 24 日 09 时 30 分	1 821.05	0.2 相对水深	水面

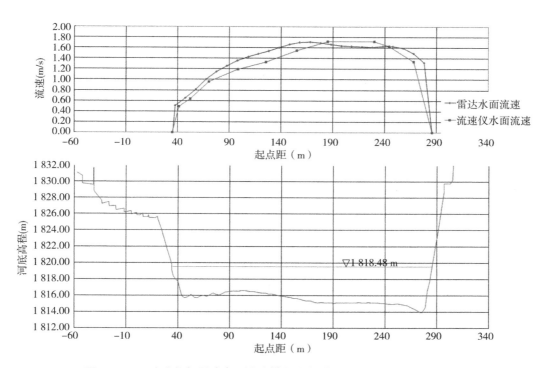

图 9.3-20　流速仪与雷达表面流速横向分布对比图(2021-5-31　Q15)

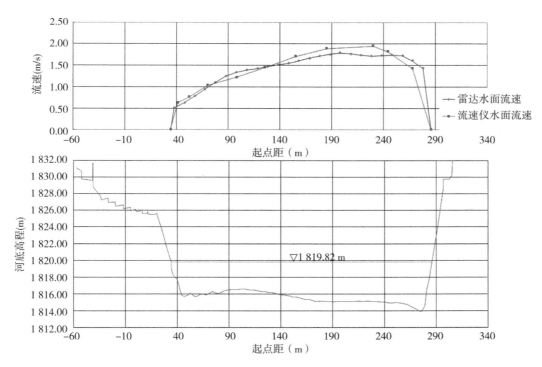

图 9.3-21　流速仪与雷达表面流速横向分布对比图(2021-6-10　Q16)

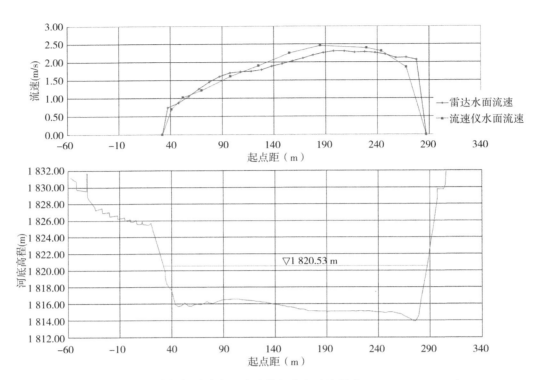

图 9.3-22 流速仪与雷达表面流速横向分布对比图（2021-6-25 Q18）

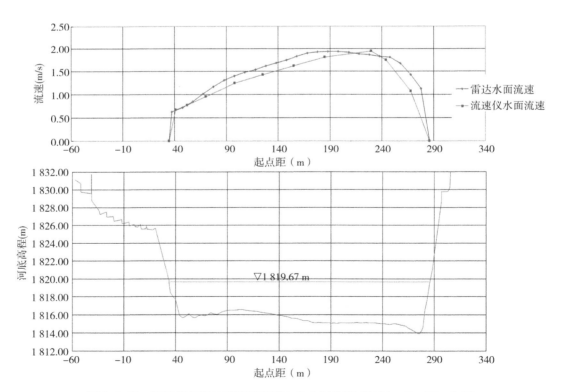

图 9.3-23 流速仪与雷达表面流速横向分布对比图（2021-10-27 Q69）

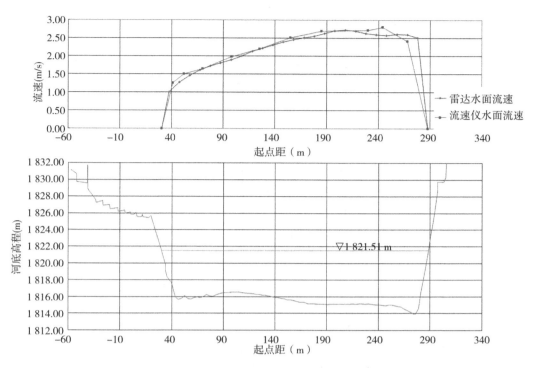

图 9.3-24 流速仪与雷达表面流速横向分布对比图（2022－6－17 Q7）

根据本站断面起点距,对雷达表面流速进行线性插补,得到与本站测速垂线起点距对应的雷达表面流速,再与该起点距下的流速仪表面流速计算相对误差(见表 9.3-13)、系统误差及随机不确定度。

雷达表面流速与流速仪实测流速相比,系统误差为－1.2%,标准差为 14.2%,随机不确定度为 28.5%。通过误差分析计算可知:

(1) 系统误差及随机不确定度都比较大,不满足《河流流量测验规范》(GB 50179—2015)中第 4.1.2 条的要求。

(2) 雷达水面流速在断面上定位的模糊性和比测时间的不同步性,是流速比测误差较大的主要原因。

表 9.3-13 表面流速误差分析统计表

序号	时间	起点距(m)	流速仪(m/s)	雷达(m/s)	相对误差(%)	序号	时间	起点距(m)	流速仪(m/s)	雷达(m/s)	相对误差(%)
1	2021年5月31日11时31分	41	0.49	0.56	14.29	2	2021年6月10日17时24分	41	0.63	0.55	−12.70
		52	0.63	0.72	14.29			52	0.76	0.70	−7.89
		70	0.96	1.04	8.33			70	1.03	0.98	−4.85
		98	1.19	1.36	14.29			98	1.22	1.33	9.02
		125	1.33	1.52	14.29			125	1.45	1.46	0.69
		155	1.55	1.69	9.03			155	1.71	1.59	−7.02
		185	1.72	1.67	−2.91			185	1.89	1.75	−7.41
		230	1.72	1.61	−6.40			230	1.95	1.72	−11.79
		244	1.63	1.63	0.00			244	1.82	1.74	−4.40
		268	1.34	1.49	11.19			268	1.42	1.61	13.38

序号	时间	起点距（m）	流速仪（m/s）	雷达（m/s）	相对误差（%）	序号	时间	起点距（m）	流速仪（m/s）	雷达（m/s）	相对误差（%）
3	2021年6月14日14时32分	41	0.72	0.67	−6.94	7	2021年7月12日09时24分	41	1.12	1.09	−2.68
		52	0.88	0.81	−7.95			52	1.47	1.34	−8.84
		70	1.12	1.15	2.68			70	1.61	1.65	2.48
		98	1.45	1.57	8.28			98	1.93	1.99	3.11
		125	1.45	1.74	20.00			125	2.41	2.19	−9.13
		155	1.96	1.80	−8.16			155	2.65	2.55	−3.77
		185	2.22	2.01	−9.46			185	2.87	2.66	−7.32
		230	2.15	2.10	−2.33			230	2.89	2.58	−10.73
		244	2.05	2.10	2.44			244	2.89	2.60	−10.03
		268	1.69	2.03	20.12			268	2.49	2.68	7.63
4	2021年6月25日10时26分	41	0.70	0.79	12.86	8	2021年7月12日23时18分	41	1.15	1.32	14.78
		52	1.02	0.96	−5.88			52	1.59	1.61	1.26
		70	1.22	1.31	7.38			70	1.83	1.95	6.56
		98	1.61	1.71	6.21			98	2.05	2.18	6.34
		125	1.90	1.79	−5.79			125	2.48	2.41	−2.82
		155	2.25	2.01	−10.67			155	2.91	2.66	−8.59
		185	2.46	2.24	−8.94			185	3.06	2.70	−11.76
		230	2.39	2.28	−4.60			230	2.86	2.63	−8.04
		244	2.30	2.24	−2.61			244	3.13	2.65	−15.34
		268	1.86	2.13	14.52			268	2.70	2.73	1.11
5	2021年6月30日10时16分	41	0.92	0.98	6.52	9	2021年7月14日10时43分	41	1.26	1.39	10.32
		52	1.27	1.18	−7.09			52	1.69	1.61	−4.73
		70	1.52	1.51	−0.66			70	1.77	1.88	6.21
		98	1.72	1.86	8.14			98	1.95	2.18	11.79
		125	2.00	2.00	0.00			125	2.39	2.38	−0.42
		155	2.41	2.20	−8.71			155	2.75	2.58	−6.18
		185	2.61	2.39	−8.43			185	2.82	2.70	−4.26
		230	2.65	2.35	−11.32			230	2.88	2.55	−11.46
		244	2.61	2.43	−6.90			244	2.99	2.55	−14.72
		268	2.22	2.47	11.26			268	2.65	2.63	−0.75
6	2021年7月2日13时49分	41	1.23	1.13	−8.13	10	2021年07月19日16时00分	41	1.05	1.09	3.81
		52	1.39	1.39	0.00			52	1.27	1.25	−1.57
		70	1.58	1.69	6.96			70	1.47	1.51	2.72
		98	1.85	1.96	5.95			98	1.74	1.85	6.32
		125	2.20	2.18	−0.91			125	2.08	2.06	−0.96
		155	2.63	2.43	−7.60			155	2.33	2.31	−0.86
		185	2.89	2.60	−10.03			185	2.62	2.53	−3.44
		230	2.68	2.51	−6.34			230	2.76	2.36	−14.49
		244	2.68	2.51	−6.34			244	2.70	2.41	−10.74
		268	2.63	2.55	−3.04			268	2.41	2.43	0.83

续表

序号	时间	起点距(m)	流速仪(m/s)	雷达(m/s)	相对误差(%)	序号	时间	起点距(m)	流速仪(m/s)	雷达(m/s)	相对误差(%)
11	2021年7月21日15时16分	41	0.91	1.09	19.78	15	2021年8月19日09时12分	41	1.82	1.52	−16.48
		52	1.12	1.25	11.61			52	2.05	1.88	−8.29
		70	1.25	0.86	−31.20			70	2.27	2.31	1.76
		98	1.58	1.26	−20.25			98	2.58	2.65	2.71
		125	1.91	1.70	−10.99			125	2.77	2.85	2.89
		155	2.30	1.94	−15.65			155	3.00	3.09	3.00
		185	2.70	2.10	−22.22			185	3.18	3.04	−4.40
		230	2.46	2.40	−2.44			230	3.38	2.58	−23.67
		244	2.46	2.38	−3.25			244	3.32	2.60	−21.69
		268	2.27	2.30	1.32			268	2.53	2.73	7.91
12	2021年7月25日09时15分	41	0.79	0.78	−1.27	16	2021年8月19日15时59分	41	1.76	1.43	−18.75
		52	0.92	0.91	−1.09			52	2.10	1.78	−15.24
		70	1.10	1.19	8.18			70	2.34	2.25	−3.85
		98	1.42	1.56	9.86			98	2.56	2.67	4.30
		125	1.71	1.75	2.34			125	2.78	2.83	1.80
		155	2.03	1.90	−6.40			155	3.09	2.90	−6.15
		185	2.34	2.06	−11.97			185	3.21	2.99	−6.85
		230	2.36	2.14	−9.32			230	3.28	2.52	−23.17
		244	2.22	2.14	−3.60			244	3.21	2.57	−19.94
		268	1.91	2.16	13.09			268	2.44	2.76	13.11
13	2021年8月1日15时28分	41	1.23	1.10	−10.57	17	2021年8月20日08时59分	41	1.72	1.35	−21.51
		52	1.53	1.31	−14.38			52	2.00	1.73	−13.50
		70	1.63	1.67	2.45			70	2.20	2.19	−0.45
		98	1.88	1.93	2.66			98	2.51	2.52	0.40
		125	2.17	2.04	−5.99			125	2.68	2.80	4.48
		155	2.53	2.37	−6.32			155	2.99	2.99	0.00
		185	2.79	2.59	−7.17			185	3.27	3.04	−7.03
		230	2.70	2.52	−6.67			230	3.27	2.51	−23.24
		244	2.89	2.51	−13.15			244	3.16	2.49	−21.20
		268	2.51	2.57	2.39			268	2.34	2.65	13.25
14	2021年8月15日13时55分	41	1.70	1.30	−23.53	18	2021年8月23日17时33分	41	1.53	1.26	−17.65
		52	1.80	1.58	−12.22			52	1.85	1.58	−14.59
		70	1.86	1.98	6.45			70	2.00	2.08	4.00
		98	2.19	2.18	−0.46			98	2.39	2.39	0.00
		125	2.57	2.26	−12.06			125	2.53	2.58	1.98
		155	2.68	2.44	−8.96			155	2.87	2.71	−5.57
		185	2.82	2.61	−7.45			185	2.99	2.88	−3.68
		230	2.83	2.67	−5.65			230	3.05	2.65	−13.11
		244	2.75	2.71	−1.45			244	3.18	2.59	−18.55
		268	2.31	2.79	20.78			268	2.12	2.70	27.36

序号	时间	起点距(m)	流速仪(m/s)	雷达(m/s)	相对误差(%)	序号	时间	起点距(m)	流速仪(m/s)	雷达(m/s)	相对误差(%)
19	2021年8月27日10时08分	41	1.53	1.34	−12.42	23	2021年8月30日16时42分	41	1.59	1.28	−19.50
		52	1.96	1.68	−14.29			52	2.01	1.64	−18.41
		70	2.19	2.15	−1.83			70	2.36	2.14	−9.32
		98	2.41	2.53	4.98			98	2.48	2.63	6.05
		125	2.68	2.73	1.87			125	2.75	2.91	5.82
		155	3.02	2.89	−4.30			155	2.99	3.19	6.69
		185	3.13	2.98	−4.79			185	3.08	3.01	−2.27
		230	3.27	2.64	−19.27			230	3.32	2.39	−28.01
		244	3.16	2.62	−17.09			244	3.26	2.41	−26.07
		268	2.41	2.77	14.94			268	2.22	2.48	11.71
20	2021年8月27日16时44分	41	1.67	1.25	−25.15	24	2021年9月1日09时32分	41	1.39	1.26	−9.35
		52	2.03	1.66	−18.23			52	1.86	1.63	−12.37
		70	2.27	2.14	−5.73			70	2.17	2.08	−4.15
		98	2.51	2.38	−5.18			98	2.34	2.51	7.26
		125	2.77	2.67	−3.61			125	2.62	2.72	3.82
		155	3.08	2.78	−9.74			155	2.89	2.94	1.73
		185	3.21	2.92	−9.03			185	2.99	3.05	2.01
		230	3.51	2.85	−18.80			230	3.18	2.57	−19.18
		244	3.27	2.90	−11.31			244	3.11	2.56	−17.68
		268	2.31	2.89	25.11			268	3.18	2.68	−15.72
21	2021年8月28日07时14分	41	1.85	1.33	−28.11	25	2021年9月4日15时53分	41	1.47	1.19	−19.05
		52	2.14	1.70	−20.56			52	1.85	1.53	−17.30
		70	2.43	2.19	−9.88			70	2.03	2.00	−1.48
		98	2.53	2.69	6.32			98	2.29	2.37	3.49
		125	2.81	3.00	6.76			125	2.51	2.48	−1.20
		155	3.11	3.22	3.54			155	2.77	2.63	−5.05
		185	3.18	3.10	−2.52			185	3.02	2.81	−6.95
		230	3.45	2.39	−30.72			230	3.23	2.65	−17.96
		244	3.32	2.45	−26.20			244	2.99	2.64	−11.71
		268	2.41	2.68	11.20			268	2.10	2.63	25.24
22	2021年8月29日18时58分	41	1.61	1.27	−21.12	26	2021年9月10日07时46分	41	1.48	1.25	−15.54
		52	1.93	1.65	−14.51			52	1.96	1.61	−17.86
		70	2.27	2.14	−5.73			70	2.22	2.06	−7.21
		98	2.48	2.52	1.61			98	2.41	2.53	4.98
		125	2.70	2.81	4.07			125	2.72	2.72	0.00
		155	2.94	3.01	2.38			155	2.92	2.95	1.03
		185	3.03	3.11	2.64			185	3.02	3.06	1.32
		230	3.03	2.49	−17.82			230	3.27	2.61	−20.18
		244	3.18	2.41	−24.21			244	3.23	2.60	−19.50
		268	2.34	2.51	7.26			268	2.20	2.73	24.09

序号	时间	起点距(m)	流速仪(m/s)	雷达(m/s)	相对误差(%)	序号	时间	起点距(m)	流速仪(m/s)	雷达(m/s)	相对误差(%)
27	2021 年 9 月 26 日 09 时 27 分	41	1.14	0.92	−19.30	31	2021 年 12 月 30 日 11 时 15 分	41	0.47	0.13	−72.34
		52	1.29	1.10	−14.73			52	0.55	0.53	−3.64
		70	1.37	1.47	7.30			70	0.55	0.68	23.64
		98	1.65	1.85	12.12			98	0.66	0.86	30.30
		125	1.89	2.04	7.94			125	0.75	0.97	29.33
		155	2.23	2.19	−1.79			155	1.03	1.06	2.91
		185	2.47	2.34	−5.26			185	1.04	1.14	9.62
		230	2.49	2.35	−5.62			230	0.95	1.12	17.89
		244	2.40	2.31	−3.75			244	0.95	1.10	15.79
		268	1.65	2.35	42.42			268	0.60	1.05	75.00
28	2021 年 10 月 11 日 13 时 24 分	41	0.86	0.77	−10.47	32	2022 年 1 月 2 日 15 时 48 分	41	0.33	0.11	−66.67
		52	1.03	0.91	−11.65			52	0.55	0.39	−29.09
		70	1.17	1.23	5.13			70	0.59	0.60	1.69
		98	1.55	1.62	4.52			98	0.67	0.92	37.31
		125	1.77	1.79	1.13			125	0.80	1.06	32.50
		155	2.19	1.94	−11.42			155	1.01	1.13	11.88
		185	2.51	2.10	−16.33			185	1.17	1.21	3.42
		230	2.63	2.18	−17.11			230	1.02	1.21	18.63
		244	2.31	2.12	−8.23			244	0.95	1.21	27.37
		268	1.70	2.08	22.35			268	0.76	1.09	43.42
29	2021 年 10 月 27 日 15 时 55 分	41	0.67	0.65	−2.99	33	2022 年 6 月 10 日 09 时 55 分	41	0.86	0.83	−3.49
		52	0.77	0.77	0.00			52	1.17	1.10	−5.98
		70	0.96	1.06	10.42			70	1.38	1.43	3.62
		98	1.25	1.40	12.00			98	1.64	1.78	8.54
		125	1.43	1.60	11.89			125	1.84	1.89	2.72
		155	1.62	1.81	11.73			155	2.25	2.03	−9.78
		185	1.81	1.94	7.18			185	2.45	2.23	−8.98
		230	1.95	1.85	−5.13			230	2.43	2.34	−3.70
		244	1.75	1.82	4.00			244	2.48	2.35	−5.24
		268	1.08	1.43	32.41			268	1.92	2.23	16.15
30	2021 年 12 月 5 日 10 时 29 分	41	0.48	0.57	18.75	34	2022 年 6 月 17 日 14 时 31 分	41	1.25	1.09	−12.80
		52	0.64	0.62	−3.13			52	1.50	1.36	−9.33
		70	0.73	0.80	9.59			70	1.64	1.64	0.00
		98	0.92	1.05	14.13			98	1.98	1.90	−4.04
		125	1.01	1.16	14.85			125	2.20	2.19	−0.45
		155	1.14	1.26	10.53			155	2.51	2.44	−2.79
		185	1.30	1.41	8.46			185	2.70	2.61	−3.33
		230	1.27	1.47	15.75			230	2.72	2.62	−3.68
		244	1.10	1.48	34.55			244	2.80	2.59	−7.50
		268	0.82	1.38	68.29			268	2.41	2.60	7.88

序号	时间	起点距(m)	流速仪(m/s)	雷达(m/s)	相对误差(%)	序号	时间	起点距(m)	流速仪(m/s)	雷达(m/s)	相对误差(%)
35	2022年6月26日19时33分	41	1.06	0.99	−6.60	38	2022年7月18日16时27分	41	0.76	0.91	19.74
		52	1.37	1.18	−13.87			52	1.03	1.08	4.85
		70	1.44	1.51	4.86			70	1.15	1.37	19.13
		98	1.69	1.86	10.06			98	1.44	1.68	16.67
		125	2.02	2.01	−0.50			125	1.69	1.88	11.24
		155	2.35	2.24	−4.68			155	2.03	2.02	−0.49
		185	2.55	2.47	−3.14			185	2.24	2.19	−2.23
		230	2.73	2.47	−9.52			230	2.27	2.26	−0.44
		244	2.81	2.44	−13.17			244	2.27	2.26	−0.44
		268	2.10	2.44	16.19			268	1.83	2.20	20.22
36	2022年7月1日15时40分	41	1.35	1.30	−3.70	39	2022年7月24日09时30分	41	0.97	1.01	4.12
		52	1.66	1.56	−6.02			52	1.19	1.19	0.00
		70	1.83	1.86	1.64			70	1.39	1.49	7.19
		98	2.10	2.19	4.29			98	1.72	1.86	8.14
		125	2.31	2.37	2.60			125	1.99	2.00	0.50
		155	2.65	2.53	−4.53			155	2.25	2.24	−0.44
		185	2.84	2.78	−2.11			185	2.50	2.41	−3.60
		230	2.87	2.69	−6.27			230	2.40	2.51	4.58
		244	3.13	2.63	−15.97			244	2.58	2.47	−4.26
		268	2.44	2.67	9.43			268	2.28	2.45	7.46
37	2022年7月9日08时42分	41	0.74	0.80	8.11						
		52	0.92	0.93	1.09						
		70	1.07	1.17	9.35						
		98	1.34	1.52	13.43						
		125	1.59	1.74	9.43						
		155	1.95	1.89	−3.08						
		185	2.17	1.96	−9.68						
		230	2.23	2.13	−4.48						
		244	2.15	2.11	−1.86						
		268	1.67	2.09	25.15						

2)指标流速分析

将流速仪测流的断面平均流速与雷达测流各位置表面流速进行比较分析,总体思路是找出与流速仪测流的断面平均流速相关关系最好的雷达表面流速的垂线位置(1条或多条),将该垂线(1条或多条)测得的雷达表面流速(单个或加权)作为指标流速,建立与流速仪测流断面平均流速的相关关系。

采用的流速仪测流数据共有62组(流速比测分析的数据时间范围为2021年5月10日—2022年7月24日,未采用流量比测区间的ADCP测流的数据;采用的数据均是剔除了故障时间段后的数据),水位在1 818.24 m和1 823.89 m之间,断面平均流速在0.74 m/s和2.51 m/s之间。对应的雷达表面流速数据共有62组。

(1)单条垂线分析

分别将各雷达对应流速仪断面起点距的表面流速与流速仪测流断面平均流速相比,发现在测流断面起点距 125 m、155 m、185 m 对应的表面流速与流速仪测流断面平均流速关系相对较好,相关系数 R^2 分别为 0.909 7,0.927 5,0.960 2。其中,起点距在 185 m 处的表面流速与流速仪测流断面平均流速相关关系最好(见图 9.3-25 至图 9.3-27)。

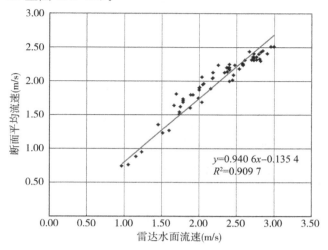

图 9.3-25 起点距 125 m 雷达水面流速与流速仪断面平均流速相关关系图

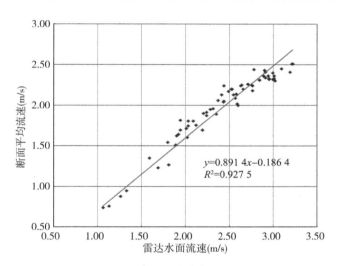

图 9.3-26 起点距 155 m 雷达水面流速与流速仪断面平均流速相关关系图

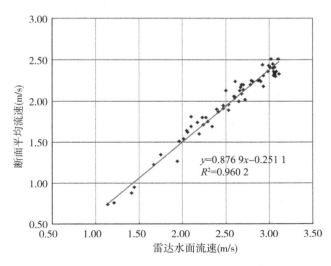

图 9.3-27 起点距 185 m 雷达水面流速与流速仪断面平均流速相关关系图

（2）多条垂线加权

为了较好地控制表面流速分布，选取 n 条雷达斜距对应的表面流速与实测断面平均流速进行规划求解，利用试错法，综合考虑横向分布代表性较好、与流速仪测流断面平均流速关系最好、雷达发射角度等因素影响的关系，得到相关系数最好的若干条雷达斜距及其权重系数（该权重系数是将比测数据在 Excel 里进行规划求解得来）。代表垂线在雷达表面流速全样本中，考虑垂线横向分布，逐个遴选相关系数最好的 5 条垂线，所分析的系数见下式：

$$\overline{V}_{雷达} = 0.15V_{98} + 0.16V_{125} + 0.19V_{185} + 0.18V_{230} + 0.17V_{244} \qquad (9.3\text{-}3)$$

将公式计算出来的雷达断面平均流速 $\overline{V}_{雷达}$ 与流速仪断面平均流速 $\overline{V}_{流速仪}$ 进行误差统计分析，得出相对误差在 -7.49% 和 16.35% 之间，系统误差为 0.0%，随机不确定度为 8.8%（见表 9.3-14）。

表 9.3-14 雷达指标流速误差分析统计表

序号	时间	水位（m）	$\overline{V}_{流速仪}$（m/s）	$\overline{V}_{雷达}$（m/s）	相对误差（%）
1	2021 年 5 月 10 日 14 时 55 分	1 818.72	0.95	0.99	4.12
2	2021 年 5 月 31 日 11 时 31 分	1 819.48	1.23	1.33	8.35
3	2021 年 6 月 10 日 17 时 24 分	1 819.82	1.35	1.37	1.62
4	2021 年 6 月 14 日 14 时 32 分	1 820.10	1.54	1.63	5.98
5	2021 年 6 月 25 日 10 时 26 分	1 820.53	1.71	1.76	2.94
6	2021 年 6 月 30 日 10 时 16 分	1 820.97	1.90	1.89	−0.49
7	2021 年 7 月 2 日 13 时 49 分	1 821.32	2.04	2.02	−1.15
8	2021 年 7 月 12 日 09 时 24 分	1 821.52	2.13	2.06	−3.20
9	2021 年 7 月 12 日 23 时 18 分	1 821.80	2.20	2.15	−2.21
10	2021 年 7 月 13 日 21 时 07 分	1 821.88	2.25	2.16	−3.93
11	2021 年 7 月 14 日 10 时 43 分	1 821.73	2.14	2.11	−1.17
12	2021 年 7 月 19 日 16 时 00 分	1 821.13	1.96	1.92	−1.87
13	2021 年 7 月 21 日 15 时 16 分	1 820.86	1.81	1.70	−6.21
14	2021 年 7 月 25 日 09 时 15 分	1 820.39	1.62	1.66	2.19
15	2021 年 7 月 28 日 20 时 45 分	1 820.61	1.74	1.76	1.26
16	2021 年 7 月 30 日 09 时 02 分	1 821.21	1.95	1.97	0.93
17	2021 年 8 月 1 日 15 时 28 分	1 821.41	2.06	1.99	−3.45
18	2021 年 8 月 11 日 09 时 43 分	1 820.83	1.80	1.84	2.16
19	2021 年 8 月 15 日 13 时 55 分	1 822.01	2.24	2.13	−5.02
20	2021 年 8 月 19 日 09 时 12 分	1 823.12	2.45	2.34	−4.50
21	2021 年 8 月 19 日 15 时 59 分	1 823.42	2.43	2.31	−4.76
22	2021 年 8 月 20 日 08 时 59 分	1 823.33	2.40	2.28	−4.97
23	2021 年 8 月 22 日 15 时 14 分	1 822.77	2.31	2.26	−2.23
24	2021 年 8 月 23 日 17 时 33 分	1 822.40	2.26	2.24	−1.00
25	2021 年 8 月 25 日 22 时 35 分	1 822.61	2.25	2.22	−1.27
26	2021 年 8 月 27 日 10 时 08 分	1 822.85	2.36	2.31	−2.33

序号	时间	水位(m)	$\bar{V}_{流速仪}$(m/s)	$\bar{V}_{雷达}$(m/s)	相对误差(%)
27	2021 年 8 月 27 日 16 时 44 分	1 823.13	2.44	2.35	−3.80
28	2021 年 8 月 27 日 22 时 44 分	1 823.44	2.51	2.33	−7.08
29	2021 年 8 月 28 日 07 时 14 分	1 823.89	2.51	2.32	−7.49
30	2021 年 8 月 29 日 18 时 58 分	1 823.61	2.33	2.28	−2.23
31	2021 年 8 月 30 日 16 时 42 分	1 823.79	2.41	2.27	−5.63
32	2021 年 8 月 31 日 19 时 27 分	1 823.61	2.30	2.29	−0.48
33	2021 年 9 月 1 日 09 时 32 分	1 823.18	2.36	2.29	−2.94
34	2021 年 9 月 2 日 09 时 14 分	1 822.90	2.32	2.31	−0.51
35	2021 年 9 月 4 日 15 时 53 分	1 822.51	2.24	2.21	−1.18
36	2021 年 9 月 6 日 16 时 10 分	1 822.30	2.17	2.14	−1.55
37	2021 年 9 月 7 日 08 时 33 分	1 822.48	2.24	2.24	0.20
38	2021 年 9 月 8 日 09 时 33 分	1 822.87	2.34	2.34	−0.12
39	2021 年 9 月 8 日 18 时 49 分	1 823.12	2.41	2.34	−3.02
40	2021 年 9 月 9 日 03 时 18 分	1 823.20	2.36	2.26	−4.27
41	2021 年 9 月 10 日 07 时 46 分	1 823.22	2.33	2.31	−0.88
42	2021 年 9 月 11 日 09 时 09 分	1 823.01	2.31	2.32	0.58
43	2021 年 9 月 12 日 04 时 19 分	1 823.32	2.32	2.32	−0.14
44	2021 年 9 月 12 日 14 时 36 分	1 822.82	2.18	2.22	1.80
45	2021 年 9 月 12 日 19 时 52 分	1 822.31	2.02	2.12	4.92
46	2021 年 9 月 13 日 1 时 52 分	1 822.18	2.13	2.06	−3.10
47	2021 年 9 月 13 日 11 时 59 分	1 822.34	2.20	2.14	−2.60
48	2021 年 9 月 14 日 11 时 29 分	1 822.09	2.09	2.11	1.11
49	2021 年 9 月 15 日 16 时 14 分	1 821.83	2.00	2.09	4.46
50	2021 年 9 月 17 日 15 时 58 分	1 821.43	1.89	1.97	4.34
51	2021 年 9 月 26 日 09 时 27 分	1 821.00	1.69	1.87	10.38
52	2021 年 9 月 26 日 20 时 55 分	1 820.48	1.64	1.61	−1.61
53	2021 年 9 月 28 日 15 时 52 分	1 820.84	1.75	1.82	4.25
54	2021 年 10 月 11 日 13 时 24 分	1 820.64	1.69	1.68	−0.47
55	2021 年 10 月 27 日 15 时 55 分	1 819.67	1.27	1.48	16.35
56	2022 年 6 月 10 日 09 时 55 分	1 820.83	1.80	1.82	0.84
57	2022 年 6 月 17 日 14 时 31 分	1 821.51	2.05	2.04	−0.27
58	2022 年 6 月 26 日 19 时 33 分	1 821.21	1.91	1.93	1.06
59	2022 年 7 月 1 日 15 时 40 分	1 821.97	2.20	2.17	−1.44
60	2022 年 7 月 9 日 08 时 42 分	1 820.30	1.51	1.62	7.43
61	2022 年 7 月 18 日 16 时 27 分	1 820.51	1.60	1.76	10.07
62	2022 年 7 月 24 日 09 时 30 分	1 821.05	1.87	1.93	3.19

3）指标流速计算流量与实测流量误差分析

对同一时间雷达表面流速根据上述公式先计算出雷达对应的断面平均流速 $\overline{V}_\text{雷达}$，再根据测流时的相应水位在相近实测的水道断面资料查算水道面积 A，将计算出的雷达断面平均流速 $\overline{V}_\text{雷达}$ 与查算出的水道面积 A 相乘得到雷达的断面流量 $Q_\text{雷达}$，将该流量与本站实测流量 $Q_\text{实}$ 进行误差统计分析（见表9.3-15），相对误差在 -7.32% 和 16.54% 之间，系统误差为 0.02%，随机不确定度为 8.79%。

表 9.3-15　指标流速计算流量与实测流量误差分析表

序号	时间	实测水位（m）	$\overline{V}_\text{雷达}$（m/s）	面积（m²）	流速仪实测流量（m³/s）	计算雷达断面流量（m³/s）	相对误差（%）
1	2021 年 5 月 10 日 14 时 55 分	1 818.72	0.99	744	707	736	4.10
2	2021 年 5 月 31 日 11 时 31 分	1 819.48	1.33	932	1 150	1 240	7.83
3	2021 年 6 月 10 日 17 时 24 分	1 819.82	1.37	1 020	1 380	1 400	1.45
4	2021 年 6 月 14 日 14 时 32 分	1 820.10	1.63	1 090	1 680	1 780	5.95
5	2021 年 6 月 25 日 10 时 26 分	1 820.53	1.76	1 200	2 060	2 110	2.43
6	2021 年 6 月 30 日 10 时 16 分	1 820.97	1.89	1 310	2 490	2 480	−0.40
7	2021 年 7 月 2 日 13 时 49 分	1 821.32	2.02	1 400	2 850	2 820	−1.05
8	2021 年 7 月 12 日 09 时 24 分	1 821.52	2.06	1 450	3 090	2 990	−3.24
9	2021 年 7 月 12 日 23 时 18 分	1 821.80	2.15	1 520	3 340	3 270	−2.10
10	2021 年 7 月 13 日 21 时 07 分	1 821.88	2.16	1 550	3 480	3 350	−3.74
11	2021 年 7 月 14 日 10 时 43 分	1 821.73	2.11	1 500	3 210	3 170	−1.25
12	2021 年 7 月 19 日 16 时 00 分	1 821.13	1.92	1 350	2 610	2 600	−0.38
13	2021 年 7 月 21 日 15 时 16 分	1 820.86	1.70	1 270	2 300	2 160	−6.09
14	2021 年 7 月 25 日 09 时 15 分	1 820.39	1.66	1 160	1 880	1 920	2.13
15	2021 年 7 月 28 日 20 时 45 分	1 820.61	1.76	1 210	2 100	2 130	1.43
16	2021 年 7 月 30 日 09 时 02 分	1 821.21	1.97	1 370	2 670	2 700	1.12
17	2021 年 8 月 1 日 15 时 28 分	1 821.41	1.99	1 420	2 920	2 820	−3.42
18	2021 年 8 月 11 日 09 时 43 分	1 820.83	1.84	1 270	2 290	2 340	2.18
19	2021 年 8 月 15 日 13 时 55 分	1 822.01	2.13	1 570	3 560	3 340	−6.18
20	2021 年 8 月 19 日 09 时 12 分	1 823.12	2.34	1 860	4 560	4 350	−4.61
21	2021 年 8 月 19 日 15 时 59 分	1 823.42	2.31	1 940	4 710	4 490	−4.67
22	2021 年 8 月 20 日 08 时 59 分	1 823.33	2.28	1 910	4 590	4 360	−5.01
23	2021 年 8 月 22 日 15 时 14 分	1 822.77	2.26	1 770	4 090	4 000	−2.20
24	2021 年 8 月 23 日 17 时 33 分	1 822.40	2.24	1 680	3 790	3 760	−0.79
25	2021 年 8 月 25 日 22 时 35 分	1 822.61	2.22	1 730	3 900	3 840	−1.54
26	2021 年 8 月 27 日 10 时 08 分	1 822.85	2.31	1 790	4 230	4 130	−2.36
27	2021 年 8 月 27 日 16 时 44 分	1 823.13	2.35	1 860	4 540	4 370	−3.74
28	2021 年 8 月 27 日 22 时 44 分	1 823.44	2.33	1 940	4 870	4 520	−7.19
29	2021 年 8 月 28 日 07 时 14 分	1 823.89	2.32	2 070	5 190	4 810	−7.32
30	2021 年 8 月 29 日 18 时 58 分	1 823.61	2.28	2 020	4 700	4 600	−2.13

续表

序号	时间	实测水位（m）	$\bar{V}_{雷达}$（m/s）	面积（m²）	流速仪实测流量（m³/s）	计算雷达断面流量（m³/s）	相对误差（%）
31	2021 年 8 月 30 日 16 时 42 分	1 823.79	2.27	2 070	4 990	4 710	−5.61
32	2021 年 8 月 31 日 19 时 27 分	1 823.61	2.29	2 020	4 640	4 620	−0.43
33	2021 年 9 月 1 日 09 时 32 分	1 823.18	2.29	1 900	4 480	4 350	−2.90
34	2021 年 9 月 2 日 09 时 14 分	1 822.90	2.31	1 830	4 240	4 220	−0.47
35	2021 年 9 月 4 日 15 时 53 分	1 822.51	2.21	1 720	3 850	3 810	−1.04
36	2021 年 9 月 6 日 16 时 10 分	1 822.30	2.14	1 680	3 640	3 590	−1.37
37	2021 年 9 月 7 日 08 时 33 分	1 822.48	2.24	1 720	3 860	3 860	0.00
38	2021 年 9 月 8 日 09 时 33 分	1 822.87	2.34	1 810	4 230	4 230	0.00
39	2021 年 9 月 8 日 18 时 49 分	1 823.12	2.34	1 890	4 560	4 420	−3.07
40	2021 年 9 月 9 日 03 时 18 分	1 823.20	2.26	1 910	4 500	4 320	−4.00
41	2021 年 9 月 10 日 07 时 46 分	1 823.22	2.31	1 910	4 450	4 410	−0.90
42	2021 年 9 月 11 日 09 时 09 分	1 823.01	2.32	1 860	4 300	4 320	0.47
43	2021 年 9 月 12 日 04 时 19 分	1 823.32	2.32	1 930	4 470	4 470	0.00
44	2021 年 9 月 12 日 14 时 36 分	1 822.82	2.22	1 800	3 920	3 990	1.79
45	2021 年 9 月 12 日 19 时 52 分	1 822.31	2.12	1 680	3 390	3 560	5.01
46	2021 年 9 月 13 日 1 时 52 分	1 822.18	2.06	1 650	3 520	3 410	−3.13
47	2021 年 9 月 13 日 11 时 59 分	1 822.34	2.14	1 680	3 690	3 600	−2.44
48	2021 年 9 月 14 日 11 时 29 分	1 822.09	2.11	1 620	3 380	3 420	1.18
49	2021 年 9 月 15 日 16 时 14 分	1 821.83	2.09	1 540	3 080	3 220	4.55
50	2021 年 9 月 17 日 15 时 58 分	1 821.43	1.97	1 440	2 720	2 840	4.41
51	2021 年 9 月 26 日 09 时 27 分	1 821.00	1.87	1 340	2 270	2 500	10.13
52	2021 年 9 月 26 日 20 时 55 分	1 820.48	1.61	1 200	1 970	1 940	−1.52
53	2021 年 9 月 28 日 15 时 52 分	1 820.84	1.82	1 290	2 260	2 350	3.98
54	2021 年 10 月 11 日 13 时 24 分	1 820.64	1.68	1 240	2 090	2 090	0.00
55	2021 年 10 月 27 日 15 时 55 分	1 819.67	1.48	999	1 270	1 480	16.54
56	2022 年 6 月 10 日 09 时 55 分	1 820.83	1.82	1 290	2 320	2 340	0.86
57	2022 年 6 月 17 日 14 时 31 分	1 821.51	2.04	1 460	2 990	2 980	−0.33
58	2022 年 6 月 26 日 19 时 33 分	1 821.21	1.93	1 390	2 660	2 680	0.75
59	2022 年 7 月 1 日 15 时 40 分	1 821.97	2.17	1 580	3 470	3 430	−1.15
60	2022 年 7 月 9 日 08 时 42 分	1 820.30	1.62	1 170	1 770	1 900	7.34
61	2022 年 7 月 18 日 16 时 27 分	1 820.51	1.76	1 220	1 950	2 150	10.26
62	2022 年 7 月 24 日 09 时 30 分	1 821.05	1.93	1 350	2 520	2 600	3.17

4. 推流对照分析

1）全变幅水位推流对照分析

将所有的雷达实测虚流量按照公式（9.3-1）换算成雷达的断面流量；根据指标流速的计算公式

(9.3-3)计算出 2021 年每次雷达测流对应的指标流速,再根据实测水位、大断面查算面积,计算出每次雷达实测时间对应的流量。用连实测流量法在 2.0 南方片整编程序里进行推流计算,得出两种方法的雷达逐日平均流量,将该逐日平均流量与 2021 年本站整编成果的逐日平均流量进行误差统计分析(见表 9.3-16 至表 9.3-22),将推流过程点绘在同一张图上,进行对照分析(见图 9.3-28)。

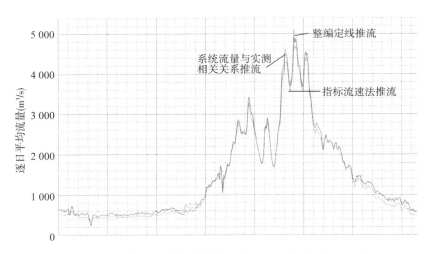

图 9.3-28　2021 年整编定线推流与雷达推流过程线对照图

表 9.3-16　2021 年 1—2 月 ADCP/流速仪整编定线与雷达逐日平均流量对照及误差统计

日期	一月					二月				
	流速仪 (m³/s)	雷达 (m³/s)	相对 误差(%)	指标流速 推算(m³/s)	相对 误差(%)	流速仪 (m³/s)	雷达 (m³/s)	相对 误差(%)	指标流速 推算(m³/s)	相对 误差(%)
1	525	636	21.14	629	19.81	332	354	6.63	355	6.93
2	531	649	22.22	646	21.66	244	238	−2.46	240	−1.64
3	527	642	21.82	639	21.25	364	392	7.69	395	8.52
4	526	637	21.10	633	20.34	435	503	15.63	507	16.55
5	508	608	19.69	603	18.70	434	496	14.29	499	14.98
6	503	625	24.25	615	22.27	441	512	16.10	512	16.10
7	496	594	19.76	579	16.73	438	503	14.84	504	15.07
8	530	625	17.92	622	17.36	430	447	3.95	444	3.26
9	528	645	22.16	641	21.40	429	452	5.36	445	3.73
10	520	651	25.19	638	22.69	425	469	10.35	468	10.12
11	513	530	3.31	514	0.19	425	473	11.29	477	12.24
12	556	537	−3.42	517	−7.01	434	495	14.06	498	14.75
13	589	709	20.37	691	17.32	442	511	15.61	512	15.84
14	599	724	20.87	707	18.03	433	494	14.09	494	14.09
15	523	609	16.44	600	14.72	430	496	15.35	495	15.12
16	487	533	9.45	522	7.19	426	492	15.49	493	15.73
17	494	529	7.09	513	3.85	439	507	15.49	505	15.03
18	489	500	2.25	490	0.20	435	500	14.94	499	14.71
19	477	545	14.26	546	14.47	445	492	10.56	484	8.76
20	451	511	13.30	517	14.63	458	518	13.10	513	12.01
21	441	485	9.98	488	10.66	488	559	14.55	554	13.52

续表

日期	一月					二月				
	流速仪 (m³/s)	雷达 (m³/s)	相对误差(%)	指标流速推算(m³/s)	相对误差(%)	流速仪 (m³/s)	雷达 (m³/s)	相对误差(%)	指标流速推算(m³/s)	相对误差(%)
22	446	512	14.80	515	15.47	483	548	13.46	544	12.63
23	457	548	19.91	549	20.13	468	543	16.03	543	16.03
24	450	559	24.22	555	23.33	475	561	18.11	553	16.42
25	437	504	15.33	502	14.87	470	531	12.98	529	12.55
26	438	522	19.18	524	19.63	451	505	11.97	506	12.20
27	443	506	14.22	504	13.77	426	479	12.44	478	12.21
28	447	532	19.02	536	19.91	433	528	21.94	528	21.94
29	460	549	19.35	547	18.91					
30	443	515	16.25	514	16.03					
31	376	444	18.09	447	18.88					
平均	491	571	16.29	566	15.27	430	486	13.02	485	12.79

表 9.3-17　2021 年 3—4 月 ADCP/流速仪整编定线与雷达逐日平均流量对照及误差统计

日期	三月					四月				
	流速仪 (m³/s)	雷达 (m³/s)	相对误差(%)	指标流速推算(m³/s)	相对误差(%)	流速仪 (m³/s)	雷达 (m³/s)	相对误差(%)	指标流速推算(m³/s)	相对误差(%)
1	434	468	7.83	472	8.76	469	539	14.93	542	15.57
2	438	510	16.44	512	16.89	467	524	12.21	523	11.99
3	434	487	12.21	494	13.82	470	543	15.53	544	15.74
4	446	495	10.99	500	12.11	471	522	10.83	526	11.68
5	449	497	10.69	504	12.25	466	498	6.87	496	6.44
6	442	469	6.11	470	6.33	493	535	8.52	532	7.91
7	444	496	11.71	497	11.94	505	580	14.85	577	14.26
8	449	522	16.26	525	16.93	518	581	12.16	577	11.39
9	447	493	10.29	498	11.41	514	593	15.37	587	14.20
10	447	496	10.96	499	11.63	490	601	22.65	594	21.22
11	443	506	14.22	506	14.22	490	549	12.04	543	10.82
12	453	491	8.39	496	9.49	491	573	16.70	567	15.48
13	458	493	7.64	495	8.08	498	575	15.46	569	14.26
14	457	520	13.79	521	14.00	511	608	18.98	599	17.22
15	450	505	12.22	507	12.67	528	618	17.05	608	15.15
16	451	516	14.41	520	15.30	557	650	16.70	644	15.62
17	455	510	12.09	513	12.75	570	628	10.18	618	8.42
18	457	520	13.79	522	14.22	556	628	12.95	618	11.15
19	459	527	14.81	530	15.47	543	640	17.86	628	15.65
20	479	544	13.57	544	13.57	533	659	23.64	649	21.76
21	477	525	10.06	523	9.64	536	623	16.23	616	14.93
22	483	572	18.43	565	16.98	534	644	20.60	635	18.91
23	484	548	13.22	544	12.40	554	655	18.23	645	16.43
24	465	527	13.33	527	13.33	569	645	13.36	636	11.78

日期	三月					四月				
	流速仪 (m³/s)	雷达 (m³/s)	相对误 差(%)	指标流速 推算(m³/s)	相对误 差(%)	流速仪 (m³/s)	雷达 (m³/s)	相对误 差(%)	指标流速 推算(m³/s)	相对误 差(%)
25	463	538	16.20	535	15.55	582	669	14.95	664	14.09
26	477	568	19.08	563	18.03	611	684	11.95	675	10.47
27	479	549	14.61	545	13.78	571	660	15.59	651	14.01
28	472	543	15.04	538	13.98	556	660	18.71	654	17.63
29	473	524	10.78	518	9.51	565	605	7.08	594	5.13
30	472	546	15.68	544	15.25	564	628	11.35	618	9.57
31	474	558	17.72	557	17.51					
平均	458	518	13.10	519	13.32	526	604	14.83	598	13.69

表 9.3-18 2021 年 5—6 月流速仪整编定线与雷达逐日平均流量对照及误差统计

日期	五月					六月				
	流速仪 (m³/s)	雷达 (m³/s)	相对误 差(%)	指标流速 推算(m³/s)	相对误 差(%)	流速仪 (m³/s)	雷达 (m³/s)	相对误 差(%)	指标流速 推算(m³/s)	相对误 差(%)
1	563	622	10.48	611	8.53	1 140	1 190	4.39	1 180	3.51
2	561	598	6.60	609	8.56	1 200	1 230	2.50	1 220	1.67
3	552	574	3.99	608	10.14	1 220	1 260	3.28	1 260	3.28
4	533	550	3.19	606	13.70	1 230	1 210	−1.63	1 200	−2.44
5	538	526	−2.23	604	12.27	1 260	1 290	2.38	1 280	1.59
6	552	502	−9.06	603	9.24	1 320	1 350	2.27	1 350	2.27
7	558	516	−7.53	647	15.95	1 350	1 350	0.00	1 360	0.74
8	592	512	−13.51	643	8.61	1 330	1 330	0.00	1 330	0.00
9	650	589	−9.38	739	13.69	1 360	1 400	2.94	1 400	2.94
10	688	600	−12.79	752	9.30	1 390	1 390	0.00	1 390	0.00
11	685	592	−13.58	745	8.76	1 470	1 480	0.68	1 470	0.00
12	681	567	−16.74	712	4.55	1 540	1 540	0.00	1 540	0.00
13	674	589	−12.61	742	10.09	1 380	1 420	2.90	1 420	2.90
14	695	635	−8.63	795	14.39	1 680	1 710	1.79	1 730	2.98
15	649	606	−6.63	761	17.26	1 580	1 620	2.53	1 630	3.16
16	680	604	−11.18	762	12.06	1 060	1 170	10.38	1 050	−0.94
17	696	592	−14.94	746	7.18	1 410	1 480	4.96	1 220	−13.48
18	664	602	−9.34	754	13.55	1 390	1 460	5.04	1 430	2.88
19	685	605	−11.68	758	10.66	1 480	1 530	3.38	1 540	4.05
20	698	647	−7.31	812	16.33	1 560	1 620	3.85	1 620	3.85
21	725	692	−4.55	787	8.55	1 710	1 750	2.34	1 770	3.51
22	679	760	11.93	756	11.34	1 740	1 720	−1.15	1 730	−0.57
23	693	775	11.83	772	11.40	1 720	1 760	2.33	1 770	2.91
24	688	748	8.72	751	9.16	1 830	1 840	0.55	1 840	0.55
25	733	828	12.96	829	13.10	2 040	2 050	0.49	2 070	1.47
26	786	880	11.96	888	12.98	2 120	2 160	1.89	2 170	2.36
27	814	873	7.25	876	7.62	2 250	2 320	3.11	2 320	3.11

续表

日期	五月					六月				
	流速仪 (m³/s)	雷达 (m³/s)	相对误差(%)	指标流速推算(m³/s)	相对误差(%)	流速仪 (m³/s)	雷达 (m³/s)	相对误差(%)	指标流速推算(m³/s)	相对误差(%)
28	856	911	6.43	908	6.07	2 270	2 300	1.32	2 290	0.88
29	873	937	7.33	943	8.02	2 250	2 280	1.33	2 280	1.33
30	996	1 040	4.42	1 040	4.42	2 500	2 510	0.40	2 460	−1.60
31	1 130	1 190	5.31	1 180	4.42					
平均	696	686	−1.44	766	10.06	1 590	1 620	1.89	1 610	1.26

表 9.3-19 2021 年 7—8 月流速仪整编定线与雷达逐日平均流量对照及误差统计

日期	七月					八月				
	流速仪 (m³/s)	雷达 (m³/s)	相对误差(%)	指标流速推算(m³/s)	相对误差(%)	流速仪 (m³/s)	雷达 (m³/s)	相对误差(%)	指标流速推算(m³/s)	相对误差(%)
1	2 710	2 750	1.48	2 630	−2.95	2 900	2 900	0.00	2 780	−4.14
2	2 810	2 860	1.78	2 750	−2.14	2 800	2 750	−1.79	2 680	−4.29
3	2 770	2 820	1.81	2 710	−2.17	2 540	2 480	−2.36	2 480	−2.36
4	2 750	2 710	−1.45	2 630	−4.36	2 230	2 230	0.00	2 230	0.00
5	2 520	2 600	3.17	2 550	1.19	1 960	1 970	0.51	1 970	0.51
6	2 540	2 520	−0.79	2 490	−1.97	1 800	1 810	0.56	1 800	0.00
7	2 590	2 550	−1.54	2 530	−2.32	1 680	1 720	2.38	1 720	2.38
8	2 600	2 550	−1.92	2 530	−2.69	1 660	1 720	3.61	1 720	3.61
9	2 560	2 530	−1.17	2 510	−1.95	1 820	1 820	0.00	1 820	0.00
10	2 520	2 500	−0.79	2 490	−1.19	2 120	2 120	0.00	2 110	−0.47
11	2 690	2 640	−1.86	2 620	−2.60	2 330	2 280	−2.15	2 280	−2.15
12	3 090	3 100	0.32	2 990	−3.24	2 590	2 550	−1.54	2 550	−1.54
13	3 410	3 420	0.29	3 270	−4.11	2 750	2 720	−1.09	2 680	−2.55
14	3 290	3 280	−0.30	3 130	−4.86	2 950	2 850	−3.39	2 750	−6.78
15	3 120	3 110	−0.32	2 960	−5.13	3 540	3 400	−3.95	3 260	−7.91
16	3 010	2 990	−0.66	2 850	−5.32	4 070	3 960	−2.70	3 820	−6.14
17	2 980	2 970	−0.34	2 840	−4.70	4 180	4 080	−2.39	3 940	−5.74
18	2 810	2 740	−2.49	2 680	−4.63	4 240	4 150	−2.12	4 000	−5.66
19	2 630	2 570	−2.28	2 550	−3.04	4 590	4 510	−1.74	4 320	−5.88
20	2 510	2 460	−1.99	2 450	−2.39	4 540	4 480	−1.32	4 310	−5.07
21	2 320	2 310	−0.43	2 320	0.00	4 390	4 410	0.46	4 250	−3.19
22	2 220	2 210	−0.45	2 210	−0.45	4 150	4 190	0.96	4 050	−2.41
23	2 100	2 090	−0.48	2 090	−0.48	3 880	3 900	0.52	3 780	−2.58
24	1 980	1 980	0.00	1 980	0.00	3 710	3 700	−0.27	3 570	−3.77
25	1 870	1 850	−1.07	1 840	−1.60	3 780	3 810	0.79	3 680	−2.65
26	1 770	1 790	1.13	1 790	1.13	3 840	3 950	2.86	3 830	−0.26
27	1 770	1 820	2.82	1 810	2.26	4 330	4 350	0.46	4 200	−3.00
28	1 950	1 980	1.54	1 990	2.05	5 100	4 890	−4.12	4 710	−7.65
29	2 430	2 420	−0.41	2 420	−0.41	4 810	4 770	−0.83	4 630	−3.74
30	2 720	2 690	−1.10	2 670	−1.84	4 900	4 860	−0.82	4 690	−4.29

日期	七月					八月				
	流速仪 (m³/s)	雷达 (m³/s)	相对误差(%)	指标流速推算(m³/s)	相对误差(%)	流速仪 (m³/s)	雷达 (m³/s)	相对误差(%)	指标流速推算(m³/s)	相对误差(%)
31	2 710	2 650	−2.21	2 630	−2.95	4 760	4 770	0.21	4 610	−3.15
平均	2 570	2 560	−0.39	2 510	−2.33	3 390	3 360	−0.88	3 270	−3.54

表 9.3-20 2021 年 9—10 月流速仪整编定线与雷达逐日平均流量对照及误差统计

日期	九月					十月				
	流速仪 (m³/s)	雷达 (m³/s)	相对误差(%)	指标流速推算(m³/s)	相对误差(%)	流速仪 (m³/s)	雷达 (m³/s)	相对误差(%)	指标流速推算(m³/s)	相对误差(%)
1	4 420	4 390	−0.68	4 260	−3.62	2 350	2 330	−0.85	2 330	−0.85
2	4 190	4 240	1.19	4 100	−2.15	2 320	2 280	−1.72	2 280	−1.72
3	4 170	4 200	0.72	4 070	−2.40	2 360	2 330	−1.27	2 330	−1.27
4	3 900	3 930	0.77	3 830	−1.79	2 320	2 320	0.00	2 320	0.00
5	3 710	3 780	1.89	3 670	−1.08	2 320	2 310	−0.43	2 310	−0.43
6	3 670	3 700	0.82	3 590	−2.18	2 260	2 260	0.00	2 260	0.00
7	3 880	3 940	1.55	3 820	−1.55	2 150	2 160	0.47	2 170	0.93
8	4 330	4 380	1.15	4 230	−2.31	2 150	2 140	−0.47	2 140	−0.47
9	4 520	4 550	0.66	4 390	−2.88	2 270	2 270	0.00	2 270	0.00
10	4 390	4 460	1.59	4 320	−1.59	2 300	2 280	−0.87	2 290	−0.43
11	4 390	4 510	2.73	4 360	−0.68	2 150	2 120	−1.40	2 130	−0.93
12	4 010	4 150	3.49	4 030	0.50	2 150	2 120	−1.40	2 130	−0.93
13	3 630	3 620	−0.28	3 520	−3.03	2 200	2 190	−0.45	2 190	−0.45
14	3 410	3 500	2.64	3 390	−0.59	2 180	2 140	−1.83	2 150	−1.38
15	3 140	3 300	5.10	3 200	1.91	2 060	2 040	−0.97	2 040	−0.97
16	2 870	2 980	3.83	2 950	2.79	1 960	1 940	−1.02	1 940	−1.02
17	2 690	2 810	4.46	2 790	3.72	1 840	1 830	−0.54	1 840	0.00
18	2 580	2 680	3.88	2 680	3.88	1 780	1 830	2.81	1 820	2.25
19	2 510	2 660	5.98	2 670	6.37	1 720	1 750	1.74	1 740	1.16
20	2 630	2 770	5.32	2 760	4.94	1 620	1 670	3.09	1 660	2.47
21	2 610	2 720	4.21	2 720	4.21	1 640	1 680	2.44	1 670	1.83
22	2 530	2 670	5.53	2 660	5.14	1 690	1 680	−0.59	1 680	−0.59
23	2 480	2 630	6.05	2 630	6.05	1 710	1 740	1.75	1 740	1.75
24	2 420	2 570	6.20	2 570	6.20	1 660	1 710	3.01	1 710	3.01
25	2 350	2 490	5.96	2 490	5.96	1 640	1 690	3.05	1 690	3.05
26	2 160	2 230	3.24	2 230	3.24	1 470	1 530	4.08	1 520	3.40
27	2 130	2 100	−1.41	2 110	−0.94	1 340	1 420	5.97	1 420	5.97
28	2 320	2 310	−0.43	2 320	0.00	1 250	1 350	8.00	1 340	7.20
29	2 450	2 410	−1.63	2 410	−1.63	1 200	1 320	10.00	1 310	9.17
30	2 490	2 460	−1.20	2 460	−1.20	1 280	1 370	7.03	1 360	6.25
31						1 370	1 470	7.30	1 470	7.30
平均	3 230	3 300	2.17	3 240	0.31	1 890	1 910	1.06	1 910	1.06

表 9.3-21　2021 年 11—12 月流速仪整编定线与雷达逐日平均流量对照及误差统计

日期	十一月					十二月				
	流速仪 (m³/s)	雷达 (m³/s)	相对误差(%)	指标流速推算(m³/s)	相对误差(%)	流速仪 (m³/s)	雷达 (m³/s)	相对误差(%)	指标流速推算(m³/s)	相对误差(%)
1	1 340	1 440	7.46	1 430	6.72	749	888	18.56	885	18.16
2	1 400	1 480	5.71	1 470	5.00	730	850	16.44	840	15.07
3	1 390	1 460	5.04	1 460	5.04	778	918	17.99	918	17.99
4	1 390	1 470	5.76	1 470	5.76	750	871	16.13	862	14.93
5	1 230	1 340	8.94	1 330	8.13	734	871	18.66	861	17.30
6	1 230	1 330	8.13	1 320	7.32	718	867	20.75	858	19.50
7	1 200	1 300	8.33	1 290	7.50	740	890	20.27	885	19.59
8	1 170	1 280	9.40	1 260	7.69	675	830	22.96	816	20.89
9	1 140	1 260	10.53	1 250	9.65	774	911	17.70	908	17.31
10	1 210	1 310	8.26	1 300	7.44	757	898	18.63	891	17.70
11	1 210	1 330	9.92	1 320	9.09	720	866	20.28	855	18.75
12	1 200	1 320	10.00	1 310	9.17	772	906	17.36	898	16.32
13	1 190	1 310	10.08	1 300	9.24	791	930	17.57	927	17.19
14	1 200	1 310	9.17	1 300	8.33	753	905	20.19	902	19.79
15	1 170	1 280	9.40	1 270	8.55	657	817	24.35	805	22.53
16	1 130	1 240	9.73	1 230	8.85	607	754	24.22	743	22.41
17	1 100	1 220	10.91	1 220	10.91	627	768	22.49	752	19.94
18	1 020	1 140	11.76	1 130	10.78	669	817	22.12	805	20.33
19	902	1 050	16.41	1 050	16.41	722	870	20.50	861	19.25
20	918	1 060	15.47	1 070	16.56	671	819	22.06	808	20.42
21	944	1 090	15.47	1 090	15.47	632	781	23.58	766	21.20
22	959	1 080	12.62	1 080	12.62	655	796	21.53	779	18.93
23	900	1 020	13.33	1 030	14.44	619	753	21.65	739	19.39
24	909	1 030	13.31	1 040	14.41	524	636	21.37	625	19.27
25	880	1 010	14.77	1 010	14.77	507	618	21.89	608	19.92
26	856	974	13.79	976	14.02	510	601	17.84	598	17.25
27	839	969	15.49	968	15.38	528	642	21.59	638	20.83
28	821	966	17.66	966	17.66	504	601	19.25	593	17.66
29	765	899	17.52	889	16.21	490	587	19.80	581	18.57
30	742	881	18.73	874	17.79	479	571	19.21	567	18.37
31						481	579	20.37	572	18.92
平均	1 080	1 190	10.19	1 190	10.19	656	787	19.97	779	18.75

表 9.3-22　2021 年石鼓站两种方法推求径流量误差统计表

测站编码:60101300　　　　　集水面积:214 184 km²

月份	1	2	3	4	5	6	7	8	9	10	11	12	年径流量
整编(10^8 m³)	13.2	10.4	12.3	13.6	18.6	41.2	68.8	90.8	83.7	50.6	28.0	17.6	449
雷达线性关系(10^8 m³)	15.3	11.8	13.9	15.7	18.4	42.0	68.6	90.0	85.5	51.2	30.8	21.1	464
指标流速法(10^8 m³)	15.2	11.7	13.9	15.5	20.5	41.7	67.2	87.6	84.0	51.2	30.8	20.9	460
线性关系误差(%)	15.91	13.46	13.01	15.44	−1.08	1.94	−0.29	−0.88	2.15	1.19	10.00	19.89	3.34
指标流速法误差(%)	15.15	12.50	13.01	13.97	10.22	1.21	−2.33	−3.52	0.36	1.19	10.00	18.75	2.45

以上为 2021 年全年各水位级的推流分析,通过逐日平均流量、月平均流量、月径流量误差统计以及流量过程对照图可以发现以下几点:

(1)雷达系统流量与流速仪相关关系推求的逐日平均流量的系统误差为 7.6%,标准差为 8.7%,随机不确定度为 17.5%;指标流速法推求的逐日平均流量的系统误差为 7.8%,标准差为 8.2%,随机不确定度为 16.4%。两种方法均不满足《河流流量测验规范》(GB 50179—2015)中第 4.1.2 条的要求。

(2)流速仪法与雷达系统流量相关关系推求的 1—12 月月平均流量相对误差在 −1.44% 和 19.97% 之间,其中 5—10 月月平均流量相对误差在 −1.44% 和 2.17% 之间,误差较小,1—4 月、11—12 月月平均流量相对误差较大;指标流速法推求的 1—12 月月平均流量相对误差在 −3.54% 和 18.75% 之间,其中 6—10 月月平均流量相对误差在 −3.54% 和 1.26% 之间,误差较小,1—5 月、11—12 月月平均流量相对误差较大。

(3)两种方法推求的月径流量与整编的月径流量在枯水季节的相对误差均较大,线性关系推求的月径流量 1—12 月误差在 −1.08%~19.89%,其中 5 月至 10 月的月径流量误差在 −1.08% 和 2.15% 之间,年径流量误差为 3.34%;指标流速法推求的月径流量 1—12 月误差在 −3.52%~18.75%,其中 6 月至 10 月的月径流量误差在 −3.52% 和 1.21% 之间,年径流量误差为 2.45%。

(4)两种方法在全年推流的过程线基本相应,无较大的异常值,在 1—4 月、11—12 月的逐日流量过程线系统性偏大,这是由于低水位时期比测流量次数较少,分析相关关系时代表性不足,从而导致系统偏差太大。

2)水位 1 819.50 m 以上推流对照分析

低枯水期的流量测次太少,代表性不足,导致在低枯水期分析出的推流结果偏差太大。现将水位 1 819.50 m 以上部分单独进行推流误差统计分析,该水位级主要涉及 6 月 1 日至 10 月 31 日。将所有的雷达实测虚流量按照公式(9.3-2)换算成雷达的断面流量;根据公式(9.3-3)计算出 2021 年每次雷达测流对应的指标流速,再根据实测水位、大断面查算面积,计算出每次雷达实测时间对应的流量。推求径流量误差分析统计表见表 9.3-23,逐日平均流量误差统计表见表 9.3-24 至表 9.3-26。

表 9.3-23　2021 年石鼓站水位 1 819.50 m 以上两种方法推求径流量误差统计表

测站编码:60101300　　　　　集水面积:214 184 km²

月份	6	7	8	9	10
整编(10^8 m³)	41.2	68.8	90.8	83.7	50.6
雷达线性关系(10^8 m³)	41.0	68.0	89.7	85.5	50.4
指标流速法(10^8 m³)	41.7	67.2	87.6	84.0	51.2
线性关系误差(%)	−0.49	−1.16	−1.21	2.15	−0.40
指标流速法误差(%)	1.21	−2.33	−3.52	0.36	1.19

表 9.3-24 石鼓站 2021 年 6—7 月水位 1 819.50 m 以上流速仪整编定线与雷达逐日平均流量对照及误差统计

日期	六月					七月				
	流速仪 (m³/s)	雷达 (m³/s)	相对误差 (%)	指标流速推算 (m³/s)	相对误差 (%)	流速仪 (m³/s)	雷达 (m³/s)	相对误差 (%)	指标流速推算 (m³/s)	相对误差 (%)
1	1 140	1 140	0.00	1 150	0.88	2 710	2 730	0.74	2 730	0.74
2	1 200	1 180	−1.67	1 180	−1.67	2 810	2 840	1.07	2 840	1.07
3	1 220	1 210	−0.82	1 220	0.00	2 770	2 800	1.08	2 800	1.08
4	1 230	1 160	−5.69	1 170	−4.88	2 750	2 690	−2.18	2 690	−2.18
5	1 260	1 240	−1.59	1 250	−0.79	2 520	2 570	1.98	2 570	1.98
6	1 320	1 300	−1.52	1 310	−0.76	2 540	2 490	−1.97	2 490	−1.97
7	1 350	1 310	−2.96	1 310	−2.96	2 590	2 530	−2.32	2 530	−2.32
8	1 330	1 280	−3.76	1 290	−3.01	2 600	2 520	−3.08	2 520	−3.08
9	1 360	1 350	−0.74	1 360	0.00	2 560	2 510	−1.95	2 510	−1.95
10	1 390	1 350	−2.88	1 350	−2.88	2 520	2 480	−1.59	2 480	−1.59
11	1 470	1 440	−2.04	1 440	−2.04	2 690	2 620	−2.60	2 620	−2.60
12	1 540	1 500	−2.60	1 500	−2.60	3 090	3 090	0.00	3 090	0.00
13	1 380	1 370	−0.72	1 380	0.00	3 410	3 410	0.00	3 410	0.00
14	1 680	1 670	−0.60	1 680	0.00	3 290	3 270	−0.61	3 270	−0.61
15	1 580	1 580	0.00	1 590	0.63	3 120	3 100	−0.64	3 100	−0.64
16	1 060	1 120	5.66	1 130	6.60	3 010	2 970	−1.33	2 970	−1.33
17	1 410	1 430	1.42	1 440	2.13	2 980	2 950	−1.01	2 950	−1.01
18	1 390	1 410	1.44	1 420	2.16	2 810	2 720	−3.20	2 720	−3.20
19	1 480	1 490	0.68	1 500	1.35	2 630	2 550	−3.04	2 550	−3.04
20	1 560	1 580	1.28	1 590	1.92	2 510	2 440	−2.79	2 440	−2.79
21	1 710	1 710	0.00	1 720	0.58	2 320	2 280	−1.72	2 280	−1.72
22	1 740	1 680	−3.45	1 690	−2.87	2 220	2 180	−1.80	2 180	−1.80
23	1 720	1 720	0.00	1 720	0.00	2 100	2 060	−1.90	2 060	−1.90
24	1 830	1 800	−1.64	1 810	−1.09	1 980	1 950	−1.52	1 950	−1.52
25	2 040	2 020	−0.98	2 020	−0.98	1 870	1 810	−3.21	1 820	−2.67
26	2 120	2 130	0.47	2 130	0.47	1 770	1 760	−0.56	1 760	−0.56
27	2 250	2 300	2.22	2 300	2.22	1 770	1 780	0.56	1 780	0.56
28	2 270	2 270	0.00	2 270	0.00	1 950	1 950	0.00	1 950	0.00
29	2 250	2 250	0.00	2 250	0.00	2 430	2 400	−1.23	2 400	−1.23
30	2 500	2 490	−0.40	2 490	−0.40	2 720	2 670	−1.84	2 670	−1.84
31						2 710	2 630	−2.95	2 630	−2.95
平均	1 590	1 580	−0.63	1 590	0.00	2 570	2 540	−1.17	2 540	−1.17

表 9.3-25　石鼓站 2021 年 8—9 月水位 1 819.50 m 以上流速仪整编定线与雷达逐日平均流量对照及误差统计

日期	八月					九月				
	流速仪 (m³/s)	雷达 (m³/s)	相对误差(%)	指标流速推算(m³/s)	相对误差(%)	流速仪 (m³/s)	雷达 (m³/s)	相对误差(%)	指标流速推算(m³/s)	相对误差(%)
1	2 900	2 890	−0.34	2 890	−0.34	4 420	4 400	−0.45	4 400	−0.45
2	2 800	2 740	−2.14	2 740	−2.14	4 190	4 260	1.67	4 250	1.43
3	2 540	2 460	−3.15	2 460	−3.15	4 170	4 210	0.96	4 210	0.96
4	2 230	2 200	−1.35	2 200	−1.35	3 900	3 930	0.77	3 930	0.77
5	1 960	1 940	−1.02	1 940	−1.02	3 710	3 780	1.89	3 780	1.89
6	1 800	1 770	−1.67	1 780	−1.11	3 670	3 710	1.09	3 700	0.82
7	1 680	1 680	0.00	1 690	0.60	3 880	3 950	1.80	3 940	1.55
8	1 660	1 680	1.20	1 690	1.81	4 330	4 400	1.62	4 390	1.39
9	1 820	1 790	−1.65	1 790	−1.65	4 520	4 570	1.11	4 560	0.88
10	2 120	2 090	−1.42	2 090	−1.42	4 390	4 480	2.05	4 470	1.82
11	2 330	2 250	−3.43	2 250	−3.43	4 390	4 530	3.19	4 520	2.96
12	2 590	2 530	−2.32	2 530	−2.32	4 010	4 160	3.74	4 150	3.49
13	2 750	2 700	−1.82	2 700	−1.82	3 630	3 620	−0.28	3 620	−0.28
14	2 950	2 830	−4.07	2 830	−4.07	3 410	3 500	2.64	3 500	2.64
15	3 540	3 400	−3.95	3 390	−4.24	3 140	3 300	5.10	3 290	4.78
16	4 070	3 970	−2.46	3 960	−2.70	2 870	2 970	3.48	2 970	3.48
17	4 180	4 090	−2.15	4 090	−2.15	2 690	2 790	3.72	2 790	3.72
18	4 240	4 170	−1.65	4 160	−1.89	2 580	2 660	3.10	2 660	3.10
19	4 590	4 520	−1.53	4 510	−1.74	2 510	2 640	5.18	2 640	5.18
20	4 540	4 500	−0.88	4 490	−1.10	2 630	2 750	4.56	2 750	4.56
21	4 390	4 430	0.91	4 420	0.68	2 610	2 700	3.45	2 700	3.45
22	4 150	4 200	1.20	4 190	0.96	2 530	2 650	4.74	2 650	4.74
23	3 880	3 900	0.52	3 900	0.52	2 480	2 610	5.24	2 610	5.24
24	3 710	3 700	−0.27	3 690	−0.54	2 420	2 550	5.37	2 550	5.37
25	3 780	3 810	0.79	3 810	0.79	2 350	2 470	5.11	2 470	5.11
26	3 840	3 960	3.13	3 950	2.86	2 160	2 200	1.85	2 210	2.31
27	4 330	4 360	0.69	4 350	0.46	2 130	2 070	−2.82	2 070	−2.82
28	5 100	4 910	−3.73	4 900	−3.92	2 320	2 280	−1.72	2 280	−1.72
29	4 810	4 800	−0.21	4 780	−0.62	2 450	2 380	−2.86	2 380	−2.86
30	4 900	4 880	−0.41	4 870	−0.61	2 490	2 440	−2.01	2 440	−2.01
31	4 760	4 790	0.63	4 780	0.42					
平均	3 390	3 350	−1.18	3 350	−1.18	3 230	3 300	2.17	3 300	2.17

表 9.3-26 石鼓站 2021 年 10 月水位 1 819.50 m 以上流速仪整编定线与雷达逐日平均流量对照及误差统计

日期	十月					日期	十月				
	流速仪 (m³/s)	雷达 (m³/s)	相对误差(%)	指标流速推算(m³/s)	相对误差(%)		流速仪 (m³/s)	雷达 (m³/s)	相对误差(%)	指标流速推算(m³/s)	相对误差(%)
1	2 350	2 300	−2.13	2 300	−2.13	16	1 960	1 900	−3.06	1 910	−2.55
2	2 320	2 260	−2.59	2 260	−2.59	17	1 840	1 800	−2.17	1 800	−2.17
3	2 360	2 300	−2.54	2 300	−2.54	18	1 780	1 790	0.56	1 790	0.56
4	2 320	2 290	−1.29	2 290	−1.29	19	1 720	1 710	−0.58	1 710	−0.58
5	2 320	2 280	−1.72	2 280	−1.72	20	1 620	1 630	0.62	1 640	1.23
6	2 260	2 230	−1.33	2 230	−1.33	21	1 640	1 640	0.00	1 650	0.61
7	2 150	2 130	−0.93	2 130	−0.93	22	1 690	1 640	−2.96	1 640	−2.96
8	2 150	2 110	−1.86	2 110	−1.86	23	1 710	1 700	−0.58	1 710	0.00
9	2 270	2 240	−1.32	2 240	−1.32	24	1 660	1 670	0.60	1 670	0.60
10	2 300	2 260	−1.74	2 260	−1.74	25	1 640	1 650	0.61	1 660	1.22
11	2 150	2 090	−2.79	2 090	−2.79	26	1 470	1 490	1.36	1 490	1.36
12	2 150	2 090	−2.79	2 090	−2.79	27	1 340	1 380	2.99	1 390	3.73
13	2 200	2 160	−1.82	2 160	−1.82	28	1 250	1 310	4.80	1 310	4.80
14	2 180	2 110	−3.21	2 110	−3.21	29	1 200	1 270	5.83	1 280	6.67
15	2 060	2 000	−2.91	2 010	−2.43	30	1 280	1 330	3.91	1 340	4.69
						31	1 370	1 430	4.38	1 440	5.11
平均	1 890	1 880	−0.53	1 880	−0.53						

通过误差统计分析得知：

(1) 水位 1 819.50 m 以上雷达系统流量与流速仪相关关系推求的 6 月至 10 月逐日平均流量的系统误差为−0.29%，标准差为 2.39%，随机不确定度为 4.78%；指标流速法推求的 6 月至 10 月逐日平均流量的系统误差为−0.33%，标准差为 3.39%，随机不确定度为 6.77%。两种方法都可以满足《河流流量测验规范》(GB 50179—2015) 中第 4.1.2 条的要求。

(2) 流速仪法与雷达系统流量相关关系推求的 6—10 月月平均流量相对误差在−1.17% 和 2.17% 之间；指标流速法推求的 6—10 月月平均流量相对误差在−3.54% 和 1.26% 之间。两种方法推求的月平均流量相对误差较小。

(3) 两种方法推求的月径流量与整编的月径流量在 6 月至 10 月的误差在−1.21% 和 2.15% 之间；指标流速法推求的月径流量在 6—10 月误差在−3.52% 和 1.21% 之间。

5. 小结

1) Ridar-200 型侧扫雷达测速仪投入运行以来，运行状态良好，水位流量过程线基本相应，未出现较大的异常值。

2) 在高水时起点距 140～245 m 位置附近雷达测得的表面流速普遍偏小，其中在起点距 240 m 附近明显偏小，起点距 65～140 m、245～290 m 位置附近的雷达测得的表面流速普遍偏大。低水位时，雷达测得表面流速普遍偏大。系统误差及随机不确定度都比较大，不满足《河流流量测验规范》(GB 50179—2015) 第 4.1.2 条的要求。

3) 共采用了两种方法与断面平均流速或实测流量进行误差分析，分别是：

(1) 指标流速法误差分析，采用比测资料里的 n 条垂线进行规划求解，确定指标流速 $\overline{V}_{雷达}$ 的相关系数计算公式，用该公式与相应的水位面积计算雷达断面流量，并推求日平均流量，再进行误差统计。

（2）雷达软件生成流量与实测流量误差分析,对同一时间雷达软件处理后的流量与本站实测流量进行误差分析。

4）日、月平均流量和径流量对比分析,这两种方法的分析结果是:

（1）在 2021 年全变幅水位下指标流速法推求的流量与雷达软件生成流量与实测流量相关关系推求的流量均不满足《河流流量测验规范》(GB 50179—2015)第 4.1.2 条的要求。

（2）在水位 1 819.50 m 以上,两种方法推求的日平均流量和径流量均满足《河流流量测验规范》(GB 50179—2015)第 4.1.2 条的要求。

5）存在问题

（1）低水位级比测的代表性不足

比测期间,低水位级的比测次数太少,分析的数据代表性不足,无大水,导致推求出来的流量在低水位时期误差较大。低水位、小流量资料有待收集;本站中低水部分水位流量关系线历年为单一线,可以采用流速仪实测定线推流;可进一步在低水部分进行比测,适当增加比测点,进行分析,寻找适合低水部分的分析方法。

（2）雷达日常监视力度不够

在雷达运行期间,对雷达系统的运行状态的日常监视工作有所懈怠,导致雷达有故障或者数据不正常,未能及时处理,收集到的数据不可靠。

（3）后台数据查看机制不健全

目前受网络安全的因素影响,单位内部没有开放外部查询数据的权限,特别是在测站比测的同事根本无法获取实时的比测数据,平时也无法查看数据是否正常,当数据不正确、仪器发生故障时不能及时进行恢复。当网络攻防演练时,雷达实时测量的数据无法传回分中心服务器,工作人员无法得到数据进行分析,这也是导致比测误差较大的原因。

6）主要结论及建议

通过对石鼓水文站 Ridar-200 型侧扫雷达测速仪的比较试验分析研究,得到以下初步结论及建议:

（1）Ridar-200 型侧扫雷达测速仪的水面流速与石鼓站流速仪法实测资料比较有较大的误差,不满足《河流流量测验规范》(GB 50179—2015)第 4.1.2 条的要求。雷达水面流速在断面上定位的模糊性,以及比测时间不同步性,是流速比测误差较大的主要原因。流速比测误差分析结果详见表 9.3-27。

表 9.3-27　流速比测误差分析结果统计表

流速仪比测位置	雷达比测位置	系统误差(%)	随机不确定度(%)	标准差(%)	比测流速范围(m/s)
0.2 相对水深	水面	−12.2	28.5%	14.2	0.33~3.51

（2）采用 Ridar-200 型侧扫雷达测速仪与流速仪实测流量的相关关系法、指标流速法,均有较好的推流精度(见表 9.3-28)。由统计表可以看出指标流速法优于雷达侧扫测流仪与流速仪实测流量的相关关系法,但相关误差在 2021 年全变幅的水位下用两种方法推算出的日平均流量及径流量误差不满足《河流流量测验规范》(GB 50179—2015)第 4.1.2 条的要求;在水位级 1 819.50 m 以上推求的日平均流量及径流量误差较小,可以满足《河流流量测验规范》(GB 50179—2015)第 4.1.2 条的要求(见表 9.3-29)。

表 9.3-28　2021 年全变幅水位下两种推流方法误差分析结果

日平均流量误差统计				
序号	比测分析方法	系统误差(%)	随机不确定度(%)	标准差(%)
1	指标流速法	7.8	16.4	8.2
2	雷达与实测线性关系	7.6	17.5	8.7

续表

月径流量误差统计			
序号	比测分析方法	系统误差(%)	随机不确定度(%)	标准差(%)
1	指标流速法	7.5	15.3	7.7
2	雷达与实测线性关系	7.6	15.5	7.8

表 9.3-29　2021 年水位 1 819.50 m 以上两种推流方法误差分析结果

日平均流量误差统计(6 月 1 日—10 月 31 日)			
序号	比测分析方法	系统误差(%)	随机不确定度(%)	标准差(%)
1	指标流速法	−0.3	6.8	3.4
2	雷达与实测线性关系	−0.3	4.8	2.4

月径流量误差统计(6 月至 10 月)			
序号	比测分析方法	系统误差(%)	随机不确定度(%)	标准差(%)
1	指标流速法	−0.6	4.4	2.2
2	雷达与实测线性关系	−0.2	2.8	1.4

（3）通过本次比测分析得知：

①Ridar - 200 型侧扫雷达测速仪在水位 1 819.50～1 823.89 m 时可以用雷达流量与流速仪实测的线性关系进行推流［公式(9.3-2)］；比测结果满足《河流流量测验规范》(GB 50179—2015)第 4.1.2 条的要求，可投产使用。当水位超过 1 823.89 m 时需加强比测分析，以验证适应性。

②使用指标流速法进行推流，相对线性关系来说比较烦琐［公式(9.3-3)］，工作量较大，虽满足《河流流量测验规范》(GB 50179—2015)第 4.1.2 条的要求，但不建议使用。

③低水期水位 1 819.50 m 以下，由于误差较大，不满足规范要求，不能使用。由于本站低水部分水位流量关系线历年为单一线，可以采用流速仪实测定线推流。

④建议在目前只有分局水情分中心能查看数据的情况下，加强对雷达测流系统运行状态的监视，对雷达系统的不正常状态及时做出相应的处理，为整编及报汛提供可靠、准确、及时的数据。

9.4　雷达波法

9.4.1　固定式雷达波测流系统

根据固定式雷达波工作原理，在仪器测得水面波浪流速后，根据经验关系或转换系数，将表面流速转换为断面平均流速，由大断面数据结合当前水位数据计算出过水面积，再由流速面积法计算出断面流量。由此可见，该种方法的测流精度主要取决于表面流速和断面平均流速的转换方法。该测流系统适用于无人值守水文站，与公路雷达超速监测相似。把多个雷达波测速传感器探头用电缆连接，布设在测验河道断面不同的起点距位置，由 PLC、集成线路板及太阳能电池组成数据信号处理器，通过无线传输，测验河道断面多条垂线水面流速。通过雷达或气泡式水位计同步采集水位数据，或由其他方式获得水位数据，通过水位流量关系曲线定时计算断面流量。可在现场显示或通过 GPRS 无线网络传输到水文局监控中心，监测、记录、传输和存储河道流量。不足之处是对测验环境要求较高，要求河床断面比较稳定。

9.4.2　移动式雷达波测流系统

移动式雷达波测流设备采用多普勒雷达波测速传感器，以非接触方式测量水流表面流速，借助水文站现有的铅鱼缆道设施测量每条垂线水面流速，配套测流软件计算断面流量。该雷达波测流设备可取代浮标法进行高洪测验,也可用于常规性和低流速测流,特别适合高流速、污水和大量漂浮物条件下的流量测验。该测流设备主要设计安装在水文缆道行车架或铅鱼上,在蓄电池寿命期内,可一直免维护运行。不足之处是必须有配套带拉偏索的绞车缆道,安装在水文缆道行车架上,由于行车架太高,对小于0.5 m/s的流速测得的数据不准确。

移动式雷达波测流系统又称水平双轨移动式智能雷达波测流系统。该系统利用两根水平架设的不锈钢绳作为雷达波流速仪运行轨道,以太阳能和普通供电作为运行电源,通过控制单元将测量需要设定的测流参数(如测流垂线起点距、测流时间等)和测流指令经无线电台发送至装载雷达波流速仪的小车。小车收到指令后,按照指令要求依次运行到各测流垂线位置,启动雷达波流速仪测量流速,通过无线电台将流速数据发送至控制单元。控制单元在接收到雷达波流速仪发回的流速数据的同时采集水位数据,结合设定好的断面参数完成流量计算,通过 GPRS 网络将流量数据发送至服务器平台软件,实现无人值守自动测流。测流完成后,装载雷达波流速仪的小车自动返回仪器室内充电,等待下次测量。

9.4.2.1　系统组成

系统由雷达波表面流速仪、雷达运行车、系统控制器、雷达波测速控制器、流量计算终端、在线充电箱、蓄电池、无线电台、RTU 遥测终端机、水位计(浮子、气泡或雷达)和中心站软件等组成,如图 9.4-1 所示。

雷达车　　　　　系统控制器　　　　弹簧限位开关　　　太阳能电池板

图 9.4-1　组成部分示意图

9.4.2.2　系统特点

1. 利用雷达波流速仪自动完成测流断面各设定垂线水面流速的自动监测。

2. 要求在测站现场完成流量计算,并能查询、显示任意测次流量成果。

3. 系统可以根据水位变化自行调整测流垂线数(垂线布设方案可根据客户要求任意设置,远超过3个);水位计数据可以单独使用,也可以与水情信息采集系统共用。

4. 具有采集浮子、雷达和气泡式水位计水位信息的功能,且能根据设定的水位自行切换。

5. 具有以下测流模式:

(1) 定时施测模式:每天根据设定时间(可现场或远程修改)施测流量。

(2) 在非测流时间,现场能人工控制增加测次。

(3) 加密施测模式:与前次测流水位相比,水位变幅(可现场或远程修改)超过±0.5 m时,增测一次流量。

(4) 低水位停测模式:当水位低于设定的停测水位值时,系统控制器停止雷达波测流系统运行。

(5) 低温停测模式:当工作环境温度低于设定的停测温度(如0℃)时,系统控制器停止雷达波测流系统运行。

6. 测完流量后,将流量、相应水位传送给测站的雨水情信息采集系统;将垂线流速等成果信息发送到省在线测流系统中心。相关数据包括测次、起、止时间、垂线数、垂线起点距、垂线流速、过水面积、水面宽、最大水深、最大流速,相应水位、流量,以及系统运行参数。存储的数据能下载生成文本文件并直接参与资料整编。

7. 采用太阳能浮充蓄电池供电,蓄电池的容量必须能保证连续 45 个阴雨天内系统能正常运行,配置的太阳能板应能保证 2 个太阳天内充满蓄电池。

8. 有自动校时功能(系统时间应严格与北京时间同步)。

9. 具有现场和远程参数(所有参数)修改功能。

10. 流速测量范围 0.15～15 m/s;最大测程≥30 m;测验河道断面宽度 20～200 m。

11. 全天候,大、中、小以及暴雨天均可正常测量流速。

9.4.3 横江水文站应用实例

9.4.3.1 横江水文站概况

横江水文站建于 1940 年,由长江水利委员会设立领导至今。测站位于四川省宜宾市横江镇和平村,集水面积 14 781 km²,距金沙江汇合口约 13 km,为横江流域河口控制站。该站是为收集长江支流横江的水流规律以及河流水文特性而建立的二类精度流量站、二类精度泥沙站,属国家基本水文站。测验项目齐全,其中水位、降水实现自记固态存储,自动报汛;常规流速仪岸缆测流,常年驻测;单沙、悬移质输沙率 12—3 月停测,其余时间驻测;水质测验巡测。

横江为金沙江下段一级支流,其上游实现五级水电梯级开发,距离最近的张窝水电站在横江水文站上游 4 km;横江流域地形复杂,暴雨洪水频繁,泥石流及岸边垮岩事件时有发生,建成的水电站调蓄洪作用有限,河段陡涨陡落的洪水特性未根本改变;横江水文断面中低水时,水位流量关系为单一线,高水有反曲或绳套特性,梯级电站多层拦沙作用明显,能大幅减少悬沙中的粗沙占比。水文测验断面下游约 70 m 处在建的横楼大桥在一定程度上会影响河段流速流态。

横江水文测验河段位于皮锣滩与水狮滩之间,顺直长约 400 m,中高水时河宽 110～230 m,河底呈"U"形,无分流、串沟、回流、死水,有支流入汇,河床为卵石。在基本水尺断面下游约 70 m 处有一急滩,当水位达 289 m 以上时,急滩逐渐被淹没。急滩右岸为卵石碛坝。

测验河道低水为急滩控制,高水为下游弯道与河槽控制,河床为卵石夹沙组成,左深右浅,呈"U"形,左岸中高水为石堤,河床较稳定。

9.4.3.2 基本情况

横江站 HS-L984D 双轨全自动雷达波在线测流系统(以下简称 HS-L984D 雷达波测流系统)于 2019 年 8 月 14 日建成(图 9.4-2 至图 9.4-4)。经前期比测,于 2020 年实现水位 288.00 m 以上、流量 1 000 m³/s 以上正式投产使用,切实解决了横江站高水水位变化快,转子流速仪在高流速下施测困难,

图 9.4-2 横江站 HS－L984D 雷达波测流系统实景

图 9.4-3　HS－L984D 雷达波测流系统右岸控制排架

图 9.4-4　雷达运行小车

流量测验精度不高、定线任意性大等难题。横江站 HS－L984D 雷达波测流系统高水率定投产后,其测验安全、测验效率明显提高,为应对超标准洪水流量测验提供了较好的解决方案。

2021 年 7 月以来,随着横江站测验断面下游建桥围堰撤除及岸线整治完成,中低水水位流量关系趋于稳定,为实现全量程投产,测站加强收集了水位 288.00 m 以下各水位级比测资料。

9.4.3.3　比测情况

1. 资料收集情况

根据 HS－L984D 雷达波测流系统技术参数(表 9.4-1)及前期比测积累的经验,流速较小时,HS－L984D 雷达波测流系统测得的流速误差大。横江站低水时,左右岸接近岸边的测速垂线的流速较低,与雷达波自身的测速下限接近。为减少雷达波低流速测验误差带来的流量误差,经资料分析,水位在286.00 m 以下时,横江站采用水面流速较大的中泓三线(80.0、100、120 m)作为测速垂线进行测验和流量计算。水位在 286.00 m 以上时,采用常测法七线(40.0、60.0、80.0、100、120、140、160 m)作为测速垂线进行测验和流量计算。横江站 HS－L984D 雷达波测流系统已接入报讯及整编水位,测流系统与测站采用的水位一致。由于雷达波测验历时短,流速仪测验历时长,为做到比测时间同步,一般情况采用开始时间一致,雷达波连续施测两次流量的平均值与流速仪施测一次流量,作为一次比测资料。水位平稳时,雷达波施测两次流量值与其均值误差不超过±5%,雷达波流量与流速仪流量采用同一断面数据计算。2021 年 7 月至 2023 年 5 月,累计收集有效同步比测资料 78 次,其中同步测流的相应水位差最大 0.06 m,最大时间差 10 min,多数测次水位及时间基本吻合。比测的水位差和时间差较大者主要是因为水位涨落较快时难以做到完全同步,为同步比测收集资料带来困难。HS-L984D 雷达波测流系统一直稳定运行,能够不间断测得不同水位级、不同流量级、不同时间段长系列实测流量资料。

表 9.4-1 HS-L984D 雷达波测流系统技术参数表

序号	参数	范围	备注
1	工作频率	24 GHz	
2	测速范围	0.1~20 m/s	与流态有关
3	测速精度	±0.01 m/s;±1%FS	
4	波束角度	12°	
5	安装高度	0~30 m	与流态有关,建议安装高度<5 m
6	垂直角度	55°~60°	横滚角建议<±2°
7	自动垂直角补偿	精度±1°,分辨率 0.1°	
8	供电电源	DC6~24 V	
9	功耗	工作电流:<60 mA(@DC12 V);待机电流:<35 mA(@DC12 V)	
10	通讯方式	RS-485,MODBUS 协议	
11	波特率	1 200~115 200 bps	
12	工作温度	−35~70℃	
13	温度输出	分辨率:0.1℃,精度:±1℃	
14	防护等级	IP67	
15	重量	0.45 kg	

2. 雷达波实测稳定性分析

2021 年 HS-L984D 雷达波测流系统施测流量 443 次,2022 年 HS-L984D 雷达波测流系统施测流量 461 次。从实测资料看,水位级在 284.67~289.82 m,总体测点呈带状分布,点群集中,水位与流量关系基本稳定。说明收集雷达波与流速仪中低水比测资料进行率定分析具有良好基础。详见图 9.4-5。

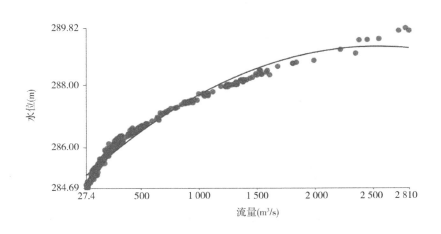

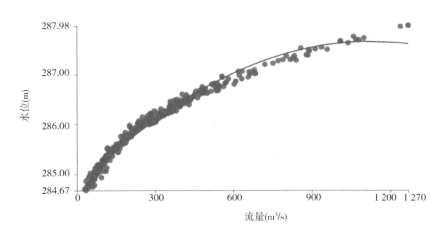

图 9.4-5　HS-L984D 雷达波测流系统绘制的 2021—2022 年水位流量关系截图(关系线由系统自动绘制)

9.4.3.4　比测分析

横江站在前期 HS-L984D 雷达波测流系统比测投产应用中,在水位 288.00 m 以上采用雷达波实测流量与对应整编流量进行分析高水部分的雷达波流量与断面流量关系,解决了长期以来横江水文站高洪接触式测流困难的问题。本次通过 2021 年 7 月以来收集雷达波与流速仪同步比测的 79 次资料(表9.4-2),其中 2022 年第 6 次,因雷达波两次流量误差超限不参与率定分析。同步比测 78 次资料,结合前期高水 288.00 m 以上分析资料,合计 171 次进行综合分析,期望达到雷达波全量级投产使用要求。

在分析资料的基础上建立模型,采用标定样本对模型进行验证,最后采用验证后的模型,并应用到生产实践中。现将 171 次数据按水位由高到低排序,并按 123123 的规律编号,将序号 1、2 行的数据作为标定模型数据,3 作为验证模型数据。以此分类,有 57 组作为验证数据,其余 114 组为标定数据。

采用 114 组数据进行分析,以雷达波流量与断面流量的比值作为横坐标,水位作为纵坐标,建立雷达波断面流量系数分布图(见图 9.4-6),由图可见,雷达波断面流量系数随水位级呈带状分布,并按水位级分布呈一定的波动规律。按《河流流量测验规范》(GB 50179—2015)的要求,率定流量系数时系统误差应小于 1%,流量系数应保留小数两位。因此,为解决全量级雷达波流量系数的使用,并确保其精度要求,按水位分级建立雷达波断面流量系数的分析模型。

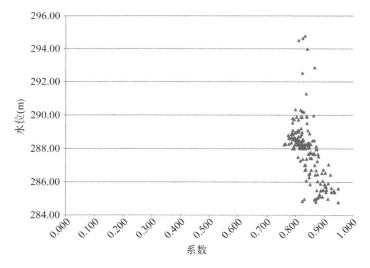

图 9.4-6　横江(二)站雷达波流量分析系数分布图

表9.4-2 横江（二）站雷达波与转子流速仪同步比测成果表

雷达波流量

年	月	日	起止时间	测流位置	测流方法	水位(m)	雷达波虚流量(m³/s)	平均流量(m³/s)	测时气象
2019	08	14	16:09—16:33	基	雷达7/0.0	288.23	1 180	1 300	晴天无风
2019	08	14	17:24—17:44	基	雷达7/0.0	288.55	1 430		晴天无风
2020	07	17	09:33—09:50	基	雷达7/0.0	287.66	808	819	阴天无风
2020	07	17	09:51—10:07	基	雷达7/0.0	287.69	830		阴天无风
2020	07	17	11:37—11:53	基	雷达7/0.0	288.53	1 390	1 400	阴天无风
2020	07	17	11:55—12:12	基	雷达7/0.0	288.56	1 400		阴天无风
2020	07	17	18:34—18:50	基	雷达7/0.0	288.96	1 730	1 740	阴天无风
2020	07	17	18:52—19:08	基	雷达7/0.0	288.94	1 740		阴天无风
2020	07	18	11:30—11:46	基	雷达7/0.0	287.74	846	823	晴天无风
2020	07	18	11:48—12:04	基	雷达7/0.0	287.68	800		晴天无风
2020	07	26	07:05—07:21	基	雷达7/0.0	287.86	892	812	小雨无风
2020	07	26	07:23—07:36	基	雷达7/0.0	287.56	733		小雨无风
2020	08	13	10:34—10:50	基	雷达7/0.0	289.86	2 470	2 470	小雨无风
2020	08	13	11:07—11:24	基	雷达7/0.0	289.92	2 470	2 470	小雨无风
2020	08	13	14:16—14:29	基	雷达7/0.0	289.89	2 540	2 540	小雨无风
2020	08	13	18:19—18:31	基	雷达7/0.0	290.32	2 890	2 810	晴天无风
2020	08	13	18:36—18:53	基	雷达7/0.0	290.16	2 730		晴天无风
2020	08	18	10:27—10:43	基	雷达7/0.0	289.10	1 860	1 840	小雨无风
2020	08	18	10:45—11:01	基	雷达7/0.0	289.09	1 810		小雨无风
2020	08	24	17:29—17:45	基	雷达7/0.0	288.85	1 670	1 670	晴天无风
2020	08	24	17:51—18:40	基	雷达7/0.0	288.85	1 670		晴天无风
2020	08	31	16:47—17:03	基	雷达7/0.0	287.89	905	839	晴天无风
2020	08	31	17:05—17:21	基	雷达7/0.0	287.69	773		晴天无风

流速仪实测流量

测次	月	日	起止时间	测流位置	测流方法	水位	断面流量(m³/s)
33	08	14	16:31—17:07	基	流速仪7/13	288.35	1 100
23	07	17	09:28—10:01	基	流速仪6/12	287.67	691
24	07	17	11:31—12:08	基	流速仪7/13	288.55	1 110
25	07	17	18:26—19:04	基	流速仪7/14	288.95	1 390
26	07	18	11:26—12:06	基	流速仪7/13	287.71	708
28	07	26	07:04—07:37	基	流速仪7/0.0	287.74	689
30	08	13	10:34—10:51	基	流速仪7/0.0	289.88	2 020
100	08	13	11:06—11:16	基	流速仪3/0.2	289.97	2 130
101	08	13	14:15—14:26	基	流速仪3/0.2	289.90	2 130
31	08	13	18:16—18:56	基	流速仪7/14	290.23	2 310
34	08	18	10:23—11:03	基	流速仪7/14	289.09	1 550
35	08	24	17:24—18:20	基	流速仪7/14	288.85	1 370
37	08	31	16:50—17:22	基	流速仪7/13	287.79	714

续表

年	月	日	雷达波-开始	雷达波-结束	基	雷达波	水位	流量	平均流量	天气风力	测次编号	月	日	流速仪-开始	流速仪-结束	基	流速仪	水位	流量
2020	09	07	07:06	07:22	基	雷达 7/0.0	287.44	713	756	晴天无风	38	09	07	07:05	07:34	基	流速仪 7/12	287.50	611
2020	09	07	07:24	07:36	基	雷达 7/0.0	287.61	800											
2021	07	24	10:11	10:26	基	雷达波 6/0.0	286.44	417	416	阴天无风	27	07	24	09:52	10:35	基	流速仪 6/11	286.44	361
2021	07	24	10:32	10:47	基	雷达波 6/0.0	286.45	416											
2021	07	25	07:50	08:08	基	雷达波 7/0.0	286.97	642	680	阴天无风	29	07	25	07:47	08:28	基	流速仪 6/11	287.03	567
2021	07	25	08:13	08:32	基	雷达波 7/0.0	287.15	719											
2021	08	08	06:36	06:55	基	雷达波 6/0.0	286.69	516	510	阴天无风	33	08	08	06:32	07:04	基	流速仪 6/11	286.70	444
2021	08	08	06:55	07:14	基	雷达波 6/0.0	286.67	503											
2021	08	17	06:43	07:01	基	雷达波 7/0.0	287.29	814	805	雨天无风	35	08	17	06:38	07:12	基	流速仪 6/11	287.28	657
2021	08	17	07:03	07:22	基	雷达波 7/0.0	287.27	796											
2021	08	18	04:26	04:44	基	雷达波 7/0.0	287.73	1 080	1 100	雨天无风	36	08	18	04:21	04:58	基	流速仪 6/11	287.74	936
2021	08	18	04:45	05:04	基	雷达波 7/0.0	287.79	1 120											
2021	08	19	08:11	08:29	基	雷达波 7/0.0	287.41	882	934	雨天无风	40	08	19	08:06	08:42	基	流速仪 7/13	287.42	799
2021	08	19	08:31	08:50	基	雷达波 6/0.0	287.52	986											
2021	08	20	03:54	04:12	基	雷达波 7/0.0	287.95	1 250	1 240	阴天无风	41	08	20	03:50	04:33	基	流速仪 7/13	287.95	1 080
2021	08	20	04:18	04:36	基	雷达波 7/0.0	287.95	1 230											
2021	08	20	15:37	15:55	基	雷达波 7/0.0	287.11	666	666	阴天西南风 2 级	42	08	20	15:31	15:59	基	流速仪 7/13	287.01	577
2021	08	21	09:29	09:48	基	雷达波 6/0.0	286.56	457	453	阴天无风	43	08	21	09:25	09:58	基	流速仪 6/11	286.56	409
2021	08	21	09:49	10:08	基	雷达波 6/0.0	286.56	449											
2021	08	26	13:54	14:13	基	雷达波 7/0.0	287.05	675	675	雨天东南风 1 级	44	08	26	13:35	14:12	基	流速仪 6/11	287.05	617
2021	09	01	01:26	01:45	基	雷达波 7/0.0	288.07	1 330	1 330	雨天无风	45	09	01	01:25	01:53	基	流速仪 6/11	288.08	1 100
2021	09	01	01:47	02:05	基	雷达波 7/0.0	288.06	1 330											
2021	09	01	11:05	11:23	基	雷达波 6/0.0	286.72	537	537	阴天西南风 2 级	46	09	01	10:56	11:27	基	流速仪 7/0.0	286.72	447
2021	09	11	15:53	16:12	基	雷达波 6/0.0	286.43	389	404	阴天无风	54	09	11	15:45	16:18	基	流速仪 6/11	286.44	372
2021	09	11	16:15	16:34	基	雷达波 6/0.0	286.46	419											

续表

年	月	日	起	止	基	雷达波流量(档)	水位	流量	代表流量	天气	序号	月	日	起	止	基	流速仪实测流量(档)	水位	流量
2021	09	12	09:02	09:20	基	雷达波 5/0.0	286.10	306	306	阴天无风	55	09	12	08:56	09:22	基	流速仪 5/10	286.09	256
2021	09	15	09:52	10:11	基	雷达波 7/0.0	287.72	1080	994	阴天无风	56	09	15	09:49	10:32	基	流速仪 7/13	287.66	858
2021	09	15	10:26	10:45	基	雷达波 7/0.0	287.48	909											
2021	10	20	13:55	14:14	基	雷达波 3/0.0	285.92	230	229	阴天无风	58	10	20	13:54	14:22	基	流速仪 5/10	285.92	209
2021	10	20	14:15	14:34	基	雷达波 3/0.0	285.92	228											
2021	11	09	09:44	10:03	基	雷达波 3/0.0	285.86	221	220	阴天无风	59	11	09	09:40	10:09	基	流速仪 5/10	285.86	198
2021	11	09	10:04	10:22	基	雷达波 3/0.0	285.85	218											
2021	11	29	07:34	07:53	基	雷达波 3/0.0	285.50	142	142	阴天无风	60	11	29	07:30	07:56	基	流速仪 5/9	285.50	124
2021	12	12	07:25	07:35	基	雷达波 3/0.0	285.12	82.9	83.0	阴天无风	61	12	12	07:21	07:45	基	流速仪 5/8	285.12	73.4
2021	12	12	07:35	07:45	基	雷达波 3/0.0	285.12	83.0											
2021	12	31	09:55	10:05	基	雷达波 3/0.0	285.52	144	144	阴天无风	62	12	31	09:53	10:22	基	流速仪 5/9	285.52	129
2021	12	31	10:21	10:30	基	雷达波 3/0.0	285.50	144											
2022	01	01	04:00	04:09	基	雷达波 3/0.0	284.84	52.1	53.2	阴天无风	1	01	01	04:01	04:33	基	流速仪 6/11	284.84	43.8
2022	01	01	04:17	04:26	基	雷达波 3/0.0	284.85	54.2											
2022	01	19	10:17	10:27	基	雷达波 3/0.0	285.26	99.9	100	阴天无风	3	01	19	10:14	10:39	基	流速仪 5/8	285.26	88.3
2022	01	19	10:28	10:37	基	雷达波 3/0.0	285.24	100											
2022	02	07	9:03	9:13	基	雷达波 3/0.0	285.77	201	197	阴天无风	4	02	07	09:01	09:30	基	流速仪 5/10	285.77	178
2022	02	07	9:15	9:25	基	雷达波 3/0.0	285.77	193											
2022	02	25	16:02	16:13	基	雷达波 3/0.0	285.70	181	179	阴天无风	5	02	25	15:48	16:22	基	流速仪 5/10	285.69	162
2022	02	25	16:17	16:28	基	雷达波 3/0.0	285.69	177											
2022	03	14	16:01	16:11	基	雷达波 3/0.0	285.48	121	132	晴天无风	6	03	14	15:58	16:30	基	流速仪 5/9	285.48	125
2022	03	14	16:13	16:23	基	雷达波 3/0.0	285.48	143											
2022	04	08	11:54	12:04	基	雷达波 3/0.0	285.90	237	237	晴天无风	8	04	08	11:49	12:19	基	流速仪 5/10	285.89	210
2022	04	24	10:23	10:33	基	雷达波 3/0.0	285.64	170	170	晴天无风	9	04	24	10:19	10:52	基	流速仪 5/10	285.64	157
2022	04	24	10:42	10:52	基	雷达波 3/0.0	285.64	171											
2022	05	09	17:29	17:43	基	雷达波 5/0.0	286.80	517	500	晴天西风1级	10	05	09	17:35	18:06	基	流速仪 6/11	286.75	448
2022	05	09	17:56	18:11	基	雷达波 5/0.0	286.71	482											

续表

序号	年	月	日	雷达波起时间	雷达波止时间	基	雷达波方法	雷达波水位	雷达波流量	均流量	天气	流速仪起时间	流速仪止时间	基	流速仪方法	流速仪水位	流速仪流量
11	2022	05	25	09:56	10:15	基	雷达波 6/0,0	286.27	365	366	雨天无风	09:49	10:21	基	流速仪 5/10	286.28	310
	2022	05	25	10:16	10:34	基	雷达波 6/0,0	286.28	368								
12	2022	05	27	06:56	07:14	基	雷达波 7/0,0	286.77	546	544	雨天无风	06:50	07:24	基	流速仪 6/11	286.77	454
	2022	05	27	07:17	07:35	基	雷达波 7/0,0	286.75	543								
13	2022	06	15	9:38	9:59	基	雷达波 6/0,0	286.45	393	396	晴天无风	09:35	10:13	基	流速仪 5/10	286.46	347
	2022	06	15	9:59	10:18	基	雷达波 6/0,0	286.48	400								
14	2022	06	23	12:03	12:15	基	雷达波 7/0,0	287.29	790	840	雨天无风	11:57	12:32	基	流速仪 7/12	287.38	704
	2022	06	23	12:19	12:31	基	雷达波 7/0,0	287.47	891								
15	2022	06	23	14:42	14:54	基	雷达波 7/0,0	287.49	888	846	阴天无风	14:38	15:08	基	流速仪 6/12	287.45	719
	2022	06	23	14:55	15:07	基	雷达波 7/0,0	287.37	803								
16	2022	06	27	16:20	16:32	基	雷达波 7/0,0	287.54	938	898	晴天无风	16:13	16:49	基	流速仪 7/13	287.53	789
	2022	06	27	16:34	16:46	基	雷达波 7/0,0	287.53	858								
19	2022	08	02	10:25	10:44	基	雷达波 7/0,0	287.22	753	794	晴天无风	10:23	11:01	基	流速仪 7/12	287.25	695
	2022	08	02	10:46	11:04	基	雷达波 7/0,0	287.37	834								
20	2022	08	02	18:05	18:23	基	雷达波 7/0,0	287.67	1 010	1 010	晴天无风	18:00	18:45	基	流速仪 7/13	287.67	886
	2022	08	02	18:24	18:43	基	雷达波 7/0,0	287.66	1 010								
23	2022	09	15	08:14	08:33	基	雷达波 7/0,0	286.53	463	463	阴天无风	08:10	08:44	基	流速仪 6/11	286.54	393
24	2022	09	15	19:19	19:38	基	雷达波 7/0,0	287.96	1 240	1 260	晴天无风	19:15	19:55	基	流速仪 7/14	287.97	1 100
	2022	09	15	19:39	19:59	基	雷达波 7/0,0	287.98	1 270								
25	2022	09	16	06:59	07:18	基	雷达波 7/0,0	286.73	533	534	晴天无风	06:55	07:25	基	流速仪 6/11	286.73	456
	2022	09	16	07:19	07:38	基	雷达波 7/0,0	286.73	536								
27	2022	09	20	20:39	20:58	基	雷达波 7/0,0	287.70	1 070	1 080	阴天无风	20:35	21:15	基	流速仪 7/13	287.69	934
	2022	09	20	20:59	21:19	基	雷达波 7/0,0	287.69	1 080								
28	2022	09	21	09:02	09:21	基	雷达波 7/0,0	287.01	684	674	阴天无风	09:00	09:31	基	流速仪 6/11	287.01	560
	2022	09	21	09:23	09:42	基	雷达波 7/0,0	287.00	664								
29	2022	09	25	15:08	15:27	基	雷达波 7/0,0	287.38	886	882	阴天无风	15:04	15:37	基	流速仪 6/12	287.38	728
	2022	09	25	15:32	15:51	基	雷达波 7/0,0	287.39	879								

续表

年	月	日	雷达波实测流量							天气	测次	月	日	流速仪实测流量					流量
2022	10	10	07:07	07:27	基	雷达波 6/0.0	286.54	441	441	阴天无风	30	10	10	07:00	07:33	基	流速仪 6/11	286.54	393
2022	10	10	07:30	07:49	基	雷达波 6/0.0	286.54	441											
2022	12	15	11:11	11:30	基	雷达波 5/0.0	286.07	270	274	阴天无风	34	12	15	11:09	11:39	基	流速仪 5/10	286.07	245
2022	12	15	11:31	11:50	基	雷达波 5/0.0	286.08	279											
2022	12	30	11:42	11:52	基	雷达波 3/0.0	285.87	223	226	阴天无风	35	12	30	11:40	12:09	基	流速仪 5/10	285.86	192
2022	12	30	11:54	12:04	基	雷达波 3/0.0	285.87	230											
2023	02	11	13:37	13:47	基	雷达波 3/0.0	285.14	89.3	89.3	阴天无风	5	02	11	12:54	13:29	基	流速仪 5/8	285.14	78.8
2023	02	27	11:37	11:47	基	雷达波 3/0.0	285.48	131	134	晴天无风	6	02	27	11:29	12:03	基	流速仪 5/10	285.48	125
2023	02	27	11:49	11:59	基	雷达波 3/0.0	285.49	138											
2023	03	14	11:34	11:53	基	雷达波 5/0.0	286.04	279	274	晴天无风	7	03	14	11:30	12:00	基	流速仪 5/10	286.04	240
2023	03	14	11:55	12:15	基	雷达波 5/0.0	286.04	269											
2023	03	22	11:25	11:35	基	雷达波 3/0.0	285.61	155	154	晴天无风	8	03	22	11:20	11:49	基	流速仪 5/10	285.61	146
2023	03	22	11:34	11:44	基	雷达波 3/0.0	285.61	152											
2023	04	20	09:25	09:36	基	雷达波 3/0.0	285.52	139	140	晴天无风	10	04	20	09:20	09:52	基	流速仪 5/10	285.52	127
2023	04	20	09:44	09:54	基	雷达波 3/0.0	285.52	140											
2023	04	27	08:32	08:42	基	雷达波 3/0.0	284.95	68.7	73.4	晴天无风	427(1)	04	27	08:27	08:52	基	流速仪 5/8	284.98	63.9
2023	04	27	08:44	08:54	基	雷达波 3/0.0	285.04	78.0											
2023	04	27	09:42	09:52	基	雷达波 3/0.0	285.40	116	118	晴天无风	427(2)	04	27	09:38	10:08	基	流速仪 5/10	285.39	109
2023	04	27	09:58	10:09	基	雷达波 3/0.0	285.39	119											
2023	05	21	10:22	10:41	基	雷达波 5/0.0	286.47	423	423	阴天无风	12	05	21	10:18	10:53	基	流速仪 6/11	286.46	358
2023	05	25	06:30	06:40	基	雷达波 3/0.0	285.05	77.7	76.0	晴天无风	525	05	25	06:24	06:52	基	流速仪 5/8	285.05	66.6
2023	05	25	06:42	06:52	基	雷达波 3/0.0	285.05	74.4											
2023	05	26	06:22	06:32	基	雷达波 3/0.0	284.81	51.7	50.4	阴天无风	526(1)	05	26	06:16	06:42	基	流速仪 5/9	284.78	47.8
2023	05	26	06:48	06:58	基	雷达波 3/0.0	284.80	49.1											
2023	05	26	06:59	07:09	基	雷达波 3/0.0	284.80	48.6	48.4	阴天无风	526(2)	05	26	06:45	07:16	基	流速仪 5/9	284.80	42.1
2023	05	26	07:10	07:20	基	雷达波 3/0.0	284.79	48.1											

续表

年	月	日	时:分	时:分	基	方法	水位(m)	流量	平均流量	天气	编号	月	日	时:分	时:分	基	方法	水位(m)	流量
2023	05	26	10:28	10:38	基	雷达波3/0.0	285.48	132	135	阴天无风	526(3)	05	26	10:26	10:54	基	流速仪5/10	285.48	120
2023	05	26	10:47	10:57	基	雷达波3/0.0	285.48	138											
2023	05	26	11:02	11:12	基	雷达波3/0.0	285.48	136	133	阴天无风	526(4)	05	26	10:55	11:24	基	流速仪5/10	285.48	118
2023	05	26	11:14	11:24	基	雷达波3/0.0	285.48	130											
2023	05	30	06:27	06:37	基	雷达波3/0.0	284.96	65.6	66.5	阴天无风	530(1)	05	30	06:21	06:46	基	流速仪5/8	284.96	55.2
2023	05	30	06:39	06:50	基	雷达波3/0.0	284.95	67.4											
2023	05	30	06:52	07:02	基	雷达波3/0.0	284.95	64.8	63.1	阴天无风	530(2)	05	30	06:49	07:17	基	流速仪5/8	284.94	54.8
2023	05	30	07:03	07:13	基	雷达波3/0.0	284.94	61.4											
2023	05	30	09:47	09:57	基	雷达波3/0.0	285.11	82.5	82.5	阴天无风	530(3)	05	30	09:35	09:58	基	流速仪5/8	285.11	73.7
2023	05	30	11:02	11:12	基	雷达波3/0.0	285.38	110	110	阴天无风	530(4)	05	30	10:55	11:20	基	流速仪5/9	285.38	103
2023	05	30	11:38	11:48	基	雷达波3/0.0	285.39	117	116	阴天无风	530(5)	05	30	11:36	12:01	基	流速仪5/9	285.39	105
2023	05	30	11:50	12:00	基	雷达波3/0.0	285.39	116											
2023	05	31	06:24	06:35	基	雷达波3/0.0	284.98	67.2	66.0	晴天无风	531(1)	05	31	06:20	06:45	基	流速仪5/8	284.98	60.2
2023	05	31	06:35	06:45	基	雷达波3/0.0	284.96	64.9											
2023	05	31	06:51	07:01	基	雷达波3/0.0	284.94	64.8	63.7	晴天无风	531(2)	05	31	06:48	07:13	基	流速仪5/8	284.94	55.1
2023	05	31	07:01	07:11	基	雷达波3/0.0	284.95	62.6											

备注：1. 单次同步比测，雷达波虚流量按重复测量平均值计算。
2. 2022年第6次雷达波两次流量误差超限，其成果不参与率定分析。
3. 雷达波流量测验法：水位286.00 m以下，施测80.0，100，120 m三线；水位286.00 m以上按常测法测线施测。

1. 模型的建立

按雷达波断面流量系数分布规律,分水位 286.00 m 以下、286.00~287.00 m、287.00~288.20 m、288.20~290.00 m、290.00 m 以上 5 段分别率定雷达波断面流量系数,详见表 9.4-3、图 9.4-7 至图 9.4-11。率定期间的水流情况如下:

分析时间:2019 年 8 月 14 日—2023 年 5 月 31 日。

比测期水位变幅:284.78~294.76 m。

比测期相应流量变幅:47.8~4 820 m³/s。

比测期断面平均流速变幅:0.41~3.19 m/s。

表 9.4-3　横江(二)站雷达波率定分析资料

序号	分析编号	年份	水位(m)	雷达波虚流量(m³/s)	断面流量(m³/s)	分析系数	备注	分段
1	1	2023	284.78	50.4	47.8	0.948	同步比测	
2	2	2023	284.80	48.4	42.1	0.870	同步比测	
3	3	2022	284.84	53.2	43.8	0.823	同步比测	
4	1	2023	284.94	63.1	54.8	0.868	同步比测	
5	2	2023	284.94	63.7	55.1	0.865	同步比测	
6	3	2023	284.96	66.5	55.2	0.830	同步比测	
7	1	2023	284.98	73.4	63.9	0.871	同步比测	
8	2	2023	284.98	66.0	60.2	0.912	同步比测	
9	3	2023	285.05	76.0	66.6	0.876	同步比测	
10	1	2023	285.11	82.5	73.7	0.893	同步比测	
11	2	2021	285.12	83.0	73.4	0.884	同步比测	
12	3	2023	285.14	89.3	78.8	0.882	同步比测	
13	1	2022	285.26	100	88.3	0.883	同步比测	
14	2	2023	285.38	110	103	0.936	同步比测	
15	3	2023	285.39	118	109	0.924	同步比测	水位
16	1	2023	285.39	116	105	0.905	同步比测	286.00 m
17	2	2023	285.48	134	125	0.933	同步比测	以下
18	3	2023	285.48	135	120	0.889	同步比测	率定
19	1	2023	285.48	133	118	0.887	同步比测	
20	2	2021	285.50	142	124	0.873	同步比测	
21	3	2021	285.52	144	129	0.896	同步比测	
22	1	2023	285.52	140	127	0.907	同步比测	
23	2	2023	285.61	154	146	0.948	同步比测	
24	3	2022	285.64	170	157	0.924	同步比测	
25	1	2022	285.69	179	162	0.905	同步比测	
26	2	2022	285.77	197	178	0.904	同步比测	
27	3	2021	285.86	220	198	0.900	同步比测	
28	1	2022	285.86	226	192	0.850	同步比测	
29	2	2022	285.89	237	210	0.886	同步比测	
30	3	2021	285.92	229	209	0.913	同步比测	

序号	分析编号	年份	水位(m)	雷达波虚流量(m³/s)	断面流量(m³/s)	分析系数	备注	分段
31	1	2023	286.04	274	240	0.876	同步比测	水位286.00~287.00 m率定
32	2	2022	286.07	274	245	0.894	同步比测	
33	3	2021	286.09	306	256	0.837	同步比测	
34	1	2022	286.28	366	310	0.847	同步比测	
35	2	2021	286.44	416	361	0.868	同步比测	
36	3	2021	286.44	404	372	0.921	同步比测	
37	1	2022	286.46	396	347	0.876	同步比测	
38	2	2023	286.46	423	358	0.846	同步比测	
39	3	2022	286.54	463	393	0.849	同步比测	
40	1	2022	286.54	441	393	0.891	同步比测	
41	2	2021	286.56	453	409	0.903	同步比测	
42	3	2021	286.70	510	444	0.871	同步比测	
43	1	2021	286.72	537	447	0.832	同步比测	
44	2	2022	286.73	534	456	0.854	同步比测	
45	3	2022	286.75	500	448	0.896	同步比测	
46	1	2022	286.77	544	454	0.835	同步比测	
47	2	2021	287.01	666	577	0.866	同步比测	水位287.00~288.20 m率定
48	3	2022	287.01	674	560	0.831	同步比测	
49	1	2021	287.03	680	567	0.834	同步比测	
50	2	2021	287.05	675	617	0.914	同步比测	
51	3	2022	287.25	794	695	0.875	同步比测	
52	1	2021	287.28	805	657	0.816	同步比测	
53	2	2022	287.38	840	704	0.838	同步比测	
54	3	2022	287.38	882	728	0.825	同步比测	
55	1	2021	287.42	934	799	0.855	同步比测	
56	2	2022	287.45	846	719	0.850	同步比测	
57	3	2020	287.50	756	611	0.808	同步比测	
58	1	2022	287.53	898	789	0.879	同步比测	
59	2	2021	287.66	994	858	0.863	同步比测	
60	3	2020	287.67	819	691	0.844	同步比测	
61	1	2022	287.67	1 010	886	0.877	同步比测	
62	2	2022	287.69	1 080	934	0.865	同步比测	
63	3	2020	287.71	823	708	0.860	同步比测	
64	1	2020	287.74	812	689	0.849	同步比测	
65	2	2021	287.74	1 100	936	0.851	同步比测	

序号	分析编号	年份	水位（m）	雷达波虚流量（m³/s）	断面流量（m³/s）	分析系数	备注	分段
66	3	2020	287.79	839	714	0.851	同步比测	
67	1	2021	287.95	1 240	1 080	0.871	同步比测	
68	2	2022	287.97	1 260	1 100	0.873	同步比测	
69	3	2020	288.00	1 060	837	0.790	雷达波实测与整编流量	
70	1	2019	288.01	1 010	842	0.834	雷达波实测与整编流量	
71	2	2019	288.01	1 020	842	0.825	雷达波实测与整编流量	
72	3	2020	288.01	1 060	842	0.794	雷达波实测与整编流量	
73	1	2020	288.02	1 040	847	0.814	雷达波实测与整编流量	
74	2	2020	288.03	1 040	852	0.819	雷达波实测与整编流量	
75	3	2020	288.05	1 020	862	0.845	雷达波实测与整编流量	
76	1	2020	288.08	1 070	877	0.820	雷达波实测与整编流量	水位287.00～288.20 m率定
77	2	2021	288.08	1 330	1 100	0.827	同步比测	
78	3	2020	288.09	1 040	881	0.847	雷达波实测与整编流量	
79	1	2019	288.10	1 090	886	0.813	雷达波实测与整编流量	
80	2	2019	288.12	1 060	896	0.845	雷达波实测与整编流量	
81	3	2020	288.12	1 130	896	0.793	雷达波实测与整编流量	
82	1	2020	288.14	1 040	906	0.871	雷达波实测与整编流量	
83	2	2020	288.14	1 090	906	0.831	雷达波实测与整编流量	
84	3	2019	288.14	1 100	906	0.824	雷达波实测与整编流量	
85	1	2019	288.14	1 100	906	0.824	雷达波实测与整编流量	
86	2	2019	288.18	1 120	927	0.828	雷达波实测与整编流量	
87	3	2020	288.20	1 110	937	0.844	雷达波实测与整编流量	
88	1	2019	288.23	1 180	952	0.807	雷达波实测与整编流量	
89	2	2020	288.24	1 150	958	0.833	雷达波实测与整编流量	
90	3	2020	288.24	1 170	958	0.819	雷达波实测与整编流量	
91	1	2020	288.24	1 200	958	0.798	雷达波实测与整编流量	
92	2	2020	288.24	1 260	958	0.760	雷达波实测与整编流量	
93	3	2020	288.25	1 130	963	0.852	雷达波实测与整编流量	水位288.20～290.00 m率定
94	1	2020	288.25	1 160	963	0.830	雷达波实测与整编流量	
95	2	2020	288.25	1 170	963	0.823	雷达波实测与整编流量	
96	3	2020	288.26	1 270	968	0.762	雷达波实测与整编流量	
97	1	2020	288.27	1 160	973	0.839	雷达波实测与整编流量	
98	2	2019	288.27	1 200	973	0.811	雷达波实测与整编流量	
99	3	2019	288.27	1 220	973	0.798	雷达波实测与整编流量	
100	1	2019	288.28	1 200	979	0.816	雷达波实测与整编流量	

序号	分析编号	年份	水位(m)	雷达波虚流量(m³/s)	断面流量(m³/s)	分析系数	备注	分段
101	2	2020	288.28	1 260	979	0.777	雷达波实测与整编流量	
102	3	2020	288.28	1 280	979	0.765	雷达波实测与整编流量	
103	1	2019	288.31	1 180	994	0.842	雷达波实测与整编流量	
104	2	2020	288.31	1 230	994	0.808	雷达波实测与整编流量	
105	3	2019	288.35	1 300	1 100	0.846	同步比测	
106	1	2019	288.36	1 300	1 020	0.785	雷达波实测与整编流量	
107	2	2019	288.38	1 280	1 030	0.805	雷达波实测与整编流量	
108	3	2020	288.39	1 270	1 040	0.819	雷达波实测与整编流量	
109	1	2020	288.40	1 290	1 040	0.806	雷达波实测与整编流量	
110	2	2020	288.44	1 290	1 060	0.822	雷达波实测与整编流量	
111	3	2019	288.47	1 350	1 080	0.800	雷达波实测与整编流量	
112	1	2020	288.48	1 270	1 090	0.858	雷达波实测与整编流量	
113	2	2020	288.48	1 340	1 090	0.813	雷达波实测与整编流量	
114	3	2019	288.49	1 260	1 090	0.865	雷达波实测与整编流量	
115	1	2020	288.50	1 330	1 100	0.827	雷达波实测与整编流量	
116	2	2020	288.50	1 360	1 100	0.809	雷达波实测与整编流量	
117	3	2020	288.53	1 390	1 120	0.806	雷达波实测与整编流量	水位288.20~290.00 m率定
118	1	2020	288.54	1 360	1 120	0.824	雷达波实测与整编流量	
119	2	2020	288.54	1 390	1 120	0.806	雷达波实测与整编流量	
120	3	2019	288.55	1 430	1 130	0.790	雷达波实测与整编流量	
121	1	2020	288.55	1 400	1 110	0.793	同步比测	
122	2	2020	288.56	1 370	1 130	0.825	雷达波实测与整编流量	
123	3	2020	288.56	1 400	1 130	0.807	雷达波实测与整编流量	
124	1	2020	288.60	1 450	1 160	0.800	雷达波实测与整编流量	
125	2	2020	288.60	1 490	1 160	0.779	雷达波实测与整编流量	
126	3	2020	288.63	1 480	1 180	0.797	雷达波实测与整编流量	
127	1	2020	288.64	1 480	1 180	0.797	雷达波实测与整编流量	
128	2	2019	288.64	1 520	1 180	0.776	雷达波实测与整编流量	
129	3	2020	288.65	1 500	1 190	0.793	雷达波实测与整编流量	
130	1	2019	288.68	1 540	1 210	0.786	雷达波实测与整编流量	
131	2	2020	288.72	1 520	1 230	0.809	雷达波实测与整编流量	
132	3	2020	288.73	1 520	1 240	0.816	雷达波实测与整编流量	
133	1	2019	288.79	1 640	1 270	0.774	雷达波实测与整编流量	
134	2	2020	288.85	1 670	1 310	0.784	雷达波实测与整编流量	
135	3	2020	288.85	1 670	1 370	0.820	同步比测	

序号	分析编号	年份	水位（m）	雷达波虚流量（m³/s）	断面流量（m³/s）	分析系数	备注	分段
136	1	2020	288.86	1 670	1 320	0.790	雷达波实测与整编流量	
137	2	2020	288.90	1 580	1 340	0.848	雷达波实测与整编流量	
138	3	2020	288.94	1 740	1 370	0.787	雷达波实测与整编流量	
139	1	2020	288.95	1 740	1 390	0.799	同步比测	
140	2	2020	288.96	1 730	1 380	0.798	雷达波实测与整编流量	
141	3	2020	288.97	1 690	1 390	0.822	雷达波实测与整编流量	
142	1	2020	289.00	1 730	1 400	0.809	雷达波实测与整编流量	
143	2	2020	289.07	1 800	1 450	0.806	雷达波实测与整编流量	
144	3	2020	289.09	1 810	1 460	0.807	雷达波实测与整编流量	
145	1	2020	289.09	1 800	1 460	0.811	雷达波实测与整编流量	
146	2	2020	289.09	1 840	1 550	0.842	同步比测	
147	3	2020	289.10	1 860	1 470	0.790	雷达波实测与整编流量	水位288.20~290.00 m率定
148	1	2020	289.21	1 880	1 540	0.819	雷达波实测与整编流量	
149	2	2020	289.52	2 110	1 770	0.839	雷达波实测与整编流量	
150	3	2020	289.55	2 270	1 790	0.789	雷达波实测与整编流量	
151	1	2020	289.72	2 360	1 910	0.809	雷达波实测与整编流量	
152	2	2020	289.74	2 430	1 930	0.794	雷达波实测与整编流量	
153	3	2020	289.82	2 510	1 980	0.789	雷达波实测与整编流量	
154	1	2020	289.88	2 470	2 030	0.822	雷达波实测与整编流量	
155	2	2020	289.88	2 470	2 020	0.818	同步比测	
156	3	2020	289.89	2 540	2 040	0.803	雷达波实测与整编流量	
157	1	2020	289.90	2 540	2 040	0.803	雷达波实测与整编流量	
158	2	2020	289.90	2 540	2 130	0.839	同步比测	
159	3	2020	289.94	2 470	2 070	0.838	雷达波实测与整编流量	
160	1	2020	289.97	2 470	2 130	0.862	同步比测	
161	2	2020	290.19	2 730	2 260	0.828	雷达波实测与整编流量	
162	3	2020	290.23	2 810	2 310	0.822	同步比测	
163	1	2020	290.31	2 890	2 360	0.817	雷达波实测与整编流量	
164	2	2020	290.34	2 980	2 380	0.799	雷达波实测与整编流量	
165	3	2020	291.28	3 730	3 120	0.836	雷达波实测与整编流量	水位290 m以上率定
166	1	2020	292.53	4 790	3 940	0.823	雷达波实测与整编流量	
167	2	2020	292.86	4 750	4 110	0.865	雷达波实测与整编流量	
168	3	2020	293.98	5 440	4 570	0.840	雷达波实测与整编流量	
169	1	2020	294.50	5 850	4 740	0.810	雷达波实测与整编流量	
170	2	2020	294.62	5 800	4 780	0.824	雷达波实测与整编流量	
171	3	2020	294.76	5 790	4 820	0.832	雷达波实测与整编流量	

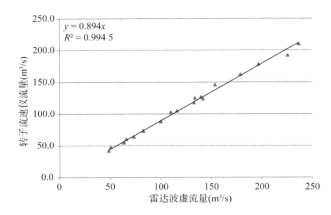

图 9.4-7　雷达波虚流量与断面流量在水位 286.00 m 以下线性关系图

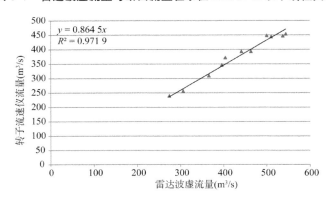

图 9.4-8　雷达波虚流量与断面流量在水位 286.00～287.00 m 线性关系图

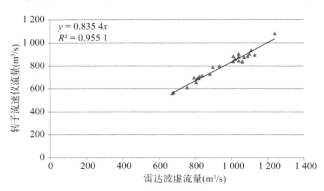

图 9.4-9　雷达波虚流量与断面流量在水位 287.00～288.20 m 线性关系图

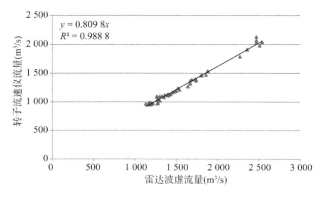

图 9.4-10　雷达波虚流量与断面流量在水位 288.20～290.00 m 线性关系图

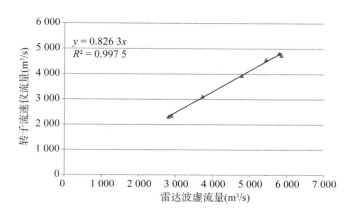

图 9.4-11　雷达波虚流量与断面流量在水位 290.00 m 以上线性关系图

采用模型分析数据,依据分析系数,按水位级分别建立雷达波流量与断面流量线性关系,在线性分析基础上对系数进行优化,平衡系统误差及分段衔接误差,综合分析系数及误差统计见表 9.4-4。

表 9.4-4　雷达波流量率定系数分析误差统计

水位级	最高水位(m)	最低水位(m)	比测次数	采用系数	系统误差(%)	随机不确定度(%)	最大误差(%)	误差大于5%的次数	误差大于5%的占比(%)
286.00 m 以下	285.89	284.78	20	0.89	0.7	6.4	6.5	3	15.0
286.00~287.00 m	286.77	286.04	11	0.86	0.7	5.6	5.0	1	9.1
287.00~288.20 m	288.18	287.01	27	0.84	0.8	6.0	8.8	1	3.7
288.20~290 m	289.97	288.23	49	0.81	0.1	5.6	6.4	3	6.1
290.00 m 以上	294.62	290.19	7	0.83	−0.5	2.6	−2.4	0	0.0
全量级	294.62	284.78	114	分级	−0.8	5.0	7.1	8	7.0

由上表可知,各水位分级计算的流量系统误差均小于 ±1%,随机不确定度基本在 ±6% 以内,误差大于 5% 的次数为 0~8 次,其占比为 0.0~15.0%,无误差大于 10% 的情况,符合技术要求,模型合理、可靠。

2. 模型的验证

采用 57 组验证数据对模型分析关系进行验证,验证情况见表 9.4-5。验证期间的水流情况如下:

验证资料水位变幅:284.84~294.76 m。

验证流量变幅:43.8~4 780 m³/s。

比测期断面平均流速变幅:0.40~3.28 m/s。

表 9.4-5　雷达波流量率定系数验证误差统计

水位级	最高水位(m)	最低水位(m)	采用系数	系统误差(%)	随机不确定度(%)	最大误差(%)	误差大于5%的次数	误差大于5%的占比(%)
全量级	294.76	284.84	分级	−0.4	6.4	−7.5	10	17.5

采用标定样本验证模型的系统误差小于 ±1%,随机不确定度在 ±6.5% 以内,误差大于 5% 的有

10次,占比为17.5%,无误差大于10%的情况,符合技术要求,模型合理、可靠,分析系数可用。

3. 成果误差分析

(1) 全量级雷达波流量系数间衔接误差

经分析确定的流量系数在各水位级衔接处存在一定的误差,导致在各水位级衔接处的流量存在误差。各水位级雷达波流量按流量系数换算后的流量误差均小于±4%[水位级286.00 m,因流量测线数量不同(3线与7线),故不作衔接误差分析],详见表9.4-6。

表9.4-6　雷达波流量率定系数间衔接误差

衔接水位(m)	雷达波虚流量(m³/s)	断面流量(m³/s)	采用流量系数	衔接换算流量(m³/s)	换算流量误差(%)	流量系数衔接误差(%)
286.00						
286.00	比测方法不同,不做衔接误差比较					
287.00	664	555	0.84	558	0.5	
287.00	664	555	0.86	571	2.9	2.4
288.20	1 440	1 120	0.81	1 170	4.5	
288.20	1 440	1 120	0.84	1 210	8.0	3.5
290.00	2 470	2 130	0.83	2 050	−3.8	
290.00	2 470	2 130	0.81	2 000	−6.1	−2.3

(2) 全量级雷达波推流分析

雷达波流量系数对水位流量关系定线及推流影响较大,因分析时间跨度长达4年,本次主要以2022年洪水过程来分析推流效果,因2022年未发生超过288.00 m洪水过程,故涉及288.00 m以上洪水部分借用2020年洪水推演。详见图9.4-12至图9.4-14。

由图9.4-12可见,流速仪流量测点与横江站水位相关性较好,呈单一曲线关系;与历年水位流量关系相似,符合测站特性。由图9.4-13可见,雷达波流量测点与横江站水位相关性也比较好,也呈单一曲线关系。由图9.4-14可见,雷达波流量测点与流速流量测点在水位流量关系曲线图中几乎重合。因此,证明横江站水位与雷达波流量相关性较好,与本站历年水位流量关系相似,符合本站特性。

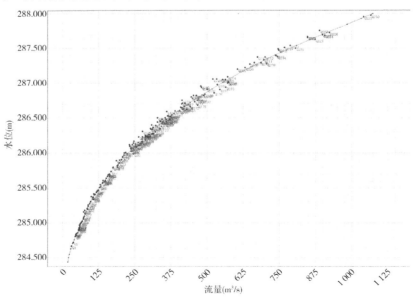

图9.4-12　横江站2022年雷达波流速仪水位流量关系线图

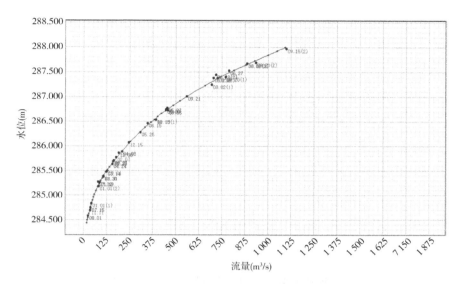

图 9.4-13　横江站 2022 年转子流速仪水位流量关系线图

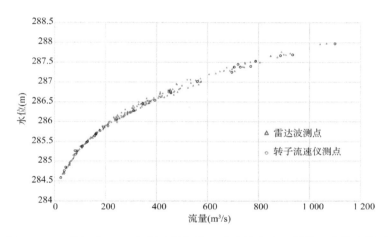

图 9.4-14　横江站 2022 年雷达波与转子流速仪水位流量关系曲线比较图

将雷达波换算流量定线推流与整编推流进行比较,流量过程线在洪峰过程以及低水过程均极为接近,且雷达波流量接近整编流量过程线,说明流量系数较好,详见图 9.4-15 至图 9.4-17。

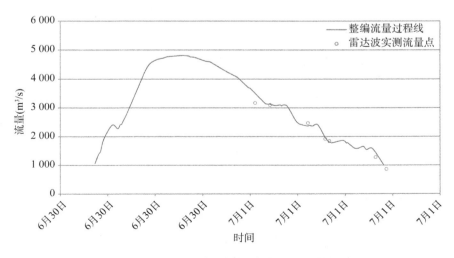

图 9.4-15　横江站 2020 年雷达波测点在洪水流量过程线位置图

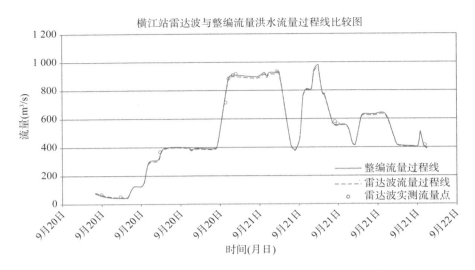

图 9.4-16　横江站 2022 年雷达波与整编洪水流量过程比较图

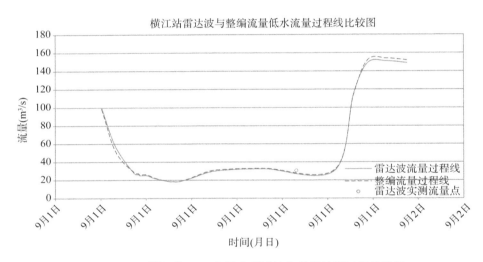

图 9.4-17　横江站 2022 年低水雷达波与整编流量过程比较图

横江站采用雷达波流量推算径流结果,详见表 9.4-7。通过比较,1—12 月单月径流量误差均未超过 2%,年径流量未超过 2%,推算年最大、最小流量一致。说明采用雷达波流量推算的月、年径流量精度能够满足流量整编定线要求,成果合理、可靠。

表 9.4-7　横江站雷达波测流径流量及极值误差比较表

项目	月径流量(10^8 m³)												年径流量 (10^8 m³)	年最大流量 (m³/s)	年最小流量 (m³/s)
	1 月	2 月	3 月	4 月	5 月	6 月	7 月	8 月	9 月	10 月	11 月	12 月			
流速仪	3.59	4.86	3.43	4.90	7.26	8.55	5.22	6.94	7.08	4.90	2.95	3.43	63.06	1 090	18.5
雷达波	3.59	4.77	3.43	4.8	7.15	8.4	5.14	6.83	7.02	4.82	2.98	3.43	62.38	1 070	18.5
误差(%)	0.0%	-1.9%	0.0%	-2.0%	-1.5%	-1.8%	-1.5%	-1.6%	-0.8%	-1.6%	1.0%	0.0%	-1.1%	-1.8%	0.0%

分析雷达波流量系列资料发现,通过优化低水测验垂线(低于 286.00 m 以下,采用 80.0、100、120 m 三线测速)的比测方式是可行且有效的。采用分水位级确定流量系数的方法,使得雷达波在全量级水位应用的方法可行。本次全水位级流量系数分析及投产,使 HS-L984D 雷达波测流系统的适用范围得到极大扩展。

9.4.3.5 存在问题与解决方案

（1）低水误差相对偏大，投产后中低水时雷达波测流须连续施测 2 次，应加强现场"四随"检查工作，两次流量误差应小于 5%，并采用两次平均值作为最终成果。

（2）相同水位情况下，流量大小与水位涨落率密切相关。因此，在水位涨落率较大时，需加强现场定线分析研判工作，并加密布置测点。

（3）启用率定关系后，应在每年高、中、低水，分别与流速仪作验证，当雷达波流量与线上流量发生系统偏差，需进一步加强比测分析，重新率定相关关系。

（4）HS-L984D 雷达波测流系统使用前，应检查电池电压及其工况，双缆线是否平行，尽量避免在大风、大雨、雷电等恶劣天气状况下开展测验。

9.4.3.6 结论

（1）HS-L984D 雷达波测流系统，能够自动完成各设定垂线水面流速的监测，解决了山溪性河流的测站在高水情况下快速监测的难题，同时满足了枯水生态流量动态在线监测的需求。

（2）水位 294.76 m 以下（雷达波虚流量 5 790 m³/s），累计收集有效分析资料 171 次。随机采用其中 114 次资料建立模型，其余 57 次资料作为验证模型的样本。雷达波流量与断面流量建立相关关系，二者关系较好。系统误差均未超过 ±1%，随机不确定度最大 6.4%，最大误差 8.8%。采用模型分析的系数反算的 2022 年 1—12 月各月径流量误差均小于 ±2%，年径流量误差为 −1.1%，推算最大流量误差 −1.8%，推算最小流量与实测的相同，各项误差指标优良，符合水文整编规范要求，满足投产条件。

（3）推荐使用分级流量系数作为全量级雷达波流量与断面流量的换算关系。具体测验方案见表 9.4-8。

表 9.4-8 横江（二）站雷达波全量级流量测验方法

水位级	测速线点	采用流量换算系数
286.00 m 以下	3 线水面一点（起点距 80.0、100、120 m）	0.89
286.00～287.00 m	5～7 线常测法水面一点	0.86
287.00～288.20 m	5～7 线常测法水面一点	0.84
288.20～290.00 m	5～7 线常测法水面一点	0.81
290.00 m 以上	5～7 线常测法水面一点	0.83

9.4.4 巫溪水文站应用实例

9.4.4.1 基本情况

巫溪水文站于 2019 年 11 月 21 日在基本水尺断面下游 10 m 处建立了一套 Stalker S3 SVR 轨道全自动雷达波在线测流系统（以下简称雷达波测流系统）。该系统经过安装测试调整后于 2020 年 5 月 1 日开始连续收集流量数据。截至 2021 年 10 月 21 日（采用资料截止时间），收集到有效流测次 1 530 次，雷达波测流系统与转子式流速仪同步进行比测 66 次，根据相关技术规范要求，对雷达波测流系统数据进行比测分析。

1. 测站概况

巫溪（二）水文站于 1972 年由四川省水文总站设立，1986 年 10 月以后由长江流域规划办公室接管，1989 年基本水尺下迁 40 m，隶属长江水利委员会。巫溪（二）水文站位于重庆市巫溪县城厢镇北门坡 28 号，集水面积 2 001 km²，为控制大宁河水情的流量二类、含沙量二类精度的水文站，属国家基本水文站，现有水位、流量、单位含沙量、悬移质输沙率、降水、悬移质颗分等测验项目。

巫溪（二）水文站测验河段顺直长约 200 m，上、下游均有急弯道。河床两岸为陡直石灰岩，河床中部为卵石夹沙组成,断面受冲淤影响有一定变化。基上约 110 m 处有北门沟大桥,基下约 100 m 处有卵石滩,为本站的低水控制;高水由下游弯道控制。基下 160 m 的右岸有北门沟汇入,遇特大暴雨涨洪水时,受短暂顶托影响。水位流量关系呈单一线形时,按水位级均匀布置测次,在年最大洪峰涨落水面应适当增加测次;为非单一线形时,按水位变化过程布置测次,在涨落水面及峰顶峰谷转折处应合理分布测次,以满足整编定线要求。

巫溪(二)水文站历年单沙-断沙关系为直线,较为稳定,测次主要布置在洪水期,其余时期可适当布置测点,使其均匀分布,以满足单沙-断沙关系整编定线为原则。具体情况详见表 9.4-9 至表 9.4-12。

表 9.4-9　巫溪水文站基础信息表

<table>
<tr><td rowspan="12">基础信息</td><td>测站编码</td><td>60513820</td><td>集水面积</td><td colspan="2">2 001 km²</td><td>设站时间</td><td colspan="2">1972 年 1 月</td></tr>
<tr><td>流　域</td><td>长江</td><td>水　系</td><td colspan="2">长江上游下段</td><td>河　流</td><td colspan="2">大宁河</td></tr>
<tr><td>测站地址</td><td colspan="8">重庆市巫溪县城厢镇北门坡 28 号</td></tr>
<tr><td>管理机构</td><td colspan="8">长江水利委员会水文局长江上游水文水资源勘测局</td></tr>
<tr><td>监测项目</td><td colspan="8">水位、流量、单位含沙量、悬移质输沙率、悬移质颗分、降水</td></tr>
<tr><td>水文测验方式、
方法及整编方法</td><td colspan="8">测验方式:驻巡结合
流量测验方法:流速仪测法,全年为水文缆道铅鱼测验
流量整编方法:临时曲线法
输沙率整编方法:单沙-断沙关系曲线法</td></tr>
<tr><td>测站位置特点</td><td colspan="8">本站为长江上游下段支流大宁河控制站,距离河口 72 km;位于巫溪老县城上游,巫溪北门大桥下游 150 m 左右</td></tr>
<tr><td>测验河段特征</td><td colspan="8">测验河段顺直长约 200 m,最大水面宽约 100 m。河槽左右两岸较陡为石灰岩,断面上、下游均有一弯道,下游约 100 m 处有卵石滩,为本站的低水控制,高水由下游弯道控制。断面下游约 160 m 处右岸有北门沟汇入,河床由卵石夹沙组成,断面受冲淤影响有一定变化。水位流量关系表现为受冲淤影响的临时曲线</td></tr>
</table>

<table>
<tr><td rowspan="4">测站沿革</td><td>设立或变动</td><td>发生年月</td><td>站名</td><td>站别</td><td>领导机关</td><td>说明</td></tr>
<tr><td>设立</td><td>1972 年 1 月</td><td>巫溪</td><td>水文</td><td>四川省水文总站</td><td>常年站</td></tr>
<tr><td></td><td>1986 年 10 月</td><td>巫溪</td><td>水文</td><td>长江流域规划办公室</td><td>常年站</td></tr>
<tr><td>下迁 40 m</td><td>1989 年 1 月</td><td>巫溪(二)</td><td>水文</td><td>长江水利委员会</td><td>常年站</td></tr>
</table>

表 9.4-10　巫溪(二)站各水文要素特征值表 1

最大流量 (m³/s)	最小流量 (m³/s)	最大断面 平均流速(m/s)	最小断面 平均流速(m/s)	最大点 流速(m/s)	最大平均 水深(m)	最小平均 水深(m)	最大水深 (m)
3 440	5.81	4.77	0.31	6.23	5.90	0.23	6.90

表 9.4-11　巫溪(二)站各水文要素特征值表 2

最大涨落率 (m/h)	最大水面宽 (m)	最小水面宽 (m)	常水位水面 宽(m)	常水位水深 (m)	最大水位变幅 (m)	最大含沙量 (kg/m³)
1	97.0	27.0	64	0.40	5.0	33.7

表 9.4-12　巫溪(二)站各水文要素特征值表 3

保证率(%)	最高日	0.1	0.5	0.75	0.90	0.95	0.97	0.99
水位(m)	208.41	204.49	203.93	203.72	203.58	203.49	203.45	203.41
流量(m³/s)		108	28.4	18.9	13.7	10.3	9.95	9.64
含沙量(kg/m³)		0.067	0	0	0	0	0	0

注:除流量极值外,其他为近 10 年统计。

2. 水流特性

根据巫溪水文站历史资料分析,巫溪站 206.20 m 以下为低水水位,206.20~210.00 m 为中水水位,210.00 m 以上为高水水位。

经过 2011 年至 2021 年的大断面对比分析可以看出,水位在 204.50 m 以上时断面形状无明显改变,断面由坚固岩石组成。当遇特大暴雨涨洪水时,两岸岸坡均为石灰岩,河床为宽浅型,由卵石夹沙组成,断面受冲淤影响有一定变化。主要变化时段为汛期 5 至 10 月。较大变化在起点距为 20~50 m 时,最大变化幅度在 0.8 m 以内;起点距在 50 m 和 90 m 之间时变化幅度较小,在 0.4 m 以内。大断面比较图见图 9.4-18。

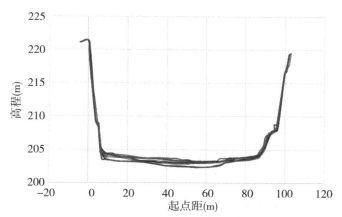

图 9.4-18　巫溪(二)站 2011—2021 年大断面比较

巫溪(二)站多年水位流量关系线为单一曲线,低水受断面冲淤稍有影响,总体呈现比较稳定的水位流量关系。2021 年巫溪(二)站水位流量关系详见图 9.4-19。

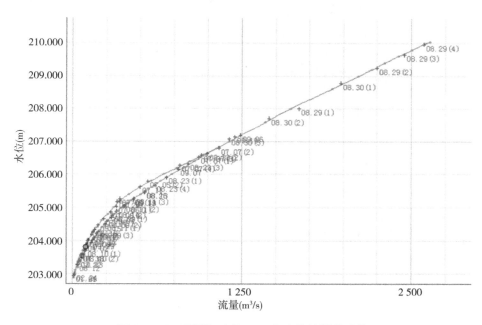

图 9.4-19　巫溪(二)站 2021 年水位流量关系线

3. 测验能力提升分析

巫溪水文站是国家重要基本站,是为公益目的统一规划设立的控制大宁河汇入长江并对大宁河基本水文要素进行长期连续观测的水文测站,为二类流量精度站、三类泥沙站,是对防汛抗旱、对流域和区域水资源监督管理有重要作用的国家重要水文测站。

巫溪水文站常规测流方案为在起点距 9.0、15.0、21.0、27.0、39.0、51.0、67.0、75.0、83.0、91.0 m 按 5～10 线二点法、测速历时 100 s 或 60 s 施测测点流速。涨落快时,可采用一点法(相对位置0.2),优先采用二点法。由于大宁河为山溪性河流,河水陡涨陡落,测量时间紧张,涨水时满河都是树木、杂草等漂浮物,流速仪极易损坏,导致测流失败。满河的漂浮物使浮标不易分辨,浮标测流难以实现。

为提升巫溪站测验能力,重点解决中高水流量施测,优先选用非接触式的流量测验手段,如雷达波测流系统。

4. 雷达波测流系统

巫溪站雷达波测流系统利用钢丝绳做缆道导轨,雷达波测速控制器接收到运行指令后驱动自动行车搭载流速传感器在轨绳上运行,停留在逐条测流垂线位置上,测量垂线表面流速。测完所有垂线后,自动行车返回停泊点进行充电。所测流速和水位数据通过电台发送到测流控制器(RTU),经过计算得到流量。所有数据经 GPRS 模块发送到数据处理平台(远端服务器),无需人工操作。

用户通过网页形式访问服务器,查看最终数据,根据测站情况,设置断面数据、测流点位、测流时间、水位变化涨落自动加测幅度和间隔,根据时间导出流量计算结果表等报表。巫溪站雷达波测流系统安装见图 9.4-20。

图 9.4-20 巫溪站雷达波测流系统安装实景

1) 系统设备组成

巫溪站雷达波测流系统外部设备由行车缆道、流速传感器、自动行车、测速控制器、太阳能供电系统和水位计组成,见图 9.4-21、图 9.4-22。

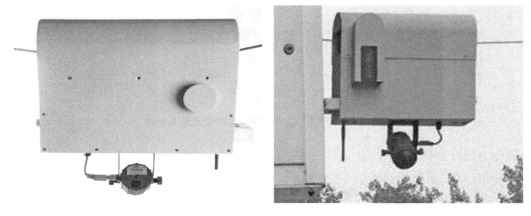

图 9.4-21 雷达运行小车

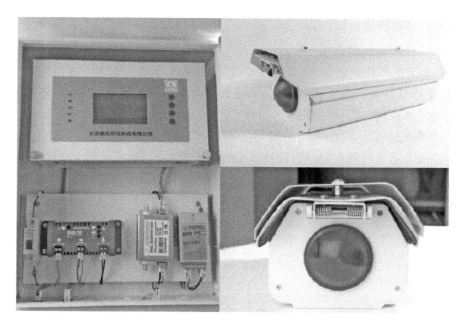

图 9.4-22　测速传感器、测速控制器

测速传感器(Stalker S3 SVR)主要技术参数如下:

测速范围:0.20~18.00 m/s;

测速精度:±0.03 m/s;

数据接口:RS-232;

采集周期:213.3 ms;

输出信息:回波强度、瞬时流速、平均流速、测速历时;

供电电压:DC 9~30 V(过压保护、反接保护);

工作电流:300 mA(DC 12 V);

波束宽度:12°;

微波功率:50MW;

微波频率:34.7 GHz(Ka 波段);

最大测程:>100 m;

工作温度:-30~70℃;

防护等级:IP67;

物理规格:直径 6.7 cm×长 11.8 cm,铸铝外壳,重 600 g。

2) 系统特点

(1) 全自动采集和计算,可远程操控测流和下载数据,测验成果实时在线,无须到现场操作。

(2) 传感器型非接触测流系统,全天候、雨天、夜间可正常测流。24 V、8 Ah 专用电池组供电,可连续运行 3 h 以上,且有电量保护装置,当电量不足时自动回泊进行充电。

(3) 集测流、无线传输、流量测验数据库管理和水文站业务处理于一体。系统组件模块化,运行、维护方便快捷。

(4) 系统可以根据水位变化和断面信息自行调整测流垂线数。

(5) 具有多种测流模式:

①按预设时间间隔定时测流。

②按预设水位变幅加测测流。

③远程操作监控软件启动测流。

④现场操作测速控制器启动测流。

（6）后台中心水文站软件功能强大，每次测完流量后，系统将测流数据传输至后台中心水文站软件平台进行后处理，中心软件可对水位、断面等参数进行重新设置和计算，按照水文规范要求生成流量记载表、月报表、整编等表项，直接下载使用十分方便。

3）巫溪雷达波测流方案

巫溪站雷达波测流系统目前主要分为两种自动测流模式，一个是定时测，一个是变幅测。测速历时设置为 30 秒及 60 秒两种情况，每日 8 时已被设为固定测流时间，且使用手机 App 可实时进行雷达波测流。设置情况见图 9.4-23。

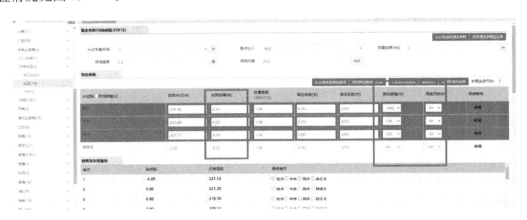

图 9.4-23　雷达波测流系统控制界面示意

如图 9.4-24 所示，右边"测流间隔"设置的就是定时测，目前的设置是低水一天一测，中水一天两测，高水每两小时一测。左边"加测变幅"就是变幅测的设置项，在对应的水位级，水位累积升高或降低达到设置的值时，系统将自行进行变幅增测，数值可以根据现场情况进行调整：从设备读取测流垂线，获得现场测流控制器中设置的参数；对需要调整的参数进行修改；更新测流垂线参数到设备。

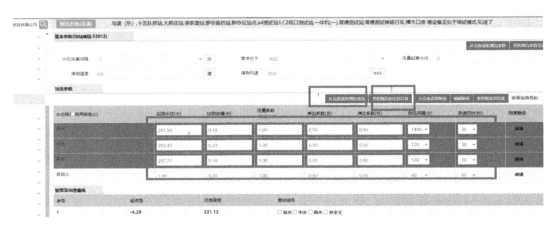

图 9.4-24　雷达波测流系统设置界面示意

目前施测最高水位为 210.00 m，测流历时 8 min，固定垂线数为 3.8、5.2、6.4、6.9、7.0、9.0、9.4、11.0、11.4、15.0、21.0、27.0、33.0、39.0、45.0、51.0、55.0、59.0、63.0、67.0、70.0、75.0、79.0、79.5、81.0、82.6、83.7、87.7、90.0。

9.4.4.2　比测情况

1. 资料收集情况

巫溪站雷达波测流系统于 2019 年 11 月安装，经过调试后（包括测试、接入匹配自记水位、调整轨道高度、率定参数、搭建数据平台等），于 2020 年 5 月正常采集数据，正式进行适用性运行。雷达波测流系统安装在巫溪基本水尺断面下游 10 m 处，钢绳轨道平行于基本水尺断面，采集终端安装于巫溪站房内，数据服务器搭建在万州水情分中心，现场测量数据通过网络传至水情中心服务器。雷达波测流系统比测期间采用预设定时、水位涨落加测、人工指令加测等多种测量方式，在 2020 年 5 月 1 日至 2021 年 10 月 21 日期间，收集到有效雷达波测流流量 1 530 次，测量水位范围为 202.50～209.98 m，覆盖到 2020 年 5 月至 2021 年 10 月期间水位变幅的 99%，收集到 2020 年 6 月、7 月和 2021 年 7 月、8 月四次较大洪水过程流量。比测期间巫溪站流速仪实测流量 98 次，其中收集到与雷达波同步比测的有效测次 66 次。

巫溪站比测期间断面资料数据更新为实时录入，巫溪站测流大断面每年汛前测一次，在断面发生变化时，及时施测。测深垂线为常规测验方法垂线的二倍左右，均匀分布并能控制河床变化的转折点，遇特大洪水，河床发生明显变化时加测。水道断面枯季每隔 1～2 个月施测 1 次；汛期 5—10 月每月施测 1 次，河床冲淤变化较大时增加垂线数目和断面测次。

2. 雷达波流量稳定性分析

自 2020 年 5 月采集数据至今，雷达波测流程序仪器故障率为 0%，在狂风暴雨等自然环境下的数据采集与实测资料相比误差较大，但仪器运作情况稳定，因此投产后，应注意暴雨天气采集实测数据进行验证。

对雷达波实测流量连续系列资料进行分析，为保证分析率定的一致性，本次主要对 2020 年 6 月 12 日至 2021 年 9 月 19 日间的 102 次雷达波流量进行稳定性分析，分析情况详见表 9.4-13。

表 9.4-13　雷达波测速稳定性分析表

施测号数	施测时间					基本水尺水位(m)	雷达波流量(m^3/s)	流量均值(m^3/s)	各次与均值误差(%)
	年	月	日	起	止				
				时:分	时:分				
205	2020	6	12	01:02	01:11	206.91	1 110	1 077	3.06
206	2020	6	12	01:42	01:51	206.80	1 030	1 077	−4.36
207	2020	6	12	02:02	02:11	206.90	1 090	1 077	1.21
222	2020	6	12	14:03	14:16	208.91	2 030	2 050	−0.98
223	2020	6	12	14:22	14:34	208.69	2 100	2 050	2.44
224	2020	6	12	14:48	15:00	208.51	2 020	2 050	−1.46
226	2020	6	12	16:02	16:14	208.32	1 740	1 625	7.08
227	2020	6	12	16:58	17:10	207.96	1 510	1 625	−7.08
355	2020	7	15	09:32	09:41	207.35	1 440	1 585	−9.15
356	2020	7	15	09:47	09:56	207.74	1 570	1 585	−0.95
357	2020	7	15	10:07	10:13	207.93	1 650	1 585	4.1
358	2020	7	15	10:17	10:25	208.06	1 680	1 585	5.99
364	2020	7	15	12:32	12:39	208.86	2 150	2 100	2.38
365	2020	7	15	13:07	13:15	208.97	2 050	2 100	−2.38
386	2020	7	16	09:37	09:44	207.76	1 550	1 615	−4.02
387	2020	7	16	10:02	10:09	207.90	1 680	1 615	4.02

施测号数	施测时间					基本水尺水位(m)	雷达波流量(m³/s)	流量均值(m³/s)	各次与均值误差(%)
	年	月	日	起	止				
				时:分	时:分				
154	2021	5	3	16:15	16:30	204.18	183	184	−0.54
155	2021	5	3	16:34	16:49	204.17	184	184	0
186	2021	5	15	17:20	17:29	204.46	254	254	0
187	2021	5	15	17:34	17:43	204.45	255	254	0.39
188	2021	5	15	17:50	17:59	204.46	252	254	−0.79
288	2021	6	18	17:18	17:26	204.30	233	240	−2.92
289	2021	6	18	17:32	17:40	204.29	239	240	−0.42
290	2021	6	18	17:48	17:57	204.35	249	240	3.75
337	2021	7	5	17:25	17:34	205.13	508	524	−3.05
338	2021	7	5	17:39	17:48	205.25	524	524	0
339	2021	7	5	17:52	18:01	205.27	541	524	3.24
353	2021	7	6	10:05	10:14	205.05	451	447	0.89
354	2021	7	6	10:19	10:28	205.04	452	447	1.12
355	2021	7	6	10:37	10:46	205.00	439	447	−1.79
357	2021	7	6	13:11	13:20	204.87	398	391	1.79
358	2021	7	6	13:29	13:38	204.85	392	391	0.26
359	2021	7	6	13:44	13:53	204.85	383	391	−2.05
375	2021	7	7	14:11	14:20	206.61	1 120	1 130	−0.88
376	2021	7	7	14:26	14:35	206.58	1 190	1 130	5.31
377	2021	7	7	14:41	14:50	206.58	1 130	1 130	0
378	2021	7	7	14:55	15:04	206.57	1 080	1 130	−4.42
380	2021	7	7	16:45	16:54	206.31	1 020	990	3.03
381	2021	7	7	17:01	17:10	206.27	978	990	−1.21
382	2021	7	7	17:17	17:26	206.20	973	990	−1.72
391	2021	7	8	09:40	09:49	204.67	343	327	4.89
393	2021	7	8	10:14	10:23	204.64	320	327	−2.14
394	2021	7	8	10:32	10:41	204.61	318	327	−2.75
412	2021	7	10	17:13	17:22	205.16	516	516	0
413	2021	7	10	17:27	17:36	205.21	511	516	−0.97
414	2021	7	10	17:42	17:51	205.24	521	516	0.97
519	2021	8	9	14:30	14:39	204.77	369	360	2.5
520	2021	8	9	14:49	14:58	204.73	350	360	−2.78
521	2021	8	9	17:16	17:25	204.59	318	318	0
522	2021	8	9	17:33	17:42	204.56	319	318	0.31
523	2021	8	9	17:47	17:56	204.56	318	318	0
525	2021	8	9	22:29	22:37	204.27	243	239	1.67
526	2021	8	9	22:43	22:51	204.25	239	239	0
527	2021	8	9	23:03	23:11	204.23	234	239	−2.09
551	2021	8	11	19:07	19:16	205.26	587	598	−1.84

续表

施测号数	施测时间					基本水尺水位(m)	雷达波流量(m³/s)	流量均值(m³/s)	各次与均值误差(%)
	年	月	日	起	止				
				时:分	时:分				
552	2021	8	11	19:29	19:38	205.27	602	598	0.67
553	2021	8	11	19:48	19:57	205.28	606	598	1.34
562	2021	8	12	22:24	22:32	204.08	223	224	−0.45
563	2021	8	12	22:44	22:52	204.09	228	224	1.79
564	2021	8	12	23:02	23:10	204.08	221	224	−1.34
574	2021	8	13	17:13	17:22	205.43	653	676	−3.4
575	2021	8	13	17:31	17:40	205.47	670	676	−0.89
576	2021	8	13	17:46	17:55	205.50	685	676	1.33
577	2021	8	13	18:02	18:11	205.52	695	676	2.81
582	2021	8	14	08:21	08:30	204.89	449	443	1.35
583	2021	8	14	08:37	08:46	204.87	441	443	−0.45
584	2021	8	14	08:56	09:05	204.85	438	443	−1.13
626	2021	8	23	10:11	10:20	205.76	836	876	−4.57
627	2021	8	23	10:25	10:34	205.83	857	876	−2.17
628	2021	8	23	10:42	10:51	206.00	936	876	6.85
631	2021	8	23	12:07	12:16	206.57	1 250	1 273	−1.81
632	2021	8	23	12:31	12:40	206.65	1 270	1 273	−0.24
633	2021	8	23	12:46	12:55	206.69	1 300	1 273	2.12
636	2021	8	23	16:02	16:11	206.42	1 130	1 060	6.6
637	2021	8	23	16:19	16:28	206.32	1 030	1 060	−2.83
638	2021	8	23	16:47	16:56	206.24	1 020	1 060	−3.77
642	2021	8	23	23:17	23:26	205.66	748	737	1.49
643	2021	8	23	23:36	23:45	205.65	725	737	−1.63
702	2021	8	29	09:17	09:25	209.09	2 570	2 663	−3.49
703	2021	8	29	09:44	09:52	209.25	2 600	2 663	−2.37
704	2021	8	29	10:01	10:09	209.31	2 700	2 663	1.39
705	2021	8	29	10:16	10:24	209.28	2 780	2 663	4.39
708	2021	8	29	12:37	12:45	209.63	2 760	2 780	−0.72
709	2021	8	29	12:52	13:00	209.67	2 580	2 780	−7.19
710	2021	8	29	13:12	13:20	209.64	2 850	2 780	2.52
711	2021	8	29	13:29	13:37	209.63	2 930	2 780	5.4
716	2021	8	29	16:43	16:51	209.93	2 760	2 757	0.11
717	2021	8	29	16:58	17:06	209.98	2 710	2 757	−1.7
718	2021	8	29	17:12	17:20	209.97	2 800	2 757	1.56
729	2021	8	30	01:02	01:10	208.82	2 160	2 150	0.47
730	2021	8	30	01:19	01:27	208.77	2 170	2 150	0.93
731	2021	8	30	01:32	01:40	208.75	2 120	2 150	−1.4
745	2021	8	30	11:50	11:59	207.06	1 300	1 285	1.17
746	2021	8	30	12:06	12:15	207.00	1 270	1 285	−1.17

续表

施测号数	施测时间					基本水尺水位(m)	雷达波流量(m³/s)	流量均值(m³/s)	各次与均值误差(%)
	年	月	日	起	止				
				时:分	时:分				
770	2021	9	4	10:35	10:44	204.68	384	385	−0.26
771	2021	9	4	10:56	11:05	204.68	385	385	0
797	2021	9	7	09:19	09:28	206.20	970	982	−1.22
798	2021	9	7	09:48	09:57	206.13	994	982	1.22
816	2021	9	10	10:29	10:37	204.00	202	203	−0.49
817	2021	9	10	10:56	11:04	204.01	204	203	0.49
856	2021	9	19	10:16	10:25	207.13	1 520	1 545	−1.62
857	2021	9	19	10:30	10:39	207.15	1 570	1 545	1.62

对上表中误差进行统计分析,结果如表 9.4-14 所示。可以看出,同水位比较中,没有雷达波流量与中数误差超过 10%的,误差在 10%以内的为 102 次,占总样本的 100.0%。整体看来基本稳定,误差较小。

表 9.4-14　同水位雷达波流量稳定性分析统计表

项目	相对误差大于 20%	相对误差为 10%~20%	相对误差小于 10%
次数	0	0	102
占样本总数百分比(%)	0	0	100.0

9.4.4.3　比测分析

雷达波测流系统所测流速为断面表面流速。为满足后期雷达波测流系统测验资料的投产应用,需要建立雷达波测流系统测验资料与流速仪测验资料的关系。由于巫溪站雷达波测流系统测验与人工流速仪测验无法完全同步,本次采取以单次实测流速仪流量时间的所有雷达波流量进行平均处理,以同时间内的雷达波平均流量作为与实测流量的比测流量。本次共收集到同时间实测流量 66 次。

在 66 次同步比测资料中,剔除 16 次受断面下切影响大的低水(204.00 m 以下)测次,以剩余 50 次比测资料作为本次关系率定模型建立和验证的样本。

按所测得水位变幅均匀挑选出 40 次比测资料作为率定模型样本,将剩余 10 次比测资料作为验证样本。

1. 模型的建立

采用巫溪站 40 次实测雷达波流量资料与对应的实测流量建立关系。率定期间的水流情况如下:

率定时间:2020 年 5 月 1 日—2021 年 10 月 21 日。

比测水位变幅:204.01~209.96 m。

比测流量变幅:143~2 590 m³/s。

根据样本数据建立相关关系。经过回归分析,多项式相关关系较好,确定的关系式为 $Q_{实} = 0.000\,07Q_{雷}^2 + 0.705\,8Q_{雷} + 9.296$。率定结果及误差分析详见表 9.4-15、图 9.4-25 至图 9.4-27。

表 9.4-15　雷达波流量与实测流量多项式关系率定表

序号	施测时间					基本水尺水位(m)	雷达波流量(m³/s)	实测流量(m³/s)	率定流量(m³/s)	还原误差(%)
	年	月	日	起	止					
				时:分	时:分					
1	2020	6	12	1:06	2:08	206.89	1 077	827	851	2.86

序号	施测时间					基本水尺水位(m)	雷达波流量(m³/s)	实测流量(m³/s)	率定流量(m³/s)	还原误差(%)
	年	月	日	起 时:分	止 时:分					
2	2020	6	12	8:33	9:28	205.94	614	496	469	−5.43
3	2020	6	12	13:46	14:57	208.83	2 050	1 700	1 750	2.96
4	2020	6	12	16:03	17:09	208.21	1 625	1 390	1 341	−3.52
5	2020	7	15	9:26	10:26	207.78	1 585	1 220	1 304	6.87
6	2020	7	15	12:32	13:38	208.89	2 100	1 740	1 800	3.46
7	2020	7	15	21:52	22:52	207.48	1 430	1 080	1 162	7.57
8	2020	7	16	9:23	10:27	207.88	1 615	1 270	1 332	4.86
9	2020	7	22	10:01	11:02	207.15	1 230	935	983	5.17
10	2020	8	21	23:23	0:18	205.22	384	326	291	−10.84
11	2021	5	3	16:12	17:02	204.18	184	143	141	−1.28
12	2021	5	15	17:16	18:11	204.46	254	189	193	2.03
13	2021	6	18	17:12	18:07	204.33	240	166	183	10.22
14	2021	7	5	17:20	18:14	205.25	524	352	399	13.24
15	2021	7	6	9:52	10:47	205.02	447	324	339	4.64
16	2021	7	6	13:02	13:58	204.85	391	281	296	5.33
17	2021	7	7	14:07	15:04	206.58	1 130	953	896	−5.96
18	2021	7	7	16:37	17:34	206.27	990	792	777	−1.90
19	2021	7	8	9:36	10:42	204.65	327	234	248	5.80
20	2021	7	10	17:07	18:03	205.18	516	352	392	11.40
21	2021	8	9	14:12	15:09	204.76	360	296	272	−8.08
22	2021	8	9	17:11	18:09	204.57	318	251	241	−3.96
23	2021	8	9	22:23	23:21	204.26	239	189	182	−3.84
24	2021	8	11	19:01	19:58	205.26	598	455	457	0.36
25	2021	8	12	22:21	23:21	204.08	224	159	171	7.49
26	2021	8	13	17:11	18:11	205.46	676	533	518	−2.78
27	2021	8	14	8:18	9:19	204.88	443	324	335	3.53
28	2021	8	23	10:06	11:06	205.90	876	694	682	−1.79
29	2021	8	23	12:02	13:07	206.62	1273	993	1022	2.87
30	2021	8	23	16:01	17:02	206.32	1060	852	836	−1.87
31	2021	8	23	23:06	0:04	205.66	737	608	567	−6.73
32	2021	8	29	9:16	10:32	209.24	2 663	2 250	2 385	5.99
33	2021	8	29	12:37	13:47	209.64	2 780	2 450	2 512	2.55
34	2021	8	29	16:31	17:28	209.96	2 757	2 590	2 487	−3.98
35	2021	8	30	0:51	1:57	208.77	2 150	1 980	1 850	−6.55
36	2021	8	30	11:26	12:24	207.07	1 285	1 160	1 032	−11.05
37	2021	9	4	10:32	11:36	204.70	385	286	291	1.76
38	2021	9	7	9:11	10:13	206.16	982	782	770	−1.55
39	2021	9	10	10:23	11:24	204.01	203	149	155	4.33
40	2021	9	19	9:46	10:46	207.13	1 545	1 200	1 267	5.57

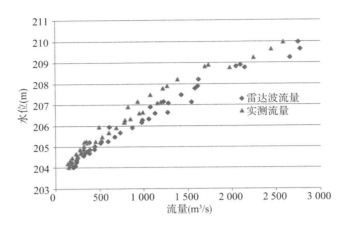

图 9.4-25　水位与雷达波流量/实测流量点绘图

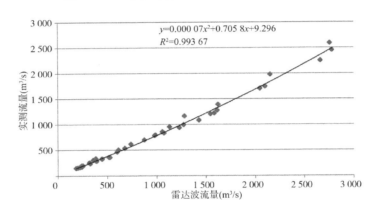

图 9.4-26　雷达波流量与实测流量多项式关系图

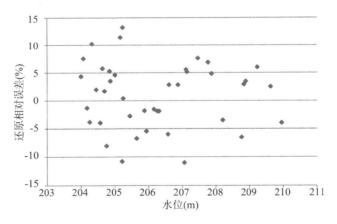

图 9.4-27　雷达波流量还原误差分布图

经过分析,采用多项式公式拟合,雷达波流量与实测流量建立相关关系,系统误差为 0.99%,最大偶然误差为 13.2%,随机不确定度为 11.8%,误差大于 10% 的测点 4 次,占 10%,没有误差大于 15% 的测点。整体误差情况详见表 9.4-16。

表 9.4-16　雷达波流量与实测流量相关关系率定误差

公式	系统误差(%)	随机不确定度(%)	相关系数 R^2	偶然误差大于15%的个数	偶然误差大于10%的个数	最大偶然误差(%)
$Q=0.000\,06Q_{雷}^2+0.723Q_{雷}+13.7$	0.99	11.8	0.993 7	0	4	13.2

2. 模型的验证

在收集到的 50 次雷达波流量数据中除去模型率定选定的 40 次样本，用剩余 10 次实测雷达波流量资料对模型率定的相关关系进行检验。验证情况见表 9.4-17、图 9.4-28。验证期间的水流情况如下：

验证资料水位变幅：204.21～209.40 m。

验证流量变幅：180～2 010 m³/s。

表 9.4-17　雷达波流量与实测流量多项式关系验证

序号	施测时间					基本水尺水位(m)	雷达波流量(m³/s)	实测流量(m³/s)	率定流量(m³/s)	还原误差(%)
	年	月	日	起	止					
				时:分	时:分					
1	2020	6	17	18:16	19:08	206.32	764	626	589	−5.85
2	2020	7	17	9:46	10:49	208.38	1 865	1 480	1 569	6.02
3	2020	7	17	11:48	12:54	209.40	2 330	2 010	2 034	1.19
4	2020	8	21	9:54	10:57	204.87	273	197	207	5.18
5	2021	7	5	21:27	22:23	205.78	767	556	592	6.49
6	2021	7	7	11:22	12:23	206.80	1 230	1 080	983	−8.95
7	2021	7	11	12:47	13:46	204.61	681	500	522	4.43
8	2021	8	30	6:46	7:49	207.70	1 617	1 450	1 333	−8.05
9	2021	9	18	23:21	0:21	205.22	590	449	450	0.18
10	2021	10	11	15:23	16:23	204.21	253	180	192	6.65

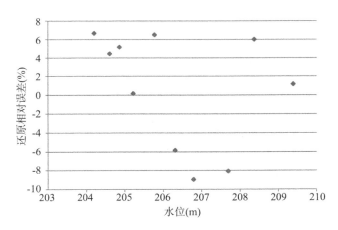

图 9.4-28　雷达波流量与实测流量相关关系验证误差图

经过验证，采用率定的多项式公式，10 次雷达波流量经相关关系推算流量与实测流量误差统计，系统误差为 0.73%，随机不确定度为 12.4%，偶然误差最大为 −9.0%，偶然误差全部小于 10%。详见表 9.4-18。

表 9.4-18　多项式关系验证误差表

公式	系统误差(%)	随机不确定度(%)	偶然误差大于10%的个数	最大偶然误差(%)
$Q=0.000\,07Q_{雷}^2+0.705\,8Q_{雷}+9.296$	0.73	12.4	0	−9.0

3. 成果误差分析

巫溪(二)水文站属于二类精度水文站,根据《水文资料整编规范》(SL/T 247—2020)定线精度指标,单一曲线系统误差不超过±1%,随机不确定度不超过10%。由于雷达波测流方式为非接触测水面流速,类似于水面浮标法测流,雷达波测量随机不确定度可增加2%～4%,即12%～14%,最大不超过14%。

经比测数据率定分析,雷达波流量与实测转子式流量率定关系还原系统误差为0.99%,不超过±1%,随机不确定度为11.8%,不超过12%。验证样本还原误差(系统误差0.73%,随机不确定度12.4%)也满足规范要求。因此,雷达波流量采用该率定关系式还原后进行定线推流满足精度要求,推荐在水位级204.00～210.00 m使用多项式公式 $Q_{实}=0.000\,07Q_{雷}^2+0.705\,8Q_{雷}+9.296$ 作为巫溪站雷达波流量与实测流量的换算关系。

4. 整编定线径流误差分析

将2021年所有参与比测的实测流量,用雷达波流量经模型率定的还原流量代替,与其他未参与比测的实测流量一起组成流量样本,进行定线推流,计算日平均流量和径流总量,与2021年全部采用实测流量整编定线推流成果对比分析如下。

对比两种流量数据绘制的水位流量关系线,206 m以下实测点定线使用单一线,采用实测流量和雷达波还原流量定出带宽较小的绳套。从巫溪站山溪性河流特性可以判断,陡涨时出现绳套是正常客观情况,只因涨落过快,传统的流速仪测法一次测流耗时长,测次不够,来不及测出绳套过程,因此根据实测流量定为单一曲线;而雷达波一次测流只需要几分钟,能反映洪水的瞬时变化过程,从理论上说更能反映流量变化的真实情况。如图9.4-29、图9.4-30所示。

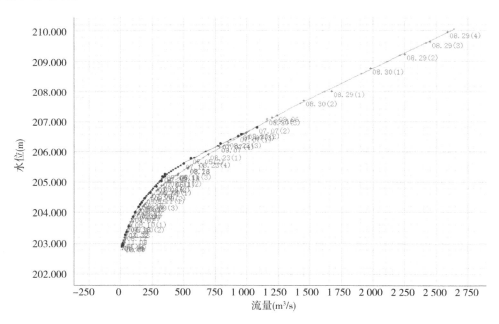

图9.4-29 巫溪站2021年水位流量关系线(全实测流量)

从径流对比来看,采用实测＋雷达波还原定线推算的径流仅比采用传统全实测定线推流成果小0.05亿 m³,相对误差仅为0.18%,满足定线推流要求,详见表9.4-19。

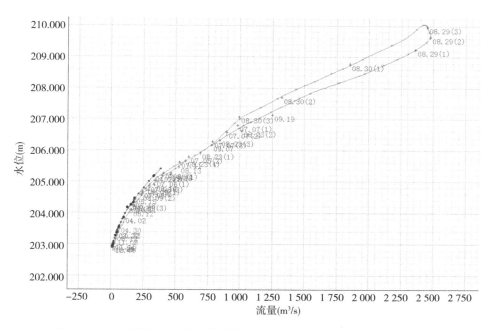

图 9.4-30 巫溪站 2021 年水位流量关系线（实测流量＋雷达波还原流量）

表 9.4-19 两种定线方法径流对比分析

2021 年径流量（亿 m³）		绝对误差（亿 m³）	相对误差（%）
全实测定线方案	实测流量＋雷达波还原定线方案		
27.97	27.92	−0.05	0.18

从流量极值对比来看，采用实测＋雷达波还原定线推算的最大流量比采用传统全实测定线推流成果小 210 m³/s，相对误差为 8.0%，误差较小，详见表 9.4-20。

表 9.4-20 两种定线方法流量极值对比分析

2021 年最大流量（m³/s）		绝对误差（m³/s）	相对误差（%）
全实测定线方案	实测流量＋雷达波还原定线方案		
2 640	2 430	210	8.0

9.4.4.4 数据管理现状及计划

巫溪站雷达波系统测流设备安装于巫溪站基本水尺断面下游 10 m 处，数据服务器搭建在万州水情分中心，现场测量数据通过网络传至水情中心服务器，目前测流仪器设备的电量回充装置需人工检查，流量资料成果需手动录入最新的借用断面资料及核实 5 分钟水位数据后重新计算。未来将对断面数据的更新模式进行调整，增加输出成果的稳定性及准确性。

水位采集系统目前为外接巫溪站自记水位系统，测量时采用前 5 分钟的数据，水位有延迟，特别是洪水期急涨急落时，水位不同步造成的借用面积误差较大。解决方案是通过后台中心软件后处理，对水位进行改正后重新计算并生成流量成果表。

9.4.4.5 结论

（1）雷达波流速仪能够自动完成测流断面各设定垂线水面流速的监测，是解决巫溪水文站中高水流量自动测验的较好方案。

（2）收集到同时间内的雷达波平均流量与实测流量的比测资料 66 次，其中相应水位低于 204.00 m 以下相关关系差，选取 204.00 m 以上 40 次比测资料建立模型，另选 10 次作为验证。雷达波流量与实测流量建立关系，两者关系良好，系统误差小于±1%，随机不确定度不超过 13%，验证样本还原误差也满足规范要求。

（3）采用雷达波实测流量经模型换算后的流量进行定线推流，计算的年径流总量与传统流速仪实测定线推流径流总量相对误差仅为 0.18%，满足定线推流要求。

（4）雷达波测流系统建议在水位 $204.00\sim210.00$ m 范围内投产使用，推荐使用公式 $Q_{实}=0.000\,07Q_{雷}^2+0.705\,8Q_{雷}+9.296$ 作为巫溪站雷达波流量与实测流量的换算关系。

9.4.5 金安桥水文站应用实例

9.4.5.1 测站概况

金安桥水文站位于云南省丽江市，集水面积 239 853 km²，距河口 3 922 km。测验河段顺直、无漫滩、无岔流、无串沟，水流平稳，断面两岸为岩石，河床为卵石夹砂组成，冲淤变化较小。上游 2.5 km 处有金安桥水电站，750 m 处左岸有五郎河汇入，下游 500 m 处有一弯道卡口，38 km 处有龙开口水电站。受金安桥下泄流量、五郎河来水和龙开口水位顶托等影响，金安桥水文站水位流量关系紊乱。本站设有基本水尺断面兼流速仪测流断面。

金安桥站洪水来源主要为上游暴雨来水和金安桥水电站泄洪来水，上游来水多数受电站控制，同时也受下游龙开口水电站顶托影响，水流比较紊乱。经过多年的单值化分析，本站以落差指数法定线，历年水位流量关系为单一线。采用下游电站水位与本站当年实测流量建立相关关系定线推流，流量测次主要根据本站与龙开口水位落差进行布控。

金安桥水文站是国家基本水文站，是为社会公益和流域控制规划的重要水文站，为二类流量精度水文站，为长江流域的规划建设提供可靠的水文依据。

金安桥水文站属电站控制站，受上游来水和下游蓄水影响较大。其上游因发电和泄洪等因素，水位流量较化较快、较大，经常每天水位涨落近六七米，流量变化较快。

9.4.5.2 测站特性

金安桥水文站属坝下水文站，上游 2.5 km 处有金安桥水电站，下游有龙开口水电站，上游泄水和下游蓄水顶托对本站的流量有较大影响，单断沙关系多年来呈单一线，关系稳定。

1. 校正流量关系

金安桥水文站流量经过近几年资料分析，按落差指数法进行控整编，多年来水位流量关系呈单一线，但也有所变化，因此要对年落差指数进行调整。其 2022 年水位流量关系见图 9.4-31。

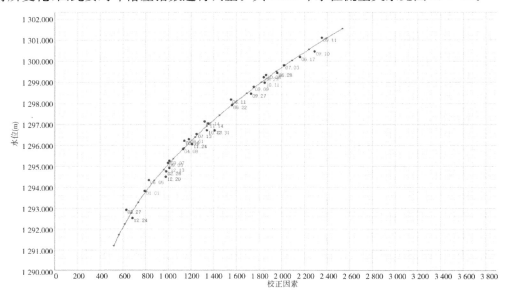

图 9.4-31 2022 年水位流量关系

2. 单沙-断沙关系

自金安桥水文站收集单沙-断沙关系以来,其水位流量关系良好,一直为单一线。2022 年金安桥水文站单断沙关系见图 9.4-32。

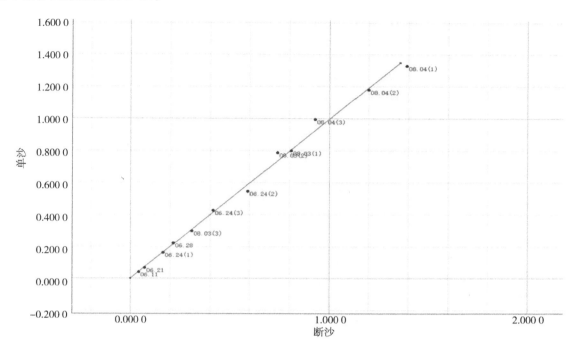

图 9.4-32　金安桥站 2022 年单沙-断沙关系

3. 断面关系分析

金安桥水文站的断面分析分为大断面分析和固定断面误差分析。其 2019—2022 年所测大断面分析见图 9.4-33。

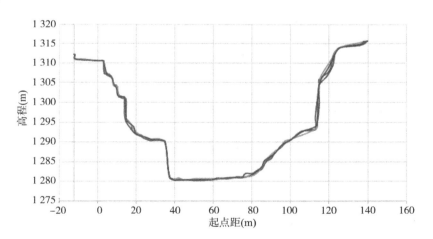

图 9.4-33　2019—2022 年大断面分析

金安桥水文站测验河段为"U"形河槽,两岸为绝壁陡崖,河底为卵石夹沙,经多年实测大断面资料收集分析,其变化不大。

通过 2019—2021 年固定断面与 2022 年固定断面分析,固定断面垂线共 17 条。2019—2021 年与 2022 年大断面误差分析见表 9.4-21。

表 9.4-21　2019—2021 年与 2022 年大断面误差分析

起点距 (m)	2019 年		2020 年		2021 年		2022 年 高程(m)
	高程 (m)	误差 (m)	高程 (m)	误差 (m)	高程 (m)	误差 (m)	
20.0	1 292.00	−0.02	1 291.88	−0.14	1 292.52	0.50	1 292.02
25.0	1 290.79	−0.36	1 290.68	−0.47	1 290.95	−0.20	1 291.15
30.0	1 290.39	−0.06	1 290.48	0.03	1 290.75	0.30	1 290.45
35.0	1 290.07	−0.08	1 289.98	−0.17	1 289.97	−0.18	1 290.15
40.0	1 280.27	0.03	1 280.28	0.04	1 280.57	0.33	1 280.24
45.0	1 280.25	−0.09	1 280.28	−0.06	1 280.29	−0.05	1 280.34
50.0	1 280.15	−0.19	1 280.28	−0.06	1 280.59	0.25	1 280.34
55.0	1 280.17	−0.17	1 280.38	0.04	1 280.61	0.27	1 280.34
60.0	1 280.37	0.03	1 280.48	0.14	1 280.64	0.30	1 280.34
65.0	1 280.58	−0.16	1 280.68	−0.06	1 280.64	−0.10	1 280.74
70.0	1 280.79	−0.15	1 280.88	−0.06	1 280.87	−0.07	1 280.94
75.0	1 280.89	−0.05	1281.08	0.14	1 281.01	0.07	1 280.94
80.0	1 281.67	−0.27	1 281.48	−0.46	1 281.31	−0.63	1 281.94
85.0	1 283.45	−0.09	1 282.98	−0.56	1 283.31	−0.23	1 283.54
90.0	1 286.23	−0.11	1 285.68	−0.66	1 286.74	0.40	1 286.34
95.0	1 288.71	−0.16	1 288.48	−0.39	1 288.74	−0.13	1 288.87
100	1 290.50	0.06	1 290.38	−0.06	1 290.64	0.20	1 290.44
最大误差	−0.36	最大误差	−0.66	最大误差	−0.63		
系统误差	−0.11	系统误差	−0.16	系统误差	0.06		

对 2019 年、2020 年、2021 年实测水道断面数据进行分析发现,2019 年系统误差为 −0.11 m,
2020 年为 −0.16 m,2021 年为 0.06 m,其多年水深变化不大。其河床稳定,双轨雷达安装于测流断面
上游 20 m 处,雷达测验借用缆道流量测验断面是可行的,但也要与实测流量进行误差分析后确定。
2019—2021 年与 2022 年固定水道断面垂线误差分析见图 9.4-34。

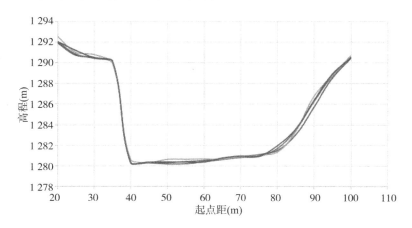

图 9.4-34　2019—2021 年与 2022 年固定垂线分析图

由上表和上图可知,金安桥水文站测流断面历年变化不大,可以借用实测断面数据,在测大断面和固定断面后,及时输入雷达水位计参数设置中,对由此测得的流量与流速仪实测流量进行对比分析。

9.4.5.3 双轨雷达测流系统安装背景

金安桥双轨雷达系统于2021年8月1日开始建设,9月7日安装完成,9月8日开始调试运行。

TEL-12双轨移动式雷达测流系统(以下简称雷达波测流系统)与下游约20 m处缆道流量测验断面平行安装。从2021年9月8日开始至2023年9月12日(本节采用资料截止时间),雷达波测流系统与流速仪同步比测71次,自行有效测流5 115次。根据《河流流量测验规范》《水文资料整编规范》《TEL-12双轨移动式雷达测流系统使用手册》等相关技术规定,已达到比测分析基本要求。

为了提高水文测验精度,金安桥水文站向信息化、现代化发展,减少测站人员工作量,打造自动化水文站,目前已实现水位、水温、雨量、蒸发的自动化测报。雷达波测流系统投产后,将大大减轻测站工作量,提高资料成果质量。

雷达波测流系统的比测投产,为实现水文自动化、可视化,提高资料成果质量提供了有力保障;提升了金安桥站的测验能力,完成金安桥水文站向自动化监测的迈进。

9.4.5.4 设备及安装情况

1. 设备简介

雷达波自动测流系统利用两根间距为300 mm、直径为5 mm的304不锈钢钢丝绳做导轨,将雷达波流速仪、双自流电机、雷达测速控制器、锂电池、无线电台等设备安装在雷达运行车内,雷达运行车通过驱动轮和转向轮悬挂在导轨绳上。雷达测速控制系统和无线电台通过运行指令,控制雷达波流速仪到指定垂线测流,并将实测流速数据发送给系统控制器。系统控制器同时采集水位数据,再将水位、流速等数据发送给流量计算终端,实时计算断面流量,从而实现断面无人值守自动测验。如图9.4-35、图9.4-36所示。

雷达运行车自动完成指定位置的水面流速测量,测量完成后通过无线电台将数据发送给RTU系统控制器。RTU系统控制器同时采集水位数据,根据采集到的水位数据、流速数据以及配置的断面数据,计算出断面流量,并将相关数据通过GPRS无线数据传输模块或者北斗数据传输终端发送到远程服务器上,从而实现断面无人值守自动测验。当完成测流后,雷达运行车自行开回控制箱内自动充电。用户通过网页形式访问服务器,查看最终数据,根据当地水文情况,设置断面数据、测流点位、测流时间、水位变化涨落自动加测幅度和间隔,根据时间导出流量计算结果表等报表。

图9.4-35 雷达运行小车

图 9.4-36　雷达缆道示意图

2. 系统组成及特点

TEL-12 双轨移动式雷达自动测流系统是非接触测流系统,主要由雷达波流速仪、雷达运行车、系统控制及流量计算系统、数据遥测系统(含 RTU)、恒流恒压充电控制系统、超短波电台、水位计、太阳能供电系统、配套支架和中心站管理软件等组成。

系统具有在线升级、远程升级、自动加测、定时测流以及水位涨落自动加测的功能,具有应对恶劣天气的解决手段。如果 GPRS 通信中断,能通过网线直连控制系统测流和现场显示屏测流,在通信恢复后能自动补发断网期间的数据。

(1)现场配置中文触摸屏操作界面,方便现场配置参数、人工操作测流等。

(2)全自动采集和计算,设备中的本地数据保存时间 10 年以上,避免数据丢失。

(3)系统具有故障自我诊断功能,及时上报实时情况。

(4)系统具有高、中、低三种以上水位模式,不同测量模式下测速垂线不同。

(5)系统具有定时测流和自动加测功能,能根据水位涨幅和降幅自动加测。

(6)系统具有测流条件判断功能,例如,电池电压、大风、暴雨、温度等因素超过临界点自我保护。

(7)系统可以在暴雨环境中正常测流,全天候测量。

(8)系统是一套完备的无人值守流量测验仪器,可独立完成测验任务,获得流量数据。模块化结构设计,每部分都很轻便,容易安装、拆卸,方便检修、维护和更换。

3. 安装情况

金安桥水文站雷达波测流系统于 2021 年 9 月安装,左岸建有拉线塔,右岸在岩石上用混凝土打制拉锚。雷达波测流系统在缆道测流系统上游 21 m 处,安装时利用两根直径为 5 mm 的不锈钢绞线做导轨,两根钢丝绳间距为 300 mm,双轨缆道跨度为 170 m。雷达双轨缆道左岸端点高程为 1 310.55 m,右岸端点高程为 1 310.62 m,雷达双轨缆道中间最低点高程为 1 310.28 m。雷达缆道中间点到水面垂距为 20.6 m,2023 年水位变幅为 1 289.67~1 304.35 m,计算距离为 5.93~20.61 m。测速探头面对上游的俯角设定为 58°,系统自动检测雷达测速探头倾斜角度并修正。

该系统供电采用太阳能充电和民用电共用模式,在太阳能供电不足时采用民用电进行充电,保证电量充足。金安桥站雷达波测流系统安装见图 9.4-37、图 9.4-38。

图 9.4-37　雷达波测流系统安装图 1

图 9.4-38　雷达波测流系统安装图 2

4. 运行情况

经过两年的运行,雷达系统水位接入了金安桥自动测报系统,接入后水位差值不大,在每次施测断面后立即导入雷达波测流系统,断面计算一致。左右水边按任务书要求设置为 0.7,水位级 1 296.00 m 以下为低水,低水时为两段制测量;1 296～1 300.00 m 为中水,中水按四段制测量,水位变幅在 0.5 m 时加测;水位在 1 300.00 m 以上时为高水,高水按 8 段制测量,水位变幅在 0.2 m 时进行加测。

工作时,若运行时间久,蓄电池电量有可能不够,因此,要时常检查电池电量。另外,较大风力对测验有一定影响,故安装高清和风向仪判断其风力影响。

9.4.5.5 比测分析

1. 稳定性分析

金安桥水文站雷达波测流系统于 2021 年 9 月开始按要求进行比测,比测时间为 2021—2023 年。

金安桥水文站属库区水文站,上游有金安桥水电站,下游有龙开口水电站,其水位流量关系受龙开口水电站的蓄、放水顶托影响较大,因此不能按常规的水位流量关系进行分析,只能用金安桥水文站与龙开口水电站的水位落差进行分析。另外龙开口水电站水位记录一般为小时记,金安桥水文站以每 5 分钟记;金安桥水文站的水位到龙开口水电站的水位有延迟,对资料也有一定影响。但按金安桥雷达波测流相应时间去查读龙开口水位进行相应时间段相应落差的分析,还是可以找到相关规律的。其分析情况见表 9.4-22。

表 9.4-22　金安桥站雷达流量计稳定性分析

序号	施测号数	施测时间		基本断面水位(m)	龙开口水位(m)	落差(m)	流量(m³/s)	平均流量(m³/s)	相对误差(m)	绝对误差(%)
		日期	时间							
1	1 592	2022-03-20	12:01	1 294.20	1 294.53	−0.33	901		28	3.21
2	1 487	2022-03-09	00:01	1 294.45	1 294.78	−0.33	873	873	0	0.00
3	1 330	2022-02-16	15:02	1 296.62	1 296.93	−0.31	844		−29	−3.32
4	1 339	2022-02-17	12:42	1 296.72	1 297.01	−0.29	385		8	2.12
5	1 658	2022-03-28	02:02	1 292.02	1 292.31	−0.29	400		23	6.10
6	1 562	2022-03-18	00:11	1 294.69	1 294.98	−0.28	341	377	−36	−9.55
7	1 703	2022-04-02	00:11	1 293.48	1 293.73	−0.25	357		−20	−5.31
8	1 515	2022-03-12	00:11	1 293.99	1 294.23	−0.24	402		25	6.63
9	1 462	2022-03-06	02:11	1 293.31	1 293.49	−0.18	506		−53	−9.48
10	1 646	2022-03-26	00:11	1 292.70	1 292.87	−0.17	609		91	8.94
11	1 123	2022-01-15	12:11	1 294.33	1 294.48	−0.15	538		20	−3.76
12	2 059	2022-05-13	16:11	1 296.20	1 296.34	−0.14	547	559	29	−2.15
13	1 550	2022-03-17	00:12	1 294.69	1 294.82	−0.12	587		69	5.01
14	1 439	2022-03-03	13:32	1 293.19	1 293.31	−0.12	546		28	−2.33
15	1 325	2022-02-16	04:11	1 296.47	1 296.58	−0.12	577		59	3.22
16	1 245	2022-02-04	08:11	1 294.14	1 294.01	0.12	452		−48	−9.60
17	1 209	2022-01-30	14:11	1 296.47	1 296.34	0.13	454		−46	−9.20
18	1 391	2022-02-26	16:11	1 294.87	1 294.74	0.13	454		−46	−9.20
19	1 400	2022-02-27	16:11	1 294.72	1 294.59	0.13	467		−33	−6.60
20	2 018	2022-05-08	04:11	1 295.47	1 295.35	0.13	470	500	−30	−6.00
21	1 248	2022-02-05	00:11	1 294.33	1 294.20	0.13	471		−29	−5.80
22	1 747	2022-04-06	00:12	1 294.24	1 294.10	0.13	475		−25	−5.00
23	1 536	2022-03-13	23:27	1 294.85	1 294.72	0.13	482		−18	−3.60
24	1 567	2022-03-18	14:11	1 294.73	1 294.59	0.13	483		−17	−3.40

序号	施测号数	施测时间		基本断面水位(m)	龙开口水位(m)	落差(m)	流量(m³/s)	平均流量(m³/s)	相对误差(m)	绝对误差(%)
		日期	时间							
25	1 853	2022-04-16	10:11	1 295.16	1 295.02	0.13	489		−11	−2.20
26	1 076	2022-01-06	08:11	1 295.22	1 295.08	0.14	496		−4	−0.80
27	1 854	2022-04-16	12:11	1 295.04	1 294.90	0.14	506		6	1.20
28	1 847	2022-04-16	00:11	1 295.66	1 295.52	0.14	513		13	2.60
29	1 936	2022-04-27	04:11	1 294.07	1 293.93	0.14	524		24	4.80
30	2 743	2022-08-21	04:11	1 296.22	1 296.08	0.14	527	500	27	5.40
31	1 718	2022-04-03	12:37	1 293.31	1 293.17	0.14	533		33	6.60
32	1 838	2022-04-15	04:12	1 296.37	1 296.23	0.14	534		34	6.80
33	1 235	2022-02-03	06:11	1 294.92	1 294.78	0.14	535		35	7.00
34	1 255	2022-02-05	18:11	1 294.23	1 294.09	0.14	538		38	7.60
35	1 428	2022-03-02	09:22	1 293.95	1 293.81	0.14	543		43	8.60
36	1 458	2022-03-05	16:03	1 293.17	1 293.03	0.14	546		46	9.20
37	1 797	2022-04-11	10:11	1 294.86	1 294.67	0.20	765		−3	−0.39
38	1 915	2022-04-25	06:11	1 295.01	1 294.81	0.20	764		−4	−0.52
39	1 983	2022-05-03	02:11	1 292.81	1 292.61	0.20	795		27	3.52
40	1 975	2022-05-01	02:11	1 295.13	1 294.93	0.20	808		40	5.21
41	1 213	2022-01-30	20:51	1 296.55	1 296.32	0.23	717		−51	−6.64
42	1 407	2022-02-28	06:11	1 294.72	1 294.49	0.23	721		−47	−6.12
43	1 055	2022-01-02	15:41	1 294.34	1 294.10	0.24	781		13	1.69
44	1 964	2022-04-30	00:12	1 294.33	1 294.09	0.24	708		−60	−7.81
45	1 832	2022-04-14	12:12	1 296.86	1 296.62	0.24	771		3	0.39
46	1 831	2022-04-14	10:12	1 297.01	1 296.76	0.24	827	768	59	7.68
47	1 687	2022-03-31	00:12	1 293.39	1 293.15	0.24	704		−64	−8.33
48	1 311	2022-02-13	13:07	1 296.99	1 296.74	0.25	767		−1	−0.13
49	1 363	2022-02-20	15:37	1 296.76	1 296.49	0.27	721		−47	−6.12
50	1 906	2022-04-24	04:11	1 294.51	1 294.24	0.27	770		2	0.26
51	1 578	2022-03-19	12:11	1 294.76	1 294.48	0.28	775		7	0.91
52	1 385	2022-02-26	02:11	1 294.70	1 294.42	0.28	806		38	4.95
53	1 167	2022-01-23	12:11	1 296.60	1 296.32	0.28	782		14	1.82
54	1 835	2022-04-14	18:12	1 296.54	1 296.25	0.29	815		47	6.12
55	1 834	2022-04-14	16:11	1 296.69	1 296.40	0.29	800		32	4.17
56	1 793	2022-04-11	04:11	1 295.45	1 295.13	0.31	763		−49	−6.03
57	1 828	2022-04-14	06:12	1 297.11	1 296.78	0.33	783	812	−29	−3.57
58	1 842	2022-04-15	10:11	1 296.50	1 296.16	0.34	787		−25	−3.08
59	1 824	2022-04-13	18:12	1 296.55	1 296.20	0.35	794		−18	−2.22

序号	施测号数	施测时间		基本断面水位(m)	龙开口水位(m)	落差(m)	流量(m³/s)	平均流量(m³/s)	相对误差(m)	绝对误差(%)
		日期	时间							
60	1 818	2022 - 04 - 13	07:20	1 297.07	1 296.70	0.37	794	812	−18	−2.22
61	1 814	2022 - 04 - 13	00:12	1 296.34	1 295.98	0.36	805		−7	−0.86
62	1 817	2022 - 04 - 13	06:12	1 297.00	1 296.65	0.35	809		−3	−0.37
63	1 826	2022 - 04 - 14	02:12	1 296.71	1 296.35	0.36	809		−3	−0.37
64	1 819	2022 - 04 - 13	08:12	1 297.07	1 296.73	0.34	810		−2	−0.25
65	1 830	2022 - 04 - 14	08:11	1 297.17	1 296.86	0.32	816	812	4	0.49
66	1 812	2022 - 04 - 12	16:11	1 296.63	1 296.29	0.34	836		24	2.96
67	1 813	2022 - 04 - 12	18:11	1 296.57	1 296.20	0.36	850		38	4.68
68	2 031	2022 - 05 - 09	18:11	1 296.57	1 296.21	0.36	856		44	5.42
69	1 522	2022 - 03 - 12	12:11	1 294.62	1 294.29	0.33	860		48	5.91
70	1 514	2022 - 03 - 11	16:11	1 294.44	1 294.00	0.43	792		−54	−6.38
71	1 200	2022 - 01 - 29	08:11	1 295.60	1 295.16	0.43	800		−46	−5.44
72	2 027	2022 - 05 - 09	06:11	1 297.61	1 297.17	0.44	815		−31	−3.66
73	1 422	2022 - 03 - 01	13:32	1 294.26	1 293.82	0.44	831		−15	−1.77
74	1 155	2022 - 01 - 21	10:11	1 296.06	1 295.62	0.44	833		−13	−1.54
75	1 229	2022 - 02 - 02	12:11	1 294.81	1 294.37	0.44	842	846	−4	−0.47
76	2 007	2022 - 05 - 07	02:11	1 294.07	1 293.62	0.44	850		4	0.47
77	1 367	2022 - 02 - 22	16:42	1 295.82	1 295.37	0.45	869		23	2.72
78	2 036	2022 - 05 - 10	08:11	1 297.48	1 297.03	0.45	885		39	4.61
79	1 645	2022 - 03 - 25	21:52	1 293.08	1 292.62	0.45	895		49	5.79
80	1 666	2022 - 03 - 28	16:11	1 292.52	1 292.06	0.46	895		49	5.79
81	1 926	2022 - 04 - 26	06:11	1 296.05	1 295.55	0.50	795		−20	−2.45
82	1 815	2022 - 04 - 13	02:12	1 296.65	1 296.15	0.50	791		−24	−2.94
83	1 065	2022 - 01 - 04	16:31	1 295.96	1 295.45	0.52	836		21	2.58
84	1 805	2022 - 04 - 12	06:11	1 296.49	1 295.96	0.53	825		10	1.23
85	2 032	2022 - 05 - 10	00:11	1 296.75	1 296.22	0.54	865		50	6.13
86	2 069	2022 - 05 - 14	16:11	1 295.70	1 295.14	0.55	783		−32	−3.93
87	1 057	2022 - 01 - 02	22:56	1 295.03	1 294.47	0.56	892		77	9.45
88	1 874	2022 - 04 - 18	08:11	1 295.37	1 294.81	0.56	832	815	17	2.09
89	1 873	2022 - 04 - 18	07:20	1 295.41	1 294.85	0.56	800		−15	−1.84
90	1 804	2022 - 04 - 12	04:11	1 296.23	1 295.66	0.57	820		5	0.61
91	2 097	2022 - 05 - 18	04:11	1 293.66	1 293.09	0.57	837		22	2.70
92	1 924	2022 - 04 - 26	02:11	1 295.63	1 295.06	0.58	776		−39	−4.79
93	1 539	2022 - 03 - 14	18:11	1 295.06	1 294.48	0.58	785		−30	−3.68
94	1 918	2022 - 04 - 25	10:11	1 295.44	1 294.86	0.58	824		9	1.10
95	1 803	2022 - 04 - 12	02:11	1 295.94	1 295.36	0.58	768		−47	−5.77

续表

序号	施测号数	施测时间 日期	时间	基本断面水位(m)	龙开口水位(m)	落差(m)	流量(m³/s)	平均流量(m³/s)	相对误差(m)	绝对误差(%)
96	2 068	2022-05-14	14:10	1 295.98	1 295.37	0.61	824		−34	−3.96
97	1 861	2022-04-17	06:11	1 295.07	1 294.46	0.61	831		−27	−3.15
98	1 870	2022-04-18	02:11	1 295.27	1 294.65	0.61	923	858	65	7.58
99	1 883	2022-04-19	06:11	1 295.25	1 294.62	0.63	813		−45	−5.24
100	1 869	2022-04-18	00:11	1 295.22	1 294.57	0.64	869		11	1.28
101	1 871	2022-04-18	04:11	1 295.42	1 294.77	0.65	813		−45	−5.24
102	1 889	2022-04-19	16:11	1 295.01	1 294.35	0.66	941	858	83	9.67
103	1 890	2022-04-19	18:11	1 294.94	1 294.27	0.67	817		−41	−4.78
104	1 917	2022-04-25	08:11	1 295.41	1 294.73	0.68	891		33	3.85
105	1 882	2022-04-19	04:11	1 295.27	1 294.57	0.70	742		−22	−2.88
106	1 880	2022-04-19	00:11	1 295.13	1 294.43	0.70	803		39	5.10
107	1 056	2022-01-02	16:16	1 294.78	1 294.07	0.71	710		−54	−7.07
108	1 894	2022-04-20	06:12	1 295.32	1 294.60	0.72	816		52	6.81
109	1 799	2022-04-11	14:11	1 295.28	1 294.53	0.75	763		−1	−0.13
110	1 896	2022-04-21	02:11	1 294.96	1 294.21	0.75	784		20	2.62
111	1 777	2022-04-09	14:11	1 295.66	1 294.91	0.75	791		27	3.53
112	1 867	2022-04-17	16:11	1 295.15	1 294.40	0.75	710	764	−54	−7.07
113	1 892	2022-04-20	02:11	1 295.09	1 294.33	0.76	756		−8	−1.05
114	1 888	2022-04-19	14:11	1 295.12	1 294.36	0.77	757		−7	−0.92
115	1 887	2022-04-19	12:11	1 295.13	1 294.37	0.77	748		−16	−2.09
116	1 895	2022-04-21	00:11	1 295.00	1 294.23	0.77	796		32	4.19
117	1 866	2022-04-17	14:11	1 295.07	1 294.29	0.78	756		−8	−1.05
118	1 778	2022-04-09	16:11	1 295.64	1 294.86	0.78	774		10	1.31
119	1 570	2022-03-18	18:11	1 295.35	1 294.57	0.79	756		−8	−1.05
120	2 071	2022-05-15	00:11	1 295.37	1 294.57	0.80	989		−72	−6.79
121	1 931	2022-04-26	14:11	1 295.90	1 295.10	0.80	1 003		−49	−5.47
122	2 048	2022-05-11	14:10	1 295.74	1 294.93	0.82	1 117		65	5.28
123	1 928	2022-04-26	08:11	1 296.47	1 295.65	0.82	1 016	1 061	−36	−4.24
124	1 775	2022-04-09	10:11	1 295.77	1 294.93	0.84	1 082		30	1.98
125	1 776	2022-04-09	12:11	1 295.78	1 294.94	0.85	991		−61	−6.60
126	1 785	2022-04-10	08:11	1 295.99	1 295.12	0.87	1 122		70	5.75
127	1 933	2022-04-26	18:11	1 295.74	1 294.85	0.89	1 167		115	9.99
128	1 730	2022-04-04	12:11	1 294.11	1 293.22	0.90	1 092		21	2.82
129	1 787	2022-04-10	12:11	1 296.07	1 295.16	0.91	1 033	1 071	−38	−2.73
130	1 954	2022-04-28	16:12	1 294.89	1 293.97	0.91	1 110		39	4.52

序号	施测号数	施测时间		基本断面水位(m)	龙开口水位(m)	落差(m)	流量(m³/s)	平均流量(m³/s)	相对误差(m)	绝对误差(%)
		日期	时间							
131	1 788	2022-04-10	14:11	1 296.10	1 295.17	0.93	1 109		38	4.43
132	2 072	2022-05-15	02:10	1 295.52	1 294.58	0.94	1 056		−15	−0.56
133	1 783	2022-04-10	06:11	1 296.00	1 295.06	0.94	1 011		−60	−4.80
134	1 771	2022-04-09	04:11	1 295.79	1 294.85	0.94	1 010		−52	−4.90
135	1 773	2022-04-09	07:19	1 295.84	1 294.90	0.94	1 056	1 071	−15	−0.56
136	1 781	2022-04-10	02:11	1 295.92	1 294.97	0.96	1 027		−44	−3.30
137	1 774	2022-04-09	08:11	1 295.88	1 294.92	0.96	1 072		1	0.94
138	1 770	2022-04-09	02:12	1 295.77	1 294.81	0.96	1 127		56	6.12
139	1 784	2022-04-10	07:19	1 296.09	1 295.11	0.98	1 044		−27	−1.69
140	1 768	2022-04-08	18:12	1 295.82	1 294.76	1.06	1 120		−42	−3.61
141	1 761	2022-04-08	04:12	1 295.74	1 294.71	1.03	1 128		−34	−2.93
142	1 760	2022-04-08	02:11	1 295.77	1 294.70	1.07	1 132		−30	−2.58
143	1 754	2022-04-06	10:11	1 294.96	1 293.36	1.60	1 135		−27	−2.32
144	1 680	2022-03-30	12:12	1 293.86	1 292.58	1.28	1 136		−26	−2.24
145	1 052	2022-01-02	11:41	1 295.36	1 294.31	1.06	1 142		−20	−1.72
146	1 973	2022-04-30	16:11	1 296.32	1 294.92	1.39	1 153		−9	−0.77
147	2 719	2022-08-18	08:11	1 297.74	1 296.21	1.53	1 155		−7	−0.60
148	1 755	2022-04-06	12:11	1 294.85	1 293.39	1.45	1 163	1 162	1	0.09
149	2 795	2022-08-26	06:11	1 295.52	1 293.89	1.63	1 163		1	0.09
150	1 942	2022-04-27	14:12	1 294.35	1 293.03	1.32	1 170		8	0.69
151	1 063	2022-01-04	11:11	1 296.31	1 295.26	1.05	1 175		13	1.12
152	1 069	2022-01-05	10:16	1 296.29	1 295.25	1.04	1 186		24	2.07
153	1 699	2022-04-01	10:11	1 294.86	1 293.17	1.69	1 192		30	2.58
154	2 796	2022-08-26	08:11	1 295.70	1 294.07	1.63	1 194		32	2.75
155	1 769	2022-04-09	00:11	1 295.76	1 294.76	1.00	1 202		40	3.44
156	1 283	2022-02-08	18:52	1 296.88	1 295.60	1.28	1 210		48	4.13
157	2 254	2022-06-23	03:11	1 300.32	1 297.72	2.60	3 944		−75	−1.87
158	2 280	2022-06-25	09:10	1 300.45	1 297.65	2.80	3 946		−73	−1.82
159	2 275	2022-06-25	03:10	1 300.44	1 297.61	2.83	3 973		−46	−1.14
160	2 273	2022-06-25	01:11	1 300.55	1 297.58	2.97	3 981		−38	−0.95
161	2 284	2022-06-26	03:11	1 300.37	1 297.54	2.83	3 991	4 019	−28	−0.70
162	2 277	2022-06-25	05:10	1 300.42	1 297.62	2.80	3 994		−25	−0.62
163	2 222	2022-06-19	08:11	1 300.64	1 297.71	2.93	4 013		−6	−0.15
164	2 286	2022-06-26	05:10	1 300.47	1 297.50	2.97	4 016		−3	−0.07
165	2 279	2022-06-25	07:10	1 300.46	1 297.65	2.81	4 024		5	0.12

序号	施测号数	施测时间		基本断面水位(m)	龙开口水位(m)	落差(m)	流量(m³/s)	平均流量(m³/s)	相对误差(m)	绝对误差(%)
		日期	时间							
166	2 287	2022 - 06 - 26	06:11	1 300.32	1 297.50	2.83	4 052	4 019	33	0.82
167	2 278	2022 - 06 - 25	06:10	1 300.58	1 297.64	2.94	4 056		37	0.92
168	2 285	2022 - 06 - 26	04:11	1 300.40	1 297.52	2.89	4 064		45	1.12
169	2 283	2022 - 06 - 26	02:11	1 300.42	1 297.56	2.86	4 077		58	1.44
170	2 233	2022 - 06 - 20	09:11	1 300.37	1 297.78	2.59	4 079		60	1.49
171	2 290	2022 - 06 - 27	00:11	1 299.84	1 296.87	2.97	4 082		63	1.57
172	2 429	2022 - 07 - 17	02:11	1 295.00	1 291.75	3.26	2 196	2 284	−88	−3.85
173	2 148	2022 - 06 - 08	18:11	1 296.05	1 292.40	3.65	2 202		−82	−3.59
174	2 461	2022 - 07 - 20	06:11	1 296.48	1 292.57	3.91	2 203		−81	−3.55
175	2 150	2022 - 06 - 09	14:11	1 296.77	1 293.23	3.54	2 206		−78	−3.42
176	2 465	2022 - 07 - 20	14:11	1 296.13	1 292.31	3.82	2 226		−58	−2.54
177	2 464	2022 - 07 - 20	12:10	1 296.45	1 292.58	3.87	2 261		−23	−1.01
178	2 146	2022 - 06 - 08	14:11	1 296.10	1 292.58	3.52	2 270		−14	−0.61
179	3 140	2022 - 10 - 20	23:11	1 297.63	1 294.51	3.11	2 312		28	1.23
180	2 971	2022 - 09 - 21	14:11	1 297.72	1 294.48	3.24	2 320	2 284	36	1.58
181	2 149	2022 - 06 - 09	00:11	1 296.00	1 292.21	3.79	2 325		41	1.80
182	3 141	2022 - 10 - 21	02:11	1 297.72	1 294.65	3.07	2 331		47	2.06
183	2 179	2022 - 06 - 15	00:11	1 296.75	1 292.91	3.84	2 343		59	2.58
184	3 139	2022 - 10 - 20	20:11	1 297.76	1 294.60	3.16	2 353		69	3.02
185	2 544	2022 - 07 - 29	04:11	1 295.52	1 292.31	3.21	2 357		73	3.20
186	2 970	2022 - 09 - 21	08:11	1 297.68	1 294.37	3.30	2 358		74	3.24
187	2 609	2022 - 08 - 05	06:11	1 297.01	1 292.95	4.06	2 837	2 825	12	0.42
188	2 548	2022 - 07 - 29	12:11	1 296.56	1 292.37	4.19	2 803		−22	−0.78
189	2 427	2022 - 07 - 16	18:11	1 296.23	1 291.80	4.43	2 836		11	0.39
190	2 416	2022 - 07 - 15	16:11	1 296.08	1 291.54	4.54	2 833		8	0.28
191	2 515	2022 - 07 - 26	06:11	1 296.75	1 292.21	4.54	2 810		−15	−0.53
192	2 524	2022 - 07 - 27	04:11	1 296.55	1 291.94	4.61	2 872		47	1.66
193	2 519	2022 - 07 - 26	14:11	1 296.68	1 292.04	4.63	2 806		−19	−0.67
194	2 512	2022 - 07 - 26	00:11	1 296.65	1 291.99	4.66	2 808		−17	−0.60
195	2 511	2022 - 07 - 25	18:11	1 296.67	1 292.00	4.67	2 824		−1	−0.04
196	2 386	2022 - 07 - 10	12:11	1 296.31	1 291.51	4.80	2 825		0	0.00
197	2 377	2022 - 07 - 09	12:11	1 296.92	1 291.88	5.04	2 997	3 051	−54	−1.77
198	2 380	2022 - 07 - 09	18:11	1 296.87	1 291.48	5.40	2 965		−86	−2.82
199	2 382	2022 - 07 - 10	02:11	1 296.76	1 291.37	5.40	3 141		90	2.95
200	2 372	2022 - 07 - 09	02:10	1 297.38	1 291.77	5.61	3 122		71	2.33
201	2 365	2022 - 07 - 08	08:11	1 297.22	1 291.52	5.70	2 960		−91	−2.98
202	2 368	2022 - 07 - 08	14:11	1 297.28	1 291.53	5.75	3 078		27	0.88
203	2 329	2022 - 07 - 04	16:11	1 297.15	1 291.40	5.75	3 040		−11	−0.36
204	2 370	2022 - 07 - 08	18:11	1 297.41	1 291.61	5.79	3 152		101	3.31

续表

序号	施测号数	施测时间		基本断面水位(m)	龙开口水位(m)	落差(m)	流量(m³/s)	平均流量(m³/s)	相对误差(m)	绝对误差(%)
		日期	时间							
205	2 362	2022-07-08	02:10	1 297.35	1 291.55	5.80	2 987	3 051	−64	−2.10
206	2 347	2022-07-06	12:11	1 297.34	1 291.54	5.80	3 045		−6	−0.20
207	2 350	2022-07-06	18:11	1 297.29	1 291.38	5.90	3 070		19	0.62
208	2 928	2022-09-10	02:11	1 299.15	1 292.98	6.16	3 496	3 545	−49	−1.38
209	2 187	2022-06-16	04:11	1 298.36	1 292.15	6.21	3 505		−40	−1.13
210	2 186	2022-06-16	02:11	1 298.23	1 291.92	6.31	3 507		−38	−1.07
211	2 927	2022-09-10	00:11	1 298.97	1 292.50	6.47	3 562		17	0.48
212	2 336	2022-07-05	10:11	1 298.21	1 291.66	6.56	3 549		4	0.11
213	2 343	2022-07-06	04:11	1 298.05	1 291.47	6.58	3 620		75	2.12
214	2 345	2022-07-06	08:11	1 298.09	1 291.47	6.62	3 557		12	0.34
215	2 344	2022-07-06	06:11	1 298.15	1 291.44	6.71	3 473		−72	−2.03
216	2 338	2022-07-05	14:11	1 298.19	1 291.44	6.75	3 614		69	1.95
217	2 342	2022-07-06	02:11	1 298.28	1 291.50	6.78	3 565		20	0.56
218	2 307	2022-07-02	00:11	1 298.73	1 291.02	7.71	4 807	4 821	−14	−0.29
219	2 322	2022-07-04	02:11	1 299.66	1 291.42	8.24	4 820		−1	−0.02
220	2 321	2022-07-04	00:11	1 299.78	1 291.42	8.36	4 794		−27	−0.56
221	2 320	2022-07-03	18:11	1 299.74	1 291.34	8.40	4 844		23	0.48
222	2 317	2022-07-03	12:11	1 299.81	1 291.37	8.44	4 753		−68	−1.41
223	2 315	2022-07-03	08:11	1 299.90	1 291.44	8.45	4 752		−69	−1.43
224	2 314	2022-07-03	06:11	1 299.86	1 291.40	8.47	4 741		−80	−1.66
225	2 311	2022-07-03	00:11	1 299.80	1 291.28	8.52	4 893		72	1.49
226	2 316	2022-07-03	10:11	1 299.96	1 291.44	8.53	4 841		20	0.41
227	2 313	2022-07-03	04:11	1 299.94	1 291.35	8.59	4 766		−55	−1.14
228	2 318	2022-07-03	14:11	1 299.93	1 291.33	8.60	4 984		163	3.38
229	2 300	2022-06-30	16:09	1 298.74	1 289.40	9.34	4 716		−105	−2.18
230	2 305	2022-07-01	16:11	1 299.81	1 289.35	10.46	4 893		72	1.49
231	2 304	2022-07-01	14:11	1 299.85	1 289.34	10.51	4 802		−19	−0.39
232	2 306	2022-07-01	18:11	1 299.93	1 289.39	10.54	4 906		85	1.76

从上表中可以看出,雷达波测流除个别明显异常的流量,其余多数误差在10%以内,总体测速基本稳定。整体上随着落差增大、流速增大的情况,测速的稳定性逐步提高,这与该系统测流特性是一致的。

金安桥站雷达波测流系统自运行以来,出现以下故障:

(1)未按时段进行测流,2022年2次,2023年1次,原因为电池电量不足,充电后正常运行。

(2)仪器损坏:2023年7月,雷达波测流系统运行脱轨,经维修和双缆拉线收紧后解决。

(3)风力较大时,缆道实测流量与雷达波测量误差较大。

2. 单点精度分析

随机抽取高、中、低水位相应垂线平均流速,建立相关关系,其分析见表9.4-23。

因缆道和雷达不在同一条断面上,因此,单点误差关系紊乱,误差较大,流速范围在0.39~5.46 m/s,其误差范围在−49%~150%,无相关关系。

表 9.4-23　金安桥水文站缆道、雷达单点误差分析

时间				水位(m)	缆道流量 (m³/s)	测速垂线	测点流速 (缆道)(m/s)	测点流速 (雷达)(m/s)	误差(%)
年份	日期	起	止						
2023	5月21日	15:14	16:08	1 295.35	933	30.0	0.39	0.36	−8
						40.0	0.78	0.84	8
						50.0	1.08	0.55	−49
						60.0	1.14	0.85	−25
						70.0	1.24	1.02	−18
						80.0	1.06	0.94	−11
						90.0	0.71	0.9	27
						100	0.36	0.9	150
2023	7月29日	17:07	17:54	1 298.23	2 970	30.0	1.17	1.88	61
						40.0	2.41	1.88	−22
						50.0	2.9	2.46	−15
						60.0	3.36	3.12	−7
						70.0	3.04	3.12	3
						80.0	2.74	3.12	14
						90.0	1.91	2.12	11
						100	1.24	2.12	71
2023	8月24日	18:11	19:07	1 304.16	7 260	30.0	2.72	2.85	5
						40.0	4.38	3.98	−9
						50.0	5.46	4.48	−18
						60.0	5.42	4.52	−17
						70.0	4.86	4.44	−9
						80.0	3.99	4.44	11
						90.0	3.56	4.44	25
						100	2.5	3.06	22

3. 成果精度分析

雷达波测流系统所测流速为断面表面流速,为满足后期雷达波测流系统测验资料的投产应用,所建立两者的关系应正确、稳定。

由于金安桥站雷达波测流系统测验与流速仪测验无法完全同步,中、高水涨落较快,水位流量关系又是采用落差指数法定线,要获得与雷达波测流系统实测流量完全相同情形下的对应流速仪流量较为困难,而金安桥历年水位流量的落差指数并不一定完全稳定。因此,本次分析采用雷达波测流系统实测流量与对应时间流速仪实测流量进行分析,找出雷达波实测流量与流速仪实测流量的关系,然后再利用落差指数法分别进行定线并进行误差分析。

4. 模型分析

1) 模型的建立

采用金安桥站 2021—2023 年实测流量,其中剔除了风力较大、比测时间不对应、比测时落差较大的流量资料,将实测雷达波流量资料与对应的流速推算流量建立关系。率定期间的水流情况如下:

率定时间:2021 年 9 月 8 日—2023 年 9 月 12 日。

比测期水位变幅:1 292.53~1 304.16 m。

比测期流量变幅:419~7 260 m³/s。

比测期断面平均流速变幅:0.52~3.92 m/s。

2021 年 9 月 8 日—2023 年 9 月 12 日,雷达波流量与缆道实测流量比测共 71 次,因风力影响、落差较大测量不准、漏测线点等原因,实际采用流量共 51 次。

抽取 2/3(34 次)的资料进行定线,抽取 1/3(17 次)的资料进行验证分析,雷达波虚流量与断面流量的线性关系见表 9.4-24,所推关系见图 9.4-39,其误差统计见表 9.4-25。

表 9.4-24 雷达波虚流量与断面流量误差表

测次	实测流量(m³/s)	雷达波虚流量(m³/s)	雷达波平均流量(m³/s)	推算流量(m³/s)	误差分析(%)
1	4 280	4 371	4 371	4 284	0.08
2	2 220	2 182	2 182	2 138	−3.68
3	1 320	1 287	1 287	1 261	−4.45
4	1 590	1 476	1 476	1 446	−9.03
5	2 440	2 444	2 444	2 395	−1.84
6	2 400	2 389	2 389	2 341	−2.45
7	4 250	3 935	3 935	3 856	−9.26
8	2 220	2 080	2 080	2 038	−8.18
9	994	1 127	1 127	1 104	11.11
10	1 620	1 512	1 512	1 482	−8.53
11	2 440	2 723	2 723	2 669	9.37
12	2 430	2 632	2 632	2 579	6.15
13	2 970	3 068	3 135	3 072	3.44
14	5 200	5 389	5 329	5 222	0.43
15	5 850	6 089	6 168	6 045	3.33
16	7 260	7 105	7 121	6 979	−3.88
17	5 740	6 241	6 162	6 039	5.20
18	3 220	3 516	3 516	3 446	7.01
19	2 170	2 209	2 209	2 165	−0.24
20	933	862	862	845	−9.46
21	1 510	1 688	1 688	1 654	9.55
22	3 440	3 570	3 570	3 499	1.70
23	2 390	2 564	2 564	2 513	5.13
24	2 920	2 782	2 782	2 726	−6.63
25	1 140	1 045	1 045	1 024	−10.17
26	975	1 024	1 024	1 004	2.93
27	964	880	880	862	−10.54
28	2 540	2 482	2 525	2 475	−2.58

续表

测次	实测流量(m³/s)	雷达波虚流量(m³/s)	雷达波平均流量(m³/s)	推算流量(m³/s)	误差分析(%)
29	4 110	4 403	4 285	4 199	2.17
30	3 560	3 870	3 811	3 735	4.91
31	4 670	4 616	4 565	4 474	−4.20
32	6 590	6 750	6 636	6 503	−1.32
33	6 740	6 536	6 623	6 491	−3.70
34	4 070	4 184	4 263	4 178	2.65

流量范围:933~7 260 m³/s,误差范围:−10.54%~11.11%,系统误差:0.73%,标准差:12.11%

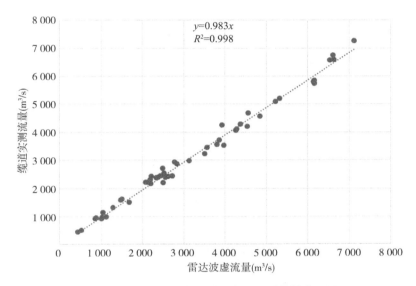

图 9.4-39 雷达波虚流量与断面流量线性关系图

表 9.4-25 雷达波虚流量与断面流量误差表

公式	系统误差(%)	随机不确定度(%)	相关系数 R^2	偶然误差大于5%的个数	偶然误差大于10%的个数	最大偶然误差(%)
$Q=0.983Q_{雷达}$	0.73	6.06	0.998	15	3	11.11

2) 模型的验证

抽取所测资料的1/3作为验证资料,共有资料17次。采用金安桥实测17次雷达波流量资料与对应的流速仪推算流量对上节关系进行验证,验证情况见表9.4-26,所对应图见图9.4-40,误差统计见表9.4-27。

验证期间的水流情况如下:

验证资料水位变幅:1 293.86~1 303.60 m。

验证流量变幅:475~6 740 m³/s。

比测期断面平均流速变幅:0.55~3.77 m/s。

表 9.4-26 雷达波虚流量与断面流量线性关系表

测次	实测流量(m³/s)	雷达波虚流量(m³/s)	雷达波平均流量(m³/s)	推算流量(m³/s)	误差分析(%)
1	2 860	2 702	2 841	2 793	−2.35
2	2 220	2 126	2 126	2 090	−5.86

测次	实测流量(m³/s)	雷达波虚流量(m³/s)	雷达波平均流量(m³/s)	推算流量(m³/s)	误差分析(%)
3	506	527	527	518	2.38
4	2 210	2 510	2 510	2 467	11.64
5	4 560	4 844	4 844	4 762	4.42
6	2 310	2 200	2 200	2 163	−6.38
7	2 710	2 490	2 490	2 448	−9.68
8	443	437	437	430	−3.03
9	933	1 012	1 012	995	6.62
10	2 430	2 216	2 216	2 178	−10.36
11	2 370	2 317	2 339	2 299	−2.99
12	3 530	3 942	3 977	3 909	10.75
13	3 720	3 825	3 867	3 801	2.18
14	5 080	5 329	5 227	5 138	1.14
15	6 560	6 538	6 538	6 427	−2.03
16	5 800	6 175	6 148	6 043	4.20
17	4 200	4 583	4 537	4 460	6.19

流量范围:443~6 560 m³/s,误差范围:−10.36%~11.64%,系统误差:0.40%,标准差:12.67%

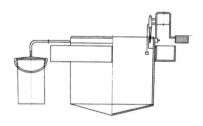

图 9.4-40　雷达波虚流量与断面流量线性关系图

表 9.4-27　雷达波虚流量与断面流量误差验证表

公式	系统误差(%)	随机不确定度(%)	偶然误差大于5%的个数	偶然误差大于10%的个数	最大偶然误差(%)
$Q=0.983Q_{雷达}$	0.40	6.32	8	3	11.64

通过模型的建立和模型的验证,其系统误差为0.40%,随机不确定度为6.32%,未超过规范规定要求。

5. 整编精度分析

利用金安桥2023年实测的流量,运用落差指数法进行定线,再运用所推公式 $Q=0.983Q_{雷达}$ 推出的流量进行定线,所推出2023年8月份平均流量缆道实测为5 070 m³/s,雷达推流定线为5 030 m³/s。其缆道实测径流量为135.8亿 m³;雷达推流径流量为134.7亿 m³。

6. 评价

通过稳定性分析,在保证电力的情况下,雷达波测流系统能正常运行收集相关资料。

通过所比测资料的分析,其模型的制定和验证符合《河流流量测验规范》要求。

根据 2023 年 8 月资料,以落差指数法进行定线,其月平均流量缆道实测为 5 070 m³/s,径流量为 135.8 亿 m³,其月平均流量缆道为 5 030 m³/s,径流量为 134.7 亿 m³,按整编定线要求,符合《水文资料整编规范》要求。

9.4.6 手持式电波流速仪

当河道出现高流速、有水浪无法入水,有漂浮物和水草缠绕 ADCP,不能测验、不安全等问题时,可以采用此法进行流量测验。手持式电波流速仪测流不受漂浮物、泥沙的影响,测流时间短,且仪器体积小,便于携带,1 个人就可以完成测流工作。如图 9.4-41 所示。

图 9.4-41 手持式电波流速仪

采用电波流速仪法测速时,应与经纬仪或全站仪等测绘仪器配合,进行起点距定位。测绘仪器架设在测站基线桩,定位断面测流垂线角度;电波流速仪架设在测绘仪器上面,与测绘仪器同向,测定断面测流垂线表面流速;按照流速仪测流与电波流速仪率定的关系进行流量计算。

电波流速仪所施测的流速为河流的表面流速,换算成断面平均流速的关系任意性较大,存在不确定性,因此电波流速仪法是一种应急补充测验方案,精度较差。

9.5 无人机法

无人机测流系统是将雷达流速仪集成在无人机上的一种解决方案。该系统既解决了定点测流的空间位置局限的问题,又降低了流速快、面积广以及受灾流域的测流难度,在降低了人工测量的危险系数的同时,提高测量精度以及工作效率。

9.5.1 测流原理

1. 雷达测速原理

雷达流速仪采用多普勒效应原理测流体表面流速。在声学领域中,当声源与接收体(即探头和反射体)之间有相对运动时,回声的频率将有所变化,此种频率的变化称为频移,即多普勒频移。如图 9.5-1 所示,当雷达流速仪与水体以相对速度 V 发生相对运动时,雷达流速仪所收到的电磁波频率与雷达自身所发出的电磁波频率有所不同,此频率差称为多普勒频移。通过计算多普勒频移与 V 的关系,得到流体表面流速。

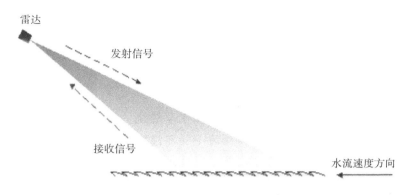

图 9.5-1　雷达流速仪测流示意图

2. 无人机雷达测速流量计算

测流垂线按照《河流流量测验规范》(GB 50179—2015)要求进行布设。如图 9.5-2 所示,线条为测流断面设置的垂线,共 10 条垂线,将测流断面分为 11 个小断面。每条垂线上的垂线平均流速 $V_{n\text{垂}}$ 为无人机在该测点用雷达流速仪所测的表面流速 $V_{n\text{表}}$ 与水面流速系数 k 两者的乘积,即 $V_{n\text{垂}}=kV_{n\text{表}}$,其中 n 表示对应的垂线序号。

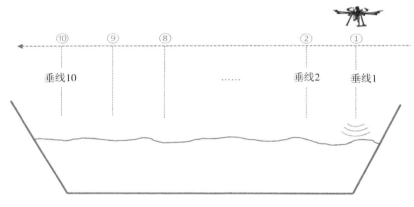

图 9.5-2　测流断面示意图

11 个小断面各自的流量计算公式如下:

$$Q_1 = V_{1\text{表}} \times k_1 \times P_1 \times S_1$$

$$Q_m = \frac{V_{m-1}k_{m-1} + V_m k_m}{2} \times S_m$$

$$Q_{11} = V_{12\text{表}} \times k_{12} \times P_2 \times S_{11}$$

$$Q_{\text{总}} = Q_1 + Q_2 + Q_3 + \cdots + Q_{11}$$

$$(9.5\text{-}1)$$

其中,m 的取值范围为 $2\sim10$;S_m 为相应小断面面积。

9.5.2　无人机测流系统

9.5.2.1　系统构成

无人机测流系统构成示意图见图 9.5-3。

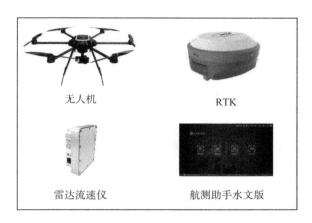

图 9.5-3　无人机测流系统构成示意图

1. 无人机测流系统有以下几个特点：

（1）非接触式测流，不需要涉水作业，保障人员安全，降低测流设备水毁概率。

（2）灵活机动，可以快速到达不同的测流点位，提高测流效率和覆盖范围。

（3）快速输出，可以实时回传测流数据和图像，生成测流报告。

（4）小巧便携，可以从容应对复杂地形和环境的任务。

（5）弥补了洪涝灾害时期常规应急监测方法执行难度高及测量精度低的缺点。

（6）系统利用无人机起飞便捷、不受地形影响的优势，搭配雷达流速仪、摄像头等高精度监测设备，进行垂线流速数据和实时影像的同步采集及传输。

（7）搭配高精度 RTK 差分技术，实现精准悬停定位。

（8）采用先进的 C2 飞控非线性高精度算法，飞行更加稳定。

（9）航测助手智能规划航线路径和断面位置，全程自主飞行、自主悬停。

2. 无人机测流系统主要有两种方案：

（1）无人机搭载水文测流雷达方案。这种方案使用专业的雷达流速仪，利用多普勒效应测量水体表面的流速。雷达流速仪可以安装在稳定的云台上，调整姿态，符合测流的安装要求。这种方案的优点是测量精度高、响应速度快、适用范围广；缺点是成本较高、设备较重、受雷达干扰影响。

（2）无人机视频测流方案。这种方案使用高清相机拍摄河道断面的图片或视频，通过视频算法解析，计算水体的流速和流量。相机可以搭载实时差分定位系统和机械快门，提高数据采集的精度和速度。这种方案的优点是成本较低、设备较轻、不受雷达干扰影响；缺点是测量精度低、响应速度慢、受环境因素影响大。

9.5.2.2　组成结构

1. 智能航测系统

智能航测系统是一款电动多旋翼无人机，机身采用进口碳纤维一体模具成型，具有防火、防雨、防尘功能，领先于目前国内市场其他多轴产品；采用整机抗电磁干扰设计，环境适应能力强；机臂采用折叠式快拆结构，免工具拆装，方便使用和维护；拥有轻量化的机身和任务载荷设计；配备高效率动力系统；飞行时间达到 40 分钟；机身搭配 RTK/PPK 双天线，支持无人机实时精准定位、定向功能；智能航测系统可完成精准悬停、匀速巡航、航线规划等；拥有完美的空气动力学设计，具有超强的抗风能力；具有低电压自动保护功能、信号丢失保护功能。

2. 雷达流速仪

雷达流速仪采用 DSP 技术和先进的 phyTrack 速度检测和跟踪算法，是一款专门为水体表面流速和流量测量而开发的流速传感器。拥有 20 次/秒的采样频率，测流范围可达 0.1～15 m/s，测流精度高达±0.02 m/s。雷达流速仪安装在无人机上,可对灌溉渠道、天然河流的表面流速进行测量,适用于水利、水文监测领域。雷达在线测流系统可连续取得实时流速数据,并可通过输入河流断面形状实时自动计算流量。它是流速实时监测的一种新手段,尤其在复杂流态的情况下,能代替人工作业,真正实现7×24小时在线监测。

3. RTK

RTK配备顶级驱动内核和镁合金机身;采用多星多频GNSS单元,支持BDS、GPS、GLONASS、GALILEO多个系统进行导航定位;支持静态数据双格式存储(＊.GNS/RINEX数据);具备Wi-Fi蜂窝移动连接功能,实现远距离传输数据;能够为无人机带来超高精度的航线定位、更加安全的精准起降体验。

9.5.3 无人机测流工作流程

无人机测流工作流程如图9.5-4所示。

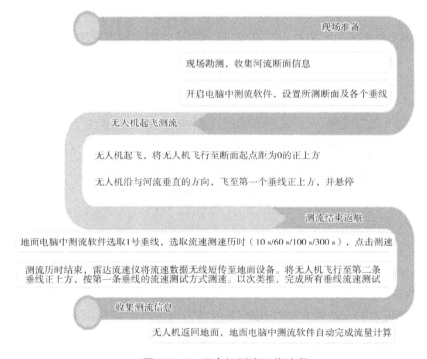

图 9.5-4 无人机测流工作流程

9.6 激光法

激光多普勒测速技术是伴随着激光器的诞生而产生的一种新的测量技术,它是利用激光的多普勒效应来对流体或固体速度进行测量的一种技术,被广泛应用于军事、航空、航天、机械、能源、冶金、水利、钢铁、计量、医学、环保等领域。

激光的多普勒效应是激光多普勒测速技术的重要理论基础,当光源和运动物体发生相对运动时,从运动物体散射回来的光会产生多普勒频移,这个频移量的大小与运动物体的速度、入射光和速度方向的夹角都有关系。激光多普勒效应的示意图如图9.6-1所示,其中,O为光源,T为运动物体,S为观察者,可以通过测量激光多普勒频移量的值来获得运动物体的速度信息。1964年,Yeh和Cummins首次通过测量激光多普勒频移量来获得流体的运动速度,这标志着激光多普勒测速技术的开端。经过40多年的发展,激光多普勒测速技术经历了产生、发展到广泛应用的过程。它具有非接触测量、不干扰目标运动、空间分辨率高、响应速度快、测量精度高及量程大等优点。

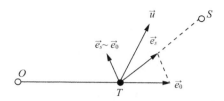

图 9.6-1　激光多普勒效应示意图

第 10 章
水工建筑物及电功率流量推算

10.1 概述

水工建筑物是指在水利工程中用于调节水流、控制水位、防洪排涝、灌溉、发电等的建筑物,如堰、闸、坝、槽、洞、泵站、水电站等。水工建筑物的流量推算是指根据水工建筑物的水力特性和水位、闸门开度、机组功率等水力因素,利用水力学原理和数学模型,计算水工建筑物的过水流量或水量。

10.2 测流原理

水工建筑物流量推算的工作原理是基于以下两个假设:水工建筑物的过水流量与水位、闸门开度等水力因素之间存在一定的函数关系,即

$$Q = f(H, h, a, \cdots) \tag{10.2-1}$$

其中,Q 是流量,H 是上游水位,h 是下游水位,a 是闸门开度,等号右边的其他变量是可能影响流量的其他水力因素。

这个函数关系可以通过实验或理论分析得到一个近似的表达式,即

$$Q = C \cdot g(H, h, a, \cdots) \tag{10.2-2}$$

其中,C 是流量系数,g 是一个已知的函数形式,如平方根、对数、指数等。

根据这两个假设,水工建筑物的流量推算的步骤如下:

(1)选择合适的水力因素,如水位、闸门开度等,作为自变量,测量其实际值。

(2)选择合适的函数形式,如平方根、对数、指数等,作为 g 函数,根据水力学原理或经验公式确定其参数。

(3)通过实验或理论分析确定流量系数 C 的值,或者根据已有的资料查表得到。

(4)将测量的水力因素值代入 g 函数,再乘以流量系数 C,即可得到流量 Q 的估计值。

电功率流量推算的工作原理是基于以下两个假设:水电站或泵站的机组功率与进出水流量、水头、效率等因素之间存在一定的函数关系,即

$$P = f(Q, H, \eta, \cdots) \tag{10.2-3}$$

其中,P 是机组功率,Q 是进出水流量,H 是水头,η 是水电站或泵站的总效率,等号右边的其他变量是可能影响功率的其他因素。

这个函数关系可以通过能量守恒定律得到一个简单的表达式,即

$$P = 9.81\eta QH \tag{10.2-4}$$

根据这两个假设,电功率流量推算的步骤如下:

(1)测量水电站或泵站的机组功率、水头、效率等实际值。

(2)将测量得到的值代入上述公式,变换得到流量 Q 的表达式,即

$$Q = 9.81\eta HP \tag{10.2-5}$$

(3)将测量得到的功率、水头、效率等值代入 Q 的表达式,即可得到流量 Q 的估计值。

10.3 系统构成和安装

水工建筑物及电功率流量推算的系统主要由水位观测设备、流量在线监测设备、闸门开度观测设备、机组功率观测设备、数据采集与传输设备等组成。

(1)水位观测设备用于实时监测水工建筑物的上下游水位或水头,常见的有水尺、自记水位计、水位传感器等。水尺是最简单的水位观测设备,通过人工观测水尺刻度来确定水位,适用于水位变化不大的情况。自记水位计是一种自动记录水位变化的设备,可以定时或连续地记录水位数据,适用于水位变化较大或需要长期观测的情况。水位传感器是一种利用压力、电容、超声波等原理来测量水位的设备,可以实现远程传输和显示水位数据,适用于水位变化频繁或需要高精度观测的情况。

(2)流量在线监测设备用于实时监测水工建筑物的过水流速或流量,常见的有声学多普勒剖面流速仪、电波流速仪、影像测速仪等。声学多普勒剖面流速仪是一种利用声波在水中传播的多普勒效应来测量流速的设备,可以实现对水流的全剖面或部分剖面的流速测量,适用于水流较稳定或需要高精度测量的情况。电波流速仪是一种利用电波在水中传播的相位差来测量流速的设备,可以实现对水流的平均流速或局部流速的测量,适用于水流较复杂或需要快速测量的情况。影像测速仪是一种利用摄像机或雷达等设备捕捉水流的影像来测量流速的设备,可以实现对水流的表面流速或深度流速的测量,适用于水流较清澈或需要无接触测量的情况。

(3)闸门开度观测设备用于实时监测水工建筑物的闸门开启高度或开启孔数,常见的有开度传感器、开度计等。开度传感器是一种利用电位器、编码器、霍尔元件等原理来测量闸门开度的设备,可以实现对闸门开度的连续或离散的测量,适用于闸门开度变化较大或需要高精度测量的情况。开度计是一种利用标尺和指针来测量闸门开度的设备,可以实现对闸门开度的直接或间接的测量,适用于闸门开度变化较小或需要简单测量的情况。

(4)机组功率观测设备用于实时监测水电站或泵站的机组功率或工况,常见的有功率传感器、功率计等。功率传感器是一种利用电流、电压、功率因数等参数来测量机组功率的设备,可以实现对机组功率的连续或离散的测量,适用于机组功率变化较大或需要高精度测量的情况。功率计是一种利用表盘和指针来测量机组功率的设备,可以实现对机组功率的直接或间接的测量,适用于机组功率变化较小或需要简单测量的情况。

(5)数据采集与传输设备用于采集、存储、传输水工建筑物的各种监测数据,常见的有数据采集器、通信模块、网络设备等。数据采集器是一种将模拟信号转换为数字信号,并进行存储、处理、显示的设备,可以实现对多路信号的同步或异步的采集,适用于数据量较大或需要多功能的情况。通信模块是一种将数字信号转换为适合远程传输的信号,并进行编码、解码、校验的设备,可以实现对数据的有线或无线的传输,适用于数据距离较远或需要安全的情况。网络设备是一种将数据通过互联网或局域网进行传输和共享的设备,可以实现对数据的远程访问和管理,适用于数据用户较多的网络。

10.4 应用实例——螺丝池水电站推流

10.4.1 站点基本情况

10.4.1.1 射洪(二)水文站基本情况

射洪(二)水文站位于四川省射洪市太和镇,集水面积为 23 545 km²,距河口 244 km,该站为涪江干流控制站,属国家重要水文站,监测项目有降水、水位、流量、泥沙、水质、墒情。

该站基本断面位于下游打鼓滩水电站库区,受回水影响基本断面测流及推流困难。目前,中低水时,采用走航式 ADCP 在基本断面上游 3 km 处不受回水顶托影响的枯水断面测流,水位流量关系较稳定,为临时线;高水时,下游打鼓滩水电站闸门全开,在该站基本断面采用缆道施测,水位流量关系为单一线。近 5 年每年测流 62~98 次。

10.4.1.2 螺丝池水电站基本情况

螺丝池水电站大坝位于射洪(二)水文站基本断面上游 4 km 处,区间没有支流汇入。工程属河床式开发,沿坝轴线从左至右分别布置有左岸挡水坝段、泄洪闸、冲沙闸、发电厂房、船闸(废弃)、右岸挡水坝段。另有小螺电(广玉电站)从大坝上游 4.5 km 处左岸引水发电,退水在大坝下游 1.9 km 处左岸汇入涪江。水库调节特性为不完全日调节。整个螺丝池水电站断面过流由主厂房电站发电流量、河道闸孔泄流流量、小螺电发电流量(较小)三部分组成。

电站主厂房内设 3 台 12.6 MW 水轮发电机组,电站额定水头 12.50 m,单机额定流量 120 m³/s。电站尾水渠沿涪江右岸河濠布置,全长 2 137.7 m。电站集控中心有实时发电出力、水位、闸门开度等监控数据。

拦河闸共 18 孔,每孔 12 m×13.5 m,闸底高程 325.00 m,闸高 20.08 m,均采用分离式底板的闸室结构型式。泄洪闸堰型为平底宽顶堰,堰顶高程 325.00 m。

小螺电装机 4 台 1.15 MW,满发流量约 60 m³/s。该电站从大坝上游约 100 m 处引水,主要利用丰水期余水发电,尾水在坝下约 600 m 处退入主河道,有逐日发电量记录(非逐小时)。

螺丝池水电站主要工程特性见表 10.4-1。

表 10.4-1 螺丝池水电站主要工程特性表

序号	项目名称	单位	数量
一	水库		
1	校核洪水位	m	344.28
2	设计洪水位	m	340.80
3	闸坝上游正常蓄水位	m	337.70
4	正常蓄水位以下库容	亿 m³	0.585
二	拦河闸		
1	型式		开敞式
2	闸底高程	m	325.00
3	最大闸高	m	20.08
4	孔数	孔	18
5	闸门型式		平面钢闸门

序号	项目名称	单位	数量
6	闸门尺寸	m×m	12×13.5
三	主要机电设备		
1	水轮机台数	台	3
1)	型号		ZZD673-LH-410
2)	台数×单机出力	台×千瓦	3×12 600
3)	额定水头	m	12.50
4)	单机额定流量	m³/s	120
2	发电机台数	台	3
1)	型号		SF12.6-48/6 400
2)	台数×单机容量	MW	3×12 600

10.4.2 水工建筑物推流原理

水电站等水工建筑物自身就是良好的量水建筑物。根据建筑物的型式、开启情况、流态等因素,用实测流量资料率定效率系数或流量系数后,即可以水力学公式推算流量,从而逐步减少实测流量次数,实现流量在线监测。

(1)电功率推流按下式计算:

$$Q = \frac{N}{9.8\eta H} \tag{10.4-1}$$

式中:Q 为流量,m³/s;N 为各机组的总功率,kW;η 为效率,包括水轮机、发电机、变压器、传动装置等的效率,以及水头损失等;H 为水头,即前池水位减尾水水位,m。

(2)自由孔流流量按下式计算:

$$Q = \mu n b e \sqrt{2gH} \tag{10.4-2}$$

式中:μ 为自由孔流流量系数;n 为闸孔数;e 为闸门开启高度,m;H 为水头,即上游水位减闸底板高程,m。

(3)自由堰流流量按下式计算:

$$Q = C n b \sqrt{2g} H^{3/2} \tag{10.4-3}$$

式中:C 为自由堰流流量系数;b 为堰口单孔宽度,m;H 为水头,即上游水位减闸底板高程,m。

(4)淹没堰流流量按下式计算:

$$Q = C_1 n h_L \sqrt{2g\Delta Z} \tag{10.4-4}$$

式中:C_1 为淹没堰流流量系数;h_L 为堰下游实测水头,m;ΔZ 为实测堰上、下游水位差,m。

10.4.3 系数率定

10.4.3.1 电功率推流系数率定

为保障发电效率,螺丝池水电站长时间保持高水头(12 m以上)、高出力(7 MW以上)运行。根据水轮机特性曲线,在高水头、高出力区间水轮机效率一般保持定值。

通过在尾水渠采用 ADCP 实测流量,共收集了 2020—2021 年 34 次实测流量进行比测分析,覆盖了 1～3 台机组、63%～97% 出力发电工况、发电水头 12.50～14.00 m 区间。根据实测流量反算电功率推流效率系数(包含了水头损失、水轮机系数、发电机系数的综合效率)。建立率定的效率系数与实测发电功率与额定功率的百分比之间的关系线,详见图 10.4-1。经检验,曲线标准差为 2.0%,随机不确定度为 4.0%,系统误差为 0.2%,曲线检验合格。

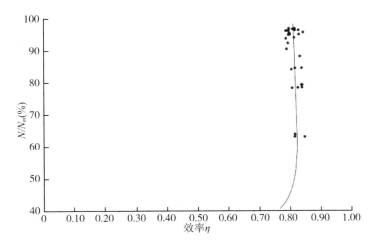

图 10.4-1　电功率效率系数与实测发电功率与额定功率的百分比之间的关系线

该曲线拟合关系式如下:

$$\eta = 0.803\ 7(N/N_{额})^{-0.085}$$ (10.4-5)

式中:η 为电功率推流综合效率系数;N 为单台发电机功率,W;$N_{额}$ 为发电机额定功率取定值 12.6 MW。

由于螺丝池水电站设计为河床式电站,径流量较大,根据其发电方案,电站常年保持高水头运行,发电功率与额定功率百分比一般都在 60% 以上,近年来未出现低于 60% 出力工况。因此,在实际应用中,60% 以上出力工况的电功率推流效率系数可取常值 0.81。

10.4.3.2　闸孔出流流量系数率定

1. 闸孔泄流流量系数率定方案

闸孔流量系数分孔流(自由孔流、淹没孔流)、堰流(自由堰流、淹没堰流)几种工况。根据河床式电站调度规律,螺丝池大坝闸孔出流平枯水期以自由孔流为主;洪水期自由堰流、淹没堰流均可能出现。因此,重点率定自由孔流、堰流工况下流量系数。

由于螺丝池大坝下游河道无缆道、桥梁等渡河设施,测流难度大,因此率定方案为:采用大坝下游 2.8 km 涪江六桥断面 ADCP 实测流量减去螺丝池渠道发电流量、小螺电发电流量得出闸孔流量。收集相应时段闸门开度、水头反算流量系数。建立孔流流量系数 μ - 闸门相对开度 e/H、堰流流量系数 C - 淹没度 h_L/H 关系线。

2. 自由孔流流量系数率定方案

共收集到 2020 年实测流量 22 次比测分析,覆盖了闸门相对开度 e/H 值为 0.07～0.40 的工况,流量覆盖了 630～5 400 m³/s,根据实测流量反算自由孔流流量系数。建立率定的自由孔流流量系数与闸门相对开度的关系线,见图 10.4-2。经检验,曲线标准差为 3.3%,随机不确定度为 6.6%,系统误差为 0%,检验合格。

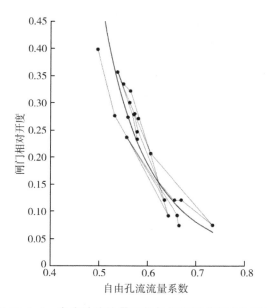

图 10.4-2　自由孔流流量系数与闸门相对开度关系线

该曲线拟合关系式如下：

$$\mu = 0.458\,5(e/H)^{-0.16} \qquad (10.4-6)$$

式中：μ 为自由孔流流量系数；e 为闸门开启高度，m；H 为水头，m。

3. 堰流(高洪闸门全开)流量系数率定方案

(1) 自由堰流流量系数

高洪闸门全开时，螺丝池水电站洪水至射洪(二)站传播时间不到 10 min，利用 2020 年 8 月 14—19 日射洪(二)站实测(查线)流量 10 次比测分析，覆盖了淹没度 h_L/H 值为 0.26～0.66 的工况，流量覆盖 5 780～14 400 m³/s。根据实测流量反算自由堰流流量系数，详见表 10.4-2。建立率定的自由堰流流量系数 C 与淹没度 h_L/H 的关系线，详见图 10.4-3。经检验，曲线标准差为 2.7%，随机不确定度为 5.4%，系统误差为 0.9%，曲线检验合格。

该曲线拟合关系式为

$$C = 0.814x^2 - 0.181\,4x + 0.129\,1 \qquad (10.4-7)$$

式中：x 为淹没度 h_L/H，$h_L/H =$(下游水位－底板高程)/(上游水位－底板高程)。

表 10.4-2　洪水闸门全开堰流综合流量系数率定表(淹没出流)

时间	实测(查线)流量(m³/s)	淹没度 h_L/H	前池水位(m)	尾水水位(m)	综合系数 C
8 月 16 日 12 时	15 800	0.73	337.68	334.25	0.37
8 月 16 日 15 时	18 900	0.91	339.49	338.15	0.36
8 月 16 日 19 时	20 400	0.91	340.15	338.77	0.36
8 月 17 日 5 时	20 400	0.95	339.40	338.66	0.39
8 月 17 日 8 时	19 800	0.92	339.20	338.10	0.39
8 月 17 日 20 时	19 600	0.92	339.75	338.50	0.36

时间	实测（查线）流量（m³/s）	淹没度 h_L/H	前池水位（m）	尾水水位（m）	综合系数 C
8月18日8时	17 000	0.92	338.30	337.20	0.37
8月18日12时	16 100	0.92	337.95	336.95	0.36

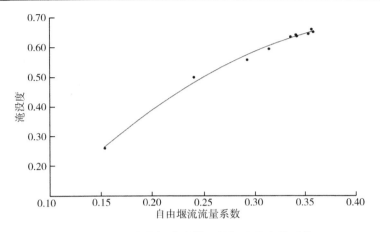

图 10.4-3　自由堰流流量系数与淹没度关系线

（2）淹没堰流流量系数

淹没堰流利用 2020 年 8 月 16—18 日期间射洪（二）站实测（查线）流量 8 次比测分析，覆盖了淹没度 h_L/H 值为 0.73～0.95 的工况，流量覆盖了 15 800～20 400 m³/s（洪峰流量重现期约 20 年）。根据实测流量反算淹没堰流流量系数，详见表 10.4-2。率定的淹没堰流流量系数 C 为 0.36～0.39，实际应用流量系数可取常值 0.37。

10.4.4　推流成果对比

以螺丝池水电站电功率流量＋河道闸孔出流量＋小螺电发电流量合成断面流量，与射洪（二）水文站 2020 年 1—9 月实测资料整编日平均流量、"8·11""8·16"洪水过程流量进行对比，检验率定系数的合理性，详见表 10.4-3、图 10.4-4 至图 10.4-7。

1. 日平均流量对比检验

经对比分析，日均流量整体偏差较小，各月日均流量系统误差为 −2.2% ～1.0%。其中 6 月电站数据丢失较多不做对比，8 月 6 日螺丝池水电站发生 20 年一遇洪水后，电站集控中心故障引起发电数据丢失，至 9 月 1 日恢复。故 8 月对比数据偏小相对较多。

表 10.4-3　2020 年 1—9 月日平均流量对比检验

月份	系统误差（%）	不确定度（%）	备注
1	0.4	6.0	满足要求
2	−2.2	7.4	满足要求
3	0.8	7.6	满足要求
4	−0.7	7.0	满足要求
5	1.0	6.2	满足要求
7	−0.3	5.6	满足要求

续表

月份	系统误差（%）	不确定度（%）	备注
8	−7.1	29.6	超 20 年一遇洪水期间发电数据丢失，导致偏小
9	0.5	6.8	满足要求

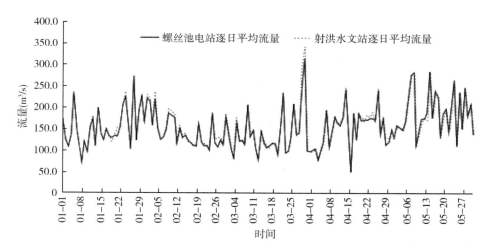

图 10.4-4　1—5 月日平均流量对比图（以电功率推流为主）

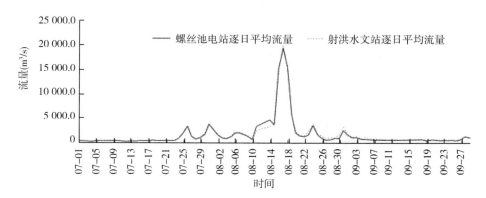

图 10.4-5　7—9 月日平均流量对比图（以闸孔出流为主）

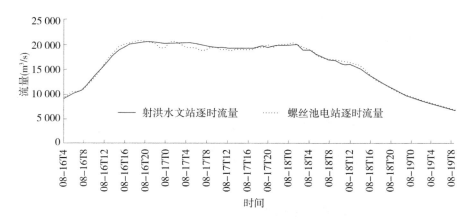

图 10.4-6　"8·16"洪水过程对比图（以堰流为主）

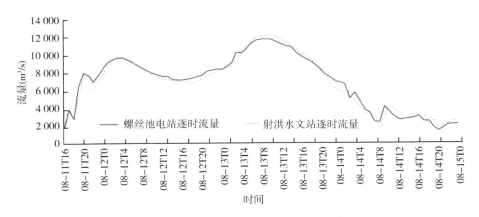

图 10.4-7　"8·11"洪水过程对比图(孔流堰流均有)

2. 高洪闸门全开下洪水过程对比检验

8月11日10时至15日0时、8月16日4时至19日12时大洪水期间,泄洪闸全开泄流。利用射洪(二)站两场实测洪水过程,检验高洪闸门全开下水工建筑物推流成果。经对比,"8·11"洪水过程螺丝池水工建筑物推流成果较射洪(二)站实测资料洪峰偏小3.1%,洪量偏大0.8%;"8·16"洪水过程推流成果较实测资料洪峰偏大1.2%,洪量偏小-0.1%,详见表10.4-4。

表 10.4-4　2020年高洪闸门全开下洪水过程对比检验

项目		8月11日10时至15日0时	8月16日4时至19日12时
射洪(二)水文站实测	洪峰(m³/s)	13 400	20 600
	洪量(亿 m³)	20.22	44.76
螺丝池水工建筑物推流	洪峰(m³/s)	12 989	20 850
	偏差(%)	-3.1	1.2
	洪量(亿 m³)	20.38	44.71
	偏差(%)	0.8	-0.1

10.4.5　数据采集传输方案

电站出力、闸门开度、水位等相关数据多存储在安全Ⅰ区、Ⅱ区或Ⅲ区监控系统,与电站数据通信应遵循通道安全、数据保密的原则。为保证电站数据和网络安全,采用数据图像抓拍、加密传输方式实现。

(1) 数据图像抓拍系统符合《电力监控系统安全防护规定》(国家发改委令第14号)、《电力监控系统网络安全防护导则》(GB/T 36572—2018)。新增一台服务器通过安全隔离方式与现有计算机监控系统通信,除此之外,该服务器不与任何其他系统有有线或者无线连接;新增一台图像抓拍服务器为独立机器,不与现有计算机监控系统有任何物理连接,通过无线方式与遂宁水文中心服务器连接,完全避免数据采集系统对原电站监控系统的影响。

(2) 数据图像抓拍系统对采集数据进行加密处理,在采集、传输及展示过程中均保证电站数据安全,防止经营数据泄露。禁止电站数据明文网络通道传输,遂宁水文中心系统平台对外展示水利工程(电站)出库流量、水位成果。

(3) 需抓取的数据包括坝上水位、坝下水位、机组尾水位、机组出力、闸门开度等实时数据,用于计算水电站实时出库流量。

（4）系统建设之前，遂宁水文中心与国网遂宁供电公司、电站业主签定数据保密协议，并对系统进行安全测评。

系统采用本地拍照计算机监控系统二维码画面，然后经图像识别软件识别出数据，数据经过加密处理后通过 DTU 传输至遂宁水文中心服务器。拍照频率为次/5 min，并可根据情况调整拍照频率。抓拍服务器部署图像识别软件、数据加密软件、数据传输软件。

网络结构图见图 10.4-8、图 10.4-9。

目前已在螺丝池电站试点安装了数据图像采集系统采集设备，通过抓拍获取数据，实现实时流量推算。涪江梯级电站逐步部署完善后，将实时监测成果应用于涪江流域水利工程的联合水调、电调。

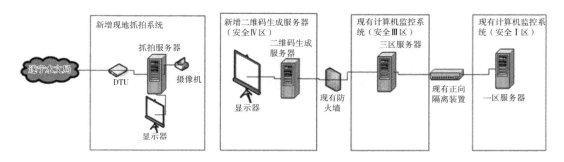

图 10.4-8 水电站数据抓拍网络结构图

注：二维码生成服务器与安全三区采用 EC104 方式进行数据采集。

图 10.4-9 水工建筑物推流成果截图

10.4.6 结论与分析

1. 结论

（1）流量系数率定成果见表 10.4-5。

表 10.4-5 射洪（二）水文站水工建筑物推流流量系数率定成果

水工建筑物工况	流量系数（电功率效率）
电功率效率	$\eta = 0.803\,7(N/N_{额})^{-0.085}$ 或采用常值 0.81

水工建筑物工况	流量系数（电功率效率）
自由孔流流量系数	$\mu = 0.458\,5(e/H)^{-0.16}$ 计算或查图 10.4-2
自由堰流流量系数 $h_L/H \leqslant 0.7$	流量系数 $C = 0.814x^2 - 0.181\,4x + 0.129\,1$（$x$ 代表淹没度 h_L/H）或查图 10.4-3
淹没堰流流量系数 $h_L/H > 0.7$	采用常值 0.37

（2）11 月至次年 5 月螺丝池电站以发电过流为主，电功率推流精度较高，基本可用于代替射洪（二）水文站枯期测流、整编。重点做好数据图像采集系统维护及与螺丝池电站管理人员沟通，确保闸门、发电、电站停机检修等均有准确记录。如电站技术改造更换机组设备等，应重新率定比测分析系数。

（3）6—10 月螺丝池电站断面过流由主厂房电站发电流量、河道闸孔泄流流量、小螺电（广玉电站）发电流量三部分组成。由于小螺电发电无逐小时记录、闸门开度组合较复杂，流量系数需进一步率定比测，建议暂作为射洪（二）站测流备用方案。高洪闸门全开时堰流系数稳定精度较高，可作为射洪（二）站高洪测验方案。

2. 建议

（1）为提高闸孔出流流量系数精度，需分别单独率定每孔闸门不同开度的流量系数。受泄洪闸下游河道测验条件限制，实测流量难度和工作量较大，建议今后逐步完善。

（2）螺丝池电站闸位计采用轴连接闸位计，根据实测对比，部分闸门开度误差接近 10 cm，影响河道闸孔泄流推流精度。建议补充安装激光闸位计等更精确的设备，进一步提高水工建筑物推流精度。

第 11 章

泥沙

11.1 概述

11.1.1 泥沙测验目的和意义

天然河流中挟带不同数量的泥沙,直接影响河道的演变,也影响着人类的发展。上中游河流发生冲刷,携带大量泥沙进入下游,洪水泛滥和泥沙淤积塑造了河流下游的平原。世界上有很多河流挟带泥沙而形成的冲积平原、河谷和河口地区的三角洲,大多是工农业发达地区;同时,河床泥沙也可作为自然资源加以利用,例如,粗颗粒是良好的建筑材料;对细颗粒泥沙进行灌溉,可以改良土壤,使盐碱沙荒变为良田;合理调用掌握泥沙在水库中淤积的时机、部位和数量,可有效减少水库的渗漏,合理淤填死库容,有利于增加水头,提高发电的出力;水流中含有一定的泥沙,会减少水流对河岸和河口的冲刷;抽取含有泥沙的水流进行放淤,可淤填洼地、滩地等,达到改造陆地的目的,也可以通过放淤加固堤防,从而增强防洪能力等。但河流泥沙也给人类带来了一定的问题,例如,河流泥沙经常淤积河道、水库、湖泊等,给人们带来了很大危害。泥沙的淤积会使河床逐年抬高,容易造成河流的泛滥和行洪困难,对防洪和航运等造成困难。黄河下游泥沙长期沉积,形成了举世闻名的"悬河",这正是水中含沙量大所致。泥沙进入湖泊和水库产生淤积,极有可能缩短工程寿命,降低工程的防洪、灌溉、发电能力,影响水库效益发挥;河床冲刷、水土流失会使生态失去平衡;泥沙还可以加剧水利机械和水工建筑物的磨损,增加维修和工程造价的费用等。

泥沙是塑造河流形态、维护生态系统健康的重要因素和驱动力,流域输沙量的变化对防洪、航运、生态等河流功能的可持续发挥具有重要影响。对于一个流域或一个地区,为了达到兴利除害的目的,就要了解泥沙的特性、来源、数量、运动变化规律及其时空变化,为流域的开发和国民经济建设提供可靠的依据。为此,必须科学地开展泥沙测验工作,系统地收集泥沙资料。

11.1.2 河流泥沙的分类

天然河流中的泥沙,主要来源于流域中的地表(地表上的沙、石、泥土受地表径流的冲蚀而注入河中);其次是河床(河床上的泥沙被水流冲起往下游输移)。河流向下游输送的不同颗粒大小的泥沙总称为全沙。

泥沙分类形式有很多,如可按泥沙的组成、运动形式、来源等进行分类,也可根据研究的目的、依据一定的条件进行分类。

从泥沙测验方面来讲,主要考虑泥沙的运动形式和在河床上的位置,如图 11.1-1 所示。

图 11.1-1　泥沙分类

按运动形式,河流泥沙可分为悬移质、推移质、河床质。悬移质是指悬浮于水中,随水流一起运动的泥沙;推移质是指在河床表面,以滑动、滚动或跳跃形式前进的泥沙;河床质是组成河床活动层、处于相对静止的泥沙。

按在河床中的位置,河流泥沙可分为冲泻质和床沙质。冲泻质是悬移质泥沙的一部分,它由更小的泥沙颗粒组成,能长期悬浮于水中而不沉淀,它在水中的数量与水流的挟沙能力无关,只与流域内的来沙条件有关;床沙质是河床质的一部分,与水力条件有关,当流速大时,它可以成为推移质和悬移质,当流速小时,它沉积不动成为河床质。

因泥沙运动受到本身特性和水力条件的影响,各种泥沙之间没有严格的界限。当流速小时,悬移质中一部分粗颗粒泥沙可能沉积下来成为推移质或河床质;反之,推移质或河床质中的一部分,在水流的作用下悬浮起来成为悬移质。随着水力条件的变化,它们之间可以相互转化,但其性质各不相同。

11.1.3　河流泥沙的分布

11.1.3.1　河流泥沙的脉动现象

天然河流的水流一般都是紊流,因此,与流速脉动一样,泥沙也存在着脉动现象,而且脉动的强度更大。水流中任一点的流速、流向和含沙量都是随时变化的,悬移质的运动也是随时变化的,这种情况就是所谓的泥沙脉动现象。河流泥沙脉动强度与流速脉动强度及泥沙特性等因素有关,并且大于流速脉动强度。泥沙脉动是影响泥沙测验资料精度的一个因素,在进行泥沙测验及其仪器的设计和制造时,必须充分考虑。

在水流稳定的情况下,断面内某一点的含沙量随时在变化,它不仅受流速脉动的影响,还与泥沙特性等因素有关。图 11.1-2 是悬移质泥沙采样器在水文站进行比较试验时的实测资料,可见采用横式采样器(属于瞬时式)测得的含沙量有明显的脉动现象,其变化过程呈锯齿形。而真空抽气式采样器(属积时式),变动不太大,长时间的平均值稳定在某一数值上,即时均值是一个定值。

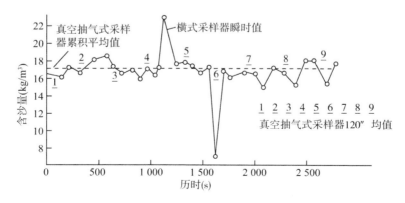

图 11.1-2　水文站泥沙脉动分析图

11.1.3.2　悬移质含沙量沿垂线的分布

河流中随水流浮游前进的悬移质,在泥沙中占主要部分,也是泥沙测验的重点。因此,了解悬移质泥沙的运动,对于做好河流泥沙测验有重要意义。河流泥沙的容重一般为 $2.6 \sim 2.7$ t/m³,比水的容重大。因此,在水流中悬移质必然受重力作用而下沉,影响泥沙的远距离输送。但泥沙在河流中除受到重力作用外,同时还受到水流的紊动扩散作用,二者共同作用的结果使悬移质保持悬浮前进的运动状态。在恒定流中,根据对某一时段的平均情况的分析可知,紊动作用沿垂向穿过某一水平面向上的流体数量,应等于向下的流体数量,否则连续定律被破坏。但水流中上下各流层中的含沙量是不同的,接近水面的小,靠近河底的大。因此,上下含沙量不均匀,等容积内向上的流体比向下的流体挟带悬移质要多,所以它们的综合效果导致悬移质上浮。实际上,水流的紊动作用把悬移质从高含沙区送到低含沙区,使浓度大处变小,浓度小处变大,含沙量的分布总观变得更均匀些,这种作用称为紊动扩散作用。

根据以上分析,悬移质运动是重力作用与紊动扩散作用相互作用的过程。当重力作用超过紊动扩散作用时,泥沙发生淤积。反之,若河床是可冲的,则发生冲刷。当两者作用相当,悬移质在紊动扩散作用下,向上运动的数量与受重力作用下沉的数量大致相等,则水流中时均含沙量将保持不变,河床处于不冲不淤相对平衡状态。但实际上河床通常处于冲淤不平衡状态,而平衡状态是暂时的。重力作用的强弱与悬移质粒径大小和浑水容重有关,重力作用越强,垂线下部含沙量增大,沉速越大。水流垂直方向紊动强度越大、垂线含沙量梯度越大,泥沙向上紊动扩散作用越强。

悬移质沿垂线的分布规律一般是由水面向河底逐渐增大,可用紊动扩散理论分析其分布规律。该理论的基本点是,当液体内不同部位存在某种物质的浓度差异时,则此种物质将从浓度大的一方向浓度小的一方扩散,单位时间通过单位面积的扩散量即扩散强度与浓度梯度成正比,等于浓度梯度与扩散系数的乘积。

悬移质含沙量在垂线上的分布一般规律是自水面向下呈递增趋势,含沙量的变化梯度还随泥沙颗粒粗细而不同,颗粒越粗,其梯度变化越大;颗粒越细,其梯度变化越小。这是因为细颗粒泥沙在水中的表面力大,能较长时间漂浮在水中不下沉。由于垂线上的含沙量包含所有粒径的泥沙,故含沙量在垂线上的分布呈上小下大的曲线形态。河流的悬移质泥沙颗粒越细,含沙量的纵向分布就越均匀,否则相反。

11.1.3.3　悬移质泥沙在断面内的横向分布

悬移质含沙量沿断面的横向分布随河道情势、横断面形状和泥沙特性而变。如河道顺直的单式断面,当水深较大时,含沙量横向分布较均匀。在复式断面上,或有分流漫滩、水深较浅、冲淤频繁的断面上,含沙量的横向分布将随流速及水深的横向变化而变。悬移质含沙量的横向分布也受流速的分布影响,流速大的垂线含沙量也大,流速小的垂线含沙量也小。一般情况下,含沙量的横向分布变化较流速横向分布变化小,如岸边流速趋近于零,而含沙量却不趋于零。这是由于流速等水力条件主要影响悬移质水中的粗颗粒泥沙及床沙质的变化,而对悬移质中的细颗粒(冲泻质)泥沙影响不大。因此河流的悬移质泥沙颗粒越细,含沙量的横向分布就越均匀,否则相反。

11.2　悬移质

悬移质也称悬沙,是指被水流挟带,而远离床面,悬浮于水中,随水流向前浮游运动的泥沙。悬移质受水流的紊动作用悬浮于水中,并几乎以相同的速度随水流一起运动。这种泥沙在整个水体空间里自由运动,时而上升,时而下降,其运动状态具有随机性。为方便起见,一般把自河底泥沙粒径的两倍以上至水面之间运动的泥沙视为悬移质。由于水流的紊动保持悬浮,在相当长的时间内这部分泥沙不和河床接触。

悬移质测验包括实测悬移质输沙率测验和颗粒级配分析。其测验的目的在于用较精确的方法测定单位时间内通过测流断面的悬移质干沙重量,并据此计算断面的平均含沙量和输沙量。

11.2.1 悬移质泥沙测验仪器分类

悬移质泥沙测验仪器分泥沙采样器和测沙仪两大类。

11.2.1.1 泥沙采样器

泥沙采样器又分为瞬时式、积时式两种。泥沙采样器取样可靠,取得的水样不仅可以计算含沙量,还可用于泥沙颗粒分析。泥沙采样器一般由人工操作,取得泥沙水样后,必须将采集的水样带回实验室进行处理计算后才能得到含沙量的数值。

(1)瞬时式采样器。瞬时式采样器一般由盛样筒、阀门及控制开关构成,以其盛样筒放置形式不同,分为竖式和横式两种。目前我国在河流中使用的多是横式放置,又称横式采样器。横式采样器又分拉式、锤击式和遥控横式3种。在水库等大水深、小流速的水域测验时,有时也采用竖式放置的采样器。瞬时式采样器结构简单、工作可靠、操作方便,能在极短时间内采集到泥沙水样,提高了采样速度,但因采集水样时间短,不能克服泥沙脉动的影响,所取水样代表性差。为克服这一缺陷,往往需要连续在同一测点多次取样,取其平均值作为该点的含沙量,因此劳动强度也相对较大。

(2)积时式采样器。积时式采样器有很多种,按工作原理可分为瓶式、调压式、皮囊式;按测验方法分为选点积点式、双程积深式,单程积深式;按结构形式可分为单舱式、多舱式;按仪器重量又可分为手持式(几千克至几十千克重)、悬挂式(几十至近百千克重)等多种;按控制口门开关方式分为机械控制阀门与电控阀门,电控阀门又分为有线控制与无线控制等。

11.2.1.2 测沙仪

测沙仪一般具有直接测量和自记功能,可现场实时得到含沙量。根据其测量原理,测沙仪可分为光电测沙仪、超声波测沙仪、振动式测沙仪、同位素测沙仪、压力式测沙仪等。

为了正确测取河流中的天然含沙水样,必须对各种采样器和测沙仪的工作原理、性能有所了解,通过合理使用,测得正确的泥沙水样和含沙量。

11.2.2 泥沙采样器与测沙仪的技术要求

11.2.2.1 横式采样器的技术要求

(1)仪器内壁应光洁和无锈迹。

(2)仪器两端口门应保持瞬时同步关闭,关闭后不漏水。

(3)仪器的容积应准确。

(4)若仪器挂装在铅鱼上,仪器筒身纵轴应与铅鱼纵轴平行,且不受铅鱼阻水影响。

11.2.2.2 调压式采样器的技术要求

(1)仪器外形应为流线型,管嘴进水口应设置在水流扰动较小处,取样时应使仪器内的压力与仪器外的静水压力相平衡。

(2)当河流流速小于 5 m/s 和含沙量小于 30 kg/m³ 时,管嘴进口流速系数在 0.9 至 1.1 之间的保证率应大于 75%;含沙量为 30~100 kg/m³ 时,管嘴进口流速系数在 0.7 至 1.3 之间的保证率应大于 75%。

(3)仪器取样容积应能适应取样方法和满足室内分析要求,可采用较长的取样历时,以减少泥沙脉动影响。

(4)仪器应能取得接近河床床面的水样,用于宽浅河道的仪器,其进水管嘴至河床面距离应小于 0.15 m。

（5）取样时，仪器应能减少管嘴积沙影响。

（6）仪器取样时不应发生突然灌注现象。

（7）仪器应具备结构简单、部件牢固、安装容易、维修方便、操作方便、工作可靠，以及容器便于卸下冲洗，对水深、流速的适应范围广等特点。

11.2.2.3　测沙仪的技术要求

（1）仪器的工作曲线（或计算模型）应比较稳定，对水温、泥沙颗粒形状、颗粒组成及化学特性等的影响能自行校正，或者能将误差控制在允许范围内。

（2）在施测低含沙量时，其稳定性与可靠性不能低于积时式采样器。

（3）能稳定连续工作8小时。

（4）仪器的校测方法简便可靠，且校测频次较少。

（5）能可靠地施测接近河床床面的含沙量。

（6）便于携带、操作和维修。

11.2.3　悬移质泥沙主要测验仪器

11.2.3.1　瞬时式采样器

（1）拉式横式采样器

拉式横式采样器是要装在悬杆上、用时打开筒盖、将仪器放至预定测点、操纵拉绳关闭口门的瞬时式采样器。拉式横式采样器以横向放置的金属承水筒为主体（图11.2-1），仪器两端配置安装有拉杆的筒盖，在筒盖与筒缘压接处有防止漏水的橡皮，在筒身中部有固定测杆的夹板，夹板中间安装有控制开启筒盖，带拉绳的钩形装置。筒盖和承水筒之间装有拉紧弹簧，紧拉筒盖，使承水筒采样后不漏水。全套仪器结构简单，操作方便。

拉式横式采样器的金属承水筒筒身口门外形有斜口式与直筒式两种，不论是斜口还是直筒，采样器筒盖对口门处的水样流态扰动都很大，相比之下，斜口式的扰动相对略小些。

图11.2-1　拉式横式采样器

使用拉式横式采样器前，要在两夹板之间安装适当长度的自制测杆。使用时，用手拉筒盖拉杆，打开两个筒盖，用夹板中间的钩形装置钩住筒盖拉杆的一端，使两个筒盖保持打开状态。由人工手持测杆将仪器放到预定测点后，目估测杆方位使采样器承水筒轴线与水流平行，靠人工拉绳同步关闭两端筒盖,取得水样。这种仪器只适用于浅水和含沙量较大的河流,其容积一般为1L。

（2）锤击式横式采样器

锤击式横式采样器是将仪器固定在铅鱼上、用悬索悬吊铅鱼放至预定测点、操纵击锤关闭口门的一种瞬时式采样器。在使用这种仪器时,常要在仪器下方悬挂铅鱼(图11.2-2),采样器到河底有一定距离,采不到接近河底的水样,而悬移质含沙量越接近河底越大,所以用这种仪器采集水样,测得的底沙的代表性不好,所测含沙量偏小。除此之外,当水深流速较大时,锤击不易使筒盖关闭,操作可靠性不高。

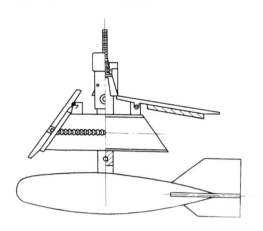

图11.2-2　锤击式横式采样器结构示意图

使用锤击式横式采样器前,要在两夹板之间的悬挂装置上安装悬索钢丝绳,钢丝绳上穿挂击锤。采样器下方悬挂铅鱼,要使采样器承水筒轴线与铅鱼轴线平行,以保证采样器下水后,在铅鱼的导向下,承水筒轴线与水流平行。使用时,用手拉筒盖拉杆打开两个筒盖,用夹板中间的钩形装置钩住筒盖拉杆的一端,使两个筒盖保持打开状态。用绞车将采样器放入水中,击锤留在水上,采样器到达预定测点后,放下击锤,击锤沿钢丝绳滑下,击开钩形装置,同步关闭两端筒盖,取得水样。

（3）遥控横式采样器

遥控横式采样器是在横式采样器的基础上加装电磁驱动筒盖关闭装置,并配有水下电源、水下信号装置和岸上信号控制器等,详见图11.2-3。

图11.2-3　遥控横式采样器

水下信号装置和水上信号控制器应用"无线"方式通信。采样器入水时,水下信号装置发出水面信号,由此开始监测水深以控制采样器入水深度。电磁驱动装置可以通过电磁铁的吸合动作使横式采样器的钩形装置脱开筒盖拉杆,同步关闭两端筒盖。

使用时,在铅鱼上安装水下信号装置(包括电源),按要求与遥控横式采样器连好接线,将横式采样器的筒盖打开,用钩形装置钩住筒盖拉杆。

采样器入水后发出入水信号,水上控制器接收到此信号,并由缆道控制台控制采样器到达预定深度的测点。水上控制器发出充电命令,当水下控制器接收到水上控制器发来的充电命令后,水下控制器控制直流升压电路对采样控制电路进行充电,同时对充电状态进行检测,当充足电后,水下控制器向水上控制器发送充电结束信号。随后,若接收到关闭筒盖命令,水下控制器的采样控制电路则驱动采样器电磁线圈动作,吸合电磁铁,使钩形装置脱开筒盖拉杆,采样器筒盖关闭。筒盖关闭后,水下控制器会产生筒盖关闭信号,并向水上控制器发送采样完成信号。

(4)横式采样器的应用

横式采样器可安装在测杆、悬索(铅鱼)上取样。当水深小于 6 m 时,采用测杆悬挂采样器取样可靠便捷;当流速很大或水深较大时,采用铅鱼悬挂仪器。采用测杆或悬索悬挂采样器取样时,应使仪器适当提前入水,使仪器关闭时正处在测点位置,且测杆或悬索恰处在垂直状态。

使用横式采样器时需要考虑如何消除脉动影响和器壁粘沙问题。在测验输沙率时,因断面内测沙点较多,脉动误差影响相互可以抵消,故每个测沙点只须取一个水样即可。在取单位水样含沙量时,采用多点一次或一点多次的方法,总取样次数应不少于 2~4 次。所谓多点一次,是指在一条或数条垂线的多个测点上,每点取一个水样,然后混合在一起,作为单位水样含沙量。一点多次是指在某一固定垂线的某一测点上,连续测取多次混合成一个水样,以克服脉动影响。为了解决器壁粘沙问题,在现场倒过水样并量过容积后,应用清水冲洗器壁,一并注入盛样筒内。在倒水样前,应稍停片刻,防止仪器外部带水混入水样。采样器采取的水样应与采样器本身容积一致,其差一般不得超过 10%,否则应废弃重取。

(5)横式采样器的特点

横式采样器的优点是仪器的进口流速等于天然流速,结构简单,操作方便,适用于各种情况下的逐点法或混合法取样。其缺点是不能完全克服泥沙的脉动影响,且在取样时干扰了天然水流,采样器关闭时口门击闭影响了水流,加之器壁粘沙,使得测取的含沙量系统偏小,据有关单位试验结果得知,其偏小程度为 0.41%~11.0%。

尽管横式采样器有较多缺点,现行规范已不提倡使用,但由于其使用方便、操作简单、性能稳定、维修方便、价格低廉、适应性广的优点,目前仍在普遍使用。

(6)横式采样器使用时的注意事项

横式采样器使用前应先检查有无漏水现象,发现漏水时应调节弹簧的拉紧力,检查筒盖上的密封橡皮有无破损、老化,一经发现应及时修理或更换直至不漏水,还要及时检查拉绳、击锤关闭筒盖的可靠性。

11.2.3.2　积时式采样器

1.瓶式采样器

瓶式采样器是积时式采样器中最简单的一种,有着较长的使用历史。但在使用过程中,人们逐渐发现这种仪器存在较多问题,在实践中也认识到这种仪器不能用于水下选点法采集水样,即使采用积深法取样,也有不少问题。正是通过对瓶式采样器的改进,才确立了现在定型的积时式采样器的设计原理和结构框架。

1)主要结构。早期的瓶式采样器是用一个带塞玻璃瓶固定在测杆上,迎流向设置进水管,背流向设置排气管。因无进水控制开关,只能用双程积深法取样法(图 11.2-4),适用于浅水。我国至今仍有很多水文站使用双程积深瓶式采样器。这种仪器虽属于积时式取样,但仪器从水面到河底,再从河底返回水面,在河底附近停留时间较长,使接近河底含沙量较大的水样采集偏多,导致实测含沙量可能偏大。深水取样时,将取样瓶固定在铅鱼上方或安置在铅鱼腹腔内(图 11.2-5)。

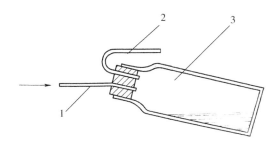

1—进水管;2—排气管;3—采样瓶

图 11.2-4 瓶式采样器示意图

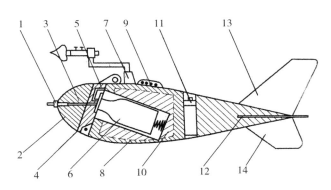

1—管嘴;2—前舱;3—进水管;4—阀座;5—排气管;6—采样瓶;7—悬杆;8—鱼身;
9—挂板;10—配重;11—信号源;12—横尾;13—上纵尾翼;14—下纵尾翼

图 11.2-5 瓶式采样器铅鱼安装示意图

2)工作原理。典型的瓶式采样器只有一根很细的进水管伸出器身外,排气管设置在器壁处,如果安装在铅鱼鱼身内,器身呈流线型,阻力很小,流态基本不受扰动。但在实际应用时,可能直接将采样瓶放入水中,加上安装采样瓶的装置,阻力加大。

瓶式采样器在仪器入水时就由进水管向瓶内进水,在进水的同时又通过排气管排出瓶内的空气,整个工作过程是瓶内空气压力和体积与测点静水压力随着水深不断变化又不断平衡的过程,正确地掌握这一过程就能采集到符合以下条件的水样。

(1)流态不受扰动。

(2)消除含沙量脉动影响。

(3)克服取样初期水样突然灌注问题。

(4)进口流速与天然流速保持一致。

但是受瓶式采样器自身条件的限制,实际上难以达到理想的目的。

瓶式采样器能否采集到消除突然灌注的水样,关键在于采样瓶的器内外压力在随水深变化过程中,是否时刻保持瓶内体积与压力关系的平衡。根据波义耳定律,一定质量的气体,在温度不变时(含沙量测验时,可以不考虑温度变化)体积与压力的乘积是一个常数。

$$P_0 W_0 = P_1 W_1 = C \tag{11.2-1}$$

式中:P_0 为大气压力(相当于 10.33 m 水柱高的压强);W_0 为瓶内气体在大气压情况下的体积;P_1 为某

一水深处压力；W_1 为某一水深处瓶内气体体积；C 为常数。

根据式(11.2-1)知，瓶式采样器如使用双程积深法采集水样，仪器入水后以动水压力从进水管进水，排气管排气，具有一些器内外压力自动平衡功能，但不能保持器内外压力基本平衡。不过，也不会发生明显的水样突然灌注现象。如果采用选点法取样，事先将进水管和排气管用塞子塞紧，放入某一水深 H 处，然后拔开塞子，这时采样瓶的器内外压力不平衡，瓶内压力仍然为 P_0，瓶外压力则为 P_1，根据波义耳定律，有

$$P_0W_0 = (P_0 + H)W_1 \qquad (11.2-2)$$

于是有

$$W_1 = P_0W_0/(P_0 + H) \qquad (11.2-3)$$

突然灌注量为

$$\Delta W = W_0 - W_1 = \frac{H}{10.33 + H} \times W_0 \qquad (11.2-4)$$

由此可见，突然灌注量与水深、容积有关。水深越大，容积越大，突然灌注量也越大。

国内外一些试验资料表明，一般突然灌注在 1s 内结束，突然灌注的速度推算如下：

$$v_i = \frac{\Delta W}{A_n} = \frac{H}{10.33 + H} \times \frac{W_0}{A_n} \qquad (11.2-5)$$

式中：v_i 为突然灌注的进口流速；W_0 为瓶子容积；A_n 为进水管截面积。

由式(11.2-5)可知，水深越大，瓶子体积越大，进水管管径越小，则突然灌注的进口流速值越大。突然灌注的进口流速可以达到很高的数值，并有可能超过水流的天然流速，所以瓶式采样器不适用于选点法取样。

瓶式采样器能否采集到进口流速与天然流速接近的水样，取决于仪器的提放速度和结构设计。其中采样瓶轴线与水流流向的夹角（进流角）的影响较大，根据多次试验，该角度为 20°左右时最佳。

使用双程积深法采样时，提放速度可用式(11.2-6)估算：

$$R_u = 2A_n v_{cp} H/W_0 \qquad (11.2-6)$$

式中：R_u 为提放速度；A_n 为管嘴截面积；v_{cp} 为垂线平均流速；H 为垂线水深；W_0 为瓶子容积。

由式(11.2-6)可知，双程积深式仪器取样的提放速率与管嘴截面积、水深、流速、容器容积有关。用式(11.2-6)估算提放速率时应留有充分余量，防止容器灌满。

3）仪器特点与使用。瓶式采样器结构简单、使用方便、工作可靠，能取得连续水样，与瞬时式采样器相比，明显减少了泥沙脉动的影响，从而增加了水样的代表性，但采得的水样代表性不如调压式采样器和皮囊式采样器。

瓶式采样器多用于涉水取样和测船上取样，只能用于积深法采集一个时段的水样，不能用于选点法取样。

2. 调压式采样器

由于瓶式采样器只能用双程积深法取样，不能采集到任意测点的水样，这种采样器与理想采样器的要求差距较大，因此很多国家都在研究较为理想的积时式采样器。

调压式采样器是在瓶式采样器的基础上，增加自动调压设备和阀门控制的一种积时式采样器，该仪器可以在缆道上同时进行测流、取沙。我国从 20 世纪 50 年代末开始试验研究调压式和皮囊式采样器（皮囊式采样器也是调压式的一种），70 年代研制成功几种调压式采样器，到 80 年代逐步完成系列产品。

1）调压式采样器的工作原理。调压式采样器的工作原理主要建立在波义耳定律的基础上，利用连

通容器的自动调压,使采样器取样舱的器内压力和采样器所在测点处的器外静水压力基本平衡,采样时,进水口与排气孔口存在的压差应能抵消水样流经进水管时的沿程阻力损失,根据伯努利方程,保持能量平衡,达到消除取样初期水样突然灌注现象的目的,使水样进口流速接近天然流速。

(1) 连通容器自动调压原理。将采样仪器内部分为两个舱,一个取样舱,一个调压舱,两舱之间用连通管或控制阀门互相连通。常用的方法是内层为取样舱,外层为调压舱,仪器入水时,取样舱进水孔关闭,只有调压舱下部的进水孔敞开,并以很快的速度向调压舱灌水,灌进调压舱的水聚集在调压舱下部,将调压舱上部的空气压缩,被压缩的空气经调压连通管进入取样舱,直到取样舱的舱内压力和采样器外水压力平衡后,调压舱即不再进水。

这时打开进水控制开关,采样器进水采样,因内外压力平衡,不会发生突然灌注现象。设计完善的采样器在进水采样时,会切断调压连通管,停止调压。同时,打开取样舱的排气管,排出取样舱内的多余空气。排气管的孔口高于进水管口,用此高差来克服采样水流流过进水管及控制开关的沿程、局部能量损失。

(2) 连通容器自动调压适用最大水深估算。最大水深可根据式(11.2-7)估算:

$$H_{\max} = \frac{P_0 W}{W_0 - W} \tag{11.2-7}$$

式中:W_0 为仪器取样舱与调压舱容积之和;W 为仪器在最大水深($H_{\max}$)处调压舱的设计进水量(体积);P_0 为大气压力;$H_{\max}$ 为仪器最大入水深度。

(3) 进口流速系数问题。将采样器进水管内的水样进口流速与天然流速之比称为进口流速系数。这个系数是衡量积时式采样器水力特性的一个重要指标。理论上进口流速系数最好等于1。虽然采用连通容器自动调压消除了取样初期水样突然灌注现象,但水样进口流速仍然不可能等于天然流速。进口流速系数误差除了会导致水样中水沙分离,引起含沙量测验误差外,在我国使用水文缆道流量加权全断面混合法取样的情况下,还会引起输沙率测验误差。根据有关试验结果,在进口流速为 0.5~5.0 m/s,含沙量为 30 kg/m³ 条件下,应有 75% 累计频率,进口流速系数误差小于 ±10%,即 $K = 0.9 \sim 1.1$;当含沙量为 30~100 kg/m³ 时,应有 75% 累计频率,进口流速系数误差小于 ±30%,即 $K = 0.7 \sim 1.3$。实际上,进口流速系数更容易小于1,高含沙量的 K 在 0.7~1.2。

进口流速系数误差主要是由在取样过程中水样流入采样器时能量损失造成的。根据水力学管嘴进流伯努利方程式可得

$$v_{\mathrm{in}} = \frac{1}{\sqrt{\dfrac{L}{d}\lambda + \sum \varepsilon + 1}} \sqrt{v_{\mathrm{na}}^2 + 2g\Delta H} \tag{11.2-8}$$

式中:v_{in} 为采样器进口流速;v_{na} 为天然流速;L 为采样器进水管长度;d 为进口管直径;λ 为进水管本身沿程阻力系数;$\sum \varepsilon$ 为局部阻力系数;ΔH 为补充能量水头(进水管与排气孔高差)。

由式(11.2-8)知,影响积时式仪器进口流速系数的因素,除了天然流速之外,还有进水管的长度、直径、光洁度,排气孔与进水口的高差(即补充能量水头),以及排气孔的位置、形状、大小等。为了达到能量平衡,弥补沿程阻力带来的能量损失,除了适当提高进水口与排气孔高差,或采用倾斜安放进水管,降低进水管出水口的方法外,也可将仪器进水管设计成锥度管,以增大进水管内的动能,但是由于锥度管不易制造,往往采用降低管嘴出水口的方法弥补。

在实际使用采样器时,采用实测方法计算进口流速系数。将采样器放到某一测点,控制打开进水开关,进行采样。采样一段时间后,关上开关,停止采样。根据采样器采得的水样(体积)、采样历时、进水管口径计算进水管内的水样进口流速,再用流速仪测量采样器所在地的天然流速,两者相比,即可得到

进口流速系数。

2）调压式采样器的结构与组成。调压式采样器按结构分为单舱型与多舱型两个系列。单舱型仪器只有一个取样舱，适用于单一垂线用单程积深法或多线多点全断面混合法取样；多舱型仪器由几个取样舱组成，适用于多垂线单程积深法取样和多点取样。

调压式采样器一般由前舱、调压舱、取样舱、控制阀门、控制舱、器身及若干附件组成，另外还有岸上控制部分。

（1）单舱型调压式采样器是调压式采样器早期产品，是在瓶式采样器基础上改造而成的，其结构见图11.2-6。它分为水下仪器与室内控制部分，水下仪器由前舱、电磁阀、取样舱、调压舱、控制舱、尾翼等部件组成。在前舱的前端装有进水管，由开关控制。取样舱的上部为调压舱。

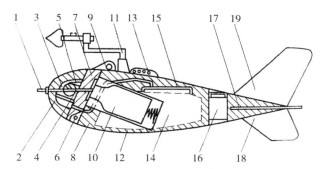

1—管嘴；2—前舱；3—电磁阀；4—进水管；5—排气管；6—铰链；7—阀座；8—鱼身；9—挂钩；
10—取样舱；11—倒悬杆；12—调压孔；13—挂板；14—调压舱；15—高压管；16—控制舱；17—横尾翼；18—下纵尾翼；19—上纵尾翼

图11.2-6 单舱型调压式采样器结构示意图

（2）多舱型调压式采样器。多舱型调压式采样器工作原理、仪器结构与单舱型调压式采样器基本相同，适用于多垂线单程积深法取样和多点取样，在水文缆道一次行车过程中可以采集多条垂线水样。水下仪器也是由前舱、电磁阀、取样舱、调压舱、控制舱等部件组成，不同的是取样舱由多个水样舱整齐排列组成，取样时由对孔电磁阀按顺序依次取样。该仪器的调压舱设在尾部，即用尾舱作调压舱。

控制部件由对孔阀与螺管式电磁铁组成，接收信号使分水盘连接不同的水样舱进水管、调压和采样。

3）调压式采样器的使用。调压式采样器适用于水文缆道或测船，可采用选点法取样，也可采用全断面混合法取样。当采用选点法取样时，在缆道或测船一次运行过程中完成预定测点的测速和采集水样任务。调压式采样器的调压结构复杂，带来了可靠性和实用性问题。

4）调压式采样器误差分析。造成调压式采样器测量误差的因素如下：

（1）调压效果。虽然连通容器自动调压试图消除突然灌注现象，但仍不可避免存在一个微小的压力差，其值在±0.1 m到±0.3 m水柱高压强范围内，导致仪器进口流速与天然流速有差异。若以器外压力为准，当该压力差为是负值时，进口流速将偏大；反之，则偏小。

（2）进水口与排气口高差值不稳定。这个高差是伯努利方程中弥补能量损失的一个措施。由于仪器进水孔与排气孔的水平距离较长，当仪器在水下摇摆晃动时，该值随时都在变化，影响了进口流速。

（3）测速与取样不同步。若采用全断面混合法测流，在使用过程中，先测深，然后按流量加权需要，在相对水深测点处测速，利用在测点测速的时间，正好调压舱进水调压，一般情况下，测速历时为60～100 s，然后取样，这样在测速与取样之间有一个时间差，由于水流周期性脉动变化，可能会影响最后的计算结果。

（4）水样舱放水后冲洗误差，水样舱中如有泥沙残留，将直接影响含沙量测验成果，所以每次使用后必须用清水冲洗干净。

3. 皮囊式采样器

皮囊式采样器是一种无须附加调压舱,是在初终状态将皮囊内的空气基本排除,然后仅以测点处的流速动压力水头进水,采集一定时段内悬移质水样的积时式采样器,实际上也是一种自动调压的采样器。皮囊式采样器结构简单,无须设置专门的调压装置,操作方便,可靠性高,现场可以更换取样舱,尤其是其进口流速系数稳定,很快得到推广。

1) 取样容器与调压。皮囊式采样器一般采用乳胶皮作为取样容器(也可采用塑料袋)。皮囊所在的采样器与外界(水体)相通,采样器下水后,皮囊直接感应水压力,皮囊内是取样舱,皮囊外与水体直接相通的是调压舱。在仪器入水前,将乳胶皮内空气排净。仪器入水后,利用柔软乳胶皮具有弹性变形和良好的压力传导作用的特点,仪器能自动调节乳胶皮囊的取样容积,始终保持容器内外压力平衡,不须另设调压系统,即可达到瞬时调压的目的,并能采集到进口流速接近天然流速的水样。

皮囊式采样器采用合适的柔软的乳胶皮囊,故仪器测验精度只与进水管沿程阻力损失有关,而这个损失可以从器壁负压孔加速乳胶皮囊胀开得到补偿,因此,皮囊材料品质及皮囊厚度对仪器性能有着明显影响。大量试验资料证明,乳胶皮囊的厚度应在(0.6 ± 0.1)mm。

2) 结构与组成。所有皮囊式采样器均由进水管、前舱、控制阀门、皮囊取样舱及器身(中舱)、尾舱等组成。为了配合输沙率测验,仪器前方装置流速仪悬杆,器身后部安装河底信号器。

(1) 单程积深式皮囊采样器。仪器分前舱、中舱、尾舱 3 部分,详见图 11.2-7。在前舱后部安装浮子阀门,在浮子阀门的中心孔内有一根乳胶短管,前端与进水管相连,后端与皮囊进水口并帽相连。采样器入水前,浮子处于下方,浮子阀门夹紧乳胶管,仪器入水后,浮子浮起,松开了对乳胶管的夹紧装置,使乳胶短管通畅,开始取样进水。到达河底后,河底托板抬起,也顶起浮子开关的顶板,浮子断开对乳胶管的控制,乳胶管被夹紧,取样停止。在浮子开关的自动控制下,采集到单程积深水样。

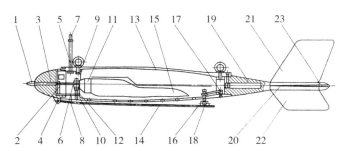

1—进水管;2—前舱;3—接管;4—转轴;5—阀杆;6—短管;7—悬杆;8—顶杆;9—接口座;10—底盘;11—接水口;12—阀杆;13—器身;14—托板;15—皮囊;16—支杆;17—转销;18—托板转轴;19—尾舱;20—尾柱;21—上纵尾;22—下纵尾;23—尾箱

图 11.2-7 单程积深式皮囊采样器

(2) 选点式皮囊采样器。如果采用电磁阀、滑阀、夹断阀、陶瓷阀等去控制进水口的开关,采样器就成了选点式皮囊采样器。仪器可分为有线和无线控制两种。

3) 皮囊式采样器的使用。皮囊式采样器具有皮囊调压结构,原理简单、应用方便,可以在缆道、测船、测桥上应用。皮囊式采样器不如横式采样器、瓶式采样器使用方便,可靠性也不如简单的横式采样器和瓶式采样器,尽管皮囊式采样器的原理更科学合理,但仍然不易推广。

4) 皮囊式采样器误差分析。皮囊式采样器测验精度较高,该仪器无须设置排气孔,因此不会由于进水孔和排气孔高差变动引起水样进口流速系数不稳定而导致仪器的测量误差,但悬挂位置是否水平仍然是其测量误差来源之一。因悬吊不平,如头部向下,进水管尾部就向上倾斜,水样进口流速会明显偏小;如头部向上,进水管尾部就向下倾斜,水样进口流速会明显增大。所以仪器在安装时必须目测使之水平。

11.2.3.3　测沙仪

悬移质测沙仪一般只能用于测量水中的悬移质含沙量,可以在水中长时期工作,它们的输出数据或信号能自动转换为水中的悬移质含沙量,能够接入专用仪器、计算机、遥测终端机,并利用不同通信方式远距离传输。测沙仪主要有光电测沙仪、超声波测沙仪、同位素测沙仪和振动测沙仪等,这些仪器处在不同的发展阶段,尚不十分完善,有各自的适用范围和特点,其主要技术参数见表 11.2-1。

表 11.2-1　悬移质含沙量测沙仪主要技术参数

仪器名称	测沙范围(kg/m³)	适应测点流速(m/s)	适应水深(m)
光电测沙仪（激光测沙仪）	≤10	<2	≤15
超声波测沙仪	0.5～1 000.0	≤3	≤10
同位素测沙仪	0.5～1 000.0	≤5	≤20
振动(管式)测沙仪	1.0～1 000.0	(0.75,4]	>0.3

1. 光电测沙仪

1) 工作原理

平行光束通过浑浊的液体时,光线经过一段距离后强度会有一定程度的减弱。减弱的主要原因是光线被浑浊液体内的介质吸收或反射偏离原来方向。将测出的光线强度与原发射光强度做比较,再根据传输距离等影响因素,就可以计算出液体的浊度。天然水体中泥沙含量是影响水浊度的最重要因素。在很多场合,泥沙含量是决定浊度的唯一因素。如果泥沙含量和浊度之间有稳定的关系,就可以用测量浊度的方法来测得含沙量。光电测沙仪就是利用光强度衰减测量浊度,从而测得水中含沙量。

光线强度在水中的衰减与光程、吸收系数、含沙量、泥沙粒径、泥沙容重等因素有关。光线强度可用光通量表示,光透过介质时,其光通量的变化可以用式(11.2-9)估算:

$$\Phi = \Phi_0 \mathrm{e}^{-3KLC/2rd} \tag{11.2-9}$$

式中:Φ 为透过介质后的光通量;Φ_0 为透过介质前的原光通量;L 为光程,光线在液体介质中通过的路程;K 为吸收系数,某种介质相对于光线的特性;C 为含沙量,水中悬移质含沙量;d 为悬移质平均粒径;r 为悬移质密度。

整理式(11.2-9)得到

$$C = -\frac{-2\gamma d}{3KL}\ln\frac{\Phi}{\Phi_0} \tag{11.2-10}$$

由式(11.2-10)可见,只需测得光通量 Φ 后,由已知的 Φ_0、L、γ,再根据率定所得的 K 和 d,即可计算出含沙量。

理论上该仪器可使用各种光线,实际生产中多数使用红外光或激光。在测量实践中,也不一定完全应用上式进行计算。大量仪器还是通过实际率定来确定含沙量和测得的光通量之间的关系。

2) 仪器的结构与组成

光电测沙仪由水下部分、水上部分、连接电缆和电源部分组成。水下部分是一个整体结构,包括一对发射、接收光线的传感器,两传感器之间的距离为光程;水下部分也包括工作控制和光通量测量、信号转换部分,通过电缆向水上发送的是测得的光通量信号。水上部分很可能是一台个人计算机,用电缆与水下部分连接。应用随仪器配备的专用软件,向水下部分发出工作指令,接收水下测得的光通量信号,再经计算后求得含沙量。计算机或配用的专用水上仪表会有数据处理和再传输的功能。通信电缆连接水上、水下部分,同时向水下部分供电。图 11.2-8 中,左图是仪器的几种不同规格的水下部分,右图是专用水上仪表。

有些光电测沙仪是一体化的,可以安装在水下,自动工作、记录和传输。

图 11.2-8　光电测沙仪

3）主要技术性能

（1）对光电测沙仪的基本要求如下：

①测沙范围:1～5 kg/m³。

②测点流速:<2 m/s。

③稳定性:校准关系点与工作曲线系统偏差应不大于 2%。

④测量准确度:低含沙量时,读数误差不大于 5%。

由于光电测沙仪没有较普遍地被应用,所以在《河流悬移质泥沙测验规范》(GB/T 50159—2015)中没有提到光电测沙仪。

（2）典型产品技术介绍。以某国外早期产品为例,这种产品已有少量在国内各行业,也包括水文测验中试用。

①激光波长:670 nm。

②光程:2.5 cm、5.0 cm。

③测量参数:泥沙含量、泥沙平均直径。

④含沙量范围:0.1～1 kg/m³(泥沙直径在 30 μm 时)。

⑤测量准确度:含沙量误差为±20%(在泥沙粒径全范围内),平均粒径误差为±10%。

⑥测量速率:最大为 5 次/ s。

⑦记录:内存或输出记录。

4）误差分析

由于泥沙容重(密度)、泥沙直径、吸收系数都不是定值,所以测得的光通量和泥沙含量并不是一个单值函数。即使能将光通量的测量误差忽略不计,泥沙容重也视为定值,仪器测得的含沙量还会受到悬移质平均粒径的影响,特别是悬移质平均粒径变化较大时,仪器测量误差很大。根据外业初步实验结果,在含沙量变化较大的河流上,仪器与取样法测得的含沙量误差可达到 30% 以上。但对于悬移质平均粒径变化很小的河流,仪器测得的含沙量与取样法测得的含沙量基本一致。所以光电测沙仪的测量精度受悬移质平均粒径影响很大,使用中需要进行率定,并要严格地限制在一定的泥沙颗粒范围内。

5) 特点和应用

光电测沙仪能自动长期工作,自动测量含沙量,测量速度快,测得数据可以很方便地长期存储和自动传输,较方便地应用于水文自动测报系统中。

受光电测沙仪的工作原理所限,这类仪器只能应用于低含沙量、较稳定的泥沙粒径,允许较大误差条件。长期使用时,需要保持光学传感器表面的洁净,并及时比测率定。

2. 超声波测沙仪

1) 工作原理

超声波测沙仪的工作原理和光电测沙仪的工作原理相类似,不同的是,超声波测沙仪发射的是超声波。超声波在水中传播时,波的能量将不断衰减,体现在其振幅将随传播距离而有规律地减小,可以用式(11.2-11)表示:

$$P_x = P_0 e^{-ax} \tag{11.2-11}$$

式中:P_0 为超声波原振幅;P_x 为超声波传输到距离声源 x 处的振幅;x 为超声波传输的距离;a 为超声波衰减系数。

可以认为超声波衰减系数是由纯水和水中含沙量两部分衰减系数组成的。而由含沙量决定的超声波衰减系数还受泥沙粒径、容重、泥沙黏性等因素影响。泥沙容重、黏性变化较小,如果粒径较稳定,或者其影响可以忽略,就可以找出含沙量和超声波衰减系数的关系。这样,只需仪器测得超声波在水中传输一定距离后的衰减量,就可以得出水中的泥沙含量。

2) 仪器的结构与组成

这类产品可以是一个整体结构,图 11.2-9 所示的是一种超声波测沙仪的水下部分,仪器下部有两个超声传感器,用来发射、接收超声波。中部为测量仪器控制部分,用来控制超声传感器发射和接收超声波,并对传感器接收到的超声波信号进行计算处理,得到与含沙量有关的电信号,上部为仪器信号线。另外仪器还有岸上部分,可用一台计算机计算、显示、记录测量的含沙量。

图 11.2-9   超声波测沙仪

3）误差分析

超声波在水中传播时，它的衰减规律见式（11.2-11）。在率定时，式中只有一个超声波衰减系数是待定的，测得 P_x 后能较准确地得到 α 值。α 值虽然和含沙量有很大关系，但 α 值同时还与泥沙粒径、黏性、密度有较复杂的关系。如果将这些因素都假定为定值，可以由 α 推算出含沙量。但事实上，这些因素都在变化，衰减系数和含沙量之间的关系还受超声波频率、声速的影响，故难以由 α 推算出较准确的含沙量值。实验发现，泥沙粒径的变化也是引起很大测验误差的关键因素。

4）特点与应用

超声波测沙仪的传感器是超声波换能器，能适应长期水下工作环境，不需要像光电测沙仪那样经常清洗。在实际应用中，发现这种仪器在低含沙量情况下误差更大，在高含沙量的情况下精度好些。由于仪器误差较大，只能用于精度要求不高时的含沙量测验，并需要经常用取样测得的含沙量进行比测校正。

3. 同位素测沙仪

1）工作原理

同位素测沙仪的工作原理与前述的超声波测沙仪类似，同位素测沙仪利用 γ 射线通过物质时的能量衰减原理测量被测物质的密度，可用于测量水中的含沙量。

放射性物质能放射出 α、β、γ 射线，其中 γ 射线波长短，穿透能力强，它通过物质时与其他光通过物质时的衰减情况类似，衰减情况可按指数规律计算。γ 射线穿过一定厚度的水体后的射线强度与原射线强度的关系可用式（11.2-12）计算

$$I = I_0 \mathrm{e}^{-RCL} \tag{11.2-12}$$

式中：R 为 γ 射线在水体中的衰减系数；I_0 为原入射 γ 射线强度；L 为穿过水体厚度；C 为水体的含沙量。

将式（11.2-12）整理后可得

$$C = -\frac{1}{RL} \ln\left(\frac{I}{I_0}\right) \tag{11.2-13}$$

仪器的衰减系数值可以通过测试后确定，当测得 γ 射线通过水体后的强度后，由已知的原入射 γ 射线强度和仪器射线穿过水体厚度，就可用上式计算出含沙量。

2）仪器的结构与组成

仪器包括放射源、γ 射线接收测定器、数据处理器、电缆等部分。水文测验中应用的仪器往往将所有部分装在一个专用的铅鱼上，放射源和 γ 射线接收测定器之间是被测的流动水体。

放射源由专门部门供应和处理，使用时装入仪器或测量处的专门装置内，使用后要卸下并做特殊保管。γ 射线接收测定器也都应用放射性测定专用设备。数据处理器根据接收到的 γ 射线测量电信号强度、衰减系数、水体距离、发射 γ 射线强度，计算得出水体密度，再计算得到含沙量，并显示、记录。数据处理器可以将测得的含沙量输出，供遥测传输。

对同位素测沙仪的技术要求和对光电测沙仪的要求相近。同位素测沙仪的应用范围可以更广一些，它能适应 $0.5 \sim 1\,000\ \mathrm{kg/m^3}$ 的含沙量范围，也能适应较大的流速。

3）误差分析

同位素测沙仪计算公式中的衰减因素受泥沙颗粒大小、容重、黏性的影响较小，也不受 γ 射线的传播速度影响。所以此计算公式比较单一，由测得的 γ 射线强度计算得到的含沙量比起前述两种方法要稳定准确得多。

20 世纪 60、90 年代我国有过成功的实际应用，能够达到泥沙测验的要求；意大利、匈牙利也曾在测验中使用过。

4）特点和应用

同位素测沙仪可省去水样的采取及处理工作，操作简单，测量迅速。同位素测沙仪工作性能较稳定，测量误差较小，可以在现场测得瞬时含沙量，仪器自动化程度高，测沙速度快，是一种较好的自动测沙仪器。它的测沙范围很大，使用范围也很广。但含沙量太低时，测量误差较大；放射性同位素衰变的随机性对仪器的稳定性有一定影响；水质及泥沙矿物质含量对含沙量测验强度也有一定影响；同位素测沙仪必须使用放射源，放射源对人体、环境的影响不可忽视。这些因素使得该类仪器难以推广应用。

测沙时，要将仪器整体悬吊到水中预定测点处测量，也可以固定安装。

使用中最需要注意的是，国家对放射源有详细、严格的管理规定。在购买、运输、保管、应用、储存、废弃、处理等所有环节上都有具体要求，必须严格执行。

尽管同位素测沙仪的相关产品比较成熟，准确度也较好，但在使用前仍需要和标准方法进行对比试验，以校核率定仪器。

4. 振动测沙仪

1）工作原理

振动测沙仪是一种密度传感器，其核心部分是一根利用特种材料制成的空心振动管。它的固有振动频率随着流经振动管内水体密度的变化而变化。充满水体的振动管的固有振动频率可用式（11.2-14）计算：

$$f = \frac{a_n}{2\pi} \sqrt{\frac{EI}{(A_s \rho_s + A_\rho) L^4}} \tag{11.2-14}$$

式中：f 为充满水体的振动管的固有振动频率；a_n 为振动管两端紧固梁的固有频率系数；E 为振动管材料的弹性模量；I 为振动管惯性矩；L 为振动管的有效长度；A_s 为振动管的截面积；ρ_s 为振动管材料的密度；A 为流经振动管内被测液体的截面积；ρ 为被测液体的密度。

仪器设计制作定型后，除水体密度外，上述各量均为定值，水体密度与振动管固有振动频率为函数关系，可以由测得的频率推求被测水体密度，从而得到含沙量。

2）仪器的结构与组成

振动测沙仪中的振动管是一种比较成熟的密度传感器，如果将被测水体抽引通过仪器振动管，就可以测得含沙量。但是，水文上在测量含沙量时，不能过分干扰水流，必须将仪器放到测点，因此振动测沙仪由水下传感器和水上仪器两部分组成，中间用电缆连接。

水下传感器的基本结构见图 11.2-10。水流沿箭头方向流进、流出仪器内的振动管，在激振线圈的电磁力作用下，振动管以随含沙量变化而变化的固有频率发生振动，此振动在检振线圈内感应出同频率的振荡信号，经连接电缆，振荡信号被水上仪器接收。

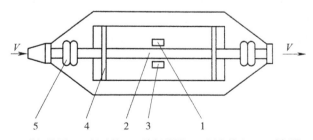

1—激振线圈；2—振动管；3—检振线圈；4—固定管座；5—减振器

图 11.2-10　振动测沙仪水下传感器结构示意图

水上仪器部分可以是一台信号接收处理专用设备，也可以是一台计算机。其功能是控制水下传感器的工作，接收水下传感器的信号，并处理、计算出含沙量数据。

水下传感器可以是一个单独的仪器,具有相应的耐压密封性能,它的外形应较顺直,不干扰水流,通过振动管的水流要尽量保持天然流速。这样的传感器要能方便地安装在测流铅鱼上。也可以设计制作专门的测沙铅鱼,将传感器安装在此铅鱼内部,铅鱼前后有设计完善的进出水口,将水流导入、导出振动管。

3）技术性能

现以一种较典型的振动测沙仪的科研成果为例,介绍其基本应用技术性能。

（1）测沙范围:2～800 kg/m³。

（2）适用流速:0.5～5 m/s。

（3）适用水深:0.3～15 m。

（4）测沙准确度:≤35 kg/m³ 时,为 10%;>35 kg/m³ 时,为 5%。

4）误差分析

测得水体密度后,在推求含沙量时,往往假定清水密度和沙的密度为一定值。这些假定和实际情况可能有差别,会引起振动测沙仪的误差。

在含沙量较大的变化范围内,振动管的振动周期变化并不是很大,需要很准确地测得振动周期,才能达到上述测沙准确度要求。温度的变化不仅影响水的密度变化,同时会导致仪器参数值发生变化,影响密度的测量精度。

振动管的振动频率受内部应力的影响,各台仪器参数均不相同。因此,应用前需要单独标定建立水体密度和振动周期的关系。

实验结果表明,振动测沙仪的测量误差受泥沙颗粒直径的影响也很大,而且受仪器制作材料工艺的影响,尤其受机械制造、结构设计的影响,在生产和应用中应周密地考虑和尽可能地消除各方面因素的影响。

5）特点和应用

振动测沙仪没有可动部件,也没有与水体接触的发送接收传感器,与水体接触的振动管只是一个水流通道,所以它能长时期自动工作。

影响仪器测沙性能和稳定性的因素较多。使用前要确定并设置泥沙密度值;实验表明,泥沙粒径大小及颗粒组成对仪器的测验精度有很大影响,长期应用时要注意定期调整,以保证测沙准确性。

振动管内腔是一细长形管道,进水口会受到漂浮物堵塞影响;当水流流速较小时,可能会在振动管内产生泥沙淤积。上述问题一旦发生,将严重影响测沙准确性。因此,这是影响振动测沙仪能否长期自动工作的主要因素。另外,由于温度对振动测沙仪测量误差影响较大,当仪器入水后,不能马上进行测量,需要在水中停留一段时间,待温度稳定后方可进行测量,这也影响了仪器的测量速度。

振动测沙仪一般可以安装在测流铅鱼、悬索和测杆上使用。在使用过程中,为了保证其稳定性和提高测沙准确度,需要定时进行检定。一般方法是测量零含沙量,即清水的密度,调整到含沙量为零值,再将仪器投入工作。也需要和常规方法实测含沙量值进行对比,使含沙量测得值更为可靠。

11.3 推移质

推移质是指在河床表面,受水流拖曳力作用,沿河床以滚动、滑动、跳跃或层移形式运动的泥沙。推移质泥沙的运动特征是走走停停,时快时慢,运动速度远慢于水流;颗粒愈大,停的时间愈长,走的时间愈短,运动的速度愈慢。推移质的运动状态的完全取决于当地的水流条件。推移质泥沙不断地与河床接触,尤其是跳跃的泥沙,其跳跃高度可能远远大于泥沙粒径。推移质又可划分为沙质推移质和卵石推移质两类。

天然河流中,从数量、质量及体积上来说,推移质相对较少,悬移质相对较多。一般而言,冲积平原河流携带的悬移质数量,往往为推移质的数十倍、数百倍,甚至数千倍。尽管推移质泥沙相对数量不多,但因其颗粒较粗,对水利工程的危害极大。如在解决水库淤积问题中,处理推移质泥沙的难度往往要比处理悬移质大得多。因此,对于推移质运动的观测与研究,同样非常重要。

在靠近河床附近,各种泥沙在不断交换,悬移质和推移质之间、推移质与床沙之间、悬移质和床沙之间都在交换,悬移质和推移质很难完全分开。同时,一条河流的不同河段有不同的水流条件,同一种粒径的泥沙在某一河段可能是停止不动的床沙,在另一河段可能做推移或悬移运动。在同一断面上亦因水位不同,会出现不同的运动状态,因此决定泥沙运动状态的除泥沙本身的粒径外,还有水流条件。

推移质和悬移质尽管在运动形式和运动规律上不同,但它们之间无明显界线。在同一水流条件下,推移质中较细的颗粒有时可能短时间内以悬移方式运动,悬移质中较粗的颗粒也可能短时间内以推移方式运动。就同一颗粒泥沙而言,水流流速小、紊流强度弱时,它可由悬移质变成推移质;水流流速大、紊流强度大时,它又可由推移质变成悬移质,这体现出推移质与悬移质之间的互相交换关系。

推移质泥沙的运动范围在床面或床面附近的区域,推移质运动具有明显的间歇性,运动一阵,停一阵,运动时为推移质,静止时是床沙,即推移质与床沙之间也在不断交换。推移质运动的速度比底层水流速度要慢。

在床面附近,悬移质和推移质之间、推移质和床沙之间,都在不断交换着,正是由于这种泥沙的交换作用,河流中的悬沙从水面到河床的运动是连续的,含沙量在垂线上的分布呈一条连续的曲线。

另外,也有人将介于悬移质与推移质之间的泥沙称为跃移质。跃移质也被称为临底沙。随着流速的变化,临近河底 $0.1\sim0.3$ m 处的泥沙在流速大时成为悬移质;在流速小时,沉降到河底成为推移质。由于跃移质是推移质和悬移质之间的物质,因此多数情况下把跃移质合并在推移质中,而只将河流中运动的泥沙区分为推移质和悬移质两种。

推移质测验的目的,一是提供推移质输沙率资料,直接推求总输沙率;二是为研究推移质运动规律和输沙率计算方法提供资料。

11.3.1 推移质泥沙测验方法

推移质泥沙测验主要有器测法(采用采样器施测)、坑测法、沙波法、体积法以及其他间接测定法等。

11.3.1.1 器测法

器测法是指应用推移质泥沙采样器测量推移质。推移质泥沙采样器都具有一固定宽度的口门,将其放到河底后,能稳定地紧贴河底。推移质泥沙通过口门进入采样器的泥沙收集器,经过预定的时间后,提起采样器,根据采集到的推移质质量、口门宽度和采样历时,计算出断面上该点的河底(单位宽度、单位时间)的推移质输沙率。然后根据采样器效率、断面上各测量点推移质输沙率,推求出整个断面推移质输沙率。

11.3.1.2 坑测法

坑测法是在河床上设置测坑测取推移质的一种方法。在天然河道河床上设置测坑或埋入槽形采样器以测定推移质,这是目前直接测定推移质输沙率最准确的方法,并可用来率定推移质采样器的采样效率系数(以下简称采样效率)。坑测法又有以下几种形式:

(1)卵石河床断面设置测坑。在卵石河床断面上设置若干测坑,坑沿与河床高度齐平,洪水后测量坑内推移质淤积体积,计算推移质量,此方法适用于洪峰历时短、悬移质含沙量小、河床为卵石的河流。

(2)沙质河床断面埋设测坑。在沙质河床断面上埋设测坑,用抽泥泵连续吸取落入坑内的推移质。此法可施测到推移质输沙率的变化过程。

(3)河槽横断面设置集沙槽。沿整个河槽横断面设置集沙槽,槽内分成若干小格,利用皮带输送装置,把槽内的推移质泥沙输送到岸上进行处理。

坑测法效率高,准确可靠,但投资大,维修困难,适用于洪峰历时短、推移量不大的小河。

11.3.1.3 沙波法

沙波法是通过施测水下地形以了解沙波的尺度和运动速度,进而推求推移质输沙量。

沙质河床的推移质,常以轮廓分明的沙波形式运动,可用超声波测深仪连续观测断面各垂线水深的变化,施测历时不应小于 20～25 个沙波通过时间,根据施测水深的变化可以确定沙波的平均移动速度和平均高度,从而推算单位宽度推移质输沙率。

$$q_b = \alpha \rho_s \frac{h_b L}{t} \tag{11.3-1}$$

式中:q_b 为单位宽度推移质输沙率;α 为形状系数;ρ_s 为推移质泥沙密度;h_b 为沙波高度;L 为振动管的有效长度;t 为振动管的截面积。

该法的优点是对推移质运动不产生干扰,不需在河床上取样,但由于沙波的发育、生长及消亡与一定水流条件有关,用沙波法一般只局限于沙垄和沙纹阶段,而无法获得全年各个不同时间的推移质泥沙,再加上公式的一些参数难以确定,如形状系数、泥沙密度等,在使用中受到很大限制。

11.3.1.4 体积法

通过定期施测水库、湖泊等水域的容积,根据其容积变化计算出淤积物的体积,扣除悬移质淤积量,进而求出推移质淤积量。应用该方法时,必须首先通过实测或推算求得淤积物干密度。这种方法适用于淤积物中主要是推移质的水库或湖泊。

11.3.1.5 其他间接测定法

间接测定推移质的方法主要有紊动水流法、水下摄影和水下电视、示迹法、岩性调查法、音响测量法等。这些方法都有很大的局限性,效果也不够理想,日常测验中很少采用。

11.3.2 推移质泥沙测验仪器分类

11.3.2.1 概述

1. 推移质采样器的技术性能要求

(1)沙质推移质采样器口门的宽和高一般应不大于 100 mm;卵石推移质采样器口门的宽和高应大于床沙最大粒径,但应不大于 500 mm。

(2)采样器的有效容积应大于在输沙强度较大时规定采样历时所采集的沙样容积。

(3)采样器应有足够的重量,尾翼应具有良好的导向性能,稳定地搁置在河床上。

(4)采样器口门要紧贴河床,对附近床面不产生淘刷或淤积。

(5)器身应呈良好的流线型,以减小水流阻力,仪器进口流速应与测点位置的河底流速接近。口门平均进口流速系数值宜为 0.95～1.15。

(6)取样效率高,采样效率系数较稳定,样品有较好的代表性,进入器内的泥沙样品不被水流淘出。

(7)结构牢固,维修简便,操作方便灵活。

(8)便于野外操作,适用于各种水深、流速条件。

2. 仪器选择

推移质采样器应根据测验河段的床沙粒径和断面的水流条件等选定。当河床组成复杂,选择一种仪器不能满足测验要求时,可选用两种仪器。选用的仪器应有可供使用的原型采样效率。

3. 仪器的使用要求

(1)使用手持仪器采样时,应使口门正对流向,平稳、轻放在床面上。上提时,应使仪器口门首先离开床面,并保持适当的仰角将仪器提出水面。

（2）悬吊仪器采样时，下放到接近河床时应减缓下放速度，使仪器平稳地放在床面上，并适当放松悬索。在上提采样器过程中，不得在水中和水面附近停留。

（3）在采样过程中，当仪器受到扰动而影响采样时，应重测。

4. 仪器的检查和养护要求

（1）仪器在每年汛前和每次大沙峰后应进行全面检查。

（2）仪器在每次使用前应做检查，并经常进行养护、维修。

（3）每次检查时都要注意仪器的结构、尺寸、网孔孔径、重量和悬吊方式有无变动。

5. 采样器采样效率系数的率定

采样器采样效率系数是指仪器测得的与河流实际的推移质输沙率的比值。通常率定效率系数的方法有两种：一种是在天然河道（或渠道）用仪器做取样试验，以标准集沙坑（坑测法）测得的推移质输沙率为标准；另一种是在大型人工水槽中用仪器（或模型）做取样试验，以坑测法测定水槽实际推移质输沙率为标准，进行比较，并计算等效系数。

两种率定方法都存在一定问题，在天然水流中测定标准推移质输沙率尚无理想的完善方法，而在水槽中率定的结果又不能完全反映和代表天然河流的真实情况。同时，还因天然河道水流情况及河床地形变化很大，在实际应用时，所率定的采样效率还会因各种因素的影响而改变，对此有待进一步的研究来解决。

11.3.2.2 采样器种类

推移质采样器按结构分为网式推移质采样器和压差式推移质采样器；按用途分为卵石采样器和沙质采样器两类。

1. 网式推移质采样器

（1）刚性口门框架采样器。这种采样器有一扁平形长方体的金属框架，其一面是敞开的采样口门，其余五面用金属丝网围住，底面可以是金属板也可以是金属网。它具有纵尾翼和一定重量，这样能使采样器稳定地放在河底，采样口门的一面正对水流，见图11.3-1。

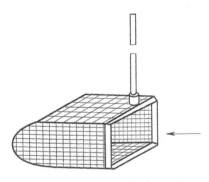

图 11.3-1　网式推移质采样器

这类国外早期发展的采样器结构简单，但网底易被河底突出的石块顶托，口门难以与河底吻合，因此刚性口门框架采样器只能用于沙质河床。

（2）软底式采样器。这种推移质采样器的口门为矩形，前后口门宽度一致，一般在后口门装网兜收集器，贮存采样沙。采样器底部是小铁环编成的软形铁网兜，口门下框没有刚性横梁，这使得口门下部的铁网兜可以自然地紧贴卵石河床。采样器后部有纵尾翼，采样器上有配重。这种推移质采样器是一种改进的网式采样器，适用于卵石推移质的采样。

2. 压差式推移质采样器

（1）压差式推移质采样器的工作原理。压差式推移质采样器适用于沙质、小砾石河床。从进口口门向后,采样器的横断面逐步扩张,后部形成负压,使流速减慢,有利于进入采样器的推移质泥沙滞留在采样器的泥沙收集器内。泥沙收集器的结构可以是底部的一些挡板,固定在出口处的网兜上,或者是专门设计的收集室。

（2）压差式推移质采样器的结构。压差式推移质采样器由口门、泥沙收集器、带配重和尾翼的器身组成。

国外的采样器对口门不加控制,一直是敞开的。我国的一些压差式推移质采样器增加了口门开关板,对采样器内部横断面的逐步扩张也有所研究,采用一些弧形顶板等,使采样器内水流平顺,有利于采样效率的稳定。

3. 压差式、网式推移质采样器的主要技术参数

压差式、网式推移质采样器的主要技术参数比较,见表 11.3-1。

表 11.3-1　压差式、网式推移质采样器主要技术参数

仪器名称	口门宽(cm)	有效取样质量(kg)	适用粒径范围(mm)
压差式采样器	10、20	5、20、50	0.1~2、2~10、2~100
网式采样器	30、50	50、100、200	2~100、2~200、2~300

4. 部分推移质采样器介绍

1）Y901 型沙推移质采样器。这种采样器是一种压差式沙推移质样本采集器,其特点是利用进口面积和出口面积的水动压力差,增大器口流速,使器口流速和天然流速接近,达到能采集到有代表性的天然样本的目的。仪器外形见图 11.3-2,其技术性能指标如下:

（1）适用范围:流速不大于 3 m/s,水深不大于 30 m、床沙粒径不大于 2 mm 的冲积性河流。

（2）进口面积:100 mm×100 mm。

（3）出口面积:200 mm×90 mm。

（4）有效最大积沙量:15 kg。

（5）采样器质量:200 kg。

图 11.3-2　Y901 型沙推移质采样器

2）Y64 型卵石推移质采样器。这是一种用于采集卵石推移质的专用采样器,适用于山区较大的河流。其口门较大,宽 500 mm,没有口门开关。为了能较好地贴紧河床,采样器底部是一金属环编成的软兜,采样时自动“铺”在河底。由于卵石推移质可能很大,该采样器以采得推移质为主要目的,所以并未考虑其他因素,采样器也比较简单。这种推移质采样器已使用很多年,适用于高流速、较大水深的河流,可采集 10 mm 以上的卵石推移质,曾采集到 300 mm 以上的卵石推移质。

3）AYT-300 型砾、卵石推移质采样器。AYT-300 型采样器是一种压差式砾、卵石推移质样本采

集器,其特点是利用进口面积与出口面积的水动压力差,增大器口流速,使器口流速与天然流速接近,达到采集天然样本的目的。其主要技术指标如下:

(1)适用范围:流速不大于 5 m/s、水深不大于 40 m、推移质粒径 2～250 mm 的卵石夹沙及砾、卵石。

(2)口门宽:300 mm;软底网。

(3)承样袋:2 mm 孔径尼龙网袋。

(4)仪器尺寸:总长 1 800 mm、总高 438 mm、器身长 900 mm。

(5)采样器质量:350 kg。

这种采样器是用来采集粒径在 2 mm 以上推移质的,以填补前面两种采样器的适用范围。使用软底网以贴紧河床,用尼龙网袋承集所采推移质样品。

11.4　床沙质

河床类型按床沙组成划分为沙质、砾石、卵石和混合河床 4 种。当其中之一的含量大于 80% 时,河床类型就属该种河床,如沙的含量大于 80%,称为沙质河床;砾石的含量大于 80%,称为砾石河床等。若 3 种的含量都未超过 80%,则称为混合河床,以含量较多的两种命名,如某河床的沙含量为 65%、砾石为 25%、卵石为 10%,则该河床称为沙砾石河床,依此类推。

床沙是指受泥沙输移影响的那一部分河床中存在的颗粒物质。床沙组成中有沙、砾石和卵石 3 种。床沙也被称为床沙质或河床质。

床沙质测验主要测定河床泥沙的粒径和级配,泥沙的密度、干容重,以及它们变化特征等资料,为研究河床演变、泥沙运动以及水利工程设计施工等提供资料。

11.4.1　床沙测验方法

床沙测验方法有器测法、试坑法、网格法、面块法、横断面法等。器测法主要用于床沙采样,试坑法、网格法、面块法、横断面法等主要用于无裸露的洲滩采样。

11.4.2　床沙采样仪器的选择与应用

1. 床沙采样器的技术性能要求

(1)能取到天然状态下的床沙样品。

(2)有效取样容积应满足颗粒分析对样品数量的要求。

(3)用于沙质河床的采样器,应能采集到河床表面以下 500 mm 深度内具有粒配代表性的沙样;卵石河床采样器,其取样深度应为床沙中值粒径的 2 倍。

(4)采样过程中,采集的样品不被水流冲走或漏失。

(5)仪器结构合理牢固,操作维修简便。

2. 床沙采样器的分类

(1)按采集泥沙的类型,分为沙质、卵石和砾石采样器。

(2)根据结构形式分为圆柱采样器、管式拖斗采样器、袋式拖斗采样器、横管式采样器、挖斗式采样器、芯式采样器和型式采样器。其中,芯式采样器主要有插入型采样器和自重型采样器。

(3)按采样器采样的位置不同,划分为床面采样器(用于河床表面采样)、芯式采样器(用于河床下一定深度采样)、表层采样器(用于河床表层、覆盖层采样)、泥浆采样器(用于河底泥浆采样)。

(4)根据操作使用情况,分为手持式采样器、轻型远距离操纵采样器、远距离机械操纵采样器。它们都有床面采样器和芯式采样器两类。

3. 床沙采样仪器的选用

床沙采样器应根据河床组成、测验设施设备、采样器的性能和使用范围等条件选用。

4. 床沙采样器的使用

1）沙质床沙采样器的使用要求

（1）用拖斗式采样器取样时，牵引索上应吊装重锤，使拖拉时仪器口门紧贴河床。

（2）用横管式采样器取样时，横管轴线应与水流方向一致，并应顺水流下放和提出。

（3）用挖斗式采样器取样时，应平稳地接近河床，并缓慢提离床面。

（4）用转轴式采样器取样时，仪器应垂直下放，当用悬索提放时，悬索偏角不得大于 $10°$。

2）卵石床沙采样器的使用要求

（1）犁式采样器在安装时，应预置 $15°$ 的仰角；下放的悬索长度，应使船体上行取样时悬索与垂直方向保持 $60°$ 的偏角，犁动距离可在 $5\sim10$ m。

（2）使用沉筒式采样器取样时，应使样品箱的口门逆向水流，筒底铁脚插入河床。用取样勺在筒内不同位置采取样品，上提沉筒时，样品箱的口部应向上，防止样品流失。

11.4.3 典型床沙采样器简介

1. 手持式采样器

手持式采样器属于轻型设备，主要由一个人涉水操作。手持式采样器包括床面采样器和芯式采样器两类。

1）手持床面采样器。手持床面采样器包括圆柱采样器、管式拖斗采样器、袋式拖斗采样器、横管式采样器。

（1）圆柱采样器。圆柱采样器由一个金属圆组成。采样时圆筒插入河床表层，围住被采面积，凭借自身的重量抵住水流。使用挖掘工具取出带有沙样的采样器，圆筒有助于减少沙样中的细粒受到冲刷，采到的是扰动沙样，采集深度约为河床床面以下 0.1 m。

（2）管式拖斗采样器。管式拖斗采样器由一段管子组成，管子的一端封闭，另一端斜截成切削口，在管顶安装一涉水拉杆。一个带铰链的盖板装在拖斗切削口的上面，盖板用绳子开启，利用弹簧关闭，见图 11.4-1。将管式拖斗放入水中沿着河床推进，拉开盖板进行采样，而后立即关闭，以此减少对沙样的冲刷。采到的是扰动沙样，一次采集量达 3 kg，采集深度约为河床床面以下 0.05 m。

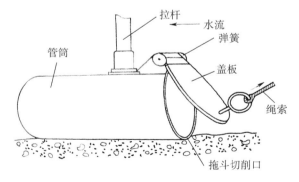

图 11.4-1 装有铰链盖板的管式拖斗采样器

（3）袋式拖斗采样器。袋式拖斗采样器由一个带有帆布口袋的金属圈和一根拉杆组成，拉杆与拖斗顶（金属圈）相连。使用时，将金属圈用力插入河床并向上游拖曳，直到口袋装满为止。当采样器提起时，袋口会自动封闭。采到的是扰动沙样，一次采集量达 3 kg，采集深度约为河床床面以下 0.05 m。

（4）横管式采样器。如图 11.4-2 所示，横管式采样器主要由手持杆、连接管和横管等组成，有时还将横管做成斜管，即横管与连接管成小于 90°，以利于在水中采集沙样。

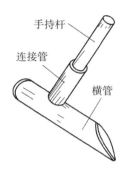

图 11.4-2　横管式采样器结构示意图

2）手持芯式采样器。手持芯式采样器由人工手持操作，可以取得较深处的河床沙样，包括插入型或锤入型取样器等。插入型或锤入型取样器整套设备包括直径达 150 mm 的金属或塑料取样器和边长达 0.25 m 的取样盒，见图 11.4-3。

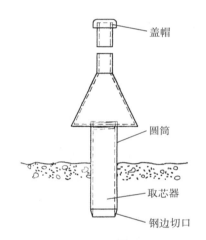

图 11.4-3　插入型或锤入型芯式采样器

使用时，将取样器或取样盒用力插入或锤入河床，然后掘取并提出沙样。在取样器或取样盒下面插入一块板后再提出。可采用以下一种或多种方法来确保沙样采集成功。

（1）在沙样上面制造一个"真空"状态。可以在取样器或取样盒插入河床后，沙样上面被水充满的空间可通过旋紧盖帽来封死，这样在提出收回时就形成了一个真空。

（2）在圆柱形取样器的圆筒底部安装一组灵活的不锈钢花瓣状薄片组成的取芯捕集器，构成一个简单的机械单向控制装置，使得沙样只能进入圆筒不能退出，有利于沙样的采集。

使用该方法，虽然颗粒总量不会受损，但沙样的组成和结构会受到干扰。其最大采集深度可达 0.5 m。

2. 轻型远距离操纵采样器

这类采样器既可用手动操作，又可在测船上使用，也包括床面采样器和取芯采样器。

1）床面采样器。这类采样器有管式拖斗采样器、袋式拖斗采样器、拖拉铲斗式采样器、轻型 90°闭角抓斗式采样器、轻型 180°闭角抓斗式采样器等。

（1）管式拖斗和袋式拖斗采样器。管式拖斗和袋式拖斗采样器的构造分别与手持式仪器基本相同，不过可以大一些，杆子长一些，拖斗上的拉杆可长达 4 m。

在使用过程中,测船必须抛锚停泊。此方法采到的是扰动沙样,只适用于水深小于 4 m 和流速小于 1.0 m/s 的河道。

(2)拖拉铲斗式采样器。这种采样器由一个重型铲斗或一个圆筒组成,圆筒的一端带喇叭形切边,另一端是存样容器。拖拉绳索连接在圆筒切边端的枢轴中心点,详见图 11.4-4。

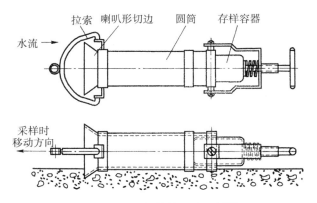

图 11.4-4　拖拉铲斗式采样器

使用时将设备放入河床,测船顺着水流缓慢移动而将其拖拉。将一定的重量附加到拉绳上,以确保切边与河床接触。

此方法采到的是扰动沙样,一次采集量达 1 kg,采集深度约深入河床 0.05 m。

(3)轻型 90°闭角抓斗式采样器。这种采样器和装卸沙料的起重机抓斗一样,用绞车将抓斗放到河底,抓斗在到达河底前始终打开。碰到河床后,抓斗合拢,抓采床沙。

该方法采到的经常是相对不受扰动的沙样,一次采集量达 3 kg,采集深度约深入河床 0.05 m。

(4)轻型 180°闭角抓斗式采样器。在一个流线型平底外罩舱内,安装一个能在枢轴上转动的半圆筒抓斗和一根弹簧。当抓斗转入舱内时,弹簧绷紧。一个碰锁系统使得抓斗保持这一状态直至触及河底,绳索一松,弹簧使抓斗转动关闭,转动过程中挖取河床质采样。采样器重量约为 15 kg,采到的是扰动沙样,一次采集量达 1 kg,采集深度约达河床床面以下的 0.05 m。

2)芯式采样器。这类采样器与手持式大致相同,只是尺寸大一些、杆长一些。采样器要在前后抛锚停泊的船上使用。采样器对非黏性河床质没有扰动,但对黏性河床质会引起河床结构断裂。取芯器最大采集深度约为 0.5 m。这种采样器很难用于流速大于 1.5 m/s 的河道。

3. 远距离机械操纵采样器

为了要在河床表面或某一水深处采集较多沙样,或者要在大流速(>15 m/s)条件下采样,必须应用一些重型设备。在大小合适的船上(>5 m 长)装上转臂起重机和绞车,这种设备通常在水深大于 1.2 m 的河道上工作。

1)床面采样器。

(1)泊船挖掘器。泊船挖掘器是较大的袋式拖斗采样器,由一段直通的圆筒或矩形盒组成,圆筒的直径或矩形盒的边长可达 0.5 m。它的一端接有一个柔韧的厚重大口袋,另一端为带有切边的喇叭开口。一根牵引杆安装在开口处,并被固定在一根牵引索上,详见图 11.4-5。用测船牵引在河底采样,采到的是扰动沙样,一次采集量可达 0.5t,采集深度约达河床床面以下的 0.1 m。

(2)重型 90°闭角抓斗式采样器在结构上和轻型 90°闭角抓斗式采样器一致。相对而言,该仪器采到的是无扰动沙样。这套设备采集深度约为 0.15 m,采集面积可达 0.1 m²。

(3)重型 180°闭角抓斗式采样器。这些采样器是轻型 180°闭角抓斗式采样器的式样放大。该仪器采到的是扰动沙样。这套设备采集深度约为 0.1 m,采集面积可达 0.05 m²。

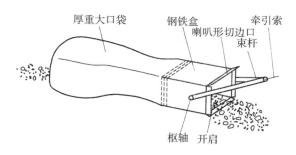

厚重大口袋　钢铁盒　牵引索　喇叭形切边口　束杆

枢轴　开启

图 11.4-5　泊船挖掘器

2) 芯式采样器。这类采样器分为自重式采样器和自重架式采样器,使用圆形取芯管、方形取芯盒,利用重力使圆形取芯管、方形取芯盒穿入河床,有铅砣加重系统。根据主要基质的坚硬程度和需要达到的穿透深度来确定所需铅砣重量,最大可到 1.0 t。一般安装取芯器帮助取样。

自重式采样器在较大测船上使用,使用时将采样器下降到距河床一定距离处,让它自由落下,穿入河床。然后,取芯器绞取床沙,采集量的多少依据取芯器和阀门下设定的"真空"量。在取回采样器时必须垂直拉起,所以船也必须抛锚停泊。

自重架式采样器的基本构造与自重式采样器一样,只是添加了一个引导构架,它包括一个锥形垂直构架和一个环形水平构架。在采样前,构架支撑在河床上,于是可引导取芯管、取芯盒垂直地进入沉积层。

一种振动式采样器,也有与自重架式采样器同样的结构,只是在取样管顶端多一个电子振动器,以便增加对沙石层的穿透力,并需要一条电力控制缆将取样管联系到装在船上的电源和控制开关。在所有的采样技术中,这一方法在砂岩质和沙砾沙质河床上具有最好的穿透力。

4. 部分采样器主要性能指标及使用范围

为便于比较选用,将部分河床质采样器的主要技术参数列于表 11.4-1 中。

表 11.4-1　人工操作和轻型远距离操纵床沙采样器主要技术参数

结构和采样原理	仪器名称	适用床质	采样深度(m)	样品重量(kg)
床面采样器	圆柱采样器	沙质河床	0.1	1~3
	管式拖斗采样器	沙质河床	0.05	3
	袋式拖斗采样器	沙质河床	0.05	3
	挖斗式采样器	沙质河床	0.05	1~5
	横管式采样器	沙质河床	0.05	<1
芯式采样器	插入型采样器	沙质河床	<0.05	2~5
	自重型采样器	沙质、砾石、卵石河床	<0.05	2~5

注:远距离机械操纵的采样器适用于各种河床,采样深度和样品重量范围较广。

11.5　应用实例

11.5.1　AYT 型砾卵石推移质采样器

这种采样器既能施测卵石推移质,又能施测砾石推移质。要测取 2 mm 以上的砾卵石推移质,一般需要两种采样器分别测取砾石推移质和卵石推移质。若能在综合网式采样器和压差式采样器各自优点的基础上,研制一种采样效率相对较高、样品代表性较好、适用于测取粒径在 2 mm 以上的砾卵石推移质的采样器,不但能保证成果质量,还有明显的经济效益。

为此,长江委水文上游局与四川省水文水资源勘测中心、成都市水利电力勘测设计研究院等单位联合攻关,在充分吸取国内外现有采样器主要优点的基础上,经过反复试验和优化,最后设计定型了 AYT 型砾卵石推移质采样器(以下简称"AYT 型采样器")。为了检验其效果、技术性能,先后进行了水槽试验和野外测试。

11.5.1.1　AYT 型采样器的基本结构

AYT 型采样器主要由器身、尼龙盛沙袋(孔径 2 mm)、双垂直尾翼、活动水平尾翼、加重铅包及悬吊装置组成,见图 11.5-1。其中,器身是采样器的核心,可分为口门段、控制段、扩散段三部分。口门段底板由特制的小钢块和钢丝圈连接而成,有较好的贴紧河床的能力;控制段和扩散段的主要作用是形成负压,以产生适当的压差和进口流速系数 K_V。仪器进出口面积比为 1∶1.67。AYT 型采样器有口门宽 120 mm、300 mm、400 mm 三种标准正态系列,以适用于长江上游干流河道口门宽 300 mm 的采样器为例,该仪器口门高 240 mm,器身长 916 mm,全长 1900 mm,总重 320 kg。

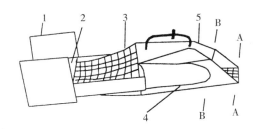

1—垂直尾翼;2—水平尾翼;3—盛沙袋;4—器身;5—铅包

图 11.5-1　AYT 型采样器结构示意图

11.5.1.2　AYT 型采样器基本参数及辅助设计

采样器的基本参数包括口门尺寸和重量,这些是采样器设计的基本数据。其他设计包括悬吊方式、外部线形、承样袋和尾翼等。

口门尺寸一般应大于需要采集的最大粒径,不得小于 D_{90}。口门高可根据卵石的几何特征,取口门宽的 80%～90%。考虑稳定性的需要,按允许偏角 45°,总重量初步定为 320 kg。

口门段包括口门尺寸、口门形状及口门段器底等。口门尺寸由基本尺寸确定,口门宽 300 mm、高 270 mm。口门形状使用 45°斜口门,口门段的长度定为 240 mm。口门段的器底采用板块网,由 6 mm 厚的小钢板和钢丝圈连接而成。

国内的网式采样器都采用四点悬吊,而国外压差式采样器基本上采用单点悬吊。AYT 型采样器采用滑动单点悬吊方式。器身两侧各用一条 20 mm 厚、120 mm 宽的钢板与尾翼连接,器身两侧和顶部用薄钢板制作成流线型外壳,其间灌铅加重。采用尼龙承样网袋,紧接于器身扩散段后,承样网孔径定为 2 mm。活动水平尾翼在采样器下放时不起作用,上提时阻水,使口门上翘,从而使采样器仍保持一定的仰角,减小水阻力。

11.5.1.3　AYT 型采样器水槽优化试验

在采样器优化设计过程中,先后在原成都科学技术大学(现四川大学)大型玻璃水槽和自沙推移质试验水槽进行了多次试验,包括导向性测试、水力稳定性测试、水阻力及阻力系数测试、进口流速系数 K_V 测定、采样效率测试等水力特性试验。

水槽试验条件主要是指适当的水深、水面宽、流速、床面糙度和输沙粒配及补给。受水槽条件的限制,试验的模型采样器不能设计得过大,也不能过小,否则模型采样器的阻力特性和采样性能相对于原型采样器就失去了代表性。

1. 采样效率试验方法

采样效率为器测输沙率 $Q_{b器}$ 和自然输沙率 $Q_{b天}$ 之比,即

$$\eta = \frac{Q_{b器}}{Q_{b天}} \times 100\% \tag{11.5-1}$$

$Q_{b器}$ 和 $Q_{b天}$ 的获取难点在于不能获取同时、同位的对应量。在以往的试验中,往往采用测坑测取 $Q_{b天}$,用采样器在测坑前不远处测取 $Q_{b器}$,取 $Q_{b器}$ 的平均值与 $Q_{b天}$ 组成对应量,计算 η 值。这种方法称为坑、器单点对应。由于推移质输沙的不稳定性(或阵发性)和器测对测坑的干扰等,单点对应的 η 变化大,代表性不高。为克服单点对应的缺点,采用断面平均输沙率对应法进行试验。

由于水槽横向输沙分布不均,为减少随机性,在试验断面布设了 7 条垂线,考虑水槽中池一般输沙强度较高且变化较大,测线略加密,两侧受边壁效应的影响,测线略稀。考虑在非均匀沙且床面粒配变动和取样总历时不变的条件下,适当增加重复取样次数比增长单次取样历时测验精度较高的原则,根据输沙率的大小,垂线重复取样次数定为 1~4 次。单次采样历时,根据样品的重量,定为 30~360 s。在器测断面输沙率开始到结束期间,连续测取测坑的输沙量,然后加上器测输沙量,即得本测次的标准坑测输沙量,并以此计算标准坑测输沙率。

2. 采样器优化试验

由于控制段和扩散段是采样器核心部件,其主要作用是形成负压,以产生适当的压差和相应的 K_V,而 K_V 又是影响采样效率高低和样品代表性的主要因素,为此,以 AYT 型采样器为例,在采样器研制过程中,对 K_V、η 关系的研究贯穿了研制的全过程。

(1)第一次样机试验。以口门宽 300 mm 为准,其余尺寸为:高 270 mm;器身三段等长,均为 250 mm;全长 1 710 mm,在其他结构和尺寸相同的条件下,设计了扩散面积比为 1:1.0、1:1.2、1:1.5 和 1:2.0 的四个采样器。鉴于水槽宽 1.5 m,试验采样器按 1:5 比例正态缩小,组成口门宽为 60 mm 的四个不同扩散度的试验采样器。在水槽的平整定床面上、流速为 0.812~1.310 m/s 条件下,用采样器口门三线九点法测定斜口门中断面的平均进口流速系数,成果见表 11.5-1。可以看出,各扩散面积比的 K_V 值不随天然流速的改变而变化,各扩散面积比的 K_V 值均小于 1.0,尚未达到 K_V 应略大于 1.0 的要求。在水槽粗糙定床上、水沙基本平衡的条件下,以及坑测输沙率为 1.12~55.8 g/(s·m),不同扩散面积比的采样器的采样效率大致随粒径增大而有所提高。样机试验表明,单纯靠增加扩散面积比的方法,K_V 值很难达到略大于 1.0 的要求。

表 11.5-1　第一次样机不同扩散面积比条件下 K_V, η 试验成果表

扩散面积比	进口流速系数 K_V						采样效率 η						
	平均 K_V	天然流速(m/s)					平均 η	粒径级(mm)					
		0.812	0.962	1.10	1.23	1.31		1~4	4~10	10~15	15~20	20~30	30~40
1:1.0	0.914	0.917	0.930	0.910	0.906	0.909	48.4	46.4	56.4	50.8	33.8	90.5	17.9
1:1.2	0.938	0.939	0.937	0.956	0.928	0.932	49.8	37.8	54.5	54.3	46.4	80.5	93.5
1:1.5	0.964	0.960	0.965	0.974	0.967	0.953	58.5	45.1	73.2	62.8	39.1	97.5	58.4
1:2.0	0.976	0.963	0.967	0.983	0.995	0.970	47.6	33.3	56.8	52.4	34.3	55.1	103.0
1:1.5(加流线体)	0.967		0.976		0.965	0.961	61.5	101.5	70.4	66.7	41.4	80.5	

(2)第二次样机试验。第二次样机试验对第一次的采样器做了以下修改:以第一次样机中扩散面积比为 1:1.5 的采样器为基础,将 300 mm 口门宽采样器的扩散段长度从 250 mm 增加到 300 mm,将口门高从 90% 口门宽降至 85% 口门宽,即 255 mm。根据上述修改,加工口门宽分别为 120 mm、200 mm 和一台口门宽 120 mm、扩散面积比为 1:2.5 的样机,三台样机其他结构相同。在白沙水槽的

平整定床面上,在流速为 $1.11\sim1.81$ m/s 条件下设置七个流速级,测定斜口门中断面的 K_V 值,成果见表 11.5-2。第二次样机的 K_V 值已略大于 1.0,但该值是斜口门中断面的水力效率,对采样效率起直接作用的应是斜口门的口门断面(A - A)。虽然中断面的 K_V 已略大于 1.0,但口门断面可能达不到 1.0,因而 K_V 值还应进一步提高。

表 11.5-2　第二次样机不同扩散面积比条件下 K_V,η 试验成果表

扩散面积比	口门宽(mm)	进口流速系数 K_V							
		平均 K_V	天然流速(m/s)						
			1.11	1.19	1.38	1.51	1.58	1.79	1.81
1:1.5	120	1.015	1.03	1.01	1.00	1.03	1.02	1.05	1.00
	200	1.020		1.01	1.01	1.03	1.01		
1:2.5	120	0.025		1.01	1.01	1.02	1.04		

(3)第三次样机试验。在第一、第二次样机的基础上做了如下优化:扩散段长度定为 3 倍口门水力直径,将口门高从 85% 口门宽降至 80%。为研究水力扩散角对 K_V 值的影响,试验设计加工了四个不同水力扩散角的采样器,这四个采样器的控制段约为 2 倍口门水力直径;为研究控制段长度的影响,同时,还设计加工了一个控制段长约等于口门水力直径的采样器。第三次试验样机的水力扩散角及有关参数见表 11.5-3。

表 11.5-3　第三次样机的水力扩散角及有关参数情况表

序号	口门尺寸(mm)		器身长(mm)		长度比		扩散度		进口流速系数 K_V		
	宽 b	高 h	水力半径 R_1	控制段 L_1	扩散段 L	$\frac{L_1}{2R_1}$	$\frac{L}{2R_1}$	进出口面积比	水力扩散角(°)	斜口门前	斜口门中	斜口门后
1	150	120	33.33	130	200	1.95	3	1.3	1.37	1.009	1.01	1.136
2	150	120	33.33	130	200	1.95	3	1.5	2.15	1.02	1.045	1.19
3	150	120	33.33	130	200	1.95	3	1.84	3.43	1.032	1.054	1.208
4	150	120	33.33	130	200	1.95	3	2.06	4.2	1.025	1.042	1.226
5	150	120	33.33	65	200	0.98	3	1.44	1.95	1.022	1.036	1.18

第三次试验除测试 K_V 和采样效率 η 外,还对样机的稳定性及水阻力进行了测试。在 $V=1.44\sim2.12$ m/s 条件下,根据实测水面偏角计算得到各样机阻力系数。在同一浆定糙床和基本稳定的水沙条件下,以及坑测输沙率为 $1.0\sim200$ g/(s·m),各样机都具有较好的水力稳定性,口门断面的 K_V 值略大于 1.0,采样效率基本达到 50% 以上,基本上达到了 AYT 型采样器试验研制的目标。采样效率 η 在第二次与第三次采样器试验之间出现极值,对应的最优水力扩散角 α 约为 2.7°。

(4)AYT 型采样器的定型试验。按 2.7° 水力扩散角换算,口门宽 300 mm 的 AYT 型采样器,口门高为 240 mm,器身长 916 mm,全长 1 900 mm,总高 438 mm,总重 320 kg。

由于试验水槽只有 3 m 宽,尺度相对较小,试验所用采样器不能采用原型采样器,为减少水槽效应和比尺效应的影响,将试验仪器口门宽由 300 mm 缩小为 120 mm,其他尺寸按比例缩小,但承样网孔径仍为 2 mm。

在水槽平整定床面上,在流速为 $1.2\sim2.1$ m/s 条件下设置 7 个流速级,测定 A - A、B - B 断面的 K_V 值。根据试验资料分析,A - A 断面的 K_V 为 $0.998\sim1.03$,$\overline{K_V}=1.02$;B - B 断面的 K_V 为 $1.17\sim1.23$,$\overline{K_V}=1.19$,且在不同流速条件下基本稳定。图 11.5-2 显示了采样器进口断面测点流速与相应点天然流速之比沿断面的分布特点,由于采样器器壁的阻滞作用以及天然情况下受床面粗糙影响,靠近器底的测点流速系数大于器顶附近,侧壁垂线的流速系数略小于中垂线。此外,由于采样器为斜口形,

B-B断面的 K_V 比 A-A 断面的大,有利于泥沙顺利通过器身推移至承样袋。

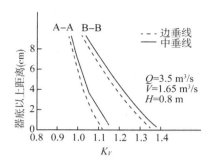

图 11.5-2　采样器进口流速系数分布图

AYT 型采样器还根据相似性原理,针对模拟的不同粗糙动床、粒配、输沙率,开展了 44 个测次采样效率率定,单次采样效率值最小为 31.7%,最大为 82.5%,平均为 58.5%。将各测次器测、坑测同百分数的粒径算术平均,AYT 型采样器和坑测的同百分数粒径相比,除最大粒径略偏小外,其余均基本接近。

11.5.1.4　野外试验及成果评价

为进一步分析了解 AYT 型采样器的采样性能和适应范围,在长江朱沱水文站采用口门宽 300 mm 的 AYT 型采样器与口门宽 500 mm 的网式采样器进行了比测试验。试验时 $Q=10\,000\sim36\,000$ m³/s,水深 $h=9.0\sim21$ m,流速 $V=1.7\sim3.8$ m/s,共进行了 37 组,每组重复 30 点。

(1) 根据数据统计,AYT 型采样器比网式采样器的相对采样效率为 236%,说明 AYT 型采样器的采样效率更高。

(2) 从测取的泥沙组成来看,最大粒径差别不大,但网式采样器平均粒径比 AYT 型采样器粗 7%～15%。这是由于网式采样器 K_V 低,阻水作用大,细沙从器身两侧排走等。

(3) 从两台仪器测取的输沙率脉动差异来看,AYT 型采样器比网式采样器低 10%。由于 AYT 型采样器比网式采样器的出、入水偏角小,导向性好,测点位置较易控制,故采集泥沙的随机性要比网式采样器低。

另外,在 1998 年、1999 年、2002 年汛期,还利用口门宽 300 mm 的 AYT 型采样器在乌江武隆水文站试测 110 次断面输沙率。从试测结果看,在 $h=5.0\sim40$ m,$V=1.2\sim4.0$ m/s 条件下,AYT 型采样器出、入水平稳,偏角一般小于 45°,其实测输沙率过程与流量过程基本对应,说明 AYT 型采样器的野外采样性能良好。从金沙江三堆子水文站实测卵石推移质资料与中国水利水电科学研究院所做的物理模型成果对比来看,两者不但在数量上接近,而且在断面输沙率横向分布上也有较好的相似性,这也间接说明了 AYT 型采样器所测成果的可靠性。

11.5.2　AYX2-1 调压积时式悬移质泥沙采样器

针对调压积时式采样器存在的问题(如管嘴积沙、进水阀门粘沙、卡沙和操作失灵等),长江委水文上游局和高校联合攻关,经过 3 年的反复设计、修改和实验,于 2004 年研制开发了 AYX2-1 型调压式悬移质采样器(以下简称 AYX2-1 型采样器),自主研发了调压式悬移质泥沙采样器三相四通平板陶瓷转阀,解决了悬移质采样器管嘴积沙、开关阀卡沙、开关阀粘黏等难题;在缆道上成功采用了数字通信技术;采用了动态平衡调压技术,实现水样舱器内外压力快速平衡(3S),提高了悬移质采样速度;可集流速测量、水样采集、超声测深、水面指示、河底指示为一体,实现测量集成化,提高了测量效率。

11.5.2.1　AYX2－1型采样器工作原理

著名的波义耳定律可表述为:定量气体在绝热状态下,气体体积和压强的乘积等于常数,用数学关系式表述为:$PV=C$,AYX2－1型采样器就是基于此定律而设计的。

它的工作原理是:在由调压系统、采样系统和控制系统组成的AYX2－1型采样器渐渐被下放到所需水深过程中,河水自采样器的调压进水孔(底孔)进入调压舱,同时压缩舱内部分空气经调压连通管到头舱,再经开关阀进到采样舱,使采样舱内气压与采样器进水管嘴处的静水压力相等(平衡),此时天然河水在动水压的作用下自管嘴及进水管道进入开关阀,再经开关阀从器头上的旁通孔流出。当打开开关阀时,调压舱与采样舱之间的通道被关断,旁通孔也被关断,但排气管打开,管嘴及进水管道与采样舱连通,天然河水从管嘴及进水管道经开关阀进入采样舱,即开始采样。在采样过程中,采样舱内的空气以取样水体相等的速度经开关阀、排气管排出器外,采样舱里的空气压力与管嘴处的水压力相平衡,这样就能保证采集到基本上不受扰动的天然水流状态下的水样,详见图11.5-3。

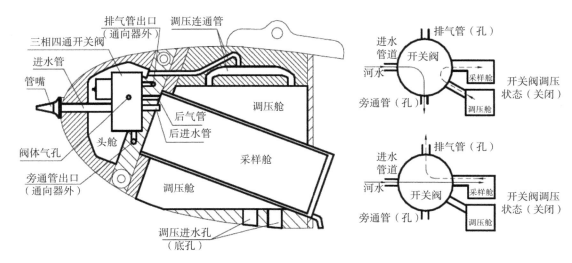

图 11.5-3　AYX2－1型采样器(阀)工作原理图

11.5.2.2　AYX2－1型采样器开关阀

(1)技术背景

国内悬移质泥沙采样器开关阀采用不锈钢材料加工而成的圆柱滑阀,如图11.5-4所示。其特征是在圆柱阀芯上开有过水孔和通气孔,用电磁铁驱动滑阀芯上下移动,依靠滑阀上左右挡块的定位作用,使阀芯上的过水孔和通气孔与阀体上相应的孔对准,从而形成两条相互独立的通道,实现开关阀的功能。这种阀的结构存在一些致命缺陷:一是密封不可靠。由于阀芯与阀体之间是动配合,因此必然存在间隙,由于加工误差,该间隙可能非常大,从而使开关阀的密封不可靠,而且阀芯或阀体的磨损会进一步加大阀芯与阀体间的间隙,使密封性能加速恶化。二是阀芯容易卡死。由于间隙的存在,采样器的进水便会通过这些间隙泄漏出阀体或进入气路,一方面使采样误差增大,另一方面水样中的泥沙微粒会沉降在缝隙中,导致阀芯卡死(即所谓卡沙)。三是阀芯运动阻力大。采用不锈钢阀芯和阀体,不仅阀芯运动阻力大,而且沉降的泥沙微粒容易与金属阀芯、阀体亲和而发生黏结,使开关阀失效。四是阀芯的动作不可靠。由于电磁铁的吸力较小,阀芯和阀体的加工误差或泥沙的进入都可能造成阀芯运动不到位,致使开关阀不能完全打开或关闭。

从使用情况看,开关阀的粘沙、卡沙是一个普遍问题。这一问题使采样器在采样时进水流道(或排气通道)局部变窄甚至关断,从而导致采样器进口流速与天然流速的误差大大增加,其结果就是所采水样与实际远远不符,出现垃圾采样数据。这可能给水文水资源预报带来不良后果。

美国P61系列悬移质泥沙采样器采用旋转开关阀,如图11.5-5所示。其结构特征为在圆柱(有锥

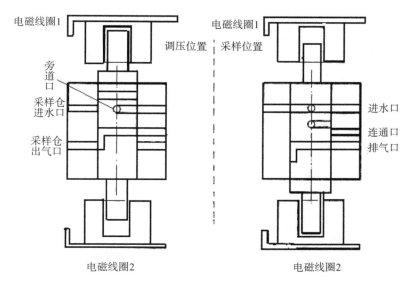

图 11.5-4 电磁滑阀式开关阀结构示意图

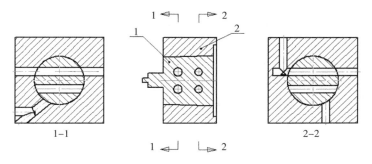

图 11.5-5 转阀式开关阀结构示意图

度)阀芯的两个截面(截面 1 和截面 2)上分别开有两排直孔,阀体上有 5 个通口。用力矩马达驱动阀芯转动,可以使阀芯上的过水孔和通气孔分别与阀体上的过水孔和通气孔对正,从而实现水路和气路的开闭,达到采样器调压和采样的目的。

这种阀结构的缺点是:①进水管嘴易被堵塞。调压时,开关阀切断了水样进入采样仓的通路,使采样器进水管嘴至开关阀这一段流道中的水静止不动,水中所含的泥沙会沉淀或黏结在进水管道上,结果导致水道局部变窄甚至堵塞。②阀芯容易卡沙。水样中的泥沙微粒极易进入阀芯的密封间隙致阀芯卡死。③阀芯容易粘沙。因泥沙颗粒和金属的亲和力大,极易在金属阀芯和阀体的表面发生黏结,使开关阀失效。④加工精度要求高。采用带锥度的圆柱阀芯,使得阀芯与阀体的孔沿轴向对位比较困难,加工或装配误差可能造成阀芯对位不准,致使开关阀流道不畅通,影响采样准确度。

(2)开关阀的功能原理

AYX2-1 型采样器采用"四通"平板开关阀完成调压、排水、进水、排气四种功能的转换,它有两个工作状态:一是动态调压状态,二是采样状态。

动态调压状态:取样前,在采样器入水过程中调压孔进水,已进入调压工作状态,压缩调压舱内气体经连通管至头舱、水样舱内水样筒,开关阀将头舱、调压舱与水样筒联通,使水样筒内的压力与器外静水压力平衡;同时,开关阀将进水管道与出水管道连成通路,流体直接排出采样器体外,防止了进水管嘴、进水管道的流体物沉积;另外,开关阀将水样筒进水通道与排气通道隔断,防止调压舱内压缩的气体排出。

采样状态:开关阀将头舱、调压舱与水样筒隔断,同时将进水通道和排气通道与水样舱内水样筒连通。此时,流体天然水样经管嘴、进水管道、开关阀、出水管道进入水样筒,水样筒内的气体经开关阀、排气连通胶管、头部二次调压排气孔排出,从而使进水管口处的压力与水样筒内的压力始终保持基本平衡状态,见图11.5-6。

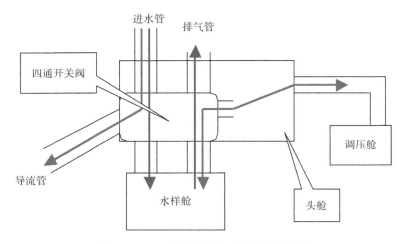

图11.5-6　四通开关阀工作原理示意图

根据采样器的功能要求,同时考虑到开关阀的可靠性、密封性、工艺性以及外形尺寸等因素,新型开关阀采用转阀结构和陶瓷阀芯。阀芯由上、下两块静止阀片9、11(分别与阀体连接)和夹在中间的动片10组成,如图11.5-7所示。陶瓷阀芯阀片结构如图11.5-8所示。

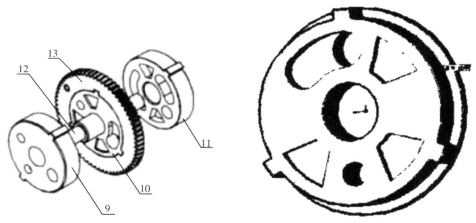

图11.5-7　开关阀陶瓷阀芯结构　　　　　**图11.5-8　陶瓷阀芯阀片结构**

阀芯的工作原理如图11.5-9所示,当采样器在调压阶段时,阀芯对应调压位置[图11.5-9(b)],此时,动片10上的孔4(经由各片上的弧形槽)与静止片9、11上的孔1、8孔接通,形成通路(水路);同时,动片10上的孔5(经由各片上的弧形槽)与静止片9、11上的孔2、7孔接通,形成通路(气路),而且水路与气路互不相通。调压完毕,需要进行采样时,动片10沿顺时针方向转动至采样位置[图11.5-9(a)]。此时,动片10上的孔4、5(经由各片上的弧形槽)分别与静止片9、11上的孔1、6和孔3、7接通,形成另外两条独立通路(水路和气路),水流切换进入采样舱,同时采样舱内的气体由排气口排出器外。这种阀芯结构的特点是平面硬密封且具有自动间隙补偿功能。

新型开关阀的结构如图11.5-10所示,它由阀体Ⅰ,密封胶垫Ⅱ,微型减速电机Ⅲ,陶瓷阀芯Ⅳ,阀盖Ⅴ,密封圈Ⅵ、Ⅶ和连接螺栓Ⅷ等构成。陶瓷阀芯Ⅳ由陶瓷片9、10、11和心轴12组成。心轴12通过

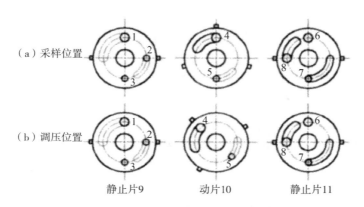

（a）采样位置

（b）调压位置

静止片9　　　　　动片10　　　　静止片11

图 11.5-9　开关阀陶瓷阀芯的工作原理示意图

三块瓷片的中心孔。陶瓷片 9、11（静止片）分别通过键齿与阀体Ⅰ和阀盖Ⅴ配合，固定不动（静止片），陶瓷片 10（动片）可以绕心轴 12 转动。通过阀体Ⅰ上的螺栓Ⅷ可以沿轴向压紧陶瓷片，保证静止片 9、11 和动片 10 接触面的密封。动片 10 外圆周上嵌套有大齿轮 13，二者通过键齿进行周向定位和传递扭矩。

微型减速电机Ⅲ通过齿轮传动驱动动片 10 旋转。阀盖Ⅴ上的两颗限位销（分别对应于阀的两个工作位置，未标出）和大齿轮 13 上的定位销（未标出）对动片 10 的转动角度进行定位，保证动片上的孔与静止片上的孔对准，从而使阀芯Ⅳ在两个工作位置均形成两条独立的通路，即水路和气路，实现开关阀的功能。

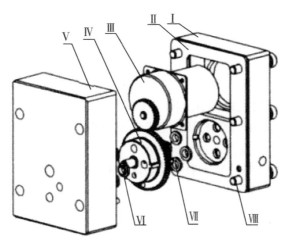

图 11.5-10　新型开关阀结构

11.5.3　浊度仪测沙

近年来，随着以三峡水库为核心的长江上游水库群逐步建成，水库群防洪与综合利用、梯级水库间的蓄泄矛盾也逐步显现。水库泥沙淤积是水库科学调度所面临的重要技术问题之一。目前，泥沙测验方法以传统的悬移质输沙及颗粒级配测验方法为主，其观测时间长，不能快速及时计算入库泥沙量及库尾河段冲淤量，难以满足水库实时调度的需要。要及时准确掌握水库冲淤变化规律，急需研究更为精密的测量仪器、先进的测量技术以及相应高效准确的分析研究方法。从 2010 年开始，长江委水文局围绕三峡水库泥沙实时调度的要求，在三峡水库上游干、支流主要控制站开展了悬移质泥沙实时监测新技术研究。

11.5.3.1　泥沙监测站概况

寸滩站为长江上游干流来沙和泥沙进入三峡水库的控制站,嘉陵江的北碚站、乌江的武隆站为支流进入三峡水库的控制站,清溪场站为三峡库区的主要控制站,朱沱站为上游干流控制站。选定上述五站开展浊度与含沙量的比测试验,构建三峡水库入库泥沙监测站网,并进行泥沙实时监测,可控制库区主要干、支流入库泥沙。

11.5.3.2　入库泥沙监测仪器比选

为了满足三峡水库悬移质泥沙实时监测的需要,入库泥沙监测仪器必须快速、高效,且工作曲线稳定,便于率定。

激光粒度分析仪(以下简称 LISST‐100X)虽然可在现场施测悬移质泥沙颗粒级配、含沙量、水深等参数,但存在一些不足:①当悬沙粒径较细、含沙量较大时,LISST‐100X 将会失效(测量不到数据)。②操作要求高。仪器体积较大,光程缩短器的安装对成果质量影响较大,仪器安装难度较大。③在洪水期间,三峡上游水体中漂浮物较多,明显影响该仪器的测量精度。④近年来,三峡入库悬移质泥沙颗粒粒径明显变细,洪水期间水流含沙量较大,最大可达 20 kg/m³ 以上,这些因素均制约了 LISST‐100X 在三峡入库悬移质泥沙实时监测中的使用。

OBS 浊度计通过观测水体浊度间接推求含沙量,其存在的主要问题有:①测量参数少,仅能施测浊度。②浊度与含沙量关系难以确定。由于天然水体浊度受泥沙、气泡、有机质、颗粒的形状和颜色等诸多因素影响,确定一个稳定的浊度与含沙量关系比较困难。

通过调研发现,基于比浊法原理工作的浊度仪采用比率检测技术,可得到良好的线性关系、校准稳定性,以及在存在色度的情况下进行浊度测量。利用比率检测技术,其浊度测量精度更高,测量范围更宽。

11.5.3.3　原理及方法

1. 仪器构成及浊度测量

以美国 HACH 2100P 便携式浊度仪为例,仪器的光学系统(图 11.5‐11)由一个钨丝灯、一个用于监测散射光的 90°检测器和一个透射光检测器组成。仪器微处理器可以计算来自 90°检测器和透射光检测器的信号比率。该比率计算技术可以校正因色度或吸光物质产生的干扰和补偿、灯光强度波动而产生的影响,可以提供长期的校准稳定性。通过比例浊度测量法,计算散光信号与透光信号之比即可测得水样的浊度,其测量精度可以达到 2%。浊度测量的是样品的澄清度,而不是颜色。不透明的水浊度高,干净透明的水浊度低。泥沙、黏土、微生物和有机物等都会导致高浊度。根据浊度的测量原理,浊度不是直接测量颗粒,而是测量这些颗粒如何折射光。

为保证浊度仪的测量精度,特别要注意避免浊度仪长期暴露在紫外光线和太阳光线下,测试期间不要拿着仪器,应将仪器放在平坦、稳定的台面上。HACH 2100P 便携式浊度仪在出厂前已用 Formazine 一级标准液进行了校准,所以使用前不需再次校准,HACH 公司建议每 3 个月用 Formazine 一级标准液进行重新校准或根据经验增加校准次数。

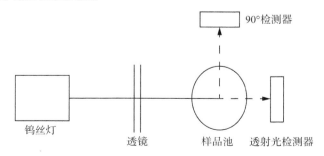

图 11.5‐11　HACH 2100P 便携式浊度仪光学系统示意图

（1）使用浊度仪测量悬沙含沙量的原理

浊度和含沙量都是表征水样中泥沙的物理特性,二者之间存在某一稳定的关系,通过测量水样的浊度来测量水样的含沙量,从而简化含沙量的测量,提高含沙量测验的工作效率。寻求浊度和含沙量的关系,可以通过在不同的河流、不同的水流条件及环境下收集试验资料来实现。

（2）使用浊度仪测量悬沙含沙量的方法

首先对水样浊度进行 3 次以上的测量,测量的重复性满足要求时,可以取平均值作为水样的浊度;然后通过传统的方法即沉淀、处理、烘干及称重得到水样的含沙量;最后建立浊度和含沙量的关系,如果其有比较稳定的单一关系,相关系数 R^2 满足一定要求,就可以根据所建立的关系,由测得的浊度推算水样的含沙量。

2. 标准样的测定及改正系数的确定

为真实地反映水样所测得的浊度,必须确保标准样的准确性及稳定性,为此,需要按照以下要求测定标准样及确定改正系数。

（1）将标准样摇匀,连续 3 次测定标准样的浊度并记录。对于 3 次测定成果中的任意 2 次,其相对误差小于 3% 时,计算标准样的浊度平均值 $NTU_平$。

（2）改正系数 $K=NTU_标/NTU_平$,施测水样浊度时,均需进行系数改正。

（3）改正系数每个月校测一次,两次改正系数间的误差小于 1% 时,使用原改正系数;超过 1% 时,使用新改正系数。

（4）每次施测水样浊度前,均需对标准样进行检校性测量,以确定仪器的工作状态是否正常。

（5）HACH 2100P、HACH 2100Q 浊度计需进行标准样的测定工作及进行改正系数的计算;HACH 2100N 浊度计在首次使用及使用 90 天后需要按照使用说明书的要求对仪器进行校准,改正系数为 1。

3. 单沙与浊度的关系研究

单沙是指断面上有代表性的测线或者测点含沙量。一般地,测定断面含沙量需要在断面上的多条垂线及多个测点取样。相对于单沙测验,断沙测验更耗时、耗力。如果水文站的单沙、断沙间有稳定的关系,通过测验单沙来推求断沙将极大提高工作效率,更有利于含沙量过程的控制测验。

在所取水样中,取 3 次代表样分别测定浊度,当 3 次测量成果间误差小于要求（$NTU\leqslant200$ 时,误差不超过 5%;$200\leqslant NTU\leqslant1\ 000$ 时,误差不超过 3%;$NTU\geqslant1\ 000$ 时,误差不超过 2%,下同）时,取平均值作为该单沙代表样的浊度,否则增加浊度测定次数,直至 3 次测量成果间误差满足要求。取代表样时,一定要将水样搅拌均匀,确保其代表性,测完浊度后的水样必须还原到原水样中,单沙取样垂线的浊度为 3 次代表样浊度的平均值。

依次测定每条单沙取样垂线的浊度,取平均值作为单沙的浊度。在不同的沙量级收集浊度资料,测次应分布在不同的洪水场次中,一般为 60~90 次。建立单沙和浊度的关系,计算相关系数 R^2。

4. 边沙与浊度的关系研究

水文测站在按过程控制含沙量变化的测验中,当岸缆站遇停电、缆道出现意外,船测站遇电机出现故障,高水漂浮物较多,断面位于港口、码头附近,深夜施测单沙困难等特殊情况下,不能在选定位置施测单沙时,采取的补救措施就是特殊的单沙,即施测边沙。施测边沙的位置应在断面附近的水流处,尽量避免在出现回流、假潮、串沟处施测边沙,否则边沙的代表性不好。

水文测站通常都建有边沙和单沙的函数关系,通过边沙可以推求单沙,进而推求断面平均含沙量。

在进行单沙与单沙水样浊度的关系研究时,同时在测验断面上下游 20 m 范围内的水流处采取边沙,对边沙进行含沙量及浊度的测定（方法及要求同前）。

建立单沙和边沙水样浊度的关系,计算相关系数 R^2;或者建立边沙与边沙水样浊度的关系,同时建立边沙和单沙的关系;或者对已经建立的边沙和单沙关系进行校正,在此基础上,使用边沙水样的浊度推算断面的输沙量。

5. 采用不同的方法推求断面输沙量

在7、8、9月,施测单沙时施测边沙,同时测定单沙、边沙水样的浊度,将单沙、边沙水样的浊度转化为单沙含沙量,对泥沙资料进行整编,比较三种方法所计算出的断面输沙量的误差。

11.5.3.4 含沙量回归模型及精度分析

1. 模型框架

根据收集的比测资料,经过分析,考虑不同水力泥沙因子对含沙量的影响,提出三类不同的含沙量非线性回归模型,并根据模型确定性系数、模型推算单沙的精度、模型推算沙峰含沙量的误差范围、模型推算月输沙量及模型的简易程度等进行模型优选。

第一类为浊度-含沙量非线性模型(Turb-SSC 模型),仅利用 $Turb$ 作为输入;第二类为浊度-流量-含沙量模型(Turb-Q-SSC 模型),在 Turb-SSC 模型的基础上,考虑了 Q 的影响,其输入为 $Turb$ 及 Q;第三类为浊度-流量-级配特征参数-含沙量模型(Turb-Q-PSD-SSC 模型),在 Turb-Q-SSC 模型的基础上,考虑了不同泥沙级配组成对含沙量的影响,其输入为 $Turb$、Q 及 PSD(表征泥沙颗粒级配峰度变化的指标)。PSD 的定义如下:

$$PSD = \frac{\sum_{i=1}^{n}(P_i - \bar{P})}{S^4(n-1)} \tag{11.5-2}$$

$$\bar{P} = \frac{1}{n}\sum_{i=1}^{n}P_i \tag{11.5-3}$$

$$S = \sqrt{\frac{1}{n-1}\sum_{i=1}^{n}(P_i - \bar{P})^2} \tag{11.5-4}$$

式中:P_i 为小于某粒径的占比,%;i 为粒径级数。

2. 建模步骤

(1)设置指标变量(自变量)。根据与含沙量相关的水力因素,模型可挑选 $Turb$、Q、PSD 作为指标变量。利用不同的指标变量组合构建不同的模型。

(2)收集、整理比测数据。收集整理朱沱、寸滩等五站 2011 年、2013 年 $Turb$、SSC、Q、PSD 实测资料,通过编制相应的数据处理程序、数据库软件、水文资料整编系统等软件,进行资料整理。对于具有异方差的数据,应进行方差稳定性变换,对数据进行处理。

(3)确定理论回归模型的数学形式。根据各水力因素的物理意义,确定理论回归模型的数学形式。如果无法根据所获信息确定模型的形式,可采用不同的形式进行计算机模拟。对于不同的模拟结果,选择较好的一个作为理论回归模型。

(4)模型参数的估计。理论回归模型确定后,利用收集、整理的样本数据估计模型的未知参数。最常用的估计未知参数的方法有普通最小二乘法、岭回归、主成分回归、偏最小二乘回归等。

(5)模型的检验与修改。理论回归模型的检验采用统计检验和模型物理意义的检验统计检验;对回归方程、回归系数进行显著性检验,随机误差项的序列相关检验、异方差性检验,解释变量的多重共线性检验等。根据水力因素的实际情况对物理意义进行检验,如含沙量不能为负值,若建立的模型计算结果出现了负值,即便模型通过了所有的统计检验,也是一个不合理的模型,需重新修改完善。

(6)回归模型的应用。利用建立的回归模型,通过施测 $Turb$、Q 等,可推求用于三峡水库泥沙预报的实时校正。

（7）模型优选及评价。上述各站含沙量回归模型汇总一览见表 11.5-4。

表 11.5-4　含沙量回归模型汇总一览表

测站	模型形式	模型方程	适用范围	优选模型	备选模型
朱沱	Turb-SSC	$\lg SSC=0.109\lg Turb^4-1.138\lg Turb^3+4.149\lg Turb^2-5.217\lg Turb+3.318$	$13.3\text{NTU}\leqslant Turb\leqslant 11\,000\text{NTU}$	Turb-SSC	—
	Turb-Q-SSC	$SSC=0.666Turb^{0.723}Q^{0.253}$	$2\,900\ \text{m}^3/\text{s}\leqslant Q\leqslant 49\,900\ \text{m}^3/\text{s}$		
	Turb-Q-PSD-SSC	$SSC=7.283Turb^{0.799}Q^{0.017}PSD^{-1.182}$	$1.285\leqslant PSD\leqslant 2.232$		
寸滩	Turb-SSC	$\lg SSC=0.067\lg Turb^4-0.791\lg Turb^3+3.283\lg Turb^2-4.788\lg Turb+3.796$	$13.4\text{NTU}\leqslant Turb\leqslant 10\,527\text{NTU}$	Turb-Q-PSD-SSC	Turb-SSC
	Turb-Q-SSC	$SSC=2.291Turb^{0.751}Q^{0.098}$	$4\,140\ \text{m}^3/\text{s}\leqslant Q\leqslant 65\,900\ \text{m}^3/\text{s}$		
	Turb-Q-PSD-SSC	$SSC=0.332Turb^{0.728}Q^{0.262}PSD^{0.734}$	$1.403\leqslant PSD\leqslant 2.641$		
清溪场	Turb-SSC	$\lg SSC=-0.082\lg Turb^4+0.863\lg Turb^3-3.307\lg Turb^2+6.394\lg Turb-3.11$	$9.5\text{NTU}\leqslant Turb\leqslant 6\,721.7\text{NTU}$	Turb-SSC	—
	Turb-Q-SSC	$SSC=0.195Turb^{0.82}Q^{0.27}$	$5\,810\ \text{m}^3/\text{s}\leqslant Q\leqslant 65\,400\ \text{m}^3/\text{s}$		
	Turb-Q-PSD-SSC	$SSC=0.407Turb^{0.833}Q^{0.21}PSD^{-0.371}$	$1.155\leqslant PSD\leqslant 2.476$		
北碚	Turb-SSC	$\lg SSC=0.026\,5\lg Turb^4-0.327\,6\lg Turb^3+1.390\,2\lg Turb^2-1.398\lg Turb+1.461\,8$	$3.74\text{NTU}\leqslant Turb\leqslant 19\,538\text{NTU}$	Turb-Q-SSC	Turb-SSC
	Turb-Q-SSC	$SSC=0.689Turb^{0.861}Q^{0.160}$	$281\ \text{m}^3/\text{s}\leqslant Q\leqslant 35\,700\ \text{m}^3/\text{s}$		
	Turb-Q-PSD-SSC	$SSC=3.298Turb^{0.818}Q^{0.122}PSD^{-1.522}$	$1.287\leqslant PSD\leqslant 2.404$		
武隆	Turb-SSC	$\lg SSC=0.004\,5\lg Turb^4-0.107\,7\lg Turb^3+0.489\lg Turb^2+0.268\,8\lg Turb+0.401\,8$	$2.41\text{NTU}\leqslant Turb\leqslant 2\,774\text{NTU}$	Turb-SSC	—
	Turb-Q-SSC	$SSC=0.976Turb^{0.819}Q^{0.166}$	$342\ \text{m}^3/\text{s}\leqslant Q\leqslant 6\,510\ \text{m}^3/\text{s}$		
	Turb-Q-PSD-SSC	$SSC=0.448Turb^{0.811}Q^{0.214}PSD^{0.689}$	$1.062\leqslant PSD\leqslant 2.147$		

注：备选模型为优选模型因输入因子不齐而无法使用时，进行含沙量推算的模型；$Turb$ 为浊度，NTU；Q 为流量，m^3/s；SSC 为含沙量，g/m^3；PSD 为表征级配特征的参数，无量纲。

图 11.5-12 绘制了寸滩站 2011 年 Turb-Q-PSD-SSC 模型推算单沙与实测单沙对比，从图中可见，两者峰谷相应，拟合效果较好。

表 11.5-5 统计了 2011—2013 年寸滩站采用 Turb-Q-PSD-SSC 模型推算单沙的精度。从表中可见，2011—2013 年系统误差为 0.018kg/m^3，标准差 $0.201\ \text{kg/m}^3$；各年沙峰含沙量推算误差为 $-0.970\sim$ 0.176kg/m^3。

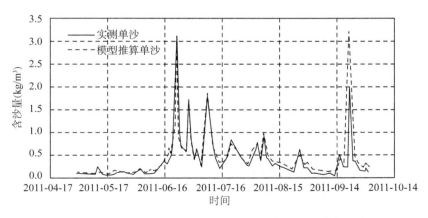

图 11.5-12　寸滩站 2011 年 Turb-Q-PSD-SSC 模型推算单沙与实测单沙对比图

表 11.5-5　寸滩站 Trub-Q-PSD-SSC 模型推算单沙精度统计表　　　　单位:kg/m³

年份	系统误差	标准差	沙峰含沙量			
			时间	实测值	推算值	误差
2011 年	0.065	0.146	6 月 22 日 8:21	3.100	3.120	0.020
2012 年	−0.026	0.265	9 月 6 日 18:00	5.960	4.990	−0.970
2013 年	0.029	0.132	7 月 13 日 8:00	6.290	6.470	0.176
2011—2013 年	0.018	0.201	—	—	—	—

另外,朱沱站 2011—2013 年利用 Turb-SSC 模型推算单沙与实测单沙的过程对比,两者峰谷相应,拟合效果较好。系统误差为 0.006 kg/m³,标准差为 0.171 kg/m³;各年沙峰含沙量推算误差为 −0.470～0.446 kg/m³。

清溪场站 2011 年、2013 年推算单沙与实测单沙过程线峰谷相应,拟合效果较好,但 2012 年的拟合效果欠佳;2011—2013 年系统误差为 −0.014 kg/m³,标准差为 0.260 kg/m³;各年沙峰推算误差为 −0.752～0.010 kg/m³。北碚站推算单沙与实测单沙峰谷相应,拟合效果较好;系统误差为 0.010 kg/m³,标准差为 0.281 kg/m³;各年沙峰含沙量推算误差为 −0.320～0.556 kg/m³。武隆站推算单沙与实测单沙过程峰谷相应,拟合效果较好;系统误差为 −0.002 kg/m³,标准差为 0.024 kg/m³;各年沙峰含沙量推算误差为 −0.058～0.040 kg/m³。

11.5.4　悬移质泥沙监测技术进展

随着光学、声学技术的发展,国内外研发了大量的悬移质含沙量监测新技术、新仪器,比较有代表性的主要有光学散射法、激光衍射法及声学后向散射(Acoustic Backscatter,ABS)法。

11.5.4.1　光学散射法

光学散射法可分为比浊法(Nephelometry)及光学后向散射(Optical Backscatter)法。

比浊法是利用与入射光成 90°夹角的检测器测量散射光来测量水体浊度的方法。比浊法测量的是光的散射和减弱程度,而不是光透度。散射越强,浊度就越高。比浊法测量的浊度与入射光、检测角、传感器是单个还是多个检测器等有关。目前基于比浊法原理工作的仪器主要有美国哈希(HACH)公司生产的 2100 型浊度仪。

光学后向散射传感器与比浊法传感器的测量特性一样。不同的是,入射光线与检测器之间的检测角小于 90°。在进行光学后向检测期间,红外光或可见光直接介入样品。若颗粒呈悬浮状态,一部分光必然会被其后向散射。在光源发射器周围布设了一系列光电二极管,用以检测后向散射信号。根据后向散射信号的强弱来计算样品的浊度。目前基于此原理进行浊度测量的仪器主要有美国 D&A 公司生产的 OBS 浊度计。

浊度测量的输出值是电压信号,数据存储器按照一定的采样间隔存储此结果。应将记录的数据定期下载到一台计算机或存储模块中。电压信号应换算为浊度单位 NTU。建议使用认证的聚合物珠解决方案进行校准。通常三个月做一次校准工作来去除错误的测量数据方能保证浊度测量的准确性。这些错误的数据通常是由水体中的碎片卡住传感器探头或者传感器镜头表面生长藻类造成的,它们可以通过检查浊度数据是否是一个很大的常量或者很大的变量或者系统增加的数值来加以判别。若发现在两次清理镜头间隔时间内有系统的偏移,则需进行线性相关来改正。

需将浊度进行转换才能得到含沙量。浊度测量的水样要与含沙量测量的水样一致,这一点很重要。由于浊度对水体中颗粒的大小、颜色和组成很敏感,加之泥沙特性会随时间不断变化,因此,分时段建立浊度与含沙量的关系是必要的(如采用分季节校准)。可以使用简单的线性相关来率定浊度与含沙量。率定时需要保证一定的样本数量,且率定范围要涵盖所有浊度的变化范围,率定的转换关系不能进行外延使用。若线性相关模型的误差能满足既定的最小误差范围,则可利用此模型来计算悬移质含沙量序列;若不能满足误差指标,则需利用浊度与水流特性数据来建立多元回归模型。若其他的水流参数具有较强的统计特性,并能利用其建立多元回归模型,且精度较简单线性相关而言更高,则利用该多元回归模型来计算悬移质含沙量。利用此连续的悬移质含沙量时间序列乘以流量序列,便可推求悬移质输沙率时间序列。

光学散射法技术特点包括:体积小且取样容积小,线性响应,对气泡和环境光不敏感,能长期、独立地测量(可靠性高),基于光学散射法原理的传感器价格比基于声学后向散射法及激光衍射法原理的传感器便宜。

11.5.4.2　激光衍射法

激光衍射法基于小角激光散射(米氏理论)原理。球体颗粒引起的激光衍射与等尺寸的孔引起的衍射是基本相同的。一颗颗粒阻碍了光波,一部分光穿透了颗粒,另一部分光沿着颗粒的边缘衍射。穿透颗粒的光分散在整个 π 角度范围内,因此它们对小角度区域的贡献是很小的;衍射光出现在小角度区域,衍射在小角前向散射中占主导地位。衍射颗粒的组成、颜色,通常由表示光波长函数的折射率表示。衍射分布有个形状特征,称为艾里函数(Airy 函数),粒子的大小和浓度可以由小角度的光散射数据反演确定。目前基于激光衍射技术原理进行悬移质泥沙测验的仪器主要是美国的 LISST - 100X 激光粒度分析仪。

LISST - 100X 激光粒度分析仪技术特点包括:可在现场快速(1 Hz)测量颗粒级配分布;在低速流条件下测量结果准确;可自动测量,无须人工干预;可在现场直接涉水测量颗粒级配及浓度,无须采样;对絮凝和非絮凝的粒子,能准确测量其浓度;颗粒组成不会影响粒度测量。

11.5.4.3　声学后向散射法

声学后向散射法是一种非侵入式的测量水柱悬移质泥沙颗粒及变化的河床特征的测量技术。声学后向散射测量工具包括声呐探头,数据采集、存储及控制电子元件,数据处理软件。声呐探头发出一个声学能量短脉冲,此脉冲将穿透水柱中的任意悬浮颗粒。声波能量将被分散,并将反射一部分能量到声呐探头。因此,此探头也被用作接收器。在水体中的声速、悬浮颗粒的散射强度、声音的传播特性已知的情况下,回波强度与悬浮颗粒特征参数之间可建立相关关系,回波信号的大小可与悬移质泥沙浓度、颗粒级配及信号发射与接收的时间延迟建立相关关系。目前,基于此原理工作的仪器主要为美国生产的 ADCP,利用 ADCP 测沙尚处于探索阶段。

11.6　小结

本章介绍了河流泥沙的分类、泥沙测验的目的以及不同泥沙的测验仪器,介绍了长江上游泥沙设备的研制和应用情况,并对悬移质泥沙监测技术的进展做了简单介绍。

第 12 章

土壤墒情

12.1 概述

12.1.1 土壤墒情

墒是指土壤的湿度,墒情是指土壤湿度的情况。土壤墒情在《土壤墒情监测规范》(SL 364—2015)中的定义是"田间土壤含水量及对应的作物水分状态"。《中国水利百科全书》"墒情预报"条目写道"耕作层土壤含水量(又称墒),反映作物在各个生长期土壤水分的供给状况,并直接关系到作物的生长与收获"。

一般,根据土壤不同深度的根系生长发育状况与土壤水分的关系,将土壤墒情分为表墒、底墒、基墒、深墒。表墒,是指地表以下 0~20 cm 深度的土壤水分,该层增墒概率最多,失墒也最容易,对农作物生长具有特殊的意义。底墒是指地表以下 20~50 cm 深度的土壤水分,该层一般作物根系分布密集,是作物大量吸收水分的土层。基墒是指地表以下 50~100 cm 深度的土壤水分,该层年内随季节干湿变化明显,年与年之间变幅较小,当遇到干旱时,其有效储水能被作物充分吸收利用。深墒是指地表以下 100~200 cm 深度的土壤水分,干湿度季节变化不明显,是土壤的蓄墒层。

12.1.2 土壤水分和土壤分类

1. 土壤质地类型

土壤质地与土壤的保水、保肥以及通气有着密不可分的关系,根据土壤中不同大小的矿物颗粒的组合情况,土壤基本质地分为砂土、壤土和黏土 3 类。当砂粒含量在 85‰~100% 时称之为砂土,砂土的保水和保肥能力较差,营养成分相对较少,温度易发生较大变化,但是通气透水性好,易于耕种。黏粒含量 >25% 为黏土土壤,黏土是含沙粒很少、有黏性的土壤,保水和保肥能力相对较强,营养成分含量丰富,土壤温度变化较小,但是土壤的透气透水性相对较差,黏结能力强,不易于耕作。壤土是介于砂土和黏土之间的一种土壤质地类型,具备黏土和砂土的优点,通气透水、保水保肥能力较强,易于耕作。

2. 土壤水分

土壤水是以固、液、气三态存在于土壤颗粒表面和颗粒间空隙中。固态水仅存在于冻结的情况下,气态水存在于土壤颗粒之间尚未被液态水所占据的孔隙之中,液态水存在于土壤颗粒表面和颗粒间孔隙中,在一定条件下三者可以互相转化。土壤中以液态水为主,来源于大气降水、灌溉水以及毛细管上升的地下水和凝结水。

（1）土壤水分保持

进入土壤中的水分在各种作用力下，一部分储存于土壤中。土壤的持水能力与土壤孔隙的大小、形状以及连通性有着密不可分的关系。土壤的含水量是不断变化的，从只能保持一层相当于几个水分直径厚的水膜，到土壤中水达到完全饱和的状态。在一定条件下土壤特征性含水量通常被称为土壤水分常数。土壤全部孔隙均被水充满，水分吸力为零时的土壤含水量称为饱和含水量；土壤被降水或者灌溉水所饱，土壤中毛管悬着水达到最大时的土壤含水量称为田间持水量；根系不能迅速吸取到能满足蒸腾所需要的水分，植物开始出现永久萎蔫时的含水量称为萎蔫系数；当水汽达到饱和的空气中，干燥土壤的吸湿水达到最大数量时的土壤含水量称为最大吸湿量。

（2）土壤水的运动

土壤水处于不断运动的状态。土壤水势由基质势、压力势、溶质势、重力势组成。当降水或灌溉到达地表后，在重力势和基质势等梯度作用下进入土表以下各土层。土壤水分达到饱和状态后，多余的水分就在重力势的作用下向下渗透。若土壤水分处于不饱和状态，水分就在重力势和基质势等梯度作用下向其他方向渗吸，补充土壤储水量。当降水或灌溉结束后，水分仍继续向下运动，进行再分配。土壤水也可以在水力势梯度作用下向上运动，通过蒸发返回大气中。

水分在由势能高的地方向势能低的地方运动时，不管土壤水饱和程度如何，单位时间内通过单位面积的水的容积总是与水流方向上的水力势梯度成正比，可用达西方程表示。

恒定流动均质土：

$$q = -Ks\left(\frac{\Delta H}{L}\right) \tag{12.1-1}$$

非恒定流动均质土：

$$q = -Ks\left(\frac{dH}{dL}\right) \tag{12.1-2}$$

式中：q 为单位时间内通过垂直于水流方向的单位面积的水的容积；Ks 为水力传导度或毛管传导度，是单位水力势梯度下水流的容积；H 为水力势梯度，包括重力势梯度和基质势梯度，是水分运动的驱动力。重力势的大小一定，方向向下；基质势的大小和方向是可变的。土壤中的气态水通过重启孔隙从水汽压大的地方向水汽压小的地方运动，从湿土层向干土层、从较热的土层相比较冷的土层运动。

12.1.3 土壤水分含量的表示方法

重量含水率：土壤中实际所含的水量占干土重量的百分比。

$$土壤含水率（水重）= \frac{水重}{烘干土重} \times 100\% \tag{12.1-3}$$

体积含水率：土壤中水分体积占土壤体积的百分率。

$$土壤含水率（水容）= \frac{水分体积}{土壤体积} \times 100\% \tag{12.1-4}$$

用重量含水率表示土壤含水量，虽然过去普遍使用，但要说明的是，土壤水分占土壤空隙的容积，或水分与空气在土壤中所占比率（容积的）等则不方便。体积含水率能科学地表达容重变化较大的土壤含水量，也能了解土壤空隙被水充填的程度。

体积含水率和重量含水率是可以相互换算的：

$$土壤含水率（水容）= 土壤含水率（水重）\times 土壤容重 \tag{12.1-5}$$

单位体积内,干燥土壤的重量与同体积水重之比称为容积比重,土壤体积包括土壤空隙在内,简称为土壤容重,单位是 g/cm^3。土壤容重随空隙而变化,它不是常数,大体在 1.00 到 1.80 之间,与土壤内部形状有关,也受外部如降雨因素影响,还与土壤层次有关。

在农作物栽培过程中,用土壤重量含水率和田间持水量的比值来表示土壤中水分状况,称之为土壤相对含水率。

$$土壤相对含水率 = \frac{土壤含水率(水重)}{田间持水量} \times 100\% \tag{12.1-6}$$

在地下水埋藏深且排水良好的土地上,当充分降水或灌溉之后,地面水完全入渗,并防止蒸发,经过短时期(一至两天),土壤剖面悬着水量保持相对稳定的最大值,即为田间持水量。这个概念被认为是不确切的,不能反映土壤本身的物理性质。它存在的意义仅仅是,许多人还是认为它说明了土壤里可供作物吸收利用的最大水分贮藏量。

12.1.4　土壤墒情监测目的和意义

土壤水分作为作物生长的重要参数,对作物的生理活动起着至关重要的作用。土壤水分含量过低,会使土壤干旱,导致作物不能正常进行光合作用,可能会影响作物的产量和质量,甚至会使作物枯萎或死亡。土壤水分含量过高,会使土壤通气性降低,容易使作物畸形生长或滋生病虫病害。因此,时刻了解土壤水分变化对作物正常生长意义颇深。通过长时间、多样化、精准性、即时性监测土壤水分含量,能够从宏观角度实现对土壤变化趋势以及分布规律的良好认知,从而能够对症下药,控制灌溉频次与数量,力保收成有序提升。现如今,全球可利用的淡水资源日益匮乏,我国是农业用水大国,农业用水量占全国总用水量的六成以上,且水资源利用率低,节水农业的研究成为农业相关部门密切关注的焦点。自党的十八大以来,深入贯彻落实"节水优先、空间均衡、系统治理、两手发力"的新时代水利工作方针,以全面深化改革和推动科技进步为动力,对节水农业做出重大部署。

土壤墒情是水循环规律研究、农牧业灌溉、水资源合理利用以及抗旱救灾的基本信息。加强土壤墒情监测工作,提供及时、准确、可靠的土壤墒情信息,可以为抗旱减灾决策和水资源配置等提供科学依据,满足防汛抗旱、水资源管理和建设节水型社会的需要。

墒情监测是防止干旱、促进农业绿色可持续发展的重要手段之一,也是发展高效节水农业的关键环节和建设现代农业的基础支撑,便于科学制订抗旱生产调度计划方案,为抗旱救灾提供基础数据,在一定程度上缓解灾难损害,充分发挥水资源工程效益。

12.2　墒情监测站网的布设

12.2.1　墒情监测站的分类与管理

土壤墒情监测站按布设目的和作用可分为基本墒情站和临时墒情站两类;按管理方式可分为国家墒情站和地方墒情站。国家墒情站由国家水行政主管部门统一规划、设计和建设,并向国家水行政主管部门和有关单位报送墒情信息。地方墒情站由地方水行政主管部门根据本地的应用需要和具体情况进行规划、设计和建设,并向地方水行政主管部门、国家水行政主管部门和有关单位报送墒情信息。

国家墒情监测站网的调整应报国家水行政主管部门或委托主管部门审批;地方墒情监测站网的调整应报地方水行政主管部门或委托主管部门审批,报国家水行政主管部门或委托主管部门备案。

国家与地方业务主管部门负责墒情站的监测仪器设备维护管理和技术人员培训等工作。

土壤墒情监测站按监测方式可分为人工墒情站、固定自动墒情站、移动自动墒情站。为研究土壤水分运移规律、监测技术方法等,可设立墒情试验站。

12.2.2　墒情监测站的布设原则

1. 基本墒情站布设遵循原则

(1) 耕地面积与行政单元相结合的总体布设原则。

(2) 按耕地地形(山区、丘陵区、平原区)分别确定单站控制的耕地面积。

(3) 按地市级行政单元均匀布设,每个有耕地的县(市、区)至少布设一个基本墒情站。

(4) 易旱地区、雨养农业区、水资源短缺地区、粮食主产区等应增加监测站的数量。

(5) 根据土壤质地、农作物种植结构和地形地貌等条件,并考虑站点的区域代表性,综合确定墒情站点的布设。

(6) 交通便利,便于管理,公网通信条件好,易于维护。

2. 临时墒情站布设遵循原则

(1) 根据抗旱工作需要,补充基本监测站网不足,临时增加墒情监测信息。

(2) 有一定区域代表性。

(3) 交通便利,易于信息采集,公网通信条件好。

(4) 根据旱情程度,确定布设临时墒情站数量和位置。

12.2.3　墒情监测站的布设密度

国家墒情站布设密度宜根据历史上旱情和农业、牧业的分布情况及耕作面积确定,也可按行政区划布设。

按耕作面积布设墒情站网,其最低布设密度按下列规定控制:

(1) 山丘区,单站控制耕作面积 3 000～30 000 hm²。

(2) 丘陵区,单站控制耕作面积 10 000～50 000 hm²。

(3) 平原区,单站控制耕作面积 30 000～90 000 hm²。

(4) 国家粮食主产区、水资源短缺地区和易旱地区,墒情站网密度宜在上述同类型地区墒情站网最低布设密度指标基础上适当加密。

按行政区划布设墒情站网,按《水文站网规划技术导则》(SL 34—2013)布设密度要求,其最低布设密度为:

(1) 一般地区:2～3 站/县;

(2) 国家粮食主产区、水资源短缺地区和易旱地区:3～5 站/县。

地方墒情站的布设密度应在已布设的国家墒情站基础上,结合实际需要,由地方根据当地的具体情况确定。

12.2.4　监测地块的选择

土壤墒情站选址应在适宜地块上选取。监测地块应为代表性耕作地块,应考虑其土壤质地、农作物种植结构、地形地貌和水文地质等条件;宜选取地形平坦的地块。

山丘区应选择面积较大的地块,不宜设在沟底。

平原区应设在平整且不易积水的地块,地块面积宜大于 1 hm²。

12.2.5　监测站位置的确定

基本墒情站位置确定应遵循下列原则:

（1）应选择在交通便利、公网通信条件好的地方；宜远离河流、泉水、水库和大型渠道；宜远离树林、高压线和高大建筑物。

（2）站址应布置在距代表性地块边缘 10 m 以上且平整的地块，应避开低洼易积水的地方，且同沟槽和供水渠道宜保持 20 m 以上的距离，避免沟渠水侧渗对土壤含水量产生影响。

（3）固定埋设自动监测仪器、设施应布置在代表性地块的一侧，避免耕作对其的影响；监测仪器应安装在能反映大田农作物土壤水分变化的耕作区土层中，仪器周围应设置保护栏杆，防止耕种时碰撞、破坏，但不应设置围墙或实体围栏，避免仪器所在地块与周围大田地块相隔离而失去代表性。

（4）基本墒情站宜均匀布设，应综合考虑与相关水文站网的协调，并宜依托现有水文站进行管理与维护。

（5）基本墒情站的监测位置范围应相对稳定，监测位置一经确定不得随意改变，以保持墒情监测资料的一致性和连续性。

移动自动墒情站的位置确定，除执行上述原则外，站点分布应满足每套移动墒情监测设备在 1 个工作日内能够完成多个墒情站监测任务的要求。

基本墒情站除收集代表性地块的土壤墒情信息外，在发生严重干旱的情况下，宜在代表区域中增设临时墒情站进行墒情监测。

临时墒情站位置的确定，可参考上述规定执行。临时墒情站的布设应根据土壤、水文地质条件、代表性作物种类、旱情轻重等情况确定。

12.3 土壤水分监测方法及仪器

目前土壤水分的监测方法有很多，从各种途径提出的监测方法已经达到了几十种，按照测定方式不同大致可以分成两大类：取样测定和定点测定，如图 12.3-1 所示。

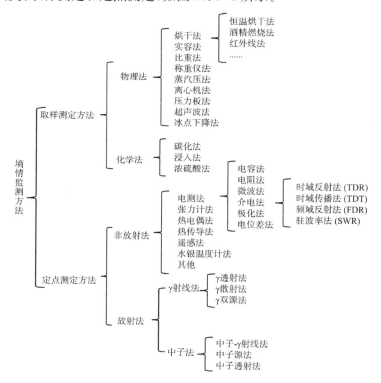

图 12.3-1 土壤墒情监测方法

取样测定包括物理法和化学法。物理法是通过物理学的方法测量土壤中重量含水量或者体积含水量,比如实验室常用的烘干法、比重法、离心机法、超声波法和蒸汽压法等。化学法是通过添加化学试剂的实验方法分析土壤水分含量,目前应用并不广泛,比如碳化法、浓硫酸法和浸入法等。定点测定包括放射法和非放射法。非放射法是指没有放射元素的定点测量方法,比如电测法、张力计法、热电偶法、热传导法、遥感法等,而电测法则包括常用的电阻法、极化法和介电法等,介电法又包含频域反射法(FDR)、时域反射法(TDR)、时域传播法(TDT)、驻波率法(SWR)。放射法是通过放射性元素在穿过土壤介质之后自身的能量衰减,使用放射性元素探测器计数间接测得土壤含水率,比如 γ 射线法和中子法等。

12.3.1　烘干法

12.3.1.1　工作原理和所需设备

烘干法也称人工取土烘干法。在(105±2)℃条件下,将采集的土壤样品烘干至恒重后,所失去的水分质量与达到恒重后的干土质量的比值,用百分数表示,是土壤的重量含水量。这种测定土壤重量含水量的方法是直接测量土壤水分的一种方法,也是国内外通用的测定土壤含水量的标准方法,其他方法都应该与烘干法比对,从而确定该方法的土壤含水量测量的准确性。但烘干法需要采集测量点的土壤样品,采样对土壤结构是破坏性的,不能重复采样,故也不易准确测得土壤样品的干容重。

操作烘干法时需应用取土钻或洛阳铲、环刀、铝盒、电子天平、电热恒温干燥箱等设备。

12.3.1.2　基本操作程序

1. 野外取土操作步骤

(1)取土时应避免低洼积水处和排水沟,防止地表水或土壤中自由水分沿取土钻渗入下层,影响土壤含水量的监测精度。

(2)取土地点距离上一次取土地点不应小于 0.5 cm,避免上一次取土形成的松软土层对本次取土所得到的数据造成影响。

(3)在不同采集深度上用洛阳铲或取土钻采集土壤,土壤(土柱)中心应对应各采集深度,土壤(土柱)高度应小于 10 cm。

(4)取土完成后,应对取土造成的地面孔洞进行填补平整。

2. 装土及称重要求

(1)在每一采集深度土壤上各取样 2~3 份,每份重量宜为 30~50 g。

(2)土壤装入铝盒后,应盖紧盒盖并擦拭干净铝盒,检查盒盖号和盒号是否一致,并填写土壤墒情监测烘干法记录表。

(3)应避免铝盒受阳光照射或风吹而造成土壤水分流失,及时带回室内称重。

(4)土壤称重时应在感量 0.01 g 的天平上进行,应核对盒号,称量盒重并做好记录。

(5)空铝盒(含盒盖)应定期(每年 1~2 次)称重,并做好记录。

3. 室内烘干步骤与要求

(1)铝盒(湿土状态)称重后应在干净纸张上揭开盒盖,以防盒内土壤洒出。若有土壤洒出或盒盖内壁附着土壤,应小心收集起来放回盒内。

(2)把揭开盒盖的土壤放入烘箱中,烘箱温度应设置在(105±2)℃,持续恒温 6~8 h。若是黏性土壤,可适当延长烘干时间。

(3)对于有机质含量丰富的土壤,可适当降低烘箱温度,延长烘干时间,避免土壤中有机质气化而影响土壤含水量的精度。

(4)土壤烘干后取出,应盖好盒盖放入干燥器中冷却至常温时称重,并核对铝盒和盒盖号码,做好记录。当土壤样品多或无干燥器时,可直接在烘箱中冷却至常温后再称重。

(5)当不具备标准烘干条件、监测频次较高(监测时间间隔小于5 d)、急需土壤含水量数据时,可采用电炉、微波炉等设备对土壤进行简易烘干。采用微波炉烘干时,注意炉内风吹干土散落的影响。根据烘干方式不同,合理控制烘干时间,土壤完全干燥自然冷却后进行称重。

(6)检查各采集深度土壤含水量数据有无异常,若有异常,应立即进行核对;若无异常,可将铝盒清理干净,核对铝盒和盒盖号码,以备下次再用。

12.3.1.3 土壤重量含水量计算

土壤含水量可按下式计算:

$$\omega = \frac{m_{盒+湿土} - m_{盒+干土}}{m_{盒+干土} - m_{盒}} \times 100\% \tag{12.3-1}$$

式中:ω 为土壤重量含水量,用百分数表示;$m_{盒+湿土}$ 为铝盒加湿土质量,g;$m_{盒+干土}$ 为铝盒加干土质量,g;$m_{盒}$ 为铝盒质量,g。

以同一采集深度的 2~3 个土壤重量含水量均值作为该采集点深度的土壤含水量。

烘干法既简单直观又测量广泛,其优点是就样品本身而言结果可靠且精度高。目前,市面上多数土壤水分测量仪都是以烘干法的测量结果为标准进行标定的。但它的缺点也是明显的:

(1)该方法需要实地取土采样,取样时会破坏土壤,干扰田间土壤水分的连续性,在田间留下的取样孔会切断作物的某些根并影响土壤水分运动。

(2)传统的烘干法为恒温箱烘干法,需要将采集的土壤样品带回实验室,在温度为(105±2)℃的烘干箱内持续恒温 6~8 h,计算土壤水分含量需要至少 2 次测量并取平均值。工作量巨大,同时采集密度差,数据代表性差,在运用过程中具有极大的局限性。

12.3.2 张力计法

12.3.2.1 工作原理和所需设备

张力计用来测量土壤中的水势,张力计也称为"负压计""水势仪"。

土水势反映了土壤水的能量状态,是有关土壤水运动分析、水量评估、土壤作物水分关系的重要参数。可以认为,水势是在相同温度下从土壤中提取单位水量所需要的能量。土壤中两点之间的水势差,标志了土壤水分从高到低水势的运动趋向,土壤水将从势能高处向势能低处运动。因此,植物根系四周土壤的含水量达到一定数值时,土水势会大于植物根系内部的根水势,才能保证水分从土壤进入根系,植物才能吸收到水分。土水势与土壤水吸力密切相关,土壤水吸力与土壤含水量有关,使得土水势与土壤含水量有较稳定的关系,此关系因水质不同而不同,可以由不同土水势得到各种土质的含水量。

土水势是判断土壤水分对植物有效性的唯一标志,不同土壤的水势可以直接相互比较。准确测定土水势,在研究土壤水分的流动、植物的抗旱生理、自动控制节水灌溉、土壤湿度监测等方面有十分重要的意义,不同土壤的土水势(土壤水吸力)和水分的基本关系如图 12.3-2 所示。

水势可以以势能密度(J/mm³)为单位,但一般用压力单位 kPa 计,两者可以相互转化。张力计压力读数的物理意义是指植物根系为了从土壤介质中获得水分所必须做的功,与被测土壤的性质密切相关。0 kPa 表示土壤水分已完全饱和,土壤孔隙已被水完全填满,植物根系不需要克服任何势能就可以获取土壤水分。一般情况下,对于一个粗组分沙质土壤,有利于植物生长的水分条件是控制土壤水势在 30~40 kPa,而对壤土或黏土则是在 50~60 kPa。

12.3.2.2 仪器的结构与组成

自动测量的张力计式土壤湿度仪由张力计、压力变送器、测量仪、电源和信号线等部件组成,如图 12.3-3 所示。人工读数的张力计只包括装有指针式压力表,如图 12.3-4 所示。

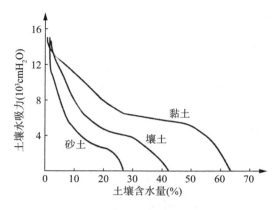

图 12.3-2　不同土壤的水分特征曲线

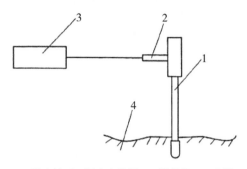

1—张力计；2—压力变送器；3—测量仪；4—土壤

图 12.3-3　张力计式土壤湿度仪的组成示意图

通过图 12.3-3 可以了解张力计的构成。其上部是透明材料制作的集气管，侧面安装压力表或压力变送器，上方为排气加水口。排气加水口以及张力计各部分连接处都必须严格密封，并有一定耐压防漏性能。其中都是一根空心管，起支撑和连接作用，空心管长度按测量深度的需要而定；其下端装有一特制陶土管（瓷杯），陶土管壁上孔隙的孔径为 $1.0 \sim 1.5\ \mu m$。这种微孔的张力允许有压水通过孔隙，而对空气起阻止作用。将张力计内装满不含气体的水，密封后埋入土壤中，使陶土管壁与土壤紧密接触。张力计中的水通过陶土管壁上的孔隙与土壤水分建立水力联系。当张力计内外的水势大小不同时，水将由高水势处向低水势处运动，直至内外水势平衡。除四周土壤水分饱和外，在土壤水吸力的作用下张力计内的部分水会向外运动而使张力计内形成负压，测量张力计内负压的大小即可得到土壤水势值，可以用压力表人工读数。如果将压力表改为压力变送器，就可以自动感应测量土壤水势、水吸力，构成自动测量仪器。

12.3.2.3　典型产品介绍

（1）人工读数的张力计

这类仪器上安装的是压力表，需要人工读数，不能用于墒情自动测量仪器和接入自动测量系统。图 12.3-4 显示了人工读数的张力计的上部和压力表部分，其管身为工程塑料材质。图 12.3-5 是一台安装在现场、处于工作状态的张力计。压力表的读数就是需要测量的土水势值。

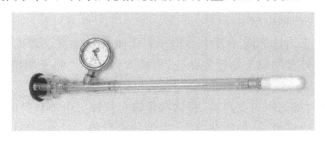

图 12.3-4　人工读数的张力计

图 12.3-5 安装在土中的人工读数的张力计

人工读数的张力计一般技术性能如下：测量范围为 $-99\sim0$ kPa；套管长度为 $30\sim220$ cm；负压计直径约为 5 cm；工作温度为 $5\sim70$℃。

（2）自动测量的张力计

一些人工读数张力计的压力表可以拆卸，换上压力自动测量变送器，成为自动测量的张力计（图 12.3-6）。典型自动测量张力计产品性能如下：参数名称为土壤水势；供电方式为 DC 12 V 供电/太阳能充电；测量范围为 $0\sim100$ kPa；分辨率为 0.01 kPa；通信方式为 RS-485/4G；防护等级为 IP67；工作温度为 $-20\sim80$℃；工作湿度为 $0\sim95\%$（相对湿度）、无凝结；传感器长度支持定制 30 cm、75 cm、120 cm。

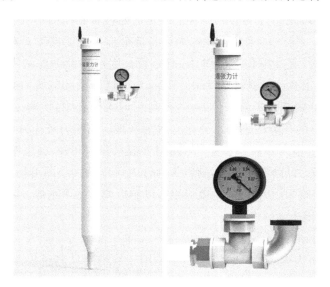

图 12.3-6 自动测量的张力计

12.3.2.4 张力计的安装和应用

将张力计埋入地下，使张力计的陶土管中心位于所需测量点深度。埋入时尽量不要过多破坏土壤结构，一般用略大于张力计外径的取土钻预先钻孔，再插入张力计。将土壤捣实，或灌入泥浆，防止地面水灌入。

用专用电缆连接自动测量的压力变送器，将读数传输至仪器。电缆较长时，要有机械和防雷保护。

使用前，打开张力计上口密封盖，加满蒸馏水，再盖好密封盖。过 $1\sim2$ d 后张力计内的水会通过陶土管壁上的孔隙渗透，与外部土壤的土水势达到平衡，张力计内形成负压，此负压由压力变送器测得、读取或自动传输,仪器开始工作。长期工作时,要定期检查加水。

得到的土水势数据由仪器所附的土壤水分特征曲线(土水势-土壤含水量关系)转换成土壤含水量。不同的土质应用不同的土水势-土壤含水量关系。

精度要求较高的测量点,可以用烘干法取土样测量含水量,再和仪器测得值进行对比,自行率定专用的土水势-土壤含水量关系。但取土的代表性需要考虑周到。

12.3.2.5　张力计的性能

张力计式土壤湿度仪要通过张力计感应、压力变送器测量和测量仪处理三个环节对土壤水吸力值进行测量。这三个环节都会产生一定误差,前两个环节出现的误差相对较大。由此测得值通过土壤水分曲线求取土壤含水量时,还会产生不能忽略的误差:实际测点的土壤结构、地温也会影响测量的准确性。由于影响因素很多,张力计式土壤湿度仪的测量准确性并不高,但可以满足很多土质的农业生产上的测量要求。在土壤比较湿润的情况下,测量土壤水势很准确,适合用于灌溉监测。

与测量土壤容积含水量或重量含水量的方法相比,张力计法受土壤空间变异性的影响比较小,是一种低成本设备的直接测量方法,能够连续测量。但在应用中也遇到一些问题:①起始反应慢,安装后需要长时间平衡才能读数。②测量范围通常只在水分饱和至较湿润的区间,在非常干燥的土壤中应用情况较差。③如果瓷杯与土壤接触不紧密,如放置在根系活动范围内或有机肥分解产生气体的地方,或土壤失水收缩严重,会引起读数的反应迟钝或停滞。④在测量过程中,特别是在高温干旱季节,需要经常养护以及给瓷杯补充水分。⑤瓷杯易损坏、堵塞,需要定期维护和更换,工作量大。⑥低温时,张力计中的水体可能冰冻,会冻坏仪器,因此张力计不能在低于 0℃ 的环境中工作。研制中的使用不冻液的张力计,可以在低温环境工作。

12.3.3　中子水分仪

12.3.3.1　工作原理

中子源发出的快中子在通过土壤遇到土壤水中的氢原子后,快中子将失去部分动能变为慢中子。土壤中水分愈多,快中子在土壤中传输、散射时碰撞到水中的氢原子愈多,产生的慢中子也愈多。这个规律比较确定,因此测得的慢中子数与土壤含水量的关系相当稳定。通过率定找出此关系就可以测量土壤含水量。

常用镅同位素(^{241}Am)作为放射源,放射出 α 粒子,与铍(^{9}Be)碰撞后产生快中子。快中子能量为 $0.1\sim10$ MeV,向各个方向运动。^{241}Am 的半衰期为 432.2 年,所以放射强度很稳定,可以作为测量源。

快中子与其他质量的粒子碰撞而失去能量,室温时,这样的热能慢化中子的能量是 $1/40$ eV。慢中子密度用装有 BF_3 的探测器或其他探测器测量。慢中子被俘获时会产生一个 α 粒子电荷,可以测得并计数。

大多数快中子的热能慢化发生在与相同质量的粒子碰撞中,中子和质子质量相同,和水分子中氢原子(只含一个质子)碰撞的可能性远高于和氧、硅等土壤中的高原子量元素。在中子源附近收集热慢化中子,即测量质子数,可以作为土壤含水量较好的非直接测量方法。由于不同土质、土壤中存在其他元素、有机质等影响,慢中子数与土壤含水量的关系也会受影响。所以中子水分仪也不可能只具有单一稳定的土壤水分关系曲线。

12.3.3.2　仪器的结构与组成

中子水分仪包括快中子源、慢中子检测器、处理记录显示仪(主机)等。使用时快中子源和慢中子检测器一起埋设在测量点。处理记录显示仪(主机)控制仪器定时测量计数,并显示和记录测得数值。中子水分仪如图 12.3-7 所示,结构如图 12.3-8 所示。

图 12.3-7　中子水分仪

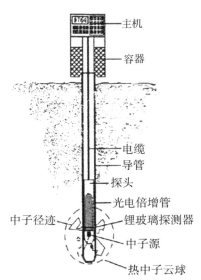

图 12.3-8　中子水分仪结构示意图

12.3.3.3　中子水分仪的慢中子计数与含水量关系

图 12.3-9 展示了体积含水量与慢中子计数的关系,图 12.3-10 展示了体积含水量与慢中子计数率的关系。两者对于计数时间的处理有所不同,但原理没有根本的不同,所以图中曲线的变化规律是相同的。

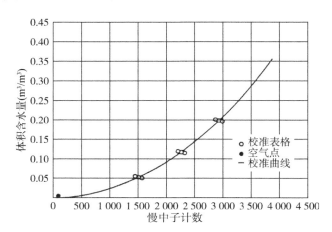

图 12.3-9　体积含水量与慢中子计数关系

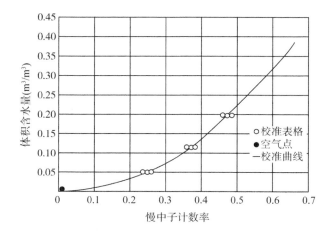

图 12.3-10　体积含水量与慢中子计数率关系

实际应用时,可用多种形式的经验公式或关系图表表达土壤体积含水量和中子水分仪测值之间的关系。

(1) 较完整的表达公式为

$$\theta = e^A f^B \tag{12.3-2}$$

式中:θ 为土壤体积含水量;f 为中子计数速率 N,或计数比 CR(即 R/R_w);A、B 为经验系数。

(2) 对近似直线部分,用直线形式的公式:

$$\theta = m(R/R_w) + c \tag{12.3-3}$$

式中:m 为斜率;c 为直线的截距。

(3) 某一国外中子水分仪中的 θ 计算公式如下:

$$\theta(N) = e^A f^B \tag{12.3-4}$$

式中:N 为 16s 内中子计数速率;系数 A 为 -20.889;系数 B 为 2.495 8。

或

$$\theta(CR) = e^A \cdot CR^B \tag{12.3-5}$$

式中:CR 为 16s 内的中子计数比;系数 A 为 1.325 4;系数 B 为 2.498 6。

(4) 国内规范计算公式,仪器已给出如下直线公式的斜率 m 和截距 c。

$$\theta = m(R/R_w) + c \tag{12.3-6}$$

式中:R/R_w 为计数比。

(5) 仪器直接显示。

(6) 用关系图表查找。

需要注意的是,在不同土壤中应用中子水分仪前,都需要进行率定和检验,以得到较准确的数据;应注意仪器给出公式的应用范围、土质、含水量范围等。

12.3.3.4　典型产品介绍

(1) 一种国外中子水分仪的技术性能如下:测量范围为 0～60%Vol;测量精度为 0.24%Vol;计数时间为 1 s、4 s、16 s、32 s、64 s、128 s 及 256 s;工作环境温度为 0～70℃;电源为 8 节镍铬 AA 充电电池(500 mAh);功耗平均为 6.5 mA,可进行 3 000 多次 16 s 计数;显示器为 8 字符 LCD;可存储 8 条标定曲线(线性)、3 000 个存储数值;探头为 1.5 型直径 38.1 mm、长 322.6 mm,2 型直径 47.4 mm、长 322.6 mm。

(2) 一种国产中子水分仪的技术性能如下:测量范围为 0～100%(体积含水量 θ);测量精确度小于 1(%)θ (和烘干法比较);测量灵敏度为土壤水分每变化 1(%)θ,相应的计数变化>600 脉冲/min;测量深度为地表面至埋置的导管深度;放射防护符合国家标准《电磁辐射防护与辐射源安全基本标准》(GB 18871—2002);中子源为 30 mCi(1.1GBq)^{241}Am-Be 同位素中子源,中子发射率为 6.9×10^4 n/s,三层不锈钢氩弧焊封装;数据与存储为可存 2 000 个测量值,40 个曲线方程系数,即 10 条三项式曲线;耗电情况为整机电流小于 100 mA,一次满额充电可连续使用 40 h;工作环境为温度 $-20～45$℃,湿度<90%RH。

12.3.3.5　中子水分仪的安装和应用

在需要测量的田间埋设铝质或薄壁不锈钢测量导管。导管长度为测量要求的最大深度,底部焊接密封,以防水渗入。导管上端高出地面约 10 cm,以防雨水灌入。测量导管外壁必须和土壤密切接触。测量时仪器底部喇叭口与导管对接,探头顺着导管放至欲测深度,这时中子穿过导管壁进入土壤,取得土壤水分信息后再穿过导管壁回到探头,得到该土层的含水量。

一般仪器内有 10 条左右土壤水分特征关系供用户选择,用于不同土质的测量计算。测量结果可以自动储存在仪器中,通过串行口输出处理。

导管通常是半永久性埋置,可连续测量许多年。充电电池需定期充电。中子水分仪的另一个重要优点是可测冰和结晶水,因此冬天也可使用。

12.3.3.6　中子水分仪的性能

中子法测量结果相当准确,是除烘干称重法以外土壤水分测定的第二标准方法。其测量相对比较简单、容易,速度也很快,套管永久安放后不再破坏土壤,能长期定位测定,可达作物根区土壤任何深度。只要长期安装在野外,就可以实现自动监测,可以测量冻土中的固态水,而张力计法和介电法自动测量土壤含水量仪器都不能在土壤冰冻条件下工作。

但在应用中也遇到一些问题:①中子法也需要田间校准,安装套管时也会破坏土壤环境;②中子水分仪造价过高,同时设备构造过于尖端,因此中子水分仪虽然效果显著,但并未大面积应用于日常农业发展之中。

中子法对土壤的采样范围为一球体,这使得在某些情况下,如用于层状土壤、土壤表层以及土壤处于干燥或湿润周期,测量结果会出现偏差。图 12.3-8 中仪器下部的热中子云球的球体直径约 40 cm,它不能具体测得很接近地面的土壤含水量,如规范要求的 10 cm、20 cm 等深度点。

此外,中子水分仪存在潜在的辐射危害,虽然国家对放射源的应用有严格规定,包括应用批准、人员考核等;对放射材料的采购、运输、保管、使用、储存、最后处理等也必须按规定执行,但操作者必须经过培训并持有许可证。因而欧美诸国逐步立法禁止快中子的使用。

12.3.4　时域法土壤水分测定仪

时域法土壤水分测定仪属于介电法仪器,是通过测量土壤中的水和其他介质介电常数之间差异的原理,间接测量土壤含水量。时域法土壤水分测定仪主要应用时域反射法(TDR)原理,少量仪器应用时域传播法(TDT)原理。

12.3.4.1　时域反射仪的工作原理

时域反射仪是利用特高频电磁波在土壤中的传导特性来测定土壤含水量的仪器,电磁波在介质中的传播速度 V 可用下式表示:

$$V = \frac{C}{\sqrt{\varepsilon\mu}} \tag{12.3-7}$$

式中:C 为电磁波在真空中的传播速度,300 000 km/s;ε 为介质的介电常数;μ 为磁性常数,土壤的磁性常数为 1,由此将上式变换为

$$\varepsilon = \frac{C^2}{V^2} \tag{12.3-8}$$

介电常数又叫介质常数、介电系数或电容率,它是一个表示绝缘能力特性的系数,单位为 F/m。真空中 $\varepsilon_0 = 8.85 \times 10^{-12} \text{F/m}$。

相对介电常数 ε_r 为在相同的原电场中某一介质的电容率与真空中的电容率的比值,即 $\varepsilon_r = \frac{\varepsilon}{\varepsilon_0}$。

空气或真空的介电常数为 1,土壤固定成分的介电常数为 2～5,水的介电常数约为 81(18 ℃时),因此土壤含水量的多少对土壤的介电常数有很明显的影响。实际上,ε 并不是一个常数,它会随频率、温度、含水量变化而稍有改变。

时域反射仪利用上述原理,测定电磁波在土壤中传播一定距离所需的时间,求出土壤的介电常数,再根

据已标定的土壤容积含水量与土壤介电常数的关系 $\theta(e)$ 推求出土壤含水量。$\theta(e)$ 标定曲线内置在仪器中，仪器直接显示土壤容积含水量 θ。可以提供多条不同土壤标定曲线 $\theta(e)$，供实际使用时选择。如对不同土壤使用统一率定关系，误差会较大。测量要求较高时，应对使用地点的土壤进行专门率定。

12.3.4.2 时域反射仪测量过程

仪器发出一个电压脉冲，其上升沿极快，将其通过同轴电缆传输到插入土壤的传感器探针。时域反射仪一般具有 2～3 根平行探针，组成一个波导传线，土壤是其电介质。传输过程中，在脉冲信号遇到电介质阻抗发生变化的地点，一部分信号会反射回来，这样的反射尤其会发生在探针的起始、终端两点。时域反射仪探针及探测电磁脉冲传输示意图如图 12.3-11 所示。

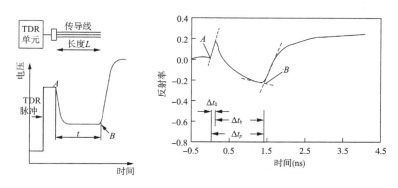

图 12.3-11 时域反射仪探针及探测电磁脉冲传输示意图

图 12.3-11 中，波形图中对应探针起始、终端的两点是 A、B 两点，测量出 A、B 之间的传输时间 t，由探针长 L 即可计算出电磁波的传播速度 v。

$$v = 2L/t \tag{12.3-9}$$

再由 $\varepsilon = \dfrac{C^2}{V^2}$ 计算介电常数 ε，由 ε 推算体积含水量 θ。

12.3.4.3 时域反射仪测得介电常数与含水量计算关系

图 12.3-12 表示的是介电常数与土壤体积含水量的关系，这是最早的 TOPP 公式（1980 年），其数学关系如下：

$$\varepsilon = 3.03 + 9.3\theta + 14\theta^2 - 76.7\theta^3 \tag{12.3-10}$$

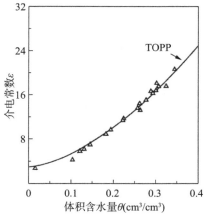

图 12.3-12 介电常数 ε 与体积含水量 θ 关系（TOPP 公式）

实际应用公式：

$$\theta = (-530 + 292\varepsilon - 5.5\varepsilon^2 + 0.043\varepsilon^3) \times 10^{-4}$$

上述公式是 Topp 等在 1980 年经过几种土壤试验后得到的，在有些土壤中得到较好的使用。Topp 等期望其经验公式不受土壤类型、密度、温度、盐度影响，而实际上介电常数 ε 与体积含水量 θ 关系很受土壤类型、密度、温度、盐度的影响，只有经过专门率定才能得到准确的土壤水分特征关系。

12.3.4.4　时域反射仪探针测量范围和结构

（1）探针测量范围。大部分时域反射仪应用平行探针插入土壤的方法进行测量，主要类型有二针型和三针型。探针型传感器测量范围的横截图是一椭圆形，探针位于其"中心线"，椭圆长轴为 2 倍探针间距，短轴为 1 倍探针间距。三针型探针的测量范围明显优于二针型探针，其理论和实测电场分布如图 12.3-13 所示，测量范围和探针长度相同。

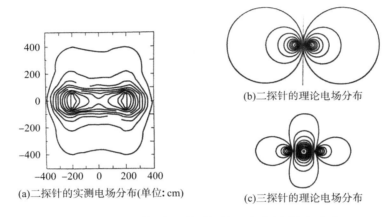

(a)二探针的实测电场分布(单位：cm)　(b)二探针的理论电场分布　(c)三探针的理论电场分布

图 12.3-13　二针型、三针型探针理论及实测电场分布

管式传感器的波导线探针安装在保护管内，测量保护管外一定范围的环绕土壤含水量。

（2）探针结构。为使传输时间的测量较为准确，探针不能太短，一般长 10 cm，5 cm 是其最短极限值。如果脉冲信号不会被电解质损耗和离子导电过渡衰减，从原理上讲，探针长度不受限制，曾有过 100 cm 长的探针。

为使探针终端反射信号能被准确区分，反射信号不能过分衰减。有研究认为，反射强度不能小于发射信号强度的 10%。信号衰减主要受土壤导电率和探针长度的影响，因此，探针不宜太长。

如果探针直径与探针间距相比过小，会产生"集肤"效应，影响测量范围的代表性。所以，理论上探针直径可以不受限制，一般控制探针间距和直径之比不应大于 10。

探针一般均用不锈钢制造，有一定的刚度和强度。过长、过细的探针不易插入土壤，也容易变形、损坏。不过，探针的平行度对测量准确性的影响很小。

12.3.4.5　时域反射仪测量含水量数据的方式

（1）用预定公式计算。计算公式为多项式表达形式，由测得的介电常数计算土壤含水量，有时需要用输出模拟量转换。在一定量程内，有些仪器用线性公式计算。

（2）仪器直接显示。

（3）用关系图、表查找。

需要注意的是，在不同土壤中应用时域反射仪前，都需要进行率定和检验，以得到较准确的数据；应注意仪器给出公式的应用范围、土质、含水量范围等。

12.3.4.6　典型产品

（1）针式时域反射仪（图 12.3-14）。它能够快速准确测量土壤体积含水量,支持多层土壤深度同测,支持按照设定的采集时间频次要求,进行墒情、工作状态的采集、存储和发送;具有显示和显示输出功能,能够显示和调用时域测量轨迹。

其主要技术指标如下:测量量程为 0～60%（体积含水量）;绝对误差≤2%（体积含水量）;分辨率≤0.01%（体积含水量）;等效上升沿时间为 120ps（皮秒,10^{-12} 秒）;工作温度为 -10～55℃;存储温度为 -45～85℃;供电电源为 12 V;工作电流为 1 300 mA;待机电流≤30 mA;信号接口为 BNC;通信接口为 RS-232、LAN、USB;具备存储 2 年以上数据的能力;无故障工作时间（MTBF）≥25 000 h;在线校时,年累计时间偏差不大于 2 s;符合《水文监测数据通信规约》（SL 651—2014）。

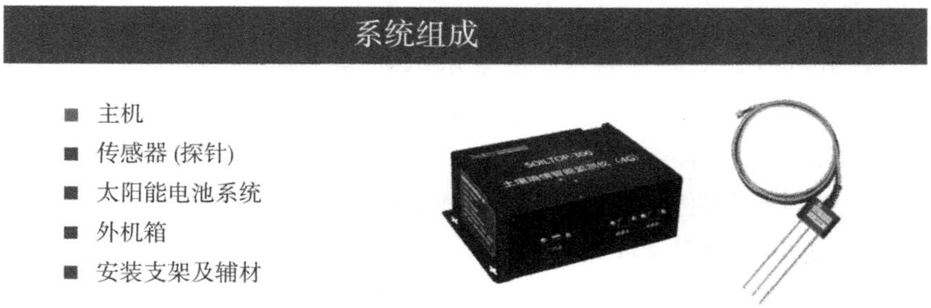

系统组成

■ 主机
■ 传感器（探针）
■ 太阳能电池系统
■ 外机箱
■ 安装支架及辅材

图 12.3-14　针式时域反射仪

（2）管式时域反射仪（图 12.3-15、图 12.3-16）。这种仪器的管状探头为圆柱形,探头外包 PVC 塑料外壳,4 个弹性铝条为 TDR 波导体。用于表层的探头为三柱插针式。配用仪表可读出探头的水分测量值。可预先埋入土壤中的探管由 PC 塑料制成。该仪器主要用于人工测量,也可以接入自动测量系统。

其技术性能如下:安装模式为剖面直插式;量程为 0～100%;测量精度为 ±2%（绝对含水量为 0～50%）;工作电压为 12 V（6～14 V）,最大不超过 18 V;工作电流为 35 mA（0.9 mA 静态）,最大不超过 75 mA;响应时间≤1 s;稳定时间≤10 s;工作环境为 -40～70℃;探测标度为 10 cm、20 cm、40 cm;防护等级为 IP68。

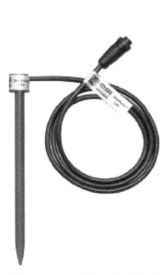

图 12.3-15　管式时域反射仪

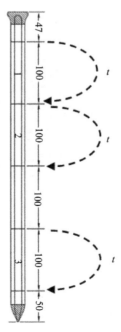

图 12.3-16　管式时域反射仪原理示意图（单位:mm）

12.3.4.7　时域传播法（TDT）水分测量仪简介

时域传播法测量仪的基本原理与时域反射仪相同，不同的是，TDT 水分测量仪脉冲是在单根波导棒中传播，在波导棒的一端送入微波信号，而信号的接收端在远离发射端的波导棒的终端。与时域反射仪相比，TDT 水分测量仪具有低频率、耗电少、线路简单、输出不需要波形显示和解释等特点，价格也相对便宜。

时域传播法测量仪原理：利用 TDT 技术，电磁波在长探头中传递，接收信号受探头周围土壤含水量影响，可以测量出土壤含水量。探头可以分布于 3 m 或更长的柔性软管内，可以灵活地埋于测量范围内。它同时测量土壤温度，具有温度和盐分自动补偿功能。

12.3.4.8　时域反射仪的安装应用

1. 针式时域反射仪的安装

水平安装：挖出观测剖面，将探针按测点深度要求水平插入剖面原状土内。垂直安装：在测量点按不同观测深度钻孔，安装探针导管支撑防护孔壁，在孔底部插入探针，测量各深度土壤含水量。导管应和周围土壤紧密接触，防止水渗入。

另一种方法是使用不同长度的探针测得不同深度范围内的土壤平均含水量，通过简单计算得到不同深度点的土壤含水量（规范未规定这种方法）。

不管是长期安装测量还是巡测，在插入探针前，宜使用仪器配备的取土钻或专用打孔附件预先打好探针孔。

2. 管式时域反射仪的安装

管式时域反射仪基本采用垂直安装的方法，用比仪器探管直径稍大的取土钻打孔至规定深度，插入仪器探测管，使管壁和周围土壤紧密接触，防止水渗入，可以预埋仪器配用的测管，测量时将管式探头放到要求的深度进行测量（图 12.3-17）。

（1）使用专用取土钻，在监测点位钻孔到预定监测深度，如需标定，钻取土样分层留样；

（2）将取出的原土用水稀释，搅拌成可流动的均匀泥浆，灌入安装孔内，然后将传感器缓缓插入安装孔内，挤出孔内多余泥浆和空气，使传感器与孔壁紧密接触，即安装完成。

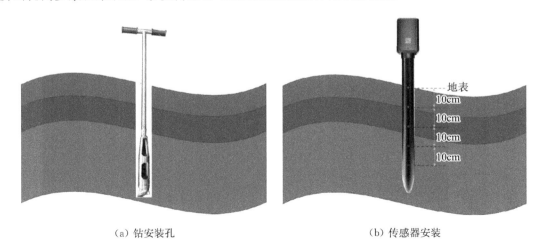

（a）钻安装孔　　　　　　　　　　　　（b）传感器安装

图 12.3-17　管式时域反射仪安装

3. 注意事项

（1）探针应完全插入土壤，才能保证整个探针感应土壤介电常数。

（2）电缆应准确连接，不能任意改变传输高频信号的电缆长度。

（3）按土壤实际情况正确选择仪器的功能设置和对应的计算公式。

（4）仪器可能同时测量并记录土壤含水量、土壤温度、土壤导电率。如果仪器已考虑了温度、导电率修正,可以直接使用仪器测量土壤含水量。否则,要考虑温度、电导率影响,经实验分析得出修正方法。

(5)若要得到准确的土壤含水量数据,应该对测量点的土壤进行专门的土壤水分特性关系率定。

12.3.4.9 时域反射仪的性能

该仪器最早于 1969 年开发,自从 Topp 等人将 TDR 用于农用水分测定后,许多学者开始大量使用时域反射仪测量土壤水分。20 世纪 90 年代后国际上已把时域反射仪作为研究土壤水分的基本仪器设备。

时域反射仪测量快速,既可以用于便携式野外测量,也可以做定位连续测量,可与计算机相连,自动完成单个或成批监测点的测量。

时域反射仪平均分辨率为 $0.005 \sim 0.020 \ cm^3/cm^3$。精度要求不高时可以不单独率定。其测量范围广(含水量为 $0 \sim 100\%$),操作简便,野外和室内都可使用。一般认为 TDR 仪器比频域法(FD)仪器的测量准确性稍好些。

波导棒可以单独留在土壤中好几年,需要的时候再连上时域反射仪测量;波导棒可做成不同形状以适应不同情况,长度一般在 $10 \sim 200 \ cm$。时域反射仪能够测量表层土壤含水量。

时域反射仪测量结果受土壤盐度影响很小,但当含盐量增大后,反射脉冲信号会减弱。在测量高有机质含量土壤、高黏土矿物含量土壤、容重特别高或特别低的土壤时,需要标定。

时域反射仪最大的缺点是电路复杂,设备昂贵。时域反射仪测量土壤含水量的准确性决定于测量时间 t 的精度,由于空气中电磁波的传播速度达到 $300\ 000 \ km/s$,TDR 仪器的时间测量分辨率需要达到纳秒级(10^{-9}),时间测量精度需要达到皮秒级(10^{-12})。在野外应用 TDR 仪器时,不能太复杂,否则不容易长时期稳定地达到这样的高要求。另外,信号的相互干扰和电容的干扰也影响了测量的准确性。TDR 产品生产难度比 FD 产品大,所以国内的 TDR 产品很少;近年来,FD 方法发展很快,也制约了TDR 产品的应用。

12.3.5 频域法(FD)土壤水分测定仪

频域法土壤水分测定仪也属于介电法仪器,都是通过测量土壤中的水和其他介质介电常数之间差异的原理,间接测量土壤含水量。

12.3.5.1 频域法(FD)仪器测量原理

1. 基本原理

FD 仪器测量土壤含水量的基本原理与 TDR 仪器类似,都需要测量土壤的介电常数。TDR 与 FD 的探头统称为介电传感器(Dieleetric Sensor)。

频域法仪器的传感器由电极组成一个电容。探针式传感器由平行排列的金属棒作为电容电极,其间的土壤充当电介质。管式传感器内部有一对板状圆形金属环作为电容电极,管外环绕的土壤充当电介质。电容与振荡器组成一个谐调电路,振荡器工作频率随土壤电容的增加而降低,土壤电容随土壤含水量的增加而增加,于是振荡器频率与土壤含水量呈非线性反比例关系。实际测量时,测量振荡器的共振频率,得到土壤电容,再转换为土壤介电常数,由相应的土壤水分特征关系 θ-ϵ 得到土壤含水量 θ。

对于探针式传感器,也可以用类似于 TDR 仪器的测量方法,接收探针的反射信号,经较复杂的转换后,得到受土壤介电常数影响的反射信号峰值频率,再转换为土壤含水量。

2. 测量应用技术简介

频域法仪器主要应用驻波率法(SWR)和频域反射法(FDR)技术测量。

(1)驻波率法。使用扫频频率来检测包括传感器电容在内的谐振电路的共振频率(此时振幅最大)。

由共振频率计算土壤电容,再转换为土壤介电常数。土壤含水量不同,发生的共振频率不同。电路发生共振时会产生驻波,所以称为驻波率法。

（2）频域反射法,使用固定频率（这与 TDR 类似）,通过发送特定频带的扫频测试信号,在导体阻抗不匹配处（探针两端）会产生较强的、和发射信号同样频率但不同时段的反射信号,通过傅里叶转换方式分析这些信号,并且通过量测反射信号峰值频率和传输距离（探针长度）换算出传输速度、土壤介电常数。在分析时可能应用频域分解法（FDD）。

12.3.5.2　频域法仪器的 θ-ε 关系

频域法仪器测得的介电常数与含水量的关系比较复杂,受土壤质地的影响较大。图 12.3-18 显示了一种 FD 仪器在不同土壤中的实测 θ-ε 关系,6 条曲线代表了 6 种土壤,从上到下分别为膨润土、砂性黏土、砂性黏壤土、粉沙壤土、沙壤土和砂土。

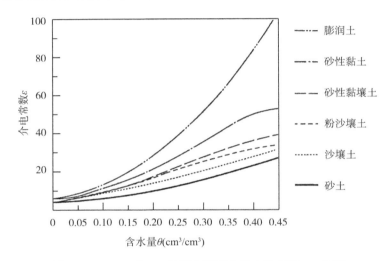

图 12.3-18　一种 FD 仪器在不同土壤中的实测 θ-ε 关系

在完全的砂土中,ε-θ 关系式接近

$$\varepsilon = 2.37 + 14.8\theta + 114.1\theta^2 - 50.3\theta^3 \tag{12.3-11}$$

此公式和 TDR 仪器的 TOPP 公式不同。TOPP 公式和图 12.3-18 中粉沙壤土曲线接近。经试验和研究,认为:

（1）在不同土壤中 FD 仪器的 ε-θ 关系有所差别。

（2）使用的频率对 ε-θ 关系也有影响。

（3）FD 仪器使用 20MHz 频率时,ε-θ 关系一般反映出随土壤成分表面系数增高而明显提升的特点,即土壤愈细,斜率愈大。斜率大有利于测量的正确性。

（4）TDR 仪器在不同土壤中应用时,其 ε-θ 关系变化不大。

12.3.5.3　FD 仪器测量含水量数据的方式

FD 仪器含水量数据的得到方式和 TDR 仪器相同。

（1）用预定公式计算。计算公式为多项式表达形式,由测得的介电常数计算土壤含水量。一些仪器常用输出的电流、电压模拟量转换;或提供计算方法,直接用输出的电流、电压量计算。在一定量程内,有些仪器用线性公式计算。

（2）仪器直接显示。

（3）用关系图表查找。

需要注意的是,在不同土壤中应用 FD 仪器前,都需要进行校准和检验,以得到较准确的数据;应注

意仪器给出公式的应用范围、土质、含水量范围等。

12.3.5.4　典型 FD 仪器产品

(1) 针式频域法墒情传感器。图 12.3-19 是一种三针式频域法墒情传感器。

图 12.3-19　三针式频域法墒情传感器

针式频域法墒情传感器的技术指标如下：①供电电源为 12～24 V；②输出信号为 RS-485/4～20 mA/0～5 V/0～10 V；③安装方式为全部埋入或探针全部插入被测介质；④防护等级为 IP68；⑤响应时间<1 s；⑥水分测量范围为 0～100%；⑦水分测量精度为读数的±3%(0～53%范围内)、读数的±5%(53～100%范围内)；⑧温度测量范围为－40～80℃；⑨温度测量精度为±0.5℃；⑩传感器长度为1.2 m。

(2) 插管式频域法墒情传感器(图 12.3-20)。这是一种管状频域法墒情传感器，通过测量电容的驻波率法来测量介电常数。

插管式频域法墒情传感器管内有 4 对铜金属环，组成 4 对电容，垂直插入地面后，4 对电容的中心对应地面以下 10 cm、20 cm、30 cm、40 cm 的墒情监测点，可以同时测得 4 处监测点的土壤含水量。

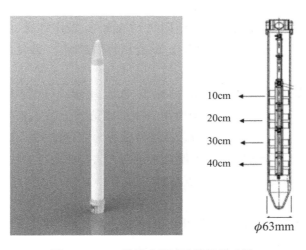

图 12.3-20　插管式频域法墒情传感器

插管式频域法墒情传感器的技术指标如下：①测量原理为 FDR(频域法)；②土壤水分(体积含水量)测量范围为干土～水分饱和土，实验室测量精度为±3%，野外测量精度为±5%，湿度分辨率为0.1%；③温度测量范围为－40～80℃，测量精度为±0.5℃，温度分辨率为 0.1℃；④可选配适配器

DC12~24 V 宽电压供电或者内置锂电池供电;⑤通信方式为 RS-485 通信,Modbus 通信协议(波特率 9 600 可设,地址 0~255 可设),GPRS 无线通信;⑥接线方式为 RS-485 输出四线制,电源正、电源负、485A、485B;⑦通电后 3 s 内进行响应;⑧通电后约 10 s 进入稳定过程;⑨外形尺寸为 ϕ63 mm,长度随传感器的测量深度而不同,标准长度约 1 000 mm;⑩静态时功耗小于 10 mA,采样时功耗为 70 mA;⑪工作环境为 $-40\sim80℃$,$0\sim100\%$ RH;⑫平均无故障时间 $\geqslant25\ 000$ h;⑬99% 感应范围是从管子外部 10 cm 以内读取;⑭采用环氧树脂作为密封材料,地面部分外壳防护等级为 IP67,地面以下为 IP68。

12.3.5.5　FD 仪器的安装应用

FD 仪器总的安装要求和 TDR 仪器的安装要求相同。《土壤墒情监测规范》(SL 364—2015)中也提出了同样要求。

12.3.5.6　FD 仪器的特点

1. 优点

(1) 与 TDR 仪器相比,在电极的几何形状设计和工作频率的选取上有更大的自由度。

(2) 大多数 FD 仪器在低频(<100 MHz)下工作,能够测定被土壤细颗粒束缚的水,这些水不能被工作频率超过 250 MHz 的 TDR 仪器有效地测定。

(3) 大多数 FDR 探头可与传统的数据采集器相连,从而实现自动连续监测。

(4) 其电路设计、制造要求低于 TDR 仪器,易于研制,造价低,便于推广应用。

2. 应注意的问题

(1) FD 仪器的读数受到电极附近土体孔隙和水分的强烈影响(TDR 仪器也是如此),特别是对于使用套管的 FDR 仪器,探头、套管、土壤接触良好与否对测量结果可靠性的影响非常大。

(2) 在低频(<20 MHz)下工作时比 TDR 仪器更易受到土壤盐度、黏粒和容重的影响。

(3) 与纯粹的 TDR 波形分析相比,FD 仪器缺少控制和一些详细信息。

(4) 一般认为 TDR 仪器比 FD 仪器的测量准确性稍好。

12.3.6　电阻式土壤湿度测试仪

电阻法是根据在间距较小的两个电极点水分含量不同,其电阻也不同的原理来测定的。利用某些多孔性物质如石膏、尼龙、玻璃纤维等构成电阻盒,事先求出含水量与电阻之间的关系曲线,根据电阻的读数,从率定曲线中求出相应的土壤含水量。电阻法设备简单,操作容易,可以定点同时进行连续和多点观测,所测土壤含水量范围较大,但易受化学物质、有机物质影响,一般精度不高,另外有滞后影响。

12.3.6.1　测量原理

传感器是一特制电阻块,由多孔渗水介质(如石膏、尼龙、玻璃纤维)制成,它的电阻大小与含水量相关。把里面嵌有电极的电阻块放入土壤中,当电阻块中的水势与土壤水势平衡后,测得电阻块的电阻,然后求出土壤水势。电阻块主要是石膏块,所以此法常被称为"石膏块法",也被称为"电阻块法"。

由于测量的是土水势,由测量值转换成土壤含水量的方法与张力计方法相同。

12.3.6.2　电阻式土壤湿度测试仪的特点

该仪器成本较低。

电阻法有滞后、测量范围不大、干燥后电阻块可能与土壤接触不好、灵敏度较低等问题。任何与土壤水分变化无关的土壤电导率的变化(如施肥)也会被检测到,这使得结果出现偏差。因此此法只适合于非盐碱土。

当使用直流电时,极化作用会引起电阻块退化速度加快,长时间使用后石膏会彻底溶解到土壤溶液中,土壤含水量越高,电阻块寿命越短。

电阻法受土壤性质影响,因此需要率定,而且其率定结果会随着时间发生变化。粒状列阵法是石膏块法的改进。使用更稳定、重复性更好的粒状列阵代替石膏块,采用石膏小圆片组成列阵状感体,以缓冲土壤盐度对读数的影响。粒状列阵探头比石膏块寿命长,可成批率定,且率定结果的时间稳定性更强。对石膏块的改进包括使其孔隙大小分布与被测土壤质地相匹配,小孔隙的石膏块在含水量较低时比较适合。

和其他土壤水分自动监测仪器相比,电阻法仪器没有明显优点,应用很少,也没有列入《土壤墒情监测规范》,但 WMO 文件将这种仪器列为可以应用的土壤含水量测量方法。

12.3.7　遥感法

遥感技术指的是通过卫星、飞机等载体获取地球表面信息的技术。利用遥感技术可以获取大范围地表信息,包括农田的土壤水分状况。遥感技术可以通过不同波段的传感器感知土壤反射的电磁波,进而获取土壤水分含量的数据。

利用遥感技术进行土壤水分监测的基本步骤如下:首先,通过获取的遥感影像进行图像预处理,包括大气校正、几何校正等,以提高数据质量。其次,通过遥感影像计算土壤水分指数,例如归一化植被指数(Normalized Difference Vegetation Index,NDVI),土壤水分指数反映了植被健康状况以及土壤水分含量,并可用于推测农田的灌溉需求。再次,可以结合气象数据和地面观测数据,建立土壤水分监测模型,以实时预测土壤水分状况。最后,利用遥感技术监测的数据,结合灌溉需求模型,可以进行精确的灌溉管理,避免枯水和过度灌溉等问题。

土壤水分遥感分为光学遥感、微波遥感和植被遥感。光学遥感根据人眼对光的敏感度分为可见光、近红外、热红外遥感。微波遥感根据传感器接收的微波来源分为主动遥感、被动遥感。主动遥感是指由传感器向目标地物发射微波并接收反射信号来实现对地观察的遥感方式,类似于照相机打开闪光灯照相。被动遥感是指通过传感器接收来自目标地物发射的微波,从而探测目标的遥感方式,类似于照相机不打开闪光灯照相。详见表 12.3-1。

表 12.3-1　不同土壤水分遥感监测方法比较

分类	方法	特点
基于土壤热惯量	表观热惯量法、真实热惯量法	主要应用于裸土条件下
基于植被指数	距平植被指数法、标准植被指数法、植被状态指数法、植被缺水指数法	优点是简单、易行;缺点是严重依赖于地表植被
基于温度和植被指数	温度和植被指数法、水文亏缺指数法、温度条件指数法、归一化温度指数法、温度植被干旱指数法	优点是兼顾了土壤和植被;缺点是土壤和植被对土壤水分的反应不同步
基于植被蒸散发	单层模型、双层模型	优点是科学性较强;缺点是模型复杂,涉及大量参数,难以推广到业务实践中
基于微波遥感	主动式微波法、被动式微波法	主要应用于裸土条件,未考虑植被影响以及无法估算土壤剖面含水量

12.3.8　其他土壤水分测量方法和仪器

12.3.8.1　γ 射线法

γ 射线法的基本原理是,当放射性同位素($^{137}C_s$,^{241}Am)发射的 γ 射线穿透土壤时,其衰减度随土壤湿容重的增大而提高。测量通过固定土壤厚度后的 γ 射线的衰减度,根据已确定的土壤湿度与衰减度的关系,得到土壤含水量。

γ 射线法具有放射性,其是当前土壤含水量测量方面的一种常见方式,但其受限于 γ 射线性质,因而仅仅适用于深度为 25 mm 以内的土壤。γ 射线散射最大的影响因素在于路径密度,土壤含水量不同时,土壤密度同样发生变化,此时利用γ射线即可对其饱和密度进行捕捉,进一步推断出水分含量具体数值。其特点在于不会对现场造成破坏,可以应用于部分不适宜破坏的土壤区域,同时效率较高,响应时长低于一分钟。但其缺陷在于γ射线具有高危性,可能引发安全事故,而且成本高。

12.3.8.2 热扩散法

热扩散法原理与电阻块法类似,但它测量的是热导率而不是电导率,故不存在水的电导影响。在一个低导热性的多孔渗水介质中,热扩散的速率与其含水量成函数关系,这是热扩散法的原理。测量一个土体在接收热脉冲前后的温度,从热脉冲点流过来的热量与土壤含水量相关,湿土比干土温度上升得慢,用一个非常精确的温度计测量土壤上升的温度,通过校准可以得出土壤含水量。

12.3.8.3 干湿计法

该法类似于测量空气相对湿度的方法,在土壤气液平衡后,给插于其中的热电偶以微小的电流使其冷却,引起热电偶周围水分凝结在其上面,停止通电冷却后,凝结水蒸发,吸收热量,使热电偶温度降低,且低于另一干球的温度。干湿球间的温差产生一个温差电势,由温差电势可以计算热电偶降低的温度,降低的温度决定于蒸发速率,蒸发速率决定于热电偶周围环境的湿度(水势)。通过电势差的读数计算出土壤水势。

这些方法都不会正式用于水文部门土壤墒情观测。

12.4 土壤水分监测仪器的检测

12.4.1 检测要求

所有仪器都应该经过检测,以确定其性能是否符合有关标准要求。墒情仪器应符合《土壤水分监测仪器通用技术条件》要求。

要求检测的项目是工作环境条件、电气性能、准确性、开机稳定时间、外壳防护固态存储、抗冻胀性、机械环境适应性、可靠性等。其中,土壤含水量测量准确性是墒情监测仪器重要的监测项目,其他项目都有确定的标准检测方法。

12.4.2 土壤含水量测量准确性检测方法

1. 实验室检测

(1)标准含水量土壤试样方法。使用可以准确测定含水量的标准土壤试样,采用被测仪器在规定条件下测得标准土壤试样的含水量,以标准土壤试样的实际含水量为约定真值,计算被测仪器的土壤含水量测量准确性。使用具有不同含水量的标准土壤试样检测被测仪器,得到测量范围内的仪器土壤水分特性关系。标准土壤试样的实际含水量采用取土样烘干法测量。标准土壤试样宜用有代表性的不同类型土壤制作,制作过程比较复杂。另一种方法是用含水量较稳定的大体积"土柱",可以同时测量多台仪器。

(2)使用具有标准特性的介质检测。有些介质的特性是确定的,如空气、纯水可以检测含水量为0和100%的检测点。特殊配制的溶液具有特定的介电常数,可以用于介电法仪器的部分检测。

由于不同土壤特性对各类墒情自动测量仪器的测量准确性有不同程度的影响,有的仪器受土壤类别的影响还很大。所以在现场使用的仪器最好用现场的土壤进行比测率定,不宜使用具有标准特性的介质检测结果。

水利部水文仪器及岩土工程仪器质量监督检验测试中心已制定了具体的墒情仪器实验室检验检测规定,并已在水文部门执行。

2. 野外比测

安装在野外的仪器,要达到较高准确度要求,应进行现场检测率定。率定时以取土样烘干法得到的数据为约定真值,计算被测仪器的土壤含水量测量准确性,或率定特定的土壤水分特性曲线。墒情仪器现场比测率定的全面具体要求参照《土壤墒情监测规范》(SL 364—2015)执行。

12.5 应用实例

12.5.1 频域法墒情监测设备在静边水文站的应用

12.5.1.1 静边水文站概况

静边水文站所在的流江河是渠江的一级支流、嘉陵江二级支流。流江河流域发源于仪陇县西北观紫镇,东南流经营山县,至黄渡镇纳消水河、营山河后始称流江河;入渠县经静边、青龙等地,于渠县县城东北注入渠江。该河全长 214.6 km,流域面积 3 180 km²,流经低山、丘陵区,河宽流缓。

1. 气候特征

静边站位于流江河流域、渠县境内,该流域地处亚热带季风性湿润气候区,雨量充沛,具有冬暖、春早、夏热、秋多绵雨的特点。多年平均气温 17.2℃,年平均降水量 1 069.8 mm,主要有干旱、洪涝、风灾、冰雹等自然灾害。夏季湿润季风带来大量水气,遇大山阻隔,常在山前形成多雨区。降水量在时间分配上受大气环流控制,年内分配不均,主要集中在 5—10 月。其中以 6 月、7 月、9 月、10 月最高,冬季降水普遍较少,平均月降水量均在 30 mm 以下。年际间的变化也较大,最大年降水量为1983 年的 1 367.1 mm,而最小年降水量为 1997 年的 742.6 mm。

本流域属大巴山暴雨区的边缘地带、华蓥山南麓,降水量的分布与气候及地形地貌是基本相应的。流域内地形起伏,山地与丘陵、山岭与河谷、迎风坡与背风坡所产生的增、减效应十分明显。据雨量资料分析,降水量随地势增高而增大。根据降水量等值线的分析,降水由东至西有逐步递减的趋势。其年内主要气象灾害特点是夏旱、伏旱、洪涝、大风、冰雹、低温连阴雨、寒潮等。

2. 水文特性

受太平洋副热带高压移动影响,流江河流域降水年内分布不均。地表径流主要来源于大气降水,其受降水、蒸发等直接影响外,还与流域本身的几何形状、地形、土壤及植被条件有关。径流主要由降水补给,径流在年内变化与降水的年内变化相应。6—10 月为丰水期,这段时间的多年平均径流量占年径流量的 82.5% 以上,其中 7—9 月最丰,占年径流量的 80%。11 月至翌年 5 月为枯水期,其间径流量约占年径流量的 20%。

12.5.1.2 安装设备简介

达州静边水文站安装的墒情设备是 TEQ-S04 土壤水分测量仪,该设备采用分层设点的观测结构,地面配置一个温度观测点,地下土壤每隔 10 cm 配置一个土壤温湿测点,观测相应范围内的土壤温湿度。

该设备集成一体化,将物联网通信终端、数据存储和处理单元、高性能电池和主传感器集成在一个PVC 管中,采用频域法测量,发射近 1GHz 的高频探测波,可以穿透塑料管,有效感知土壤环境。它不会受土壤中盐离子的影响,化肥、农药、灌溉等农业活动不会影响测量结果,数据精准。传感器的电极没有直接与土壤接触,避免电力对土壤及土壤中的植物的干扰。

1. 设备基本参数

(1) 测量量程:0~60%(体积含水率);

(2) 测量精度:干容重 1.2~1.6 g/cm³,田间土壤绝对误差≤±2%;

(3) 人机交互界面:彩色液晶显示屏,4×4 键盘;

（4）内置墒情数据存储单元，十年数据不丢失；

（5）工作电压 DC 12 V，整体待机电流＜3 mA；

（6）工作环境：温度为－10～55℃，湿度为 0～95％RH（40℃时）；

（7）含供电系统、传输系统、软件平台、安装及调试等。

2. 外观尺寸（图 12.5-1）

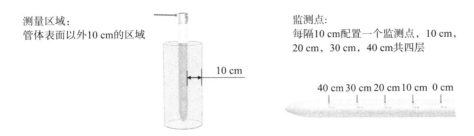

测量区域：
管体表面以外10 cm的区域

10 cm

监测点：
每隔10 cm配置一个监测点，10 cm，
20 cm，30 cm，40 cm共四层

40 cm 30 cm 20 cm 10 cm　0 cm

图 12.5-1　TEQ-S04 土壤水分测量仪外观

3. 其他参数（表 12.5-1）

表 12.5-1　TEQ-S04 土壤水分测量仪参数表

输出信号	工作电流		供电电压	电缆长度
数字信号 RS-485	12 V,40 mA	24 V,20 mA	DC 12～24 V	＞600 m

4. 接线方式

TEQ-S04 土壤水分测量仪可连接各种载有差分输入的数据采集器、数据采集卡、远程数据采集模块等设备，具体接线方式如图 12.5-2 所示。

红色:VIN
绿色:RS-485
黄色:RS-485
黑色:GND

A
B
采集器

图 12.5-2　RS-485 信号接线图

5. 设备配置清单（表 12.5-2）

表 12.5-2　静边水文站墒情监测设备配置清单

序号	产品名称	型号·规格	数量
1	墒情传感器	TEQ-S04	1套
2	太阳能供电系统	定制	1套
3	立杆	定制	1套
4	机箱	定制	1套

12.5.1.3　设备安装

第一步：使用取土钻在合适的位置打孔。

将取土钻竖直于地面，双手紧握手柄顺时针下压慢速转动（注意：不要太用力，务必慢速多转几圈，防止钻头跑偏导致孔洞打歪）。

将取土钻从孔洞中取出，将取土钻中的土收集到桶中用以下一步和泥浆（注意：第一次钻土因为杂质过多，故不做收集）。

反复上述打孔、取土,并在此过程中尝试性地将传感器轻放入孔洞中(请勿将设备用力触底),以测试孔洞的深度是否合适;若有卡顿,则使用取土钻修正,保证传感器放入、取出都比较顺畅;直至孔深与传感器所标识的安装位置齐平,即打孔完成。

第二步:制作泥浆(图 12.5-3)。

挑出取土钻取出的土壤中的杂质,即石子、草根、不容易溶解的土块等。将土壤搓细,倒入适量水,充分搅拌至黏稠状;壤土泥浆一般不能稠于"芝麻酱"状;和泥浆完成。

图 12.5-3　现场打孔及制作泥浆

第三步:灌浆安装(图 12.5-4)。

将泥浆缓慢倒入孔洞,大概到孔洞 1/2 深的位置,可根据实际情况酌情增减。

将传感器慢慢放入孔洞中,向一个方向慢慢转动并下压,速度过快可能会导致气泡不能被完全排出(注意:在转动下压的过程中不可以上拔传感器,防止气体再次吸入孔中)。

当传感器安装到正确的深度后,设备周围会溢出一些泥浆,灌浆完成;此时传感器安装深度与洞口齐平(注意:将传感器周围 3 cm 以外多余的泥浆清除,防止结块影响水分下渗)。

图 12.5-4　传感器现场安装

第四步:安装完成(图 12.5-5、图 12.5-6)。

将设备接好电源线和 RS-485 通信线上电后,设备会发出"滴"的一声,设备开机,即可正常工作。建议在泥浆恢复正常状态后再进行正常工作。

图 12.5-5　现场整体安装完成

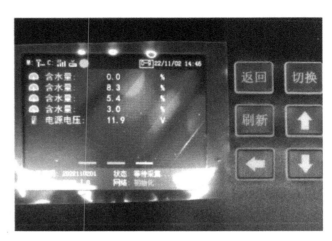

图 12.5-6　现场调试参数记录

12.5.1.4　实验数据(表 12.5-3)

表 12.5-3　静边水文站墒情实验数据表

时间	含水量(%)				时间	含水量(%)			
	10 cm	20 cm	30 cm	40 cm		10 cm	20 cm	30 cm	40 cm
2023-8-1 0:00	28.70	24.70	27.00	28.40	2023-8-1 22:00	29.20	25.70	27.70	28.60
2023-8-1 1:00	28.60	24.70	26.90	28.60	2023-8-1 23:00	29.20	25.70	27.50	28.60
2023-8-1 2:00	28.50	24.70	26.80	28.50	2023-8-2 0:00	29.20	25.70	27.70	28.80
2023-8-1 3:00	28.40	24.60	26.80	28.70	2023-8-2 1:00	29.10	25.70	27.60	28.60
2023-8-1 4:00	29.30	26.00	28.00	28.50	2023-8-2 2:00	29.10	25.70	27.70	28.90
2023-8-1 5:00	29.20	25.90	28.00	28.60	2023-8-2 3:00	29.10	25.70	27.40	28.60
2023-8-1 6:00	29.10	25.90	27.90	28.90	2023-8-2 4:00	29.10	25.60	27.60	28.60
2023-8-1 7:00	28.90	25.80	27.70	28.60	2023-8-2 5:00	28.80	25.60	27.70	28.70
2023-8-1 8:00	28.90	25.80	27.70	28.90	2023-8-2 6:00	29.10	25.60	27.60	28.60
2023-8-1 9:00	28.90	25.80	27.70	28.60	2023-8-2 7:00	29.30	25.50	27.50	28.80
2023-8-1 10:00	28.70	25.70	27.70	29.00	2023-8-2 8:00	29.40	26.30	27.50	28.90
2023-8-1 11:00	28.90	25.70	27.50	28.60	2023-8-2 9:00	29.20	26.20	27.90	29.10
2023-8-1 12:00	28.70	25.60	27.50	28.90	2023-8-2 10:00	29.20	26.10	27.90	28.80
2023-8-1 13:00	28.80	25.70	27.60	28.60	2023-8-2 11:00	29.30	26.10	28.00	28.80
2023-8-1 14:00	28.80	25.60	27.50	28.60	2023-8-2 12:00	29.10	26.00	27.80	29.00
2023-8-1 15:00	28.90	25.60	27.70	28.70	2023-8-2 13:00	29.20	25.90	27.70	28.80
2023-8-1 16:00	29.20	25.70	27.40	28.60	2023-8-2 14:00	29.30	25.90	27.90	28.80
2023-8-1 17:00	29.20	25.60	27.70	28.60	2023-8-2 15:00	29.60	25.90	27.80	28.80
2023-8-1 18:00	29.40	25.70	27.50	28.60	2023-8-2 16:00	29.70	25.90	28.00	28.80
2023-8-1 19:00	29.50	25.70	27.50	28.90	2023-8-2 17:00	29.80	26.00	27.90	28.80
2023-8-1 20:00	29.40	25.70	27.50	28.70	2023-8-2 18:00	29.80	26.00	27.90	28.70
2023-8-1 21:00	29.50	25.70	27.60	28.50	2023-8-2 19:00	29.90	26.00	27.80	28.70

时间	含水量（%）				时间	含水量（%）			
	10 cm	20 cm	30 cm	40 cm		10 cm	20 cm	30 cm	40 cm
2023－8－2 20:00	29.90	26.00	27.70	28.70	2023－8－4 12:00	29.40	26.20	27.60	28.80
2023－8－2 21:00	29.70	26.00	27.90	28.70	2023－8－4 13:00	29.30	26.20	27.50	28.80
2023－8－2 22:00	29.70	26.00	27.90	28.70	2023－8－4 14:00	29.50	26.20	27.60	28.80
2023－8－2 23:00	29.50	26.00	28.00	28.80	2023－8－4 15:00	29.50	26.30	27.60	29.00
2023－8－3 0:00	29.40	25.90	28.00	28.80	2023－8－4 16:00	29.50	26.30	27.60	29.10
2023－8－3 1:00	29.20	25.90	28.00	28.70	2023－8－4 17:00	29.60	26.30	27.80	28.70
2023－8－3 2:00	29.20	25.90	27.90	28.70	2023－8－4 18:00	29.90	26.30	27.50	28.80
2023－8－3 3:00	29.10	25.90	28.00	28.70	2023－8－4 19:00	29.90	26.30	27.60	28.80
2023－8－3 4:00	29.20	25.90	28.00	28.70	2023－8－4 20:00	29.80	26.40	27.50	28.90
2023－8－3 5:00	29.10	25.80	27.90	28.80	2023－8－4 21:00	29.80	26.40	27.50	29.00
2023－8－3 6:00	29.10	25.90	27.70	28.80	2023－8－4 22:00	29.60	26.40	27.50	28.90
2023－8－3 7:00	29.00	25.80	27.70	29.10	2023－8－4 23:00	29.60	26.40	27.80	29.00
2023－8－3 8:00	28.80	25.80	27.70	28.80	2023－8－5 0:00	29.40	26.40	27.70	28.80
2023－8－3 9:00	28.90	25.80	27.70	29.10	2023－8－5 1:00	29.50	26.30	27.90	28.80
2023－8－3 10:00	29.00	25.80	27.80	28.80	2023－8－5 2:00	29.40	26.30	27.60	29.00
2023－8－3 11:00	29.20	25.70	27.80	28.80	2023－8－5 3:00	29.30	26.30	27.80	28.80
2023－8－3 12:00	29.10	25.70	27.70	29.10	2023－8－5 4:00	29.30	26.30	27.60	29.00
2023－8－3 13:00	29.30	25.70	27.70	28.80	2023－8－5 5:00	29.00	26.20	27.80	28.90
2023－8－3 14:00	29.50	25.70	27.60	28.80	2023－8－5 6:00	29.00	26.20	27.80	29.10
2023－8－3 15:00	29.70	25.70	27.70	29.10	2023－8－5 7:00	29.10	26.20	27.90	28.70
2023－8－3 16:00	29.60	25.80	27.60	28.70	2023－8－5 8:00	28.90	26.20	27.60	29.00
2023－8－3 17:00	29.70	25.90	27.70	29.00	2023－8－5 9:00	29.10	26.20	27.90	29.10
2023－8－3 18:00	29.80	25.90	27.80	28.70	2023－8－5 10:00	28.90	26.20	27.80	29.10
2023－8－3 19:00	29.80	25.90	27.90	28.70	2023－8－5 11:00	28.90	26.20	27.90	28.80
2023－8－3 20:00	29.80	26.00	27.60	28.80	2023－8－5 12:00	29.20	26.20	27.70	29.00
2023－8－3 21:00	29.80	26.10	27.90	28.80	2023－8－5 13:00	29.00	26.20	27.70	28.80
2023－8－3 22:00	29.80	26.10	27.90	28.70	2023－8－5 14:00	29.20	26.20	27.60	28.80
2023－8－3 23:00	29.40	26.20	27.90	28.70	2023－8－5 15:00	29.40	26.20	27.80	28.70
2023－8－4 0:00	29.50	26.20	27.80	28.80	2023－8－5 16:00	29.50	26.20	27.90	28.90
2023－8－4 1:00	29.50	26.20	27.80	28.80	2023－8－5 17:00	29.60	26.30	27.80	29.00
2023－8－4 2:00	29.20	26.20	27.60	29.00	2023－8－5 18:00	29.60	26.30	27.60	28.80
2023－8－4 3:00	29.20	26.30	27.90	28.80	2023－8－5 19:00	29.60	26.30	27.60	28.90
2023－8－4 4:00	29.30	26.20	28.00	28.90	2023－8－5 20:00	29.50	26.40	27.80	28.70
2023－8－4 5:00	29.20	26.20	27.60	28.80	2023－8－5 21:00	29.60	26.40	27.90	28.70
2023－8－4 6:00	29.20	26.30	27.90	29.10	2023－8－5 22:00	29.50	26.40	27.70	29.00
2023－8－4 7:00	29.00	26.20	27.90	29.10	2023－8－5 23:00	29.40	26.30	27.70	28.80
2023－8－4 8:00	28.90	26.20	27.60	28.80	2023－8－6 0:00	29.30	26.30	27.60	29.00
2023－8－4 9:00	28.80	26.20	27.60	29.10	2023－8－6 1:00	29.30	26.30	27.90	29.10
2023－8－4 10:00	28.90	26.20	27.70	29.10	2023－8－6 2:00	29.20	26.30	28.00	28.80
2023－8－4 11:00	29.10	26.20	27.60	28.80	2023－8－6 3:00	29.00	26.20	27.90	28.90

时间	含水量（%）				时间	含水量（%）			
	10 cm	20 cm	30 cm	40 cm		10 cm	20 cm	30 cm	40 cm
2023－8－6 4:00	29.10	26.20	27.80	28.80	2023－8－7 20:00	28.90	26.20	27.90	29.00
2023－8－6 5:00	28.90	26.20	27.80	28.80	2023－8－7 21:00	28.80	26.20	27.90	28.90
2023－8－6 6:00	29.00	26.20	27.90	28.80	2023－8－7 22:00	28.70	26.30	28.00	28.80
2023－8－6 7:00	28.70	26.20	28.10	28.90	2023－8－7 23:00	28.80	26.30	28.20	29.00
2023－8－6 8:00	28.80	26.10	27.80	28.80	2023－8－8 0:00	28.80	26.20	27.90	28.90
2023－8－6 9:00	28.80	26.10	28.10	29.10	2023－8－8 1:00	28.80	26.30	27.90	28.90
2023－8－6 10:00	28.80	26.10	28.10	28.80	2023－8－8 2:00	28.70	26.20	27.90	28.90
2023－8－6 11:00	28.70	26.10	27.80	28.80	2023－8－8 3:00	28.70	26.30	28.10	28.90
2023－8－6 12:00	28.90	26.10	27.80	29.00	2023－8－8 4:00	28.60	26.20	28.00	28.90
2023－8－6 13:00	29.10	26.10	28.10	28.80	2023－8－8 5:00	28.40	26.20	28.10	29.10
2023－8－6 14:00	29.00	26.20	28.10	29.00	2023－8－8 6:00	28.60	26.20	27.90	28.90
2023－8－6 15:00	29.30	26.30	27.80	28.70	2023－8－8 7:00	28.60	26.20	28.20	29.10
2023－8－6 16:00	29.50	26.30	28.00	28.70	2023－8－8 8:00	28.40	26.20	27.90	28.90
2023－8－6 17:00	29.50	26.30	28.10	28.70	2023－8－8 9:00	28.40	26.20	28.10	29.20
2023－8－6 18:00	29.50	26.30	28.10	28.70	2023－8－8 10:00	28.40	26.20	27.90	28.90
2023－8－6 19:00	29.50	26.40	28.10	28.80	2023－8－8 11:00	28.60	26.20	28.10	28.90
2023－8－6 20:00	29.60	26.40	28.10	28.70	2023－8－8 12:00	28.50	26.20	28.00	28.90
2023－8－6 21:00	29.40	26.40	27.80	29.00	2023－8－8 13:00	28.50	26.20	27.90	28.90
2023－8－6 22:00	29.40	26.40	27.90	28.80	2023－8－8 14:00	28.60	26.20	28.10	29.20
2023－8－6 23:00	29.30	26.40	27.90	28.70	2023－8－8 15:00	28.80	26.30	28.10	29.00
2023－8－7 0:00	29.40	26.40	28.00	28.80	2023－8－8 16:00	29.00	26.30	28.10	28.90
2023－8－7 1:00	29.30	26.30	28.00	28.90	2023－8－8 17:00	29.10	26.30	28.10	29.10
2023－8－7 2:00	29.20	26.30	28.10	28.80	2023－8－8 18:00	29.10	26.40	28.00	28.90
2023－8－7 3:00	29.10	26.30	27.90	28.80	2023－8－8 19:00	29.00	26.40	28.10	28.90
2023－8－7 4:00	29.00	26.30	28.10	28.80	2023－8－8 20:00	29.20	26.40	27.80	29.10
2023－8－7 5:00	28.90	26.20	28.10	28.90	2023－8－8 21:00	29.10	26.40	27.80	28.80
2023－8－7 6:00	28.90	26.20	28.10	29.10	2023－8－8 22:00	28.90	26.40	27.80	29.20
2023－8－7 7:00	28.80	26.20	27.80	29.10	2023－8－8 23:00	28.90	26.40	28.10	29.20
2023－8－7 8:00	28.80	26.20	28.10	28.80	2023－8－9 0:00	28.90	26.40	28.10	29.10
2023－8－7 9:00	28.70	26.20	28.10	28.80	2023－8－9 1:00	28.80	26.30	28.00	29.10
2023－8－7 10:00	28.70	26.10	27.90	28.80	2023－8－9 2:00	28.80	26.30	27.80	29.10
2023－8－7 11:00	28.90	26.10	28.00	29.00	2023－8－9 3:00	28.70	26.30	28.10	28.90
2023－8－7 12:00	28.60	26.10	28.10	28.80	2023－8－9 4:00	28.60	26.30	28.10	28.90
2023－8－7 13:00	28.80	26.20	28.00	28.80	2023－8－9 5:00	28.50	26.20	28.00	29.00
2023－8－7 14:00	28.80	26.10	28.20	28.80	2023－8－9 6:00	28.60	26.20	27.80	29.10
2023－8－7 15:00	28.70	26.10	28.10	28.80	2023－8－9 7:00	28.40	26.20	27.80	29.00
2023－8－7 16:00	28.80	26.10	28.10	28.90	2023－8－9 8:00	28.50	26.20	28.10	29.20
2023－8－7 17:00	29.00	26.20	27.90	28.80	2023－8－9 9:00	28.40	26.20	28.10	28.90
2023－8－7 18:00	28.80	26.20	28.00	28.80	2023－8－9 10:00	28.60	26.20	28.10	28.90
2023－8－7 19:00	28.80	26.20	28.10	29.20	2023－8－9 11:00	28.50	26.20	28.10	29.00

时间	含水量(%)				时间	含水量(%)			
	10 cm	20 cm	30 cm	40 cm		10 cm	20 cm	30 cm	40 cm
2023 - 8 - 9 12:00	28.40	26.20	27.80	28.90	2023 - 8 - 11 4:00	28.30	26.20	28.00	28.80
2023 - 8 - 9 13:00	28.50	26.20	27.90	28.80	2023 - 8 - 11 5:00	28.00	26.20	28.20	28.80
2023 - 8 - 9 14:00	28.60	26.20	28.10	28.90	2023 - 8 - 11 6:00	28.20	26.20	28.00	29.20
2023 - 8 - 9 15:00	28.80	26.30	28.10	29.20	2023 - 8 - 11 7:00	28.00	26.20	28.10	29.10
2023 - 8 - 9 16:00	28.90	26.30	28.10	28.90	2023 - 8 - 11 8:00	28.10	26.10	28.20	28.90
2023 - 8 - 9 17:00	28.80	26.30	28.10	28.90	2023 - 8 - 11 9:00	27.90	26.10	28.20	28.90
2023 - 8 - 9 18:00	29.10	26.40	28.00	29.10	2023 - 8 - 11 10:00	27.90	26.10	28.00	28.90
2023 - 8 - 9 19:00	29.10	26.40	28.10	29.10	2023 - 8 - 11 11:00	27.80	26.00	28.20	28.80
2023 - 8 - 9 20:00	29.20	26.40	27.80	28.80	2023 - 8 - 11 12:00	27.70	26.00	28.00	28.90
2023 - 8 - 9 21:00	29.00	26.50	28.10	28.90	2023 - 8 - 11 13:00	27.90	26.00	28.20	28.80
2023 - 8 - 9 22:00	28.80	26.50	28.10	28.90	2023 - 8 - 11 14:00	27.90	26.00	28.10	29.10
2023 - 8 - 9 23:00	28.90	26.50	27.90	29.10	2023 - 8 - 11 15:00	28.20	26.00	28.20	29.10
2023 - 8 - 10 0:00	28.70	26.50	28.10	29.10	2023 - 8 - 11 16:00	28.20	26.00	28.30	29.00
2023 - 8 - 10 1:00	28.80	26.50	28.10	29.10	2023 - 8 - 11 17:00	28.40	26.00	28.20	28.80
2023 - 8 - 10 2:00	28.70	26.40	27.90	29.20	2023 - 8 - 11 18:00	28.40	26.10	28.20	28.80
2023 - 8 - 10 3:00	28.60	26.40	28.10	28.90	2023 - 8 - 11 19:00	28.40	26.10	28.10	28.80
2023 - 8 - 10 4:00	28.60	26.40	28.10	28.80	2023 - 8 - 11 20:00	28.50	26.10	28.10	28.80
2023 - 8 - 10 5:00	28.50	26.30	28.20	28.90	2023 - 8 - 11 21:00	28.40	26.10	28.30	29.10
2023 - 8 - 10 6:00	28.50	26.30	27.90	28.90	2023 - 8 - 11 22:00	28.30	26.10	28.20	28.80
2023 - 8 - 10 7:00	28.30	26.30	28.20	29.00	2023 - 8 - 11 23:00	28.30	26.10	28.30	28.90
2023 - 8 - 10 8:00	28.30	26.30	28.20	29.00	2023 - 8 - 12 0:00	28.10	26.10	28.20	28.80
2023 - 8 - 10 9:00	28.20	26.30	27.90	29.00	2023 - 8 - 12 1:00	28.10	26.00	28.30	28.90
2023 - 8 - 10 10:00	28.30	26.20	28.10	29.20	2023 - 8 - 12 2:00	28.10	26.00	28.00	28.80
2023 - 8 - 10 11:00	28.30	26.20	28.00	29.00	2023 - 8 - 12 3:00	28.10	26.00	28.00	28.90
2023 - 8 - 10 12:00	28.30	26.20	28.00	28.90	2023 - 8 - 12 4:00	28.00	26.00	28.20	28.80
2023 - 8 - 10 13:00	28.30	26.20	27.90	29.10	2023 - 8 - 12 5:00	27.90	26.00	28.30	28.90
2023 - 8 - 10 14:00	28.40	26.20	28.00	28.90	2023 - 8 - 12 6:00	27.90	25.90	28.00	29.00
2023 - 8 - 10 15:00	28.50	26.20	28.20	28.80	2023 - 8 - 12 7:00	27.70	25.90	28.20	29.00
2023 - 8 - 10 16:00	28.60	26.20	28.10	28.80	2023 - 8 - 12 8:00	27.60	25.80	28.30	28.90
2023 - 8 - 10 17:00	28.70	26.20	28.00	28.80	2023 - 8 - 12 9:00	27.60	25.80	28.20	29.10
2023 - 8 - 10 18:00	28.70	26.30	28.20	29.10	2023 - 8 - 12 10:00	27.80	25.70	28.00	28.90
2023 - 8 - 10 19:00	28.90	26.30	28.20	29.10	2023 - 8 - 12 11:00	27.70	25.70	28.30	28.90
2023 - 8 - 10 20:00	28.80	26.30	28.30	28.90	2023 - 8 - 12 12:00	27.70	25.70	28.20	29.10
2023 - 8 - 10 21:00	28.80	26.30	28.00	28.80	2023 - 8 - 12 13:00	27.70	25.70	28.30	28.90
2023 - 8 - 10 22:00	28.70	26.30	28.20	28.80	2023 - 8 - 12 14:00	27.80	25.70	28.20	28.90
2023 - 8 - 10 23:00	28.60	26.30	28.30	28.80	2023 - 8 - 12 15:00	27.80	25.60	28.20	28.90
2023 - 8 - 11 0:00	28.50	26.30	28.30	28.80	2023 - 8 - 12 16:00	27.90	25.60	28.10	29.00
2023 - 8 - 11 1:00	28.40	26.30	28.30	29.10	2023 - 8 - 12 17:00	27.80	25.60	28.20	29.10
2023 - 8 - 11 2:00	28.20	26.30	28.00	28.80	2023 - 8 - 12 18:00	27.80	25.60	28.20	29.20
2023 - 8 - 11 3:00	28.40	26.30	28.00	28.80	2023 - 8 - 12 19:00	28.10	25.60	28.00	28.90

时间	含水量(%)				时间	含水量(%)			
	10 cm	20 cm	30 cm	40 cm		10 cm	20 cm	30 cm	40 cm
2023 - 8 - 12 20:00	28.10	25.60	28.10	29.00	2023 - 8 - 14 12:00	28.10	25.70	28.00	28.90
2023 - 8 - 12 21:00	28.10	25.60	27.90	29.10	2023 - 8 - 14 13:00	27.90	25.60	28.10	28.80
2023 - 8 - 12 22:00	28.10	25.60	28.00	29.00	2023 - 8 - 14 14:00	28.10	25.60	27.70	28.80
2023 - 8 - 12 23:00	28.20	25.60	28.10	29.10	2023 - 8 - 14 15:00	28.10	25.60	27.80	29.10
2023 - 8 - 13 0:00	28.10	25.60	28.00	29.10	2023 - 8 - 14 16:00	28.30	25.70	28.00	28.80
2023 - 8 - 13 1:00	28.00	25.60	28.10	29.20	2023 - 8 - 14 17:00	28.50	25.70	27.70	28.90
2023 - 8 - 13 2:00	28.10	25.60	28.20	29.00	2023 - 8 - 14 18:00	28.50	25.70	28.00	28.80
2023 - 8 - 13 3:00	28.10	25.60	27.90	28.90	2023 - 8 - 14 19:00	28.40	25.70	27.90	28.70
2023 - 8 - 13 4:00	28.10	25.60	28.10	28.90	2023 - 8 - 14 20:00	28.50	25.80	28.00	28.80
2023 - 8 - 13 5:00	27.90	25.60	27.80	28.90	2023 - 8 - 14 21:00	28.50	25.80	28.00	28.80
2023 - 8 - 13 6:00	28.10	25.60	28.00	29.10	2023 - 8 - 14 22:00	28.50	25.80	28.00	28.80
2023 - 8 - 13 7:00	28.00	25.60	27.90	28.90	2023 - 8 - 14 23:00	28.50	25.80	27.90	28.80
2023 - 8 - 13 8:00	28.00	25.60	28.10	29.00	2023 - 8 - 15 0:00	28.40	25.80	27.90	29.00
2023 - 8 - 13 9:00	28.00	25.60	28.00	28.90	2023 - 8 - 15 1:00	28.30	25.70	27.80	28.90
2023 - 8 - 13 10:00	27.90	25.60	27.80	28.90	2023 - 8 - 15 2:00	28.20	25.80	27.80	28.90
2023 - 8 - 13 11:00	28.00	25.60	27.80	29.00	2023 - 8 - 15 3:00	28.10	25.70	28.10	28.80
2023 - 8 - 13 12:00	28.00	25.50	27.80	28.90	2023 - 8 - 15 4:00	28.10	25.70	28.10	28.80
2023 - 8 - 13 13:00	28.10	25.60	27.80	29.10	2023 - 8 - 15 5:00	28.10	25.70	27.80	28.80
2023 - 8 - 13 14:00	28.20	25.60	28.00	28.80	2023 - 8 - 15 6:00	28.00	25.70	28.00	28.90
2023 - 8 - 13 15:00	28.20	25.60	27.90	29.10	2023 - 8 - 15 7:00	28.00	25.70	27.80	28.80
2023 - 8 - 13 16:00	28.30	25.60	28.00	28.80	2023 - 8 - 15 8:00	27.90	25.70	27.90	29.10
2023 - 8 - 13 17:00	28.40	25.70	27.80	28.80	2023 - 8 - 15 9:00	28.00	25.70	28.10	28.90
2023 - 8 - 13 18:00	28.50	25.70	27.90	29.10	2023 - 8 - 15 10:00	27.70	25.60	28.10	29.20
2023 - 8 - 13 19:00	28.60	25.70	27.90	28.80	2023 - 8 - 15 11:00	27.90	25.60	28.10	28.90
2023 - 8 - 13 20:00	28.60	25.80	28.00	28.80	2023 - 8 - 15 12:00	27.90	25.60	27.80	28.80
2023 - 8 - 13 21:00	28.60	25.80	28.00	28.80	2023 - 8 - 15 13:00	27.80	25.60	28.00	28.80
2023 - 8 - 13 22:00	28.50	25.80	27.90	28.80	2023 - 8 - 15 14:00	28.00	25.70	27.90	28.80
2023 - 8 - 13 23:00	28.60	25.80	27.80	29.00	2023 - 8 - 15 15:00	28.10	25.70	27.90	28.90
2023 - 8 - 14 0:00	28.50	25.70	27.80	28.90	2023 - 8 - 15 16:00	28.00	25.70	27.70	28.80
2023 - 8 - 14 1:00	28.50	25.80	27.80	28.80	2023 - 8 - 15 17:00	28.20	25.70	27.90	28.70
2023 - 8 - 14 2:00	28.40	25.70	28.10	28.90	2023 - 8 - 15 18:00	28.30	25.70	28.00	28.70
2023 - 8 - 14 3:00	28.40	25.70	27.80	29.20	2023 - 8 - 15 19:00	28.40	25.80	28.00	28.70
2023 - 8 - 14 4:00	28.40	25.70	28.00	29.10	2023 - 8 - 15 20:00	28.30	25.80	27.80	28.70
2023 - 8 - 14 5:00	28.30	25.70	27.80	29.10	2023 - 8 - 15 21:00	28.30	25.70	28.00	28.70
2023 - 8 - 14 6:00	28.20	25.70	28.10	28.90	2023 - 8 - 15 22:00	28.30	25.80	28.00	29.00
2023 - 8 - 14 7:00	28.00	25.70	28.10	29.20	2023 - 8 - 15 23:00	28.30	25.80	28.00	28.80
2023 - 8 - 14 8:00	28.00	25.70	28.10	28.90	2023 - 8 - 16 0:00	28.30	25.80	27.90	28.80
2023 - 8 - 14 9:00	28.00	25.70	28.00	29.00	2023 - 8 - 16 1:00	28.00	25.70	27.80	28.80
2023 - 8 - 14 10:00	28.10	25.70	27.90	28.90	2023 - 8 - 16 2:00	28.20	25.70	28.10	28.80
2023 - 8 - 14 11:00	27.90	25.70	28.00	28.80	2023 - 8 - 16 3:00	28.10	25.70	27.90	28.90

时间	含水量(%)				时间	含水量(%)			
	10 cm	20 cm	30 cm	40 cm		10 cm	20 cm	30 cm	40 cm
2023-8-16 4:00	28.00	25.70	28.00	28.80	2023-8-17 20:00	28.00	25.70	27.90	28.70
2023-8-16 5:00	27.80	25.70	27.80	28.80	2023-8-17 21:00	28.00	25.70	27.80	28.60
2023-8-16 6:00	27.90	25.70	27.90	29.10	2023-8-17 22:00	27.80	25.80	28.00	28.70
2023-8-16 7:00	27.80	25.70	27.80	28.80	2023-8-17 23:00	27.70	25.80	27.80	28.70
2023-8-16 8:00	27.70	25.70	27.80	28.80	2023-8-18 0:00	27.70	25.70	28.10	28.80
2023-8-16 9:00	27.80	25.60	28.10	28.80	2023-8-18 1:00	27.60	25.80	27.80	28.70
2023-8-16 10:00	27.80	25.60	28.00	29.00	2023-8-18 2:00	27.70	25.80	27.80	28.70
2023-8-16 11:00	27.60	25.60	28.00	28.90	2023-8-18 3:00	27.70	25.70	28.10	28.70
2023-8-16 12:00	27.70	25.60	28.00	28.80	2023-8-18 4:00	27.60	25.70	28.00	28.70
2023-8-16 13:00	27.80	25.60	28.00	28.70	2023-8-18 5:00	27.60	25.70	28.10	28.80
2023-8-16 14:00	27.80	25.60	27.90	28.80	2023-8-18 6:00	27.40	25.70	27.90	28.80
2023-8-16 15:00	27.90	25.60	27.90	28.70	2023-8-18 7:00	27.30	25.70	28.00	29.00
2023-8-16 16:00	27.90	25.60	27.80	29.00	2023-8-18 8:00	27.50	25.60	28.10	28.80
2023-8-16 17:00	27.90	25.60	27.70	28.80	2023-8-18 9:00	27.30	25.60	28.00	28.90
2023-8-16 18:00	28.00	25.70	28.00	28.70	2023-8-18 10:00	27.50	25.60	28.00	29.10
2023-8-16 19:00	28.00	25.70	28.00	28.70	2023-8-18 11:00	27.20	25.60	27.80	28.80
2023-8-16 20:00	28.10	25.70	27.80	28.80	2023-8-18 12:00	27.30	25.60	28.00	28.80
2023-8-16 21:00	28.00	25.70	28.00	29.00	2023-8-18 13:00	27.30	25.60	27.90	29.10
2023-8-16 22:00	28.10	25.70	28.00	29.00	2023-8-18 14:00	27.30	25.60	28.00	28.80
2023-8-16 23:00	28.00	25.70	27.90	28.70	2023-8-18 15:00	27.40	25.60	28.00	29.10
2023-8-17 0:00	28.00	25.70	27.90	28.80	2023-8-18 16:00	27.50	25.50	28.00	28.80
2023-8-17 1:00	27.90	25.70	28.00	28.70	2023-8-18 17:00	27.50	25.50	28.00	28.90
2023-8-17 2:00	27.80	25.70	27.80	28.70	2023-8-18 18:00	27.50	25.50	27.80	28.70
2023-8-17 3:00	27.90	25.70	27.80	28.90	2023-8-18 19:00	27.50	25.60	28.00	28.70
2023-8-17 4:00	27.80	25.70	27.90	28.90	2023-8-18 20:00	27.60	25.60	27.90	28.80
2023-8-17 5:00	27.60	25.70	27.80	28.80	2023-8-18 21:00	27.50	25.60	27.80	29.00
2023-8-17 6:00	27.70	25.60	27.80	28.90	2023-8-18 22:00	27.30	25.60	28.10	28.70
2023-8-17 7:00	27.60	25.70	28.00	28.80	2023-8-18 23:00	27.50	25.60	28.10	28.70
2023-8-17 8:00	27.70	25.60	27.80	29.10	2023-8-19 0:00	27.30	25.60	28.20	28.70
2023-8-17 9:00	27.60	25.60	28.00	28.80	2023-8-19 1:00	27.40	25.60	27.90	28.70
2023-8-17 10:00	27.50	25.60	28.10	28.80	2023-8-19 2:00	27.30	25.60	28.10	29.00
2023-8-17 11:00	27.50	25.60	28.10	29.10	2023-8-19 3:00	27.20	25.50	28.10	28.80
2023-8-17 12:00	27.50	25.60	28.10	28.80	2023-8-19 4:00	27.20	25.60	28.10	28.70
2023-8-17 13:00	27.30	25.60	27.80	29.00	2023-8-19 5:00	27.20	25.50	28.00	28.70
2023-8-17 14:00	27.50	25.60	28.10	28.70	2023-8-19 6:00	27.10	25.50	27.90	28.70
2023-8-17 15:00	27.50	25.60	27.80	28.70	2023-8-19 7:00	27.00	25.50	28.10	28.90
2023-8-17 16:00	27.70	25.60	28.00	29.00	2023-8-19 8:00	27.00	25.40	28.10	28.80
2023-8-17 17:00	27.80	25.60	28.00	28.90	2023-8-19 9:00	27.10	25.40	28.10	28.70
2023-8-17 18:00	27.90	25.70	27.90	28.70	2023-8-19 10:00	26.90	25.40	28.00	28.80
2023-8-17 19:00	27.80	25.70	27.80	28.70	2023-8-19 11:00	27.10	25.30	28.00	28.80

时间	含水量(%)				时间	含水量(%)			
	10 cm	20 cm	30 cm	40 cm		10 cm	20 cm	30 cm	40 cm
2023 - 8 - 19 12:00	26.90	25.30	27.90	28.80	2023 - 8 - 21 4:00	26.60	24.90	27.80	28.70
2023 - 8 - 19 13:00	26.90	25.30	27.80	28.80	2023 - 8 - 21 5:00	26.50	24.90	27.80	29.00
2023 - 8 - 19 14:00	26.80	25.30	27.90	28.80	2023 - 8 - 21 6:00	26.50	24.90	27.50	28.80
2023 - 8 - 19 15:00	27.10	25.30	28.00	28.70	2023 - 8 - 21 7:00	26.30	24.90	27.80	28.80
2023 - 8 - 19 16:00	27.00	25.30	28.10	28.80	2023 - 8 - 21 8:00	26.50	24.80	27.50	28.80
2023 - 8 - 19 17:00	27.20	25.30	27.90	28.80	2023 - 8 - 21 9:00	26.40	24.80	27.70	28.70
2023 - 8 - 19 18:00	27.20	25.30	27.90	28.70	2023 - 8 - 21 10:00	26.30	24.80	27.60	28.80
2023 - 8 - 19 19:00	27.20	25.20	27.70	28.70	2023 - 8 - 21 11:00	26.20	24.80	27.70	28.80
2023 - 8 - 19 20:00	27.20	25.30	27.80	28.70	2023 - 8 - 21 12:00	26.20	24.80	27.60	28.70
2023 - 8 - 19 21:00	27.30	25.30	28.00	28.70	2023 - 8 - 21 13:00	26.20	24.70	27.70	28.70
2023 - 8 - 19 22:00	27.20	25.30	28.00	28.70	2023 - 8 - 21 14:00	26.20	24.70	27.50	28.70
2023 - 8 - 19 23:00	27.20	25.30	28.00	28.70	2023 - 8 - 21 15:00	26.20	24.70	27.50	28.70
2023 - 8 - 20 0:00	27.00	25.30	27.80	28.90	2023 - 8 - 21 16:00	26.40	24.60	27.60	28.70
2023 - 8 - 20 1:00	27.00	25.30	28.00	28.70	2023 - 8 - 21 17:00	26.40	24.60	27.40	28.80
2023 - 8 - 20 2:00	27.10	25.30	27.90	28.70	2023 - 8 - 21 18:00	26.40	24.70	27.60	28.80
2023 - 8 - 20 3:00	26.90	25.30	27.90	28.80	2023 - 8 - 21 19:00	26.50	24.60	27.60	28.80
2023 - 8 - 20 4:00	27.10	25.20	28.00	28.90	2023 - 8 - 21 20:00	26.50	24.70	27.40	29.00
2023 - 8 - 20 5:00	26.90	25.20	28.00	28.80	2023 - 8 - 21 21:00	26.50	24.70	27.70	28.70
2023 - 8 - 20 6:00	26.80	25.20	27.80	28.70	2023 - 8 - 21 22:00	26.40	24.70	27.40	28.70
2023 - 8 - 20 7:00	26.80	25.20	28.00	28.70	2023 - 8 - 21 23:00	26.40	24.70	27.60	29.00
2023 - 8 - 20 8:00	26.80	25.20	28.00	28.90	2023 - 8 - 22 0:00	26.40	24.70	27.40	28.70
2023 - 8 - 20 9:00	26.80	25.20	27.80	28.80	2023 - 8 - 22 1:00	26.20	24.70	27.60	28.70
2023 - 8 - 20 10:00	26.80	25.10	27.70	28.80	2023 - 8 - 22 2:00	26.30	24.70	27.60	28.80
2023 - 8 - 20 11:00	26.60	25.10	28.00	28.80	2023 - 8 - 22 3:00	26.30	24.60	27.60	28.70
2023 - 8 - 20 12:00	26.50	25.10	27.80	29.00	2023 - 8 - 22 4:00	26.30	24.60	27.60	29.00
2023 - 8 - 20 13:00	26.70	25.00	27.90	29.00	2023 - 8 - 22 5:00	26.00	24.60	27.60	28.70
2023 - 8 - 20 14:00	26.80	25.00	27.70	29.10	2023 - 8 - 22 6:00	26.10	24.60	27.60	29.00
2023 - 8 - 20 15:00	26.60	25.00	27.90	28.90	2023 - 8 - 22 7:00	26.10	24.60	27.60	28.70
2023 - 8 - 20 16:00	26.70	25.00	27.60	28.70	2023 - 8 - 22 8:00	26.10	24.60	27.40	29.00
2023 - 8 - 20 17:00	26.70	25.00	27.70	29.00	2023 - 8 - 22 9:00	26.10	24.60	27.40	29.00
2023 - 8 - 20 18:00	26.80	25.00	27.70	28.70	2023 - 8 - 22 10:00	25.90	24.50	27.60	28.70
2023 - 8 - 20 19:00	26.70	25.00	27.60	28.70	2023 - 8 - 22 11:00	26.00	24.50	27.60	28.80
2023 - 8 - 20 20:00	26.80	25.00	27.90	28.70	2023 - 8 - 22 12:00	26.00	24.50	27.40	28.70
2023 - 8 - 20 21:00	26.80	25.00	27.60	28.70	2023 - 8 - 22 13:00	26.00	24.40	27.30	28.60
2023 - 8 - 20 22:00	26.70	25.00	27.60	28.80	2023 - 8 - 22 14:00	25.90	24.40	27.20	28.70
2023 - 8 - 20 23:00	26.70	25.00	27.60	28.70	2023 - 8 - 22 15:00	26.00	24.30	27.40	28.70
2023 - 8 - 21 0:00	26.70	24.90	27.80	29.00	2023 - 8 - 22 16:00	26.00	24.40	27.30	28.60
2023 - 8 - 21 1:00	26.50	25.00	27.60	28.70	2023 - 8 - 22 17:00	26.20	24.30	27.40	28.90
2023 - 8 - 21 2:00	26.60	24.90	27.80	28.70	2023 - 8 - 22 18:00	26.30	24.30	27.20	28.80
2023 - 8 - 21 3:00	26.50	24.90	27.80	28.70	2023 - 8 - 22 19:00	26.10	24.30	27.40	28.60

时间	含水量（%）				时间	含水量（%）			
	10 cm	20 cm	30 cm	40 cm		10 cm	20 cm	30 cm	40 cm
2023 - 8 - 22 20:00	26.20	24.40	27.10	28.70	2023 - 8 - 24 12:00	25.30	23.90	27.10	28.90
2023 - 8 - 22 21:00	26.20	24.40	27.30	28.70	2023 - 8 - 24 13:00	25.40	23.90	27.00	28.60
2023 - 8 - 22 22:00	26.10	24.40	27.10	28.60	2023 - 8 - 24 14:00	25.50	23.90	26.90	28.60
2023 - 8 - 22 23:00	26.00	24.40	27.40	28.90	2023 - 8 - 24 15:00	25.50	23.90	27.10	28.60
2023 - 8 - 23 0:00	26.10	24.40	27.30	28.60	2023 - 8 - 24 16:00	25.70	23.90	27.00	28.60
2023 - 8 - 23 1:00	26.00	24.40	27.10	28.90	2023 - 8 - 24 17:00	25.70	23.90	27.00	28.80
2023 - 8 - 23 2:00	26.00	24.40	27.40	28.60	2023 - 8 - 24 18:00	25.70	23.90	26.80	28.50
2023 - 8 - 23 3:00	26.00	24.40	27.40	28.90	2023 - 8 - 24 19:00	25.70	23.90	26.90	28.60
2023 - 8 - 23 4:00	25.80	24.30	27.10	28.60	2023 - 8 - 24 20:00	25.60	23.90	27.00	28.60
2023 - 8 - 23 5:00	25.70	24.30	27.40	28.60	2023 - 8 - 24 21:00	25.70	24.00	27.00	28.80
2023 - 8 - 23 6:00	25.90	24.30	27.30	28.90	2023 - 8 - 24 22:00	25.60	23.90	26.90	28.80
2023 - 8 - 23 7:00	25.70	24.30	27.10	28.60	2023 - 8 - 24 23:00	25.60	24.00	27.00	28.50
2023 - 8 - 23 8:00	25.70	24.30	27.30	28.60	2023 - 8 - 25 0:00	25.60	23.90	26.80	28.50
2023 - 8 - 23 9:00	25.70	24.20	27.10	28.70	2023 - 8 - 25 1:00	25.70	23.90	27.00	28.60
2023 - 8 - 23 10:00	25.70	24.20	27.30	28.70	2023 - 8 - 25 2:00	25.60	24.00	27.10	28.80
2023 - 8 - 23 11:00	25.60	24.20	27.20	28.60	2023 - 8 - 25 3:00	25.40	23.90	26.80	28.50
2023 - 8 - 23 12:00	25.70	24.20	27.00	28.90	2023 - 8 - 25 4:00	25.60	23.90	26.80	28.50
2023 - 8 - 23 13:00	25.60	24.20	27.00	28.60	2023 - 8 - 25 5:00	25.50	23.90	27.00	28.50
2023 - 8 - 23 14:00	25.70	24.10	27.20	28.60	2023 - 8 - 25 6:00	25.60	23.90	27.00	28.40
2023 - 8 - 23 15:00	25.60	24.10	27.20	28.90	2023 - 8 - 25 7:00	25.50	23.90	27.00	28.70
2023 - 8 - 23 16:00	25.80	24.10	27.20	28.60	2023 - 8 - 25 8:00	25.60	23.80	27.00	28.40
2023 - 8 - 23 17:00	25.70	24.10	27.30	28.80	2023 - 8 - 25 9:00	25.50	23.80	26.80	28.50
2023 - 8 - 23 18:00	25.60	24.10	27.20	28.60	2023 - 8 - 25 10:00	25.20	23.80	27.00	28.70
2023 - 8 - 23 19:00	25.70	24.10	27.20	28.60	2023 - 8 - 25 11:00	25.80	23.80	26.90	28.70
2023 - 8 - 23 20:00	25.60	24.00	27.00	28.60	2023 - 8 - 25 12:00	26.20	23.80	26.80	28.50
2023 - 8 - 23 21:00	25.70	24.10	27.20	28.70	2023 - 8 - 25 13:00	26.50	23.90	26.80	28.50
2023 - 8 - 23 22:00	25.70	24.00	27.00	28.90	2023 - 8 - 25 14:00	26.80	23.90	27.00	28.80
2023 - 8 - 23 23:00	25.60	24.00	27.20	28.60	2023 - 8 - 25 15:00	27.70	24.00	26.80	28.60
2023 - 8 - 24 0:00	25.50	24.00	27.10	28.80	2023 - 8 - 25 16:00	28.10	24.20	26.80	28.50
2023 - 8 - 24 1:00	25.60	24.00	27.20	28.60	2023 - 8 - 25 17:00	28.20	24.20	26.70	28.70
2023 - 8 - 24 2:00	25.40	24.00	27.00	28.90	2023 - 8 - 25 18:00	28.40	24.20	26.80	28.60
2023 - 8 - 24 3:00	25.50	24.00	27.10	28.80	2023 - 8 - 25 19:00	28.30	24.20	26.70	28.60
2023 - 8 - 24 4:00	25.50	24.00	27.00	28.80	2023 - 8 - 25 20:00	28.40	24.20	26.80	28.60
2023 - 8 - 24 5:00	25.50	24.00	27.10	28.60	2023 - 8 - 25 21:00	28.40	24.30	26.80	28.50
2023 - 8 - 24 6:00	25.40	24.00	27.00	28.70	2023 - 8 - 25 22:00	28.40	24.30	26.70	28.60
2023 - 8 - 24 7:00	25.40	24.00	27.10	28.70	2023 - 8 - 25 23:00	28.40	24.30	26.80	28.60
2023 - 8 - 24 8:00	25.30	23.90	27.00	28.60	2023 - 8 - 26 0:00	28.40	24.30	26.60	28.50
2023 - 8 - 24 9:00	25.40	23.90	26.80	28.70	2023 - 8 - 26 1:00	28.40	24.30	26.90	28.90
2023 - 8 - 24 10:00	25.40	23.90	27.10	28.60	2023 - 8 - 26 2:00	28.40	24.30	26.60	28.50
2023 - 8 - 24 11:00	25.40	23.90	27.00	28.70	2023 - 8 - 26 3:00	28.60	24.40	26.90	28.70

时间	含水量(%)				时间	含水量(%)			
	10 cm	20 cm	30 cm	40 cm		10 cm	20 cm	30 cm	40 cm
2023 - 8 - 26 4:00	29.20	26.00	27.40	28.70	2023 - 8 - 27 20:00	29.00	26.20	28.00	28.60
2023 - 8 - 26 5:00	29.20	26.30	27.70	28.80	2023 - 8 - 27 21:00	29.10	26.20	28.10	28.80
2023 - 8 - 26 6:00	29.20	26.40	27.60	28.70	2023 - 8 - 27 22:00	29.00	26.20	27.80	28.90
2023 - 8 - 26 7:00	29.10	26.40	27.70	29.00	2023 - 8 - 27 23:00	29.00	26.20	27.80	28.90
2023 - 8 - 26 8:00	29.20	26.40	27.70	28.70	2023 - 8 - 28 0:00	29.10	26.10	28.10	28.60
2023 - 8 - 26 9:00	29.40	26.50	27.70	29.00	2023 - 8 - 28 1:00	28.90	26.20	28.00	28.70
2023 - 8 - 26 10:00	29.50	26.90	27.90	28.80	2023 - 8 - 28 2:00	29.00	26.10	28.00	28.60
2023 - 8 - 26 11:00	34.40	27.30	27.80	28.90	2023 - 8 - 28 3:00	28.90	26.20	28.10	28.60
2023 - 8 - 26 12:00	35.60	27.40	27.80	29.00	2023 - 8 - 28 4:00	29.00	26.20	28.10	28.90
2023 - 8 - 26 13:00	36.20	27.30	28.00	28.90	2023 - 8 - 28 5:00	28.80	26.10	28.10	28.60
2023 - 8 - 26 14:00	34.80	27.40	27.90	29.20	2023 - 8 - 28 6:00	28.90	26.20	27.90	28.60
2023 - 8 - 26 15:00	33.00	27.40	27.80	28.90	2023 - 8 - 28 7:00	28.70	26.10	27.90	28.70
2023 - 8 - 26 16:00	31.50	27.40	27.70	29.20	2023 - 8 - 28 8:00	28.70	26.10	27.80	28.60
2023 - 8 - 26 17:00	30.80	27.30	27.70	28.90	2023 - 8 - 28 9:00	28.80	26.10	28.00	28.90
2023 - 8 - 26 18:00	29.90	27.30	28.00	28.90	2023 - 8 - 28 10:00	28.60	26.10	27.80	28.60
2023 - 8 - 26 19:00	29.70	27.20	28.10	29.10	2023 - 8 - 28 11:00	28.60	26.10	27.80	28.70
2023 - 8 - 26 20:00	29.40	27.20	27.90	28.80	2023 - 8 - 28 12:00	28.50	26.10	27.90	28.70
2023 - 8 - 26 21:00	29.50	27.10	28.10	29.10	2023 - 8 - 28 13:00	28.60	26.10	28.10	28.90
2023 - 8 - 26 22:00	29.40	26.90	28.10	28.70	2023 - 8 - 28 14:00	28.60	26.10	28.00	28.60
2023 - 8 - 26 23:00	29.20	26.70	28.10	28.80	2023 - 8 - 28 15:00	28.70	26.10	28.10	28.90
2023 - 8 - 27 0:00	29.20	26.60	28.10	29.10	2023 - 8 - 28 16:00	28.80	26.10	28.10	28.90
2023 - 8 - 27 1:00	29.30	26.50	27.90	29.00	2023 - 8 - 28 17:00	28.80	26.10	27.80	28.60
2023 - 8 - 27 2:00	29.00	26.50	28.00	28.80	2023 - 8 - 28 18:00	28.80	26.10	27.80	28.90
2023 - 8 - 27 3:00	29.00	26.40	27.90	28.70	2023 - 8 - 28 19:00	28.90	26.10	28.10	28.90
2023 - 8 - 27 4:00	29.10	26.40	27.80	29.10	2023 - 8 - 28 20:00	29.00	26.10	28.00	28.80
2023 - 8 - 27 5:00	29.10	26.40	27.80	28.70	2023 - 8 - 28 21:00	28.90	26.10	27.80	28.90
2023 - 8 - 27 6:00	28.90	26.40	28.10	29.00	2023 - 8 - 28 22:00	28.90	26.10	27.80	28.60
2023 - 8 - 27 7:00	29.00	26.40	28.00	28.80	2023 - 8 - 28 23:00	28.90	26.20	28.10	28.90
2023 - 8 - 27 8:00	29.00	26.30	28.10	28.80	2023 - 8 - 29 0:00	28.90	26.10	28.00	28.60
2023 - 8 - 27 9:00	28.90	26.30	28.10	28.60	2023 - 8 - 29 1:00	28.90	26.10	27.80	28.70
2023 - 8 - 27 10:00	28.80	26.30	27.80	28.80	2023 - 8 - 29 2:00	28.80	26.10	27.90	28.60
2023 - 8 - 27 11:00	28.90	26.30	28.10	28.70	2023 - 8 - 29 3:00	28.70	26.10	27.90	28.60
2023 - 8 - 27 12:00	28.90	26.20	27.80	28.90	2023 - 8 - 29 4:00	28.70	26.10	27.90	28.60
2023 - 8 - 27 13:00	28.80	26.20	27.80	28.90	2023 - 8 - 29 5:00	28.80	26.10	28.10	28.60
2023 - 8 - 27 14:00	28.80	26.20	27.90	29.00	2023 - 8 - 29 6:00	28.60	26.10	27.90	28.90
2023 - 8 - 27 15:00	28.90	26.20	28.10	28.80	2023 - 8 - 29 7:00	28.60	26.10	27.90	28.80
2023 - 8 - 27 16:00	29.00	26.20	28.10	28.60	2023 - 8 - 29 8:00	28.60	26.10	28.00	29.00
2023 - 8 - 27 17:00	28.90	26.20	27.90	28.60	2023 - 8 - 29 9:00	28.40	26.10	27.90	28.80
2023 - 8 - 27 18:00	29.10	26.20	27.80	28.70	2023 - 8 - 29 10:00	28.60	26.10	28.10	28.60
2023 - 8 - 27 19:00	28.90	26.20	28.00	28.70	2023 - 8 - 29 11:00	28.50	26.10	27.90	29.00

时间	含水量(%)				时间	含水量(%)			
	10 cm	20 cm	30 cm	40 cm		10 cm	20 cm	30 cm	40 cm
2023 - 8 - 29 12:00	28.40	26.10	27.80	28.80	2023 - 8 - 30 7:00	28.60	26.10	28.10	28.80
2023 - 8 - 29 13:00	28.60	26.10	28.00	28.90	2023 - 8 - 30 8:00	28.50	26.10	28.10	28.80
2023 - 8 - 29 14:00	28.60	26.10	27.90	28.90	2023 - 8 - 30 9:00	28.40	26.00	28.10	28.90
2023 - 8 - 29 15:00	28.50	26.00	27.90	28.60	2023 - 8 - 30 10:00	28.40	26.00	28.10	28.90
2023 - 8 - 29 16:00	28.70	26.00	28.90		2023 - 8 - 30 11:00	28.40	26.00	28.10	29.10
2023 - 8 - 29 17:00	28.50	26.00	27.90	28.70	2023 - 8 - 30 12:00	28.30	26.00	27.80	28.70
2023 - 8 - 29 18:00	28.70	26.00	28.10		2023 - 8 - 30 13:00	28.30	26.00	28.10	28.80
2023 - 8 - 29 19:00	28.70	26.00	27.80	28.90	2023 - 8 - 30 14:00	28.30	26.00	27.90	29.10
2023 - 8 - 29 20:00	28.80	26.10	27.90		2023 - 8 - 30 15:00	28.50	26.00	27.80	28.90
2023 - 8 - 29 21:00	28.80	26.00	28.00	28.60	2023 - 8 - 30 16:00	28.40	26.00	28.10	29.10
2023 - 8 - 29 22:00	28.70	26.10	28.10	28.70	2023 - 8 - 30 17:00	28.50	26.00	28.10	29.20
2023 - 8 - 29 23:00	28.70	26.10	27.90	28.80	2023 - 8 - 30 18:00	28.60	26.00	28.00	29.00
2023 - 8 - 30 0:00	28.60	26.10	28.10	28.70	2023 - 8 - 30 19:00	28.60	26.00	27.80	29.00
2023 - 8 - 30 1:00	28.70	26.10	27.80	28.70	2023 - 8 - 30 20:00	28.60	26.00	28.00	29.00
2023 - 8 - 30 2:00	28.70	26.10	28.00	28.80	2023 - 8 - 30 21:00	28.50	26.10	27.90	29.20
2023 - 8 - 30 3:00	28.60	26.10	28.10	28.70	2023 - 8 - 30 22:00	28.40	26.10	27.80	29.00
2023 - 8 - 30 4:00	28.60	26.10	27.80	28.70	2023 - 8 - 30 23:00	28.50	26.00	28.10	29.00
2023 - 8 - 30 5:00	28.50	26.10	27.80	29.10	2023 - 8 - 31 0:00	28.40	26.00	28.10	29.20
2023 - 8 - 30 6:00	28.40	26.00	28.10	29.10					

12.5.2 时域法墒情监测设备在元沱水文站的应用

12.5.2.1 元沱水文站概况

元沱水文站位于蒙溪河中游,地处四川省平昌县响滩镇西桥村,控制流域面积 334 km²,距河口 26 km。蒙溪河为巴河右岸的一小支流,发源于平昌县顶山乡和前进乡之间的群山之中,由西北向东南流,在平昌白衣镇附近注入巴河,主河道全长 63.0 km,自然落差 55.6 m,河道比降 1.55‰,河网密度 0.33 km/km²,河道沿岸的重要乡镇有涵水镇,属山区性河流,河床比降大,多险滩深潭,地貌属于低山深丘,两岸灌木,野草丛生。

1. 径流特性

该站径流量随年降水量变化,径流深为 430~738 mm,径流量 1.7 亿~2.5 亿 m³。

2. 洪水特性

该测站控制条件较好,低水由测流堰控制,中高水由下游弯道控制。蒙溪河属山溪性河流,坡度较大,河道调蓄能力小,洪水涨落较快,一次洪水过程总历时在 48 h 左右。由于暴雨中心走向与洪水流向大体一致,且受流域地形及干、支流等下垫面因素的影响,洪峰形状大多为单峰。中高水时,受洪水涨落影响,水位流量关系多为绳套型曲线。洪水特性为洪水涨坡快、退坡慢。洪水多发生在 7 月、9 月。

12.5.2.2 安装设备简介

元沱水文站安装的墒情设备是 SOILTOP-300 土壤墒情智能监测仪(图 12.5-7)。该设备是基于 TDR 技术的土壤墒情智能监测仪,能在各种土壤环境下快速准确测量,无须率定,其测量过程不破坏土壤结构,测量结果不受外界因素影响,适用于野外无人值守或作为巡检设备。

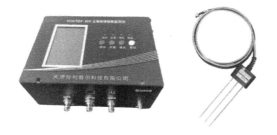

图 12.5-7　SOILTOP-300 土壤墒情智能监测仪

1．设备基本参数

(1) 测量原理:时域反射法(TDR)。

(2) 测量量程:0~60%(体积含水率)。

(3) 传感器体积:20 cm(长)×4 cm(直径)。

(4) 绝对误差:≤±2%(体积含水率)——无需公式率定。

(5) 分辨率:≤0.01%(体积含水率)。

(6) 等效上升沿时间:12ps(皮秒,10^{-12} 秒)。

(7) 工作温度:−10~60℃,在气温−30~60℃、土壤温度−20~55℃条件下不会被损坏。

(8) 存储温度:−40~85℃。

(9) 供电电源:12 V。

(10) 工作电流:≤800 mA。

(11) 待机电流:≤30 mA。

(12) 信号接口:BNC 连接器。

(13) 通信接口:RS-232、LAN、USB。

(14) 存储容量:具备存储 2 年以上数据的能力。

(15) 防护等级:IP65。

(16) 无故障工作时间(MTBF):≥25 000 h。

(17) 时间精度:在线校时,年累计偏差不大于 2 s。

(18) 运行制式:自报及应答。

(19) 采集自报:可设置开始采集时间和间隔时间,时间范围为 1 min~30 d;终端主动发送;可显示、主动发送电源电压、各端口工作状态。

(20) 数据格式:各通道的土壤含水率以 4 位 10 进制格式显示(显示范围为 00.00%~99.99%)。

(21) 通信信道:3G/4G、GSM/GPRS、物联网等,各通信信道可以相互切换。

(22) 保护措施:设备具有防浪涌保护装置。

(23) 数据通信规约:符合《水文监测数据通信规约》(SL 651—2014)或定制。

2．主要功能

(1) 快速准确测量土壤体积含水率。

(2) 支持数据实时上传,远程召测。

(3) 支持历史数据的保存与读取。

(4) 支持多层土壤深度同测。

(5) 支持按照设定的采集时间频次要求,墒情、工作状态的采集、存储和发送。

(6) 支持远程升级测量软件、远程参数下发、远程调取时域测量迹线等。

(7) 具有显示和显示输出功能,能够显示和调用时域测量迹线。

（8）具有自动校时功能，时钟不受掉（停）电影响。

3. 设备标准配置清单（表 12.5-4）

表 12.5-4　元沱水文站墒情监测设备标准配置清单

序号	货物名称	型号规格	数量
1	TDR 土壤墒情测量主机	SOILTOP‑300	1 个
2	测量软件	嵌入式	1 份
3	传感器	CZG	3 个
4	设备管理系统	云管理平台	1 套

12.5.2.3　设备现场安装（图 12.5-8）

图 12.5-8　SOILTOP‑300 土壤墒情智能监测仪安装现场

12.6　小结

土壤水分作为作物生长的重要参数，对作物的生理活动起着至关重要的作用。目前土壤水分的监测方法有很多，从各种途径提出的监测方法已经达到了几十种，按照测定方式不同大致可以分成两大类，分别为取样测定和定点测定。取样测定包括物理法和化学法，定点测定包括放射法和非放射法。

如今科技日新月异，计算机更是渗透至各行各业，"互联网＋"理念引领社会高速发展。在网络技术带动下，土壤水分监测技术同样有着明显提升。科技基础决定发展方向，从其发展趋势来看，可以归纳为如下三类趋势：

（1）土壤含水量监测技术进一步优化升级。由于中国地质环境复杂，土壤特征多样，具有明显空间变异特征，这就导致采用不同侧重点的监测方法很容易得出差距性的最终结果。究其根源，一是土壤成分过于复杂，二是测量仪器以及具体方法细节存在漏洞。未来土壤水分监测设备越发完备，其精准度与普适性值得期待。

（2）技术融合全面发展。如今精准农业已然成为现代农业发展的重要趋势，未来农业发展必然不可能仅仅关注土壤含水量一种属性。同时农业生产必然需要更强大、更全面、更高效、更多元的自动化体系，实现从监测到灌溉的全自动化模式，这就使得神经网络、分型技术等必然与土壤含水量监测理论相互融合，进一步提升自动化体系的范围以及效果。

（3）新兴技术持续注入。未来各项新兴技术的研究逐步成熟，很可能为土壤含水量监测体系带来翻天覆地的革新，诸如辐射技术、微波技术等，虽然新兴技术当前并未应用于土壤水分监测体系，然而伴随着这些新兴技术的进一步研发攻关，未来很可能为土壤含水量监测体系的优化升级带来新的可能。

第 13 章
总结

随着国家的投入,山洪灾害监测系统建设、中小河流水文监测系统建设、大江大河水文监测系统改造、水文站监测能力提升等项目依次完成,长江上游的水文监测站网大幅增加,监测水平突飞猛进,基本实现了降水、蒸发、水位、水温、墒情等要素的全变幅、全时段的在线监测;国家基本水文站以及部分中小河流站也基本实现了部分水位级的流量在线监测,含沙量在线监测也在积极探索中。

13.1 降水观测成果及展望

长江上游的降水观测设施主要采用观测场和杆式雨量计支架等形式,观测设备主要采用翻斗式自记雨量计、融雪雨量计或称重式雨雪量计,基本实现了利用 4G/5G 或卫星通信终端,通过 RTU 实现降水观测的全时段、全变幅遥测远传。重要站点配置了雨量筒、虹吸式雨量计同步人工观测作为备份。主要降水观测设备见表 13.1-1。

表 13.1-1 降水观测设备

序号	设备类型	精度	运维量	自动化度	适用范围	长江上游使用情况
1	翻斗式雨量计	高	低	高	非结冰期,无人驻守观测	普遍
2	称重式雨雪量计	高	中	高	全年适用	少
3	加热式雨雪量计	不高	中	较高	−25℃以上环境,有 220 V 电源	个别站
4	光学雨量计	不高	低	较高	为间接测量,有测雪功能。适用于高低温环境,可作为临时观测	暂无
5	雨量筒	较高	高	低	非结冰期,驻守观测	较多
6	虹吸式雨量计	较高	高	中	非结冰期,驻守观测	少
7	雷达测雨设备	不高	高	高	跨界站点及城市防洪站点临界预警	准备试点

在今后相当长时期内,长江上游仍将以目前在用监测方式为主,但在现有遥测雨量站网基础上,正在试验选配高分辨率、区域面雨量雷达测雨设备,组合为高时空分辨率的面雨量立体监测系统,提高对强降雨定时、定量、定区域的监测能力。面雨量雷达测雨设备适用于无法多处布设雨量站的区域(如大范围水面、跨境)、应急监测、城市防洪等方面。

13.2　蒸发观测成果及展望

长江上游蒸发观测设施主要采用陆地观测场,个别站点采用水面观测场,观测设备主要采用E601型水面自动蒸发器实现水面蒸发自动在线监测,同时需E601型蒸发器人工定期校核。20 cm口径蒸发器主要用于冰期蒸发的人工观测。

目前,蒸发计算主要采用称重式和液位测量两种方法。称重式机械结构简单、较为稳定,但易受周围环境振动影响,除E601型遥测蒸发皿外,需配备称重设备,通过连通管连接蒸发皿。液位测量法利用超声波测距、光电编码和磁滞伸缩等技术,在水面蒸发自动监测中得到应用,但机械结构复杂,维护工作量较大,水面蒸发观测精度受场地降水、风沙、仪器性能、安装方式等因素影响,应配置0.1 mm精度的雨量监测设备换算蒸发。算法和误差扣除是蒸发自动监测的关键,应加强管道清理等。E601型蒸发器不适用冬季,有观测任务的测站可采用20cm口径的全自动遥测设备,结合测站定位,分析累计观测的可行性。蒸发观测设备见表13.2-1。

表13.2-1　蒸发观测设备

序号	设备类型及组合方法	适用条件及要求	长江上游使用情况
1	E601型水面自动蒸发器	有液位测量及称重式2种,均为水面蒸发器,同时配置0.1 mm精度的雨量在线观测设备换算蒸发。加入静水井连通管的滞后补偿算法有效解决风对液位测量的影响。滞后补偿算法可有效解决日期变更时降雨测量问题	液位测量为主流,部分站点为称重式
2	20 cm口径自动蒸发器	主要用于冰期蒸发观测,使用时需先期与E601型蒸发器建立数值关系	人工观测

在今后相当长时期内,长江上游仍将以目前在用监测方式为主,且主要采用液位测量,液位测量传感器将以磁致伸缩传感器为主,其精度和可靠性明显高于浮子式自动蒸发器、超声波自记蒸发器。

13.3　水位观测成果及展望

长江上游主要采用浮子式水位计、雷达水位计、压力式水位计、电子水尺等设备,同时辅以图像法水位自动识别设备,基本实现全变幅、全时段自动在线监测。重要站点基本实现了双水位计备份模式。

浮子式水位计、雷达水位计、压力式水位计、电子水尺等设备技术已成熟稳定。图像法水位自动识别设备主要是通过高性能摄像机获取图像,识别出水位,实现水位计图像自动采集、处理和传输,适用于不结冰、漂浮物较少的河流、湖泊、水库、人工河渠、感潮河段、城市易涝点等的水位和图像实时监测,尤其适用于承担防汛防台监测预警任务的水位和图像实时监测,各类水位观测设备应用见表13.3-1。

表13.3-1　水位观测设备

序号	设备类型	适用条件及要求	长江上游使用情况
1	浮子式水位计	适用范围广,主要用于含沙量较小、漂浮物少、水位涨落较慢、断面较稳定的河流。性能稳定可靠,建设混凝土水位自记平台费用较高,建议断面宽度在100 m以上时使用,100 m以内建议采用钢结构平台	由于长江上游水位变幅较大,不利于建设自记平台,使用较少
2	压力式水位计(气泡式)	适用于断面主槽易摆动的河流,需在水下和岸上仪器之间安装专用电缆和通气管,设施较简单。不适用于含沙量高的河流,水位变幅不宜过大	主流水位计

序号	设备类型	适用条件及要求	长江上游使用情况
3	电子水尺	适用于有条件定时对接触点清理的站点、库区或漂浮物少的测站,准确度高,不受水位测量范围的影响。布线有一定难度	由于变幅较大,个别站点使用
4	超声波水位计	设备与水体非接触,不受水流影响。在空气中传播衰减快,量程不大,受气温影响大	受气温影响大,极少使用
5	雷达水位计	性能稳定,在工作范围内精度高,且不需维护,需建设自记水位计支架。不适用于冰期水位观测	主流水位计
6	视频水位识别系统	适用于有光纤等通信条件的测站,作为常规水位观测设备的补充。易受大雾、沙尘、大风、暴雨、光线等影响	作为常规水位观测设备的补充,近年来使用较多,但独立使用较少

在今后相当长时期内,长江上游仍将以目前在用监测方式为主。但随着视频水位识别技术的发展,会增加基于虚拟水尺的视频水位识别系统,基于虚拟水尺的视频水位识别系统不依赖水尺观测设施,将在高洪和超标洪水的观测中充分发挥其特点。

对于一套设备不能满足全量程、全时段观测或多个监测断面,应设置多套不同水位级、不同控制断面的水位监测设施设备,实现水位信息的自动采集与传输。特别是对于一套设备不能满足全量程、全时段观测的,需研究雷达水位计通过跨河缆绳安装,克服钢索热胀冷缩和风吹晃动的影响,而且可以解决冰期两岸结冰、中间不结冰的观测问题。目前有厂家在研究斜射雷达水位计,已有短距离斜射的成果,如果能实现长距离斜射,则将彻底解决雷达水位计的安装问题。

冰期可采取观测井内加热配套自记水位计或岸边安装加热式电子水尺等实现在线监测,可分级两岸布设或通过视频自动识别水尺技术实现自记。

13.4 水温观测成果及展望

长江上游的水温监测主要是采用浮标体将温度传感器沉入水下 0.5 m 处,或者固定安装在水下。采用浮标方式的,与传统观测方式一致,但因水位变幅较大,浮标不易固定。采用固定安装方式的,需建立不同水位计实测水温与表层水温的关系,尤其是在水深较深的条件下,率定较为复杂。

光纤测温将是以后的发展方向,可以实现测量垂向温度的梯度变化,为水生态的研究提供基础资料。但目前在用的光纤测温精度仅为 0.5℃,不能满足水文监测的需要。

水温自动在线监测还可结合流量在线设备、泥沙在线设备、水位自动在线设备等同步实现,统一 RTU 在线采集发送数据。

13.5 流量监测成果及展望

长江上游的流量在线监测主要是采用流速在线监测设备,实时监测垂线流速或某一层区的流速(即代表流速),并建立其与断面平均流速的关系,同时利用水位面积关系查得实时断面面积,进而计算出实时流量或采用水位(水头)推算出水位流量单值化站(测流堰、槽)的流量,得到流量连续过程。

长江上游的流量自动在线监测主要是通过 ADCP 设备水体接触式、声学时差法设备岸边接触式自动在线监测,电波流速仪等设备空基、地基、天基非接触式自动在线监测,水位流量关系单值化在线推流,比降面积法在线推流,流速仪缆道远程自动监测及视频图像解析法在线推流等方式实现。主要采用设备包括走航式 ADCP、定点式 ADCP(H - ADCP,V - ADCP)、声学时差法流量监测设备、雷达波表面测流设备、侧扫雷达流速监测设备、遥控全自动化缆道设备等,设施包括 ADCP 过河拖曳设施、声学时差法在线设备安装支架、非接触式表面点流速测流设施安装平台、侧扫雷达固定支架、水位流量关系单值化在线推流设施、流速仪缆道远程自动监测设施、视频图像解析法在线推流设施等。长江上游目前采用的流量在线监测方法见表13.5-1。

表13.5-1 流量在线监测方法

	流量在线监测方法	使用范围及适用条件	长江上游使用情况
1	走航式ADCP	广泛应用于天然河流、湖泊、水库、人工河渠、受潮汐影响和水工建筑物调节影响河段的流量测验。流速不大于5 m/s(理想情况不大于3 m/s)、不小于0.05 m/s、含沙量小于10 kg/m³、断面稳定,水流集中,有一定水深的河流。具有精度高,使用方便的特点	大江大河使用较为普遍,主要是遥控船或船测站,部分缆道站通过铅鱼拖动走航
2	定点式ADCP	适用于河床及流态相对稳定的窄深型天然河道及渠道的流量自动监测,不适宜较浅河流、流态紊乱和较高含沙量的河流	
2.1	H-ADCP垂直安装	宽深比20:1,水深大于0.5 m,水位变幅不大,含沙量小于5 kg/m³,不适用于冲淤变化大、垂线流速分布特征不稳定、横向流速分布不均匀的河流,安装、维护方便,需要率定	暂无
2.2	单垂线座底	宽度不宜大于20m,水深大于0.2 m,含沙量小于10 kg/m³,安装维护较为困难,测深换能器发射面朝上,容易被沉积物覆盖从而影响声脉冲有效发射、接收	极少数使用
2.3	双垂线座底	河宽不受限制,水深大于0.2 m,含沙量小于10 kg/m³,不适用于冲淤变化大的河流,安装维护困难,容易被沉积物覆盖从而影响声脉冲有效发射、接收	个别站点
2.4	双垂线漂浮	河宽不受限制,水深大于0.2 m,含沙量小于10 kg/m³,不受冲淤变化影响。洪水期遇大型漂浮物易损毁	暂无
2.5	H-ADCP水平安装	适用于顺直均匀自然河段;断面相对稳定,无紊流影响,断面流速分布规则稳定,季节性的水生植物对断面流速分布无显著影响,代表流速关系良好的河段	普遍使用
2.6	H-ADCP加V-ADCP组合	适用于顺直均匀自然河段;断面相对稳定,无紊流影响,断面流速分布规则稳定,季节性的水生植物对断面流速分布无显著影响,代表流速关系良好的河段。河道上布设浮体,需海事、航道等部门同意。安装前需进行特性分析,选择在全水位级有较好代表性的水层和垂线,确保能建立稳定的代表流速关系。组合安装成本较高	暂无
3	非接触式表面点流速设备在线监测	表面流速不宜小于0.5 m/s	
3.1	岸边或缆道行车固定单点	断面宽度小于20 m,水深不受限制,不受漂浮物及含沙量限制。需要率定,不适用于冲淤变化大的河流	使用较多
3.2	悬索自行走	断面宽度小于400 m,水深不受限制,不受漂浮物、含沙量限制。不适用于冲淤变化大的河流	普遍
3.3	悬索多点固定	断面宽度小于100 m,水深不受限制,不受漂浮物、含沙量限制。不适用于冲淤变化大的河流	普遍
3.4	设备桥梁(桁架)多点	不受断面宽度限制,适宜宽50~150 m的河流,较为经济,水深不受限制,不受漂浮物、含沙量限制。不适用于冲淤变化大的河流	普遍
4	基于侧扫雷达岸基在线监测	断面宽30~800 m,适用于高洪测验、界河及应急测验,断面流态相对稳定,表面流速大于0.1 m/s,安装方便但需要一定水波纹,需比测率定,风动作用形成波浪均会形成误判	安装方便,应用较多,正在扩大推广
5	推流		
5.1	水位流量关系单值化在线推流	枯水期测流或常年处于低水位、水流流速较小、受回水影响较大、流速仪法及流量自动测验设备很难满足测验精度要求的测站	普遍
5.2	比降面积法在线推流	适用于高洪测验,对精度要求不高的测站,人工整治河道或比降稳定、河道顺直、河槽稳定、糙率易于确定的河流	较少

	流量在线监测方法	使用范围及适用条件	长江上游使用情况
5.3	水工建筑物及电功率推流	枯水期测流或常年处于低水位、水流流速较小、受回水影响较大、流速仪法及流量自动测验设备很难满足测验精度要求的测站	少数站点,正在扩大推广
6	遥控缆道等渡河设施牵引设备		
6.1	远程遥控流速仪缆道	适宜断面宽度在 500 m 之内,不受冲淤变化、含沙量影响及限制	普遍
6.2	点流速仪	断面宽度小于 500 m,水深大于 0.5 m,水位变幅在 20 m 之内,不受冲淤变化影响,不受含沙量限制	普遍
6.3	垂线 ADCP	断面宽度小于 500 m,水深大于 0.5 m,水位变幅在 30 m 之内,不受冲淤变化影响,含沙量小于 10 kg/m³,可实测水深,可测小流速,大型漂浮物影响测流	较多,特别适合低流速情况
7	视频图像解析法在线推流	适用于较窄的小河、明渠等表面流速,作为辅助测流手段可以研究试用,测流实时快捷,成本低,浓雾、沙尘暴、极度黑夜、暴雨等恶劣环境下不宜使用	少数站点,正在扩大推广

流量在线监测(走航式 ADCP 除外)都是间接流量测验方法,均需建立算法模型和开展比测率定工作。建立算法模型要深入开展"一站一策"分析,专业人员进行研发、配置和比测率定,以满足生产需要。

在长江上游地区,一种流量在线监测设备要实现全变幅、全时段监测很难,因此,今后要摸索两种及以上设备融合监测技术。同时,有厂家在研究非接触式测深,如果能实现水下断面在线监测,则将大大提高流量在线监测的精度。

13.6　泥沙监测成果及展望

长江上游的悬移质泥沙监测主要是器测法,在线监测仍处于摸索阶段,目前可采用的设备主要有光电测沙仪、超声波测沙仪、振动式测沙仪、同位素测沙仪、称重式测沙仪等,均为单点在线监测方式。各种泥沙在线监测设备见表 13.6-1。

表 13.6-1　泥沙在线监测设备

序号	名称	适用范围及条件	长江上游使用情况
1	光电测沙仪	测沙时可同步测量水温、水深,适用于泥沙粒径相对均匀稳定的河流,含沙量小于 45 kg/m³(选择不同量程设备),测点流速小于 5 m/s。长期使用需要保持光学传感器表面洁净,并及时比测率定	少数站点试点,但未投产
2	超声波测沙仪	用于泥沙粒径均匀稳定的水体,测沙范围 0.5～1 000 kg/m³,测点流速小于 3 m/s,水深不大于 10 m。可长期水下工作,在实际应用中含沙量误差较大,适合在高含沙量、精度要求不高的情况下应用,并需要经常取样测含沙量进行比测校正,应用较少	暂无
3	振动式测深仪	测沙范围 0.01～1 000 kg/m³,适应测点流速大于 0.75 m/s 且小于 4 m/s,水深在 0.3 m 以上的水体,泥沙粒径及颗粒组成对仪器测验精度影响大。适用于泥沙粒径均匀稳定的河流,设备参数需经常率定确保设备稳定。振动管内腔是细长形管道,长期使用会发生淤积,影响振动式测沙仪长期自动工作	暂无,经试验,含沙量在 1 kg/m³ 以下无法使用
4	同位素测沙仪	测沙范围 0.1～1 000 kg/m³,测点流速小于 5 m/s,测沙范围广但含沙量太低时测量误差大,水质及泥沙矿物质对含沙量测验精度有一定影响。设备需固定安装,设备使用放射源需要办理使用许可证,在购买、运输、保管、应用、储存、废弃、处理等环节都要严格遵守相关规定	暂无

续表

序号	名称	适用范围及条件	长江上游使用情况
5	管道采样称重式/置换法泥沙自动监测仪	泥沙含量测量范围为 0～300 kg/m³,测量误差小于 5%,可分 1～3 层不同深度测量,泥沙测量频率最小 5 min,远程可调。需配置取样管道、取样泵以实现泥沙水样的自动取样,完成泥沙含量的数值及其过程的自动监测并预留水样	暂无
6	多普勒测沙仪	是一种间接测验方法,可以使用走航式 ADCP,H - ADCP 300 kHz,600 kHz 的设备进行泥沙自动在线推算。较合适的使用范围为含沙量 2～3 kg/m³,测量水深视 ADCP 设备而定,可达 30 m,适用于较大水深	暂无

长江上游的悬移质在线监测任重道远,每种设备均存在不同程度的局限,需进行适应性比测。对不同时期的含沙量在线测量,考虑低、中、高含沙量的不同,根据测站实际情况选择不同仪器搭配使用,并合理确定安装位置以满足代表性要求,提高泥沙自动监测水平。结合各级含沙量年内分布情况,优先考虑低含沙期巡测的可能性;论证高含沙期委托取沙、在线测沙设备等多种方案的可行性,泥沙在线监测设备装备方案应分析泥沙横向分布,做好代表线选取工作。

13.7　墒情监测成果及展望

长江上游的墒情监测主要采用频域反射法和时域反射法自动监测设备,三点法(采集点深度 10 cm、20 cm、40 cm)进行监测,墒情监测设备野外监测精度应满足不大于 10% 相对误差(重量含水量)的要求。墒情自动在线监测设备见表 13.7-1。

表 13.7-1　墒情自动在线监测设备

序号	监测方法	适用范围及条件	长江上游使用情况
1	时域反射法(TDR)	具有体积小、重量轻、测量数据精确、稳定时间短、无须率定等优点,但电路复杂、造价成本较高,需现场连接调试,高频电缆地下埋设需要维护,避免损坏影响监测数据准确性	部分使用
2	频域反射法(FDR)	具有简便安全、快速准确、定点连续、自动化、宽量程、少标定、价格低等优点,需要定期率定参数	普遍

在今后相当长时期内,长江上游仍将以目前在用监测方式为主。

13.8　超标准洪水的监测现状及应对措施

近年来极端天气事件呈现趋多、趋频、趋强、趋广态势,局地暴雨洪涝多发重发,特别是海河"23·7"流域性特大暴雨洪水中,部分水文测站受到洪水冲击,水文设施设备遭受不同程度的毁坏,部分水文测站发生严重水毁,暴露出部分河流还存在水文站网密度不足、水文测站防洪测洪标准偏低、水文监测能力需进一步提升等问题。

针对近年暴雨洪水水文测报暴露的问题,需进一步检视分析,补充完善暴雨洪水集中来源区水文站点,健全完善洪水监测预警体系,提高超标准洪水测报能力,加强超标准洪水测报水文基础设施建设,保障水文测站安全高效运行。

一是补充完善水文站网。在暴雨洪水集中来源区、山洪灾害易发区以及大型水库工程、重大引调水工程防洪影响区等建设水利测雨雷达,加密布设雨量站、水位站、水文站等,填补中小河流水文监测空白,提高重点区水文站网密度,强化"四预"措施,及时准确掌握洪水情况。

二是提高水文基础设施建设标准。加强洪水频率分析计算等基础工作,严格按照相关标准规范开展水文分析计算,确定应对超标准洪水的水文站设计标准,根据相应洪水水位流量做好设计工作。有防洪任务的水文测站应具备超标准洪水监测能力,重要水文站应具备水位、流量等关键测验项目施测能力,监测超标准洪水的关键基础设施应安全稳定、预留足够安全超高,确保在超标准洪水中水文测站重要基础设施不被冲毁淹没,实现水文数据自动传输。

三是深化水文测站建设方案的论证比选。加强现场查勘,综合考虑测验河段地形、断面条件、地质条件和设施类型等因素进行比选论证,合理确定选址和设施布设位置,尽量选取场地稳定、交通便利、无山洪泥石流等地质灾害影响的区域,在地势较高位置建设水文站房等基础设施。涉河设施的基础设计除应考虑地基承载力以外,还应考虑漂浮物冲击和断面冲淤变化影响,保证在最大流速和最大冲刷深度下的设施安全。

加强现代化水文监测技术与设备应用,充分论证各类技术装备的应用范围和适用条件,对超标准洪水测验方案和设施设备性能进行分析比选,确定适合水文测站特性的设施型式和设备选型,使高洪水文测报更精准、更高效、更安全。

四是强化超标准洪水测报水文设施设备配置。在配置水文监测设施设备时,应备份不同洪水标准下的水文测报设施设备。对于防洪重要水文站,要在合适位置增设超标准洪水高杆设施,固定高清视频设备对水文站上下游 1 km 范围进行监视,汛期适时加装非接触式水位、流量监测设备,以视频图像解析结合雷达波表面测流等方式,保障洪水期间测得到、报得出。

对于降水量观测,应在水文(位)站地势较高处备份遥测雨量计基础设施,雨量站应有固态存储和北斗通信终端,保证在极端条件下数据能采集和传输。对暴雨中心的重点雨量站,可安装不同分辨率的雨量计,保证超标雨量的准确度。

对于水位观测,备份设施可在山坡高处通视条件较好位置、缆道房屋顶、钢塔顶部等位置设置支架或跨河绳索并安装设备。根据测验断面、岸坡、水位涨落等特点备份雷达水位计、视频水位观测系统等非接触式水位设备。单套设备不能满足超标准洪水水文测验要求或需在多个断面监测时,可备份多套水位监测设备。需要远程人工校核水位的测站,可备份远程视频水位监视系统。

对于流量测验,水文站应备份两种以上设备进行洪水组合监测,并建设应急备用观测道路等配套设施,可充分利用测站缆道、无人机(船)等渡河设施,以及上下游高标准桥梁、山体平台和已有建(构)筑物等,选择流速仪、ADCP 等接触式测流设备以及电波流速仪、影像测速仪、侧扫雷达流速仪等非接触式测流设备,以及电子浮标、天然漂浮物视频图像识别或仪器自动识别等方式,开展超标准洪水流量测验。

对于通信和供电等设备,水文测站均应配置备份的北斗卫星通信终端、卫星小站或卫星电话,保证断网断电情况下的信息传输。水文站应配备至少一套卫星电话,以及应急电源,包括蓄电池、太阳能板、发电机及发电用油等。应急供电系统应备份设置,应急电源宜置于山坡等高处。

五是加强巡测和应急测验装备配备。为了有利于超标准洪水水文应急监测,可在高处预设高标准水尺,利用望远镜读数或采用免棱镜全站仪、GNSS 等测绘设备测量水位进行应急监测。应急备份测验设施需达到足够的安全超高,设置逃生通道。对于平原地区,应架设应对超标准洪水的高杆等设施。要提前完成高程统一测量等基础工作。

水文巡测基地应配备数量充足的走航式 ADCP、手持式电波测速仪、多参数应急监测、测流无人船等常规应急监测设备,提升巡测和应急监测能力,满足发生流域性大洪水时多点同时开展水文应急监测的需要。对于漂浮物多、测流断面复杂、易导致水文仪器设备损坏的,应视情况增加水文仪器设备配备数量。

参考文献

［1］朱晓原,张留柱,姚永熙.水文测验实用手册[M].北京:中国水利水电出版社,2013.

［2］许全喜,张欧阳,袁晶,等.长江上游泥沙时空变化及影响因素[M].北京:科学出版社,龙门书局,2021.

［3］雷玉勇,邱刚,万霞,等.AYX2－1悬移质采样器用旋转开关阀研制[J].水文,2007(6):71-74.

［4］黄丽华,程璜鑫.观音堂库区水温变化对水生态环境影响的分析[J].湖南环境生物职业技术学院学报,2004(4):316-319＋327.

［5］张国学,史东华,李然.库区垂向分层水温在线监测技术研究与应用[J].人民长江,2019,50(3):101-105.

［6］王俊,王建群,余达征.现代水文监测技术[M].北京:中国水利水电出版社,2016.

［7］姚永熙.水文仪器与水利水文自动化[M].南京:河海大学出版社,2001.

［8］王俊,刘东生,陈松生,等.河流流量测验误差的理论与实践[M].武汉:长江出版社,2020.

［9］陈伯云,杜红娟,王刚.H-ADCP在线流量监测系统技术研究与应用:中国水利学会2021学术年会论文集第四分册[C].郑州:黄河水利出版社,2021.

［10］张桂杰.走航式ADCP系统在水文测验中的应用分析[J].地下水,2018,40(3):219-211.

［11］林思夏,曾仲毅,朱云通,等.侧扫雷达测流系统开发与应用[J].水利信息化,2019(1):31-36.

［12］张艳艳,巩轲,何淑芳,等.激光多普勒测速技术进展[J].激光与红外,2010,40(11):1157-1162.

［13］解传奇,张艺,荀武.非接触式雷达波测流与传统测流比较分析[J].水利水电快报,2019,40(9):26-28.

［14］钟维斌.时差法流量监测系统的建立与实践应用分析[J].水资源开发与管理,2018(7):17-22.

［15］傅声衍,姜建龙,张子涵,等.水平双轨移动式智能雷达波测流系统应用[J].水利科技,2022(1):8-11.

［16］刘运珊,简正美.固定式雷达波在线流量监测系统在水文中的应用[J].水资源开发与管理,2020(12):71-75.

［17］张振,周扬,李旭睿,等.图像法测流系统开发与应用[J].水利信息化,2018(3):7-13.

［18］孙凯.墒情(旱情)监测与预测预报方法研究[D].北京:中国农业大学,2004.

［19］中华人民共和国水利部.土壤墒情监测规范:SL 364-2015 [S].北京:中国水利水电出版社,2015.

［20］NIMMO J R, LANDA E R. The soil physics contributions of Edgar Buckingham[J]. Soil Science Society of America Journal,2005,69(2):328-342.

［21］杨德志,李琳琳,杨武,等.中子法测定土壤含水量分析[J].节水灌溉,2014(3):14-15＋19.

[22] 罗毅. 墒情监测与随机预报及作物系数研究[D]. 北京:清华大学,1998.

[23] 雷志栋,杨诗秀,罗毅. 田间墒情监测布点方法的研究[J]. 灌溉排水,1996 (3):9-15.

[24] 史海滨,陈亚新,蔡凯,等. 西辽河平原土壤墒情的空间变异性与大面积区域预测预报研究[J]. 干旱区资源与环境,1997 (4):36-43.

[25] 李国芳,夏自强,郝振纯,等. 田间土壤含水率的统计特性分析[J]. 河海大学学报(自然科学版),2002 (1):11-14.

[26] 马孝义,李新平,赵延凤. 土壤含水量的 Kriging 和 Cokriging 估值研究[J]. 水土保持通报,2001 (3):59-62.

[27] FAMIGLIETTI J S,DEVEREAUX J A,LAYMON C A,et al. Ground-based investigation of soil moisture variability within remote sensing footprints during the Southern Great Plains 1997 (SGP97) hydrology experiment[J]. Water Resources Research,1999,35(6):1839-1851.

[28] CROW W T,WOOD E F. Impact of soil moisture agregation on surface energy flux prediction during SGP'97[J]. Geophysical Research Letters,2002,29(1):8-1-8-4.

[29] 李亚春,徐萌,唐勇. 我国土壤水分遥感监测中热惯量模式的研究现状与进展[J]. 中国农业气象,2000 (2):40-43.

[30] 肖乾广,陈维英,盛永伟,等. 用气象卫星监测土壤水分的试验研究[J]. 应用气象学报,1994,5(3):312-318.

[31] 李纪人. 旱情遥感监测方法及其进展[J]. 水文,2001,21(4):15-17.

[32] 韩建新,路玉彬. 风正一帆悬——水利部农村水利司司长冯广志谈西部地区节水灌溉[J]. 农业机械,2000(9):4-5.

[33] 邝朴生,蒋文科,刘刚,等. 精确农业基础[M]. 北京:中国农业大学出版社,1999.

[34] 李远华. 节水灌溉理论与技术[M]. 武汉:武汉水利电力大学出版社,1999.

[35] TOPP G C,DAVIS J L,ANNAN A P. Electromagnetic determination of soil water content:Measurements in coaxial transmission lines[J]. Water Resources Research,1980,16(3):574-582.

[36] 巫新民,管恕才. DTS-1 型土壤湿度传感器的基本特性和应用[J]. 农业气象,1987(4):57-61.

[37] 王伟,齐长永. 土壤水分传感器的研制[J]. 传感器技术,1991 (2):21-24.

[38] 刘思春,王国栋,朱建楚,等. 负压式土壤张力计测定法改进及应用[J]. 西北农业学报,2002,11(2):29-33.

[39] 孙宇瑞,赵燕东,王一鸣. 一种基于传输线阻抗变换理论的土壤水分测量仪[J]. 中国农业大学学报,1999(4):22-24.

[40] 张志勇. 基于驻波率原理的土壤水分测量方法的研究[D]. 晋中:山西农业大学,2005.

[41] 张立仁,乔娟. γ 射线透射法在滑坡模型土壤水分测量中的应用[J]. 人民长江,2012,43(21):45-48.

[42] 戚隆溪,谢斌. 用铯-137γ射线衰减法测量土壤密度和含水量[J]. 土壤学报,1991,28(1):58-65.

[43] SAYDE C,GREGORY C,GIL-RODRIGUEZ M,et al. Feasibility of soil moisture monitoring with heated fiber optics[J]. Water Resources Research,2010,46(6):W06201.1-W06201.8.

[44] 龚元石,李子忠. TDR 探针两种埋设方式下土壤水分的测定及其比较[J]. 农业工程学报,1997(2):242-244.

[45] 程先军. 根据 TDR 原理测量土壤含水量[J]. 水利水电技术,1995(11):36-38.

[46] 王贵彦,史秀捧,张建恒,等. TDR 法、中子法、重量法测定土壤含水量的比较研究[J]. 河北农业大

学学报,2000,23(3):23-26.

[47] 张灿龙,倪绍祥,刘振波,等.遥感监测土壤含水量方法综述[J].农机化研究,2006(6):58-61.

[48] 黄丽,顾磊.遥感墒情监测方法研究综述[J].首都师范大学学报(自然科学版),2010,31(3):59-63.

[49] 刘炳忠,张鑫.国内外土壤墒情监测技术及应用[J].山东水利,2008(12):13-15+17.

[50] 肖国杰,李国春.遥感方法进行土壤水分监测的现状与进展[J].西北农业学报,2006,15(1):121-126.

[51] 裴浩,郝文俊,李友文,等.土壤墒情的监测方法[J].内蒙古气象,1997(6):24-27.

[52] 乌日娜,李兴华,韩芳,等.遥感技术在土壤墒情监测中的应用[J].内蒙古气象,2006(2):29-30.

[53] 邹春辉,陈怀亮,薛龙琴,等.基于遥感与GIS集成的土壤墒情监测服务系统[J].气象科技,2005(S1):161-164+180.

[54] ZHAN X W. Accuracy issues associated with satellite remote sensing soil moisture data and their assimilation[J]. Proceedings of the 8th International Symposium on Spatial Accuracy Assessment in Natural Resources and Environmental Sciences,2008:213-220.

[55] ZHAN Z M, QIN Q M, ABDUWASIT G, et al. NIR-red spectral space based new method for soil moisture monitoring[J]. Science in China(Series D:Earth Sciences),2007,50(2):283-289.

[56] 汪潇,张增祥,赵晓丽,等.遥感监测土壤水分研究综述[J].土壤学报,2007,44(1):157-163.

[57] 陈怀亮,毛留喜,冯定原.遥感监测土壤水分的理论、方法及研究进展[J].遥感技术与应用,1999,14(2):55-65.

[58] 吴代晖,范闻捷,崔要奎,等.高光谱遥感监测土壤含水量研究进展[J].光谱学与光谱分析,2010,30(11):3067-3071.

[59] 刘振波,倪绍祥.遥感监测土壤水分含量研究进展:2004环境遥感学术年会论文集[C].[出版地不详]:[出版者不详],2004:40-46.

[60] 詹志明,秦其明,阿布都瓦斯提·吾拉木,等.基于NIR-Red光谱特征空间的土壤水分监测新方法[J].中国科学.D辑:地球科学,2006(11):1020-1026.

[61] 姜纪红.杭州旱情实时自动及遥感监测方法研究[D].杭州:浙江大学,2008.

[62] SMITH A B, WALKER J P, WESTERN A W, et al. The Murrumbidgee soil moisture monitoring network data set[J]. Water Resources Research,2012,48(7):W07701.1-W07701.6.

[63] 伍光和,王乃昂,胡双熙,等.自然地理学[M].4版.北京:高等教育出版社,2008.

[64] 姜加虎,黄群.三峡工程对其下游长江水位影响研究[J].水利学报,1997(8):40-44+39.

[65] 中华人民共和国水利部.水位观测标准:GB/T 50138—2010 [S].北京:中国计划出版社,2010.

[66] 毛兴华,潘与佳.长江口常用水位仪器适用性研究[J].水利信息化,2017(4):68-72.

[67] 中华人民共和国水利部.水位测量仪器　第1部分:浮子式水位计:GB/T 11828.1—2019 [S].北京:中国标准出版社,2019.

[68] 陈顺胜,周珂,吕忠烈.浮子式水位计进水口改良研究[J].安徽农业科学,2014,42(10):3103-3104.

[69] 侯煜,于兴晗,张军,等.新型浮子式水位计的研制与应用[J].水利信息化,2012(5):36-39.

[70] 祝玲,卢胜利,马国华,等.智能浮子式水位计[J].传感器与微系统,2006(6):52-54.

[71] 陈杰中,吴宁声.便携式浮子式水位计检验测试装置设计[J].江苏水利,2022(1):23-28.

[72] 中华人民共和国水利部.水位测量仪器　第2部分:压力式水位计:GB/T 11828.2—2022 [S].北京:中国标准出版社,2022.

[73] 毕诗咏. 非恒流式气泡水位计在水文遥测中的应用[J]. 科技创新导报,2013(23):62.

[74] 张亚,宗军,蒋东进,等. 气泡压力式水位计现场检测装置设计与实现[J]. 水文,2021,41(6):60-65.

[75] 冯能操,黄华. 气泡式水位计测量误差成因分析[J]. 水利信息化,2018(1):41-45.

[76] 中华人民共和国水利部. 水位测量仪器　第4部分:超声波水位计:GB/T 11828.4—2011 [S]. 北京:中国标准出版社,2012.

[77] 宋恩. 气介式超声波水位计测量误差改正方法的讨论[J]. 吉林水利,2014(11):48-52.

[78] 汤祥林,刘艳平,尚修志. 低功耗、高精度超声波水位计的研制[J]. 水电自动化与大坝监测,2014,38(3):14-17.

[79] 黄新建,周五一. 提高气介式超声波水位计测量精度的探讨[J]. 水文,2011,31(4):71-75.

[80] 汪义东,郑宏. 基于IWR1642的雷达水位计设计[J]. 江苏水利,2021(7):14-18.

[81] 张勇. 雷达水位计数据跳变分析及解决办法[J]. 水利规划与设计,2018(10):78-80+183.

[82] 华涛. 激光水位仪的研制及应用[D]. 北京:清华大学,2006.

[83] 中华人民共和国水利部. 水位测量仪器　第5部分:电子水尺:GB/T 11828.5—2011 [S]. 北京:中国标准出版社,2012.

[84] 房灵常,李亚涛. 基于高性能视频水位监测系统的设计与应用:2022(第十届)中国水生态大会论文集[C]. [出版地不详]:[出版者不详],2022:139-143.

[85] 张帆,靳晓妍. 基于视频图像的嵌入式水位监测方法[J]. 中国测试,2022,48(12):140-145.

[86] 陈城,孙峰,曲金秋,等. 基于嵌入式Linux的水位视频在线监测系统设计[J]. 水利信息化,2021(3):41-44.

[87] 黄慧慧,秦红. 自记式水位观测仪器概述[J]. 黑龙江水利科技,2017,45(11):185-188.

[88] 中华人民共和国水利部. 水位观测平台技术标准:SL 384—2007 [S]. 北京:中国水利水电出版社,2007.

[89] 李月清. 雷达水位计在拉贺练水文站的应用分析[J]. 水利信息化,2012(3):44-46+66.

[90] 中华人民共和国住房和城乡建设部. 河流流量测验规范:GB 50179—2015 [S]. 北京:中国计划出版社,2016.

[91] 中华人民共和国水利部. 水工建筑物与堰槽测流规范:SL 537—2011 [S]. 北京:中国水利水电出版社,2011.

[92] 赵志贡,岳利军,赵彦增,等. 水文测验学[M]. 郑州:黄河水利出版社,2005.